P. Schwahn

Himmel und Erde

Illustrierte naturwissenschaftliche Monatsschrift

P. Schwahn

Himmel und Erde
Illustrierte naturwissenschaftliche Monatsschrift

ISBN/EAN: 9783741173509

Hergestellt in Europa, USA, Kanada, Australien, Japan

Cover: Foto ©berggeist007 / pixelio.de

Manufactured and distributed by brebook publishing software
(www.brebook.com)

P. Schwahn

Himmel und Erde

Himmel und Erde.

Illustrierte naturwissenschaftliche Monatsschrift.

Herausgegeben

von der

GESELLSCHAFT URANIA ZU BERLIN.

Redakteur: Dr. P. Schwahn.

XIV. Jahrgang.

BERLIN.

Verlag von Hermann Paetel.

1902.

Verzeichnis der Mitarbeiter

am XIV. Bande der illustrierten naturwissenschaftlichen Monatsschrift „Himmel und Erde“.

Auerbach, Prof. Dr. F., in Jena 439. 507.
Bettin, P., in Friedenau 337.
Benoit, Geh. Baurat a. D. in Berlin 193.
Dahms, Dr. P., in Danzig 309. 351.
Donath, Dr. B., in Berlin 19. 47. 143. 331. 335. 503. 527.
Foerster, A., in Charlottenburg 449.
Graff, Dr. K., in Berlin 574.
Ginzel, Prof. F. K., in Berlin 41. 89. 91. 188. 189. 426. 480.
Haepke, Prof. Dr. L., in Bremen 223.
Kassner, Dr. C., in Berlin 282.
Katscher, L., in Budapest 81. 134. 275. 373. 416. 521. 522. 568. 573.
Koerber, Dr. F., in Steglitz 37. 43. 44. 95. 96.
Kürchhoff, Oberleutnant, in Berlin 214. 552.
Lindemann, Dr. E., in Berlin 385.
Müller, P. Joh., in Zittau 97.
Rathgen, Prof. Dr. F., in Berlin 283. 475.
Riem, Dr. Joh., in Berlin 237. 282. 284. 479. 571.
Rumpelt, Dr. A., in Taormina 289. 491.
Schmidt, Dr. A., in Berlin 93. 94. 138. 190. 191. 233. 235. 240. 287. 289. 335. 378. 431. 432.
Schlüter, Dr. O., in Berlin 26. 122. 178.
Schwahn, Dr. P., in Berlin 431.
Sokolowsky, Dr. A., in Berlin 562.
Süring, Dr. R., in Berlin 49. 527.
Umlauft, O., in Berlin 572.
Wegner, Dr. H., in Tübingen 529.
Wahnschaffe, Prof. Dr. F., in Berlin 398.
Weinstein, Prof. Dr. B., in Berlin 145. 256.
Wenzel, Prof. Dr. O., in Wien 241. 318. 361.
Witt, O., Astronom, in Berlin 1. 71. 112. 141. 170. 201. 461.

Inhalt des vierzehnten Bandes.

Grössere Aufsätze.

Mitteilungen.

Bibliographisches.

Himmelserscheinungen.

Namen- und Sachregister

zum vierzehnten Bande.

Rocher St. Michel. Rocher Corneille.

Le Puy-en-Velay.

Die kleinen Planeten.

Von Gustav Witt, Astronom in Berlin.

Es gewährt einen eigenen Reiz, sich in den Entwickelungsgang eines bestimmten Forschungs- oder Wissensgebietes in einem gröfseren Zeitraum zu vertiefen, und der Anbruch eines neuen Jahrhunderts ist unzweifelhaft einer der passendsten Momente zu retrospektiven Betrachtungen solcher Art. Von dieser Empfindung geleitet, hat die moderne populär-wissenschaftliche Litteratur zahlreiche Arbeiten gezeitigt, welche sich in mehr oder minder grofser Ausführlichkeit die zusammenfassende Darstellung der Forschungsergebnisse des durch glanzvolle und epochemachende Leistungen auf den Gebieten von Wissenschaft und Technik so ausgezeichneten 19. Jahrhunderts zur Aufgabe gemacht haben. Die nachfolgenden Blätter sind bestimmt, ihnen einen bescheidenen Beitrag hinzuzufügen; unmittelbaren Anlafs zu ihnen gab die freudige Erinnerung an eine der schönsten astronomischen Entdeckungen, mit der das nun zu Grabe getragene 19. Jahrhundert eingeleitet worden war, eine Entdeckung, welche die gesamte Entwickelung der theoretischen wie der praktischen Astronomie in dem verflossenen hundertjährigen Zeitraum unverkennbar auf das nachhaltigste und bedeutsamste beeinflufst hat.

Das wichtige Ereignis, von dem wir in der Folge zu handeln haben werden, kam freilich nicht unerwartet; man hatte es lange geahnt und erhofft, und gleichwohl überraschte es die gelehrte Welt aufs höchste, als es Wirklichkeit geworden war.

I. Vorgeschichte der Planetoiden-Entdeckungen.

Die Wissenschaft begnügt sich nicht mit der Kenntnis der Thatsachen, Erscheinungen und Geschehnisse; sie sucht die Ursachen und Gründe derselben auf, sie strebt nach dem Wissen und Erkennen. Fast immer und überall bethätigt sich dieser Drang zunächst in der Aufsuchung numerischer Gesetzmäſsigkeiten für die beobachteten Erscheinungen, gleichviel ob sie auf unserm Planeten statthaben oder sich am Firmament abspielen. Aus diesem Drang erklären sich die Spekulationen Keplers, welche ihn nach mühsamen Versuchen oft seltsamster Art schlieſslich zur Auffindung seiner berühmten drei Gesetze über die Bewegung der Planeten um die Sonne führten. Tief durchdrungen von der Überzeugung, daſs in dem Planetensystem, soweit damals die Kenntnisse reichten, ein bestimmter Organismus verkörpert sein müsse, beschäftigte ihn bereits die Frage, welches Gesetz die Abstände der Wandelgestirne von der Sonne befolgen möchten. Aber obwohl er, wie in seinem 1596 erschienenen „Mysterium cosmographicum" zu lesen steht, durch eine sinnreiche Anordnung und Ineinanderschachtelung der einfachen regulären Körper des Rätsels Lösung gefunden zu haben schien, blieb ihm doch der groſse Sprung in den Entfernungen, der vom Mars zum Jupiter stattfand, höchst verdächtig; und so schrieb er in der Einleitung zu dem genannten Werke in einer Eingebung seiner stets ungemein regen Phantasie: „Ich bin kühner geworden und setze zwischen Mars und Jupiter einen neuen Planeten".

Mehr als anderthalb Jahrhunderte blieb dieser Gedanke unbeachtet, und erst Lamberts „Kosmologische Briefe über die Einrichtung des Weltbaus" lenkten seit dem Jahre 1761 wieder die Aufmerksamkeit auf die Lücke zwischen Mars und Jupiter. In der Folge bestärkte sich der Glaube an die Existenz eines Himmelskörpers zwischen diesen beiden Hauptplaneten immer mehr. Insonderheit nachdem Johann Daniel Titius[1]) in der 1772 herausgekommenen 2. Auflage seiner deutschen Übersetzung von Bonnets „Contemplation de la nature" für die Abstände der zu jener Zeit bekannten sechs Planeten von der Sonne eine einfache Zahlenreihe aufgestellt hatte; seine Hoffnung, die Lücke zwischen der Mars- und Jupiterbahn werde dereinst durch die Entdeckung von Marssatelliten und vielleicht noch unbekannten Jupitertrabanten ausgefüllt werden, hat begreiflicherweise bei den Astronomen niemals Anklang gefunden. Zweifelhaft bleibt überdies, ob Titius wirklich der erste war, der mit einer solchen Reihe hervortrat; denn wie Benzenberg[2]) und

[1]) Geboren am 2. Januar 1729 zu Konitz in Westpreuſsen, gestorben am 16. Dezember 1796 zu Wittenberg, wo er seit 1756 als Professor der Mathematik und später der Physik thätig war.

[2]) Vornehmlich bekannt durch die von ihm an verschiedenen Orten, zuerst vom Turme der Michaelis-Kirche in Hamburg, in der Absicht an-

v. Zach[3]) behaupten, soll schon vor ihm Christian Wolf eine ähnliche Relation gekannt haben.

Auch die Titius'sche Reihe, der lange Zeit, wiewohl zu unrecht, die Bedeutung eines Gesetzes beigelegt worden ist, würde kaum allgemeiner bekannt geworden sein, wenn nicht Johann Elert Bode[4]) sie in der zweiten Auflage seiner „Anleitung zur Kenntnis des gestirnten Himmels“[5]) zum Abdruck und damit weiteren Kreisen nahe gebracht hätte. Aus diesem Umstande erklärt es sich, daſs häufig die von Titius angegebene Reihe, mit der wir uns weiterhin eingehender zu befassen haben werden, Bode zugeschrieben und nach ihm benannt wurde. Man wird zweckmäſsigerweise beiden zugleich gerecht, indem man sie als die Bode-Titius'sche Reihe bezeichnet.

Von den verschiedenen Formen, in denen sich das erwähnte Zahlenspiel aufschreiben läſst, wählen wir nur eine. Setzt man nämlich die Entfernung Sonne-Saturn = 100 Teile zu je 14,25 Millionen km oder rund 2 Millionen geogr. Meilen, so ergeben sich die sämtlichen Planetenentfernungen nach Titius aus folgender Tabelle, deren Bildungsgesetz ohne weitere Erläuterung klar sein dürfte:

			Wahr. Abstand in Millionen km	Unterschied
Merkur	4 + 0 × 3 = 4 Teile	= 57.0 Mill. km	57.9	0.9
Venus	4 + 1 × 3 = 7 „	= 99.7 „ „	108.1	8.4
Erde	4 + 2 × 3 = 10 „	= 142.5 „ „	149.5	7.0
Mars	4 + 4 × 3 = 16 „	= 228.0 „ „	227.8	0.2
?	4 + 8 × 3 = 28 „	= 399.0 „ „		
Jupiter	4 + 16 × 3 = 52 „	= 741.0 „ „	777.7	36.7
Saturn	4 + 32 × 3 = 100 „	= 1425.0 „ „	1425.9	0.9
Uranus	4 + 64 × 3 = 196 „	= 2793.0 „ „	2867.5	74.5

Absichtlich ist diese Tabelle, in deren letzter Kolumne man die Unterschiede der berechneten gegen die beobachteten mittleren, auf dem Werte 8".80 für die Äquatoreal-Horizontal-Sonnenparallaxe be-

gestellten Versuche, durch die Abweichung frei fallender Körper von der Lotlinie einen direkten Beweis für die Achsendrehung der Erde zu liefern.

[3]) Erster Direktor der 1788 von Herzog Ernst II. auf dem Seeberge bei Gotha begründeten Sternwarte und Herausgeber der „Monatlichen Korrespondenz“.

[4]) Seit 1772 Astronom der Berliner Akademie, von 1782 ab Mitglied derselben, sodann von 1786 bis zu seinem 1826 erfolgten Tode Direktor der Berliner Sternwarte; verdienstvoller Schöpfer der vornehmsten astronomischen Ephemeridensammlung des zuerst für das Jahr 1776 und von da ab regelmäſsig alljährlich herausgegebenen „Berliner Astronomischen Jahrbuchs“.

[5]) 1772 erschienen; eine 10. Auflage dieses Werkes, das lange Zeit belebend auf das allgemeine Interesse für die Himmelskunde eingewirkt hat, gab Bremiker noch im Jahre 1844 heraus.

ruhenden Entfernungen aufgeführt findet, auf Uranus ausgedehnt worden, obwohl denselben Titius s. Z. noch nicht gekannt hatte.

Im allgemeinen wird man nicht bestreiten können, dafs die angegebenen Abweichungen sich in nicht zu weiten Grenzen bewegen; sie würden sogar noch wesentlich kleiner erscheinen, wenn wir die Sonnenabstände, wie es früher geschah, statt in Millionen Kilometer in Millionen geogr. Meilen angesetzt hätten. Andererseits kann aber dem aufmerksamen Leser nicht entgehen, dafs die Reihe nicht durchgehende gesetzmäfsig verläuft, vielmehr gerade das Anfangsglied inkorrekt gebildet ist, was aber bis 1802 unbemerkt geblieben zu sein scheint, wo zuerst Gaufs auf diesen Umstand hinwies. Jeder der Faktoren,*) mit denen nacheinander die Zahl 3 multipliziert erscheint, ist nämlich, wenn man den für Merkur gültigen Ausdruck aufser Betracht läfst, augenscheinlich genau das Doppelte des vorhergehenden. Für Merkur sollte deshalb streng genommen $4 + \frac{1}{2} \times 3 = 5{,}5$ Teile geschrieben werden, was einer Entfernung von 78,4 Millionen Kilometer gleichkäme, so dafs die Differenz über 20 Millionen Kilometer, d. h. mehr als ein volles Drittel des Abstandes betrüge; hinsichtlich der übrigen Planeten dagegen war die Darstellung wenigstens befriedigend zu nennen. Um so mehr mufste es auffallen, dafs auf den Faktor 4 anstatt 8 gleich 16 folgte, und der Gedanke, dafs in dem dadurch gekennzeichneten Raume noch ein bisher unbekannt gebliebener Planet um die Sonne kreisen möchte, war gewifs naheliegend.

Von dem erwähnten theoretischen Mangel abgesehen, eignet sich die Bode-Titius'sche Reihe zweifellos vortrefflich, namentlich der Einfachheit der Zahlenwerte wegen, zum mindesten als Merkregel für die Planetenabstände, und für diesen Zweck ist es mehr als genügend, 1 Teil gleich 2 Millionen geogr. Meilen zu setzen. Zu Ende des 18. Jahrhunderts hat man ihr freilich, wie schon oben angedeutet, eine viel allgemeinere Bedeutung beigemessen; dazu hat in hervorragendem Mafse der Umstand beigetragen, dafs Uranus, der inzwischen rein zufällig am 13. März 1781 von William Herschel entdeckt worden war, sich in das vermeintliche Gesetz ganz erträglich einfügte. Von diesem Augenblick an fafste die Überzeugung, dafs es zwischen Mars und Jupiter noch einen Planeten geben müsse, bei den deutschen Astronomen so festen Boden, dafs der schon genannte v. Zach bereits im Jahre 1785 sich bemüfsigt fand, hypothetische

*) In mathematischer Bezeichnung ist der allgemeine Ausdruck für diese Faktoren 2^n, wo für Venus, Erde, Mars, Jupiter und Saturn n die Werte 0, 1, 2, 4 und 5 annimmt.

Elemente für den erwarteten Körper aufzustellen,[1]) ohne damit allerdings der Wissenschaft viel zu nutzen, und kaum 2 Jahre später sich sogar an die Durchforschung einer zu beiden Seiten der Ekliptik gelegenen schmalen Zone des Himmels heranmachte. Indessen zeigte sich bald, dafs die Kräfte eines einzelnen einer solchen Arbeit nicht gewachsen sein würden, weshalb v. Zach auf einem 1798 in Gotha abgehaltenen astronomischen Kongrefs seine Fachgenossen für die Begründung einer Vereinigung zu interessieren suchte, welche sich die gründlichste Durchmusterung des Ekliptikalgürtels behufs Auffindung des vermuteten Planeten angelegen sein lassen sollte. Eine solche Vereinigung, die, wie Quetelet sich ausdrückte,[2]) gleichsam eine Nadel in einem Bunde Heu suchen wollte, trat denn auch wirklich auf Betreiben Zachs und Schröters, bei Gelegenheit einer Zusammenkunft mehrerer Gelehrter in Lilienthal, Mitte 1800 ins Leben, wenngleich niemals ernstlich in Wirksamkeit. Es gehörten ihr die namhaftesten Astronomen an, unter ihnen Titius, Bode, v. Zach, Lambert u. a. Die Ekliptikalzone des Himmels wurde in 24 Felder eingeteilt, von deren jedem eine neue genaue Karte angefertigt werden sollte; so hoffte man, ohne allzu grofse Mühe für den einzelnen Beobachter, entweder im Verlauf der Kartierungsarbeit selbst oder aber bei gelegentlich wiederholten Vergleichungen der Karten mit dem Himmel dem vermuteten Gestirn auf die Spur zu kommen. Einer der Astronomen, die man zur Mitarbeit zu gewinnen hoffte, war der Theatinermönch Joseph Piazzi in Palermo auf Sicilien, dessen Leitung die dort 10 Jahre vorher unter der Ägide des der Himmelsforschung sehr gewogenen Vizekönigs Prinzen v. Caramanico begründete schöne Sternwarte unterstellt worden war. Noch ehe indessen der Brief, in welchem Piazzi zur Teilnahme aufgefordert wurde, sein Ziel erreichte — infolge der kriegerischen Verwickelungen hatte sich die Zustellung bedeutend verzögert —, war der Zufall bereits der geplanten systematischen Unternehmung zuvorgekommen und überhob die Beteiligten der Durchführung ihrer Absicht, die zweifellos in nicht zu langer Zeit von Erfolg gekrönt worden wäre.

Bevor wir aber auf die Geschichte dieser Entdeckung spezieller eingehen, müssen wir der Bode-Titius'schen Reihe noch einige Worte widmen. Es erscheint dies um so mehr geboten, als sie nachmals bei der Errechnung eines transuranischen Planeten durch Leverrier und Adams wiederum eine nicht unwichtige Rolle ge-

[1]) cf. Bode „Von dem neuen, zwischen Mars und Jupiter entdeckten achten Hauptplaneten des Sonnensystems". Berlin 1802.

[2]) cf. Wolf „Geschichte der Astronomie" pag. 684.

spielt hat. Man darf deswegen, obwohl sich in der Reihe weder ein Naturgesetz ausspricht, noch ihr ein unmittelbarer Einfluſs auf die demnächstige Ausfüllung der Lücke zwischen Mars und Jupiter zugestanden werden kann, die historische Bedeutung, welche ihr in anderer Richtung zukommt, keineswegs unterschätzen, und es wäre ungerecht, sie der Vergessenheit anheimfallen zu lassen.

Wenn einmal die Form $x + y^n . z = e$ für die Planetenentfernungen zu Grunde gelegt wird, so kann man sich leicht davon überzeugen, daſs die Reihe von Titius an Einfachheit nicht wohl übertroffen werden kann, da sie die Darstellung mit den kleinsten ganzzahligen Werten für x, y und z erreicht. Läſst man diesen Gesichtspunkt auſser acht, dann kann man zahllose andere Reihen mühelos aufstellen, die unter Umständen der Wahrheit näher kommen, d. h. die mittleren Entfernungen der Planeten noch genauer darstellen; man braucht nämlich nur für zwei beliebig gewählte Planeten die beiden Gleichungen $x + 2^n . z = e$ — in der That muſs sich für y unter allen Umständen sehr nahe der Wert 2 ergeben — aufzulösen und für x und y die den gefundenen Lösungen nächst gelegenen ganzen Zahlen oder geeignete Vielfache derselben zu nehmen. Auf diese Weise dürfte auch die häufig erwähnte Wurm'sche Reihe gefunden sein, die wir gleichfalls anführen wollen; anscheinend sollte dieselbe auſser für Merkur noch für Uranus die Entfernung möglichst genau darstellen. Die Reihe selbst wurde zuerst in Bodes „Astronomischem Jahrbuch für 1790" in folgender Form mitgeteilt:

			Wahre mittlere Sonnenabstände, die Entfernung Sonne — Erde gleich 1000 gesetzt:
Merkur	387 + 0 × 293 =	387 Teile	387
Venus	387 + 1 × 293 =	680 „	723
Erde	387 + 2 × 293 =	973 „	1 000
Mars	387 + 4 × 293 =	1 559 „	1 524
?	387 + 8 × 293 =	2 731 „	
Jupiter	387 + 16 × 293 =	5 075 „	5 203
Saturn	387 + 32 × 293 =	9 763 „	9 555
Uranus	387 + 64 × 293 =	19 139 „	19 206

wobei jeder Teil zu rund 0,02 Millionen geographischen Meilen angenommen werden kann.

Ersichtlich schlieſst sich diese Reihe, allerdings sehr zum Nachteil der Einfachheit, etwas enger an die wirklich beobachteten Entfernungen an als die Bode-Titius'sche Formel und ist deshalb genauer. Ein durchgängig noch besserer Anschluſs, sogar mit kleineren Zahlen, wird erhalten, wenn man den sämtlichen Gleichungen für die Planeten Venus bis Saturn einschlieſslich zu genügen sucht, was mit Hilfe der Methode der kleinsten Quadrate keinerlei Schwierigkeiten bietet. Diese Reihe, die Verfasser gelegentlich aufgestellt hat, ergiebt die Werte der Planetenabstände unmittelbar in Millionen Kilometer; sie zeigt, was aber in der Natur der Sache liegt, nur für Merkur eine prozentual zu starke Abweichung, während die Entfernung Uranus-Sonne noch erheblich besser als bei Titius dargestellt wird. Die Reihe lautet:

			Wahre Entfernungen:
Merkur	65 + 0 × 43 = 65	Millionen km	58
Venus	65 + 1 × 43 = 108	„ „	108
Erde	65 + 2 × 43 = 151	„ „	150
Mars	65 ÷ 4 × 43 = 237	„ „	228
?	65 + 8 × 43 = 409	„ „	—
Jupiter	65 + 16 × 43 = 753	„ „	778
Saturn	65 + 32 × 43 = 1441	„ „	1426
Uranus	65 + 64 × 43 = 2817	„ „	2867

Gänzlich verschieden ist eine Relation gebildet, welche John Herschel in seinen „Outlines of Astronomy“ als von einem Mr. Jones herrührend anführt.*) Ordnet man nämlich die mittleren Entfernungen der Planeten folgendermaßen in zwei Gruppen: Merkur, Venus, Jupiter, Saturn — Erde, Mars, Uranus, Neptun, so ist innerhalb jeder Gruppe das Produkt der mittleren beiden sehr nahe gleich dem des einschließenden Paares, also, wenn wir die Entfernungen allgemein wieder mit e bezeichnen:

$$e_V \,.\, e_J = e_{Me} \,.\, e_S \text{ und } e_E \,.\, e_N = e_{Ma} \,.\, e_U;$$

die Bedeutung der Indices ist nach dem Gesagten auch ohne Erläuterung verständlich.

Seltsamerweise hatte man außerhalb Deutschlands anscheinend weder von der Bode-Titius'schen noch von der Wurm'schen Reihe, trotz ihrer Veröffentlichung durch Bode an hervorragender Stelle, Notiz genommen; erst nach der Entdeckung der Ceres durch Piazzi, welcher der nächste Abschnitt gewidmet sein wird, und nachdem deren planetarische Natur so gut wie sicher erwiesen war, wurden sie auch im Auslande allgemeiner bekannt und in ihrer Bedeutung gehörig gewürdigt.

II. Entdeckungsgeschichte der Ceres.

Seit dem Jahre 1792 war man auf der Sternwarte zu Palermo mit der Anfertigung eines neuen umfangreichen Fixsternverzeichnisses auf Grund sehr genauer Beobachtungen an für die damalige Zeit ausgezeichneten Instrumenten beschäftigt; daß dabei die älteren Kataloge zu Rate gezogen und sorgfältig verglichen wurden, ist so selbst-

*) An Herschel in einem Schreiben vom 1. März 1869 mitgeteilt.

verständlich, dafs von der Thatsache eigentlich kaum Aufhebens gemacht zu werden brauchte. Wie sehr diese Bemerkung indessen hier am Platze ist, dafür werden wir sofort einen recht eklatanten Beweis erhalten. In Wollastons „general-catalogue of stars etc.“, einer Zusammenstellung aus mehreren früheren Fixsternkatalogen, findet sich ein Stern aufgeführt, der angeblich von Tobias Mayer beobachtet und in dessen Verzeichnis von Zodiakalsternen enthalten sein sollte. Beim Zurückgehen auf die angegebene Quelle stellte sich heraus, dafs entweder ein Versehen vorliegen mufste oder der Stern nicht existierte. Dieser Zweifel bedurfte der Aufklärung, und der nächste heitere Abend wurde zur Prüfung durch eine selbständige Beobachtung in Aussicht genommen.[10])

Es war am Donnerstag, den 1. Januar 1801. Um $8^{3}/_{4}$ Uhr sollte die verdächtige Stelle des Himmels kulminieren. Ganz zur gehörigen Zeit erschien der von Wollaston aufgeführte, in Mayers Sternverzeichnis vergeblich gesuchte Fixstern im Gesichtsfelde des Fernrohrs, und damit war seine Existenz erwiesen. Gleichzeitig bemerkte aber der Beobachter — es war Piazzi selbst — einen etwas schwächeren Stern achter Gröfse in der Nähe, der jenem eine Minute folgte und eine halbe Vollmondbreite südlicher stand. Dies hatte an sich nichts Befremdliches. Am kommenden Abend gelegentlich der Revisionsbeobachtung aber zeigte sich, dafs weder die Zeit der Kulmination noch die Deklination, wie sie am 1. Januar notiert waren, auf den erwähnten kleineren Stern pafsten. Wohl nahm Piazzi an, da seine erste Beobachtung nicht gut so stark fehlerhaft ausgefallen sein konnte, wie es die Differenz der beiden voneinander unabhängigen Ortsbestimmungen erforderte, dafs es sich gar nicht um einen Fixstern handeln möchte; immerhin bedurfte es aber einer neuen Prüfung, um die Frage zu entscheiden. Indessen fehlte es ihm dazu an den ausreichenden Hilfsmitteln, denn weder er selbst noch seine Gehilfen vermochten das verdächtige Objekt aufserhalb des Meridians an einem Kometensucher und an einem 4-zölligen Achromaten wahrzunehmen. So mufste der nächste Abend abgewartet werden. Nun aber wurde es zur Gewifsheit, dafs der Stern sich wirklich bewegte, denn wiederum war er um ein Stück fortgerückt. Am Abend des 4. Januar konnte nochmals konstatiert werden, dafs das Fortschreiten gegen die umliegenden

[10]) Bode hat später, nachdem ihm von Piazzi die hier geschilderte Thatsache mitgeteilt worden war, unabhängig feststellen können, dafs der Stern wohl am Himmel vorkommt, aber nicht von Mayer, sondern von Lacaille beobachtet und dem von diesem veröffentlichten Sternverzeichnis einverleibt war; auch fand er sich ganz korrekt auf Bodes Sternkarten verzeichnet.

Sterne ziemlich gleichmäfsig erfolgte; dann kam trübes Wetter, so dafs erst wieder am 10. Januar eine Messung des Ortes des Neulings möglich war. Von da ab wurde der langsam am Himmel hinwandernde Stern mit geringen Unterbrechungen bis zum 11. Februar verfolgt; dann mufsten die Messungen abgebrochen werden, weil der Meridiandurchgang bereits in die helle Dämmerung hineinfiel und der Stern unsichtbar wurde. Niemals in dieser Zeit war Piazzi der Gedanke gekommen, dafs ihm ein seiner Natur nach höchst bedeutsamer Fund geglückt war; vielmehr hielt er den von ihm entdeckten Weltkörper trotz des fixsternartigen Aussehens für einen Kometen.

Unbegreiflicherweise unterblieb fürs erste eine Ankündigung der Piazzi'schen Entdeckung, obwohl solche bereits am 4. Januar möglich und geraten gewesen wäre. Dies ist uns um so weniger verständlich, als man in unserer Zeit, und zwar mit gutem Grunde, bestrebt ist, jeder Entdeckung thunlichst rasche und allgemeine Verbreitung zu sichern. Aus einem eigenen Briefe an Bode, vom 1. Mai 1801 datiert, geht übrigens der Grund klar hervor. Piazzi wollte sich nämlich aufser dem Ruhm der Entdeckung auch einen Vorsprung in der Bestimmung der Bahn sichern; dazu war er, schon vorher unpäfslich, am 13. Februar gefährlich erkrankt und längere Zeit ans Bett gefesselt, so dafs er an eine Berechnung seiner Beobachtungen nicht denken konnte.

Erst Anfang März las Bode in Berlin in auswärtigen Zeitungen die Meldung von der Auffindung eines angeblichen Kometen durch Piazzi, ohne dafs jedoch über seinen Lauf das mindeste zu erfahren gewesen wäre. Endlich am 20. März traf ein vom 24. Januar datiertes Schreiben Piazzis bei Bode ein, in welchem er seine Entdeckung meldete und zugleich die Örter des Kometen für den 1. und den 23. Januar mitteilte. Ein nahe gleichlautendes Schreiben war, ebenfalls am 24. Januar, an Oriani, den Direktor der Mailänder Sternwarte, mit dem Piazzi in lebhaftem Briefwechsel stand, abgegangen, hatte aber gar 71 Tage, nämlich bis zum 5. April gebraucht, um in die Hände des Empfängers zu gelangen. So war Bode der Erste, der von der Entdeckung, über welche wir berichtet haben, unmittelbare Kunde erhielt.

Die Mitteilung über die Örter des Kometen beschränkte sich auf die Angabe, dafs derselbe am 1. Januar die Rektascension $3^h\ 27^m,2$ und die Deklination $+ 16^\circ\ 8'$ — in einem späteren Briefe wurde dafür der richtigere Wert $+ 15^\circ\ 38'$ angegeben — gehabt hatte und am 23. Januar in AR $3^h\ 27^m,1$, D $+ 17^\circ\ 8'$ beobachtet worden war. Damit konnte Bode freilich wenig anfangen; aber glücklicherweise fand sich in Piazzis Schreiben noch die Bemerkung, dafs das Gestirn am 11. Januar in gerader Aufsteigung zum Stillstand gekommen und von der ursprünglich rückläufigen Bewegung — unter den Sternen nach Westen — in die rechtläufige übergegangen war.[11])

Bode fiel es sofort auf, dafs die beiden Beobachtungen vom 1. und 23. Januar in Verbindung mit der relativ langsamen Bewegung und dem am 11. Januar beobachteten Stillstand viel besser zu der Voraussetzung stimmen würden, Piazzis Stern sei gar kein Komet, sondern ein Planet, und zwar der von ihm „seit bereits 30 Jahren angekündigte, zwischen Mars und Jupiter befindliche, bisher noch nicht entdeckte achte Hauptplanet des Sonnensystems“, dessen Abstand von der Sonne die Titius'sche Reihe zu rund 400 Millionen Kilometer ergiebt. Unverweilt schrieb er an den Entdecker und bat sich die weiteren Beobachtungen des äufserst merkwürdigen und so ganz planetenähnlich sich bewegenden Sterns aus, verfehlte aber nicht, auch andere Astronomen von seiner Vermutung in Kenntnis zu setzen, so Mechain in Paris und v. Zach in Gotha.

Inzwischen verlor er aber keine Zeit mit Warten, sondern versuchte unter Zugrundelegung der oben angegebenen mittleren Sonnenentfernung die Berechnung einer Kreisbahn; bereits am 16. April konnte er der Berliner Akademie über die von ihm gefundenen Resultate Bericht erstatten, wonach seine Vermutung — und man darf hinzufügen, seine Hoffnung — an Wahrscheinlichkeit gewonnen hatte. Die Entscheidung, mochte sie nun im einen oder anderen Sinne fallen, mufste freilich bis zum Eintreffen der Piazzi'schen Beobachtungen verschoben werden, zumal eine von Bode unternommene Nachsuchung am Himmel an einigen heiteren Abenden im April und Mai sich als fruchtlos erwies.

Auffallenderweise verharrte Piazzi bei seiner Meinung von der Kometennatur des von ihm aufgefundenen Gestirns. Zwar berichtet Zach an Bode, in dem ersten an Oriani gerichteten Briefe schreibe der Entdecker, „er habe anfangs den Stern für einen Kometen gehalten, da er aber beständig ohne merklichen Nebel erscheine und sich sehr langsam bewege, so sei er mehrere Male veranlafst worden, zu glauben, dafs er wohl ein Planet sein könne“; Bode gegenüber war aber stets nur von einem Kometen die Rede. Zugestandenermafsen hat sich Piazzi durch die letzten Beobachtungen im Februar, wo der Stern schon recht schwach erschien, irreführen lassen, in der Meinung, der angebliche Komet entferne sich zu jener Zeit schnell von der Erde. Endlich in einem Schreiben vom 1. August teilt er Bode unter

[11]) Vgl. darüber H. u. E. Jahrgang I, S. 305 f., 475 f., Jahrgang IX, S. 20.

herzlicher Beglückwünschung mit, dafs er mit diesem seinen Fund für einen wirklichen Planeten zu halten geneigt sei, obwohl ein Zweifel noch immer bestehen bleibe, wenn nicht die Wiederauffindung im Herbst gelinge. Zugleich bringt er den Namen Ceres Ferdinandea in Vorschlag, als Ausdruck der Verehrung der Schutzgöttin Siciliens und der Huldigung für den Stifter der Sternwarte in Palermo, den damaligen König Ferdinand IV. von Sicilien und Neapel. Von anderer Seite waren inzwischen schon mehrere Namen vorgeschlagen worden, Juno, Vulkan, Cupido, Titan, während Lalande in Paris den Namen Piazzi für das neue Gestirn gewählt wissen wollte. Indessen ist später der Name Ceres allgemein adoptiert worden.

Mittlerweile waren die Originalbeobachtungen an verschiedene Astronomen, vorläufig unter der Bedingung, dafs von ihnen kein öffentlicher Gebrauch gemacht werden sollte, mitgeteilt worden, und nun folgte Versuch auf Versuch, sie, sei es durch eine Kreisbahn oder durch eine Parabel, möglichst genau darzustellen. Bode, Zach, Olbers und der Entdecker selbst beteiligten sich aufs regsamste an diesen Arbeiten, aber es wollte auf keine Weise gelingen, ihnen durch eine Parabel auch nur einigermafsen gerecht zu werden; die übrigbleibenden Abweichungen waren unzulässig grofs, und am besten genügte immer noch die Annahme einer kreisförmigen Bahn. Trotzdem erachteten es die meisten Berechner — Bode und Olbers ausgenommen — noch keineswegs für ausgemacht, dafs sich nicht schliefslich doch eine die Beobachtungen darstellende Parabel finden lassen könnte; überdies hielt man den Bogen, den, von der Erde aus gesehen, der neue Körper am Himmel in dem 6-wöchigen Zeitraum zurückgelegt hatte — er betrug nur 3 Grad (Fig. 1) —, für viel zu klein, um die wahre Bahn um die Sonne mit hinreichender Sicherheit zu bestimmen. Zach gab sogar gelegentlich der Vermutung Ausdruck, Piazzis Stern könne vielleicht als eine Wiederkehr des Lexellschen Kometen angesehen werden, der dann seit 1770 6 Umläufe zu je $5\frac{1}{2}$ Jahren um die Sonne vollendet haben mufste; Bode wies indessen nach, dafs diese Annahme ganz unwahrscheinlich sei, da anderenfalls der Komet in der Zwischenzeit Störungen von einem Betrage erfahren haben würde, der mit den bekannten Planetenmassen unvereinbar war.

Ende Mai machte sich Burckhardt in Paris, mehr aus theoretischem Interesse als in der Hoffnung, die wahre Bahnform zu finden, an die Ermittelung einer elliptischen Bahn, und wirklich gelang es ihm, 5 als Ausgangspunkte gewählte Beobachtungen durch eine Ellipse, deren halbe grofse Achse zu 2,57 astronomischen Einheiten oder 386 Millionen Kilometer gefunden wurde, bis auf wenige Bogensekunden darzustellen. Diese unerwartet grofse Genauigkeit hätte eigentlich alle Zweifel an der Planetennatur des Piazzischen Gestirns hinfällig erscheinen lassen müssen; allein die Astronomen waren damals noch viel zu sehr in einem allerdings verzeihlichen Irrtum befangen, und selbst Burckhardt hielt das beobachtete Bogenstück für zu klein, um die Möglichkeit einer parabolischen Bahn endgültig auszuschliefsen.

Um uns einen Begriff von den bisher nur angedeuteten Schwierigkeiten machen zu können, vor welche sich die Astronomen im Anfange des 19. Jahrhunderts so unerwartet gestellt sahen, müssen wir

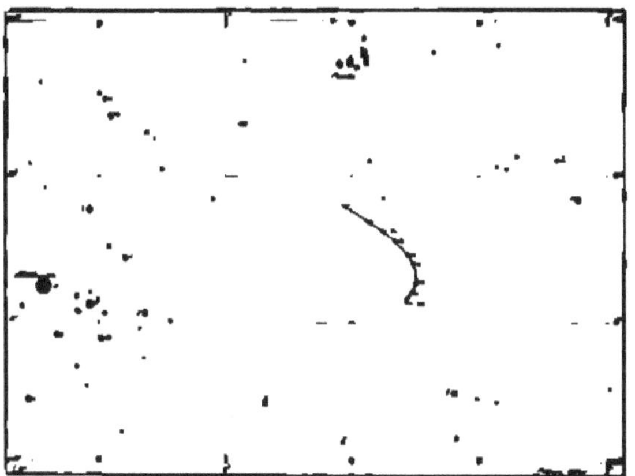

Fig. 1. Scheinbarer Lauf der Ceres in der Zeit vom 1. Januar bis 11. Februar 1801.

hier eine etwas allgemeinere Erörterung einschalten. Wie man weifs, bewegen sich die Planeten und Kometen, von den gegenseitigen Einwirkungen der verschiedenen Körper, den sogenannten Störungen, abgesehen, in Bahnen um die Sonne, die allgemein unter dem Namen der Kegelschnitte zusammengefafst werden. Zur Vorausbestimmung des Ortes eines Planeten oder Kometen am Himmel sind nun in der Regel 6 Bestimmungsstücke notwendig, die man als Elemente zu bezeichnen pflegt. Einmal mufs nämlich bekannt sein, welche Neigung die Ebene, in der die Umkreisung des Planeten um die Sonne erfolgt, gegen eine angenommene Grundebene, z. B. die Ekliptik, hat, und um welchen Winkel die Schnittlinie beider Ebenen, die sogenannte Knotenlinie, von einer im Raume festen Richtung abweicht. Wichtiger als diese beiden Elemente sind für unsere Betrachtung diejenigen Bestimmungsstücke, welche die Gestalt und die Dimensionen der wahren Bahn festlegen. Hierzu sind im allgemeinen 3 Daten erforderlich, nämlich einmal die Richtung, in welcher das Gestirn seinen kürzesten Abstand von der Sonne erreicht, diese kürzeste Entfernung selbst und die Angabe der Exzentrizität, durch die der Bahncharakter, ob Kreis, Ellipse oder Parabel — wenn wir den seltenen Fall der Hyperbel unberücksichtigt lassen — festgelegt wird. Ist dann schliefslich beispielsweise noch die Zeit[7]) gegeben, welche seit dem Durchgange durch die Sonnennähe verflossen ist, so wird damit der Ort des Gestirns unzweideutig bestimmt, und die Stelle des Himmels, an der man ihn aufzusuchen hat, läfst sich durch eine zwar etwas umständliche, aber immerhin einfache Rechnung angeben, welche zugleich zur Kenntnis der jeweiligen Entfernung des Gestirns von der Erde führt. Fügen wir noch die Bemerkung hinzu, dafs, sobald letztere Gröfse auf anderem Wege bekannt geworden ist, eine direkte Rechnung den Wert des Radiusvektors für die Beobachtungszeit ergiebt, so ist damit alles erschöpft, was das Verständnis der folgenden Auseinandersetzungen erleichtern kann.

Wir werden nun der Frage näher zu treten haben, wie die Astronomen zur Kenntnis der Bahnelemente gelangen, denn dies ist naturgemäfs die primäre und zugleich wichtigste Aufgabe. Je nachdem es sich um die älteren grofsen Planeten oder um den bei der Ceresentdeckung zum ersten Male aufgetretenen Fall handelt, beantwortet sich diese Frage ganz verschieden. Als Grundlage in dem berühmten Problem der Bahnbestimmung werden augenscheinlich die auf der Erde angestellten Messungen für die Örter der Wandelsterne zu dienen haben. Der Theorie nach sollten drei Beobachtungen nebst den zugehörigen Zeiten für die Bestimmung von Lage, Gestalt und Dimensionen der Bahn eines die Sonne umkreisenden Körpers hinreichen, da als weitere, zu erfüllende Bedingung die Forderung hinzutritt, dafs den Kepler'schen Gesetzen, die bekanntlich ein Ausflufs des Newton'schen Gravitationsgesetzes sind, Genüge geschehen mufs.

Für die älteren Planeten lag die Sache insofern günstig, als Kepler, dessen Scharfsinn wir in der Hauptsache die Lösung in diesem Falle verdanken, die wertvollen, über einen grofsen Zeitraum verteilten Tychonischen Beobachtungen zur Verfügung standen. Durch eine geschickte Auswahl unter diesen war es ihm möglich, die Umlaufszeiten um die Sonne mit grofser Genauigkeit abzuleiten und damit auf Grund seines dritten Gesetzes, demzufolge die Quadrate der

---

[7]) In der Praxis werden teilweise andere Angaben bevorzugt; doch ist dieser Umstand hier bedeutungslos. Aufserdem erübrigt sich für die Parabel die Angabe der Exzentrizität, da sie in allen Fällen gleich 1 ist.

Umlaufszeiten sich wie die Kuben der grofsen Achsen der Planetenellipsen verhalten, zur Kenntnis der Werte dieser Achsen selbst zu gelangen. Auch die eigentliche Form der Bahnen war nicht allzuschwer herauszubringen. Wir können es bei diesen allgemeinen Andeutungen hier um so mehr bewenden lassen, als der Gegenstand bereits im ersten Bande dieser Zeitschrift eine lichtvolle Darstellung gefunden hat[13]) und eine ausführlichere Behandlung an dieser Stelle uns weitab von unserem eigentlichen Ziele führen würde. Der von Kepler eingeschlagene Weg war zwar umständlich, aber dabei elementar, und die allmähliche Verbesserung der vorerst nur näherungsweise ermittelten Elemente der Planetenbahnen konnte vorgenommen werden, ohne dafs es dazu der Anwendung höherer mathematischer Rechnungsoperationen bedurft hätte.

Die Entdeckung des Uranus erheischte schon eine wesentlich andere Behandlung des Problems der Bahnbestimmung, wiewohl von eigentlichen Schwierigkeiten auch in dem Falle kaum die Rede sein konnte. Die ungemein langsame Bewegung dieses Körpers am Himmel, seine nicht unbedeutende Helligkeit — Uranus gleicht einem Sterne sechster bis siebenter Gröfse — und die Möglichkeit, ihn bei hinreichender Vergröfserung an seiner Scheibenform unter den Fixsternen jederzeit leicht herauszukennen, liefsen die Befürchtung, dafs er verloren gehen könne, überhaupt nicht aufkommen. Zudem genügte die Annahme einer kreisförmigen Bahn vorerst vollständig, um die Beobachtungen mit genügender Genauigkeit darzustellen. Die Auffindung einer Kreisbahn resp. ihrer Elemente, zu deren Bestimmung schon zwei Beobachtungen hinreichen, erforderte zwar gleichfalls eine indirekte, aber fast mühelose Rechnung, welche den Astronomen bald nach der Uranusentdeckung durchaus geläufig wurde. So konnte man jeden Augenblick, wenn neuere Beobachtungen dies ratsam erscheinen liefsen, nach Belieben besser stimmende Kreisbahnelemente ableiten, und die schliefsliche Ermittelung der elliptischen Elemente liefs sich, da die Bahn des Uranus thatsächlich nur wenig von der Kreisform abwich, also schon recht angenäherte Werte erhalten waren, in aller Bequemlichkeit, sozusagen auf dem Wege des Probierens erledigen.

Gleichwohl hatte man nicht unterlassen, dem Problem der Bahnbestimmung mit den Hilfsmitteln der höheren Analysis unter Vermeidung der vorhin gekennzeichneten Umwege zu Leibe zu gehen.

---

[13]) Vgl. Dr. M. Wilhelm Meyer: Versuch einer beweisführenden Darstellung des Weltgebäudes in elementarer Form. H. u. E. I. Jahrgang, S. 475 f., S. 533 f.

Aber indem man die Lösung auf ganz direktem Wege versuchte, gelangte man zu so verwickelten Gleichungen, dafs sie jeder praktischen Verwendbarkeit entbehrten, oder man mufste sich schliefslich wieder Vernachlässigungen erlauben, welche die Resultate nahehin illusorisch machen konnten. Wieder andere behalfen sich damit, Methoden auszubilden, die, weil auf ganz spezielle Fälle zugeschnitten, nicht allgemein brauchbar waren. Nur für den Fall, dafs man die Bahn als Parabel voraussetzte, war es Olbers gelungen, eine bequeme, auch heute noch ohne grundlegende Änderungen allgemein gebräuchliche Methode aufzustellen. Ganz in seiner Allgemeinheit betrachtet, schien dagegen das wichtige Problem alle Bemühungen der Mathematiker zu vereiteln. Hierzu kam, dafs man eigentlich keine rechte Einsicht in das Wesen der Aufgabe gewonnen hatte und vielfach in unzutreffenden Vorstellungen befangen an ihre Behandlung heranging, insonderheit was die Möglichkeit einer Bahnbestimmung aus Beobachtungen, die einen kurzen Zeitraum umfassen, anlangt.

Dieses Dilemma trat so recht eigentlich erst in die Erscheinung anläfslich des Streites der Meinungen über die Natur des Piazzi'schen Gestirns. Dafs eine Kreisbahn wohl im allgemeinen, jedenfalls erheblich besser als eine Parabel, genüge, um den Lauf der Ceres zu veranschaulichen, darüber war man sich nahezu einig geworden; aber die Wahrscheinlichkeit, dafs sich auf Grund so unsicherer Angaben im Herbst oder Winter 1801 am Morgenhimmel die Wiederauffindung erreichen lassen werde, war äufserst gering, zumal man auch der von Burckhardt errechneten Ellipse keine erhebliche Zuverlässigkeit beimafs, und zum zweiten Male würde der Zufall sich kaum günstig erwiesen haben. Die Bemühungen verschiedener Beobachter im September und Oktober, des Planeten habhaft zu werden, waren danach an sich schon wenig aussichtsvoll und blieben erfolglos. So schien sich alles verschworen zu haben, die wichtige Entdeckung wieder verloren gehen zu lassen, denn je länger je mehr mufste die Unsicherheit darüber wachsen, an welchem Orte des Himmels man Nachsuchung halten sollte.

In dieser Not erschien der Retter in der Person des damals erst 24jährigen, aber durch seine genialen mathematischen Untersuchungen bereits in der ganzen Welt berühmten Gaufs.[14]) Mit den höheren astronomischen Problemen, die ihn durch ihre Schwierigkeit reizten, wie insbesondere mit den Versuchen zur Lösung der Bahnbestim-

[14]) Karl Friedrich Gaufs wurde am 30. April 1777 zu Braunschweig geboren und lehrte von 1807 bis zu seinem am 23. Februar 1855 erfolgten Tode als Professor der Mathematik und Direktor der Sternwarte in Göttingen.

mungsaufgabe durchaus vertraut, war ihm die Verlegenheit der Astronomen etwa im September 1801 zu Ohren gekommen. Obwohl ihn z. Z. Untersuchungen wesentlich anderen Charakters beschäftigten,

Gauß-Weber-Denkmal in Göttingen.

übersah er doch mit dem ihn auszeichnenden ungewöhnlichen Scharfblick, daß gewisse Überlegungen, in denen er sich gerade bewegte, die aber andernfalls vielleicht ungenutzt beiseite geschoben worden wären, ihn auf eine Lösung des die Astronomen so sehr bedrängenden Problems führen könnten. Nun setzte er sich die Aufgabe, die

Bahn eines Körpers ohne alle Voraussetzungen und ohne von Spezialfällen auszugehen, aus Beobachtungen zu bestimmen, die nur einen kurzen Zeitraum umfassen, und bald hatte er eine Lösung gefunden, wie sie eleganter nicht gedacht werden kann.

Bei der Schwierigkeit, welche der Gegenstand einer elementaren Behandlung entgegensetzt, müssen wir es uns leider versagen, hier auf das Wesen seiner Methode einzugehen, die Gaufs trotz mehrfachen Zuredens von befreundeter Seite erst 1809 in dem unsterblichen, ursprünglich deutsch geschriebenen Werke „theoria motus corporum in sectionibus conicis solem ambientium" veröffentlichte, nachdem sie aufs eleganteste durchgebildet und ausgefeilt worden war. Er vermeidet jeden Versuch einer direkten und absolut strengen Lösung als aussichtslos, behandelt die Aufgabe vielmehr als eine vorerst nur näherungsweise zu lösende, giebt dann aber Rechnungsvorschriften, die fast unmittelbar, unter den Händen eines geschickten Rechners schon in wenigen Stunden, sozusagen streng zum Ziele, d. h. zur Kenntnis der Entfernungen und damit der Bahnelemente führen.

Die eigentliche Ausarbeitung der Methode kann in der That nur erstaunlich kurze Zeit in Anspruch genommen haben, da Gaufs die erste Anwendung auf die Ceresbeobachtungen bereits im Oktober 1801 machte. Seine Resultate wurden durch v. Zach unter dem 16. November an Bode mitgeteilt; aus ihnen ergab sich, da sämtliche Piazzi'schen Beobachtungen mit einer für die damalige Zeit fast unerhörten Genauigkeit dargestellt wurden, unwiderleglich die Planetennatur der Ceres, wenigstens für Zach und Olbers, die offenbar genaueren Einblick in die Rechnungen hatten nehmen dürfen. Minder zuversichtlich scheint Bode gewesen zu sein, der die Fähigkeiten des jungen Mathematikers zur Lösung eines Problems, das allen Anstrengungen früherer Bearbeiter so hartnäckig getrotzt hatte, nicht aus eigener Anschauung kannte. Seiner Zweifel konnte er sich um so weniger entschlagen, als auch der berühmte Lalande sich ziemlich skeptisch geäufsert hatte, und andererseits die Gaufs'schen Elemente den Ort der Ceres um volle 7 Grad anders ergaben als die besten Kreiselemente und selbst die Burckhardt'sche Ellipse.

Mittlerweile waren die Nachforschungen, durch ungünstiges Wetter vielfach beeinträchtigt, von dem Entdecker, einigen französischen und vor allem den deutschen Astronomen eifrig in Angriff genommen bezw. fortgesetzt worden, ohne dafs ein Erfolg zu verzeichnen gewesen wäre. Endlich am 6. Januar 1802 erhielt Bode von Olbers die Nachricht, dafs er die so lange gesuchte Ceres am

1. Januar, also genau am Jahrestage ihrer Entdeckung, nahe an dem durch die Gaufs'schen Rechnungen angezeigten Orte wiedergefunden und inzwischen mehrfach beobachtet habe. Bald wurde übrigens bekannt, dafs Zach den Planeten — denn durch die Wiederauffindung waren alle Zweifler auf das glänzendste widerlegt — sogar schon am 7. Dezember gesehen hatte, aber wegen andauernd bedeckten Himmels verhindert gewesen war, ihn sicher zu identifizieren.

Die Freude und Genugthuung der Astronomen über die glückliche Wiederauffindung der Ceres war begreiflicherweise grofs, hatte doch wenige Monate zuvor noch der Jenenser Philosoph Hegel in seiner „Dissertatio de orbitis planetarum" mit allem erdenklichen Scharfsinn aus Gründen der Vernunft den Nachweis erbringen wollen, dafs mehr als sieben Planeten undenkbar seien, und die Bemühungen, in der angeblichen Kluft zwischen Mars und Jupiter einen Planeten aufzufinden, geradezu ad absurdum zu führen versucht, zu einer Zeit, wo die Entdeckung bereits Thatsache geworden war.

Über die nun folgende Periode braucht wenig gesagt zu werden. Gaufs, der einen der höchsten Triumphe hatte feiern dürfen, verwertete die neuen Beobachtungen zu einer stetigen Verbesserung seiner ersten Rechnungen und lieferte die Ephemeriden, mit deren Hilfe Ceres allerorten eifrig verfolgt und beobachtet wurde. Eine Abbildung des würdigen Standbildes, das die dankbare Nachwelt ihm und seinem vertrauten Freunde und langjährigen Mitarbeiter Wilhelm Weber an der Stätte ihres gemeinsamen Wirkens vor wenigen Jahren aufgerichtet hat, finden unsere Leser auf Seite 16.

So war denn der Piazzi'sche Stern ein unverlierbares Glied des Sonnensystems geworden, und wenn wir auch jeder Überhebung abhold sind, so gewährt es uns doch eine gewisse Befriedigung, feststellen zu können, dafs die Sicherung der Ceresentdeckung in hervorragendem Mafse ein Verdienst deutscher Gelehrter war: Bodes, der allen Zweifeln gegenüber die planetarische Natur des neuen Weltkörpers verteidigt, auf sie zuerst hingewiesen hat; Gaufs', dessen Genie die Wiederentdeckung erst möglich machte, endlich Olbers' und v. Zachs, die im vollen Vertrauen auf die Verläfslichkeit der Gaufs'schen Rechnungen eben dort ihre Nachforschungen anstellten, wo allein ihnen der Erfolg winken konnte.

(Fortsetzung folgt.)

— • —

Über die singende Bogenlampe.

Von Dr. B. Donath in Berlin.

Es ist nun einmal nicht anders und wird wohl immer so bleiben. Erfindungen von größter Tragweite werden vom Publikum selten erkannt, wenn sie sich nicht im Gewande des Wunderbaren präsentieren, in einer Form, bei der auch der Hang des Laien zum Mystischen auf seine Rechnung kommt. Die Entdeckung der Röntgenstrahlen ist hierfür ein einleuchtendes Beispiel. Andererseits ist der Durchschnittsmann stets geneigt, den Wert einer Erfindung zu überschätzen, sobald sie nur populär wirksam ist. Er schlägt die Hände vor Entzücken zusammen und kann den Wissenschaftler — den Stockgelehrten — gar nicht begreifen, der die hochbedeutende Sache fast ganz ignoriert und nicht gleich ihm außer sich ist. Hierfür ist die Entdeckung der singenden Bogenlampe ein Beispiel.

Die singende Bogenlampe ist viel älter als man glaubt, und wenn man bis auf die letzten Monate wenig von ihr gesprochen hat, so liegt das vielleicht an ihrer Geburtsstätte. Sie ist nämlich in Deutschland geboren, trotz aller gegenteiligen Versicherungen, und zwar im bayerischen Universitätsstädtchen Erlangen im Jahre 1897. Dort machte der Privatdozent Dr. Simon — später als Leiter des physikalischen Vereins nach Frankfurt a. M. berufen — in Bezug auf induktive Beeinflussung zwischen Stark- und Schwachströmen eine für den Gegenstand wichtige Beobachtung. Auch gab er diejenige Schaltung an, welche wir heute noch für die beste halten müssen. Seine Beobachtungen und Resultate sind in wissenschaftlicher Form für die Physiker festgelegt und von ihnen gelesen, wie das so in den Kreisen der Gelehrten Sitte ist. Später griff dann der Engländer Duddel den Gegenstand wieder auf und experimentierte über den tönenden Flammenbogen unter etwas modifizierten Versuchsbedingungen. Auch verstand er es, den Lichtbogen in einigen gelehrten und nicht gelehrten Versammlungen für sich selbst sprechen zu lassen, und nun hörte man plötzlich allenthalben von der singenden Bogenlampe. Nach Deutschland kam die Kunde sonderbarerweise über Wien, wo die Lampe den begeisterten Hörern „Gott erhalte Franz den Kaiser" vorgesungen hatte, wie später in Berlin „Heil Dir im Siegerkranz". Man nannte sie daher auch die patriotische Bogenlampe.

Das der Erscheinung zu Grunde liegende Phänomen ist ein bekanntes und gehört in die Gruppe der Induktionserscheinungen. Läuft ein Stromkreis I, den wir den primären nennen wollen, einem zweiten Stromkreis II, dem sekundären, auf eine Strecke hin parallel, so vermag I in II durch Induktion Stromschwankungen und Stöße hervorzubringen, gleichgiltig ob in diesem Kreis bereits ein Strom

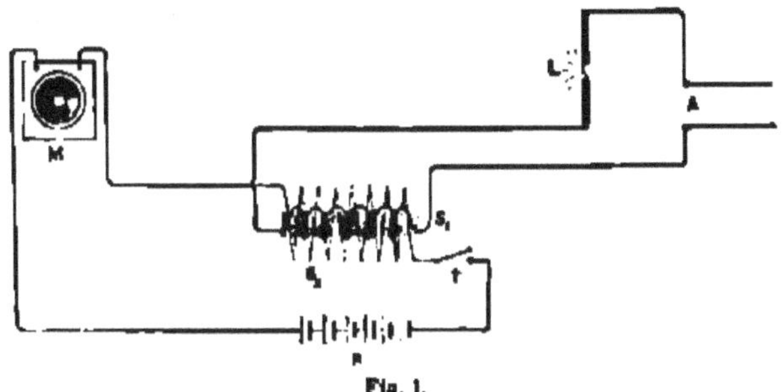

Fig. 1.

umläuft oder nicht. Voraussetzung ist nur, daſs der induzierende Strom in A kein in gleicher Stärke verlaufender ist, sondern ebenfalls schwankt und stöſst. Derartige Ströme spielen in der Praxis nicht nur in der Wechselstromtechnik eine groſse Rolle, sondern es ist jeder Licht- und Kraftstrom wechselnder Belastung unterworfen und wirkt auf benachbarte Stromkreise induktiv, und zwar auf die Schwachstromleitungen meist recht störend. So hören wir bei telephonischen Gesprächen nicht nur die Unterhaltungen auf Nebenleitungen, sondern auch das Arbeiten der Wechselstrommaschinen im Elektrizitätswerk, das Anfahren und Sausen der Straſsenbahnwagen und anderes mehr. Das alles sind jedem bekannte Dinge. Weniger bekannt dürfte es schon sein, daſs diese Beeinflussung stets eine gegenseitige ist und daſs auch die Schwachstromleitungen auf die Starkstromwege einwirken, ohne daſs natürlich die Starkstromtechnik Veranlassung hätte, sich darüber zu beklagen.

Diese Beziehungen finden in dem Simon'schen Experiment

eine recht demonstrative Darstellung. Dr. Simon fand, dafs eine Bogenlampe das charakteristische Geräusch eines in einem entfernten Zimmer arbeitenden Funkeninduktors deutlich und kräftig wiedergab. Eine nähere Untersuchung zeigte ein teilweises Parallelliegen der Induktorleitung und der Lampenleitung. Es war also kein Zweifel vorhanden, dafs hier eine induktive Beeinflussung gewöhnlicher Art vorlag. Weitere Versuche ergaben nun das allerdings überraschende Resultat, dafs der Flammenbogen der elektrischen Lampe ein mindestens so empfindliches Reagens für Stromschwankungen sei wie ein Telephon, und dafs es sogar gelingt, den Bogen die Rolle einer Telephonmembran spielen zu lassen, wenn man den Lampenstrom durch einen Mikrophonstrom — einen gewöhnlichen Sprechstrom — induktiv beeinflufst. Hier hätten wir also ein Beispiel für die Beeinflussung eines Starkstroms durch einen Schwachstrom. Die schon von Dr. Simon für den Versuch angegebene zweckmäfsigste Schaltung ist folgende:

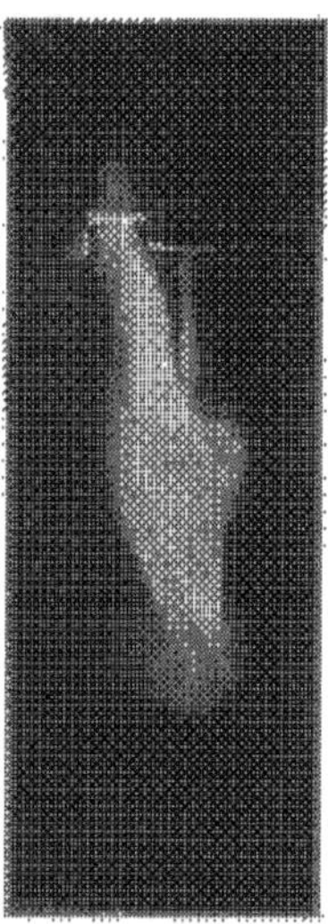

Fig. 2.

Der Strom A (Fig. 1) speist durch die Leitung S_1 die elektrische Bogenlampe L, während er dabei in mehreren Windungen um einen Eisenkern geht. Der Strom B, welcher, von der Batterie B kommend, das Mikrophon M und die Leitung S_2 durchfliefst, ist ebenfalls in vielen Windungen um denselben Eisenkern geführt. Es ist klar, dafs hier Lampenleitung und Mikrophonleitung einander auf eine längere Strecke parallel laufen. Der Eisenkern erhöht dabei den induktiven Einflufs. Wird in das Mikrophon gesprochen, gesungen oder gepfiffen, so gerät seine Platte in Schwinkungen und bewirkt in bekannter Weise durch Zusammendrücken der hinter ihr befindlichen Kohleteile Schwankungen des Leitungswiderstandes und damit auch der durch das Mikrophon fliefsenden Stromstärke. Diese Schwankungen werden in der Induktionsspule auf den Lampenstromkreis übertragen, indem sie ihn entweder verstärken oder schwächen und so ein Heller- oder Dunklerbrennen der Bogenlampe veranlassen. Dieser Wechsel kann ein sehr rapider sein. Wird beispielsweise der Kammerton a in das Mikrophon hineingesungen, so wird, den 435 Schwingungen dieses Tones entsprechend, auch das Licht der Lampe

435 Mal in einer Sekunde schwanken. Interessant hierbei ist nun Zweierlei: Einmal, dafs diese Lichtschwankungen bisher direkt nicht nachgewiesen werden konnten, und dann, dafs die Lampe den in das Mikrophon gesungenen Ton reproduziert.

Was den ersten Punkt anbetrifft, so wird man ja allerdings sagen müssen, dafs die Lichtschwankungen beim Pfeifen oder Singen in mittlerer Tonlage nicht allein sehr schnell verlaufen, sondern auch ungemein zart sein müssen. Nimmt man an, dafs die Stromschwankungen im Mikrophon der Gröfsenordnung nach sich um 0,001 Ampère bewegen und dafs die Bogenlampe mit einer Lichtstärke von 1000 Kerzen, also etwa mit 10 Ampère Stromstärke brennt, so betragen

Fig. 2.

die Lichtschwankungen nur 0,01 Prozent, vorausgesetzt noch, dafs das Transformationsgüteverhältnis in der Induktionsspule ein ideales ist. Kein Wunder also, wenn man die Schwankungen mit den bisher versuchten, doch relativ groben Mitteln, wie durch den rotierenden Spiegel, durch eine bewegte photographische Platte nicht erkannt hat.

Die Reproduktion des Tones wird natürlich nicht von den Lichtschwankungen herrühren, die Quelle der Wiedergabe also auch nicht an den intensiv weifsglühenden Kohlenspitzen zu suchen sein. Man mufs annehmen, dafs der zwischen den Kohlenspitzen sich ausdehnende heifse Lichtbogen — der am wenigsten leuchtende Teil — die Rolle des Reproduktors spielt und durch die Stromschwankungen so beeinflufst wird, dafs er an die ihn umgebende Luft rhythmische Stöfse abgiebt. Wie dies nun geschieht, ist noch nicht ganz festgestellt. Man wird wohl kaum fehlgehen, wenn man periodische Volumenveränderungen der im Flammenbogen erhitzten Luft annimmt.

Für diese Ansicht spricht der Umstand, daſs die im freien Raum aufgestellte Lampe nach allen Seiten gleich gut hörbar ist; und daſs die Tonstärke mit der Verlängerung des Bogens zunimmt.

Was nun die Leistung des Bogens als Reproduktor anbelangt, so muſs ja die Lautstärke der Wiedergabe, wenigstens für gewisse Tonlagen überraschen. Die Reinheit läſst freilich manches zu wünschen übrig. Das Rasseln einer Klingel, das gepfiffene Lied, der Ton einer Trompete wird am besten wiedergegeben, kurz alle Instrumente, die reich an Obertönen sind. Mit dem gesprochenen und dem gesungenen Wort steht es dagegen noch recht schlecht. Die Reproduktion ist schnarrend und undeutlich. Die Versuche des Verfassers, die Musik der Königlichen Oper in Berlin nach der Urania zu übertragen und dort durch eine Bogenlampe wiederzugeben, schlugen anfangs völlig fehl, bis nach vielen kleinen Verbesserungen, wenigstens der zweite Teil der Tell-Ouverture, in dem die Blechinstrumente ein gewichtiges Wort reden, schwach hörbar wurde. Von einem Vergleich mit der Wiedergabe durch ein gutes Telephon konnte gar keine Rede sein. Viel, sehr viel kommt auf die Güte des Mikrophons an und dann auf die Beschaffenheit des Flammenbogens selbst, der möglichst lang und dabei ruhig sein soll. Verfasser verdampft Natrium in dem Bogen und verwendet eine Spannung von 220 Volt. Hierdurch läſst sich die Länge des Bogens um etwa das Achtfache der sonst bei Bogenlampen üblichen Länge vergröſsern. Fig. 2 zeigt die Photographie eines derartigen Bogens, Fig. 3 und 4 die Ausführungsformen für Induktionsspule und Lampe, wie sie ihnen der Präzisionsmechaniker Ferdinand Ernecke in Berlin gegeben hat.

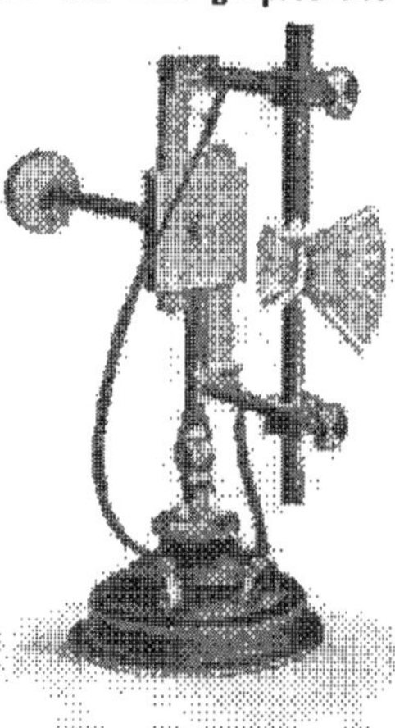
Fig. 4.

Was nun die Duddel'sche Anordnung anbelangt, so liefert sie im groſsen und ganzen dasselbe Resultat wie die Simon'sche. Duddel schaltet unter Vorlegung eines Kondensators das Mikrophon dem Flammenbogen parallel. Neu ist aber folgender Versuch von ihm: Schaltet man parallel zu einem Lichtbogen, der dann nicht zu lang sein darf, eine Drahtspule (Selbstinduktion) und einen

Kondensator (Kapazität) — letztere zu einander in Hintereinanderschaltung — so beginnt der Flammenbogen zu tönen. Die Erklärung für das Phänomen liegt auf der Hand, wenn man erfährt, dafs in jedem System aus Selbstinduktion und Kapazität oscillatorische Bewegungen der Elektrizität — elektrische Schwingungen — stattfinden können. Diese Schwingungen werden hier durch den Lichtbogen hindurch ausgeglichen, bewirken eine periodische Volumenveränderung desselben und bringen ihn so zum Tönen. Die Tonhöhe entspricht der durch das veränderbare Verhältnis zwischen Selbstin-

Fig. 5.

duktion und Kapazität bestimmten Schwingungszahl und bietet schliefslich ein Mittel zur Bestimmung der einen Gröfse beim Bekanntsein der anderen.

Auch die Erscheinung des „tönenden" Lichtbogens ist zu einer artigen Spielerei benutzt worden.

Es liegt sehr nahe, bei konstanter Kapazität mehrere, dem Selbstinduktionskoeffizienten nach verschiedene Spulen so abzustimmen und der Reihe nach einzuschalten, dafs eine von dem Lichtbogen wiedergegebene Tonleiter entsteht. Diese Schaltungen können durch eine Tastatur bewirkt werden, und das Lampenklavier ist erfunden. Fig. 5 zeigt einen derartigen Apparat. Man erkennt vorn links die musizierende Lampe, rechts die Reihe der Selbstinduktionsspulen, dahinter den Kondensator; auch die Klaviatur ist deutlich sichtbar. Der Ton der Lampe ist stark und nicht gerade unangenehm,

Accorde können selbstredend nicht wiedergegeben werden. Es bleibt abzuwarten, welchen Nutzen Wissenschaft und Kunst aus diesem Instrument ziehen werden, das ungefähr fast soviel kostet wie ein guter Bechsteinscher Stutzflügel.

Die singende Bogenlampe ist mittlerweile überall gezeigt worden. Die wenigen Aufgaben, welche sich für den Wissenschaftler aus der Erscheinung ergeben, sind recht dürftig und versprechen kaum eine fördernde Ausbeute. Für die Praxis ist dieser Reproduktor in Anschaffung und Betrieb viel zu teuer, so lange jedes Telephon bequemer und besser arbeitet.

So bleibt denn von der singenden Bogenlampe zunächst nichts übrig als die „Kuriosität".

Die erloschenen Vulkane und die Karstlandschaften im Innern Frankreichs.*)

Von Dr. Otto Schlüter in Berlin.

Ein Blick auf eine geologische Karte von Frankreich läfst ohne weiteres vier Teile unterscheiden, die das ganze Land zusammensetzen, abgesehen von den Grenzgebieten, durch die es mit dem übrigen Europa in Verbindung steht. Zwei von ihnen stellen umfangreiche, schüsselförmige Becken dar, deren Boden durch Glieder der jüngeren Formationen, vom Lias an, in ziemlich regelmäfsiger Übereinanderlagerung gebildet wird. Es sind dies das Becken von Paris und dasjenige der Garonne. Die beiden anderen, die Bretagne und das sogenannte Centralplateau, müssen als schollenförmige Reste uralter Gebirge angesehen werden. Während aber die Bretagne heute nur noch ein niedriges Hügelland ist, dessen höchste, meist vereinzelte Bodenerhebungen 400 m kaum erreichen, besitzt das innere Frankreich nicht nur ausgedehnte Hochflächen von mehr als 1000 m Meereshöhe, sondern auch die höchsten Berge, die wir im nördlichen Europa aufserhalb der Hochgebirge überhaupt antreffen. Zahlreiche Gipfel ragen über 1700 m, manche über 1800 m empor, und an einigen Stellen hat die Landschaft geradezu Hochgebirgscharakter.

Bei einer so bewegten Oberfläche scheint es widersinnig, von einem „Plateau", einer Hochfläche zu sprechen. Und doch wird durch dieses Wort das eigentliche Wesen des Landes in seiner Gesamtheit noch am treffendsten gekennzeichnet. Denn es handelt sich in der That um eine Fläche. Die hohen Erhebungen sind auf zwei bestimmte Teile des Gebietes beschränkt. Sie finden sich einmal in den Cevennen, dem erhobenen Ost- und Südostrande der Hochfläche, von dem aus sie sich nach Westen allmählich abdacht, und ferner in den erloschenen Vulkanen, die ihr erst nachträglich aufgesetzt wurden und gleichsam Fremdlinge im Lande sind.

*) Der Verfasser hat das hier beschriebene Gebiet im September 1900 auf einer Exkursion kennen gelernt, die im Anschlufs an den VIII. Internat. Geologenkongrefs stattfand.

Im einzelnen gliedert sich dieses Herzland Frankreichs wiederum in mehrere geographische Einheiten einer tieferen Ordnung.

Im Süden wird durch die Kalkberge, die bei Montpellier bis in die Rhonesenke vortreten, die Montagne Noire von der Hauptmasse der Cevennen abgetrennt. Im Westen dehnt sich die einförmige Fläche des Limousin aus. Ihre Ostgrenze bildet ein schmaler Streifen von Schichten der Steinkohlenformation, der an der Loire, etwas oberhalb von Nevers beginnt und sich mit Unterbrechungen in südsüdwestlicher Richtung über Bort an der Dordogne und Maurice bis zu dem gröfseren Kohlenfeld von Decazeville fortsetzt. Auch die nordöstlichen Teile, die weiterhin in die Côte d'Or und das Plateau von Langres übergehen, bilden ein besonderes Gebiet, ohne dafs sich dessen Südwestgrenze ähnlich scharf bestimmen liefse. Sie fällt ungefähr mit dem Lauf der Loire zusammen.

So bleiben als Kern des Centralplateaus und als Gegenstand der folgenden Skizze die ehemaligen Vulkangebiete der Auvergne und des Velay mit der sich im Süden daran anschliefsenden Karstlandschaft der Causses übrig.

Die Erforschung der französischen Vulkangebiete.

Die erloschenen Vulkane Frankreichs haben für die Geschichte der Geologie und physischen Geographie eine nicht geringe Bedeutung. Die Mehrzahl derjenigen Männer, die sich, namentlich in früheren Zeiten, einen grofsen Namen in diesen Wissenschaften erworben haben, steht in irgend einer Beziehung zu ihrer Erforschung, und manche wichtige Einsicht in Wesen und Wirken der vulkanischen Kräfte ist in engem Zusammenhang mit den Beobachtungen in der Auvergne und dem Velay gewonnen worden. Es lohnt sich daher wohl, wenigstens mit ein paar Worten auf die Entwickelung der wissenschaftlichen Kenntnis vom Bodenbau dieser beiden Landschaften einzugehen, wogegen die Erforschung der Causses für den Nichtfachmann nichts besonders Anziehendes besitzt.

Die merkwürdigen Kegelberge bei Clermont mufsten zu allen Zeiten als etwas Aufsergewöhnliches in der Landschaft auffallen; sie sind darum auch bereits im 16. Jahrhundert oft das Ziel von Vergnügungsreisen gewesen.

Aber erst Guettard, ein vielseitiger französischer Naturforscher, erkannte ihre vulkanische Natur und leitete damit die wissenschaftliche Erforschung der Auvergne ein. Das geschah bei Gelegenheit einer Reise im Jahre 1751. Darauf wurde das Land Jahrzehnte hindurch von zahlreichen französischen und ausländischen Gelehrten besucht, unter denen sich beispielsweise auch der große Schweizer Saussure befand. Das wichtigste Ergebnis dieser Studien waren jedenfalls die Untersuchungen Desmarests, der zum ersten Mal den sicheren Beweis für die vulkanische Entstehung des Basaltes lieferte, eine Erkenntnis freilich, die lange Zeit ohne rechte Wirkung blieb und insbesondere keinerlei Einfluß auf Werner und seine Schule gewann. Noch 1802 konnte jedoch Leopold von Buch den Franzosen vorwerfen, daß sie bisher eine Beschreibung der Gebiete unterlassen hätten, von denen sie so viel sprachen. Erst in dem gleichen Jahre 1802 erschien eine solche von Montlosier, die v. Buch späterhin auch selbst erwähnt.

Leopold von Buch stand damals am Ende einer Reihe von Studienreisen, die ihn durch viele Teile von Deutschland und Italien geführt hatten. Als Anhänger Werners hatte er bis dahin in dem Basalt ein Sediment gesehen. Hier in der Auvergne erkannte er die Richtigkeit der Ansicht Desmarests und der übrigen Franzosen und wurde nun selbst zum „Plutonisten“. Zugleich keimte in ihm die später weiter entwickelte Hypothese über die Entstehung der Vulkane jene „Erhebungstheorie“, deren extreme Verfolgung durch die Franzosen unter Führung Elie de Beaumonts freilich viel Unheil angerichtet hat, die aber zur Zeit L. v. Buchs einen wesentlichen Fortschritt in der Naturerkenntnis bedeutete. Der Besuch der Auvergne bildete also im Leben L. v. Buchs und damit in der Entwickelung der geologischen Wissenschaft überhaupt einen entscheidenden Wendepunkt.

In seinen Briefen aus der Auvergne gab L. v. Buch eine kurze aber dennoch eingehende Beschreibung der Puys und des Mont Dore. Seitdem ist das Gebiet sehr viel genauer bekannt geworden und die theoretischen Anschauungen über den Vulkanismus haben viele durchgreifende Änderungen erfahren. Um so reiner und deutlicher aber spricht aus jedem Satze die bewundernswürdige Beobachtungsgabe des großen Forschers. Sie macht das Lesen der Briefe zu einem hohen Genuß, der noch dadurch gesteigert wird, daß wir gerade in dieser Schrift das Werden mancher wissenschaftlichen Gedanken in seinen ersten Anfängen beobachten können.

Zwanzig Jahre später wurde die Auvergne von dem Engländer G. Poulett Scrope auf das Genaueste durchforscht. Wie Charles Lyell, der gleichfalls die Vulkanberge Innerfrankreichs bereist und beschrieben hat, war Scrope ein entschiedener Gegner der Buchschen Erhebungstheorie. Seine Erfahrungen in Italien hatten ihn zu den Ansichten geführt, die wir unter dem Namen der „Aufschüttungstheorie" zusammenfassen, und die Beobachtungen in Frankreich bestärkten ihn darin noch mehr.

Im Jahre 1827 erschien sein Werk über die erloschenen Vulkane Centralfrankreichs, begleitet von einer gröfseren Zahl von Zeichnungen, die für sein scharfes Erfassen der Landesnatur ein geradezu glänzendes Zeugnis ablegen. Scropes Arbeit ist für die Geologie der französischen Vulkangebiete ebenso grundlegend wie sein allgemeines Buch für die Lehre vom Vulkanismus überhaupt. In allem Wesentlichen erscheint der Aufbau des Landes bei ihm schon so, wie er sich den heutigen Geologen darstellt.

Die späteren Forschungen erstrecken sich der Hauptsache nach auf genauere Bestimmungen der Gesteine und des relativen Alters der einzelnen Eruptionen. Dabei handelt es sich nicht allein um rein Thatsächliches, sondern der Fortschritt der Wissenschaft, namentlich die Entwickelung der modernen Petrographie, hat immer wieder neue Gesichtspunkte hinzugebracht, wie denn überhaupt die wissenschaftliche Erkenntnis eines Landes, bei der Unendlichkeit der Beziehungen in der Natur niemals ihr Ende erreicht. Aber diese Einzelarbeit war nicht sowohl eine Aufgabe der geologisch-geographischen Wissenschaft im allgemeinen als vielmehr der französischen Landesuntersuchung. Die weiten Forschungsreisen des 19. Jahrhunderts haben in anderen Teilen der Erde vulkanische Erscheinungen von viel gröfserem Mafsstabe kennen gelehrt, und heute kommen für eine Theorie des Vulkanismus weniger die europäischen Vulkane, wie Vesuv und Ätna oder diejenigen der Auvergne und Eifel, in Betracht als die Vulkane von Südamerika, Ostasien oder den Hawaii-Inseln.

Nachdem Scrope die Grundzüge der Landesnatur festgelegt hatte, hörte denn auch die Mitwirkung der Ausländer bezeichnenderweise fast ganz auf. Die eigentliche Forschung hat seitdem beinahe ausschliefslich in den Händen von Franzosen, meist sogar von Auvergnaten gelegen. Unter den vielen Geologen, die hierbei thätig waren, seien nur erwähnt die bekannten Petrographen Fouqué und Michel Lévy sowie vor ihnen Henri Lecoq, der 1867 ein fünfbändiges Werk über die Geologie der Auvergne herausgab, zugleich mit einem vorzüglichen geologischen Atlas des Mont Dore und der Kette der Puys in dem grofsen Mafsstab von 1 : 50 000.

Nach wie vor bleibt jedoch die Auvergne ein ausgezeichnetes Studiengebiet, das, auf engem Raum zusammengedrängt, eine Fülle geologisch wie geographisch interessanter Erscheinungen in oft modellartig klarer Ausprägung zeigt. Als solches ist sie auch nach Scrope jederzeit von Naturforschern anderer Nationen vielfach aufgesucht worden.

Die Erforschung der französischen Vulkanberge ist in mannigfacher Weise mit dem allgemeinen Fortgang der geologisch-geographischen Wissenschaft verknüpft, und es wäre gewifs von grofsem Reiz, diesen Beziehungen genauer nachzuspüren. Sie machen diesen Einzelfall zu einem ungewöhnlich typischen Beispiel für die Entwickelung wissenschaftlicher Vorstellungen, für die Art, wie Theorie und Beobachtung ineinandergreifen, wie sie sich gegenseitig beeinflussen und im Wettstreit einander fördern, um gemeinsam dem letzten, unendlich fernen Ziel aller Wissenschaft zuzustreben, dem vollen, ohne Theorie erkennenden Schauen des Wirklichen.

Entwickelungsgeschichte des Gebietes.

In den ungeheuren Zeiträumen, mit denen die Geologie zu rechnen hat, sind in dem Gebiet des heutigen Frankreich gewaltige Veränderungen vor sich gegangen. Zur Karbonzeit, in der die grofsen Steinkohlenlager entstanden, wurde ein mächtiges Kettengebirge aufgefaltet, das in seinem Bau und Verlauf den Alpen der Gegenwart entsprach, an Ausdehnung und Höhe aber sie vielleicht noch übertroffen hat. Es begann im mittleren Frankreich und durchzog in grofsem Bogen ganz Mitteleuropa bis zu den Sudeten. Wie sich in Deutschland unter anderem die südlichen Teile von Schwarzwald und Wasgau, das rheinische Schiefergebirge und der Harz als Überreste dieser von Ed. Suess sogenannten variskischen Alpen erweisen, so fehlen auch in Frankreich solche Reste nicht. Die Kohlenbecken von St. Etienne, Autun, Creuzot im nordöstlichen Teil des Centralplateaus zeigen deutlich das nordöstliche Streichen dieses alten Gebirges. Ebenso steht die eingangs erwähnte schmale Zone karbonischen Gesteins, die das Vulkangebiet von dem Limousin trennt, im Zusammenhang mit dieser paläozoischen Faltung.

Aber das variskische Gebirge stand nicht allein. Wie es selbst den heutigen Alpen entsprach, so hatten auch die Pyrenäen ihren Vorgänger in dem „armorikanischen Bogen“ (Suess). Von diesem mufs der gröfste Teil im Meer versunken sein. Reste leiten uns von dem südwestlichen und südlichen Irland über einige Kaps des südlichen Wales, durch Cornwall und die Bretagne bis gleichfalls in das Innere Frankreichs hinein. Hier vereinigten sich die beiden karbonischen Gebirge in einer „Scharung", gerade so wie nach den Untersuchungen französischer Forscher Alpen und Pyrenäen trotz des äufserlich unterbrochenen Zusammenhangs in der südlichen Provence und den Seealpen zusammentreffen.

Auf die Karbonzeit, die auch an vielen anderen Stellen der Erdoberfläche eine Periode grofsartiger Gebirgsfaltung gewesen ist, folgte eine lange Zeit, in der die gebirgsbildenden Kräfte ruhten. Währenddessen wurden die alten Gebirge zerstört und, was das Centralplateau betrifft, zu einer sich nach Westen abdachenden Fläche umgestaltet. Theoretisch läfst sich diese Umwandelung auf zweierlei Weise denken. Einmal kann die Brandungswelle eines von Westen her allmählich vorschreitenden Meeres durch beständiges Zertrümmern der Küste mit der Zeit an Stelle des Gebirges eine Fläche hergestellt haben, eine grofse Abrasionsterrasse, wie sie im kleinen in den Buchten jeder Steilküste zu beobachten ist. Anderseits zielt aber auch schon die blofse Abtragung der Erdoberfläche durch die Atmosphärilien, insbesondere das fliefsende Wasser auf die Herausbildung einer fast ebenen Fläche hin. Die Kräfte der Erosion und Denudation können ohne weitere Hilfe dasselbe erreichen wie die Meeresabrasion, wenn ihnen nur ein genügend langer Zeitraum für ihre Thätigkeit zur Verfügung steht.

Welche der beiden Entstehungsweisen für die Hochfläche des inneren Frankreich anzunehmen sei, darüber läfst sich bis jetzt nichts Bestimmtes sagen, wenn man nicht die Thatsachen aus Vorliebe für die eine oder die andere Theorie willkürlich deuten will.

Sicher ist, dafs zu Ende der Trias ein grofser Teil des Landes, wenn nicht das ganze Centralplateau, Meeresboden wurde und es während der langen Zeit des Jura blieb. Als dann eine neue Festlandperiode eintrat, bildeten sich Bruchlinien, an denen ein Teil des Landes hinabsank und der Umgebung gegenüber in eine tiefere Lage geriet. Dadurch wurden hier die neuentstandenen Ablagerungen des Jura vor der Einwirkung der atmosphärischen Niederschläge geschützt. So konnten sie sich in den Causses in gröfserer Ausdehnung erhalten, während sie in der höherliegenden Nachbarschaft bis auf geringe Reste abgetragen wurden.

Eine weitere Zerlegung durch Brüche und Spalten bildete im Verein mit einer eigenartigen Erosionsthätigkeit des Wassers die heutige Landschaft der Causses heraus. Hier also brachte die Folgezeit nichts wesentlich Neues, sondern nur ein Fortwirken der schon vorher bemerkbaren Kräfte. Anders in den Gegenden nördlich von den Causses. Für sie beginnt mit der Tertiärzeit ein neuer wechselvoller Abschnitt der Geschichte, wie denn auch sonst dieser lange Zeitraum zum ersten Male seit der Karbonzeit wieder eine lebhafte Thätigkeit der gebirgsbildenden Kräfte mit sich brachte.

Im Anfang der Tertiärperiode herrschten in Innenfrankreich noch ruhige Verhältnisse. Grofse Süfswasserseen dehnten sich südlich von dem Oligocänmeer*) des Pariser Beckens aus. Ihre Spuren finden wir in den fruchtbaren Ebenen am Allier und an der Loire; dort in der Limagne bei Clermont und dem südlich davon gelegenen kleinen Becken von Brioude, hier in dem Becken von Montbrison und weiter flufsaufwärts in demjenigen von Le Puy-en-Velay.

Bald aber begann die Auffaltung der Alpen, und sie hat nach Ansicht der französischen Geologen auch Frankreich in Mitleidenschaft gezogen. Zwar ging die eigentliche Faltung nicht über den Westrand der Alpen bezw. des Schweizer Jura hinaus, aber das Vorland verharrte dabei doch nicht ganz in seiner früheren Lage. Unter Mitwirkung von Brüchen bildete sich eine geringe Zahl grofser Mulden und Sättel, die, im Sinne der Alpen streichend, die Oberflächenformen des Landes wesentlich mit bestimmt haben. Die Mulden sind in den Thälern der Rhone, der Loire und des Allier zu erkennen; die Sättel werden bezeichnet durch den Rand der Cevennen, das Gebirge von Forez und die Unterlage des Mt. Dore und Cantal.

Gleichzeitig mit diesen Bewegungen der Erdrinde, durch die das Centralplateau eine so scharfe Grenze gegen Osten und Südosten erhielt, erfolgten die ersten vulkanischen Ausbrüche. Sowohl im Velay wie auch im Cantal, Mt. Dore und in der Umgegend von Clermont gehören die ersten, wenig umfangreichen Eruptionen dem Miocän an. Die Hauptmasse der Ergüsse stammt dagegen erst aus dem Pliocän, dem Zeitalter, in welchem sich die mächtigen Vulkane des Mt. Dore und Cantal auftürmten. Darauf liefs die vulkanische Thätigkeit allmählich nach; in der Quartärzeit waren die Ausbrüche nur noch selten und hörten bald ganz auf. Quartäre Ergüsse fehlen im Cantal vollständig, im Velay und Mt. Dore sind sie von geringer Bedeutung. Nur die Kette der Puys verdankt ihnen ganz allein ihre Entstehung; hier sind die vulkanischen Kräfte noch bis in die jüngste geologische Vergangenheit hinein thätig gewesen.

Hat so die vorher ziemlich ebene Fläche im Laufe der Tertiärzeit durch Bildung von Sätteln und Mulden und durch Ausbrüche

*) Es sei daran erinnert, dafs sich das Tertiär von unten nach oben, also der Altersfolge entsprechend, in Eocän, Oligocän, Miocän und Pliocän gliedert.

vulkanischer Massen bedeutende Umwandlungen erfahren, so haben seitdem Erosion und Denudation das übrige gethan, das Relief noch belebter zu gestalten. Und zwar nicht nur die Erosion des Wassers, sondern auch die des Eises; denn auch im französischen Centralplateau ist eine ausgedehnte Vergletscherung nachgewiesen. Nachdem schon in den sechziger Jahren Lecoq die Spuren der Eiswirkung sorgfältig beobachtet und kartiert hatte, ohne jedoch die völlig richtige Erklärung zu finden, wissen wir jetzt, dafs zwei Vereisungen, eine gröfsere und eine kleinere, das Gebiet betroffen haben. Nur deren Umfang steht noch nicht genau fest. Sicher nachgewiesen ist die Eisbedeckung allein im Mt. Dore, Cantal und zwischen den beiden Vulkanbergen, sowie auf der Westseite der Hochfläche des Aubrac, südlich vom Cantal. Doch wäre es nicht unmöglich, dafs auch weiter östlich gelegene Teile des Landes, etwa die höchsten Massive in den Cevennen wie der Mt. Lozère oder der Aigoual vergletschert gewesen wären.

Bodenbau des Gebietes.

Indem wir der Entwickelung des Landes folgten, haben wir gleichzeitig seine heutigen Formen im grofsen kennen gelernt; denn diese sind ja das Ergebnis der Vorgänge der Vergangenheit. Eine Beschreibung der gegenwärtigen geographischen Verhältnisse knüpft darum auch am besten wieder an die Hauptabschnitte der Entwickelungsgeschichte an.

Die Grundlage des ganzen Landes bildet nach dem Gesagten die Hochfläche, die als Rest der karbonischen Faltengebirge übrig geblieben ist. Sie besteht in der Hauptsache aus Gneis, Glimmerschiefer und anderen alten Schiefern, die sämtlich in nordöstlich streichende Falten gelegt sind. Den Schichtgesteinen sind mächtige alteruptive Massen, meistens Granite, eingelagert, die, namentlich in einigen Teilen der Cevennen und in dem Hochlande der Margeride, grofse Gebirgsstöcke von 1200—1400 m mittlerer Höhe bilden.

Nach Osten und Südosten zu fällt die Hochfläche schroff ab. Die Cevennen bilden hier eine schmale und sehr steile Randzone, die von vielen kurzen, schluchtartigen Thälern durchfurcht wird. Von dem tief eingesenkten Rhonethal aus erscheinen sie als ein hohes Gebirge, während sie auf der anderen Seite mit sanfter Böschung in die Hochflächen übergehen. Wenn jedoch in allen geographischen Lehrbüchern steht, dafs die Cevennen eben nur der Rand der Hochfläche und deshalb sozusagen ein einseitiges Gebirge seien, so trifft das zwar im wesentlichen zu, ist aber nicht ganz genau. In vielen Teilen erscheinen sie auch von der Seite der Hochfläche aus als Gebirge. Im Norden, im sogenannten Vivarais, das aber geographisch ihnen zugerechnet werden mufs, bringen vulkanische Bergmassive, die dem Rande der Hochfläche aufgesetzt sind, diese Wirkung hervor. Die bedeutendsten sind der Mégal und Mézenc, von denen der letztere sich über dem 1100—1200 m hohen Plateau bis zu 1754 m erhebt. Weiter südlich spielen Granitstöcke wie der Mt. Lozère (1700 m) und der Aigoual (1567 m) eine ähnliche Rolle, wobei die etwas tiefere Lage der eingesunkenen Kalkschollen den Gebirgscharakter noch verstärkt. Immerhin ist der Gegensatz der beiden Seiten in den Cevennen sehr auffallend. Steht man z. B. auf dem Col de la Serreyrede, dem am Fufse des Aigoual gelegenen Pafs, so bietet sich ein überraschender Anblick. Aus einer Höhe von 1300 m sieht man nach Norden zu in eine breite, flache Thalmulde, die sich ganz allmählich um kaum 300 m senkt und weiterhin in die Hochflächen der Causses übergeht. Ganz anders im Süden. Durch eine enge steile Schlucht fällt der Blick auf einen kleinen Ort, der nur in geringer Entfernung von dem eigenen Standpunkt, aber bereits um 1000 m tiefer liegt. Ein Abstieg bringt uns in kurzer Frist aus der höchsten Zone der Nadelhölzer und Buchen durch den breiten Gürtel der Kastanien in die Gegend der Feigen und Mandeln, der Cypressen und Oliven.

Gleichzeitig mit der Entstehung dieses Steilabfalls bildeten sich, wie schon erwähnt, die Mulden der Loire und des Allier, in denen wir gegenwärtig die bedeutendsten Reste der tertiären Ablagerungen antreffen. Der fruchtbare Boden dieser Ebenen, verbunden mit der vergleichsweise tiefen Lage hat sie zu Gebieten dichtester Besiedelung und zu den Hauptsammelpunkten des Verkehrs im inneren Frankreich gemacht.

Dagegen waren die Sättel der Schauplatz der vulkanischen Thätigkeit. Der Grund davon ist leicht einzusehen. Bei der Aufwölbung der Sättel wurde hier der Gesteinszusammenhang gelockert, während in den Mulden ein Zusammendrängen und eine Verdichtung stattfand. Auf den Sätteln also war der Widerstand der Erdkruste verringert, und das feuerflüssige Magma des unter ihr liegenden vulkanischen Herdes konnte hier am leichtesten an die Oberfläche gelangen.

Die ehemaligen Vulkangebiete.

Die französischen Vulkanberge verteilen sich auf zwei getrennte Gebiete, die Auvergne und das Velay. Im Velay bildet das Tertiärbecken von Le Puy den Mittelpunkt, den die erloschenen Vulkane rings umlagern. Das Becken selbst ist einstmals von einem mächtigen Strom einer Basaltbreccie übergossen worden, der später von dem fliessenden Wasser in einer jetzt nicht mehr im einzelnen zu verfolgenden Weise zernagt und bis auf wenige Reste hinweggeführt worden ist. Nur einige nadelartige Felsen sind von diesem festen Trümmergestein übrig geblieben. Nach französischer Sitte von Kirchen und Kapellen oder Heiligenbildern gekrönt, überragen sie die Häusermasse von

Fig. 2. Le Puy-en-Velay. Der Rocher St. Michel.

Le Puy, deren flache, mit roten Ziegeln gedeckte Satteldächer uns an die Nähe des Mittelmeergebietes erinnern, und schaffen so eines der seltsamsten und bei der rechten Beleuchtung schönsten Städtebilder, die man sehen kann. (Fig. 1. Siehe Titelblatt.)

Unter diesen „Puys“ ist der Rocher Corneille derjenige, welcher der Stadt den Namen gegeben hat. Hier besteht seit langer Zeit ein berühmter Wallfahrtsort; schon im frühen Mittelalter sah die Notre-dame du Puy zahlreiche Pilger zu ihren Füßen knieen. Auf einer Fläche zu halber Höhe des Felsens ist die große Kathedrale in einer besonderen Abart des romanischen Stiles erbaut, wie sie sich im inneren Frankreich entwickelt hatte. Es ist ein gewaltiges Bauwerk, das mit der dunklen Farbe seines vulkanischen Baustoffes (Basaltbreccie) und der schweren Wucht seiner einfachen Formen eine tiefe, fast niederdrückende Wirkung auf den Beschauer ausübt. Auf der Höhe des Felsens steht das unschöne Bronzebild der Jungfrau, zu welchem Geschütze, die bei Sebastopol erbeutet wurden, das Material geliefert haben.

Nahe bei dem Roche Corneille liegt der in seinen Formen noch auffallendere Rocher St. Michel. Eine Kirche von bizarrer Bauart erhebt sich auf seiner Spitze, die kaum den ausreichenden Platz dafür bietet. Auch dieser Felsen ist ein alter Wallfahrtsort, aber von geringerer Bedeutung. (Fig. 2.)

Die Puys gewähren einen schönen Überblick über das Velay mit seiner Gliederung in drei Hauptteile. Zu Füßen liegt das Becken von Le Puy. Im Westen grenzt die „Chaîne du Velay" den Gesichtskreis ab. Sie ist im Grunde keine Kette, sondern eine Hochfläche von Basalt, die sich bei mäßiger Breite in beträchtlicher Länge nach Nordwesten hinzieht. Doch ist ihr eine große Anzahl — über 150 — kleiner Vulkane aufgesetzt, deren Aschenkegel sich allerdings annähernd in eine Kette ordnen.

Im Osten erhebt sich über dem Grundgebirge eine Reihe unverbunden nebeneinander stehender Berge von meistens sehr regelmäßiger Kegelform. Hier ist das herrschende Gestein der Phonolith, dessen Neigung zur Bildung von Kegelbergen bekannt ist. Dieser Teil des vulkanischen Velay gliedert sich im besondern wieder derart, daß auf halber Höhe des archäischen Sattels eben jene Reihe von Phonolithkegeln der Landschaft das Gepräge giebt. Dann folgen auf der Höhe Basalte, hier, wie so oft, weite, öde Flächen bildend, auf denen nur ganz selten ein ärmliches Dörfchen anzutreffen ist. Über den Basalthochflächen erheben sich endlich von neuem phonolithische Bergmassen, jetzt aber mit größerer Mächtigkeit als in den Kegeln der tieferen Lagen. Sie gipfeln in den Massiven des Mégal und Mézenc, von denen jenes bis zu 1600 m aufragt, während der Mézenc mit 1754 m die höchste Erhebung des Velay bildet. Von seinem Doppelgipfel öffnet sich nach allen Seiten ein weiter Blick in das Land hinaus. Aber öde sind die endlosen Hochflächen im Westen, schwarz und düster die tiefen Schluchten, die im Vivarais zur Rhone führen, und verlangend bleibt das Auge an den zackigen Bergen der Dauphiné am fernsten Horizont haften.

(Fortsetzung folgt.)

Eine kaiserliche Hauptstation für Erdbebenforschung ist kürzlich in Strafsburg i. E. gegründet worden. Der Leiter derselben, Prof. Gerland, hat über das Programm dieses Instituts sich in seinen „Beiträgen zur Geophysik" ausführlich ausgesprochen. Nach diesen Ausführungen war die Gründung einer deutschen Centralstation für Erdbebenforschung eine unaufschiebbare Pflicht des deutschen Reiches, wollte dasselbe nicht hinter anderen Nationen arg im Rückstande bleiben. Während aber die ausländischen Institute dieser Art (Rom und Tokio) bei der hohen wirtschaftlichen Bedeutung, welche den Erdbeben zukommt, in erster Linie die lokalen Verhältnisse ihres Landes im Auge haben, sieht Gerland die Aufgabe einer deutschen Central-Erdbebenstation mehr in der wissenschaftlichen Verwertung eines möglichst umfassenden Beobachtungsmaterials zu einem weiteren und festeren Aufbau der Geophysik, die im Vergleich mit anderen Zweigen der Naturwissenschaft nicht unerheblich zurückgeblieben sei. In unserem Vaterlande kommen ja glücklicherweise heftigere Erderschütterungen von verhängnisvoller Wirkung überhaupt nicht vor, nur die schwächeren und schwächsten Erzitterungen des Bodens sind bei uns wahrnehmbar; darum kann und mufs das seismische Studium bei uns von einem höheren und umfassenderen Standpunkte aus betrieben werden. Dem Studium der Erdfeste kommt nach Gerlands Ansicht noch eine höhere Bedeutung zu, als der Erforschung ihrer flüssigen und luftförmigen Umhüllung. Denn „das Erdinnere ist keineswegs die starre, gleichgültige Masse, als die es oft behandelt oder vielmehr vernachlässigt wird; infolge seiner mächtigen materiellen und dynamischen Gegensätze mufs es fortwährend in Arbeit, in Thätigkeit, gewifs auch in Bewegung sein, — freilich in Thätigkeit und Arbeit, deren Natur wir nicht kennen, die aber für die ganze Erdentwickelung die causa vera ist". Da nun die seismischen Erscheinungen die einzigen Wirkungen des Erdinneren sind, welche wir wahrzunehmen vermögen, so müssen sie durch ein möglichst gleichmäfsig über die ganze Erde verbreitetes

Netz von Stationen dauernd beobachtet werden. Denn wenn auch große Erdbeben zu den Seltenheiten gehören, so ist doch örtlich und zeitlich die seismische Thätigkeit weit ausgebreiteter, als man früher glaubte. Dies haben uns die mikroseismischen Apparate gelehrt, als deren vorzüglichster das Hengler-Zöllnersche Horizontalpendel in seiner durch v. Rebeur-Paschwitz, Stückrath, Ehlert und andere vervollkommneten Gestalt erkannt worden ist. Mehrere mit größter Präcision gearbeitete und möglichst erschütterungsfrei aufgestellte Horizontalpendel bilden daher auch das Haupt-Instrumentarium der Straßburger Station.

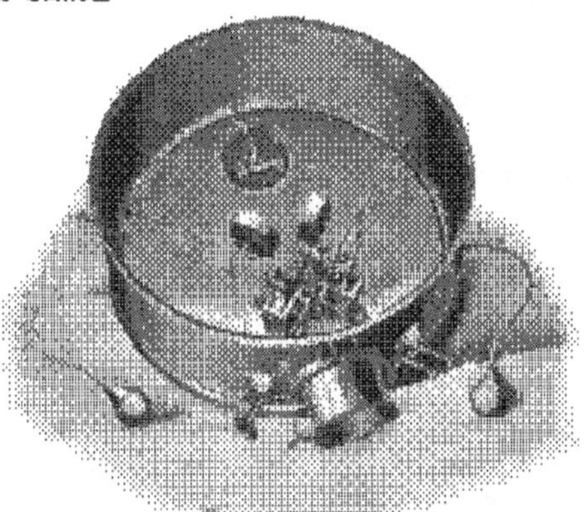

Horizontalpendel.

Das Horizontalpendel, das Zöllner ursprünglich zum Zwecke des Nachweises der Anziehungswirkungen von Sonne und Mond konstruiert hatte, ist ein höchst feinfühliger Apparat, der am besten mit einer in zwei nicht genau senkrecht übereinander liegenden Angeln hängenden Thür verglichen werden kann. Durch die beiden Angeln ist eine Vertikalebene bestimmt, welche die normale Gleichgewichtslage der Thür darstellt. Sehr geringfügige seitlich wirkende Kräfte würden jedoch diese Gleichgewichtsstellung erheblich modifizieren müssen, da sie die Richtung der resultierenden Lotlinie ändern. Die größte Empfindlichkeit müßte das Instrument bei vertikal übereinander liegenden Drehpunkten zeigen, da jedoch in diesem Falle das stabile Gleichgewicht des Pendels in das indifferente übergehen würde, so ist praktisch eine geringe Neigung der Verbindungslinie jener Punkte geboten.

Unsere Abbildung zeigt ein modernes Horizontalpendel in der von v. Rebeur und Stückrath ersonnenen Ausführung. In dem gegen Luftströmungen durch eine cylindrische Wandung und Spiegelglasdecke geschützten Raume sehen wir zwei senkrecht gegeneinander orientierte Horizontalpendel*) in Gestalt gleichschenkliger, aus Aluminium hergestellter Dreiecke, an deren Spitzen sich Gewichte befinden. Durch diese Verbindung zweier Pendel werden auch diejenigen Lotstörungen wahrnehmbar, welche in die Ebene des einen Pendels fallen und dieses daher unbeeinflufst lassen würden. Die Drehung erfolgt bei dem Stückrathschen Apparat mit Hilfe von feinsten Stahlspitzen in Achatlagern, da es natürlich von höchster Wichtigkeit ist, dafs die Reibung auf ein Minimum zurückgeführt werde. Alle Justierungen des Instruments erfolgen von aufsen mittelst der in der Abbildung sichtbaren Schlüssel. Die Gummibirnen dienen dazu, in die in der Mitte des Bildes sichtbaren und mit feinen Öffnungen versehenen Luftkammern Luft einzublasen und durch den aus den Kammern austretenden Luftstrom die Pendel in Schwingung zu versetzen. Die Justierung wird meist so gewählt, dafs sich die Schwingungsdauer auf 25 bis 30 Sekunden beläuft. Die Beobachtung der Schwingungen erfolgt selbstregistrierend auf photographischem Wege mit Hilfe eines Lichtstrahls, der auf Spiegel geleitet wird, die an den schwingenden Pendeln befestigt sind. Nach der Reflexion an diesen Spiegeln treffen die Strahlen eine mit lichtempfindlichem Papier bespannte und durch ein Uhrwerk gedrehte Trommel, so dafs auf dieser die Bewegung des Pendels in Gestalt einer Kurve aufgezeichnet wird.

Die Bewegungen des Horizontalpendels werden von mancherlei verschiedenen Ursachen bedingt und zeigen daher einen so komplizierten Verlauf, dafs es nicht leicht ist, die einzelnen Einwirkungen genau zu verfolgen.

So ist z. B. eine durch die Anziehung des Mondes hervorgerufene Welle auf allen Stationen deutlich zu erkennen. Dieselbe zeigt nach Gröfse und zeitlichem Verlaufe gewisse von der Theorie nicht vorhergesehene Eigentümlichkeiten, die vielleicht auf eine elastische Deformation der gesamten Erdfeste durch direkte oder indirekte Mondwirkung hindeuten. Andererseits lassen sich Ein-

*) Die Strafsburger Station besitzt sogar zwei Ehlertsche Formen des Apparats mit je drei Pendeln. — Leider wurden sowohl v. Rebeur als auch Ehlert durch einen frühen Tod der Fortsetzung ihrer eifrigen Forschungen entzogen.

wirkungen der Temperatur und der Luftdruckschwankungen auf die lokale Lage der Lotlinie sehr deutlich wahrnehmen, und zwar letztere an Orten mit nachgiebigen Bodenschichten in so hohem Grade, daſs man das Pendel direkt als ein sehr empfindliches Barometer ansehen könnte. In Straſsburg werden jedoch in erster Linie weder die auf lokale, noch auf kosmische Ursachen zurückführbaren Bewegungen des Pendels beachtet werden, sondern diejenigen, welche einen Rückschluſs auf Erdbebenerscheinungen gestatten. Zunächst zeigt das Horizontalpendel kleine regelmäſsige Schwingungen um die unveränderte Gleichgewichtslage, die in mikroseismischen, horizontal gerichteten Oscillationen des Bodens ihren Grund haben. Von diesem Erzittern sind ferner die sogenannten Erdpulsationen und die auf entfernte Erdbeben zurückführbaren Störungen zu unterscheiden. Bei den Pulsationen zeigen nämlich die photographisch fixierten Kurven eine durchaus andere Gestalt als bei den mikroseismischen Schwingungen. Die Erdbebenstörungen endlich, die gewöhnlich nur einige Stunden dauern und schon früher des öfteren an den Wasserwagen astronomischer Instrumente konstatiert wurden, sind natürlich für die Geophysik von besonderer Bedeutung.

Zum Zwecke der sicheren Registrierung aller seismischen Erscheinungen durch möglichst viele, von einander unabhängige Mittel besitzt die Straſsburger Centralstation neben diesen als genaueste und empfindlichste Hauptapparate geltenden Horizontalpendeln auch ein Milnesches Seismometer, einen Mikroseismographen mit Vertikalpendel von Vicentini, und ein ganz neu konstruiertes, photographisch registrierendes Trifilargravimeter von August Schmidt, welches von Tepsdorf gefertigt und dazu bestimmt ist, die Vertikalschwingungen des Erdbodens zu messen. Eine besonders wertvolle Ergänzung erfährt dieser durch Uhren und andere Nebenapparate vervollständigte Instrumentenschatz endlich noch durch zwei transportable Pendelapparate (konische Doppelpendel nach dem Typus von Grablowitz), die in der von Bosch und Omori ersonnenen Anordnung sich durch gutes Funktionieren, durch einen recht billigen Anschaffungspreis (500—600 M.) und die geringen laufenden Unkosten (z. B. wird jährlich nur für 15 M lichtempfindliches Papier verbraucht) auszeichnen und sonach die unerläſslichen Musterinstrumente für alle Stationen zweiter Ordnung darstellen. Mit diesen Instrumenten werden auch auſserhalb Straſsburgs an interessanten Örtlichkeiten leicht Untersuchungen angestellt werden können, deren Wert noch dadurch erhöht wird, daſs man in Japan und Italien Instrumente ganz ähnlicher oder gleicher Art benutzt, und folglich die verschiedenen Beobachtungsreihen direkt miteinander vergleichbar sein werden.

Nachdem nun noch im April 1901 auf einer zu Strafsburg abgehaltenen Zusammenkunft der internationalen seismologischen Kommission eine festere Vereinigung der verschiedenen Länder unter dem Namen der „Association internationale seismologique" geschaffen worden ist, kann man die Erwartung hegen, dafs die Fragen nach der Fortpflanzungsgeschwindigkeit und dem Sitz der verschiedenen Arten von Erdbeben bald eine befriedigende Lösung finden werden. Der Zusammenhang der Erdbeben mit dem Vulkanismus einerseits und dem Erdmagnetismus andererseits mufs schliefslich durch die Seismologie aufgeklärt werden, und nicht den geringsten Vorteil wird aus der Förderung derselben die Lehre von der Gebirgsbildung ziehen. F. Kbr.

Periode und Verteilung der Sonnenthätigkeit.

Rudolf Wolf hat bekanntlich aus einer grofsen Beobachtungsreihe der Sonnenflecke, welche 112 Jahre umfafst, geschlossen, dafs die Periode, innerhalb welcher die Sonnenthätigkeit von einem Maximum (resp. Minimum) aus zum nächststattfindenden gelangt, etwa 11,2 Jahre beträgt. Jedoch ist die Schwankung dieser mittleren Periode ziemlich beträchtlich, denn die Epochen der Maxima können sich drei Monate bis ein Jahr früher oder später einstellen. Ferner hat Wolf auch auf sekundäre Störungen dieser Hauptperiode, nämlich auf Maxima und Minima innerhalb der elfjährigen Periode, und auf eine in den Beobachtungen schwächer angedeutete grofse Periode von 55 Jahren geschlossen. Das statistische Material, auf dem diese Ermittelungen beruhen, ist seitdem der Gegenstand sehr vielfältiger Untersuchungen gewesen. Zu den von Wolf gesammelten Beobachtungen kommen seit 1874 die täglichen, photographisch erlangten Fleckenzählungen hinzu, welche auf englischen Observatorien, auf Mauritius, in Indien und Greenwich nach einem einheitlichen Plane gemacht werden. S. Newcomb hat nun den Versuch gewagt, ob nicht die an der elfjährigen Fleckenperiode zu Tage tretenden Unregelmäfsigkeiten, insbesondere die grofse Wolfsche Periode, von einem einheitlichen Gesichtspunkte aus darstellbar sind. Die Ursachen jener Unregelmäfsigkeiten können entweder Störungen sein, die in einer ursprünglich sich gleichbleibenden Periode durch irgendwelche Einwirkungen, z. B. durch einen Planeten, hervorgerufen werden, oder die bestehende mittlere Periode ist einem gewissen Wechsel unterworfen, derart, daſs das zufällige Vorauseilen oder Verspäten irgend einer Phase eine Reihe der späteren Phasen in Mitleidenschaft zieht. Newcomb teilt das Beobachtungsmaterial in drei Abschnitte, von 1610 bis 1720, von 1720 bis 1820, und von 1820 bis 1894. Indem er eine mittlere Periode von 11,18 Jahren zu Grunde legt und die Abweichungen derselben von den beobachteten Epochen auf die drei Reihen verteilt, gelingt es ihm schlieſslich, die Abweichungen der Maxima von der mittleren Epoche auf + 0,3 Jahr, jene der Minima auf − 0,1 Jahr herabzudrücken, also auf Beträge, die kleiner sind als die wahrscheinlichen Abweichungen der einzelnen Perioden. Es erscheint also die Folgerung berechtigt, daſs man die mittlere Aktivität der Sonnenthätigkeit faktisch ohne zu groſse Fehler durch eine sich gleichbleibende Hauptperiode darstellen kann. Auf Grund seiner Rechnungen giebt Newcomb die Zeit der nächsten mittleren Maxima und Minima, wie folgt, an:

Maximum	1904,91	Minimum	1922,55
Minimum	1911,42	Maximum	1927,17
Maximum	1916,04	Minimum	1983,68.

Es ist bekannt, daſs die Äuſserungen der Sonnenthätigkeit, nämlich die Sonnenflecken, Fackeln und Protuberanzen, nicht an allen Stellen der Sonne gleichmäſsig zu Tage treten, daſs vielmehr einzelne Gebiete der Sonne existieren, wo diese Gebilde häufiger auftreten und sich dort auch länger erhalten als in anderen Gebieten. Die Frage, ob etwa die Entstehung dieser Thätigkeitszentren einem bestimmten Gesetze unterliegt und welche Hauptzüge die Erscheinungen zeigen, hat A. Wolfer auf Grund der Beobachtungen von 1887 bis 1893 zu entscheiden versucht. Diese Untersuchung bestätigt zunächst die schon früher bekannte Thatsache, daſs die Sonnenthätigkeit viel deutlicher durch die Sonnenfackeln angezeigt wird als durch die Sonnenflecke. Die Fackeln sind dauerhafter, sie erhalten sich an derselben Stelle oft durch mehrere Sonnenrotationen hindurch, was beweist, daſs die Sonnenthätigkeit an jener Stelle während der ganzen Zeit gewirkt hat. Ferner lehren die aus den Beobachtungen gewonnenen Eintragungen in Karten, daſs die Fackelgruppen nicht gleichmäſsig über alle Meridiane ihrer Zonen verteilt sind. Sie setzen sich aus zusammengedrängten Haufen zusammen, welche hauptsächlich an zwei einander entgegengesetzten Meridianen auftreten. Auch die Flecke und Protuberanzen weisen auf ein ähnliches Verhalten, wiewohl unbestimmter. Gewisse Hauptzentren der Flecke und Fackeln erhielten sich sowohl vor wie nach der Zeit des Minimums (1889) ununterbrochen weiter. Von 1887 bis 1889 gab es zwei solcher Zentren, in der Äquatornähe einander gegenüberstehend, 1890 bis 1892 vier solcher Zentren, zwei auf jeder der beiden Sonnenhalbkugeln; diese Zentren folgten dem aus Wolfs Beobachtungen schon hinreichend bekannten Gesetze der Verschiebung in die höheren Breiten. Aus späteren Beobachtungen wird man ersehen können, wie lange die Thätigkeitszentren überhaupt sich halten und ob sie, wie es scheint, sehr nahe der Sonnenoberfläche sich befinden.

Von dem spektroskopischen Doppelstern Mizar sind im März und April d. J. mit dem grofsen Potsdamer Refraktor durch Eberhard und Ludendorff zahlreiche Spektralaufnahmen genommen worden, die vorzüglich gelungen sind und durch H. C. Vogels mikrometrische Ausmessung insofern zu höchst interessanten Ergebnissen führten, als die bisherigen auf Pickerings Messungen gegründeten Annahmen in Bezug auf die Umlaufsperiode gänzlich umgeworfen wurden. Bekanntlich war Pickerings Entdeckung der Duplicität Mizars auf Grund der zeitweise eintretenden Verdoppelung der K-Linie im Jahre 1889 der erste epochemachende Fund dieser Art, dem alsbald eine ganze Reihe ähnlicher folgte. Obgleich damals auf der Harvardsternwarte nicht weniger als 118 Spektralaufnahmen an 80 Beobachtungsabenden gewonnen wurden, wollte doch Pickerings Annahme einer 104tägigen Umlaufszeit mit später in Cambridge angestellten Beobachtungen nicht recht stimmen, und nun hat sich dieselbe durch die Potsdamer Forschungen als irrig erwiesen. In einer am 2. Mai der Berliner Akademie der Wissenschaften gemachten vorläufigen Mitteilung*) hat H. C. Vogel die Ergebnisse der an 25 Abenden vom 24. März bis 1. Mai 1901 gemachten Spektralaufnahmen mitgeteilt. Obgleich die Messungen der Linienverschiebungen teils wegen zu grofser Feinheit der Linien, teils (bei den Magnesium- und Wasserstoff-Linien) wegen zu grofser Breite und Verwaschenheit derselben schwierig sind, lassen doch die relativen Bewegungen der beiden Komponenten mit voller Deutlichkeit eine Periode von nur 20,6 Tagen erkennen, indem am 28. März, 5., 18. u. 26. April die relative Bewegung gleich Null war und in den Zwischenzeiten Maximalwerte von 128 km bezw. 156 km erreichte. Die Maximal-

*) Sitzungsberichte 1901, XXIV.

geschwindigkeit war auch von Pickering schon nahezu ebenso grofs gefunden worden. Dafs aber dieser die Umlaufsperiode und dadurch auch die Bahndimensionen und Masse des Systems so abweichend von dem wahren Werte finden konnte, mag wohl in der Schwierigkeit der Messungen an einem mit dem Objektivprisma aufgenommenen Spektrum vom ersten Typus seinen Grund haben. — Die Bewegung des Doppelsternsystems in Bezug auf die Sonne hat sich nach Vogel als eine Annäherung im Betrage von 16 km in der Sekunde ergeben; die Excentricität der Doppelsternbahn wurde von Eberhard nach Lehmann-Filhés' Methode gleich 0,502 und die halbe grofse Achse gleich 85 Millionen km gefunden.

So zeigt uns diese erste wichtige Entdeckung, die mit Hilfe des neuen grofsen Potsdamer Refraktors gemacht wurde, dafs nun die deutsche Astronomie thatsächlich wieder in den Stand gesetzt ist, mit den grofsen transatlantischen Sternwarten erfolgreich zu wetteifern und mit deutscher Gründlichkeit auch auf dem von materiellen Hilfsmitteln so abhängigen Gebiete der neueren Sternkunde weitere Musterleistungen zu liefern.

Die Helligkeitsverteilung im Sonnenspektrum ist bekanntlich eine sehr ungleichmäfsige und kann durchaus nicht mit der Energieverteilung verglichen werden, wie sie durch die thermischen Wirkungen, besonders mit Hilfe des Bolometers, festgestellt worden ist. Schon die einfache Betrachtung eines natürlichen Spektrums läfst erkennen, dafs das menschliche Auge von den gelbgrünen Strahlen den stärksten Eindruck empfängt, während die Helligkeit sowohl nach dem roten, wie nach dem violetten Ende des Spektrums hin allmählich schwächer wird. Wie soll man aber diese Helligkeitsveränderungen messend bestimmen? Eine unmittelbare Helligkeitsvergleichung stark verschieden gefärbter Flächen ist für unser Auge sehr schwierig und unsicher, zumal hierbei auch das sogen. Purkinjesche Phänomen eine Rolle spielt, welches bewirkt, dafs bei Abnahme der Helligkeit ein rot gefärbter Körper wesentlich schneller abdunkelt als ein blauer. Man hat sich daher mitunter dadurch zu helfen gesucht, dafs man Druckschrift auf weifsem Papier mit den verschiedenen Teilen des Spektrums beleuchtete und nun jedesmal durch Verengerung des Spaltes die Helligkeit so lange herabminderte, bis die Schrift aufhörte, lesbar zu sein. Indessen ist auch dieses Verfahren recht unsicher, zumal das Reflexionsvermögen des Papiers für verschiedene Strahlengattungen nicht genau bekannt ist. Kürzlich hat nun Murphy einen neuen Weg eingeschlagen, indem er die Helligkeitskurve mittelst eines Lummer-Brodhunschen Spektrophotometers in der Weise ableitete, daß er zunächst nur die Helligkeitsverhältnisse benachbarter und daher im Farbenton nur äußerst wenig verschiedener, engbegrenzter Spektralbezirke ermittelte und dann daraus den ganzen Verlauf der Helligkeit zwischen den Wellenlängen 450 und 690 μμ berechnete. Das Maximum der Helligkeit liegt danach zwischen den Fraunhoferschen Linien D und E bei etwa 565 μμ, was mit einer älteren Bestimmung von A. König gut übereinstimmt, nur ist die Wendung der Kurve in der Nähe des Maximums bei Murphy erheblich plötzlicher als bei König.

F. Kbr.

 Himmelserscheinungen. 

Übersicht der Himmelserscheinungen für Oktober und November.

Der Sternhimmel. Während dieser beiden Monate ist um Mitternacht der Anblick des Himmels der folgende: Im Oktober kulminieren Fische, Andromeda und Cassiopeja, im November Walfisch, Widder, Stier und Perseus (Algol kulminiert um Mitternacht am 7. November). Im Aufgange sind um Mitternacht der große Löwe und Hund, Sirius wird zwischen $\frac{1}{2}11^h$—$\frac{1}{2}1^h$ sichtbar, Regulus zwischen $\frac{1}{2}12^h$—$\frac{1}{2}2^h$. Orion und Stier sind schon bei Abendanbruch sichtbar (Aldebaran zwischen $\frac{1}{2}6^h$—$\frac{1}{2}8^h$). Jungfrau und Arktur gehen erst in den späteren Morgenstunden auf. Im Untergange befinden sich um Mitternacht Adler, Delphin und Wassermann; Herkules und Ophiuchus gehen zwischen 9^h—11^h abends, Pegasus, Widder und Walfisch in den Morgenstunden unter. Folgende Sterne kulminieren für Berlin um Mitternacht:

1. Oktober	β Ceti	(2. Gr.)	(AR.	0^h	39^m,	D. — 18°	32′)
8. „	β Androm.	(2. Gr.)		1	4	+ 35	6
15. „	υ Persei	(4. Gr.)		1	32	+ 48	8
22. „	α Arietis	(2. Gr.)		2	2	+ 23	0
29. „	δ Ceti	(4. Gr.)		2	34	— 0	6
1. November	μ Ceti	(4. Gr.)		2	40	+ 9	42
8. „	12 Eridani	(3. Gr.)		3	8	— 29	23
15. „	δ Persei	(3. Gr.)		3	36	+ 47	28
22. „	ο Persei	(4. Gr.)		4	1	+ 47	21
29. „	α Tauri	(1. Gr.)		4	30	+ 16	19

Helle veränderliche Sterne, welche vermöge ihrer günstigen Stellung um Mitternacht beobachtet werden können, sind folgende:

Mira Ceti	(Helligk. 2. — 9. Gr.)	(AR. 2^h	14^m,	D. — 3°	26′)	Per. 331 Tge.
β Persei	(„ 2. — 4. „)	3	2	+ 40	35	Algoltypus
λ Tauri	(„ 3. — 4. „)	3	55	+ 12	13	„

ε Aurigae	(Helligk. 3 — 5. Gr.)	(AR. 4^h 55^m, D. + 43 41	Irregulär
R Leporis	(„ 6. — 8. „)	4 55 — 14 57	Per. 438 Tge.
R Aurigae	(„ 7.—12. „)	6 9 + 53 20	„ 465 Tge.
S Orionis	(„ 8.—12. „)	5 24 — 4 46	1. Oktober
η Geminor	(„ 3. — 4. „)	6 9 + 22 32	Per. 229 Tge.

Der Andromedanebel ist gut sichtbar.

Die Planeten. Merkur gelangt von der Jungfrau bis in die Waage, ist Anfang Oktober noch kurze Zeit nach Sonnenuntergang sichtbar, geht aber bald, da er sich seinem Perihel nähert (10. November), mit der Sonne auf und unter; von Mitte November ab wird er wieder vor Sonnenaufgang beobachtbar. — Venus im Skorpion und Schützen, steht am Abendhimmel und geht Anfang Oktober um $^3/_4 7^h$, Anfang November um $^1/_4 7^h$, Ende November vor 7^h unter. — Mars, ebenfalls im Skorpion und Schützen, geht im Oktober nahe gleichzeitig mit Venus auf und unter, Anfang November geht er vor 6^h, Ende November vor $^1/_2 6^h$ abends unter. — Jupiter, im östlichen Teile des Schützen, ist Anfang Oktober noch bis $^1/_2 10^h$ abends, Anfang November bis vor $^3/_4 8^h$, Ende November nur bis $^1/_4 7^h$ sichtbar. — Saturn, ebenfalls im Schützen, geht nur wenig später unter als Jupiter; er nähert sich dem letzteren im November mehr und mehr, die größte Annäherung tritt am 28. November ein. — Uranus im Skorpion ist Anfang Oktober noch bis gegen 8^h abends sichtbar, geht aber im November um 6^h, Ende November um $^1/_4 5^h$ unter; am 25. Oktober findet man ihn nahe bei Venus, $2^1/_2$ Grad nördlich derselben. — Neptun in den Zwillingen ist die ganze Nacht sichtbar, Anfang Oktober von $^1/_2 10^h$ abends ab, Anfang November schon von $^1/_2 8^h$ ab.

Sternbedeckungen durch den Mond (in Berlin sichtbar):

			Eintritt	Austritt
17. Oktober	ξ Ophiuchi	(5. Gr.)	6^h 28^m abends	— —
23. „	κ Aquarii	(5. „)	10 4 „	11^h 19^m abends
1. November	68 Geminor.	(5. „)	9 13 „	9 41 „
26. „	ι Tauri	(5. „)	8 57 „	4 29 „
30. „	κ Cancri	(5. „)	10 46 „	11 22 „

Mond. Berliner Zeit.

Letztes Viert.	am 4. Oktober	Aufg. 10^h 13^m abends	Unterg. 2^h 4^m nachm.
Neumond	„ 12. „	„ —	—
Erstes Viert.	„ 20. „	„ 1 19 nachm.	„ 10 38 abends
Vollmond	„ 27. „	„ 4 32 „	„ 7 46 morg.
Letztes Viert.	„ 3. November	„ 11 35 abends	„ 1 34 nachm.
Neumond	„ 11. „	„ —	—
Erstes Viert.	„ 19. „	„ 0 44 nachm.	„ 11 56 abends
Vollmond	„ 26. „	„ 4 25 „	„ 8 57 morg.

Erdnähe: 28. Oktober und 25. November;

Erdferne: 15. Oktober und 11. November.

Mondfinsternis am 27. Oktober nachmittags. Vorzugsweise in Asien, auch in Osteuropa sichtbar, Größe 2,7 Zoll.

Für Berlin Mitte der Finsternis 4^h 9^m nachm.,
Ende „ „ 4 59 „

jedoch geht der Mond für Berlin erst nach der Mitte, um 4^h 32^m auf.

Sonne.	Sternzeit f. den mittl. Berl. Mittag.			Zeitgleichung.			Sonnenaufg. für Berlin.		Sonnenunterg. für Berlin.	
1. Oktober	12h	37m	56.6s	—	10m	9.9s	6h	1m	5h	37m
8. „	13	5	32,5	—	12	11.1	6	13	5	21
15. „	13	33	8.4	—	14	3.3	6	26	5	5
22. „	14	0	44.2	—	15	22.8	6	39	4	50
29. „	14	28	20.1	—	16	10.4	6	51	4	36
1. November	14	40	9.8	—	16	19.6	6	57	4	30
8. „	15	7	45.7	—	16	12.2	7	10	4	17
15. „	15	35	21.5	—	15	23.3	7	23	4	6
22. „	16	2	57,4	—	13	53.7	7	35	3	57
29. „	16	30	33.3	—	11	46.0	7	47	3	50

Sonnenfinsternis am 11. November, morgens.

Diese ringförmige Finsternis wird in Arabien und Südindien zentral sein. Im östlichen Teile des Mittelländischen Meeres wird man kurz nach Sonnenaufgang (etwa von Sizilien ostwärts) die Finsternis ebenfalls zentral sehen. Für Deutschland und Österreich ist die Phase nur partiell, und kann daselbst nur der Austritt des Mondes beobachtet werden. Für Berlin: Austritt 8h 5m morgens, Größe 7,2 Zoll (Maximalphase).

Erdmann, H.: Lehrbuch der anorganischen Chemie. Braunschweig. Verlag von Friedr. Vieweg & Sohn.

Das vorliegende, etwa 47 Bogen starke Werk ist nicht in erster Linie für den Fachmann, den Chemiker von Beruf, geschrieben. Es wendet sich vielmehr an die Zahl derjenigen, „welche zu den Zwecken ihres Berufes eine genauere Kenntnis der chemischen Thatsachen erstreben". Unter diesem Gesichtspunkte betrachtet, dürfen wir in dem, nunmehr in zweiter Auflage erscheinenden, Buch eine der hervorragendsten, im besten Sinne gemeinverständlich gehaltenen Bereicherungen der chemischen Lehrlitteratur erkennen. Der Ausspruch Poincarés: „Gardons-nous de croire qu'une science soit faite, quand on l'a réduite à des formules analytiques" hat dem Verfasser als Richtschnur gedient. Nirgends wird der zum chemischen Denken anregende planmäßige experimentelle Versuch durch rechnerische Spekulationen überwuchert. Es ist daher das Buch auch dem angehenden Chemiker warm zu empfehlen, besonders da die Stoffeinteilung bereits unter Berücksichtigung der neueren Atomtheorie vorgenommen ist. Hierdurch erscheint allerdings der Anlageplan gegen die sonst von der Schule her bei chemischen Lehrbüchern bekannten einigermaßen verschoben. Der ältere Leser wird sich daran gewöhnen müssen. So findet er die Metalloide nacheinander eingeteilt in Hauptgase, Edelgase (Helium, Neon, Argon, Krypton, Xenon), die

Schwefelgruppe, Halogene, Phosphorgruppe, Kohlenstoffgruppe. Dagegen werden ihm die im einleitenden Teile erörterten Vorbegriffe sehr erwünscht sein. Was der Verfasser hier über metrisches Mafs- und Gewichtssystem, mechanische Gastheorie, über die Grundgesetze des chemischen Umsatzes, chemische Rechnung, Bestimmung des Molekulargewichtes u. s. w. sagt, ist durchaus klar und wohlgeeignet, den Leser in die Lektüre des Buches einzuführen.

Vor allem mufs lobend anerkannt werden, dafs im allgemeinen an keiner Stelle zu viel geboten wird. Immerhin könnte einiges unbeschadet für den Wert des Werkes fehlen, z. B. die Charakteristik der Differentialrechnung, welche für den mit der höheren Mathematik auch nur oberflächlich Vertrauten überflüssig ist, für den mit ihr nicht Bekannten doch wohl zum Verständnis nicht ausreicht. Der Wert des Buches liegt in der vortrefflichen Verteilung von Theorie und Praxis; nirgends tritt die erstere, ohne doch lückenhaft zu sein, soweit dauernd in den Vordergrund, dafs der Anfänger ermüdet würde. Überhaupt ist das Buch frisch und anregend geschrieben und liest sich überall gut.

Der chemischen Charakteristik jedes Stoffes folgt seine Geschichte und ein Abschnitt, in welchem chemische Technik und Experimente zusammengefafst sind. Hier findet der Leser viel Interessantes: die Darstellung des Ozons durch elektrische Entladungen, auf elektrolytischem und chemischem Wege; die Darstellung des Heliums und Argons (mit einer vorzüglichen Tafel der Edelgas-Spektra); die Gewinnung der flüssigen Luft nach Pictet und Linde und deren Aufbewahrung in doppelwandigen, evakuierten und gegen Strahlungsverlust verspiegelten Gefäfsen, wobei vielleicht neben der Weinholdschen auch die einfachere und praktischere Dewarsche Flasche Erwähnung gefunden hätte. Mit Recht räumt der Verfasser der chemischen Industrie einen weiten Raum ein. Hier kommt auch die Statistik nicht zu kurz. Die Zündholzfabrikation, die Acetylenentwickler, die Gewinnung des Calciumkarbids sowie die Wertbestimmung desselben nach Erdmann und Unruh, die Sodafabrikation, Eisenverhüttung wird behandelt, ferner die Aluminiumgewinnung mit dem meistverwandeten elektrischen Ofen von Heroult, die Goldgewinnung, gelegentlich deren Darstellung der Leser erfährt, dafs die jährliche Ausbeute in Transvaal in nur 5 Jahren, von 1890—1895, von 14 000 Kilogramm auf 76 000 Kilogramm gestiegen ist und sich gegen den Beginn des südafrikanischen Krieges noch bedeutend gehoben haben wird, da der gröfste Fortschritt in der Goldgewinnung, die chemische Extraktion, erst im Jahre 1895 gemacht wurde. Die Gesamtproduktion, an der hauptsächlich die drei Goldländer Australien, Kalifornien und Transvaal teilnehmen, betrug im Jahre 1898 gegen 400 000 Kilogramm. Noch viel Interessantes weifs der Verfasser über das Gold zu sagen, so über die Legierungen desselben, über den Verbrauch zu Münz- und Industriezwecken, die Goldwährung, über die Verwendung des Goldes in der Porzellanindustrie, Glastechnik u. s. f. Die Schlufsbetrachtungen führen neben Erörterungen über die Eigenschaften der Elemente zu dem wichtigen, in prägnanter Form dargestellten Kapitel über Elektrochemie.

Die Ausstattung des Buches ist mustergiltig wie der Inhalt.   B. D.

Verlag: Hermann Paetel in Berlin. — Druck: Wilhelm Gronau's Buchdruckerei in Berlin-Schöneberg.
Für die Redaktion verantwortlich: Dr. P. Schwahn in Berlin.

Die Ergebnisse der Berliner wissenschaftlichen Luftfahrten.

Von Dr. R. Süring in Berlin.

Die folgenden Zeilen behandeln einen Zweig der Meteorologie, der Jahrzehnte lang ein kümmerliches Dasein gefristet hat, der mit gewisser Ehrfurcht, aber ohne rechte Hoffnung auf Nutzen betrachtet worden ist, bis er auf deutschen Boden verpflanzt, von höchster Fürsorge begleitet, jetzt zu einem mächtigen Baum auszuwachsen beginnt, um dessen Früchte die Meteorologie von verwandten Wissenszweigen mit Recht beneidet wird. Die Aëronautik ist jetzt ein unentbehrliches Hilfsmittel des Meteorologen geworden.

Wirft man einen Blick auf die geschichtliche Entwicklung der wissenschaftlichen Luftschiffahrt seit ihrem Ursprunge am Ende des 18. Jahrhunderts, so ist man einerseits über die Fülle trefflicher Gedanken und Versuche und die vielfach glänzenden Namen der Urheber derselben erstaunt, andererseits über die aufserordentlich geringe Verwertung dieser Experimente. Man hat infolgedessen der wissenschaftlichen Aëronautik lange keine selbständige Bedeutung beigemessen. Ein Umschwung trat erst seit etwa 15 Jahren ein, als man das Problem vom Standpunkte der „Physik der Atmosphäre“ auffafste und die Forschungsmethoden den strengeren Forderungen dieser Wissenschaft anpafste. Die wissenschaftliche Luftschiffahrt ist jetzt die „Experimental-Physik der Atmosphäre“ geworden. Ohne in die historische Entwicklung weiter eingehen zu wollen, und ohne die Verdienste der einzelnen genau abzuwägen, läfst sich doch sagen, dafs die Art und Weise, wie die Aëronautik seit Mitte der achtziger Jahre mit Unterstützung des Deutschen Vereins zur Förderung der Luftschiffahrt und des königlich preufsischen meteorologischen

Instituts betrieben worden ist, in wissenschaftlicher Beziehung den wichtigsten und einflußreichsten Wendepunkt darstellt. In dem 1900 erschienenen dreibändigen Werke: „Wissenschaftliche Luftfahrten“,[1]) den Ergebnissen einer mehrjährigen Entdeckungsreise in das Luftmeer, haben wir ein sicheres Fundament für die Erforschung der Atmosphäre. Zum ersten Male sind nicht nur systematisch eine grofse Zahl von Aufstiegen gemacht und die Resultate kritisch verarbeitet, sondern auch gleichzeitig Theorie und Beobachtung mit einander verglichen worden.

Ein eingehendes Referat über dieses grofse Werk wird offenbar nur den Fachmann interessieren, und ein solches zu geben, ist daher hier nicht beabsichtigt. Dagegen bietet das ganze Unternehmen so mannigfache Abweichungen von verwandten wissenschaftlichen Bestrebungen, und die Ergebnisse sind teilweise von so grosser Tragweite und allgemeiner Bedeutung, dafs es wohl verlohnt, den Lesern dieser Zeitschrift einen Einblick in diese Fahrten zu gewähren. Im Gegensatz zu dem systematischen Aufbau des vorliegenden Werkes soll hier das ganze Unternehmen nur von dem Standpunkte einer Forschungsreise betrachtet werden, d. h. dieser Bericht soll sich im wesentlichen gewissermafsen aus einer Reisebeschreibung, d. h. einer Aufzählung der wichtigsten Entwicklungsstadien der Versuche, und aus einer Zusammenfassung der Resultate zusammensetzen. Er ergänzt somit die früheren Aufsätze in dieser Zeitschrift, in welchen das Hauptgewicht auf die Methode und die Hilfsmittel der wissenschaftlichen Luftschiffahrt und auf einzelne interessante, unmittelbar hervortretende Ergebnisse gelegt worden war.

1. Entwickelung und Verlauf der Berliner Luftfahrten.

Ähnlich wie jetzt das Interesse an antarktischer Forschung, machten sich Mitte der 80 er Jahre Bestrebungen kund, die seit längerer Zeit ins Stocken geratene Erforschung der freien Atmosphäre wieder aufzunehmen. Auf den Meteorologen-Kongressen wurde die Bedeutung des Luftballons stärker als früher betont, allerdings mehr in Gestalt bescheidener Wünsche als positiver Vorschläge; ferner liefsen die Ergebnisse der Berg-Observatorien eine Erweiterung der Forschung auf

[1]) Der vollständige Titel lautet: Wissenschaftliche Luftfahrten, ausgeführt vom Deutschen Verein zur Förderung der Luftschiffahrt in Berlin. Unter Mitwirkung von O. Baschin, W. von Bezold, R. Börnstein, H. Gross, V. Kremser, H. Stade und R. Süring. Herausgegeben von R. Assmann und A. Berson. Braunschweig (Verlag von Friedrich Vieweg & Sohn) 1900. Preis: 100 Mk.

das offene Luftmeer wünschenswert erscheinen, und schliefslich forderten theoretische und instrumentelle Arbeiten den Beweis ihrer Brauchbarkeit durch Beobachtungen im Ballon. Dazu kam, dafs die 1884 gegründete, also im ersten Stadium der Entwicklung begriffene Militär-Luftschiffer-Abteilung bei ihren Fahrten mit grofsem Interesse die meteorologischen Erscheinungen verfolgte. Die Hauptschwierigkeit für die weitere Entwicklung der wissenschaftlichen Luftschiffahrt war zunächst die einfache Frage, wie in der Höhe eine einwurfsfreie Temperaturbestimmung zu erzielen sei. Geheimrat Assmann hat in Gemeinschaft mit Hauptmann von Sigsfeld diese Frage durch Erfindung des Aspirationspsychrometers[1]) gelöst, und so fällt die Entwickelung und Erprobung dieses Instruments zusammen mit dem Aufschwung der wissenschaftlichen Luftfahrten, deren Mittelpunkt von Anfang an Geheimrat Assmann geblieben ist.

Über die Entwickelung der nun folgenden Berliner Ballonfahrten ist schon in dieser Zeitschrift (Band XIII, S. 244) mancherlei berichtet, so dafs wir uns hier mit einer Skizzierung der wichtigsten Momente begnügen können. Es sind dies zunächst die erste Freifahrt mit dem Aspirationspsychrometer am 28. Juni 1888, bei der nach einer tadellosen Fahrt, aber einer stürmischen Landung in der Lüneburger Heide das gesamte Instrumentarium zerschlagen wurde; dann die Versuche mit dem 180 cbm fassenden und nur zum Tragen von Registrierinstrumenten bestimmten Fesselballon „Meteor" (1890—92). 19 Aufstiege wurden mit dem „Meteor" gemacht; es war eine sehr zeitraubende und anstrengende, überdies nicht immer vollbefriedigende Thätigkeit, welche sich auf dem damals erst teilweise bebauten Gelände der Physikalisch-Technischen Reichsanstalt entwickelte. Schon bei Windstärken von 7 m p. s. war der Ballon kaum zu halten und wurde bedenklich tief zu Boden gedrückt; einmal rifs er sich sogar bei einer Windböe los und machte eine unbeabsichtigte Freifahrt nach Steglitz, welche für die Apparate verhängnisvoll wurde, dem Ballon selbst aber keinen Schaden zufügte, sondern ihm den Höhenrekord von 2500 m verschaffte, während er am Kabel 800 m nicht überschritten hatte. — Von der weiteren Entwicklung sind zu nennen: 1891 die Wiederaufnahme der wissenschaftlichen Freifahrten mit dem 1200 cbm fassenden Ballon M. W., Privat-Eigentum des Herrn Kurt Killisch von Horn,

[1]) Das Wesen und der Zweck des Aspirationspsychrometers ist schon mehrfach in dieser Zeitschrift dargelegt: Band V (1892—93), S. 9, VII (1894—95) S. 497 und am ausführlichsten kürzlich vom Erfinder selbst in Band XIII (1900—01) S. 245 ff.

eines begeisterten Förderers aëronautischer Bestrebungen, und dann als Beginn der Haupt-Epoche die Fahrten mit dem aus kaiserlichen Mitteln erbauten, 2500 cbm fassenden Ballon „Humboldt". Trotzdem derselbe bis ins kleinste mustergiltig konstruiert war und die Führung in den bewährtesten Händen lag, traten fast bei jedem Aufstieg kleinere oder gröfsere, meist unverschuldete Unfälle ein, und schon nach sechs Fahrten endete er durch Explosion.[1]) Die im Ballonwerk enthaltenen Fahrtbeschreibungen gewinnen dadurch leider an prickelndem Reiz, zeigen aber gleichzeitig besonders deutlich, mit wie vielen Zufälligkeiten selbst der erfahrenste Ballonführer rechnen mufs.

Nach diesem Unfalle wäre eine Fortführung der Versuche unmöglich gewesen, wenn nicht sofort der deutsche Kaiser weitere 32000 M. zur Beschaffung eines neuen Ballons aus dem Dispositionsfonds angewiesen hätte. Da der Ballonstoff erst gewebt werden mufste, so vergingen immerhin 2½ Monate, bis die erste Fahrt mit dem neuen Ballon „Phönix" (2650 cbm) angetreten werden konnte. Die nun folgende Zeit — von Mitte 1893 bis Ende 1894 — kann als eine Periode glücklicher und erfolgreicher Erforschung der Atmosphäre angesehen werden. 34 Fahrten wurden unternommen, zu verschiedenen Tages- und Jahreszeiten und teilweise bis hinauf in sehr bedeutende Höhen. Die Fahrtbeschreibungen und noch mehr die Bearbeitung der Beobachtungen zeugen von der Lust und dem Eifer, die hier entwickelt wurden. Es fehlte bei diesen Fahrten nicht an kleinen Abenteuern: heftige Schleiffahrten waren zuweilen mit der Landung verbunden, und manches Instrument wurde bei der Wucht der Stöfse beschädigt, aber ein ernster Unfall kam nicht vor. In diese Zeit fallen 4 Nachtfahrten, 4 Frühfahrten (d. h. ungefähr bei Sonnenaufgang begonnen), 4 Fahrten mit elektrischen Messungen, 4 Fahrten, bei denen eine Höhe von 6000 m überschritten wurde, ferner 4 Fahrten mit unbemannten, aber mit Registrier-Instrumenten ausgestatteten Ballons. Die bedeutendste aëronautische Leistung waren die beiden Hochfahrten am 11. Mai 1894 bis 7925 m und am 4. Dezember 1894 bis 9155 m. Die erste derselben wurde bei starkem Regen, also unter sehr ungünstigen meteorologischen Verhältnissen unternommen; die Regenwolke ging in 1700 m in dichtes Schneegestöber über, das bis 5000 m anhielt, dann folgte eine Eiskrystallwolke bis über 7000 m und darüber noch ein feiner Eisnebel, bis schliefslich in fast 8000 m Höhe voller Sonnenschein und reinblauer Himmel angetroffen wurde. Die Luftschiffer

[1]) Über die Ursachen dieses Unfalls ist in dieser Zeitschrift VII, S. 54 berichtet.

(Hauptmann Grofs und Berson) litten in bedenklichem Grade unter der dünnen Luft, der Nässe und Kälte; besonders, da für sie eine schlaflose Nacht vorausgegangen war. Von der Erde war natürlich während der ganzen Fahrt nichts zu sehen, und es mufste deshalb nach 3 Stunden die Landung eingeleitet werden. In der Wolke von neuem mit Schnee belastet, sank der Ballon rasch, fiel aber glücklicherweise mit grofser Gewalt in die Krone einer Eiche und blieb darin hängen. Man befand sich dicht bei Greifswald; hätte die Fahrt eine Viertelstunde länger gedauert, so wäre die Küste der Ostsee überschritten worden. Das Glück, welches die Phönix-Fahrten stets begleitete, bewährte sich hier diesmal deutlich.

Die Hochfahrt hatte gelehrt, dafs eine wesentliche Steigerung der Höhe nur durch Verringerung der zu tragenden Last, also unter Zurücklassung einer Person zu erreichen war. Die zweite Hochfahrt wurde am 4. Dezember 1894 durch Berson allein ausgeführt. Der Ballon erhob sich in Stassfurt, da hier das zur Füllung benutzte Gas elektrolytisch hergestellt wird, und die binnenländische Lage Stassfurts die Fahrt von der Windrichtung unabhängiger machen sollte. Das Wetter war im Gegensatz zum 11. Mai tadellos: nur ein leichter Cirrusschleier bedeckte den Himmel. In 8700 m wurden die Cirruswolken erreicht und in 9155 m Höhe bei $-47^{\circ},9$ kulminierte der Ballon. Die Gefahr, auf die See verschlagen zu werden, war auch diesmal vorhanden, denn im Laufe des Tages bildete sich einige hundert Meter über der Erde eine dünne Wolkendecke, welche den Blick auf die Erde völlig verdeckte, und als der Ballon nach fünfstündiger Fahrt kurz vor 4 Uhr landete, d. h. in wahrem Sinne des Wortes aus den Wolken fiel, befand er sich dicht bei Kiel.

Auf derartige bemannte Hochfahrten ist auch nach Abschlufs des hier zu besprechenden Werkes gerade von den Berliner Forschern besonderes Gewicht gelegt, um eine zuverlässige Kontrolle für die nur Registrierinstrumente tragenden unbemannten Ballons zu haben. Bei diesen Versuchen ist es am 31. Juli d. Js. Berson und dem Verfasser gelungen, noch bei 10250 m einwurfsfreie Messungen anzustellen und bis zu einer Höhe von mindestens 10800 m vorzudringen. Es scheint hiernach, dafs zwischen 10 und 11000 m die Grenze der menschlichen Leistungsfähigkeit, selbst bei Atmung von Sauerstoff, liegt. Über diese Fahrt, welche durch ihren „Höhenrekord“ und ihre unbestreitbaren Gefahren allerdings mehr das grofse Publikum als die Meteorologen aufgeregt haben dürfte, wird nach der Bearbeitung ihrer Ergebnisse auch in dieser Zeitschrift Weiteres mitgeteilt werden.

Mit dem Jahre 1894 waren die sogenannten Hauptfahrten beendet, d. h. es war das Programm in dem ursprünglich festgesetzten Umfange erledigt. Aber die bisherigen 45 Aufstiege hatten klar gezeigt, dafs, wollte man eine einigermafsen abschliefsende Arbeit liefern, eine Erweiterung und Vervollständigung der Experimente nach verschiedenen Richtungen hin erwünscht sei. So wurden dann „Ergänzungsfahrten" unternommen, deren Zahl sich bis zum Frühling 1899 auf 30 belief; es ist also ein Material von insgesamt 75 Aufstiegen — die Meteor-Versuche nicht mitgerechnet — zur Bearbeitung gelangt. Eine Erweiterung des Programms bestand z. B. in der häufigeren Anwendung unbemannter Ballons, sogenannter Sondier-Ballons, zur Erforschung der Luftschichten über 6000 m. Die ersten Versuche 1894 schienen vielversprechend, denn bei zwei Fahrten wurden 17 000 m überschritten. Aber die Fortführung dieser kostspieligen Experimente wurde wiederum erst ermöglicht durch die Gnade Seiner Majestät des Kaisers, welcher von neuem eine Unterstützung von 20 400 M. — z. T. als Staatszuschufs zum Drucke der Ergebnisse — gewährte. Ein äufserer Erfolg konnte schon bald gezeigt werden, als ein Registrierballon am 27. April 1895 die bisher noch nicht übertroffene Höhe von 21 800 m erreichte. — Eine weitere Förderung erfuhr die wissenschaftliche Aëronautik dadurch, dafs der damalige Kommandeur der preufsischen Militär-Luftschiffer-Abteilung, Major Nieber, bei mehreren Militärfahrten einen Platz für meteorologische Beobachter reservierte. Gleich die erste Fahrt des Jahres 1895 wurde unter sehr interessanten, bisher noch nicht untersuchten meteorologischen Verhältnissen ausgeführt, nämlich bei einem scharfen Februar-Ostwind, der den Ballon in $6^3/_4$ Stunden 500 km weit bis über den Rhein nach Xanten führte. Der zugefrorene Rhein wurde in 60 m Höhe am Schleppseil überflogen; die Landung auf den überschwemmten Rheinwiesen gestaltete sich zu einer sehr scharfen, aber wenig angenehmen Schlittenfahrt. Der Wind betrug bei der Landung ca. 10 m p. s. und erreichte schon in 2000 m Höhe die Gewalt eines starken Sturmes (23—28 m p. s.).

Die Beteiligung an den Militärfahrten war um so erwünschter, als der schon 1893 von Berlin angeregte und ausgeführte Versuch, in mehreren Ländern gleichzeitig Aufstiege zu veranstalten und damit die Witterungsverteilung in der Höhe für ein weites Gebiet festzustellen, inzwischen allgemeinen Anklang gefunden und auf der 1896er Pariser Konferenz von Direktoren meteorologischer Institute zur Bildung der „internationalen aëronautischen Kommission" geführt hatte. Diese

Kommission nahm an erster Stelle die Ausführung von Simultan-Fahrten in ihr Programm auf; das Interesse an wissenschaftlicher Aëronautik machte infolgedessen auch in anderen Ländern rasche Fortschritte. Bei der ersten internationalen Fahrt am 14. November 1896 stiegen in Paris, Strafsburg, München, Berlin, Warschau, St. Petersburg zusammen acht Ballons auf; die Beteiligung Berlins war dabei nur durch das Entgegenkommen der preufsischen Militär-Luftschiffer-Abteilung möglich. Es haben bis jetzt schon mehr als 20 derartige internationale Fahrten stattgefunden.

In ein neues Stadium gelangte die Aëronautik dadurch, dafs der Deutsche Verein zur Förderung der Luftschiffahrt im Frühjahr 1897 beschlofs, zwei Ballons von mittlerer Gröfse (1250 cbm) zu beschaffen und damit jährlich 20 bis 30 Fahrten für seine Mitglieder auszuführen. Diese zunächst rein sportlichen Fahrten wurden in den Fällen, wo entweder Meteorologen (Berson, Süring) oder meteorologisch vorgebildete Offiziere (Grofs, von Siegsfeld) die Führung übernahmen, gleichzeitig zu wissenschaftlichen Untersuchungen, wenn auch in bescheidenerem Umfange benutzt. Daneben aber stellte der Verein die Ballons für besondere Zwecke den Meteorologen vollständig zur Verfügung. Diese Vereinsballons können, mit nur einer Person bemannt, bei Wasserstofffüllung Höhen bis zu 8000 m erreichen. Durch solche Unterstützung sind noch einige zur Ergänzung sehr wichtige Fahrten ermöglicht worden. So stiegen am 8. Juni 1898 von Berlin vier Ballons (zwei Vereins- und zwei Militärballons) in Abständen von je drei Stunden auf, um die täglichen Witterungsänderungen in der Höhe zu beobachten. Bei dem Aufstiege des ersten Ballons um 3 Uhr früh regnete es, während sich bei der Landung nachmittags ein heifser Sommertag (ca. 24°) entwickelt hatte. Die einzelnen Phasen dieses Witterungsumschlages, die damit in Verbindung stehenden mehrfachen Wolkenschichten und z. T. diametral entgegengesetzten Luftströmungen liefsen sich durch die vier Ballons genau verfolgen. Die Ballons beschrieben grofse Schleifen in der Luft; z. B. landete das um 9 Uhr aufgestiegene Luftschiff nach $7\frac{1}{2}$stündiger Fahrt zwischen Potsdam und Brandenburg; die Entfernung vom Aufstiegsort beträgt 35 km, während der Ballon in Wahrheit fast die doppelte Strecke zurückgelegt hat.

Den Abschlufs der 75 Berliner Aufstiege bildete eine Fahrt bis zu 7855 m, welche der Verfasser am 24. März 1899 allein ausführte; sie bot eine gute Ergänzung zu Bersons Hochfahrt auf 9100 m im Dezember 1894. Während die letztere bei sehr mildem Wetter und bis zu 4000 m bei verhältnismäfsig hoher Temperatur (in 4000 m — 9°) stattfand, waren am 24. März unten — 7°, in 4000 m — 30° und in 7800 m — 49,2°.

Seit dem Frühjahr 1899 sind schon wieder zahlreiche wissenschaftliche Ballonfahrten unternommen; da sie aber in das unserem Aufsatze zu Grunde liegende Werk nicht mehr aufgenommen werden konnten, sind sie auch hier nicht besprochen. Überdies ist der Charakter der Ballonfahrten jetzt ganz international geworden, so dafs es kaum zweckmäfsig erscheint, die an einem Orte ausgeführten Fahrten ohne die Berücksichtigung der gleichzeitig anderswo unternommenen zu besprechen.

Es sind hier nur ganz kurz einige Punkte aus der Entwickelung der Berliner Ballonfahrten herausgegriffen worden. Wer sich für die rein aëronautische Seite, für den Verlauf der einzelnen Fahrten interessiert, dem kann die Lektüre der im zweiten Bande des Ballonwerke enthaltenen Fahrtbeschreibungen schon allein als angenehme und z. T. spannende Unterhaltung empfohlen werden. Der Leser wird sich alsdann der Überzeugung nicht entziehen können, dafs trotz der ästhetischen Reize, welche jede Fahrt mit sich bringt, und trotz des sportlichen Genusses, den eine glücklich und rationell durchgeführte Ballonführung gewährt, doch der Hauptzweck — die wissenschaftliche Erforschung der Atmosphäre — nie aus dem Auge gelassen wurde und ihr alle anderen Gesichtspunkte sich unterordnen mussten. Selbst dann, wenn Ballonführer und Beobachter in einer Person vereinigt waren, hat die Genauigkeit der Messungen keine Einbufse erlitten, vielleicht ist sogar die Vielseitigkeit derselben dadurch gefördert worden, und es zeigte sich dabei am besten der Unterschied gegen die älteren Untersuchungen, welche in Glaisher ihren Hauptvertreter haben. Um es kurz auszudrücken, man hat die neuere Forschung die „physikalische", die ältere die „astronomische" Methode genannt. Glaisher setzte sich nach Ausarbeitung seines wohldurchdachten Planes zwischen seine Instrumente in den Ballonkorb und las nun, unbekümmert um das, was um ihn her vorging, mit einer staunenswerten Ausdauer und einer verblüffenden Schnelligkeit die Instrumente ab, bis sein treuer Ballonführer Coxwell die Landung beschlofs. Das angesammelte Material wurde dann in statistischer Weise unter eifriger Benutzung mathematischer Ausgleichungsverfahren verarbeitet. Neuerdings aber pflegt man jede einzelne Fahrt als ein besonderes Experiment aufzufassen, dessen zweckmäfsigste Durchführung sich vielfach erst im Laufe der Fahrt ergiebt. Während man früher Störungen in der normalen Temperatur- und Feuchtigkeitsverteilung als Fehler zu eliminieren suchte, legt man jetzt gerade Gewicht auf die genaue Erforschung solcher Unregelmäßigkeiten, und man hat den Erfolg erzielt, auch solche Anomalien mit theoretischen Voraussetzungen in Einklang gebracht zu haben.

2. Die meteorologischen Ergebnisse der Berliner Luftfahrten.

Die Grundlage für die Erforschung der Atmosphäre bildet die Kenntnis der vertikalen Temperaturverteilung und deren Ursachen. Die letzte Frage kann der Hauptsache nach jetzt als beantwortet gelten. Obgleich sie gewissermaßen die Quintessenz der einzelnen Studien des Ballonwerkes bildet, stellen wir sie an die Spitze, denn theoretisch ist sie zum großen Teile schon vor Beendigung der Ballonfahrten gelöst; sie ist dann aber durch das Beobachtungsmaterial auf ihre Richtigkeit geprüft, bezw. ergänzt worden. Es haben diese theoretischen Betrachtungen manchmal sogar den Weg gewiesen für die im Ballon anzustellenden Beobachtungen. Das Endkapitel des dreibändigen Buches, in welchem der Direktor des preußischen meteorologischen Instituts, Geheimrat von Bezold, seine mehr als zehnjährigen Forschungen über die Thermodynamik der Atmosphäre zu einem einheitlichen Bilde zusammenfügt, soll hier daher als Grundlage für die folgenden speziellen Ergebnisse dienen.

Die Betrachtungen gehen davon aus, den Fall zu untersuchen, daß die Wärmeverteilung ausschließlich durch thermodynamische Vorgänge bedingt wird, d. h. es wird zunächst die Wärmebewegung eines vom Boden aufsteigenden Luftteilchens unter der Annahme untersucht, daß auf dem weiteren Wege diesem Teilchen keine Wärme von außen zugeführt oder entzogen wird. Derartige Zustandsänderungen werden adiabatische genannt. Luft, welche nicht mit Feuchtigkeit gesättigt ist, kühlt sich bei adiabatischem Aufsteigen um 1° für je 100 m Erhebung ab; diese Abkühlung verringert sich, wenn der in der Luftmasse enthaltene Wasserdampf bei Temperatur-Erniedrigung aus dem gasförmigen in den flüssigen Zustand übergeht. Ist das kondensierte Wasser als Regen oder Wolke ausgeschieden, dann beträgt die Abnahme wieder 1° auf je 100 m. Steigt die Luftmasse später herab, so erwärmt sie sich ohne Unterbrechung um 1° für je 100 m Abfall. Auf die Verhältnisse der freien Atmosphäre übertragen müßte also die vertikale Temperaturabnahme in den untersten Luftschichten etwa 1° für 100 m sein. In den Höhen, wo die Niederschlagsbildung zu beginnen pflegt, würde sich diese Abnahme verlangsamen, um in der Region der stärksten Wolkenbildung, d. h. zwischen 2000 und 4000 m, ein Minimum zu erreichen. Oberhalb dieser Schichten muß die Temperaturabnahme wieder stärker werden und sich mit steigender Höhe allmählich wieder dem Maximalwert von 1° für je 100 m Erhebung nähern.

Auf Grund der englischen Ballonfahrten Glaishers hatte man sich aber die Vorstellung gebildet, daß die Temperatur in den unteren Luftschichten sehr rasch, dann aber immer langsamer abnimmt. Glaisher selbst hat die beobachteten Werte so ausgeglichen, daſs er glaubte, das Gesetz der vertikalen Temperaturabnahme in dieser Form aussprechen zu können. Die Temperatur in den alleräuſsersten Schichten der Atmosphäre würde hiernach nur zu etwa —50° anzunehmen sein. Diese vermeintliche, relativ milde Temperatur in den höchsten Luftschichten muſste notgedrungen zu der Schluſsfolgerung führen, daſs der erwärmte Erdboden nicht allein die Erwärmung der Atmosphäre besorgen könne, und daſs daher ein groſser Teil der von der Sonne zugestrahlten Wärme gar nicht bis zum Erdboden gelange, sondern direkt von der Atmosphäre absorbiert werde. Nach dieser Auffassung müſsten also die höheren Schichten der Atmosphäre direkt von der Sonne bedeutende Wärmequantitäten erhalten. Dem entgegen ist nun aber durch die Berliner Luftfahrten erwiesen, daſs die Temperatur immer schneller abnimmt, je höher man aufsteigt, und es ist dieses Resultat inzwischen durch die internationalen Ballonfahrten und durch die besonders von Teisserenc de Bort in Paris systematisch veranstalteten Aufstiege von unbemannten Ballons bestätigt. Die älteren Fahrten ergeben —15° als mittlere Temperatur in 8000 m Höhe, die neueren —38°. Die neuen Werte der vertikalen Temperaturabnahme stimmen, wenn man von den untersten 2000 m zunächst absieht, mit den theoretischen Schluſsfolgerungen des Herrn von Bezold ihrem Verlaufe und für die höchsten Schichten auch dem absoluten Betrage nach gut überein. Damit ist der Nachweis geliefert, daſs für die Temperaturverteilung in der Vertikalen das adiabatische Auf- und Absteigen der Luftmassen die Hauptursache ist; es ist dies besonders für weitere Forschungen von groſser Wichtigkeit. In den mittleren Atmosphärenschichten ist das Temperaturgefälle langsamer als das theoretisch berechnete, weil erstens nur in den höchsten Schichten die Durchsichtigkeit der Luft so groſs ist, daſs Emission und Absorption der Sonnenstrahlen nicht mehr in Betracht kommen, und weil zweitens eine adiabatische Temperaturverteilung an der Grenze des labilen

Gleichgewichts steht und naturgemäfs jene Zustandsänderungen das Übergewicht erhalten, welche zur Erreichung eines stabilen Zustandes beitragen.

Die beobachtete langsame vertikale Temperaturabnahme in den untersten Luftschichten läfst sich nicht allein auf das Spiel der auf- und absteigenden Ströme zurückführen; die von Bezoldsche Darstellung giebt jedoch auch hierfür eine Erklärung, welche von der meist gebräuchlichen vollkommen abweicht und durch die Beobachtungen, besonders wenn man sie nach Jahreszeiten gruppiert, bestätigt wird. Bisher hat man meist geglaubt, zunächst einen Grund dafür angeben zu müssen, warum es überhaupt mit zunehmender Höhe kälter statt wärmer wird, und man wies dann unter Zugrundelegung der Hypothese von der schlechten Durchlässigkeit der Luft gegen dunkle Strahlung darauf hin, dafs die dem Boden zugestrahlte Wärme ähnlich wie bei einem Gewächshause zum gröfsten Teile in den untersten Luftschichten zurückgehalten werde, dafs diese Schichten also relativ zu warm seien. Die neueren Betrachtungen auf Grund thermodynamischer Vorgänge führen aber zu der Anschauung, dafs der Erdboden mehr abkühlend als erwärmend wirkt. Die Erwärmung und Abkühlung der Atmosphäre werden zwar in erster Linie durch die Strahlungsvorgänge am Erdboden bedingt, aber die beiden Wirkungen heben sich nicht gegenseitig auf. Die Erwärmung übt einen geringeren Einflufs aus als die Abkühlung, denn die erwärmte Luft steigt auf, und kann sich dabei, ohne dafs labiles Gleichgewicht eintritt, höchstens um 1° auf 100 m Steigung erniedrigen; für die Abkühlung der unteren Luftschichten giebt es aber keine obere Grenze, das Gleichgewicht wird sogar immer stabiler, und die Abkühlung kann immer weiter fortschreiten. Bei Ballonfahrten ist z. B. direkt beobachtet worden, dafs die Temperatur um 10° zugenommen hat bei einer Erhebung um 100 m. Die Gesamtwirkung des Erdbodens auf die auf- und absteigenden Luftbewegungen besteht also in einer Erniedrigung der Temperatur der untersten Luftschichten, und dies ist der Grund, weshalb die mittlere vertikale Temperaturabnahme hier nur ungefähr halb so grofs ist wie die theoretisch berechnete. In demselben Sinne wirken Absorption und Emission der leuchtenden Strahlen und die Verdunstung am Erdboden. Die hierfür verbrauchte Wärme kommt im allgemeinen jenen Schichten zu gute, wo die Kondensation erfolgt, und zwar um so mehr, je mehr Wasser aus der Wolke ausgeschieden wird. Die fühlbare Wärme tritt aber erst später im absteigenden Strome wieder auf. Die Folgen dieser als „zusammengesetzte Konvektion" bezeichneten Wärmeübertragung können hier nicht erörtert werden.

Die weiteren Schritte der hier geschilderten Untersuchungen gehen dahin, aus den Beziehungen zwischen Temperatur und Höhe Aufschlüsse über die in der Atmosphäre ausgetauschten Wärmemengen[1]) zu erhalten. Die Höhe des Ballons wird erst rechnerisch ermittelt aus den Luftdruck- und Temperatur-Beobachtungen; es ist daher theoretisch einfacher, die Temperaturänderungen nicht mit den Höhenänderungen zu vergleichen, sondern mit den Druckänderungen oder — was auf dasselbe hinausläuft — mit den Volumänderungen. Gleichzeitig bekommt man dabei einen viel besseren Einblick in die Verteilung der Luftmassen; z. B. ergiebt sich für eine Anfangstemperatur von 10° bei Änderungen von je 1/4 Atmosphärendruck folgende Beziehung:

Luftdruck:	1	3/4	1/2	1/4	Atmosphäre
Barometerstand:	760	570	380	190	mm Quecksilber
Seehöhe:	20	2400	5500	10000	m
Temperatur:	10°	— 2°	— 20°	— 55°	Celsius
Spezif. Feuchtigk.:	5.8	2.8	0.8	0.1	gr. Wasserdampf pro 1 kgr Luft.

Die Ballonfahrten, welche 2500 m erreichen, haben also schon den vierten Teil der Masse der gesamten Atmosphäre durchschnitten und in 5500 m ist bei mittlerer Temperaturverteilung die halbe Atmosphäre passiert. Ferner sieht man, da die zur Erwärmung eines gleichen Luftvolumens in verschiedenen Höhen notwendigen Wärmemengen dem Luftdrucke proportional sind, wie viel weniger bedeutungsvoll Temperaturschwankungen in den oberen Luftschichten sind als unten. Um eine Luftschicht von bestimmter Mächtigkeit um 1° zu erhöhen, ist am Erdboden noch einmal so viel Wärme nötig als in 5500 m Höhe. Man hat hier beiläufig ein gutes Beispiel dafür, wie falsch es ist, Lufttemperatur und Luftwärme als identische Begriffe anzusehen und beliebig miteinander zu vertauschen. — In entsprechender Weise kann man auch die Verteilung der Wasserdampfmengen in der Atmosphäre untersuchen. Man findet dabei, daſs die ganze über 1 qm lastende Luftsäule von 10 333 kg im Durchschnitt nur 16.5 kg Wasser in Dampfform (d. i. 1.6 ‰ des Gesamtgewichts)

[1]) Als Einheit der Wärmemengen wird für solche Untersuchungen meist die groſse Kalorie gewählt, d. h. diejenige Wärmemenge, welche notwendig ist, um die Temperatur von 1 kg Wasser von 0° auf 1° zu erhöhen.

und bei voller Sättigung nur ca. 25 kg enthält. Die Abnahme des Wasserdampfgehaltes mit der Höhe erfolgt so rasch, dafs man durchschnittlich in 1600 m Höhe — also in der Höhe der Schneekoppe — die Hälfte der gesamten in der Atmosphäre enthaltenen Wasserdampfmenge unter sich hat.

Den bei weitem gröfsten Teil des dritten Bandes der „wissenschaftlichen Luftfahrten" bildet eine eingehende Diskussion der meteorologischen Elemente: Temperatur, Feuchtigkeit, Wolkenbildung, Wind, Sonnenstrahlung und Luftelektrizität. Im Gegensatz zu den zusammenfassenden Erörterungen des Herrn von Bezold handelt es sich hier um eine ganz ins Einzelne gehende, ausschliefslich auf dem Boden der durch die Ballonfahrten gegebenen Thatsachen stehende Bearbeitung. In manchen Fällen reichte das Material natürlich zu einem voll befriedigenden Resultat nicht aus, aber es ist dann doch soweit bearbeitet, dafs es dem Fachmanne den Anschlufs an ähnliche oder später auszuführende Untersuchungen gestattet. Die Arbeiten sind daher speziell für Meteorologen bezw. Physiker geschrieben. Wenn also z. B. über die gründliche, 130 Quartseiten umfassende Bearbeitung der Temperaturverhältnisse seitens des Herrn Berson verhältnismäfsig wenig mitgeteilt wird, so ist das nicht als eine Unterschätzung der hochbedeutsamen Arbeit aufzufassen, sondern erklärt sich aus dem Bestreben, sich nicht in Einzelheiten zu verlieren.

Die Resultate betreffend die mittleren Temperaturänderungen mit der Höhe sind schon vorhin benutzt; es mag hier noch hinzugefügt werden, dafs die Verteilung der Ballonfahrten auf die Jahreszeiten so gut gelungen ist, dafs das Mittel der Anfangstemperaturen der Fahrten mit dem 50jährigen Temperaturmittel von Berlin (9°.2) vollkommen übereinstimmt, und selbst die Temperaturmittel für die einzelnen Jahreszeiten höchstens um 0°.8 von den Normalen abweichen. Da sich die Temperaturen unten schon so sehr den wahren Mitteln nähern, so wird man noch viel mehr für die höheren Schichten annehmen können, dafs die hier gefundenen Zahlen den mittleren Verhältnissen über dem norddeutschen Flachlande entsprechen, also klimatologische Bedeutung haben. So können sie z. B. zur Entscheidung der Frage dienen, wie sich die Jahreszeiten mit der Höhe verschieben. Die von Gebirgs-Observatorien bekannte Erscheinung, dafs sich die Jahreszeiten mit zunehmender Höhe etwas verspäten, hat man gelegentlich als Charakteristikum der Gebirge aufgefafst, aber die Ballon-Beobachtungen zeigen, dafs dasselbe in der freien Atmosphäre stattfindet. Während unten der Frühling um 9° wärmer ist als der

Winter, der Herbst 9° kälter als der Sommer, ist in 4000 m der Unterschied zwischen Frühling und Winter verschwindend klein, (0°.1) und der Herbst ist hier nur $2\frac{1}{2}$° kühler als der Sommer; unten ist der Herbst nur $\frac{1}{2}$° wärmer als der Frühling, dagegen in 3000 m 3°, in 4000 m sogar 7° wärmer. Schon daraus folgt, dafs die vertikale Temperaturabnahme in den einzelnen Jahreszeiten eine recht verschiedene sein mufs. Am langsamsten sind die vertikalen Temperaturänderungen des Winters; es ist dann in 1000 m Höhe noch $\frac{1}{2}$° wärmer als am Erdboden, während es im Sommer 7° kühler ist. Im Herbst ist die Abnahme nach oben am gleichförmigsten — bis zu 4000 m rund 5° auf 1000 m —; es deutet dies auf eine sehr stabile Atmosphäre, was übrigens durch die Gewitterarmut des Herbstes bestätigt wird. Nebenbei erhebt sich die Frage, in welcher Höhe der Gefrierpunkt erreicht wird. Im Jahresdurchschnitt bei 2000 m; die höchsten Null-Linien — meteorologisch spricht man meist von Nullgrad-Isothermen — wurden zwischen Ende August und Anfang Oktober angetroffen (3700—4200 m), also wieder ein Anzeichen für die Verspätung des Sommers in gröfserer Höhe. Die Schwankungen sind im Winter am gröfsten: einmal wurde in 2500 m Höhe 0° beobachtet, während am Erdboden schon 6° Kälte waren.

Die verschieden hohe Lage der Nullgrad-Isotherme ist in sehr geschickter Weise zur Untersuchung der Frage benutzt, wie sich die Temperaturverteilung in den Gebieten hohen und niederen Luftdruckes unterscheidet. Es ist das eine viel umstrittene, für die Theorie der Cyklonen und Anticyklonen überaus wichtige Frage. Man findet hier ganz charakteristische Unterschiede, die in folgenden Zahlen ausgedrückt sind. Dieselben sind so zu verstehen, dafs man sich diese atmosphärischen Gebilde von West heranrückend denkt und demgemäfs ihre östliche Seite — sowohl für Maximum wie für Minimum — als Vorderseite, den westlichen Rand als Rückseite bezeichnet.

	Anticyklone			Cyklone	
Witterungslage:	Vorderseite	Centrum	Rückseite	Vorderseite	Rückseite
Höhe der Nullgrad-Isotherme:	1573	2800	2845	2390	1120 m

Da nach den neueren Theorien in der Anticyklone die Luft abwärts sinkt und sich dabei erwärmt, so ist zunächst zu erwarten, dafs im Centrum des Hochdruckgebiets die Luft am wärmsten ist, die Nullgrad-Isotherme also am höchsten liegt; aber die Zahlen lehren, dafs die gröfste Wärme erst auf der Rückseite eintritt. Es hängt dies wahrscheinlich damit zusammen, dafs das Centrum nur durch absteigende Luft dynamisch erwärmt wird, während die Rückseite aufserdem durch horizontale Zufuhr warme Luft aus dem Süden erhält. Umgekehrt wird die Luft auf der Vorderseite der Anticyklone durch nördliche Winde abgekühlt. Aus dem gleichen Grunde sind die Depressionen auf der Vorderseite wärmer als auf der Rückseite, denn dort wehen südliche, hier nördliche Winde. Dasselbe spricht sich auch in der Feuchtigkeitsverteilung und in der Wolkenbildung aus, welche zeigen, dafs die warme Luftströmung gleichzeitig trocken ist und am tiefsten herabsinkt auf der Rückseite der Anticyklone. Während meist die relative Feuchtigkeit in den unteren Luftschichten zunächst nach oben zunimmt bis zur Grenze der unteren Haufenwolken, sinkt hier die Feuchtigkeit häufig gleich vom Boden aus, so dafs keine Haufenwolken sich bilden können. Im Centrum und auf der Vorderseite der Maxima wird die Zone der trockenen, abwärts sinkenden Luft erst oberhalb der Grenze der Cumulus-Wolken angetroffen.

In den oben mitgeteilten Zahlen ist zum Teil auch die Frage beantwortet, ob die anticyklonalen oder die cyklonalen Gebiete die wärmeren sind und damit die Frage nach dem Ursprung derselben. Nach der alten Konvektionstheorie steigt warme Luft — begünstigt durch Kondensationswärme bei Wolkenbildung — in den Cyklonen auf, und die kalte Luft sinkt in den Anticyklonen herab; der hohe Druck in den letzten wird im wesentlichen durch das gröfsere Gewicht der kalten Luft bedingt. Demgegenüber hat zuerst Geheimrat Hann in Wien auf Grund der Beobachtungen von Bergobservatorien nachgewiesen, dafs die Anticyklonen auch im Winter nur in den alleruntersten Schichten kälter, darüber aber wärmer als die Cyklonen sind; ihre Entstehungsursache ist also nicht in der Temperaturverteilung unten, sondern in den Bewegungsformen der höheren Luftschichten zu suchen.[1]) Die Ballonfahrten bestätigen der Hauptsache nach die Untersuchungen von Prof. Hann. Es ist sicher, dafs der Wärmeüberschufs der Anticyklonen, von ca. 1000 m beginnend, bis über 8000 m hinaufreicht, aber andererseits ist in dem Gange der vertikalen Temperaturabnahme angedeutet, dafs sich in diesen Höhen ein Ausgleich vorbereitet. Bis zu 3000 m ist die vertikale Temperaturabnahme in den Hochdruckgebieten langsamer als in den Depressionen, von 3000 bis 5000 m ist sie in beiden gleich, aber sie verläuft über 5000 m in den Anticyklonen rascher als in den Cyklonen.

[1]) Betreffs der Einzelheiten dieser interessanten Frage können wir auf den Aufsatz von D. E. Less: „Die allgemeine Cirkulation der Atmosphäre" im elften Jahrgange dieser Zeitschrift (1898/99), Seite 529 verweisen.

In indirektem Zusammenhange mit der Beeinflussung der höheren Luftschichten durch die Temperaturunterschiede am Erdboden steht die Frage, wie weit der Einflufs der unten beobachteten täglichen Temperaturschwankungen in die Atmosphäre hinaufreicht und in welchem Verhältnisse diese täglichen Schwankungen nach oben abnehmen. Obgleich durch Drachen bald ein weit vollkommeneres Material zur Lösung dieser Probleme herbeigeschafft sein wird, läfst sich doch aus den Freifahrten schon entnehmen, dafs über 2000 m Höhe die Temperatur während des ganzen Tages meist ziemlich konstant bleibt. Ist der Unterschied zwischen höchster und tiefster Tagestemperatur unten 10°, so beträgt er in 1000 m nur ca. 4°, in 2000 m 1°, in 3000 m 0°,5 und in 4000 m 0°,2. Nach den von Professor Hergesell gesammelten Beobachtungen (Eiffelturm, Fesselballon, Drachen, Gebirgsstationen) nehmen die täglichen Schwankungen nach oben sogar noch schneller ab.

Die Feststellungen bezüglich der Temperaturstörungen in der Nähe von Wolkenschichten sollen hier gemeinschaftlich mit der Besprechung der Feuchtigkeitsverteilung behandelt werden. In den Feuchtigkeitsmessungen (bearbeitet von dem Verfasser dieses Aufsatzes) tritt nämlich am deutlichsten hervor, dafs meist keine allmähliche Vermischung der übereinander lagernden Luftmassen stattfindet, sondern eine Übereinanderlagerung einzelner Luftschichten mit sprungweisen Übergängen. Dabei sind gewisse Gesetzmäfsigkeiten in dieser Schichtbildung unverkennbar. In einfachen Fällen, d. h. bei schwach bewegter Luft und mäfsiger Bewölkung kann man sich die Atmosphäre folgendermafsen aufgebaut denken:

1. Die untere Störungszone (am Tage Dunst, nachts Nebel).
2. Das Gebiet der vorwiegend vertikalen Luftbewegung (bis zur Haufenwolke).
3. Die unteren Wolken (Cumulus oder Strato-Cumulus).
4. Die obere Störungszone (oberer Rand der Haufenwolke mit darüber gelagerter warmer und trockener Luft).
5. Die Zone der oberen Mischungswolken (Alto-Stratus und Cirrus).

Bezüglich dieser Schichten ist im einzelnen folgendes zu bemerken. Die untere Störungszone, obwohl meist nur wenige hundert Meter hoch sich erstreckend und daher vom Freiballon meist in kurzer Zeit durcheilt, ist doch für den gesamten Luftaustausch wichtig genug, um hier berücksichtigt zu werden. Man kann sie allgemein als Dunstschicht bezeichnen. In ihr lagert sich ein beträchtlicher Teil, wahrscheinlich die Hauptmasse des von der Erde nach oben gelangenden Staubes und anderer fester Bestandteile ab. Am Tage steigt diese Schicht mit den erwärmten Luftteilchen in die Höhe, manchmal bis zu 1000 m, und breitet sich als schützende, wenn auch wenig sichtbare Hülle aus. Die Feuchtigkeitsbeobachtungen deuten mit großer Wahrscheinlichkeit an, dafs schon hier ein Teil der vom Boden aufsteigenden Feuchtigkeit absorbiert wird. Am Abend sinkt die Dunstschicht wieder herab und kondensiert sich dabei vielfach zu Nebel. Besonders von hohen Standpunkten aus kann man gut beobachten, wie stetig, oft fast unmerkbar, der Übergang von Dunst zu Nebel erfolgt. Die Schicht hindert somit gewissermaßen den allzu schnellen Ausgleich zwischen Erwärmung des Erdbodens und der freien Atmosphäre. An der oberen Grenze dieser Schicht pflegt eine Zone mit verhältnismäfsig hoher Temperatur und Trockenheit zu liegen, aber darüber folgt ein ca. 1000—2000 m mächtiges Gebiet, wo die Temperatur- und Feuchtigkeitsverteilung gut den theoretischen Voraussetzungen des Austausches von auf- und absteigenden Bewegungen unter Berücksichtigung der Strahlung am Erdboden entspricht. Das Ergebnis der aufsteigenden Bewegung ist die unter 3. genannte Zone der unteren Wolken. Auch hier entspricht die beobachtete Temperaturverteilung der theoretisch geforderten selbst darin, dafs im obersten Teile der Wolke infolge von Verdunstung eine besonders schnelle Temperaturerniedrigung eintritt.

Oberhalb der Wolkendecke mufs man wegen Rückstrahlung von der blendend weifsen, ziemlich ebenen Schicht eine plötzliche Erwärmung bei Tage, eine stärkere Abkühlung bei Nacht erwarten. Es hat sich auch diese Schlufsfolgerung bestätigt; dabei ist aber das weitergehende Resultat gewonnen, dafs diese warme und trockene Schicht nicht allein durch Reflexion an der Wolkendecke zu stande kommt, sondern auch ohne jegliche Wolkenbildung eintritt. Sie zeigt manche Analogie mit der als untere Störungszone bezeichneten Dunstschicht, und wir nennen sie daher zur Unterscheidung hiervon die obere Störungszone. Meist bildet sie die Grenze zwischen zwei verschieden gerichteten oder verschieden schnellen Luftströmen. Wolken, welche von unten aufsteigen, werden in der Regel hier aufgehalten, und die Wärme-Rückstrahlung an ihrer Oberfläche wirkt nun als sekundäre Erscheinung noch mehr temperaturerhöhend auf die ohnehin schon warme Luftschicht. Da sie meist mehrere hundert Meter stark und recht stabil ist, so bildet sie eine wirksame Scheidewand zwischen den unteren und oberen Luftmassen; sie ist wohl vielfach direkt als der Abschlufs der vom Boden sich erhebenden Luftströme aufzufassen und als der Beginn jener oberen Schichten, deren Bewegungen und Wärmegehalt im letzten Grunde auf den Luftaustausch zwischen dem Äquator und den Polen zurückzuführen sind. Die obere Störungsschicht wirkt ähnlich der unteren gleichsam als zweiter Staubfilter für die Atmosphäre, denn die hier beobachtete aufserordentliche Lufttrockenheit, deren Ursprung durch thermodynamische Vorgänge nicht hinreichend erklärt werden kann, deutet darauf hin, dafs auch hier Staubmassen Feuchtigkeit absorbierend wirken.

Oberhalb der Störungsschicht, also über 8000 m etwa, finden wir wenig Gesetzmäfsigkeiten; im allgemeinen kann man nur sagen, dafs Luftschichtungen die Mischungen überwiegen. Der Wasserdampfgehalt ist — wie man aus den Zahlen auf Seite 60 ersieht — nur noch sehr gering, aber trotzdem hebt sich selbst bei Mittelwerten eine Hauptzone feuchter oberer Luftschichten zwischen 4000 und 5000 m hervor. Es ist das auch eine Region relativ häufigen Vorkommens von Wolken.

Betreffs der Zusammensetzung der Wolken haben die Ballonfahrten in mancher Beziehung exaktere Daten geliefert als früher. Wolken, welche trotz Temperaturen unter 0° aus Wassertropfen bestehen, sind nicht selten; in einem Falle wurden sogar noch in 4500 m Höhe bei — 10° Tröpfchen flüssigen Wassers in der Luft bemerkt. An der Grenzschicht zweier verschiedener Luftströmungen erfolgt wahrscheinlich am leichtesten das Aufhören des überkalteten Zustandes. Damit im Zusammenhange steht es offenbar, dafs man so häufig mächtig aufquellende, glänzend weifse Cumuli sieht, die an ihrem oberen Rande einen zarten, weifsblauen, strahlenförmig angeordneten Schirm, einen sogenannten „falschen Cirrusschirm" haben. Letzterer besteht offenbar aus Eisnadeln, während die Haufenwolke selbst — worauf auch das Aufquellen hindeutet — aus Wassertropfen zusammengesetzt ist. Der Kern einer Schneewolke scheint stets aus Eisnadeln zu bestehen, die sich beim Herabsinken zunächst zu Eiskrystallen zusammenschliefsen, um erst am unteren Wolkenrande, dort wo die Wolke sich auflöst, richtige Schneeflocken zu bilden.

Bezüglich der Bezeichnung der Wolkenformen möge bemerkt werden, dafs sich die übliche Klassifikation, selbst wenn man die Wolken aus der Nähe oder von oben betrachtet, im allgemeinen als ganz brauchbar erwiesen hat. Einige Formen sind darunter von besonderer Wichtigkeit. Als Grundformen haben wir zu betrachten: 1. Die Wolken des aufsteigenden Stromes (Cumulus), 2. die Wolken des horizontalen Luftstromes (unten Stratus, oben Cirrus) und 3. die Vereinigung beider, die Ausbreitung des Cumulus in horizontale Schichten oder die Verstärkung feuchter, horizontaler Schichten durch das Ansaugen der Luft aus der Tiefe (Strato-Cumulus bezw. Nimbus). Während die erste Form das Entwicklungsstadium der Wolken darstellt und im allgemeinen nur bei hohem Wasserdampfgehalt, also in den unteren Luftschichten sichtbar sein wird, ist die zweite — wenigstens in vielen Fällen — schon als das fertige oder verhältnismäßig wenig veränderliche Ergebnis der Kondensation aufzufassen, während die dritte Form meist schon das Überschreiten des Höhepunktes, das Vergehen, entweder durch das Verdampfen oder durch Herausfallen der Kondensationsprodukte charakterisiert. Zwischen diesen Stadien des Wachsens und Vergehens schwankt die Wolke hin und her, ohne für längere Zeit den Ruhepunkt zu erreichen. Es erklären sich dadurch die vielgestaltigen Übergangsformen.

Bei der Darstellung der Windverhältnisse (bearbeitet von Herrn Berson) müssen wir uns auf das Herausgreifen einiger wichtiger Ergebnisse beschränken. Die Änderungen der Windgeschwindigkeit sind stets relativ behandelt, d. h. es ist die Geschwindigkeit am Erdboden gleich 1 gesetzt und für die verschiedenen Höhenstufen der Quotient aus der hier beobachteten Geschwindigkeit und der Geschwindigkeit am Boden gebildet. Man erhält dann folgende Tabelle:

Höhenschicht:	Erde	0—1000 m	1000—2000 m	2000—3000 m	3000—4000 m
Gesamtmittel der Geschw.	1	1.75	1.95	2.15	2.50
Anticyklon. Lage	1	1.64	1.76	1.95	2.40
Cyklonale Lage	1	1.96	2.12	2.47	2.66
Östliche Winde	1	1.64	1.59	1.47	1.49
Westliche Winde	1	1.68	2.18	2.62	3.03

Höhenschicht:	Erde	4000—5000 m	5000—6000 m und darüber
Gesamtmittel der Geschw.	1	3.10	4.50
Anticyklon. Lage	1	3.15	4.07
Cyklonale Lage	1	3.57	5.03
Östliche Winde	1	1.37	—
Westliche Winde	1	3.94	4.73

Im Gesamtdurchschnitt nimmt die Windgeschwindigkeit in den untersten 500 m am stärksten zu, fast auf das Doppelte; dann folgt von 500 bis 1500 m — in der Hauptzone der Cumulus-Bildung — sehr langsames Anwachsen, und dasselbe gilt für die Schichten mit häufig wechselnder Windrichtung zwischen 1500 und 3000 m. Darüber hinaus beginnt wieder eine rapide Zunahme. Die Anticyklonen unterscheiden sich von den Cyklonen bezüglich der vertikalen Verteilung der Windgeschwindigkeit besonders dadurch, dafs in Anticyklonen zwischen 750 und 1250 m keine Zunahme der Geschwindigkeit, darüber hinaus aber eine sehr rasche erfolgt, während in den Cyklonen die Geschwindigkeit gerade unten schnell anwächst. Am interessantesten ist der Vergleich zwischen westlichen und östlichen Winden; die ersteren zeigen eine rasche und stetige Zunahme der Geschwindigkeit, so dafs zwischen 3000 und 4000 m die Windstärke dreimal so grofs, bei 6000 m sogar fünfmal so grofs ist wie unten. Bei östlichen Winden nimmt die Stärke nur bis 1000 m zu und flaut dann wieder ab, so dafs selbst zwischen 4 und 5000 m geringere Windgeschwindigkeit herrscht als zwischen 0 und 1000 m.

Bezüglich der Windrichtung ist zunächst daran zu erinnern, dafs auf der Erde der Wind durchschnittlich um 50—60° nach rechts von dem barometrischen Gradienten, d. h. von der Richtung des Luftdruck-Gefälles abweicht. Erhebt man sich in die Höhe, so findet meist eine Rechtsdrehung des Windes gegen unten statt, und zwar von 2500 bis 3000 m durchschnittlich schon um ca. 40°, so dafs hier die Luftströmungen den Isobaren annähernd parallel, oder mit andern Worten zum Gradienten senkrecht laufen. In dieser Höhe, die ungefähr der oberen Störungszone entspricht, tritt ein Stillstand in der Drehung ein, darüber aber dreht der Wind bis zu 7000 m um weitere 17°, so dafs hier der Wind um etwa 55° vom Unterwinde nach rechts abweicht; die Luft strömt hier oben also gegen die Richtung des unten bestehenden Gradienten, sie fliefst nicht mehr den Gebieten niederen Druckes zu, sondern dem Maximum am Erdboden. Gruppiert man die Beobachtungen nach cyklonaler und anticyklonaler Witterungslage, so treten auffällige Unterschiede hervor. In den Hochdruckgebieten findet eine sehr starke Rechtsdrehung mit der Höhe statt; sie erreicht schon in 3000 m 67°, in 7000 m 90°; ein Südwind unten ist hier also in einen Westwind übergegangen. Es wird demnach schon in 3000 m Höhe etwa die Zone erreicht, wo die Luft in das Maximum zurückkehrt. In cyklonalen Gebieten wird nur eine ganz geringe Rechtsdrehung mit der Höhe beobachtet; es wird höchstens die Richtung der Isobaren erreicht, niemals aber wurde die Zone angetroffen, wo der Wind aus der Cyklone heraus in die Anticyklone abfliefst. Demgemäfs kommt Herr Berson zu der Vorstellung einer schräg von der Cyklone nach der Anticyklone herabführenden oberen Luftcirkulation; die Grenzfläche dieser Strömung wird durch die im Maximum niedrig, mit Annäherung an die Depression immer höher gelegenen Störungsschichten gekennzeichnet. Für die dabei sich abspielenden Vertikalbewegungen ergiebt sich, dafs in der Nähe des Anticyklonen-Kernes die absteigende Strömung überwiegt und nur ganz unten tagsüber ein aufsteigender Strom (Cumulus-Wolken), nachts und morgens aber infolge von Temperatur-Umkehr strenge Schichtung ohne Vertikal-Bewegungen vorwaltet. Mit der Entfernung vom Maximum rücken die Störungsschichten und damit die Region aufsteigender Bewegung immer höher hinauf, bis sie in der Nähe des Minimums erst in den gröfsten Höhen anzutreffen sind.

Das Ballonwerk enthält noch zwei Arbeiten von fundamentaler Bedeutung: Die Sonnenstrahlung, bearbeitet von Geheimrat Assmann und die Luftelektrizität, bearbeitet von Prof. Börnstein, auf welche jedoch hier nicht näher eingegangen werden soll. Eine gröfsere Zahl von Messungen der Sonnenstrahlung in der freien Atmosphäre ist in systematischer Weise früher noch nicht ausgeführt, eine kritisch-wissenschaftliche Aufarbeitung dieses Materials wird daher als Hilfsmittel für manche meteorologische Untersuchungen eine wichtige Grundlage bilden. Da aber die Messungen zufolge der Unvollkommenheit der im Ballon benutzbaren Instrumente keine absoluten, sondern nur relative Werte der Sonnenstrahlung geben, so sind sie ohne Berücksichtigung anderer meteorologischer Elemente zu allgemeinen Schlüssen über den Aufbau der Atmosphäre wenig geeignet. Es sei nur erwähnt, dafs der Einflufs der Wolkenoberflächen auf die Stärke der Strahlung deutlich erkennbar ist. Selbst über einer nicht vollständig geschlossenen Wolkendecke ist die Strahlungsintensität noch gröfser als bei wolkenlosem Himmel. Die Luftelektrizität endlich befindet sich gerade jetzt in einem Zustande aller intensivster Erforschung; Prof. Börnstein selbst ist an neuen Experimenten beteiligt, so dafs ein Bericht über die Berliner Fahrten nur einen unvollkommenen, teilweise schon veralteten Einblick in den Stand unserer Kenntnisse geben würde. Eine bleibende Bedeutung werden die Fahrten insofern behalten, als durch sie zum ersten Male sicher nachgewiesen ist, dafs die Spannung der positiven Elektrizität nach oben abnimmt, und dafs aufser der negativen Ladung der Erde positive Elektrizitätsmengen in der Atmosphäre — wahrscheinlich in den Wolken — vorhanden sind.

Überblicken wir das Gesamtergebnis der Berliner Luftfahrten, so läfst sich nicht leugnen, dafs darin die Grundlage zu einer Physik der Atmosphäre enthalten ist. Manche der hier niedergelegten Ansichten werden zwar auf Grund eines gröfseren Materials noch einer

Erweiterung und Abänderung bedürfen, aber andererseits werden auch die bis jetzt angesammelten und veröffentlichten Beobachtungen zu neuen Arbeiten Veranlassung geben. Aufserdem ist nicht zu vergessen, dafs ein hoch zu veranschlagender moralischer Erfolg der Fahrten darin liegt, dafs sie die Notwendigkeit dargetban haben, der wissenschaftlichen Aëronautik staatliche Fürsorge angedeihen zu lassen. Als eine Frucht dieser aëronautischen Leistungen kann das neu gegründete aëronautische Observatorium des preufsischen meteorologischen Instituts angesehen werden, und der Name des Leiters dieses Observatoriums — Geheimrat Assmann — bietet die Bürgschaft, dafs Deutschland die glücklich errungene Führung auf dem Gebiete der wissenschaftlichen Aëronautik sich nicht so leicht wird entreifsen lassen. Ein gewisser nationaler Stolz ist eben von der Geschichte der wissenschaftlichen Luftfahrten des „Deutschen Vereins zur Förderung der Luftschiffahrt“ unzertrennbar; ist doch die glückliche und erfolgreiche Entwicklung derselben nicht nur der steten Fürsorge und dem ernsten Interesse, sondern in manchen Stadien geradezu dem persönlichen Eingreifen Seiner Majestät des Deutschen Kaisers zu verdanken.

Die kleinen Planeten.

Von Gustav Witt, Astronom in Berlin.

(Fortsetzung.)

III. Pallas, Juno und Vesta.

Ceres pafste so unerwartet gut mit ihrer mittleren Entfernung in die Bode-Titiussche Reihe hinein, dass es nicht wunder nehmen darf, wenn man mit ihrer Entdeckung die Lücke zwischen Mars und Jupiter ein für allemal ausgefüllt glaubte. Wie hätte man auch ahnen sollen, dafs man erst ganz am Anfange einer an überraschenden astronomischen Entdeckungen überreichen Periode stand! Um so gröfser war das Erstaunen über die Meldung, Olbers habe am 28. März gelegentlich einer Beobachtung der Ceres, ganz in der Nähe des Ortes, an dem er kaum 3 Monate vorher diese wieder aufgespürt hatte, einen neuen beweglichen Stern 7. Gröfse entdeckt, der durchaus fixsternartig erschien und mit einem Kometen im Fernrohr nicht die mindeste Ähnlichkeit aufwies. Schon die ersten Rechnungen zeigten dem Entdecker, dafs die Bahn des neuen Weltkörpers, für den er den Namen Pallas wählte, erheblich von der Kreisform abweichen mufste; indessen wagte er noch nicht zu entscheiden, ob man es mit einem Kometen oder Planeten zu thun habe. Bode neigte mehr der ersteren Auffassung zu, namentlich weil die scheinbare Fortbewegung sehr steil gegen den Äquator vor sich ging, obwohl bis dahin kein Fall bekannt war, dafs Kometen auch ohne merkliche Nebelhülle oder ohne Schweif erscheinen können. Andererseits liefsen sich aber die Beobachtungen nicht durch eine parabolische Bahn darstellen, woraus Olbers schlofs, die Pallasbahn müsse eine Ellipse von nicht unbeträchtlicher Excentricität sein, deren Berechnung er zu unternehmen gedachte, sobald die Beobachtungen einen hinreichenden Zeitraum umfafsten. Inzwischen kam ihm Gaufs hierin zuvor und förderte das unerwartete Resultat zu Tage, dafs Pallas fast die gleiche Umlaufszeit besafs wie Ceres, während Excentricität und Neigung Werte erreichten, die mit der Vorstellung vom Wesen der Planeten fast unvereinbar schienen. Immerhin konnte Olbers gewifs zutreffend behaupten, dafs Pallas mindestens soviel Anspruch auf die Planetenehre habe wie Ceres. Bode dagegen hielt das Gaufssche Resultat für paradox, weil es die eben erst begründete harmonische Gliederung des Planetensystems zu nichte machte; er, der bei der Ceresentdeckung mit unvergleichlicher Festigkeit die Planetennatur verteidigt hatte, wurde hier zum Zweifler und suchte vergebens mit allen möglichen Gründen einen Ausweg aus dem Dilemma. Übrigens mufs man es geradezu als ein besonderes Glück bezeichnen, dafs Ceres bereits wiedergefunden war; sonst hätte leicht Pallas als eine Wiederkehr jener gelten können, was natürlich heillose Verwirrung hervorgerufen haben würde.

Bodes Bedenklichkeit hatte wenigstens einen Schein von Berechtigung, denn Neigungen von 35 Grad, wie sie die Pallasbahn aufwies, waren für einen Planeten unerhört, dagegen bei Kometen keineswegs selten. Auch v. Zach bezeichnete fürs erste Pallas nur als einen höchst sonderbaren Kometen, und Schröter riet sogar an, im Sinne von Herschel die beiden neuen Wandelgestirne einfach als kometenähnliche Planeten aufzufassen.

Die Umständlichkeit der Aufsuchung und Beobachtung der nur an ihrer Bewegung kenntlichen Körper liefs den Mangel an hinreichend detaillierten Sternkarten bald recht fühlbar werden, da die älteren Kartenwerke fast nur die mit freiem Auge sichtbaren Sterne verzeichneten, also für die Verfolgung teleskopischer Planeten ganz unzulänglich waren. Zwar hatte Bode im Oktober 1801 ein neues Sternverzeichnis zusammen mit 20 Himmelskarten veröffentlicht, die schon eher dem Bedürfnis entsprachen; leider waren sie aber noch mit dem alten Beiwerk der figürlichen Sternbilder überladen und enthielten, bei einer Gesamtzahl von 17 240 auf die ganze Himmelskugel verteilten Sternen, in der Hauptsache nur solche, deren genauere Örter in den damals bekannten Katalogen aufgeführt waren. Es blieb daher den Beobachtern nichts Anderes übrig, als die vielfachen grofsen Lücken in den Karten durch Vergleichung mit dem Himmel und Nachtragung der fehlenden Sterne selbst zu ergänzen; doch wurde in dieser Beziehung keineswegs so planmäfsig verfahren, wie es der Sache angemessen gewesen wäre.

Unterdessen hatte Harding[19]) auf der Sternwarte Lilienthal eine

[19]) Karl Ludwig Harding, 29. September 1765 zu Lauenburg geboren, anfänglich Theologe, durch Schröter für die Astronomie gewonnen, war bis 1805 als Observator an dessen Privatsternwarte thätig, kam dann als Professor der Astronomie nach Göttingen und starb dort 31. August 1834.

vollständige Mappierung des Himmels geplant und in Angriff genommen, um wenigstens dem dringendsten Bedürfnis abzuhelfen. Die Grundlage für seine 27 Karten, die freilich erst 1822 unter dem Titel „Atlas novus coelestis“ in Göttingen erschienen, bildeten neben den Piazzischen die zahlreichen, auf Veranlassung des berühmten La Lande von dessen Neffen angestellten Fixsternbeobachtungen. Kurz entschlossen warf er den Ballast der Sternbilder gänzlich über Bord und begnügte sich mit einer Andeutung ihrer Grenzen, wodurch die Karten an Übersichtlichkeit wesentlich gewannen. Mit 120 000 Sternen, die fast sämtlich durch eigene Beobachtungen am Himmel identifiziert wurden, stellt dieser Atlas alle seine Vorgänger weit in den Schatten. Der Lohn für die verdienstliche Thätigkeit blieb denn auch nicht aus. Am 1. September stiefs Harding bei seinen Nachforschungen am Himmel im Sternbilde der Fische auf einen Stern 7.—8. Gröfse, der vorher dort nicht gestanden haben konnte. Binnen kurzem war seine Bewegung festgestellt; die Beobachtungen wurden umgehend Gaufs übermittelt. Dieser berechnete die Bahn mit solcher Schnelligkeit, dafs an vielen Orten die Nachricht von der Entdeckung gleichzeitig mit den Elementen eintraf, aus denen ersichtlich wurde, dafs ein dritter zwischen Mars und Jupiter einzureihender Planet gefunden war. Harding wählte für ihn den Namen Juno, der noch vor der Entdeckung irgend eines teleskopischen Planeten vom Herzog Ernst von Gotha in Vorschlag gebracht und eine Zeitlang von Bode für Ceres empfohlen worden war.

Wie wir sahen, hatten die Rechnungen von Gaufs eine fast vollständige Übereinstimmung der Werte für die grofsen Achsen der Ceres- und Pallasbahn ergeben; es mufste also in der Richtung der gemeinsamen Schnittlinie beider Bahnen gelegentlich eine sehr bedeutende Annäherung der Körper stattgefunden haben oder sich ereignen können, und diese Annäherung wäre noch beträchtlicher gewesen, wenn sich die Bahnen mehr der Kreisform näherten. Durch diese Überlegung wurde Olbers auf die Vermutung geführt, dafs möglicherweise Ceres und Pallas Bruchstücke eines ehemals gröfseren Weltkörpers seien, den eine gewaltige Katastrophe eben in der Nähe der erwähnten Richtung in Trümmer gesprengt habe, deren sich dann mehr müfsten finden lassen. War die Annahme gerechtfertigt, dann genügte es, die Umgebung des Sternes δ in der Jungfrau und den westlichen Teil des gegenüberliegenden Sternbildes des Walfisches von Zeit zu Zeit zu revidieren, um weitere Fragmente aufzufinden. Diese Vermutung und die daran geknüpften Hoffnungen fanden augenscheinlich bei manchen Astronomen Anklang, wobingegen der Frankfurter Professor Huth seine Meinung gegen Herschel dahin äufserte, „ihm komme es viel wahrscheinlicher vor, dafs diese Planetchen ebenso alt wie alle übrigen seien, und er würde sich gar nicht verwundern, wenn Ceres und Pallas noch mindestens 10 Mitplaneten erhielten." Indessen hatten sich Olbers und Harding durch die gegenteiligen Ansichten wenigstens in ihren Nachsuchungen nicht aufhalten lassen, und als letzterer so glücklich gewesen war, auf diesem Wege die Juno zu entdecken, schien damit allen Zweifeln die Berechtigung entzogen zu sein; selbst der berühmte Lagrange sprach sich noch 1812 zu Gunsten der Olbersschen Auffassung aus.

Olbers hat es übrigens ausdrücklich als unwesentlich bezeichnet, was gegenüber manchen irrigen Darstellungen immerhin bemerkt werden möge, ob seine Hypothese wahr oder falsch sei; er benutzte sie eben nur, wie Hypothesen benutzt werden sollen, gleichsam als Führer auf dem Wege neuer Forschungen. Zudem hielt er es für höchst unwahrscheinlich, dafs der glückliche Zufall, der in so kurzer Zeit drei einander ähnliche Planeten zu unserer Kenntnis gebracht hatte, ihre Zahl erschöpft haben sollte, und so beschlofs er, unbeirrt weiter zu suchen. Dennoch vergingen mehrere Jahre sorgsamster Prüfung des Himmels, ohne dafs ein Erfolg zu verzeichnen gewesen wäre. Endlich, am 29. März 1807, gelang es Olbers, wiederum im Sternbilde der Jungfrau, das ihm von der Entdeckung und Beobachtung der Pallas her gründlich vertraut war, einen Planeten 5. bis 6. Gröfse zu entdecken, der gleichfalls durch Gaufs in die einstige Lücke zwischen Mars und Jupiter hineingewiesen wurde. Voller Freude und Genugthuung benachrichtigte er unter dem 3. April Bode von der Auffindung des vierten Asteroiden Vesta, welchen Namen Gaufs auf Ersuchen des Entdeckers gewählt hatte.

Fast ein Jahrzehnt lang setzten Olbers und Harding ihre Nachforschungen am Himmel noch fort, ersterer jedenfalls so lange, bis zunehmendes Alter und die damit sich einstellenden Beschwerden ihn zur Aufgabe seiner ärztlichen Praxis und bald auch der liebgewonnenen nächtlichen Beobachtungen zwangen; aber von weiteren Entdeckungen hörte man nichts. So lebte man sich allmählich in den Glauben hinein, dafs vier und nur vier Asteroiden in dem Raume existierten, wo man ehemals einen einzigen vermutet hatte. Fast gewinnt es den Anschein, als wenn bis zu einem nicht unerheblichen Grade die durch Olbers' Hypothese veranlafste allzu ängstliche Beschränkung der Nachsuchungen auf jene eng begrenzten Regionen des Himmels, in denen nach seiner bestimmt ausgesprochenen Behauptung bis 1816 kein hinreichend heller Planet gestanden hat, die Schuld an den Mifserfolgen trägt.

Von keiner Seite war ein Widerspruch erhoben worden, dafs die Entdecker für sich das Recht in Anspruch nahmen, entweder selbst einen passenden Namen auszusuchen oder, wie im Falle der Vesta, dieses Vorrecht zu übertragen; ebenso herrschte allgemeines Einverständnis über die Zweckmäfsigkeit der aus der klassischen Mythologie herbeigeholten Namen. Daneben hatte man aber, genau wie bei den alten Planeten, auch die Einführung von Zeichen für wünschenswert erklärt. Offenbar haben mehrere Astronomen gleichzeitig diesen Gedanken gehabt, so dafs Bodes Vorschlag, für Ceres das Zeichen einer Sichel ⚳ festzusetzen, ohne weiteres angenommen wurde. Für Vesta hat Gaufs dem Namen entsprechend als Zeichen Altar und Flamme ⚶ für schicklich gehalten; das Zeichen der Lanze ⚴ für Pallas wurde von Zach empfohlen, während Juno als Zeichen ihrer Würde vom Entdecker das mit einem Stern gekrönte Scepter ⚵ verliehen wurde.

IV. Zweite Entdeckungsperiode bis 1891.

Die in den Planetenentdeckungen eingetretene Stockung kam mittlerweile anderen Zweigen der Himmelsforschung zu gute, vornehmlich der astronomischen Mefskunst, die bis dahin teilweise noch recht im argen gelegen hatte. Unter den Händen des jungen Königsberger Professors Friedrich Wilhelm Bessel[16]) ward sie von Grund auf reformiert und ist seither zu einer wirklichen Wissenschaft geworden. Wir können seinen zahlreichen bahnbrechenden Arbeiten hier natürlich nicht im einzelnen folgen; soweit sie aber auf den uns beschäftigenden Gegenstand, wenn auch indirekt, Bezug haben, mufs ihrer gedacht werden. In erster Linie verdienen in diesem Sinne Erwähnung seine in den Jahren 1821—1833 durchgeführten, den Gürtel von −15 bis +45 Grad Deklination umfassenden Ortsbestimmungen schwächerer Fixsterne, die so ausgewählt wurden, dafs für Planeten- und Kometenbeobachtungen möglichst an jeder Stelle

[16]) 22. Juli 1784 zu Minden geboren, trat Bessel zunächst als Lehrling bei einem Bremer Handelshause ein, widmete aber seine freie Zeit dem Selbststudium der Nautik, Astronomie und Mathematik mit solchem Erfolge, dafs er sofort die durch Hardings Weggang freigewordene Stelle bei Schröter übernehmen durfte. 1810 nach Königsberg berufen und mit dem Bau der neuen Sternwarte betraut, hat er bis zu seinem am 17. März 1846 erfolgten Tode eine umfassende, ungemein fruchtbringende Thätigkeit zu entfalten verstanden, die seinen Namen auf allen Gebieten der Himmelsforschung verewigt hat.

des Himmels eine ausreichende Zahl von Vergleichssternen zur Verfügung stand, woran es in der That damals sehr mangelte.

Auf diese zonenartig angeordneten Beobachtungen gestützt, griff sodann Bessel den bereits 1800 angeregten, aber nie zur Ausführung gekommenen Plan einer systematischen Mappierung des Himmels wieder auf und schlug der Berliner Akademie der Wissenschaften in einem Briefe vom 21. Oktober 1824 vor, 24 Sternkarten herstellen zu lassen, deren jede eine volle Rektascensionsstunde bei einer Breite von 15 Grad zu beiden Seiten des Äquators zur Darstellung bringen sollte. Die Arbeit war so gedacht, dafs zunächst in jede Karte die Sterne eingezeichnet werden sollten, für welche genaue Ortsbestimmungen vorlagen; die noch fehlenden Sterne bis zur 9. Gröfse einschliefslich — waren dann nach dem Augenmafs auf Grund direkter Vergleichung des Himmels einzutragen. Neben der selbstverständlichen Verdienstlichkeit und Nützlichkeit des Unternehmens war für Bessel, der der Akademie schon eine Probekarte unterbreitet hatte, auch die Erwägung bestimmend, dafs im Laufe der Arbeit vielleicht noch einige neue Planeten entdeckt werden könnten.

Die Akademie stellte sich dem Gedanken wohlwollend gegenüber, bewilligte alsbald die erforderlichen Geldmittel, und betraute Encke mit der Überwachung der Herausgabe dieser „Berliner akademischen Sternkarten"; ihre Vollendung zog sich bis 1859 hin, obwohl die ersten beiden Blätter bereits 1830 erschienen waren.

Unterdessen war ein Liebhaber der Astronomie auf eigene Faust ganz in der nämlichen Richtung thätig gewesen. Karl Ludwig Hencke, am 8. April 1793 in Driesen in der Neumark geboren, hatte von seinem 14. Lebensjahre mit einer kurzen Unterbrechung 30 Jahre lang im Postdienst gestanden und nahm 1837 als Postmeister mit einer kleinen Pension seinen Abschied. Schon 1821 hatte er es trotz seiner bescheidenen Verhältnisse ermöglicht, ein schönes Fernrohr von Fraunhofer in München für etwa 100 Thaler zu erwerben, um damit nächtlicher Weile den Himmel zu betrachten. Nach seiner Verabschiedung widmete er sich mit bewundernswerter Ausdauer und seltenem Geschick der Vervollständigung der ihm zugänglichen Himmelskarten. Für einzelne von ihm bevorzugte Gegenden hatte er so nach und nach Karten angefertigt, die an Reichhaltigkeit sogar die entsprechenden akademischen Karten übertrafen.

Am 8. Dezember 1845 bemerkte nun Hencke ein Sternchen schwächer als 9. Gröfse, das weder in seinen Spezialkarten, noch in der von der betreffenden Region des Himmels bereits erschienenen akademischen Sternkarte vermerkt war. Wiederholt hatte er in den voraufgegangenen Jahren dieselbe Gegend sorgfältig studiert; ein Irrtum war also ausgeschlossen, und es konnte sich nur um eine neue Entdeckung handeln, die er nicht zögerte, an die Berliner Blätter zu melden. Am 14. Dezember vermochte Encke zu konstatieren, dafs wiederum ein Planet erhascht worden war. Er beglückwünschte den so ganz unerwartet zur Berühmtheit gewordenen Mann, dem nun Ehrungen und Anerkennungen in reichem Mafse zuflossen.[11]) Die Universität Bonn ernannte ihn zum Ehrendoktor, von König Friedrich Wilhelm IV. wurde ihm die grofse goldene Medaille für Kunst und Wissenschaft verliehen, und auch sonst liefs man es nicht an Auszeichnungen mannigfachster Art fehlen; ein Beweis, welches allgemeine Aufsehen in jenen Tagen noch eine Planetenentdeckung erregte. Das Recht der Taufe übertrug der Entdecker an Encke, der den Namen Astraea und als Zeichen den Anker wählte.

Noch einmal lächelte Hencke, der trotz der vielfachen Ehrungen bescheiden weiter gearbeitet hatte, das Entdeckerglück, indem er 1 ½ Jahre später, am 1. Juli 1847, einen sechsten Planeten fand, und dies brachte ihm neue Auszeichnungen. Gaufs gab diesmal den Namen Hebe und als Zeichen den Becher.

Weitere selbständige Entdeckungen blieben Hencke zwar versagt, doch nahm er an der Vollendung der akademischen Sternkarten fortan regen Anteil und lieferte sogar dazu ein 1852 erschienenes Blatt.

Unverkennbar hat die Entdeckung der Astraea die spätere Entwickelung der Planetenastronomie in ganz hervorragendem Mafse beeinflufst. Nachdem einmal die vorgefafste Meinung, es existierten nur 4 Planeten zwischen Mars und Jupiter, so eklatant als irrig gekennzeichnet worden war, begann ein wirklich systematisches Suchen nach kleinen Planeten, namentlich seitens jüngerer Astronomen, und die Entdeckungen folgten von nun an so schnell aufeinander, dafs seither kein Jahr mehr ohne eine solche geblieben ist. Es entstand eine förmliche Planetenjagd, die sich äufserst fruchtbringend erwies.

Nur die nächste Entdeckung kann vielleicht noch als ganz unbeabsichtigt bezeichnet werden. Sie gelang mit Hilfe einer der Berliner Karten am 13. August 1847, also nur 7 Wochen nach der Auffindung der Hebe. Der Entdecker, ein an der Privatsternwarte von Bishop in London beschäftigter Astronom Namens Hind, wählte für seinen

[11]) Vgl. dazu das treffliche Lebensbild von W. Foerster: Dr. Karl Ludwig Hencke, H. u. E. II. Jahrg. S. 463.

Findling den Namen Iris und als Zeichen einen Stern unter einem Regenbogen.

Zwar hatten die akademischen Sternkarten eine immerhin wertvolle erste Grundlage für die Verfolgung der bisher bekannt gewordenen Glieder jener neuen Gruppe von Wandelsternen zwischen Mars und Jupiter dargeboten, indessen reichten sie hierfür ihrer ganzen Anlage nach nicht in allen Fällen hin. Unvergleichlich bessere Dienste hätte ein Kartenwerk leisten können, das die ganze Ekliptik in einem genügend breiten Streifen zur Darstellung brachte. Die Anfertigung solcher sogenannten Ekliptikalkarten wurde — ein Beweis für das immer dringender hervortretende Bedürfnis — nahezu gleichzeitig von zwei verschiedenen Seiten angeregt: von dem bereits namhaft gemachten Hind und dann von dem Direktor der Marseiller Sternwarte Valz.

Ersterer machte sich unverzüglich an diese unerläfsliche Arbeit, wandte aber sein Augenmerk vorerst verständigerweise auch der Revision und Erweiterung der Berliner Karten zu, die ihm in mancher Beziehung für sein eigenes Unternehmen von Nutzen sein konnten; so fand er in der That zwei Monate nach seiner ersten Entdeckung wiederum einen Planeten, für den schon vorher John Herschel den Namen Flora vorgeschlagen hatte und nun auch das Zeichen, eine Blume, bestimmte. Insgesamt verdanken wir der unermüdlichen Thätigkeit Hinds die Entdeckung von 10 Planeten, mit welcher Zahl der glückliche Entdecker alle seine Vorgänger weit in den Schatten stellte.

Die erste der unter Bishops Namen bekannten Ekliptikalkarten erschien 1848; weitere folgten ihr in angemessenen Zwischenräumen, ohne dafs es aber zu einer Erschöpfung des ganzen Ekliptikalgürtels gekommen wäre, da sich der Arbeit, namentlich in den sternreichsten Partien der Milchstrafse, sehr erhebliche Schwierigkeiten in den Weg stellten. Jede der erschienenen Karten überdeckt eine Rektascensionsstunde und umfafst eine Zone von fast 8 Grad Breite zu beiden Seiten der Ekliptik. Anfänglich wurden nur die Sterne bis zur 10. Gröfse mitgenommen; später wurde die Grenze bis zur 11. Gröfse erweitert, wobei allerdings zu bemerken ist, dafs diese Gröfsenangabe nach der heute fast allgemein adoptierten Skala etwa nur die Sterne 9,5. Gröfse der berühmten Bonner Durchmusterung einschliefst.

Es würde zwecklos sein, wenn wir die späteren Planetenentdeckungen sämtlich in dem bisher für zulässig erachteten Umfange behandeln wollten. Sie bieten in der Mehrzahl so wenig besondere Momente, dafs wir uns darauf beschränken müssen, diejenigen herauszuheben, deren Entdeckung wegen der Begleitumstände oder aus sonstigen Gründen ein allgemeineres Interesse verdienen.

Die Auffindung des 9. Planeten Metis, durch Graham an Coopers Observatorium zu Markree Castle im Jahre 1848, macht uns mit einem Entdecker bekannt, der zusammen mit seinem Kollegen Robertson und dem Besitzer der Sternwarte an einem Refraktor die genäherten Örter von ekliptiknahen Sternen bis zur 12. Gröfse bestimmte. Die Frucht dieser gemeinsamen Arbeit war ein vierbändiger Katalog mit im ganzen 60066 Sternen, der manchen späteren Beobachtern wertvolle Dienste geleistet hat. Eine ursprünglich beabsichtigte Verwertung dieser Beobachtungen zur Herstellung von Ekliptikalkarten ist leider unterblieben.

Das nächste Jahr brachte gleichfalls nur einen neuen Planeten, mit dessen Auffindung sich de Gasparis in Neapel als glücklicher Entdecker einführte, der es auf insgesamt 9 Planeten brachte und damit fast an Hind heranreichte, diesem sogar eine Zeit lang fast den Rang streitig zu machen schien. Irene, der 14. Planet, wurde nämlich von beiden unabhängig im Jahre 1852 mit einem Zeitunterschied von nur 4 Tagen aufgefunden. Hatte hier Hind seinem gefährlichen Nebenbuhler noch zuvorkommen können, so mufste er ihm dafür, allerdings hauptsächlich infolge widriger Beobachtungsumstände, die Priorität hinsichtlich der Entdeckung der Psyche (16) einräumen. Noch 7 weitere Funde, eine bis dahin unerhört grofse Zahl, erfolgten im gleichen Jahre, womit die Zahl der Planeten auf 23 stieg.

Unter den Entdeckern derselben begegnen wir zwei neuen Namen, die sich in der Geschichte der Astronomie eine bleibende Erinnerung gesichert haben. Am 17. April 1852 fand nämlich Robert Luther,[18]) Vorsteher der von Benzenberg als Privatinstitut begründeten Sternwarte zu Bilk bei Düsseldorf, die durch Vermächtnis in das Eigentum der Stadt übergegangen war, seinen ersten Planeten, Thetis, den 17. in der Reihe, dessen Taufe auf einem von den städtischen Behörden veranstalteten Festmahl begangen wurde. Im ganzen hat er unsere Kenntnis um 24 dieser kleinen Körperchen bereichert, deren letzter, (288) Glauke, noch im Februar 1890 von ihm entdeckt wurde, nachdem inzwischen andere Beobachter, denen kraftvollere Instrumente zu Gebote standen, ihm den Rang abgelaufen hatten.

---

18) Luther wurde am 16. April 1822 in Schweidnitz geboren; er starb 15. Februar 1900 in Düsseldorf.

Ein halbes Jahr nach Luther begann Hermann Goldschmidt,[19]) durch einen populären Vortrag in Paris für die Beschäftigung mit der Astronomie gewonnen und ein eifriger Liebhaber derselben, seine Laufbahn als erfolgreicher Entdecker von Planeten, deren er alles in allem 14 gefunden hat. Seinen ersten Planeten benannte Arago zu Ehren der dem Entdecker zur zweiten Heimat gewordenen Stadt Paris: Lutetia. Nur eine Nacht später, am 16. November 1852, erhaschte Hind wiederum einen Planeten, zum ersten Male mit Hilfe einer eigenen Karte.

Bislang hatte man stillschweigend an der Gepflogenheit festgehalten, jedem Planeten außer dem Namen auch ein besonderes Zeichen beizulegen. Da aber die Zahl der Entdeckungen sich so unerwartet häufte, die einfachsten Zeichen bald verbraucht waren und schwierigere Formen, die nicht mehr als bequeme Abkürzungen dienen oder gelten konnten, gewählt werden mußten, drängte sich immer unabweisbarer die Überzeugung von der Unzweckmäßigkeit oder mindestens Entbehrlichkeit solcher Zeichen auf. 1851 vereinbarten deshalb Rudolf Wolf in Zürich und der amerikanische Astronom Gould ein rationelles System, das, nachdem es Enckes Beifall gefunden hatte, zunächst im Berliner astronomischen Jahrbuch eingeführt und seither allgemein angenommen worden ist. Es wurde nämlich die Ordnungsnummer der Entdeckung, in einen kleinen Kreis oder in Klammern eingeschlossen, als Bezeichnung benutzt. Anfänglich begann man die Zählung bei Astraea, hat es aber später ratsam gefunden, auch die vier ersten kleinen Planeten in die Numerierung einzuordnen, so daß nun, von wenigen Ausnahmen abgesehen, die Ordnungsnummern die Reihenfolge der Entdeckungen erkennen lassen.

[19]) Goldschmidt wurde 17. Juni 1802 in Frankfurt a. M. geboren, bildete sich unter Schnorr und Cornelius als Historienmaler aus, lebte als solcher von 1836 in Paris und starb am 10. September 1866 zu Fontainebleau.

(Fortsetzung folgt.)

Anm. d. Red. Die Fortsetzung des Aufsatzes „Die erloschenen Vulkane und die Karstlandschaften im Innern Frankreichs“ erfolgt im nächsten Heft.

Pneumatische Röhren als Verkehrsmittel.

Von Leopold Katscher in Budapest.

Infolge des Erfindergenies des Amerikaners Batcheller stehen wir vor einer vollständigen Umwälzung im Wesen der Beförderung der Brief- und Paketpost in den Millionenstädten mit Hilfe von bewegter Luft. Wir haben es da mit der dritten grofsen Anwendung von Naturkräften innerhalb eines Jahrhunderts zu thun. Durch die Benutzung der Kohle zur Erzeugung des Dampfes lernte der Mensch Phöbus' Rosse vor den Eisenbahnwagen spannen, so dafs unsere Züge von aufgesammelten Sonnenstrahlen gezogen werden. In der Elektrizität machten wir uns Jupiters Donnerkeil unterthan, indem wir ihn zu Boten-, Licht- und Zugzwecken ins Joch spannten. Und jetzt fangen wir an, den Sturm zu satteln, den Wind einzufangen und als unseren raschesten Sendboten auszubeuten.

Ganz neu ist die Anwendung von pneumatischen Röhren bekanntlich nicht; mit beschränktem Benutzungsgebiet kennt man sie vielmehr schon seit Jahrzehnten. London hat ein solches Röhrennetz von 50 km mit 42 Stationen, Berlin eines von ca. 42 km mit 38 Stationen, in Paris werden täglich etwa 60 000 Briefe pneumatisch befördert, und auch Wien hat seine Rohrpost. Aber das sind nur schwache Vorläufer der künftigen Anwendungsmöglichkeiten des pneumatischen Prinzips, Einrichtungen mit sehr eng begrenztem Wirkungskreis, während Batchellers Erfindung weit umfassendere Zwecke verfolgt, nämlich die Beschleunigung der gesamten Postbeförderung und die Entlastung des grofsstädtischen Strafsenverkehrs, welcher immer beängstigendere Dimensionen annimmt. Namentlich in Städten wie London, New-York, Paris oder Berlin gehört die Frage, wie der grofsen Verkehrsdichtigkeit gesteuert werden könnte, zu den schwierigsten Problemen. Hinsichtlich des Personenverkehrs hilft man sich durch unterirdische und Hochbahnen, bezüglich des Güterwagenverkehrs jedoch stand man bislang vor einem Rätsel. Allerdings dürfte sich in dieser Hinsicht die Einführung von Automotorfahrzeugen als sehr nützlich erweisen, aber doch wohl nur in geringem, unzulänglichem Maſse. Was dagegen eine wirkliche Umwälzung bewirken dürfte, das ist Batchellers pneumatische Röhre — eine der ersten Segnungen, die im zwanzigsten Jahrhundert die alte Welt von der neuen empfangen wird. Es handelt sich nämlich, wie bei so vielen anderen wichtigen technischen Fortschritten, um eine amerikanische Erfindung.

Gegenwärtig steckt die pneumatische Röhre in Europa verhältnismäſsig noch in den Kinderschuhen, aber binnen wenigen Jahren werden, wenn nicht bureaukratischer Zopf oder sonstige Hemmungsbestrebungen hindernd in den Weg treten, London, Paris und Berlin ein ganz neuartiges unterirdisches Röhrennetz besitzen, das schon der Rede wert sein wird, denn es dürfte — abgesehen von seiner Tragweite für die Briefbeförderung — die Straſsen der genannten Weltstädte von mindestens der Hälfte ihres jetzigen Wagenverkehrs befreien, d. h. von der Hälfte des Güterverteilungsfuhrwerks. Insbesondere die Postkarren, die Karriolwägelchen, die Zeitungswagen und die Paketwagen werden verschwinden. Statt mit einer Langsamkeit von 5—12 km die Stunde, werden Briefe, Zeitungen und Pakete mit einer Geschwindigkeit von 1,6 km die Minute befördert werden. Man kann sich leicht vorstellen, daſs unter solchen Umständen alle örtlichen Telegramme überflüssig sein werden. Begreiflicherweise erregt die Batchellersche Erfindung in London, wo ihre Verwirklichung unmittelbar bevorsteht, groſses Aufsehen, und zwar nicht nur wegen ihrer voraussichtlichen Segnungen für Handel und Wandel, sondern auch wegen der Thatsache, daſs der Bau des Londoner Röhrennetzes nicht weniger als 12 Mill. Pfd. Strl. erfordern wird. Trotz der Riesensumme ist die Technik der Sache keineswegs kompliziert, vielmehr ungemein einfach. Das Geheimnis besteht nämlich bloſs darin, daſs Batcheller einen künstlichen Wirbelwind erzeugt, den er durch die Röhren brausen läſst. Selbst wenn in den Straſsen vollkommene Windstille herrscht, bläst in den unterirdischen Röhren ein Sturm mit der Schnelligkeit von 96 km pro Stunde — ein wahrer Cyklon, der jedoch, weil „bezähmt, bewacht", ebenso „wohlthätig ist" wie „des Feuers Macht". Schaden kann er nicht anrichten; wohl aber kann er bewirken, daſs z. B. Extrablätter einer Zeitung fünf Minuten nach ihrem Erscheinen in Central-London an den äuſsersten Grenzen des Weichbildes der Riesenstadt zu haben sein werden.

Der Postwagen der Gegenwart ist ein Anachronismus. Er paſste vortrefflich in die Zeit der seligen Diligence, gehört heute aber entschieden schon ins Museum der Altertümer. Der moderne Mensch mufs es seltsam finden, ihn, der die „Schnellpost“ befördert, jeden Augenblick im dichten Gedränge des Strafsenverkehrs aufgehalten, ab und zu auch umstürzen oder ein Rad brechen zu sehen. Zur Beförderung der Post verwendet man die schnellsten Schnelldampfer und Exprefszüge. Man bezahlt den Bahn- und Schiffs-Gesellschaften gewaltige Subventionen, um sie zu thunlichster Beschleunigung der Postbeförderung zu veranlassen. Während jedoch die Post unterwegs 40—90 km in der Stunde zurücklegt, bewegt sie sich auf dem Weg zwischen Postamt und Bahnhof oder umgekehrt mit einer längst veralteten Langsamkeit, so dafs sie z. B. von Baden nach Wien weniger Zeit braucht als in Wien vom Südbahnhof zum Hauptpostamt! Widerspricht dieser sonderbare Zustand nicht dem ganzen Zeitgeist auf technischem Gebiete? Dem soll und mufs das pneumatische Beförderungsprinzip abhelfen, welches die windschnelle und ununterbrochene Versendung von Briefen, Zeitungen, Paketen etc. ermöglicht.

Dafs Batchellers Gedanke sich in der Praxis bereits reichlich bewährt hat, können wir aus den Berichten einiger der gröfsten amerikanischen Postanstalten ersehen. Nach dem vom November 1898 datierten amtlichen Bericht des Philadelphiaer Postmeisters ist die Beförderung der Post von und zu den Bahnhöfen erst seit der vor etwa sechs Jahren erfolgten Einführung der Pneumatik eine wirklich befriedigende, „vollkommene“. Der New-Yorker Postmeister schrieb nach mehrjähriger Erfahrung: „Anfänglich hielt es etwas schwer, eine gute Handhabung der Röhren zu erzielen, aber jetzt geht die Sache prächtig. Ich wünschte, dafs das System auf die ganze Stadt ausgedehnt würde. Das würde unsere Einnahmen beträchtlich steigern. Angesichts der Schnelligkeit der Briefpostbeförderung müfste bald ein grofser Teil des Telegraphenverkehrs aufhören. Auf jeder Station stehen stets Boten zum Abtragen der Sendungen bereit.“ Infolge dieser und anderer günstigen Äufserungen hat das Washingtoner Postministerium kürzlich in der Volksvertretung eine Vorlage eingebracht, auf deren Grund das pneumatische System in den amerikanischen Städten weiter ausgestaltet werden soll. Der Durchmesser der Röhren beträgt in New-York, Brooklyn und Boston 8 Zoll; Philadelphia, das mit 6 Zoll begann und gegenwärtig 8 Zoll hat, ist im Begriff, die ganze Stadt mit 12zölligen Röhren zu umspannen.

In Philadelphia sind auch schon mit der pneumatischen Paketbeförderung Versuche gemacht worden, namentlich im Hinblick auf die Einkäufe des Publikums in den ungeheuren Geschäften, die man

„drüben“ „Stores“ und bei uns „Bazare“ nennt (in Paris „grands magasins“). Zu wiederholten Malen wurden in den größten Stores Personen mit Eisenreifen von der Gröfse der acht-, zehn- und zwölfzölligen pneumatischen Röhren aufgestellt; sie versuchten, die eingekauften Pakete durch die Ringe zu stecken, und schrieben das Ergebnis nieder. Es zeigte sich, dafs achtzöllige Röhren 60, zehnzöllige 70 und zwölfzöllige 90 Prozent aller Einkaufspakete befördern könnten. Die Frage der praktischsten Anbringung der Stationen — d. h. die Ortsfrage — wurde in Amerika in ebenso einfacher wie richtiger Weise gelöst, indem man die Adressen der von den Bazaren an einem bestimmten Tage abgelieferten Pakete zusammenstellte und auf einer Riesenkarte der Stadt mittels Punktierung bezeichnete. In jenen Gegenden, welche die meisten Punkte aufwiesen, errichtete man die Verteilungsmittelpunkte. Beim Ausbau des Netzes werden aufser den Haupt- viele Nebenstationen hergestellt werden. Jeder bedeutende Bazar wird unmittelbar mit dem Hauptnetz verbunden. Man stelle sich ein Telephonsystem vor, bei dem jeder Draht ein zwölfzölliges Rohr ist, in welchem ein gefangen gehaltener Orkan elfzöllige Warenbomben vor sich hertreibt, und man hat einen ungefähren Begriff von der Batchellerschen Erfindung in ihrer vorläufigen Ausgestaltung.

Der Leser wird fragen, wie es mit den Zusammenstöfsen und Stockungen beschaffen ist, bezw. wie es mit dem Rangier- und Ausweichwesen gehalten werden soll. Wenn schon das Telephon hinsichtlich seiner Anschlüsse oft so ärgerlich wirkt, obgleich es blofs die leichte Menschenstimme zu befördern hat — wie kann man den schweren Warenverkehr ohne endlose Verwirrung fortwährend im Gange erhalten? Nun denn, dies ermöglicht zu haben, darin besteht eben Batchellers Kunststück. Dieser junge amerikanische Ingenieur kann als der „Edison der Pneumatik“ bezeichnet werden. Seine Vorrichtung besteht hauptsächlich aus zwei schmiedeeisernen Parallelröhren, welche nebeneinander liegen und deren Inneres so glatt ist wie ein Gewehrlauf. Die Röhren sollten möglichst gerade und flach liegen, doch bedarf die Lage nicht der vollkommenen Geradheit. Es darf um jede Ecke gebogen, jedes Hindernis übersprungen werden, nur mufs die Kurve 1 Fufs auf jeden Zoll des Röhrendurchmessers betragen. Auf der Centralstation dient für je $1^6/_{10}$ km Rohrlänge eine Dampfmaschine von 25 HP zum Zusammenpressen der Luft. Jede solche Maschine komprimiert alminutlich Tausende von Kubikfufs freier Luft auf einen Druck von sechs Pfund (= ca $2^3/_4$ kg) pro Quadratzoll. Obwohl dieser Druck hinreicht, ist doch dafür gesorgt, dafs er nötigenfalls auf das Vierfache verstärkt werden kann. Die komprimierte Luft wird in ein Rohr eingelassen und bewegt sich in diesem mit einer Stunden-Schnelligkeit von 50—90 km fort, wobei sie sich immer mehr ausdehnt. Sie rast das eine Rohr entlang, verliert allmählich an Druckstärke, kehrt dann durch das zweite Rohr zurück und ergiefst sich schliefslich mit einem Druck, der den der Atmosphäre nicht überschreitet, in ein im Maschinenraum befindliches Becken.

Solchermafsen cirkuliert ein konstanter Luftstrom beständig die eine Röhre hinauf und die andere hinunter. In diese Schnellströmung werden Stahlcylinder im Gewicht von je rund 6 kg und mit einem Hohlraum von 808 Kubikzoll eingeschaltet, um ihrem Bestimmungsorte ebenso schnell zuzueilen wie der sie befördernde Luftstrom selbst. Jeder Cylinder ist mit zwei Ringen versehen, die aus einer eigenartigen Masse bestehen und nur Reisen von je 15 000 km aushalten, obwohl die Rohre sehr gut geölt sind. Solange sich die Ringe nicht stärker abnutzen als 3''' des Durchmessers des Rohres, fliegen die Cylinder tadellos dahin. Es scheint grofse Schwierigkeiten zu bieten, die Cylinder in den eingesperrten Sturm einzufügen und sie wieder herauszubekommen, geschweige denn sie unterwegs aufzuhalten, um sie an ihrem Bestimmungsort abzuliefern. Ein dreipfündiges Geschofs, das in 4 Minuten 6,4 km zurücklegt, wird, am Bestimmungsort angelangt, rasten; es aber unterwegs aufzuhalten, scheint ebenso unmöglich zu sein, wie es unmöglich ist, eine Kanonenkugel nach ihrem Abschiefsen in der Mündung der Kanone zurückzuhalten oder während ihres Laufs zu lenken. Allein Batcheller überwindet das scheinbar Undenkbare; in welcher Weise er das thut, darüber wollen wir ihn des leichteren Verständnisses halber selbst sprechen lassen, nachdem wir noch bemerkt haben, dafs das Laden des Cylinders in die Röhre auf jeder Zwischenstation ebensogut erfolgen kann wie am Ausgangspunkt:

„Der Transmitter (Absendungs- oder Übertragungs-Apparat) besteht aus zwei auf einem Schaukelgestell ruhenden Röhren-Abschnitten, die so angeordnet sind, dafs jeder von ihnen mit dem Hauptrohr, in welchem beständig ein Luftstrom dahinfliefst, in eine Linie gebracht werden kann. Einer dieser Abschnitte (Sektionen) hält die Kontinuität des Hauptrohres aufrecht, während der andere zur Seite geschwungen wird, um eine Tragbüchse (Cylinder, der unter Verschlufs die zu befördernden Gegenstände birgt) aufzunehmen. Bei der Absendung wird eine solche Büchse zunächst in einen eisernen Trog gelegt und dann in den offenen Röhrenabschnitt gestofsen. Nun schwingt der Arbeiter das die zwei Abschnitte tragende Gestell, bis der die Büchse enthaltende Abschnitt mit der Hauptröhre in eine Linie kommt, in welchem Augenblick der Luftstrom die Büchse ergreift und mitreifst. Während des Schwingens des Gestells verhindern Platten, welche die offenen Seiten des Rohrs bedecken, das Entweichen der Luft, und ein Nebenleitungsrohr (by-pass) sorgt dafür, dafs der Luftstrom nicht unterbrochen werde. Das Schwingen des Gestells wird durch einen cylindrischen, mit einem Kolben versehenen Luftmotor bewirkt, wobei es genügt, dafs der bedienende Mann durch Anziehen eines Hebels eine Klappe bewegt. Nach dem Anziehen und Zuklinken des Hebels gerät das Gestell in Schwingung. Sobald die Büchse aus dem Apparat kommt, berührt sie den Hebel, worauf das Gestell automatisch in die Stellung zurückspringt, welche zur Aufnahme einer anderen Büchse nötig ist."

Wie steht es aber mit der Ankunft am Bestimmungsort? Schlägt der eintreffende Cylinder nicht mit heftiger Wucht gegen den Boden der Röhre? Wollte man die letztere öffnen, so müfste die Luft mit schrecklichem Getöse entweichen und die Büchse etwa zwölf Meter hoch emporschiefsen. Um alledem abzuhelfen, hat Batcheller eine geschlossene Empfangsvorrichtung ersonnen, über welche er sich folgendermafsen äufsert:

„Der Empfänger besteht aus einem an dem einen Ende geschlossenen Rohrabschnitt, der ein Luftkissen bildet und „Empfangskammer" heifst. Diese ist eine Verlängerung des Rohres, und die ankommenden Büchsen laufen geradewegs in sie hinein und gelangen, indem sie die Luft zusammendrücken, ohne Stofs zur Ruhe. Der Luftstrom verläfst das Rohr durch eine Abzweigung in nächster Nähe der Empfangskammer, die zum Transmitter der Retourlinie führt. Das eine Ende der Kammer, welches auf Zapfen ruht, ist mit einem Kolben versehen, dessen Bewegungen die Kammer in einem Winkel von 40 Grad umlegen, damit sie die Büchse auswerfen kann. Während des Umlegens bedeckt eine an die Kammer befestigte kreisrunde Platte die Röhre. Der Luftdruck wird zur Bewegung des Kolbens und der Kammer benutzt; das Agens ist hierbei ein kleiner Kolbenschieber, der durch die bei der Ankunft einer Büchse in der Empfangskammer entstehende Luftdruck-Zunahme in Bewegung gesetzt wird. Die Rückkehr zur normalen Stellung erfolgt mittels des Gewichts der Büchse, die nun aus der Kammer heraus auf eine mit Angeln versehene Wiege fliegt. Letztere ist mechanisch mit dem Ventilscharnier verbunden und bringt die Klappe dabei in Bewegung.

wodurch sie — die Wiege — infolge des Gewichts der Büchse in eine wagerechte Lage geschaukelt wird."

Das Sinnreichste in dem ganzen System der Batchellerschen Vorrichtungen ist entschieden die wunderbar ruhige, sanfte Art der automatischen Selbst-Ablieferung der Beförderungscylinder in den Zwischenstationen:

„Die Bestimmungsstation jeder Büchse wird durch den Durchmesser einer an ihrer Stirnseite angebrachten, flachen, kreisrunden Metallscheibe angedeutet. Für jede Station ist eine festgesetzte Scheibengröfse mafsgebend. Die Scheibe hat den Zweck, einen elektrischen Stromkreis zu schliefsen, und das kann sie erst bei ihrem Eintreffen auf einer Zwischenstation, wo die Entfernung der elektrischen Berührungspunkte voneinander mit der Gröfse der betreffenden Scheibe übereinstimmt . . . Die Verbindungs-Vorrichtung ähnelt einem riesigen Rad mit weifser Flansche. Ist die Büchsenscheibe grofs genug, um den Raum zwischen den zwei Nadeln am Boden des Empfangrohres auszufüllen, so wird eine elektrische Verbindung hergestellt, das Rad macht eine Umdrehung von 45°, und die Büchse wird durch ein Schieberventil langsam auf einen Tisch geworfen. Ist die Büchse aber für eine jenseitige Station bestimmt, so macht das Rad eine Umdrehung von 90°, wodurch die Büchse auf die Hauptlinie gelangt, um ihrer Bestimmungsstation entgegenzueilen."

Unter den sonstigen bewundernswerten Bestandteilen des Batchellerschen Systems steht obenan das Zeitschlofs, das den Zweck hat, die Büchsen vor allzunaher Annäherung aneinander zu verhindern. Soll eine Büchse eine Strecke von mehr als 6,4 km zurücklegen, so erweist sich ein Relaissystem als notwendig. Bei Ankunft einer Büchse beginnt die Maschine zu brausen wie ein Eisenbahnzug im Tunnel. Der immer ärger werdende Lärm läfst die Röhren erzittern; sobald er am lautesten wird, hört er plötzlich wie erstickt auf, nach einer stillen Sekunde springt das Schleusenthor auf, und die Büchse rollt langsam heraus. Gegen das Beförderungssystem Batchellers ist das Schnellfeuergewehr eine Kleinigkeit. In seinem unterirdischen Batterienetz kann er den ganzen Tag hindurch ein Schnellfeuer von zehn Schüssen pro Minute unterhalten, wobei jedes Geschofs bis zu 160 kg wiegen darf und bis zu einer Schufsweite von 6,4 km 1,6 km pro Minute zurücklegt!! Die Batchellersche Röhre kann auf jeder Linie allviertelstündlich eine Karrenladung Waren befördern. Ob die Büchse nun mit Blei oder mit Flaumfedern gefüllt wäre, die Beförderungsgeschwindigkeit würde sich gleich bleiben.

Um eine Vorstellung von den örtlichen Vorteilen einer solchen Güterverteilungsweise auch in pekuniärer Hinsicht zu bekommen — abgesehen von der erheblichen Entlastung des Strafsenverkehrs — braucht man nur zu bedenken, dafs dem New-Yorker Detailhandel die Ablieferung der Einkaufspakete an die Kunden gegenwärtig täglich rund 100 000, jährlich also 30 Mill. Dollars kostet, wobei die Lieferung ins Haus durchschnittlich erst zehn Stunden nach dem Einkaufen erfolgt, während die pneumatischen Rohre des Batcheller-schen Systems die Ablieferung fürs halbe Geld und in verschwindend kurzer Zeit besorgen könnten. Für das Postwesen ist die neue Erfindung von besonders hohem Wert, allerdings nicht in pekuniärer Hinsicht, wohl aber hinsichtlich der unvergleichlichen Beschleunigung, die so grofs ist, dafs — wie bereits angedeutet — die Lokaltelegramme überflüssig werden, denn der längste Brief kann rascher ankommen als die kürzeste Depesche. Während z. B. früher in New-York zwischen der Aufgabe und der Ablieferung eines Telegramms vom Hauptpostamt an die Produktenbörse notgedrungen eine Stunde verfliefsen mufste, genügt jetzt eine Minute! Und das Schönste ist, dafs selbst die empfindlichsten Dinge — Eier, Porzellan, Kanarienvögel in Käfigen u. dergl. m. — den fabelhaft schnellen unterirdischen „Büchsenschufs" ohne jeden Schaden vertragen. Auch Hunde und Katzen sind schon oft unversehrt befördert worden. Wahrscheinlich werden früher oder später auch kleine Kinder mittels Rohrpost versendet werden; dann können sie sich nicht verirren und bedürfen auch keines Führers. Schwärmer sehen schon den Tag kommen, an welchem die grofsen Gasthäuser anfangen werden, auf pneumatischem Wege Tausende von Familien mit warmen Diners und Soupers zu versorgen. Das klingt nicht einmal utopisch — eine solche Raum und Zeit vernichtende Wirkung wohnt der Batcheller-schen Erfindung inne. Jedenfalls wird die Sache, einmal eingeführt, sich bald als ebenso unentbehrlich erweisen wie das Telephon; vielleicht wird sie sogar noch gröfsere Bedeutung erlangen.

In Berlin und Paris dürfte sofort nach Abschlufs der Bauverträge und Herbeischaffung des Materials mit der Anlage des Netzes begonnen werden. Die deutsche Reichspostverwaltung kauft die Patente ihrerseits an, während in Frankreich die Finanzierung des Unternehmens durch ein Syndikat erfolgt. In London, wo das Batchellersche System am ehesten durchgeführt sein wird, steht die Art und Weise der Durchführung angesichts der vielen Sonder-Interessen, die dort zu berücksichtigen sind, noch nicht fest.

• • •

Entstehung der Kometen, Meteoritenschwärme und Nebel.

Über die Bildungsweise der Kometen, Meteorströme und Spiralnebel hat T. C. Chamberlin verschiedene Bemerkungen gemacht, von denen manche Beachtung verdienen. Chamberlin weist auf die Untersuchungen von Roche und Maxwell hin, nach welchen ein kleiner flüssiger Himmelskörper, der sich nur durch die Gravitation zusammenhält und dessen Kohäsion sehr gering ist, sich einem grofsen dichten Himmelskörper nicht über eine gewisse Grenze hinaus nähern kann, ohne durch dessen überwiegende Anziehung in einzelne Teile aufgelöst zu werden. Die Lage dieser Grenze, über welche hinaus ein Zerfall des Körpers möglich ist, oder die „Zerstreuungssphäre", hängt wesentlich von der Beschaffenheit der beiden Körper ab; sie variiert mit der Dichte und Gröfse der Körper. Bei kleinen festen Körpern, wie den Satelliten und Asteroiden, wenn sie sich einem grofsen dichten Körper nähern, fällt die Zerstreuungssphäre nahe mit der von Roche theoretisch bestimmten Grenze zusammen, aber bei grofsen Körpern, die sehr komprimiert und im heifsen Zustande sind, ist die Zerstreuungssphäre viel gröfser als Roches Grenze. So bedeutende Annäherungen von Körpern, dafs faktische Zusammenstöfse stattfinden, sind an sich schon theoretisch viel unwahrscheinlicher als vorher eintretende Zerstreuung oder Auflösung des einen Körpers. Bei kleinen planetarischen Körpern, die sich einem grofsen Planeten stark nähern, ist die Wahrscheinlichkeit, dafs jene Körper aufgelöst werden können, 4 bis 6 mal gröfser, als dafs es bis zu einer Kollision mit dem grofsen Planeten kommt. Es finden also im Weltraume viel mehr grofse Annäherungen der Körper statt, wobei Veränderungen und Auflösungen der weniger dichten eintreten, als faktische Zusammenstöfse. Das verhältnismäfsig häufige Sichtbarwerden der sogenannten „neuen" Sterne beweist deshalb, dafs diese Erscheinungen nicht auf Zusammenstöfse, sondern nur auf solche Annäherungen je zweier Körper zurückgeführt werden müssen. In unserem Sonnensysteme werden durch derartige Überschreitungen der „Zerstreuungssphäre" Kometen gebildet und aus den Partikeln dieser die Meteoritenschwärme. Chamberlin betrachtet im speziellen mehrere der je nach der Beschaffenheit zweier Körper am meisten wahrscheinlichen Fälle von Annäherungen. Liegen z. B. die elliptischen Bahnen zweier Gestirne so, dafs sie etwas ineinander übergreifen, oder kommt die parabolische Bahn eines Körpers dem anderen sehr nahe, so hängen die Veränderungen, welche beide Körper während der Annäherung zu einander erfahren, ganz von ihrer physischen Beschaffenheit ab. Der hauptsächlichste Fall ist der, wo der Hauptkörper ein kalter, fester Körper ist, und an welchen sich ein gasförmiger, elastischer Körper von gleicher Masse mit derselben Geschwindigkeit auf einer solchen Bahn nähert. Das erste Resultat der Annäherung ist in diesem Falle, dafs der gasförmige Körper in seiner Form eine Verlängerung durch die überwiegende Anziehung des Hauptkörpers erhält. Da mit der wachsenden Näherung an die kürzeste Distanz beider Körper (Periastron) die Bahngeschwindigkeit zunimmt, so erreicht der gasförmige bald die Roche-Grenze des Hauptkörpers und erleidet nun heftige Veränderungen, indem die Expansion der Gasmasse rasch zunimmt und sowohl die weitere Verlängerung der Gestalt als auch eine allmähliche Verzerrung derselben bewirkt. Denn der dem Hauptkörper jetzt näher liegende Teil wird stärker angezogen als der entferntere, so dafs die Achse des gasförmigen Körpers eine sehr bedeutende Drehung beschreibt, je näher die Körper einander kommen. Nach dem Passieren des Periastrons, das bei manchen gasförmigen Körpern sich vielleicht unter zeitweise explosionsartigen Pulsierungen ihrer Gestalt vollzieht, setzt sich die Verdrehung in entgegengesetzter Richtung fort. Da bei diesen Vorgängen die äufseren Teile der Gasmassen fortgerissen werden und der Körper überhaupt der Auflösung nahe gebracht wird, falls es ihm vermöge seiner Zusammensetzung nicht gelingt, die Zerstreuungssphäre ohne Schaden zu passieren, so bieten die nach beiden Seiten auseinander gezogenen Massen des gasförmigen Körpers schliefslich von der Erde aus gesehen die Gestalt ineinander gewundener spiralförmiger Streifen. Chamberlin stellt sich vor, dafs die bekannten Spiralnebel des gestirnten Himmels auf diese Weise, also durch das Nahekommen eines Gasnebels an einen festeren Körper, sich haben bilden können. Ist nicht nur der eine Körper gasförmig, sondern auch der andere, repräsentieren also beide gewissermafsen Sonnen- oder Gasnebel, deren parabolische Bahnen ineinander greifen, so wird, falls die Periastrondistanz eine beträchtliche ist, meist der

Fall eintreten, dafs auf beiden Körpern zugleich die Verlängerung der Form, bei korrespondierend paralleler Lage der Achse beider Massen Platz greift und beide Nebel Rotationsbewegung erhalten, im übrigen aber ungehindert in ihren Bahnen aneinander vorbeigehen. Wenn aber die Periastrondistanz beider Bahnen sehr klein ist, mufs es zum Zusammenstofse beider Gasmassen kommen. Dieser wird in den wenigsten Fällen zentral, sondern meistens unter einem Winkel, also seitlich erfolgen; beide Nebel werden ihre Rotationsbewegung kombinieren und ihre Massen werden zum Teil zerstreut, zum Teil spiralförmig umeinander gebogen werden. Ist der Zusammenstofs zentral, so ist das Resultat eine allgemeine Zerstreuung der Materien, ein irregulärer Nebel, oder, falls der eine der beiden Nebel viel dichter war als der andere, ein ringförmiger Nebel.

Verwendbarkeit des Stereoskops in der Astronomie.

Das zur Unterhaltung für Jung und Alt dienende, von Wheatstone erfundene, in der Folge von Brewster, Duboscq u. a. verbesserte Stereoskop beruht bekanntlich auf dem Prinzipe, dafs zwei völlig gleiche Bilder eines Gegenstandes, in mäfsiger Entfernung durch zwei den Bildern gegenüberstehende Prismen (resp. Halblinsen) mit beiden Augen betrachtet, zur Deckung gelangen und dann den Eindruck des Plastischen hervorrufen. Da in der Gegenwart das Photographieren himmlischer Objekte, besonders die Herstellung photographischer Aufnahmen des Mondes, einen beträchtlichen Grad von Vollkommenheit erreicht hat, so lag der Gedanke nahe, das Stereoskop auch zur Betrachtung solcher Photographien zu benutzen, um zu etwaigen Schlüssen über die Beschaffenheit der Mondoberfläche zu kommen. Um bei so weit von uns entfernten Gegenständen, wie dem Monde, von Photographien plastische Ansichten zu erhalten, müfste man den Himmelskörper um einen kleinen Winkel, welcher der Verschiebung des Beobachters während der Betrachtung entspricht, drehen können. Der Mond führt aber diese kleine Verschiebung, die Libration, während seines Umschwunges um die Erde selbst aus. Man braucht also nur ein und dieselbe Mondgegend bei zwei Momenten verschiedener Libration aufzunehmen, um im Stereoskope Bilder zu erhalten, die vollkommen wie Reliefs wirken. Diese Idee ist bereits seit langem verwirklicht, und man hat auf Grund so hergestellter Photographien wertvolle Studien über die hypsometrischen Verhältnisse der Mondoberfläche machen können (vergl. H. u. E. XII. Jahrg. S. 279). In der Pariser Akademie hat vor einiger Zeit Maurice Hamy nun einige Gedanken geäufsert, welche der Anwendbarkeit des Stereoskops auf die Untersuchung astronomischer Gegenstände eine wesentliche Erweiterung geben würden, vorausgesetzt, dafs sich diese Gedanken ohne Schwierigkeiten realisieren lassen. Obwohl das letztere, die Ausführbarkeit, grofsen Bedenken von seiten der Astronomen unterliegt, wollen wir unsern Lesern doch von den originellen Projekten Hamys Nachricht geben. Die Achse der Erdbahn erscheint bekanntlich verschwindend klein im Vergleiche zur Entfernung der Sterne; der gröfste Teil der Parallaxen der Sterne beträgt deshalb nur Bruchteile einer Bogensekunde. Zwei photographische Bilder, die während eines Erdumlaufs von zwei entgegengesetzten Punkten der Erdbahn aus von einer Sternengegend aufgenommen werden, liegen deshalb bei der Betrachtung im Stereoskop in derselben Ebene. Wenn man aber diese Aufnahmen zu jenen Zeiten mit Instrumenten von sehr langer Brennweite macht, so werden die Bilder der mit stärkeren Parallaxen behafteten Sterne sich nicht mehr in gleicher Ebene mit den anderen bei Vielerung durch das Stereoskop befinden, und so könnten sich jene Sterne bei der Untersuchung einer grofsen Zahl auf diese Weise hergestellter Himmelsaufnahmen uns selbst offenbaren. Hamy glaubt auch, dafs man selbst Bewegungen auf der Sonne, wie z. B. die der inneren Chromosphäre und der Korona bei Gelegenheit von totalen Sonnenfinsternissen, mittelst des Stereoskops werde studieren können. Hierzu bedürfte es stark dispersierender (farbenzerstreuender) Apparate. Zwei solche Instrumente mit genau gleicher, aber in entgegengesetztem Sinne wirkender Dispersion können von den beweglichen Punkten eines Bildes zwei Photographien liefern, auf welchen die Richtungen der Punkte im entgegengesetzten Sinne, der verschiedenen Dispersion entsprechend, verschoben erscheinen, welche aber im Stereoskope in ein Bild zusammenfallen und durch dieses eine geometrische Vorstellung von der Geschwindigkeit der beweglichen Punkte geben. Die bei der Verwendung dispersierender Apparate (Fernröhre von langer und kurzer Brennweite und Prismenobjektiven) auftretende Deformation der Bilder hofft Hamy durch geeignete Vorkehrungen, deren Auseinandersetzung hier zu weit führen würde, zu beseitigen. •

Über den statischen Sinn bei Tieren und Pflanzen. Während man früher die bekannten fünf Sinne bei Menschen und Tieren annahm, hat man in den letzten Jahrzehnten den Gefühlssinn in mehrere einzelne zerlegt. Man erkannte, dafs hier verschiedene Sinnesempfindungen unter dem Namen Gefühl zusammengefafst werden, die spezifisch verschieden sind. Wenn auch über manche Empfindungen gestritten wird, so dafs der eine Forscher mehr Sinne unterscheidet als der andere, so sind doch zweifellos vom Tastsinn zu unterscheiden: der Temperatursinn (Empfindungen von Wärme und Kälte), der Muskelsinn (Empfindungen von Ruhe und Bewegung), der somatische Sinn (Allgemeingefühl, Empfindungen von körperlichem Wohl- oder Unbehagen) und der statische Sinn (Empfindung von richtiger oder falscher Lage des Körpers zur Richtung der Schwerkraft).

Man könnte annehmen, dafs das Bestreben, die normale senkrechte Lage einzunehmen, durch verschiedene Wirkungen von Druckgefühlen hervorgerufen wird. Dafs das aber nicht der Fall ist, ergiebt sich daraus, dafs ganz besondere Organe diese Funktion ausüben, und dafs nach ihrer Beseitigung auch die Wiederherstellung der gestörten normalen Lage unterbleibt. Diese Organe sind bei den höheren Tieren die drei halbkreisförmigen Kanäle im Ohr, bei niederen die sogenannten Hörbläschen (auch als Statocysten bezeichnet). Eine solche bestimmte Lage zur Richtung der Schwerkraft nehmen nun auch die Pflanzen ein, ihre Wurzel wächst senkrecht nach unten, ihre Spitze senkrecht nach oben, und auch bei ihnen sind Organe entdeckt worden, deren Funktion diese Lagerung ist; so dafs also die Pflanzen mindestens diesen Sinn mit den Tieren gemeinsam haben.

Am leichtesten verständlich ist der Bau und die Wirkung der Hörbläschen (Statocysten) niederer Tiere. In einer Höhlung, deren Wandzellen Haare tragen, liegt ein (oder mehrere) vom Körper erzeugtes oder durch einen Spalt von aufsen hineingebrachtes Steinchen. Liegt nun das Tier nicht normal, schwimmt z. B. die Qualle seitwärts, so reizt das von der Schwerkraft nach unten gezogene Steinchen die Zellen, auf deren Haare es drückt, so lange, bis die normale Lage wieder hergestellt ist. Streut man in ein Aquarium statt des Sandes Eisenfeile, so bekommen Krebse, die darin sind, durch den Spalt des Hörbläschens, dessen innere Chitinhaut sie bei der Häutung mit abstossen, ein Eisenstückchen als Statolithen hinein. Nähert man nun dem Krebs einen Magneten, so zieht dieser den Statolithen nach oben, und der Druck auf die Haare hat zur Folge, dafs der Krebs sich umzudrehen versucht.

Bei den Pflanzen sind die entsprechenden Organe ganz ähnlich gebildet. Es sind Zellen, in denen schwere Stärke- oder leichte Plasmakörper liegen, die durch die Schwere nach unten oder oben getrieben werden. Im Stengel dienen als Statolithen die grofsen Stärkekörner der die Gefäfsbündel umgebenden Stärkescheide; in der Wurzel liegen die Statocysten in der Wurzelkappe, die Krümmung aber tritt weiter vor der Spitze ein. Wenn nun diese Statolithen eine falsche Lage haben, so reizen sie die Zellhaut und weitere Pflanzenteile zu einseitigem Wachstum so lange, bis die Pflanze die normale Lage wieder eingenommen hat.

Intelligenz von Ameisen.

In den Reiseberichten der deutschen Tiefsee-Expedition (Aus den Tiefen des Weltmeeres, S. 117) erzählt Chun ein wenig bekanntes und viel bezweifeltes Verfahren einer Ameisenart, das auf ungewöhnliche Intelligenz deutet. Diese Art, Oecophylla, lebt auf Bäumen und stellt ihre Nester aus miteinander verwebten Blättern her. Diese werden zuerst von einigen Ameisen mit den Oberkiefern in die richtige Lage gebracht und gehalten. Dann kommen andere in grofser Zahl, jede eine Larve im Maule tragend, und fahren mit dem Vorderende der Larve von einer Kante des Blattes zur anderen. Wo der Mund der Larve das Blatt berührt, erscheint ein Gespinstfaden, der an dem Blatte festklebt. Mit diesem Spinnen fahren die Ameisen so lange fort, bis die Blattränder fest verbunden sind, wobei die Fäden einen filzigen, papierähnlichen Stoff bilden.

Auch als Falle für eine andere Art, mit der sie im Kriege leben, sollen diese Ameisen (wieder mit Hilfe ihrer Larven) einen breiten Gürtel rings um ihren Wohnbaum anlegen. — Eine anatomische Untersuchung ergab, dafs die ausgebildeten Ameisen keine Spinndrüsen haben, während sich in den Larven vier ungewöhnlich grofse Drüsen vorfinden, um deren willen die Alten sie als „Spinnrädchen" benutzen.

Wahnschaffe, Prof. Dr.: Die Ursachen der Oberflächengestaltung des norddeutschen Flachlandes. Mit 9 Beilagen und 33 Textillustrationen. 2. völlig umgearbeitete und vermehrte Auflage. Stuttgart 1901. Verlag von J. Engelhorn. Preis 10 M.

Ein wissenschaftlicher Führer durch die Landschaften der engeren Heimat ist einem ausgedehnten Interessentenkreise sicher, zumal wenn er aus der Feder eines unserer hervorragendsten Landesgeologen stammt, der an der ziemlich jungen, wissenschaftlichen Erforschung unserer norddeutschen Tiefebene einen lebhaften und erfolgreichen Anteil genommen hat. Haben wir uns bereits seit längerer Zeit des Vorurteils entledigt, dafs unser Tiefland hoher, landschaftlicher Reize bar sei, so lernen wir aus dem vorliegenden Buche, dafs die Heimat auch dem Forscher gar interessante und schwierige Probleme darbietet, wenn auch unser Boden fast nur aus Sand, Grand, Lehm und Kopfsteinen besteht. Lieferte doch die wissenschaftliche Durchforschung dieses dem Laien vielleicht bedeutungslos scheinenden Materials die Grundlagen zu der im Jahre 1875 von Torell aufgestellten Lehre von der Eiszeit, einer der bedeutendsten Entdeckungen, die die Geologie überhaupt aufzuweisen hat. — Dafs ein wissenschaftliches Werk wie das vorliegende nicht durchweg eine unterhaltende Lektüre darbieten kann, sondern vielfach ermüdende Aufzählungen von Einzelheiten und umständliche Erörterungen über das Für und Wider gewisser Hypothesen enthalten mufs, ist selbstverständlich. Gleichwohl dürfte kaum eine andere Quelle so geeignet sein, auch den Nicht-Fachmann in das Verständnis der Geologie Norddeutschlands einzuführen, wie Wahnschaffes von trefflichen Illustrationen begleitetes Buch. Wir werden in demselben zunächst über die noch nicht überall völlig aufgeklärten Beziehungen des Untergrundes der Quartärbildungen zur Oberfläche belehrt, dann wird in einem zweiten Hauptabschnitt die Theorie der Eiszeit nach dem gegenwärtigen, namentlich durch Nansens und Drygalskis grönländische Forschungen bestimmten Stande unserer Kenntnisse vorgetragen; die das deutsche Land wie eine Perlenschnur durchziehenden Moränenlandschaften werden beschrieben; die alten diluvialen Stromthäler werden ermittelt, die von den gegenwärtigen so verschieden waren, dafs beispielsweise die Wasser der Weichsel von Warschau aus nach dem Mittellauf der heutigen Oder flossen, um schliefslich durch den Unterlauf der jetzigen Elbe in die Nordsee zu münden. Den Abschlufs des Werkes bildet die Besprechung der allerdings unbedeutenden und vorwiegend im Küstengebiet eingetretenen Veränderungen der Oberfläche in postglazialer Zeit. — Möge das Buch neben seiner wissenschaftlichen Bedeutung auch das Seinige dazu beitragen, die Liebe zur Heimat bei gebildeten Norddeutschen zu beleben.

F. Kbr.

van 't Hoff, J. H.: Über die Entwickelung der exakten Naturwissenschaften im 19. Jahrhundert. Hamburg und Leipzig 1900. Verlag von Leopold Voss. Preis 0,80 M.

Wenn Forscher ersten Ranges sich dazu entschliessen, in allgemeinerem Rückblick die Geschichte ihrer Wissenschaft nach ihren wesentlichen Grundlinien zu beleuchten, so darf man sicher sein, dass weiteste Kreise solchen Auslassungen mit gespanntester Aufmerksamkeit folgen. Dass die alljährlichen Naturforscherversammlungen zu derartigen Reden Anlass geben, kann auch dem der strengen Wissenschaft ferner stehenden Gebildeten in hohem Masse willkommen sein. Das Zeitalter eines du Bois-Reymond und Helmholtz ist freilich vorüber, aber die in Aachen gehaltene Rede van 't Hoff's zeigt uns, dass auch unter den noch lebenden Meistern der Wissenschaft der Sinn für den Ausblick über das Gesamtgebiet von einer höheren Warte aus nicht verloren gegangen ist. F. Kbr.

Oltmanns, J.: Form und Farbe. Hamburg 1901. Verlag von Alfr. Janssen.

Die Absicht des Verf. ist, die ästhetische Zusammenfassung der Naturerkenntnis, wie sie seiner Zeit A. v. Humboldt im „Kosmos" und den „Ansichten der Natur" in mustergiltiger Form gegeben hat, vom Standpunkt des Jahres 1901 zu ergänzen. Dieses Bestreben ist an sich gewiss löblich, und man kann dem Verf. auch nicht einen gewissen Gedankenreichtum absprechen, der die Lektüre seines Buches an vielen Stellen recht anregend gestaltet. Indessen ist er doch zu sehr Künstler und lässt seinen subjektiven Empfindungen gar zu freien Spielraum, um von seiten eines Naturforschers ernst genommen zu werden. So schreibt er ohne weiteres den Farben bestimmte Kräfte zu, bleibt den Beweis dafür aber schuldig, wie denn überhaupt der Kraftbegriff sich bei dem Verf. zu einer völlig verschwommenen Vorstellung herausgebildet hat, so dass er auch jede Form und jedes Material ohne Umstände mit Kräften begabt, nur weil wir Menschen mit diesen Dingen gewisse Kraftvorstellungen zu associieren uns gewöhnt haben. S. 29 heisst es, die weisse Hautfarbe des Menschen der kälteren Klimate sei ein Schutz entweder gegen zu starkes Ausstrahlen der Wärme oder gegen zu starkes Einstrahlen der Kälte. Welche Unkenntnis einfachster Lehren der Physik tritt hier zu Tage! Was sollen Kältestrahlen im Gegensatz zu Wärmestrahlen sein? Bei solcher Schlussweise kann es nicht wunder nehmen, wenn man Seite 71 liest, dass es keine Trägheit und keine Schwerkraft giebt, und wenn der Verf. Seite 81 sich zu dem Satze erkühnt: „Nicht ein Satz unserer heutigen physikalischen Erkenntnis kann ferner noch bestehen auf alter Grundlage." Wir überlassen es denen, die dazu Zeit und Lust haben, dem Verf. bei seinem umstürzlerischen Raisonnement zu folgen, das mit Naturwissenschaft nichts zu thun hat.

Fig. 3. **Bort an der Dordogne mit den Orgues (Phonolithsäulen).**

Fig. 4. **Phonolithsäulen bei Bort.**

Andere Welten und ihre Organismen.

Von P. Joh. Möller in Zittau.

Nichts Feierlicheres, Weihevolleres, man möchte fast sagen Heiligeres giebt es, als die grenzenlose Stille einer sternenhellen Nacht, zumal in der schönen Frühlingszeit. Darum singt Lenau: „Lieblich war die Maiennacht, Silberwölklein flogen, ob der holden Frühlingspracht freudig hingezogen. Schlummernd lagen Wies' und Hain, jeder Pfad verlassen; niemand als der Mondenschein wachte auf den Strafsen." Und wenn man ein Sternlein nach dem andern aus dem tiefsten Dunkelblau der hereindämmernden Nacht hervorflimmert, bis endlich das entzückte Auge aus dem unermefslichen Lichtmeer, darinnen es schwimmt und versinkt, sich auf einen einzigen Himmelspunkt wie auf eine gastliche Insel rettet und dort anheftet, so geht eine andere Welt für uns auf. Eigenartige Gedanken bemächtigen sich unseres Geistes, und seligste Gefühle innigster Sympathie schwellen die zu enge Brust. Das flimmernde Sternlein etwa 6. Gröfse, welches wir betrachten, eins unter Millionen seinesgleichen, scheint uns nicht mehr fremd. Im Fluge der Gedanken, vor dem selbst die unbegreifliche Geschwindigkeit des Lichts in Nichts zerrinnt, durcheilen wir den Weltenraum, dessen ferne Ufer die Milchstrafse bildet, um jenen Stern zu erreichen, dessen Licht schon vor mehr als 100 Jahren entsendet wurde, um uns Botschaft von einer anderen Welt zu bringen, und erst jetzt in unser Auge blinkt. Es kommt uns vor, wie ein Grufs aus weiter Ferne; es ist ein Grufs von einer Sonne, gegen die unsere Erde nur ein winziges Sandkörnlein ist, das ein leiser Windhauch hinwegweht. Hier blühendes Leben, sollte da drüben nur grausiger Tod sein? Nein, das schöne blaue Himmelsgewölbe, welches sich über der Mutter Erde wölbt, ist kein Totenschrein, das sagt uns eine innere Stimme, das flimmern uns die Sterne zu, die, obwohl glühend wie unser eigener Fixstern, gewifs einem zahlreichen Planetengefolge Wärme, Licht und Leben spenden, wenn auch vielleicht ein Leben anderer Art als das irdische, welches nur ein Spezialfall unter vielen Möglichkeiten ist.

Der Glaube an die Bewohnbarkeit der Himmelskörper ist uralt. Die Inder bedurften der bewohnbaren Welten für die Seelenwanderung. Sonne, Mond und Sterne sollten nach der Ansicht der Vedas für die Menschenseelen als Glücksplätze oder Straforte wohnlich eingerichtet sein. Ein Bruchstück der sogenannten orphischen Gesänge, welches uns der Neuplatoniker Proclus aufbewahrt hat, besagt ausdrücklich, dafs auf dem Monde Berge, Städte und stolze Gebäude sich erheben. Auch Xenophanes aus Kolophon lehrte die Bewohnbarkeit des Mondes, und Lactantius läfst die Mondbewohner in tiefen Höhlen wohnen. Was die Römer anbetrifft, so sagt der atheistische Lucretius Carus: „Necesse est confiteare esse alios aliis terrarum in partibus orbes et varias hominum gentes et saecla ferarum.“ In der ältesten christlichen Zeit beschreibt uns Lucian von Samosata eine phantasiereiche, geistvolle Reise nach dem Monde, so dafs also Jules Verne schon einen Vorläufer hat. Plutarch aus Chäronea schrieb sogar ein Buch Περὶ τοῦ ἐμφαινομένου προσώπου ἐν τῷ κύκλῳ τῆς σελήνης, also über das Mondgesicht, und sucht zu beweisen, dafs der Mond von menschenähnlicher Bevölkerung bewohnt sein müsse und dies schon durch sein sonderbares Aussehen verrate. Nach dem berühmten Kirchenlehrer Origines sollen die Menschenseelen vor ihrer Vereinigung mit irdischen Körpern, mit ätherischen Leibern umkleidet, die verschiedenen Welten bewohnen.

Erst nach mehr als tausend Jahren beschäftigte man sich wieder mit dieser Frage. Nicolaus von Cusa lehrte im 15. Jahrhundert in seiner berühmten Schrift „de docta ignorantia“ ausdrücklich die Belebtheit der Himmelskörper durch vernünftige Geschöpfe, deren Beschaffenheit in innerem Einklang mit der jeweiligen, von unserer Erde so grundverschiedenen Natur eines jeden Weltkörpers stehen müsse und mit der menschlichen Gestalt gar keine Analogie bilden könne. Auch Galilei hielt die Bewohnbarkeit der Himmelskörper aufrecht, und Pierre Borel meint um 1657, dafs die Luftschiffahrt in der Zukunft wohl einmal die Frage endgiltig lösen werde.

Huyghens geht von dem Grundsatze aus, dafs es auf den Himmelskörpern wie auf unserer Erde Wasser geben müsse. Wo aber Wasser vorhanden, sei bereits die Hauptbedingung für die gedeihliche Entwickelung organischen Lebens, dessen unentbehrliches Element eben das Wasser bildet, ohne weiteres gegeben. Eine Pflanzen- und Tierwelt ohne menschenähnliche Vernunftwesen würde aber wie ein Gebäude ohne Dach, wie ein Königreich ohne König erscheinen.

Unter den neuesten Verteidigern der Bewohnbarkeit der Welt ragt P. Angelo Secchi († 1878) hervor, der ehemalige berühmte Direktor der vatikanischen Sternwarte, dem sich neuerlings ein Fach- und Ordensgenosse, P. Carl Braun, würdig zur Seite stellt.

Nicht also bloſs der gemeine Volkshaufe ist es, der jenem Glauben blindlings huldigt, sondern auch die berühmtesten Gelehrten aller Zeiten geben sich der gleichen Überzeugung hin. In ungeschwächter Kraft schritt diese Lehre durch den Schutt untergegangener Städte und Reiche dahin, ganze Jahrhunderte überdauernd.

Der Naturforscher aber hat zunächst bei den sicher ermittelten Thatsachen stehen zu bleiben, und wenn er dennoch zur Erhebung von Gesetzen verallgemeinern will, wird er doch stets an der strengen Methode der Induktion gewissenhaft festhalten und die logischen Gesetze der Hypothesenbildung respektieren.

Deshalb hat der amerikanische Astronom Newcomb nur zu recht, wenn er sagt: „Darüber können wir ja keinen Augenblick im Zweifel sein, daſs unser eigener kleiner Planet nicht der alleinige im groſsen Weltall ist, auf dem man die Früchte der Civilisation genieſst, auf dem sich trauliche Wohnstätten, Freundschaft und endlich die Sehnsucht vorfinden, in die Geheimnisse der Schöpfung einzudringen. Indessen gehört diese Frage nicht mehr zu den Problemen der Astronomie, auch können wir niemals erwarten, daſs dieselbe jemals durch die Wissenschaft Erledigung finden wird."

Nur zwei Wege stehen uns derzeit offen, um Aufschluſs über die Beschaffenheit anderer Welten, über das Vorhandensein von Organismen auf denselben und über die Bewohnbarkeit durch vernünftige Wesen zu erlangen.

Der sicherste Weg ist und bleibt die Untersuchung der aus dem Weltenraum auf die Erde gefallenen Meteoriten, jener Eilboten, die mit Geschwindigkeiten von 16—72 km in der Sekunde in unsere Atmosphäre eindringen, um uns Nachricht über das Walten organischer und anorganischer Kräfte auſserhalb unseres Sonnensystems zu bringen. Sie erscheinen durchschnittlich in Höhen von 150—160 km, also in 16 mal gröſserer Höhe, als je ein Luftballon sie erreicht hat. Hier fangen sie erst an aufzuleuchten, und in 90—100 km Höhe verlöschen sie bereits wieder. Von periodischen Meteorschwärmen sind der Laurentiusschwarm am 10. August und der Novemberschwarm am

14. November mit etwa 30jähriger Periode am bekanntesten. Ersterer scheint im Sternbilde des Perseus, letzterer in dem des Löwen seinen Ausgangspunkt zu haben. Im übrigen sind bereits 3000 Ausstrahlungspunkte der Sternschnuppen bekannt geworden. Die meisten fallen gegen 6 Uhr morgens. Zum Teil scheinen sie Bruchstücke von periodischen Kometen zu sein, wie die Bieliden, welche am 27. November 1872 einen wahren Feuerregen veranlafsten. Am 27. November 1885 sauste zu Mazapil in Mexico ein mächtiger Feuerball hernieder, der, 8 Pfund schwer, aus gediegenem Eisen mit eingesprenkelten Graphitkörnchen bestand, und den Prof. Langley als ein echtes Stück des Bielaschen Kometen ansprechen wollte, ebenso wie einen 1875 zu Amana in Jowa gefallenen Meteorstein.

Obwohl nun nach der Berechnung Herriks in Newhaven für die gesamte Erdoberfläche im Mittel 8 Millionen Meteore täglich in unsere Atmosphäre eindringen, so pflegen doch nur wenige auf die Erdoberfläche selbst zu fallen, indem die meisten in den höchsten Luftschichten, die einen förmlichen Panzer gegen diese „schreckliche himmlische Artillerie“ bilden, in Rauch aufgehen, so dafs günstigstenfalls nach Nordenskjöld nur meteorischer Staub unsere Festländer oder Meeresgründe erreicht. Der Naturforscher kommt daher nur selten in die Lage, die Sternschnuppensubstanz unter das Mikroskop legen und ihre Bestandteile erforschen zu können.

Die spektroskopische Untersuchung der Kerne und Schweife der August- und November-Meteoriten ergab für den Kern ein kontinuierliches Spektrum; daher besteht dieser offenbar aus festen Stoffen, die erst infolge der grofsen Erhitzung beim Eindringen in die Atmosphäre, die ihre Bewegung (6 Meilen in der Sekunde) plötzlich hemmt, in dampfförmigen Zustand übergehen, in welchem sich dagegen der Schweif bereits befindet, der daher ein Bandenspektrum liefert, das nur aus wenigen Linien besteht. Eisen, Magnesium, Natrium, auch das Sonnengas Helium erwiesen sich als am häufigsten vorkommende, vermittelst des Spektroskops entdeckte Bestandteile, während in gesammelten Handstücken die chemische Analyse im ganzen 24 Elemente nachgewiesen hat, welche auch auf unserer Erde mehr oder minder häufig vorkommen. Die auf geschliffenen Flächen der Eisenmeteore durch Salzsäure hervorgebrachten sonderbaren Widmanstättischen Figuren geben den besten Beweis für ihren kosmischen Ursprung, desgleichen der Umstand, dafs hier metallisch reines Eisen mit Nickel legiert vorkommt, wofür es auf unserer Erde kein Analogon giebt.

Von herabgefallenen Meteoriten besitzt entschieden das naturhistorische Hofmuseum in Wien die gröfste und reichhaltigste Sammlung der Welt. Dr. Brezina giebt davon eine chronologische Liste aller vom Jahre 1400 bis 1896 gesammelten Meteore, die im ganzen etwa 600 Nummern enthält. Im Besitz des französischen Naturforschers Daubrée befinden sich ferner allein 800 Stück mit einem Gesamtgewicht von etwa 40 Centnern. Man unterscheidet Eisen- und Steinmeteoriten. Sind letztere schon an und für sich weit seltener, da sie der Verwitterung viel mehr unterliegen, so giebt es darunter auch nur etwa 5 Beispiele organischen Inhalts. Der erste Meteorstein dieser Art fiel zu Alais am 15. März 1806, der zweite am Kap der Guten Hoffnung am 13. Oktober 1838, der dritte zu Kaba in Ungarn am 15. April 1857, der vierte bei Orgueil in Südfrankreich am 14. Mai 1864 und endlich der fünfte in Schweden unter nicht näher bekannten Umständen. Die ersten beiden dieser Fälle sind besonders sorgfältig von den hervorragenden Chemikern Wöhler, Cloëz und Pisani untersucht worden. Man wies 7,41 % Humussubstanz nach, welche durchaus ein Produkt der Vermoderung pflanzlicher und tierischer Stoffe ist bei Anwesenheit von Wasser, von welchem denn auch in dem Kapmeteoriten 13,89 % gefunden wurden. Noch interessanter gestaltete sich die Untersuchung des bei Kaba unweit Debreczin gefallenen Aërolithe. Denn aufser Kieselsäure, Eisenoxyd, Magnesia, Thonerde, Magnetkies, Eisen, Nickel und Kupfer fand Wöhler auch eine merkwürdige farblose Substanz, welche beim Erhitzen in einer Röhre schmolz und dann unter Verkohlung sich zersetzte, beim Erhitzen sich aber an der Luft in weifsen Dämpfen verflüchtigte. „Auch bei späteren Versuchen", schreibt H. J. Klein, „konnte sich derselbe berühmte Chemiker mit voller Sicherheit überzeugen, dafs dieser Meteorit aufser freier Kohle eine kohlenstoffhaltige Substanz enthält, welche sich mittelst siedenden Alkohols ausziehen läfst, leicht schmelzbar ist, mit sogenanntem Bergwachs Ähnlichkeit zu haben scheint und unzweifelhaft organischen Ursprungs, vielleicht nur ein Rest ursprünglich in dem Meteoriten enthaltener und in dem Moment der Feuererscheinung unter Abscheidung von Kohle zersetzter organischer Substanz ist." Dabei möge noch bemerkt werden, dafs nach Englers experimentellen Untersuchungen der Ozokerit ein Produkt der Zersetzung tierischer Fette durch Mutterlaugensalze des Meerwassers ist, wobei indes nicht verschwiegen werden darf, dafs auch aus dem auf anorganischem Wege entstehenden Acetylen durch Polymerisierung Petroleum und dessen Zersetzungsprodukte, unter denen auch Ozokerit sich befindet, hervorgehen können. Ferner finden sich Kohlenwasserstoffe häufig auch unter den Produkten der vulkanischen Exhalationen. Ja, ein Gehalt von 86% Wasserstoff liefs den 1814 bei Senanto in Ungarn aufgefundenen Eisenmeteoriten sogar als Auswürfling eines sonnenähnlichen Weltkörpers erscheinen; denn nur eine Sonne ist von einer so heifsen Wasserstoff-Atmosphäre umhüllt, dafs Eisen eine derartige Menge dieses Gases zu absorbieren vermag. Auch sei daran erinnert, dafs die Wasserstoffprotuberanzen unserer Sonne Höhen von etwa 70000 Meilen zu erreichen vermögen und dafs sie sehr wohl Eisendämpfe bis zu dieser Höhe mit emporreifsen können. Bei genügender Geschwindigkeit — für unsere Erde genügen 11 km in der Sekunde — würden dann jene Dampfmassen in den Weltenraum hinausgeschleudert werden, ohne dafs die Anziehungskraft der Sonne sie in ihren Schofs zurückzuziehen vermöchte. So sah Fényi, Direktor eines ungarischen Privatobservatoriums, am 20. September 1893 im Laufe einer Viertelstunde eine Protuberanz bis zu der enormen Höhe von 500000 km über den Sonnenrand emporschlagen; in der Sekunde stieg sie 350 km. Diese Geschwindigkeit übertrifft die der Granaten unserer Riesengeschütze um das 400fache!

Das Vorkommen von blofsem Kohlenstoff, sei er amorph oder in Form von Graphit, ist gleich kein Beweis von Leben, obschon das Gerüst oder Gerippe der Organismen ja zum grofsen Teile aus Kohlenstoff aufgebaut ist; denn in dem grönländischen Eisenbasalt, der doch sicher eruptiven Ursprungs, also feurigflüssiger Abkunft ist, kommt gleichfalls Graphit in erheblichen Mengen vor. Desgleichen fand sich Graphit in den pyrenäischen Graniten, unzweifelhaft plutonischen Gebilden.

Nun glaubte freilich der Rechtsanwalt Dr. Hahn in Reutlingen, ein geübter Mikroskopiker, in einer Art der Meteoriten, den sogenannten Chondriten, versteinertes Leben entdeckt zu haben. Unter dem Mikroskop zeigten sich ihm die Gerüste von winzigen Schwämmen, Korallen, Crinoiden, Algen und Farren. 1881 liefs er sie in 32 Tafeln leibhaftig photographiert erscheinen. Er scheute auch nicht die Reise zu dem alten Darwin, um dem berühmten Naturforscher die Originale seiner Meteordünnschliffe mit ihrer wunderbaren Flora und Fauna vorzulegen. Vor Entzücken sprang der gefeierte Greis vom Stuhl auf und rief aus: „Almighty God! What wonderful discovery! Now reaches the life down.“ Doch als Daubrée und Meunier in Paris in der Rotglut des Porzellanofens unter Zutritt von Chlorsilicium- und Wasserdämpfen die Hahnschen Organisman auf metallische Massen sich niederschlagen liefsen, wie denn auch die sogenannten Dentriden anorganischer Bildung sind, und als endlich Professor v. Lasaulx in Bonn die Hahnschen Organismen als embryonale Krystallisationen von Enstatit und Olivin erkannte, da wurde es merkwürdig still über die grofsartigen Entdeckungen Hahns, die sich nunmehr als blofse Phantasiegebilde erwiesen.

Das völlige Fehlen von Organismen in Meteoriten wird aber durchaus nicht mehr auffällig erscheinen, wenn man einen Blick auf die Entstehung jener himmlischen Sendboten wirft.

Daubrée gelang es bekanntlich, gewöhnliche Steinmeteorite unter Anwendung hoher Temperaturen künstlich zu erzeugen, wobei er aber stets voluminöse Krystalle von Peridot und Enstatit erhielt, während diese Silikate in den Meteorsteinen regelmäfsig in sehr kleinen, verschwommenen Krystallen vorkommen. Dies und die zahllosen Eisenkörnchen, die die natürlichen Meteoriten durchsetzen, weisen darauf hin, dafs sie nicht durch Schmelzung entstanden sind, sondern durch einen Niederschlag von Dämpfen, welche plötzlich aus dem gasförmigen Zustand in die feste Form übergeführt worden sind. Dieser Vorgang würde dann auf Entstehung von Meteoriten aus den Protuberanzen fremder Sonnen, wenn nicht gar unseres eigenen Fixsterns, deuten. Franke ist der Ansicht, dafs auch die krystallinisch-körnigen Erdoberflächenschichten durch solche mineralische Niederschläge aus der glühendheifsen Atmosphäre der Urwelt entstanden seien. Und in der That hat man in den Rauchfängen der Freiberger Schmelzhütten wiederholt Zinnober-, Feldspat- und Augitkörnchen gefunden, die nur durch Sublimation entstanden sein konnten. Die Funde von winzigen Diamanten in Meteoreisen, die seit 1887 wiederholt gemacht worden sind, deuten ferner darauf hin, dafs weifsglühende kohlenstoffhaltige Eisenmassen eine ganz plötzliche Abkühlung erfuhren. Auf ganz dieselbe Weise gelang es dem Pariser Professor Moissan, Diamanten, schwarze wie farblose, künstlich zu erzeugen. Meydenbauer hält sogar alle auf Erden gefundenen Diamanten für Körper kosmischen Ursprungs. Eine dritte Art der Meteoriten sind unstreitig Trümmergesteine, zusammengesetzt aus kleinen und grofsen Mineralsplittern, den sogenannten Chondren und metallischen Substanzen von Meteoreisen, Schwefel- und Chromeisen. Alle diese Fragmente sind aneinandergeklebt, ohne durch ein Bindemittel verkittet zu sein. Dies deutet offenbar auf gestörte Krystallisation und Zertrümmerung infolge explosiver Vorgänge innerhalb eines Raumes, der von die weitere Oxydation des Eisens verhinderndem Wasserstoffgas angefüllt war, von welchem auch der Meteorit eine ziemliche Menge absorbierte. Eine vierte Art endlich, die der kohlenstoffhaltigen Steinmeteoriten, mufs allem Anschein nach erst einen ruhigen Prozefs an der Oberfläche des Himmelskörpers durchgemacht haben, von welcher sie nachher abgeschleudert wurde. Nur in diesem Falle dürfen wir erwarten, Spuren von Organismen, sei es auch nur in Form von Humussubstanz, Kohle oder Ozokerit, zu finden, wie das bei einem kohlehaltigen Meteoriten aus Australien neuerdings glückte. Dr. Cohen stellte fest, dafs die darin enthaltene kohlige Substanz der Glanzkohle am nächsten stehe. Sie färbte Kalilauge sehr schwach, enthielt also noch Humin, gab einen aromatischen Geruch und wies einen hohen Gehalt an Wasser auf; alles bestimmte Anzeigen echt organischen Ursprungs.

Wie aber konnten Abschleuderungen solcher Massen von irgend einem der Erde in seiner Entwickelung mehr oder minder ähnlichen Himmelskörper erfolgen? Nehmen wir an, dafs der Planet eines anderen Sonnensystems wie unsere Erde einen glühendflüssigen Eisenkern einschlofs, den eine spröde, unbiegsame Rinde von Silikatgesteinen umgab. Flüssiges Eisen zieht sich nun bekanntlich beim Erstarren nicht zusammen, sondern dehnt sich wie das Eis mit unwiderstehlicher Kraft aus. So mufste der erkaltende Kern schliefslich den ihn einzwängenden Gesteinspanzer zum Bersten bringen.*) Meilentiefe Spalten bildeten sich kreuz und quer, in welche sich alles auf der Oberfläche befindliche Wasser ergofs, dessen Mineralgehalt indes dem irdischen keineswegs analog gewesen zu sein braucht; denn man hat bis jetzt erst das Chlor des Meerwassers im Eisenchlorid der Meteoriten wiedergefunden, nicht aber Jod und Brom. Das noch glühende Innere des Planeten mufste das Wasser in seine beiden Bestandteile zerlegen. So bildeten sich enorme Mengen Knallgas, dessen gewaltige Explosion wohl im stande war, die gelockerten Rindenstücke in den Weltenraum hinauszuschleudern. Der betreffende Planet mufs dann für uns als neu aufflammender Stern mit hellen Linien, herrührend von der Verbrennung des Wasserstoffgases, sichtbar werden, vielleicht nur kurze Zeit, da er sich dann in Wasserdämpfe hüllt. Solche Erscheinungen werden thatsächlich beobachtet. Auch unser Erdball wird dereinst ein solches Schicksal erfahren, aber erst in so ferner Zukunft, dafs dann die Absorption unserer Atmosphäre durch das Erdinnere, die unaufhaltsam ihren

*) Vgl. die Schrumpfungstheorie im Lichte der Kritik. Deutsche Rundschau für Geographie u. Statistik. XXIV. Jahrg., 1. Heft.

langsamen Fortgang nimmt, längst alles organische Leben bis auf minimale Spuren zum Verlöschen gebracht haben wird, wie dies Flammarion, der grofse Pariser Astronom, in seiner Schrift „Der Welt Ende" des weiteren ausführt.

Nach allem ist leider nicht die geringste Aussicht vorhanden, jemals wirkliche Organismen in Meteoriten zu finden. Wir müssen schon froh sein, feststellen zu können, dafs organische Substanz überhaupt im Kosmos auch aufserhalb der Erde vorhanden ist. Alle daraus etwa abgeleiteten Folgerungen gehören indes durchaus in das Reich der Phantasie. Das „Ignoramus" des Du Bois-Reymond ist hier allein am Platze.

Ein anderer Weg, das Vorhandensein von Organismen auf anderen Welten nachzuweisen, wäre der vermittelst des Fernrohrs.

Das Riesenfernrohr der Yerkes Sternwarte gestattet eine 0600, das der Pariser Weltausstellung eine 6000fache Vergröfserung. Letzteres vermochte ein Mondbild von 60 cm Durchmesser zu liefern, welches, durch Prof. Weineke Geschicklichkeit vergröfsert, als Scheibe von 16 m Durchmesser erschien. Das Pariser Fernrohr vermag daher den Mond auf 67 km der Erde nahe zu bringen, während er in Wirklichkeit aber 6000mal so weit entfernt ist. Doch was nützt das? Berson, welcher letzthin mit seinem 4000 cbm Gas fassenden Riesenballon 10 800 m Höhe erreichte, bemerkte, dafs schon von 8000 m Höhe an die Erdoberfläche der Generalstabskarte geglichen habe. Von 67 km Höhe aus würden selbst gröfsere Städte bei Nachtzeit, wenn hellerleuchtet, doch nur als flimmernde Stellen sichtbar sein; denn ein Gegenstand auf dem Monde mufs schon 60 m breit sein, um von der Erde aus so grofs zu erscheinen wie eine Stecknadel in 5 m Entfernung. Dazu kommt, dafs bei mehr als 500facher Vergröfserung die Fernrohrbilder verschwommen werden; es ist, als wären sie wie das verschleierte Bild von Saïs mit einem Flor bedeckt. Dies geschieht durch die gleichzeitige Vergröfserung der in der Luft enthaltenen Staubteilchen, die einem förmlichen Ameisengewimmel gleichen. Betrachten wir vollends die anderen Planeten bei nur 500maliger Vergröfserung, so erscheint z. B. der Mars nicht gröfser als der Mond durch einen Operngucker gesehen. Bei der Venus müfste ein Gegenstand $\frac{2}{3}$, beim Merkur $2\frac{2}{3}$, beim Jupiter 11, beim Saturn 22, beim Uranus 48 und beim Neptun gar 77 Meilen breit sein, um ebenso deutlich sichtbar zu werden wie eine Stecknadel in 5 m Entfernung. In dem ewigen Dämmerlicht des arktischen Neptun, an dessen Himmel die Sonne nicht viel gröfser als der Abendstern erscheint, würden wir selbst einen Erdteil von der Gröfse Amerikas nicht mehr erkennen können.

Immerhin wäre es ganz gut möglich, vom Monde aus schon bei 500facher Vergröfserung die vielartigen Manifestationen des Lebens auf unserer Erde und der menschlichen Intelligenz mit der gröfsten Leichtigkeit zu beobachten. Jedenfalls liefsen sich alle Erdteile in ihren Umrissen, Wälder und Wiesen, Wüsten und Meere, Thäler und Gebirge, Städte und gröfsere Dörfer unschwer unterscheiden. Selbst ausgedehnte Wolken von Zugvögeln, wie der Wandertauben, müfsten als schneckenartig langsam sich bewegende dunkele Schatten sichtbar werden. Auf der Mondscheibe ist leider von der Erde aus selbst mit den besten Fernrohren von alledem so gut wie nichts zu sehen. Der Mond ist starr und tot; er besitzt weder Luft- noch Wassermengen von irgend welcher Bedeutung. Auf eine 14tägige Nacht mit der Eiskälte des Weltenraums, etwa — 170°, folgt ein tropischer Tag von gleicher Länge, der alles Wasser schnell in Dampf verwandeln würde. Nur in den Tiefen gewisser Krater, an denen der Mond bekanntlich so reich ist, scheint sich noch etwas Feuchtigkeit erhalten zu haben, die, wenn dort nach 14tägiger Nacht der Morgen anbricht, sich wie eine lichte Wolke über der nächsten Umgebung ausbreitet, so dafs für eine kurze Zeit wenigstens diese Gegenden für uns undeutlicher erscheinen als bald darauf, wenn die Sonne höher steigt und die Nebel schnell wieder auflöst. Und an solchen Stellen glaubt man auch Flächen mit einem lichten Anflug von Grün erkannt zu haben, welcher ebenso wie jene Wolken kurze Zeit darauf wieder verschwand. Rührte das Grün etwa von einer kümmerlichen Vegetation her, vergleichbar mit der Flora an der Schneegrenze der Alpen oder mit der der Tundren unserer Polargebiete, wo die Moos- und Alpenvegetation während der paar Sommerwochen der Schneewüste einige Fufs breit Terrain abringt?

Was ferner den Mars anbetrifft, jenen in rötlichem Lichte schimmernden Planeten, welcher unserer Erde noch am ähnlichsten ist, so hat man nicht nur an beiden Polen desselben mit den Jahreszeiten ab- und zunehmende Schnee- und Eiskalotten beobachtet, sondern auch weifse Punkte entdeckt, die die Pole oft perlschnurartig umgeben und als schneebedeckte Bergesspitzen zu deuten sind, ferner graue, von den Polen ausgehende, als Schmelzwasser anzusprechende Streifen. Meeres- und Festlandeflächen, grünschimmernde Kultur- und rötlich aussehende Sandregionen wurden deutlich erkannt. Das Merkwürdigste aber auf dem Mars sind seine Kanäle, welche sich bisweilen sonderbarerweise verdoppeln. Sie beweisen, dafs das Aussehen der gesamten Mars-Oberfläche unter dem Einflusse zweier korrespondierender Wasserströmungen von einem Pol zum andern steht. Ihr geradliniger, durch nichts unterbrochener Verlauf deutet ferner darauf hin, dafs wenigstens im Gebiete der Kanäle die Mars-Oberfläche völlig nivelliert und eben ist, und dafs hier auch nicht die geringsten Erhebungen auf dem Mars zu finden sind, was dadurch erklärlich wird, dafs der Mars mindestens 3¼ Millionen Jahre die Erde an Alter übertrifft, und folglich das Wasser Zeit genug gehabt hat, die Mars-Oberfläche in derselben Weise zu nivellieren wie die weit gröfsere terra firma in 2 Millionen Jahren. Jene Kanäle, das glaubt man heute, sind keine atmosphärisch-optischen Erscheinungen, wie Meunier darlegen wollte, oder gar optische Täuschungen, wie Cerulli behauptete; es sind vielmehr von Dämmen eingeschlossene langgestreckte, schnurgerade Wasserflächen und Verdoppelungen, möglicherweise entstanden durch die Hand der Mars-Bewohner, die einen neuen Kanal neben dem alten öffnen, wenn der alte nicht mehr die ausreichende Wassermenge fafst. Kanäle und Kanalverdoppelungen sind also Wasserstrafsen, welche, wie in Ägypten, das Kulturland mit Wasser versorgen; denn gleich dem Himmel des Pharaonenlandes ist auch der Himmel des Mars fast immer wolkenrein und dunkelblau. Es regnet da, wo die Atmosphäre ebenso dünn ist, wie über den Anden Perus oder über dem Himalayagebirge in Nepal, selten oder gar nicht, so dafs ohne künstliche Bewässerung nichts gedeihen würde. Die Kanäle führen den ausgedehnten Flächen, die man fälschlich Meere nennt, die aber vielmehr mit Vegetation bedeckt sind, das Schmelzwasser der Pole zu, die beim Schwinden der weifsen Kalotten von blauschwarzen Flächen umgeben werden, welche Pickering auf der Sternwarte zu Arequipa durch Beobachtung mit dem Polariskop deutlich als Wasserflächen erkannt hat. Auch Leo Brenner, einer der erfolgreichsten Beobachter des Mars, erklärt: „Die Künstlichkeit der Kanäle unterliegt keinem Zweifel, wenn man das regelmäfsige Netz betrachtet, welches die Mars-Oberfläche überzieht.“ Brenner meint weiter, da die Mars-Oberfläche beinahe vollständig verflacht sei, wären die Mars-Festländer den Überschwemmungen ebenso ausgesetzt wie Holland. Die Mars-Bewohner suchten sich daher in gleicher Weise dagegen zu schützen, indem sie Dämme anlegten; diese brauchten gar nicht hoch zu sein. Dabei sei die Arbeit natürlich die gleiche, wenn die Deiche 8 m oder wenn sie 100 km weit von einander abständen. Übrigens könne auf dem viel leichteren Mars mit gleicher Muskelkraft 3 mal mehr Arbeit verrichtet werden. Endlich können wir gar nicht ahnen, welche Maschinen oder sonstige mechanische Hilfsmittel den Mars-Bewohnern zur Verfügung standen. Dafs an diesen Kanälen noch jetzt Veränderungen vorgehen oder vielleicht auch vorgenommen werden, zeigte sich dem berühmten Marsforscher Schiaparelli in Mailand bei seiner Beobachtung des Mars während der Opposition von 1888. Der Kanal Euphrat, der 1886 noch geradewegs vom Nordpol nach dem Äquator hin verlief, hatte sich 1888 nicht nur vom Äquator an bis 80° n. Br. verdoppelt, sondern die beiden Streifen blieben auch nicht, wie gewöhnlich, parallel, sondern divergierten nach Süden, so dafs der nördliche Teil des Kanals seitdem eine Drehung von mindestens 60° um den Pol als Mittelpunkt gemacht haben mufs, an der jedoch der eine Streifen des Doppelkanals nicht partizipierte. Sollten vielleicht die Mars-Bewohner noch einen dritten Reservedamm konstruiert haben, da der eine der beiden anderen Dämme nicht mehr in genügender Weise zu funktionieren vermochte, ein der Flufsregulierung ähnliches Werk? Grofses Aufsehen machten daher auch die Lichtsignale, die man in den letzten Jahren wiederholt beobachtet haben will. Man fragte sich, ob es nicht möglich sei, dafs etwaige Mars-Bewohner sich dadurch mit uns in Verbindung setzen wollten. Zunächst hatte der Astronom Javelle in Nizza am Rande des Mars einen blendend glänzenden Fleck gesehen. Sodann hatte Leo Brenner wiederholt an der Lichtgrenze des Mars helle Hervorragungen wahrgenommen, die gleichzeitig auch von englischen Astronomen gesehen wurden, so dafs Sinnestäuschungen gänzlich ausgeschlossen waren. Man erklärt jene Hervorragungen indes als leuchtende Wolken, deren eine sich z. B. im Oktober 1894 zeigte. Bei der Entfernung nämlich, in der sich damals Mars von der Erde befand, müfste das Lichtsignal schon mindestens einen Durchmesser von 500 km, mehr als die Entfernung zwischen Wien und Triest beträgt, gehabt haben. Perotin sah 1892 dreimal glänzende Flecke, die eine Länge von 30—70 km haben mufsten. Campbells Einwand, Wolken von solcher Ausdehnung könnten unmöglich so lange an derselben Stelle bleiben, ist wenig stichhaltig, da auch bei uns in höheren Breiten der Himmel mitunter tage-, ja wochenlang bewölkt ist. Ferner können jene weifsen Flecke ja auch von Hochplateaus herrühren, die zeitweilig mit Schnee oder spiegelndem Eis bedeckt waren. Besafsen sie nun mindestens die Gröfse Siciliens, so konnten sie sehr wohl noch gesehen werden, wie denn auch eine Linie sichtbar ist, deren Breite thatsächlich 70 km beträgt. An Lichtsignale von so riesenhaften Dimensionen ist demnach gar nicht zu denken. Zudem ist es sehr fraglich, ob das Geschlecht der Mars-Bewohner, wenn die Kanäle selbigen wirklich ihr Dasein verdanken, bei einer Temperatur und einer Dünne der Luft, wie sie nur in den Schneeregionen der Erde herrschen, nicht schon seit Jahrtausenden erloschen ist.

Aufser dem Mars kann für unsere Frage eigentlich nur noch die Venus, der Abendstern, in Betracht kommen. Leo Brenner nennt sie nicht unpassend eine „verschleierte Schöne"; denn sie ist von einer so dichten Wolkenhülle umgeben, dafs sich nur selten ein Durchblick auf ihre Oberfläche bietet, von welcher man mit Bestimmtheit bis jetzt nur die Schneekappen der Pole zu erkennen vermochte. Spektroskopische Beobachtungen ergaben erst in allerneuester Zeit, dafs Venus so ziemlich in derselben Zeit wie die Erde um ihre Axe rotiert, die übrigens nur um 14° geneigt ist, also fast senkrecht zur Ekliptik steht. Leider wendet uns die Venus in Erdnähe, d. h. in 38 000 000 km Entfernung, gerade die Nachtseite zu, auf der man merkwürdige nordlichtartige Erscheinungen wiederholt wahrgenommen hat. Im hellsten Glanze strahlt Venus nur als Sichel. Da sie wegen ihrer gröfseren Sonnennähe fast doppelt so viel Wärme und Licht wie unsere Erde empfängt, so beträgt die mittlere Jahrestemperatur des Schwesterplaneten mehr als 28°.*) Der gröfste Teil der Venus-Oberfläche mufs demnach in der heifsen Zone liegen, die sich bis 45° n. u. s. Breite erstreckt, während es in den Polarregionen, die eine eigentliche Polarnacht überhaupt nicht kennen, unmöglich kälter als auf Island sein kann. Doch die Venus-Atmosphäre ist so feucht und schwül wie etwa ein Palmenhaus, und diese Verhältnisse können der Entwickelung eines höher organisierten Lebens, z. B. eines menschenähnlichen nicht günstig sein. Aber eine gröfsere und üppigere Entfaltung des Pflanzenreichs wird sich unter dem wolkigen Treibhausbreitmachen. Wir haben hier also ein ideales Bild der Venusnatur vor uns, wie es uns die Geologen etwa von der Steinkohlenperiode unserer Erde gezeichnet haben, welche Periode bereits Millionen Jahre hinter uns liegt, wobei noch bemerkt werden möge, dafs die Erde älter als Venus ist.

Die mittlere Jahrestemperatur Merkurs beträgt gar schon 100°, so dafs das Wasser „dieses undankbaren Zwergplaneten", wie ihn Brenner nennt, gröfstenteils in Dampfform der Luft beigemengt sein mufs, wie dies vor 9 Millionen Jahren nach Wollisch auch bei der

*) auf der Erde etwa 15°.

Erde der Fall war. Daher erscheint die Grenzlinie der Merkur-Sichel stets verwaschen und unscharf. „Unsere irdischen Meere", sagt Professor Pohle, „würden unter den gleichen atmosphärischen Verhältnissen wahrscheinlich zur Siedehitze gebracht und wie in einem kochenden und brodelnden Kessel rasch verdampfen, um zur Nachtzeit infolge der plötzlichen Abkühlung in sintflutartigen Regengüssen herabzustürzen. Sollte es sich aber bewahrheiten, dafs die Achsendrehung Merkurs ganze 88 Tage dauert, er also der Sonne immer dieselbe Seite zukehrt, so würde die eine Hemisphäre ewig von der brennenden Sonne getroffen, die andere, wenigstens zu $^3/_8$ in ewige Nacht gehüllt sein. In diesem Falle wäre die Existenz flüssigen Wassers in beiden Hemisphären unmöglich. Dann müfste uns allerdings Merkur weit heller erscheinen, und die beleuchtete Seite die feinsten Details wie beim Monde erkennen lassen; denn aller Wasserdampf würde offenbar auf der dunklen Hälfte als Eis für immer niedergeschlagen werden, und die helle Hälfte infolgedessen fast wolkenrein sein. Es ist nun aber thatsächlich ganz anders, so dafs wahrscheinlich Merkur in 30—35 Stunden um seine Achse rotiert, wie Brenner es beobachtet zu haben behauptet. Jedoch auch dann würde sich die Bewohnbarkeit des Planeten nur auf einen kleinen Teil seiner Oberfläche, etwa die Hochgebirge und Polargegenden, beschränken, für welche letztere gleichfalls die Sonne niemals ganz untergeht."

Die grofsen Planeten erweisen sich schon wegen ihrer riesigen Sonnenferne und der ganzen Unfertigkeit ihres Habitus als wenig oder gar nicht geeignet für organisches Leben. So befindet sich Jupiter noch ganz im planetarischen Jugendalter, vielleicht eben erst im Begriff, die ersten Seeungetüme und Fische aus seinen warmen Meeren auftauchen und für eine höhere Organisation in der Zukunft sich vorbereiten zu lassen. Dabei leuchten riesige Kraterbecken mit glühendflüssiger Lava, ähnlich dem Kilauea des Mauna Loa, zu uns herüber. Saturn, Uranus und Neptun sind entweder als vollständig arktische Welten zu betrachten, oder als erlöschende Nebensonnen, in beiden Fällen für die Erzeugung von Organismen gänzlich ungeeignet.

Giebt es nun auch Leben aufserhalb unseres Sonnensystems? Schon bei Betrachtung der Meteoriten mufsten wir diese Frage bis zu einem gewissen Grade bejahen. Die wunderlichen Sterne vom Algol-Typus werden unzweifelhaft von Planeten umkreist, die periodische Lichtschwankungen, nämlich partielle und totale Verfinsterungen veranlassen. Die Störung so vieler Doppelsternbahnen endlich wird gleichfalls von dunklen planetarischen Körpern von zuweilen kolossaler

Grösse veranlafst. Zwar vermag weder das Riesenfernrohr der Yerkes-Sternwarte sie zu erkennen, noch die photographische Platte, die doch so manches Unsichtbare ans Licht zieht, zu fixieren; doch der Astronom in seiner stillen Klause, wo die Studierlampe friedlich brennt, stellt ihre Existenz durch Rechnung unwiderleglich fest mit Hilfe der Keplerschen Gesetze, die bis zu den Grenzen des Weltalls ihre Giltigkeit haben.

Der grofse Astronom Secchi aber sagt mit Recht: „Die Schöpfung, welche wir betrachten, ist nicht blofs eine Anhäufung leuchtender Materie, sie ist ein wunderbarer Organismus, in welchem das Leben dort anfängt, wo die Glut der Materie aufhört. Wenn dieses Leben auch nicht durch Teleskope wahrgenommen werden kann, so können wir gleichwohl aus Analogie unserer Erde auf ein allgemeines Vorhandensein desselben auf anderen Himmelskörpern schliefsen."

Dafs endlich jenes Leben mit dem irdischen gewisse Ähnlichkeiten haben mufs, wenngleich der Schöpfer im Weltall nirgends nach der Schablone arbeitet, das beweist die chemische und biologische Forschung. Wir können uns wohl eine Eiweifs-, aber keine Kieselschöpfung denken, wie sie die Phantasie eines Carus Sterne für möglich hält. Alle organischen Kieselverbindungen ohne Kohlenstoffgehalt entzünden sich nämlich entweder an der Luft, oder sie zersetzen sich sofort im Wasser unter Abscheidung gallertartiger Kieselsäure. Wir können nur mit Bestimmtheit behaupten, dafs die Schwerkraft, die die Welt im Innersten zusammenhält, auch auf den architektonischen Bauplan und den Aufrifs einer Organismenwelt modifizierend einwirken müsse; denn das beweist schon die Beschaffenheit tierischer Organismen in grofsen Meerestiefen. Doch:

„Cogitatio nostra coeli monumenta perrumpit nec contenta est, id quod ostenditur scire", sagt Seneca, und so ist es auch bezüglich „anderer Welten und ihrer Organismen".

Die kleinen Planeten.

Von Gustav Witt, Astronom in Berlin.

(Fortsetzung.)

Auch hinsichtlich der Benennung ergaben sich allmählich Schwierigkeiten. So lange noch jede Planetenentdeckung ein freudig begrüfstes Ereignis war, wurden die in Vorschlag gebrachten Namen auf ihre Zweckmäfsigkeit und Geeignetheit eingehend erörtert und geprüft. Da aber die Namen der klassischen Göttinnen sich mehr und mehr erschöpften, die Töchter Jupiters, die Grazien und Musen sämtlich an den Himmel versetzt waren, mufsten die altnordischen Göttinnen herbeigeholt werden, und da auch ihrer noch zu wenige waren, blieb nichts Anderes übrig, als in der Wahl der Namen gröfsere Freiheit und weiteren Spielraum zu lassen. So wurde nach einem Vorschlage von John Herschel noch bis in die neueste Zeit hinein häufig der Entdeckungsort, meist mehr oder weniger geschmackvoll latinisiert, als Name gewählt, woraus sich Bezeichnungen wie Parthenope (= Neapel) für (11), Nemausa (= Nismes) für (51), Polana (= Pola) für (142) Heidelberga, Lutetia, Berolina u. s. w. erklären, denen dann in gewissem Sinne auch Silesia für (257) und Oppavia (= Troppau) für (255) als Heimat bezw. Vaterstadt des Erfolgreichsten unter den Planetenentdeckern, J. Palisa, Dresda für (263) als Wohnort des Taufpaten hinzugerechnet werden können. Nach dem Entdeckungslande in weiterer oder engerer Begrenzung sind genannt (52) Europa, (67) Asia, (136) Austria, (148) Gallia, (241) Germania u. a.

Bellona, Pandora, Konkordia, Feronia und zahlreiche andere Namen deuten auf Zeitereignisse in den Entdeckungsländern, ebenso wie die Bezeichnung des von Palisa in Wien aufgefundenen Planeten (273), dem die Berliner Astronomen in Erinnerung an das wenige Stunden nach der Entdeckung erfolgte Hinscheiden Kaiser Wilhelms I. den Namen der Parze Atropos beilegten, während Libertrix, Velleda und Johanna für (125), (126) und (127), deren Entdeckung durch die Gebrüder Henry in das Jahr 1872 fiel, unverkennbare Anspielungen auf die Befreiung Frankreichs von der deutschen Occupation und auf die heldenmütige Jungfrau von Orleans enthalten.

Dafs man bei der Wahl mit der Zeit immer willkürlicher und gleichgiltiger verfuhr, zeigen Namen wie Philosophia, Sapientia, Fides, Ambrosia, Gordonia (zur Erinnerung an den gordischen Knoten), die man neben den meisten weiblichen Vornamen wie Eva, Maria, Irma, Adelheid u. dgl. am Himmel antreffen kann. Wir wollen es bei der Aufzählung dieser wenigen Specialfälle bewenden lassen und nur noch bemerken, dafs von verschiedenen Seiten die Namengebung als unschuldige Spielerei oder gar als Unfug bezeichnet und ihre Beseitigung dringend anempfohlen wurde. Dennoch ist man dem alten Brauch bisher treu geblieben, obgleich wiederholt, insbesondere als die noch zu behandelnden photographischen Entdeckungen in fast beängstigender Weise anwuchsen, eine gewisse Ermüdung und Stockung einzutreten drohte. Nachdem die astronomische Gesellschaft bereits vor Jahren einen fast in Vergessenheit geratenen Beschlufs für die Beibehaltung der Namen und für eine Art Zwangstaufe gefafst hatte, hat jüngst die energische Drohung des Direktors des Königlichen Recheninstituts zu Berlin, Professors Bauschinger, dafs er sich zur Benennung befugt erachten werde, falls nicht innerhalb einer bestimmten Frist für die als gesichert anzusehenden Planeten durch die Entdecker oder von diesen gewählte Paten ein Name vorgeschlagen würde, der Laubeit einen Riegel vorgeschoben. In der That würde die Abschaffung der seit langer Zeit eingebürgerten Namen von Gestirnen, mit denen sich zum Teil eine umfangreiche Litteratur beschäftigt, mindestens bedenklich sein, und man wird schon der Gleichmäfsigkeit halber an der früheren Gewohnheit festhalten müssen.

Es lag natürlich nahe, auf eine Sammelbezeichnung für die neue grofse Gruppe von, mit vielleicht einer Ausnahme, teleskopischen Wandelsternen Bedacht zu nehmen. Hatte Bode anfangs Ceres noch den achten Hauptplaneten des Sonnensystems nennen können, so liefsen Olbers' scharfsinnige Betrachtungen über die Winzigkeit dieses und der weiterhin entdeckten Körper bald keinen Zweifel, dafs ihre Zuteilung zu den Hauptplaneten im Grunde genommen der inneren Berechtigung entbehre. William Herschel, der in ihnen überhaupt nur eine Übergangsstufe von den Kometen zu den eigentlichen Planeten sehen wollte, brachte deshalb schon frühzeitig den Gruppennamen Aoraten (Ungesehene, Unsichtbare) in Vorschlag, um anzudeuten, dafs sie mit unbewaffnetem Auge nicht gesehen werden können; dann wollte er sie ihres fixsternartigen Aussehen wegen wieder Asteroiden genannt wissen. Von anderen wurden als Sammelname Planetoiden (planetenähnliche), Koplaneten und Gruppenplaneten empfohlen.

Das Berliner astronomische Jahrbuch machte zunächst ebenfalls zwischen den alten und den neuen Planeten keinen Unterschied, sondern führte letztere unter den älteren nach ihrer mittleren Entfernung von der Sonne geordnet auf. Erst unter Enckes Redaktion und mit Einführung des Numerierungsprinzips wurden ihre Elemente und Örter daselbst in einem besonderen Anhang vereinigt und gleichzeitig die Bezeichnung „kleine Planeten" für sie angewendet, die seither wohl die am meisten gebräuchliche geworden ist. Daneben haben sich nur noch die Ausdrücke Asteroiden bzw. Planetoiden einer häufigeren Anwendung zu erfreuen. Treffender war in dieser Beziehung jedenfalls die von K. v. Littrow vorgeschlagene Bezeichnung Zenareïden (von Zeus-Jupiter und Ares-Mars), aber auch sie hat nicht allgemeinen Anklang oder Verwendung gefunden.

Das Jahr 1854 mit 6 neuen Planeten brachte den ersten Fall einer Doppelentdeckung in derselben Nacht, indem Luther (28) Bellona und Marth (29) Amphitrite auffanden, welch letztere unabhängig in der folgenden Nacht von Pogson in Oxford und wieder einen Tag später auch von Chacornac in Paris entdeckt wurde. Dasselbe Zusammentreffen wiederholte sich im nächsten Jahre bei Atalante und Fides und seither noch sechsmal. Doppelentdeckungen durch denselben Beobachter gehörten ebenfalls bald nicht mehr zu den Seltenheiten. Die Planeten (48) Doris und (49) Pales sind das erste Zwillingspaar dieser Art, indem sie am 19. September 1857 von Goldschmidt dicht bei einander erblickt wurden. Ihm folgte C. F. Peters in Clinton mit zwei solchen Doppelentdeckungen, während Palisa deren sogar drei glückten. Hierbei ereignete sich der gewifs merkwürdige Fall, dafs eins der Paare, (291) und (292), eine Nacht später selbständig auch von A. Charlois in Nizza aufgefunden wurde, dem für den Verlust der Priorität in diesem Falle bald darauf die gleichzeitige Entdeckung der beiden Planeten (297) und (298) vergönnt war.

Bei (20) Massalia und (24) Themis war Chacornac, damals noch in Marseille, infolge ungünstiger Umstände um die Priorität gekommen; mit der Auffindung von (25) Phocaea, der später noch 5 Planeten folgten, durfte er in die Reihe der unbestrittenen Entdecker eintreten. Unter Leitung von Valz hatte er die Anfertigung von Ekliptikalkarten in Angriff genommen und diese Arbeit nach seiner Übersiedelung in Paris eifrig fortgeführt. Es sollten ihrer 72 von je 20 Minuten Ausdehnung in gerader Aufsteigung und von 5 1/4 Grad in Deklination werden, so zwar, dafs die Ekliptik ungefähr durch die Kartenmitte läuft; doch sind nur 54 Blätter erschienen, von denen 16 die Gebrüder Paul und Prosper Henry in Paris nach Chacornacs Tode bearbeitet haben, während zwei weitere von anderen Autoren stammen. Die schwächsten Sterne auf diesen Karten sind etwa 13. Gröfse; Vollständigkeit ist in dieser Beziehung allerdings weder erreicht, noch überhaupt möglich gewesen. Dennoch haben diese wertvollen Karten manchem Beobachter die Arbeit wesentlich erleichtern helfen und sind häufig benutzt worden.

Nicht immer ist absichtliches Suchen nach kleinen Planeten die Ursache zu weiteren Funden geworden; die Umstände der Pallasentdeckung bieten schon einen Beitrag für das Gegenteil. So fand Ferguson in Washington, gelegentlich der Aufsuchung von (31) Euphrosyne, an dem durch die Ephemeride bezeichneten Orte zwei dicht bei einander stehende Sternchen, so dafs er zunächst im Zweifel war, welches der gesuchte Planet sein könne, bis er am darauffolgenden Abend ersah, dafs er aufser diesem noch einen neuen Planeten gefunden hatte.

Die schnelle Häufung der Entdeckungen machte es zuweilen, wenn die Beobachter dem Tempo nicht mehr folgen konnten, namentlich aber wenn trübes Wetter die andauernde Verfolgung vereitelte, schwierig oder geradezu unmöglich, hinreichend genaue Vorausberechnungen zu liefern. Dann erwuchs den Astronomen die ungemein zeitraubende und beschwerliche Arbeit, ihre Nachsuchungen in einer der nächsten Oppositionen über so weite Gebiete des Himmels auszudehnen, dafs die Wiederauffindung nicht selten ein mindestens ebenso grofses Verdienst war wie die Entdeckung selbst. Dieser Fall trat z. B. bei (41) Daphne ein, die nur an vier Abenden beobachtet werden konnte, was für eine nur einigermafsen verläfsliche Bahnbestimmung ganz unzureichend war. Sechs Jahre vergingen denn auch, ehe der Planet am 31. August 1862 von Luther nahe bei der zwei Tage vorher von Tempel in Marseille entdeckten Galathea (74) neuerdings gesehen wurde. Ein bewegliches Objekt, welches Goldschmidt 1857 nicht zu weit von dem für Daphne berechneten Orte aufspürte, entpuppte sich nach geraumer Zeit als Neuling und erhielt deshalb vorerst den Namen Pseudo-Daphne, an dessen Stelle nach der 4 Jahre darauf erfolgten Wiederauffindung definitiv der Name Melete trat. Unterdessen waren aber 55 Planeten gesichert und die der Melete eigentlich zukommende Nummer 47 bereits vergeben; deshalb mufste hier zum ersten Male die Reihenfolge nach dem Entdeckungsdatum verlassen werden, da eine nachträgliche Korrektur aus Rücksicht auf die zu befürchtende Verwirrung unzulässig erschien.

Die Furcht vor einem zu raschen Anwachsen der Zahl der Planetoiden, die eine Plage für Rechner und Beobachter zu werden drohten und ein Ende nicht entfernt absehen ließen, zeitigte aus diesem Anlafs einen eigentümlichen Vorschlag. Gelegentlich hatte schon Gaufs empfohlen, man möge unter den kleinen Planeten die interessanteren und helleren auswählen, sich mit ihnen anhaltend beschäftigen und die übrigen ihrem Schicksal überlassen. Erheblich weiter ging Pape, Observator in Altona, der es 1858 für dringend notwendig erklärte, in den Entdeckungen eine mehrjährige Pause eintreten zu lassen und die Aufmerksamkeit auf die vorhandenen Planeten zu konzentrieren, bis deren Elemente einer weiteren Verbesserung vorerst nicht bedürften. Begreiflicherweise haben sich die Entdecker an diesen zwar wohlgemeinten, aber wissenschaftlich wenig gerechtfertigten Rat durchaus nicht gekehrt; dennoch gewann allmählich eine gewisse Gleichgültigkeit und teilweise sogar Unmut über die angeblich wenig förderliche Entdeckungswut die Oberhand, eine Stimmung, die bis gegen Ende des Jahrhunderts vorgehalten und im letzten Decennium eher noch eine Steigerung erfahren hat.

Die Entdeckung des Planeten (62) Erato zeigt wieder einige Ähnlichkeit mit derjenigen der Melete. Als Foerster und Lesser in Berlin am 14. September 1860 die zwei Tage zuvor von Chacornac gefundene Elpis (59) beobachten wollten, sahen sie ein bewegliches Sternchen in der Nähe der angegebenen Stelle, das sie auch in den nächsten Wochen noch für den Chacornacschen Planeten hielten, obwohl eine inzwischen gerechnete Bahn den Ort nicht unwesentlich verschieden ergab. Erst von anderer Seite wurden sie darauf aufmerksam gemacht, dafs ihnen ein neuer Planet unter die Finger geraten war. Diese etwas späte Feststellung bedingte abermals eine Abweichung von der Numerierung nach der chronologischen Folge.

Dem Jahr 1860, von dessen 5 Planeten nicht weniger als 4 innerhalb einer Woche gemeldet wurden, folgte 1861 mit der doppelten Zahl. Unter den Planetenjägern tritt uns neben den wegen ihrer Kometenfunde häufig genannten Tempel und Tuttle zum ersten Male C. H. F. Peters entgegen, der erfolgreichsten einer, denn er hat es fast auf ein halbes Hundert gebracht. Über seiner ersten Entdeckung waltete gleichsam ein Unstern. Während er nämlich Tuttles Maja (66) zu beobachten glaubte, wies Safford nach, dafs die Petersschen

Positionen einem neuem Planeten zugehörten, der (72) Feronia getauft wurde. Die stattgehabte Verwechselung brachte es mit sich, dafs nun für beide nicht genügendes Beobachtungsmaterial zusammengekommen war, was in den nächsten Erscheinungen ausgedehnte Nachsuchungen notwendig machte, die bei Maja erst 15 Jahre nach der Entdeckung Erfolg hatten; Feronia wurde dagegen schon in der folgenden Opposition und mit ihr gleich drei neue Planeten aufgefunden.

Die aufserordentlich grofse Zahl von Entdeckungen, welche man Peters verdankt, war in der Hauptsache die Frucht einer grofs angelegten Kartierung des Ekliptikalgürtels, die von ihm auf dem Litchfield Observatory des Hamilton College in Clinton in Angriff genommen wurde. Von diesen Karten sind im ganzen 20 erschienen, die etwa bis 1880 wiederholt und mit solchem Erfolge mit dem Himmel verglichen wurden, dafs sie eine sehr zuverlässige Darstellung geben; in Gröfse und Ausdehnung stimmen sie fast genau mit den Chacornacschen Karten überein.

Lehrreich sind auch die Umstände, unter denen Tietjen auf der Berliner Sternwarte (86) Semele fand. Mit der Aufsuchung von (85) Jo beschäftigt, stiefs er am 4. Januar 1866 an dem für diese berechneten Orte auf zwei schwache Sterne, die während einer Stunde gegeneinander kaum eine Verschiebung erfuhren, ihre Lage zu einem dritten Stern dagegen um 2 Sekunden verändert hatten. Da die Vergleichung indessen nur flüchtig hatte erfolgen können, und eintretende Bewölkung weitere Beobachtungen vereitelte, so dachte er anfangs an einen Irrtum infolge fehlerhaften Zählens der Sekundenschläge der Uhr. Am nächsten Abend waren beide Sterne nicht mehr am alten Platze; dafür stand an der Stelle, wo Jo erwartet wurde, wiederum ein Sternchen und nicht weit davon, aber in anderer Lage als 24 Stunden früher, ein zweites, in dem Tietjen sofort einen neuen Planeten vermutete, da er es tags zuvor dort nicht gesehen hatte. Die bald bestätigte relative Bewegung gegen umliegende Sterne erwies seine Annahme als zutreffend.

In der Folge wurden wieder mehrere Entdeckungen von der Marseiller Sternwarte gemeldet, die deshalb Interesse erwecken können, weil sich an sie eine kleine, aber recht bezeichnende Kontroverse knüpfte. Diese Entdeckungen gingen sämtlich unter der Firma des Direktors Stephan, obwohl es kein Geheimnis war, dafs sie jüngeren Astronomen zukamen. Als nun zufällig der Name eines derselben, Coggia, in der Pariser Akademie genannt wurde, widersetzte sich Leverrier, dessen Oberleitung alle französischen Sternwarten unterstellt waren, mit Entschiedenheit der Anführung dieses Namens; er begründete seinen Einspruch damit, dafs jene Gehilfen Stephans ja nur die Weisungen ihres Direktors befolgt, die Planetenfunde also auch ohne jegliche astronomische Vorkenntnisse gemacht hätten und sonach keinen Anspruch auf die Entdeckerehre erheben könnten. Die ganze Akademie erhob sich indessen einmütig gegen solche Vergewaltigung, und Leverrier erlitt eine eklatante Niederlage.

Die Bezeichnung Juewa für (139) hat eine eigenartige Entstehungsgeschichte. Professor Watson aus Ann Arbor, der alles in allem mit 22 Entdeckungen aufwarten kann, war zur Beobachtung des Venusdurchgangs von 1874 nach Peking gereist und beschäftigte sich dort nebenher auch mit der Aufsuchung von kleinen Planeten. Als ihm nun am 10. Oktober die Entdeckung eines Asteroiden gelungen war, erhielt derselbe von dem chinesischen Prinzen Kung den Namen Jue wha sing (zu deutsch: Chinas Glücksstern), woraus der jetzt gebräuchliche Name entstanden ist.

Mit dem Jahre 1875 beginnt ein durch ungewöhnliche Häufung der Entdeckungen charakterisierter Zeitabschnitt. In ihm sicherte sich J. Palisa, anfangs in Pola und seit 1881 in Wien, mit wohlgezählten 80 Planeten weitaus die erste Stelle, nachdem er sich im Jahre vorher mit drei unbestrittenen Entdeckungen bereits auf das vorteilhafteste eingeführt hatte. Einer der ersten Palisaschen Planeten wurde auf Veranlassung des Entdeckers von E. Weiss, dem Direktor der Wiener Sternwarte, (151) Abundantia getauft, „nach einer Göttin, die mit den Astronomen auf diesem Felde seit Jahren erbarmungsloses Spiel treibt und namentlich in dieser Epoche ihr Füllhorn über uns ausschüttete“.

Das Jahr 1877 ist dadurch merkwürdig, dafs die Nummer (175) nacheinander vier verschiedenen Planeten beigelegt wurde, von denen sich nachträglich zwei als bereits bekannt erwiesen. Vorübergehend erhielt die Bezeichnung dann ein von Peters am 14. Oktober entdeckter Planet Idunna; als aber in Europa bekannt wurde, dafs zwei Wochen früher Watson ebenfalls einen Planeten, Andromache, erhascht habe, mufste sich Idunna mit der Nummer 176 begnügen. Infolge der verspäteten Meldung konnte übrigens Watsons Planet in Europa nicht mehr beobachtet werden, so dafs er, da der Entdecker ihn gleichfalls nicht hinreichend lange verfolgt hatte, 16 Jahre lang verschollen blieb.

Wir brechen hiermit die Aufzählung einiger bemerkenswerter

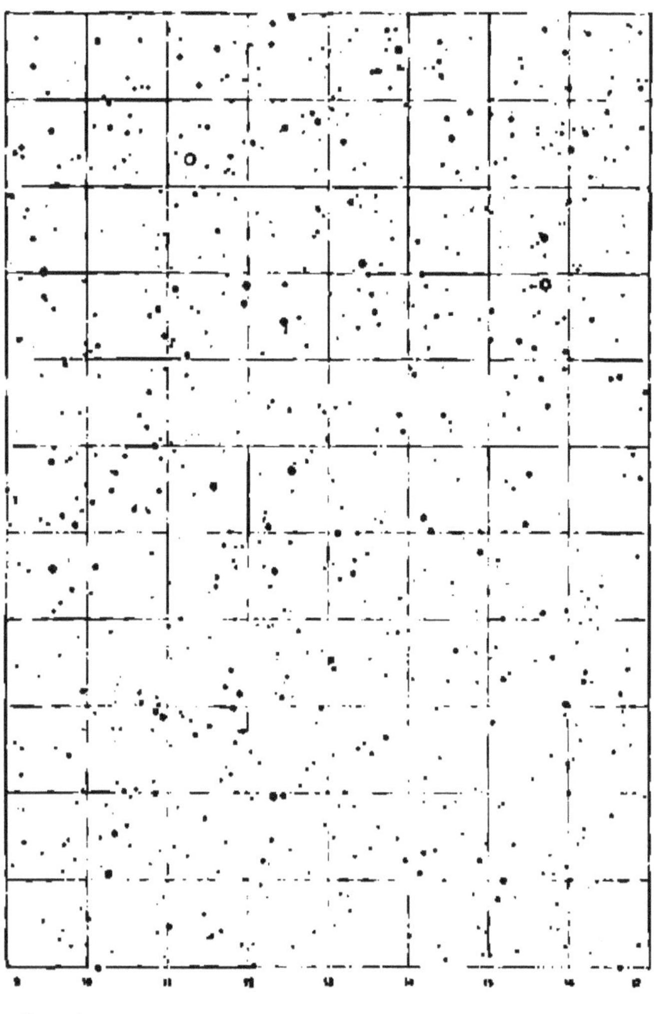

Fig. 2. Ein Stück aus Palisas Ekliptikalkarte No 8.

Fälle ab, obwohl sich auch aus den letzten Decennien noch zahlreiche andere beibringen lassen, in denen ausgedehnte Nachsuchungen nach unzureichend bestimmten älteren Planetoiden oder eine interessante Verkettung von Umständen zu wichtigen Entdeckungen führten.[**]) Im allgemeinen haben sämtliche Neuentdeckungen gesichert werden können; nur wenige sind als verloren anzusehen. Dasselbe gilt vielleicht auch für einige ältere Asteroiden, für die wenigstens so viele Beobachtungen vorliegen, dafs eine angenäherte Bahnbestimmung möglich war. Hier sind in erster Linie zu nennen (99) Dike, (132) Aethra, (155) Scylla, (156) Xanthippe, (157) Dejanira, (193) Ambrosia und (220) Stephania, deren Wiederbeobachtung in den vielen Jahren, die seit ihrer Entdeckung verflossen sind, nicht gelingen wollte. Der Erörterung der Gründe für die Erfolglosigkeit aller in dieser Richtung aufgewendeten Mühen werden wir in einem späteren Kapitel einige Worte zu widmen haben.

Ehe wir diesen Abschnitt unserer Darstellung abschliefsen, müssen wir im Interesse der Vollständigkeit noch der 7 neuen Ekliptikalkarten gedenken, die von J. Palisa im Mafsstabe der Petersschen und der Pariser Karten mit gröfster Sorgfalt bearbeitet und vor einiger Zeit herausgegeben wurden. Von dem Umfang dieser Arbeit kann man sich einen ungefähren Begriff machen, wenn man erwägt, dafs auf ihnen sämtliche Sterne 13. Gröfse, zum Teil auch die der nächsten Gröfsenklasse noch mitgenommen sind. Unsere Abbildung 2, welche einen Teil der zuletzt erschienenen Karte in Originalgröfse wiedergiebt, wird dies besser als viele Worte illustrieren.

Da wir auf die Beigabe einer umfangreichen Tabelle der Planetenbahnelemente und der näheren Entdeckungsdaten verzichten müssen, wollen wir wenigstens die Namen sämtlicher Entdecker, welche mehr als einen Planeten gefunden haben, in nachstehender Zusammenstellung vereinigen; die beigesetzten Jahreszahlen umfassen nur den Zeitraum ihrer erfolgreichen Thätigkeit auf diesem Felde. Es haben entdeckt:

Borelly	von	1866—1894	19	Planeten
Chacornac	„	1853—1860	6	„
Charlois	„	1887—1892	27	„
Coggia	„	1868—1899	5	„
Ferguson	„	1854—1860	3	„
de Gasparis	„	1849—1865	19	„

[**]) Sehr ausführlich und lesenswert ist in dieser Hinsicht die Darstellung in Weiss-Littrow, Wunder des Himmels. 8. Auflage. Berlin 1897; S. 367 ff.

Goldschmidt . . .	von	1852—1861	14	Planeten
Hencke	„	1845—1847	2	„
Paul und Prosper Henry	„	1872—1882	14	„
Hind	„	1847—1854	10	„
Knorre	„	1884—1887	2	„
Luther	„	1852—1890	24	„
Millosevich		1891	2	„
Olbers	„	1802—1807	2	„
Palisa	„	1874—1892	83	„
Perrotin	„	1874—1885	6	„
Peters	„	1862—1889	48	„
Pogson	„	1856—1868	8	„
Tempel	„	1861—1868	5	„
Tuttle	„	1861—1862	2	„
Watson	„	1863—1877	22	„

Dabei verteilen sich die Entdeckungen auf die verschiedenen Jahre von 1852—1891 in folgender Weise; es wurden insgesamt gefunden:

1852	8	Pl.	1862	5	Pl.	1872	11	Pl.	1882	11	Pl.
53	4	„	63	2	„	73	6	„	83	4	„
54	6	„	64	3	„	74	6	„	84	9	„
55	4	„	65	3	„	75	17	„	85	9	„
56	5	„	66	6	„	76	12	„	86	11	„
57	9	„	67	4	„	77	10	„	87	7	„
58	5	„	68	12	„	78	12	„	88	10	„
59	1	„	69	2	„	79	20	„	89	16	„
60	5	„	70	3	„	80	8	„	90	15	„
61	10	„	71	5	„	81	1	„	91	21	„

(Fortsetzung folgt.)

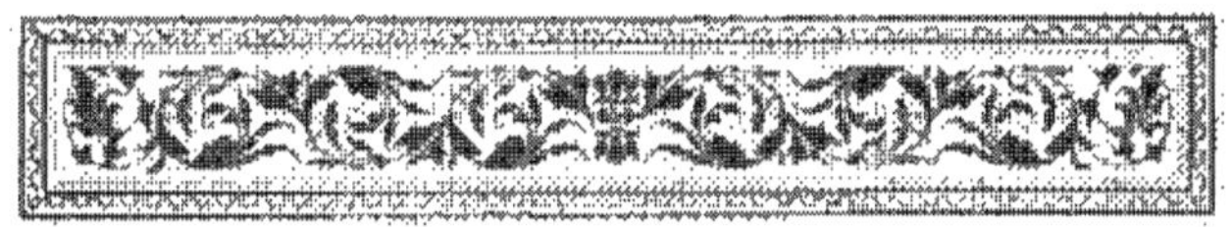

Die erloschenen Vulkane und die Karstlandschaften im Innern Frankreichs.

Von Dr. Otto Schlüter in Berlin.

(Fortsetzung.)

Wie gewöhnlich auf hohen Gipfeln, so ist auch auf dem Mézenc der Fels durch die Wirkungen der Sonnenbestrahlung, des starken Temperaturwechsels und des Spaltenfrostes zertrümmert. Eine Schuttmasse bekleidet das anstehende Gestein. Beim Betreten geben die losen Steinplatten ein klingendes Geräuch von sich und künden so das Material des Berges an, den Phonolith, den Klingstein.

Dem Velay liegen im Westen der Cantal, der Mont Dore und die Kette der Puys gegenüber. Alle diese drei vulkanischen Gebirge der Auvergne sind wiederum auf einem der südnördlich streichenden Sättel aufgereiht und bilden insofern eine Einheit. Mont Dore und Cantal sind sich aufserdem durch die Zeit ihrer Entstehung und die Art ihres Aufbaues so ähnlich, dafs man sie als zusammengehörend betrachten würde, auch wenn sie nicht durch die Basalthochfläche des Cezallier äufserlich miteinander verbunden wären. Die Kette der Puys aber ist nur ein junges und kleines, wenn auch eigenartiges Anhängsel zu diesen beiden grofsen Vulkanruinen.

Von ihr abgesehen, erscheint das westliche Vulkangebiet als eine von dem Velay sehr verschiedene Bildung. Der Hauptunterschied ist der: im Velay haben wir es mit einzelnen, getrennt stehenden Vulkanbergen zu thun, von denen jeder einzelne vermutlich einem einmaligen Ausbruch des feuerflüssigen Magmas sein Dasein verdankt. Im Mont Dore und Cantal dagegen sind die Ergüsse von wenigen Ausbruchstellen ausgegangen, die lange Zeit hindurch dieselben blieben. Die Ergufsmassen haben sich übereinander gelagert, und sie sind mitunter durch Schichten voneinander getrennt, deren Einschlüsse von Pflanzenresten auf längere Ruheperioden in der Geschichte des Vulkanes zu deuten scheinen. Dort also wird das Antlitz des Landes durch eine grofse Zahl „monogener“, hier durch wenige „polygene“ Vulkanberge (nach den Ausdrücken Stübels) bestimmt.

Die Unterlage des Cantal besteht aus Gneis und Glimmerschiefer, über denen an manchen Stellen noch tertiäre Süßwasserablagerungen erhalten sind. Es sind dies die gleichen Oligocänkalke, die auch den Boden der Limagne und des Beckens von Brioude zusammensetzen. Aber die Bildung der Sättel und Mulden hat innerhalb der oligocänen Schichten Höhenunterschiede von mindestens 700 m geschaffen.

Auf diesem Boden fanden im Miocän die ältesten Eruptionen des Cantal statt. Sie waren indessen nur unbedeutend und gingen von verschiedenen getrennten Stellen aus. Erst in der darauf folgenden Pliocänzeit baute sich die eigentliche Masse des Vulkans durch eine Reihe von Ausbrüchen auf. Einer von diesen mufs von ganz besonderer Größe gewesen sein. In bedeutender Mächtigkeit werden die älteren Teile des Cantal allerorten von einem vulkanischen Trümmergestein, einer Andesitbreccie, überlagert, die jetzt den gröfsten Anteil an dem Bau des Gebirges hat. In den höher gelegenen Teilen, die dem Ausbruchscentrum näher waren, ist diese Breccie fest und gleicht in ihrem Gefüge ganz jener Basaltbreccie von Le Puy. Nach den tieferen Rändern des Gebirges zu wird das Gefüge immer lockerer, und es mehren sich die Anzeichen für eine Mitwirkung des Wassers bei der Entstehung dieses Gebildes. Die vulkanischen Ausbrüche sind in der Regel mit einer starken Entwickelung von Wasserdampf verbunden, der sich in den höheren Luftschichten verdichtet, als heftiger Regen niederfällt und sich mit den festen Auswürflingen des Vulkans zu Schlammströmen verbindet. Als solche Schlammströme sind auch die fraglichen Trümmergesteine im Cantal anzusehen.

Die Andesitbreccie wird unmittelbar überlagert von kompaktem Andesit, der stellenweise eine bedeutende Mächtigkeit besitzt. Er setzt die Mehrzahl der Pics zusammen, die in der Mitte des Cantal einen großen Ring bilden. Innerhalb dieses weiten Kreises, fast genau im Mittelpunkt des ganzen Gebirges, erhebt sich der Puy de Griou. Er ist, wenn auch nicht der höchste, so doch jedenfalls der auffallendste Gipfel des Cantal, auffallend durch seine vollendete Kegelgestalt, die ihn auch aus der Entfernung in der Profillinie des Cantal immer besonders hervortreten läfst. Wieder ist es der Phonolith, dem die regelmäfsige Kegelform zu danken ist. Das Auftreten dieses Gesteins ist jedoch nicht auf den einen Puy de Griou beschränkt; mehrere kleinere Kegelberge leiten aus der Mitte des Cantal in nordwestlicher Richtung zu dem interessanten Phonolith-Vorkommen bei Bort an der Dordogne. Dem Gneis und Karbon liegt hier eine wenig ausgedehnte Decke von Phonolith auf, die — eine Seltenheit bei diesem Gestein — die säulenförmige Absonderung in schönster Entwickelung zeigt. (Fig. 3 u. 4 s. Titelblatt.)

Das oberste Glied im Bau des Cantal ist der jungpliocäne Basalt, der sich als „basalte des plateaux“ über den älteren Gebilden fast

Fig. 5. Gipfel des Puy de Sancy im Mt. Dore, 1886 m.

überall in Form von grofsen Hochflächen ausgebreitet hat. Vielfach sind die Flächen jedoch, wie bei der Stadt Murat am Ostfufs des Cantal, durch die erodierende Thätigkeit der Gewässer in einzelne Tafelberge aufgelöst.

Die Basaltdecken senken sich allenthalben nach der Peripherie des Gebirges. Aber so schwach ist ihre Neigung, dafs man, von aufsen den Cantal betretend, anfangs nicht geneigt ist, dem alten Vulkan für die Zeit seiner Thätigkeit eine wesentlich gröfsere Höhe zuzuschreiben, als sie heute seine Ruine besitzt, vielmehr an eine ähnlich sanft gewölbte Profillinie denkt, wie sie, aus der Ferne gesehen, der Cantal in der Gegenwart am Himmel abzeichnet. Nähert man sich jedoch dem Mittelpunkt des Gebirges, so sieht man die

Basaltdecken sich plötzlich von allen Seiten zu viel gröfserer Steilheit aufrichten. Der Schnittpunkt der durch sie bezeichneten Linien rückt mit einem Male in eine Höhe von etwa 3000 m hinauf, und wir gewinnen die Vorstellung von einem gewaltigen Vulkan, der in Höhe und Masse dem Ätna kaum nachgestanden haben kann.

Zugleich zeigt die allseitige Hebung des Deckenbasaltes, dafs hier der Krater war. Die genauere Untersuchung läfst das Vorhandensein eines Doppelkraters vermuten, dessen beide Teile den Sammelbecken der Cère und der Jordanne entsprachen. Zwischen beiden liegt in der Mitte der blofsgelegte Kegel des Griou; rings herum in mächtigem Kranz erheben sich die vom Deckenbasalt entblöfsten Andesitpike, von denen der Puy Mary eine Höhe von 1806 m, der Plomb du Cantal eine solche von 1858 m erreicht.

Der Ergufs der Deckenbasalte ist nach Westen hin nur gering gewesen; sehr stark dagegen im Südosten, wo dieser junge Basalt die grofse Fläche der Planèze zusammensetzt und weiterhin, allerdings nicht mehr in unmittelbarem Zusammenhang mit dem Cantal, die Hochfläche des Aubrac. Sehr ausgebreitet sind die Basaltdecken auch im Norden, und im Nordosten leitet das grofse Plateau des Cezallier nach dem Mont Dore hinüber.

Der Mont Dore ist eine Vulkanruine, ähnlich dem Cantal, aber von geringerer Ausdehnung. Seine Masse hat höchstens den fünften Teil derjenigen des Cantal betragen. Seine etwa 1000 m hohe Grundlage wird zum gröfsten Teil von Granit gebildet.

Auch im Mont Dore hat die vulkanische Thätigkeit mit kleineren Ergüssen begonnen, die zeitlich wahrscheinlich in das Miocän fallen. Rhyolithe, zum Teil in perlitischer Ausbildung, eigentümliche Basalte mit kleinen, nadelförmigen Feldspaten und Phonolithe, die hier abermals in Säulenform erscheinen, bilden das Material dieses ältesten Gebirgsteiles, der am Nordufer der Dordogne kurz vor deren Austritt aus dem Gebirge gelegen ist.

Doch ist, wie im Cantal, so auch hier die Aufschüttung des eigentlichen Vulkans im Pliocän erfolgt, nicht aber von einer Centralregion, sondern von zwei getrennten Ausbruchstellen aus. Die eine von ihnen lag in der Gegend des Puy de Sancy, der mit seinen 1880 m die höchste Erhebung des nordeuropäischen Mittelgebirges bildet; die zweite ist nördlich von Mont Dore les bains. Die Eruptionen erfolgten von beiden Stellen in ähnlicher, aber nicht gleicher Weise; das nördliche Centrum hat eine reichhaltigere Serie eruptiver Gesteine hervorgebracht als das des Sancy.

Die Hauptmasse des Vulkans bilden, ähnlich wie im Cantal, Tuffe und trachytische und andesitische Konglomerate, denen kompakte Ströme verschiedener Art eingelagert sind. Häufig prägt sich dieser Wechsel von weicherem und härterem Material und die Übereinanderlagerung verschiedener Ströme auch äufserlich in einer terrassenartigen Gliederung der Bergwände aus, wie es besonders im Thal der Dordogne schön zu sehen ist. Ein Gebilde, welches der Andesitbreccie des Cantal entspräche, fehlt im Mont Dore. Doch findet sich fern von ihm, bei Clermont, ein ganz ähnliches Agglomerat, das unzweifelhaft dem Mont Dore entstammt und höchst wahrscheinlich

Fig. 6. Der Puy de Dôme von der Hochfläche aus gesehen.

ebenfalls ein Schlammstrom ist, wenn es auch von manchen Geologen für eine Moräne erklärt wird.

Über den Tuffen liegen Ströme von Trachyt und Andesit in sehr bedeutender Mächtigkeit. Der Trachyt bildet mehrere domähnliche Kuppen, unter ihnen den auffallenden Capucin im Thal von Mont Dore (vgl. Fig. 9); er setzt ferner den ganzen Kern des Gebirges zusammen und damit auch den höchsten Gipfel, den Puy de Sancy. (Fig. 5.)

Als letztes pliocänes Ergufsgestein findet sich wieder der Deckenbasalt, ohne dafs er im Mont Dore indes zu einer ähnlich grofsartigen Ausbildung gelangte wie in dem Cantal und seiner Umgebung.

Einige quartäre Basaltergüsse, die im Cantal gänzlich fehlen, bezeichnen im Mont Dore das Ende der vulkanischen Ausbrüche.

Einer von diesen Strömen geht vom Sancy aus nach Osten. Seine ebene, sanft geneigte Oberfläche bringt in das Profil der Kerngruppe des Gebirges einen bestimmten Zug, an dem sie aus der Ferne leicht wieder erkannt wird.

Trotz mancher Unterschiede im einzelnen besteht zwischen Cantal und Mont Dore in der Gleichzeitigkeit der Entstehung sowohl wie in den Hauptzügen ihres Aufbaues eine unverkennbare Verwandtschaft. Aber die Beziehungen gehen noch weiter. Auch die Eruptionen des Velay haben dieselbe Gesteinsfolge zu Tage gefördert wie diejenigen der beiden grofsen Vulkane des Westens. Doch ist die

Fig. 7. Gipfel des Puy de Dôme (1465 m) mit den Trümmern des Merkurtempels und dem meteorologischen Observatorium.

Rolle, welche die einzelnen Gesteine im Velay spielen, mit Ausnahme des überall gleichartig ausgebildeten Deckenbasaltes, immer die entgegengesetzte von der im Mont Dore und Cantal. Die Phonolithe z. B., die hier nur von untergeordneter Bedeutung sind, bestimmen dort in erster Linie den Charakter der Landschaft; umgekehrt treten die Trachyte im Velay ganz zurück, während ihre Entwickelung im Cantal und namentlich im Mont Dore sehr mächtig ist. Auf Grund dieser Wechselbeziehungen vermutet man, dafs zwischen den beiden getrennten Vulkangebieten der Auvergne und des Velay ein Zusammenhang in der Tiefe bestehe, so dafs also sämtliche Vulkanberge des inneren Frankreich aus einem einzigen Herd von recht beträchtlicher Ausdehnung hervorgegangen wären.

Die Kette der Puys, die als letzte der vulkanischen Berggruppen zu nennen ist, hängt räumlich unmittelbar mit dem Mt. Dore zusammen. Sie ist das jüngste und kleinste Vulkangebiet des Centralplateaus, zugleich aber dasjenige, das am meisten von allen das Augenmerk der Forscher auf sich gelenkt hat. Kein Wunder! Zeigen doch die Puys die seltsamsten Formen, die von dem Naturbeobachter früher als die anderen Vulkanberge beachtet werden mußten, und enthüllt doch bei genauerer Untersuchung fast jeder einzelne von ihnen dem Spezialisten einen besonderen Reiz. Dazu kommt die unmittelbare Nähe der verkehrsreichen Ebene von Clermont, die den Besuch der Puys so leicht macht.

Die wiederum aus Granit, Gneis und präkambrischen Schiefern bestehende Unterlage erscheint hier infolge der großen Verwerfung am Westrande der Limagne nur noch als ein schmaler Höhenrücken von nicht mehr als 5 km Breite, bei einer Länge von rund 40 km. Diese Hochfläche wird im Osten von der Limagne, im Westen von dem Thal der Sioule, eines Nebenflusses des Allier, begrenzt. Auf ihr erheben sich gegen 70 isolierte Kegelberge, die sich im allgemeinen in eine mehr als 30 km lange, nordsüdlich verlaufende Reihe einordnen.

Gleich die ersten Beobachter, wie L. v. Buch, unterschieden unter den Puys zwei verschiedene Formen: kegelförmige Kraterberge und glockenförmige Dome ohne Krater. Der Verschiedenheit der Form entspricht ein Unterschied des Materials. Die Kraterkegel sind echte Aufschüttungsvulkane, aus dunklen Aschen und Rapilli aufgebaut; dagegen bestehen die Dome aus einer hellen Trachytvarietät, die man seit L. v. Buch als Domit bezeichnet.

Unter den Domen ist der größte und bekannteste der Puy de Dôme, auf dessen 1468 m hohem Gipfel ein meteorologisches Observatorium neben den Trümmern des alten Merkurtempels errichtet ist (Fig. 6 u. 7). Der geologisch interessanteste aber ist der Puy Chopine. Innerhalb eines nur noch zur Hälfte vorhandenen Aschenkegels erhebt sich ein Domvulkan von merkwürdigem Bau. Bei seiner Aufwölbung ist nämlich eine Scholle des unterlagernden Granites mit emporgerissen, die nun, zwischen den jungen Eruptivgesteinen eingebettet, den Gipfel des Berges zum Teil mit aufbaut. Zugleich hat in tieferer Lage ein Basaltband den Domit durchsetzt. Diese eigentümlichen Verhältnisse erregten bereits in hohem Maße die Aufmerksamkeit v. Buchs und Scropes, von denen der letztere zum ersten Male eine zutreffende Beschreibung und Erklärung des Berges gab.

Von der Kette der Puys aus sind nach Osten und Westen Lavaströme von teilweise sehr bedeutender Länge der Limagne und dem Siouletthale zugeflossen. Sie folgten bereits genau den Thälern der heutigen Thalfurchen, sind also jünger als diese.

Das Gebiet der Puys ist die einzige Stelle des centralen Frankreich, an der quartäre Ausbrüche in gröfserem Umfang stattgefunden haben. Die Aufschüttung der Aschenvulkane und der Ergufs der

Fig. 8. Blick in ein ehemaliges Gletscherthal auf der Nordseite des Mt. Dore. Im Vordergrunde die Phonolithfelsen Tuilière und Sanadoire.

langen Lavaströme fällt ohne Zweifel in die allerjüngste geologische Vergangenheit, in die Zeit nach der Vereisung. Deshalb sind denn auch Krater wie Lavaströme ausgezeichnet frisch erhalten.

Eine Frage ist nur, ob auch die Aufwölbung der Dome gleichzeitig oder schon früher erfolgt sei. Die Frage harrt noch der Entscheidung; doch dürften die Dome höchstens bis in das jüngste Pliocän zurückzudatieren sein.

* * *

Das Relief des Landes, das so durch die vulkanischen Kräfte geschaffen worden war, hat seine heutigen Formen im einzelnen erst durch Eis und Wasser erhalten.

Die Thäler des Landes sind noch jung. Nur die größeren mögen bis in die ältere Tertiärzeit zurückreichen. Von ihnen folgt dasjenige des Allier genau der Senke von Brioude und Clermont. Auch der Loirelauf wird von einer jener Mulden bestimmt; der Fluß verbindet die beiden Tertiärbecken von Le Puy und Montbrison durch ein tief in den Gneis eingeschnittenes Durchbruchthal. Die Dordogne hat einen wesentlich verwickelteren Lauf, dessen Geschichte wohl noch nicht genauer bekannt ist. Alle Thäler der kleineren Wasserläufe sind erst nach der ersten, größeren Vereisung entstanden. Noch in der Pliocänzeit war das Netz der kleinen Gewässer ein anderes als heute, wie sich aus der Verteilung der im Cantal stellenweise von jungpliocänen Basalten unmittelbar überlagerten Flußgerölle ergiebt. Daß aber auch die erste Vereisung noch nicht die heutigen Thäler vorfand, lehrt ein Blick von der Höhe jener Phonolithsäulen bei Bort. Von hier aus gewahren wir im Osten eine sehr ausgedehnte, sanft gerundete und gewellte Fläche, deren Formen das Ergebnis der ersten Vereisung sind. In die Glaciallandschaft sind aber erst die Thalschluchten der Dordognezuflüsse eingeschnitten, die selbst keine Einwirkung des Eises erkennen lassen. Sie müssen also jünger sein als die erste Vergletscherung.

Diese hat ihre Spuren mit größter Deutlichkeit in dem Halbkreis zwischen Mont Dore, Cezallier und Cantal hinterlassen, eben in jener Gegend, auf die man von der Orgues bei Bort hinabsieht. Ein Gletscher von gewaltigen Abmessungen war hier aus den vielen kleineren zusammengeschmolzen, die von den genannten Höhen herabströmten. Es war eine Art Mittelding zwischen Thalgletschern von alpinem Typus und einer wirklichen Inlandeisdecke. Rundhöcker, Gletscherschliffe, Gletscherschrammen, Blockbestreuung erinnern heute auf Schritt und Tritt an die einstige Eisbedeckung; und so klar, so unverwischt sind alle diese Anzeichen einer früheren Gletscherthätigkeit, daß man nicht oft eine Gegend antreffen wird, die unverkennbarer die Züge einer ehemaligen Glaciallandschaft an sich trägt.

Während eines Rückzuges der Gletscher oder einer vollständigen Interglacialzeit furchten die Flüsse und Bäche erst ihre heutigen Thäler aus, und sie waren es dann, die bei einem erneuten Vorstoß des Eises die Richtung der Bewegung bestimmten. Aber viel geringer waren diesmal Umfang und Mächtigkeit der Gletscher. Keine zusammenhängende Eisdecke bildete sich mehr; nur einzelne Gletscherzungen von alpinem Typus schoben sich in die Thäler vor, kaum über deren oberste Teile hinausreichend. Hier sind die Spuren der zweiten Eiszeit freilich ebenso häufig wie deutlich; sie finden sich in fast allen Thälern des Cantal und Mont Dore, sowie auf dem Westabhang des Cezallier und des Aubrac. In den weiter östlich gelegenen Teilen sind sie bisher ebensowenig nachgewiesen wie Spuren der ersten Vereisung. Wenn man daraus auch nicht auf ein Fehlen der Eisbedeckung zu schließen braucht, so ist der Mangel von Anzeichen einer solchen doch nicht bedeutungslos. Selbst im Cantal und Mont Dore halten die Glacialerscheinungen auf der Ostseite kaum einen

Fig. 9. Thal der Dordogne bei Mont Dore les bains. Trogform des ehemaligen Gletscherthales. Blick gegen Süden.
Im Hintergrunde die Gruppe des Puy de Sancy.

Vergleich mit denen auf der Westseite aus, und so dürfen wir wohl vermuten, daß schon damals der Westen die Seite der bedeutendsten Niederschläge war.

Bei der Kegelform des Cantal ist es natürlich, daß die Bach- und Flußerosion in radialen Rinnen erfolgte. Doch geschah das nicht ganz regelmäßig. Wie eine etwas genauere Karte sogleich erkennen läßt, haben sich die parallelen Thäler der Cère und der Jordanne von Südwesten her viel tiefer in das Gebirge eingeschnitten als die anderen. Die beiden Flüsse haben das Gebiet des alten Doppelkraters vollständig in Besitz genommen und die Wasserscheide zu ihren Gunsten auf dessen Ostrand verlegt. Ein verhältnismäſsig schmaler Grat trennt hier das Fluſsgebiet der Cère von dem des Allagnon, das der Garonne von dem der Loire. Die Straſse von Aurillac nach Murat, die als Hauptstraſse des Cantal auch dessen bedeutendstes Thal benutzt, überwindet die Wasserscheide durch den 1400 m langen Liorantunnel, wohl einen der gröſsten Tunnels, die für Landstraſsen gebaut worden sind.

Wie in der Thalbildung der Cère und Jordanne, so spricht sich auch in manchen anderen, kleineren Abweichungen von dem Radialsystem der gröſsere Regenreichtum der Westseite des Cantal aus; und das wird noch deutlicher, wenn man das Fluſsnetz im groſsen betrachtet. Von allen den vielen Gewässern, die auf dem alten Vulkan ihren Ursprung nehmen, gehört einzig der Allagnon zum Fluſsgebiet der Loire, alle anderen strömen der Garonne zu. Im Mont Dore, dem Quellgebiet der Dordogne, ist es ähnlich, und auch sonst steht die Wassermenge, die nach Osten dem Allier zuflieſst, in keinem Verhältnis zu der, welche die Gebirge der Auvergne nach Westen entsenden.

Die Formen der Thäler des Mont Dore und Cantal verraten noch in vielem die Mitwirkung der Eiserosion. Die fast überall zu beobachtende Zerlegung des Thalbodens in einzelne beckenförmige Stufen, ganz so wie sie bei den Fjorden nachgewiesen ist, die U-förmige Erweiterung des Thales und sein Abschluſs durch einen Thalcirkus, ein Kar — das alles deutet auf die ehemalige Vergletscherung. Von der Spitze des Sancy oder des Puy Mary im Cantal sieht man in mehrere dieser Thalcirken hinein, die nur ganz schmale, scharfe Wasserscheiden zwischen sich lassen. Mögen sie ihre erste Anlage auch zum Teil vielleicht der vulkanischen Thätigkeit verdanken, so erweisen sie sich in ihrer jetzigen Gestalt mit ihren senkrechten Wänden, ihren flachen Böden und der runden, in der Regel aus festem Fels bestehenden Schwelle, die sie gegen das untere Thal hin abschlieſst, jedenfalls als echte Kare. Die Thäler selbst lassen von den Gipfeln aus ihre gerundete Trogform, das Ergebnis der Gletschererosion in vollkommener Weise erkennen (Fig. 8).

Die Vereinigung von Wasser- und Eiserosion ist es, die stellenweise Hochgebirgsformen in die Landschaft gebracht hat. Am meisten ist dies der Fall in dem schönen Thal der Dordogne bei Mont Dore les bains, dessen Hintergrund von der hohen Gruppe des Sancy gekrönt und durch viele barancoartige Schluchten zerrissen wird. Hier nämlich erfährt das gleichmäfsige Gefälle des Thalbodens eine bedeutende Unterbrechung. Am Ende eines in beträchtlicher Höhe zu Füfsen des Sancy gelegenen Thalcirkus, dessen Boden sich in zwei kleine flache Mulden gliedert, fällt das Bett der Dordogne plötzlich in einer steilen Wand von mehreren hundert Metern Höhe ab, durch deren wilde Schluchten das Wasser fast senkrecht hinabstürzt. Unten beginnt dann ein breites Thal, dessen Formen wiederum die Mitwirkung des Eises ankündigen (Fig. 9).

(Schlufs folgt.)

Aus der Tiefe empor!

Es ist geradezu fabelhaft, welche Fortschritte unser Maschinenzeitalter täglich auf technischem Gebiete macht. Der zeitgenössische Ingenieur ist ein Zauberkünstler, der das Unmöglichste vollbringt. Ihm gehorchen alle Elemente, sogar das unüberwindliche, unermeſsliche Meer wird von ihm bezwungen. Der Bericht von Schillers Taucher: „Der Mensch begehre nimmer zu schauen, was es verhirgt mit Nacht und mit Grauen" wird bald zu den überwundenen Standpunkten zählen, denn wenn man die Ausweise des Themse-Hafenamtes oder der vielen Londoner und New-Yorker Unternehmungen für die Hebung versunkener Schiffe liest, empfindet man durchaus kein Grauen, wohl aber hohe Bewunderung für den rastlos arbeitenden und erfinderischen Menschengeist. Diese Ausweise klingen fast wie Phantasiegebilde eines Jules Verne, und doch sind es unantastbare statistische Daten. Wer einen Begriff von der für die Schiffahrt und die moderne Marine wichtigen Thätigkeit jener Gesellschaften haben und zu der Überzeugung gelangen will, daſs wir wirklich mitten in der Maschinenzeit stecken, der suche nur das Bureau des Themse-Hafenamts oder einer der Gesellschaften zur Hebung gesunkener Schiffe auf. Man kann da seine blauen Wunder sehen.

Das Themse-Hafenamt hat die Verpflichtung, alle Wracks, welche den Verkehr auf der groſsen Wasserstraſse hindern könnten, sofort wegzuschaffen und die Passage frei zu halten. Vor einem halben Jahrhundert bedurfte es noch vieler Monate, um einen Hafen, wenn ein Schiff in demselben versank, wieder passierbar zu machen. Heute geht das, dank unserer fortgeschrittenen Technik und der Unternehmungslust der Bergungsgesellschaften erstaunlich schnell. Sinkt ein Schiff mit kostbarer Ladung und droht es den Verkehr einer belebten Wasserstraſse zu stören, so werden flugs die modernen Hexenmeister „Telephon" und „Telegraph" in Bewegung gesetzt, und die „Berger" machen sich sofort an die Arbeit, so daſs man im

Handel die Störung gar nicht empfindet. Geradezu Großartiges in seiner Art leistet das Themse-Hafenamt. Sinkt ein Schiff in der Themse, so wird das sofort der Lloydgesellschaft und dann dem Hafenamt gemeldet. An einer Wand des Lloyd-Gebäudes ist eine Tafel angebracht, die von der genauen Lage jedes in Gefahr befindlichen Schiffes an der ganzen englischen Küste berichtet. An stürmischen Tagen, wenn Vater Poseidon seine Opfer fordert, ruhen die Telephon- und Telegraphendrähte keinen Moment und in den Bureaus der „Bergungsgesellschaften" herrscht reges Leben. Kaum ist der Bericht vom Sinken eines Schiffes eingetroffen, wird schleunigst ein Wachtboot mit grüner Flagge abgeschickt, auf der in weißen Riesenbuchstaben das Wort „Wrack" prangt. Außer diesen Wachtbooten besitzt die Gesellschaft fünf ungeheure Leichterschiffe, jedes 70 Fuß lang und mit einer Hebekraft von 160 Tonnen, zwei mit einer Hebekraft von 300 und zwei mit 400 Tonnen.

Bei niedrigem Wasserstand treffen die an den Ort des Unfalls entsendeten Leichterschiffe zuerst alle nötigen Vorbereitungen, um das gesunkene Schiff zu „umschlingen". Dazu verwendet man Drahtseile von acht Zoll bis zu einem Fuß Stärke und trachtet, sie unter das gesunkene Fahrzeug zu bringen. Diese Seile werden dann an Bord der Pontons befestigt, von denen an jeder Seite des Wracks einer stationiert ist. Das „Umschlingen" der gesunkenen Schiffe wird zumeist von geschulten Tauchern besorgt, seltener von Arbeitern, die in kleinen Booten das Wrack umkreisen. Sobald die Seile genügend fest an Bord der Pontons befestigt sind, treten zwei bis drei Schlepper in Aktion. Gewöhnlich erwartet man das Steigen der Flut, denn mit ihr heben sich auch die Pontons; die daran befestigten Drahtseile spannen sich und heben langsam aber sicher den versunkenen Schiffsrumpf in die Höhe. Die Aufgabe der Schlepper ist es dann, sowohl das Leichterschiff als auch das Wrack an die Küste zu bugsieren.

Die Hebung schwerer Schiffe geschieht, wenn es sich irgend ermöglichen läßt, bei Springflut, denn diese steigt gewöhnlich etwa sechs Meter hoch, so daß das Wrack der Oberfläche viel näher ist; außerdem wird es von dem hochsteigenden Wasser weiter gegen das Land zu getrieben, während hinwiederum das niedrigere Niveau der Ebbe das Verstopfen aller Löcher im Schiffskörper erleichtert, welches vorgenommen werden muß, ehe das Wasser aus demselben ausgepumpt werden kann. Gar oft müssen zwei bis drei solcher Springfluten abgewartet werden, um das gesunkene Fahrzeug an die Oberfläche schaffen zu können.

Eine der merkwürdigsten Hebungen, welche das Themse-Hafenamt ausführte, war die dreifache der im Themsehafen versunkenen Schiffe „Newburn", „Winston" und „Erasmus Wilson". Während eines starken Nebels fand zwischen den beiden grofsen Dampfern „Newburn" und „Winston" eine Kollision statt. Der letztere sank sofort, der „Newburn" wurde arg beschädigt auf den Strand gesetzt. Kaum war dies geschehen, als der Riesendampfer „Erasmus Wilson" trotz der schrillen Nebelhornsignale des Wachtbootes mitten durch den unglücklichen „Newburn" fuhr, den er in zwei Teile schnitt. Noch nie war in den Annalen der Schiffsunfälle ein so verwickeltes Unglück verzeichnet worden. Die Schiffsrümpfe wurden von dem Themse-Hafenamt gehoben. Die eine Hälfte des „Newburn" wurde für 15, die andere für 75, der Dampfer „Winston" für 900 Pf. Sterl. verkauft, während der „Erasmus Wilson" auf die Schiffswerft gebracht und mit sehr grofsen Kosten wieder in stand gesetzt wurde.

Die wenigsten Hebungsbehörden haben so leichtes Spiel wie das Themse-Hafenamt, dessen trefflicher Bundesgenosse die Kraft der Themsefluten ist. Auf offener See, in den Häfen und Docks verursacht die Hebung weit mehr Mühe und Kosten. In der Regel mufs man Pontons unter das gesunkene Schiff versenken und sie durch Auspumpen des Wassers zum Schwimmen bringen, so dafs sie sich auf die Oberfläche erheben und das Wrack mit sich ziehen können. Reichen die Pontons nicht aus, so werden auch noch Luftsäcke von 12 Tonnen Hebekraft verwendet, um die Pontons zum Steigen zu bringen. Handelt es sich um die Bergung grofser Schiffe, dann werden ungeheure Ladebäume an zwei Leichterschiffen befestigt, von denen je eines an jeder Seite des Wracks aufgestellt wird. Diese Ladebäume heben das versunkene Schiff aus der Tiefe des Ozeans. Es ist ein geradezu überwältigender Anblick, wie diese Riesenkräne den Schiffskolofs langsam aber sicher an die Oberfläche befördern.

Dank den modernen technischen Fortschritten mufs heutzutage auch das unergründliche und habgierige Meer wieder hergeben, was es verschlungen. Bis vor kurzem hatten waghalsige Taucher ihr Leben lediglich daran gesetzt, die mit den Schiffen versunkenen Schätze aus dem Meere zu heben; heute ist es dem findigen Menschengeist bereits gelungen, solche Hilfsmittel und Maschinen zu konstruieren, dafs man die Schiffe selbst, und sogar ungeheure Kriegsschiffe, aus der Meerestiefe emporholen kann. 1892 gelang es einer schwedischen Gesellschaft, das 10000 Tonnen schwere Schiff „Howe", welches vier Kanonen à 67 Tonnen an Bord hatte und auf dem Pereiro-

Riff an der spanischen Küste aufgefahren war, zu heben. Zuerst wurden die Vorsprünge des Riffs, die sich in die Seiten des Schiffes bohrten, vorsichtig mit Dynamit gesprengt. In dieser Weise beseitigte man nicht weniger als 400 Kubikfufs des Felsens. Dann begannen die schwierigen Taucherarbeiten, denn es mufste vor allem ein ungeheurer Panzer um die beschädigten Teile gelegt werden, um das Eindringen des Wassers zu verhüten. Nachdem diese erstaunlichen Vorarbeiten vollbracht waren, traten grofse Leichterschiffe mit den dazu gehörigen Ladebäumen, Riesenketten etc. in Aktion und vollbrachten glücklich die Hebung des „Howe".

Während des spanisch-amerikanischen Krieges von 1898 wurden — nicht immer von Erfolg begleitet — Versuche angestellt, versunkene oder untauglich gemachte Panzerschiffe zu heben. Zweifellos wird man nach den nächsten grofsen Seeschlachten jene Bergungsgesellschaften, welche durch ihre damals gesammelten Erfahrungen viel gelernt haben, damit beauftragen, die Reste jener zerstörten Schiffe, die im Meer versinken, zu heben. Obgleich die Bergungsarbeiten begreiflicherweise noch ebenso schwierig wie kostspielig sind, lohnt es doch die Mühe, da bekanntlich jedes Kriegsschiff einen Wert von Millionen hat.

Die Hebung der grofsen Barke Independent z. B., die im Hafen von New-York sank, verschlang das nette Sümmchen von 5000 Pfund Sterling; nun kann man sich ungefähr vorstellen, was die Bergung eines grofsen Dampfers oder gar eines Kriegsschiffes kosten mag.

Der Hafen von New-York ist der Schauplatz zahlloser Schiffsunfälle, aber wohl keiner erregte solches Aufsehen und war so furchtbar wie der des Fährbootes „Chicago". Hunderte von Menschenleben fielen zum Opfer, überdies viele Pferde und einige Güterwagen, darunter ein Exprefsgüterwagen mit einer Ladung Silberbarren im Werte von 80000 Dollars. Zuerst wurden Taucher ausgeschickt, welche nicht nur die Silberbarren, sondern auch andere Wertgegenstände retteten und 500 menschliche Leichen heraufbeförderten. Nun erst wurde an die Hebung der Riesenfähre geschritten. Vor allem wurden das ganze obere Deck, die Rauchfänge und andere hindernde Teile kurzweg abgeschnitten. Der Rumpf des Fahrzeuges lag 18 Meter tief in Schlamm und Wasser gebettet; es war also keine Kleinigkeit, ihn an die Oberfläche zu befördern, und diese Aufgabe lösten die beiden Riesenschiffe „Monarch" und „Reliance".

Nachdem alle Hemmnisse beseitigt waren, schritt man daran, Drahtseile und Ketten stärksten Kalibers um den Rumpf zu schlingen, die diesen dann mit Hilfe der ungeheuren Kräne an die Oberfläche bringen sollten. Taucher mufsten durch den dicken Schlamm hindurch mit Hilfe eines sehr dicken Drahtes einen Weg unter dem Boot bohren. Nachdem dies gelungen, wurde eine dünne Kette um den Draht geschlungen, dann eine kräftigere und eine noch kräftigere und so weiter fort, bis man einen acht Tonnen schweres Monster-Kabel von $2^1/_2$ Zoll Durchmesser hatte. Zehn solcher Kabel wurden um den ganzen Rumpf der Fähre geschlungen, der allein über 1000 Tonnen wog. Die Aufregung, die sich der im Hafen befindlichen Zuschauer bemächtigte, als sich mit Hilfe von Pontons das Schiffsungetüm durch 12 Meter Wasser langsam zur Oberfläche erhob, läfst sich nicht schildern. Einen gröfseren Triumph als in jener Stunde hat die moderne Ingenieurkunst wohl selten gefeiert. Welche Überraschungen stehen unserem, an technischen Errungenschaften schon so verwöhnten Menschengeschlecht noch bevor! Mit welcher, das Antlitz des ganzen Weltalls mit einem Schlage verändernden Erfindung wird das rastlos arbeitende Hirn der Edison und Konsorten uns demnächst verblüffen? Dampfrofs, Telegraph, Telephon gehören längst zu den unentbehrlichen Bedürfnissen der modernen Menschheit, Zeit und Raum sind durch sie überbrückt; man hat nun auch Mittel gefunden, um in die Meerestiefen zu dringen und versunkene Schiffe zu heben; jetzt mufs endlich noch der lenkbare Luftballon erfunden werden, damit der Mensch das Reich des Äthers erobere. Und was dann? . . . .

B. K.

Hydraulisches Prefs- und Prägeverfahren nach Huber.

Zwei Apparate, die in den meisten Lehrbüchern der Physik zu finden sind, haben lange darauf warten müssen, dafs ihre Leistungsfähigkeit technisch ausgenutzt wurde: die hydraulische Presse und das Piezometer. Man kann beide als denselben Apparat ansehen, denn das Oerstedtsche Piezometer ist nichts Anderes als der Prefszylinder der hydraulischen Presse. Während nun der Kolben dieser Presse in den letzten Jahrzehnten mannigfache Arbeit zu leisten bekommen hat — er hebt Lasten, wie das Denkmal auf dem Kreuzberg, die Dächer der Gasbehälter etc., biegt Wellblech, schmiedet Eisen und Stahl etc. — ist jetzt die Reihe auch an den das Druckwasser enthaltenden Zylinder gekommen. Die deutschen Waffen- und Munitionsfabriken in Karlsruhe benutzen dieses Druckwasser nach dem Huberschen Patent in folgender Weise:

Wenn ein Hohlkörper, z. B. ein Becher, eine Feldflasche, Röhre etc., verziert werden soll, so wird die Verzierung an einer Form hergestellt, z. B. eingearbeitet in Blech, das nur härter sein muſs als das Material der zu verzierenden Gegenstände, oder galvanoplastisch, durch Guſs etc. Diese Form wird auf den Becher aufgelegt und der Rand, der der Becherwand gut anliegen muſs, durch Glaserkitt, Gummibeutel u. a. gedichtet. Werden die so vorbereiteten Gegenstände in den Preſszylinder eingehängt und Wasser eingepreſst, so dehnt sich das nachgiebigere Material und füllt die Form mit der gröſsten Genauigkeit aus. Politur der Oberfläche bleibt bei flachen Reliefs erhalten, so daſs also die Tagesarbeit eines Ciseleurs in wenigen Minuten ausgeführt sein kann.

Ein anderer Gegenstand, für den das Hubersche Preſsverfahren wichtig ist, sind Röhren, Flaschen, Retorten etc. aus Glas oder Porzellan, die einen Metallüberzug erhalten.

Für Säuren ist Glas das beste Material, da es nicht angegriffen wird und billig ist. Seiner Verwendung aber steht die Zerbrechlichkeit im Wege, die den ganzen Inhalt mit dem Glase verloren gehen läſst. Englische Schwefelsäure z. B. wird in Platingefäſsen abgedampft, weil Glasschalen zu leicht zerbrechen; die Kosten einer Platinschale aber kommen bis auf ca. 50 000 M., während die Kosten einer Glasschale mit Metallmantel unerheblich sind.

Ebenso können Achsbüchsen, Radnaben für Fahrräder und ähnliche Hohlkörper schnell, billig und absolut kongruent hergestellt werden. Sind dabei die Formveränderungen so groſs, daſs das Metall bei der übermäſsigen Dehnung zerreiſsen könnte, so wird zuerst ein Zwischenstück zwischen den Hohlkörper und die Form gelegt und nachher der Hohlkörper geglüht, um ihn wieder weich zu machen.

Die Form kann natürlich auch aus einzelnen Teilen bestehen und braucht keine starken Bänder zum Zusammenhalten, da das Wasser von auſsen und innen gleich stark drückt. Soll heiſs gepreſst werden, so müſste man den Zylinder mit heiſsem Sande statt mit Wasser füllen. Sollen Löcher gepreſst werden, so legt man an das zu durchlochende Blech ein anderes an, z. B. ein Bleiblech, damit das Druckwasser nicht durch den Spalt zwischen die Form und das Werkstück läuft.

Die schwierigste Aufgabe bei dem ganzen Verfahren ist die Konstruktion des Preſszylinders.

Während die hydraulischen Schmiedepressen mit 200—500 Atm.

Druck arbeiten, kommen hier Belastungen von 5000—10000 Atm. in Betracht. Das Material kann nur der beste Nickelstahl sein; der Zylinder wird dann verstärkt durch Umwickelungen von Draht oder Blech oder durch aufgeschraubte Ringe. Dabei können die Ringe fest aufeinanderliegen, wie es bei Kanonen der Fall ist, oder zwischen sich einen Kanal haben, in den das Druckwasser eintritt. Dieses Wasser beansprucht den äufseren Zylinder nur mit einem Teile seines Druckes, wenn es nur auf einen Teil der Oberfläche drückt. Auf diese Weise kann ein innerer Zylinder, der aus drei Ringen zusammengefügt ist, mit 3000 Atm. zulässigen Druckes und ein äufserer gleichgebauter von 2500 Atm. einen Gesamtdruck von 7000 Atm. aushalten. Die Kosten für ein Prefsstück giebt Riedler in einem Vortrag im Berliner Bezirksverein deutscher Ingenieure, der im „Prometheus“ abgedruckt ist, mit 0,8 bis 22 Pf. je nach der Gröfse des Stückes an.

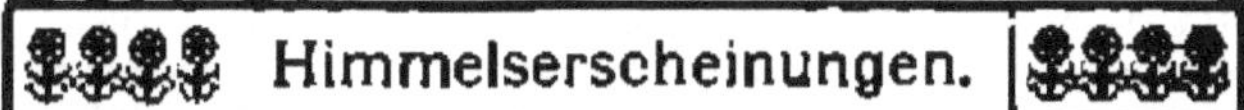

Himmelserscheinungen.

Übersicht der Himmelserscheinungen für Dezember und Januar.

Der Sternhimmel. Der Anblick des Himmels während Dezember und Januar ist um Mitternacht der folgende: In Kulmination sind im Dezember Orion und Fuhrmann, im Januar der grofse und kleine Hund, Zwillinge und Luchs. Sirius und Procyon kommen in den ersten Abendstunden über den Horizont, zwischen 8 und 10 h der Löwe, um Mitternacht bemerkt man den Aufgang von Bootes (Arktur), bald nach Mitternacht Jungfrau (Spica), die Wage und Herkules folgen zwischen 3–4 h, der Skorpion gegen 6 h morgens. Im Untergehen sind bei Einbruch des Abends Herkules und Ophiuchus; der Wassermann geht zwischen 8—10 h abends, der Adler zwischen 7—9 h und Pegasus nach Mitternacht unter. In den Morgenstunden gehen Widder (3 bis 5 h), Walfisch (2—6 h), Orion und Stier (3–6 h) unter. Zur Orientierung dienen folgende Sterne, welche für Berlin um Mitternacht kulminieren:

1. Dezember	μ Eridani	(3. Gr.)	(AR. 4 h 41 m,	D. — 3° 26')
8. „	α Aurigae	(1. Gr.)	5	9	+ 45 54
15. „	ε Orionis	(4. Gr.)	5	34	— 2 39
22. „	ν „	(4. Gr.)	6	2	+ 14 47
29. „	γ Gemin.	(2. Gr.)	6	32	+ 16 29

1. Januar	α Canis maj.	(1. Gr.)	(AR. 6h 41m,	D. — 16 35
8. „	λ Gemin.	(4. Gr.)	7 19	+ 16 43
15. „	α Canis min.	(1. Gr.)	7 34	+ 5 29
22. „	ι Navis	(3. Gr.)	8 3	— 24 1
29. „	δ Cancri	(4. Gr.)	8 39	+ 18 31

Helle veränderliche Sterne, welche vermöge ihrer günstigen Stellung um Mitternacht beobachtet werden können, sind folgende:

δ Cephei	(Helligk. 3. — 5. Gr.)	(AR. 22h 25m,	D. + 57° 55')	Algoltypus
S Ceti	(„ 7. — 10. „)	0 19	— 9 51	13. Dezember
U Cephei	(„ 7. — 9. „)	0 53	+ 81 21	Algoltypus
Mira Ceti	(„ 2. — 9. „)	2 14	— 3 25	Per. 331 Tge.
β Persei	(„ 2. — 4. „)	3 2	+ 40 35	Algoltypus
λ Tauri	(„ 3. — 4. „)	3 55	+ 12 18	„
R Aurigae	(„ 6. — 12. „)	5 9	+ 53 29	Per. 465 Tge.
η Geminor	(„ 3. — 4. „)	6 9	+ 22 32	Min. 17. Dezbr.
U Monocer.	(„ 6. — 7. „)	7 26	— 9 34	Per. 46 Tge.
R Cancri	(„ 6. — 11. „)	8 11	+ 12 2	„ 354 „
S „	(„ 8. — 10. „)	8 38	+ 19 24	Algoltypus
R Leon. min.	(„ 6. — 11. „)	9 40	+ 35 28	Per. 375 Tge.

Die Planeten befinden sich größtenteils in den Sternbildern des Skorpion, Ophiuchus, Schützen und des Steinbocks, und sind deshalb, mit Ausnahme von Venus und Neptun, nicht besonders sichtbar. Merkur läuft von der Wage bis in den Wassermann und kommt auf diesem langen Wege mehreren Planeten nahe: am 6. Januar steht er beim Saturn, am 9. beim Jupiter, am 24. beim Mars. Er ist in der zweiten Hälfte des Januar einige Zeit nach Sonnenuntergang sichtbar. — Venus, im Steinbock und Wassermann, geht am Tage auf und bleibt Anfang Dezember bis 7h abends, Anfang Januar bis 7¾h abends sichtbar. Am 10. Januar erreicht sie ihren größten Glanz. — Mars ist nicht lange am Abendhimmel zu sehen, da er etwa 1½ Stunden nach der Sonne untergeht; am 14. Dezember steht er nahe beim Saturn. — Jupiter, im Schützen, geht ebenfalls am Tage auf und bleibt Anfang Dezember bis 6¼h abends noch sichtbar, geht aber immer zeitiger unter, Anfang Januar schon vor 5h nachmittags, bald darauf verschwindet er in den Sonnenstrahlen. — Saturn geht mit Jupiter ziemlich gleichzeitig auf und unter, ist also nur im Dezember noch einige Zeit am Abendhimmel sichtbar. — Uranus, im Ophiuchus, wird in den Abendstunden immer schwieriger sichtbar, vom Januar ab dagegen nach 6h morgens am Morgenhimmel, Ende Januar geht er schon vor 5h morgens auf. — Neptun, in der Nähe von η Geminorum, ist die ganze Nacht sichtbar, Ende Januar bis gegen ½6h morgens.

Sternbedeckungen durch den Mond (in Berlin sichtbar):

			Eintritt		Austritt	
15. Dezember	ν Aquarii	(4. Gr.)	7h 15m	abends	7h 50m	abends
16. „	λ Piscium	(5. „)	8 27	„	9 17	„
23. „	ε Tauri	(4. „)	6 46	„	7 25	„
12. Januar	c¹ Capricorni	(5. „)	5 23	„	6 26	„
18. „	κ Aquarii	(5. „)	7 20	„	8 3	„
23. „	68 Geminor.	(5. „)	5 43	morgens	6 22	morgens
24. „	κ Cancri	(5. „)	7 1	abends	7 59	abends
29. „	α Virg (Spica)	(1. „)	— —		0 21	morgens

Mond.		Berliner Zeit.			
Letztes Viert.	am 3. Dezbr.	Aufg.	11 h 41 m abends	Unterg.	mittags
Neumond	„ 11. „	„	—		—
Erstes Viert.	„ 18. „	„	11 36 vorm.	„	12 h 10 m abends
Vollmond	„ 25. „	„	4 21 nachm.	„	8 25 morg.
Letztes Viert.	„ 1. Januar	„	0 48 morgens	„	11 33 „
Neumond	„ 9. „	„	—		—
Erstes Viert.	„ 17. „	„	10 58 „	„	1 47 „
Vollmond	„ 24. „	„	5 40 nachm.	„	8 4 „
Letztes Viert.	„ 31. „	„	0 44 morg.	„	10 37 „

Erdnähe: 24. Dezember und 21. Januar;
Erdferne: 8. Dezember und 5. Januar.

Sonne.	Sternzeit f. den mittl. Berl. Mittag	Zeitgleichung	Sonnenaufg. f. Berlin.	Sonnenunterg. f. Berlin.
1. Dezember	16 h 38 m 26.4 s	— 11 m 2.9 s	7 h 50 m	3 h 48 m
8. „	17 6 2.3	— 8 12.3	7 59	3 44
15. „	17 33 38.2	— 4 57.7	8 7	3 44
22. „	18 1 14.1	— 1 30.8	8 11	3 46
29. „	18 28 50.1	+ 1 57.1	8 14	3 51
1. Januar	18 40 39.7	+ 3 24.0	8 13	3 53
8. „	19 8 15.6	+ 6 35.3	8 12	4 2
15. „	19 35 51.5	+ 9 22.9	8 7	4 12
22. „	20 3 27.4	+ 11 36.0	8 0	4 24
29. „	20 31 3.3	+ 13 12.1	7 50	4 37

Müller, Hugo: Die Mifserfolge in der Photographie und die Mittel zu ihrer Beseitigung. Halle a. S. Verlag von Wilhelm Knapp.

Man kann dem Verfasser nachrühmen, dafs er, seinem Vorsatze treu, überall der Versuchung widerstanden hat, aus seinem Werkchen ein Lehrbuch der Photographie zu machen. Er behandelt sein Thema, indem er die Kenntnis des photographischen Verfahrens bei seinen Lesern voraussetzt. Nach einigen recht guten und klaren Bemerkungen über die an Kamera und Objektiv vorkommenden Fehler, über Chromasie, Bildwölbung, Verzeichnung, Astigmation und andere Dinge mehr, werden typische Fehler bei der Aufnahme, sowie die Mifserfolge beim Entwickeln besprochen. Das Buch erscheint in diesem Abschnitt wesentlich auf den Amateur zugeschnitten, indem es nur das Verfahren mit Bromsilbergelatine berücksichtigt. Dem Anfänger sei dieses Kapitel zu gewissenhafter Lektüre bestens empfohlen. Er findet in ihm nicht allein gute Rezepte für die gebräuchlichsten Entwickler, sondern auch eine Reihe guter Ratschläge zur Vermeidung und Beseitigung von Entwickelungsfehlern, welche durch unsachgemäfse Behandlung der Platte veranlafst werden. Es würde sich vielleicht empfehlen, bei künftigen Auflagen in diesem Abschnitt auch der fehlerhaft fabrizierten oder überlagerten „grauen" Platte Erwähnung zu thun, die gerade dem Anfänger von kleinen Händlern so oft in die Hände gespielt wird und den Unerfahrenen an Überexposition, den Vorgeschritteneren an aktinisches Licht in der Dunkelkammer glauben läfst. Dann würde auch die Standentwickelung mit Glycin, welche von den Amateuren noch immer nicht genug geschätzt wird, eine eingehendere Behandlung finden können. Gerade die Abhängigkeit des Glycins von der Temperatur giebt dem geschickten Arbeiter ein vorzügliches Mittel zum Ausgleich von Über- und Unterexpositionen an die Hand. Die Mifserfolge nach dem Entwickeln, beim Fixieren, Verstärken und Abschwächen findet der Leser übersichtlich zusammengestellt und besprochen. Auch die Verwendung farbenempfindlicher Platten findet Erwähnung. Sehr gut ist der Hinweis darauf, dafs sehr oft die Ungeduld des Entwickelnden diesen Platten keine Gelegenheit giebt, ihre Vorzüge zu zeigen. Dagegen vermissen wir die Besprechung der — allerdings mehr künstlerischen — Mifserfolge, welche durch eine schlechte Gelbscheibe hervorgerufen werden. Unter hundert Scheiben giebt es kaum zwei wirklich brauchbare, d. h. solche, die das Helligkeitsverhältnis zwischen blauem Himmel und weifser Wolke oder hellem Schnee natürlich wiedergeben. Eine gute Gelbscheibe soll nur violette und eine kleine Partie der blauen Strahlen — nicht alle — absorbieren und mufs sowohl spektroskopisch als auch durch Probeaufnahmen untersucht werden. Dunkel braucht sie nicht zu sein. — Der zweite Teil des Werkchens ist dem Positivverfahren gewidmet und enthält alles Wissenswerte über die Widerspenstigkeiten und Unarten der Chlorsilbergelatine- und Chlorsilberkollodiumpapiere, sowie über die speziellen Schwierigkeiten bei Herstellung von Kohle-, Gummi- und Platindruck. Die besseren modernen Papiersorten — wir nennen z. B. das Veloxpapier —, mit denen speciell der Amateur durch verständige Entwickelung gute künstlerische Effekte erzielen kann, werden in einer künftigen Auflage Erwähnung finden müssen. Alles in allem zeugt das Müllersche Buch von fleißiger Arbeit und sei hiermit einem weiten Leserkreise, den es vollauf befriedigen wird, bestens empfohlen. B. D.

Astronomischer Jahresbericht. Mit Unterstützung der Astronomischen Gesellschaft herausgegeben von Walter F. Wislicenus. Berlin. Druck und Verlag von Georg Reimer.

I. Band enthaltend die Litteratur des Jahres 1899. XXII und 536 Seiten Großoktav.

II. Band enthaltend die Litteratur des Jahres 1900. XXII und 631 Seiten Großoktav.

Gelegentlich der Versammlung der Astronomischen Gesellschaft in Budapest im September 1898 wurde von Professor Wislicenus der Plan eines Unternehmens entwickelt, welches unter dem obigen Titel eine wissenschaftlich gehaltene Jahresübersicht über die litterarischen Erscheinungen auf dem Gesamtgebiete der Astronomie und damit ein bequemes bibliographisches Hilfsmittel für wissenschaftliche Forschungen darbieten sollte. Bei dem stets wachsenden Umfang der astronomischen Litteratur und der sehr weitgehenden Arbeitsteilung innerhalb des Forschungsgebietes der Himmelskunde machte sich das Bedürfnis nach einem solchen Nachschlagewerke, wie es Mathematik und Physik längst besitzen, immer stärker fühlbar. Der Plan war deshalb von vornherein freundlichster Aufnahme sicher und erfuhr seitens der Astronomischen Gesellschaft auch pekuniäre Förderung. Nachdem hinsichtlich der Gliederung des Stoffes und aller sonstigen Einzelheiten zwischen einer von der genannten Gesellschaft niedergesetzten Kommission und Professor Wislicenus Einverständnis erzielt war, konnte der erste Band, die Litteratur des Jahres 1899 enthaltend, bereits Mitte 1900 erscheinen; ihm folgte in diesem Jahre der zweite Band, ohne daß sich die Notwendigkeit herausgestellt hätte, an den vereinbarten Grundsätzen wesentliche Änderungen vorzunehmen. Dagegen war es möglich, in diesem zweiten Bande, der an Umfang gegen den ersten wesentlich zugenommen hat, mit wenigen Ausnahmen die Referate auf die gesamte erschienene Litteratur zu erstrecken. Den weitaus größten Teil der mühsamen Referierungsarbeit erledigt der Herausgeber selbst. Hierdurch wird die erstrebenswerte Einheitlichkeit thunlichst gewährleistet, ohne daß Einseitigkeit zu befürchten wäre, da die Berichterstattung streng objektiv erfolgt.

Einer besonderen Empfehlung des mustergiltigen Werkes bedarf es hiernach nicht. Dem Herausgeber gebührt jedenfalls der uneingeschränkte Dank aller Fachgenossen für die Selbstlosigkeit, mit der er sich bereit erklärt hat, dem Unternehmen seine volle Arbeitskraft zu widmen.

Die Ausstattung der bisher erschienenen beiden Bände ist, wie bei allen Werken des bekannten Verlages, tadellos. Die Mehrzahl der stehen gebliebenen Druckfehler, welche sich bei Werken dieser Art niemals ganz vermeiden lassen, ist belanglos; einige fehlerhafte Namen werden im nächsten Bande zweckmäßig eine Berichtigung erfahren. G. Witt.

Verlag: Hermann Paetel in Berlin. — Druck: Wilhelm Gronau's Buchdruckerei in Berlin-Schöneberg.
Für die Redaction verantwortlich: Dr. P. Schwahn in Berlin.

Die Erde als Elektromagnet.

Von Prof. Dr. B. Weinstein in Berlin.

Fast alle Entdeckungen und Untersuchungen haben sich ursprünglich an Vorgänge in der Natur angeschlossen, und die Menschen haben nur ganz allmählich gelernt, sich von diesen Vorgängen unabhängig zu machen und Teile von ihnen gewissermaßen in ihre Laboratorien zu verlegen. Sie mußten sich von den natürlichen Vorgängen zu befreien suchen, weil diese viel zu verwickelt sind, als daß sie hinreichend durchschaut werden könnten. Aus wie viel Einzelvorgängen besteht nicht ein Gewitter? Das Studium der Naturerscheinungen ist erst dann ein wahrhaftes Studium geworden, als es den Forschern gelang, diese Erscheinungen in ihre Einzelelemente zu zerlegen und jedes dieser Elemente gesondert mit eigenen Apparaten und Instrumenten zu untersuchen. Sagt man doch gewöhnlich, die hochgebildeten und geistvollen Griechen wären darum in den Naturwissenschaften stets in den ersten Anfängen verblieben, weil sie eben das Experiment nicht kannten und sogleich über das Ganze der Naturerscheinungen spekulierten. Wir sind gegenwärtig auf dem Wege des Studiums im Laboratorium so weit gelangt, daß es fast den Anschein hat, als ob wir selbst all die Kräfte und Vorgänge schaffen, und dann die Technik lehren, sie praktisch zu verwerten. Die freie Natur vergessen wir fast, wie der Großstädter kaum noch weiß, wie der Sternhimmel aussieht, weil die künstlich geschaffenen Leuchten den milden Glanz der Gestirne überdecken. Die Kenntnis der eigentlichen Naturerscheinungen war im Publikum früher zweifellos weit größer als gegenwärtig. Gleichwohl ist es unumstößlich, daß alle unsere so mannigfaltigen und fast stolzen Kenntnisse in ihren Anfängen von den Naturerscheinungen entnommen sind. Die Physik, im weiten Sinne des Wortes, war ursprünglich eine Physik der Erde und des Himmels, ehe sie eine Physik des Laboratoriums geworden ist. Jetzt beginnt man wieder, mit den gewaltigen Mitteln, welche uns diese Laboratoriums-Physik verschafft hat, die alte Physik der Erde und des Himmels aufs neue zu studieren, um auch in das Grofse der Naturerscheinungen einzudringen und zu einer universelleren Naturanschauung zu gelangen. Die Sache ist schwierig, aber wir sind auf dem besten Wege, an Einsicht zu gewinnen; das höchste Ziel ist eine Physik, welche den ganzen Kosmos, Himmel und Erde, umfafst, den Lesern dieser Zeitschrift gewifs ein hoher und anmutender Gedanke.

Von einem neuesten Erfolg auf dem Gebiete dieser allgemeinen Physik möchte ich jetzt Mitteilung machen, zumal leider nicht zu erwarten steht, dafs sich ihm bald ein ähnlicher an die Seite wird stellen können. Zur Erzielung dieses Erfolges hat unsere Reichspostverwaltung besonders beigetragen, aufserdem das Marine-Observatorium zu Wilhelmshaven, die Hohe Warte zu Wien und die internationale Polarexpedition aus dem Beginne der achtziger Jahre. Sodann noch mit grofser Freigebigkeit unsere Akademie der Wissenschaften, der auch die Veröffentlichung der Untersuchungen zu verdanken ist.*) Es handelt sich um die magnetischen und elektrischen Erscheinungen der Erde, die wir als Erdmagnetismus und Erdströme bezeichnen.

Längst ist es bekannt, dafs die Erde als solche wie ein grofser Magnet wirkt. Woher sie diese Eigenschaft nimmt, ist noch nicht erkundet, wir wissen nur, wo wir sie nicht zu suchen haben, nämlich in der Lufthülle und der festen und flüssigen Erdkruste. Aber die Thatsache ist zweifelsfrei; die Erde ist ein Magnet, mit allen Eigenschaften eines solchen. Darum sprechen wir auch von einer Stärke und einer Richtung der erdmagnetischen Kraft. Die ganze Stärke nennen wir die Totalintensität, den horizontalen Teil derselben die Horizontalintensität, den vertikalen Teil die Vertikalintensität. Die Richtung der ganzen Kraft gegen eine Horizontalebene ist die magnetische Inklination, die der Horizontalintensität gegen den Meridian des Ortes die magnetischen Deklination. Die einzelnen Teile der Itensität und die Inklination und Deklination sind die magnetischen Elemente. Sie sind von Ort zu Ort der Erde verschieden. Gaufs hat zuerst versucht, ihre Werte für die ganze Erde durch eine

*) Die Erdströme im deutschen Reichstelegraphengebiet und ihr Zusammenhang mit den erdmagnetischen Erscheinungen von Dr. B. Weinstein, Braunschweig 1900, Fr. Vieweg & Sohn, Text mit Atlas.

mathematische Formel zusammenzufassen, Neumayer, Fritsch und Schmidt haben die Formel verbessert. Die bequemste Darstellung ist aber die auf Karten, wie sie bereits Halley gelehrt hat.

Indessen ist der Magnetismus der Erde keine konstante Eigenschaft derselben, sondern einer grofsen Zahl von Veränderungen und Schwankungen unterworfen, die sich zum Teil in ähnlicher Weise abspielen wie die der Temperatur. Manche der Veränderungen treten ziemlich unvermittelt auf, spielen sich in kurzer Zeit ab und verschwinden; wir nennen sie magnetische Störungen. Andere wieder sind an Tageszeit, Monatszeit, Jahreszeit u. s. f. gebunden und wachsen und vergehen in bestimmten Zeitabschnitten; das sind die periodischen Änderungen des Erdmagnetismus. Ob es auch Änderungen giebt, die immer in einem Sinne fortschreiten, wissen wir nicht mit Sicherheit, anscheinend sind solche nicht vorhanden. Demnach unterscheiden wir unter den periodischen Änderungen die täglichen, monatlichen, jahreszeitlichen, jährlichen, säcularen und noch viele andere Änderungen. Die Änderungen treffen alle Elemente, so hat z. B. die Deklination einen täglichen Gang, indem sie von früh bis Nachmittag in unseren Breiten in der Richtung von Osten nach Westen wächst, um dann mit einigem Hin- und Herschwanken wieder abzunehmen; die horizontal gehängte Magnetnadel dreht sich also von Osten nach Westen und zurück nach Osten.

Diese Änderungen finden sich auf der ganzen Erde ziemlich gleichmäfsig und hängen von der Ortszeit ab, sie folgen also dem täglichen oder jahreszeitlichen Stande der Sonne für den betreffenden Ort, nur ist der Erdmagnetismus in unserem Winter (in der Sonnennähe) auf der ganzen Erde gröfser als in unserem Sommer (in der Sonnenferne). Die Störungen dagegen sind wesentlich durch die absolute Zeit bestimmt, sie treten in demselben Moment auf sehr weiten Gebieten, manchmal wohl auf der ganzen Erde auf; sucht man an zwei Orten die Momente einer und derselben charakteristischen Störung auf, so kann man auf diese Weise die Zeitdifferenz, also die geographische Längendifferenz, der beiden Orte ermitteln. Die regelmäfsigen Änderungen sind, abgesehen von den säkularen, ziemlich gering. Die Störungen dagegen können sehr bedeutend werden, z. B. die magnetische Kraft um $^1/_{10}$ ihres Betrages anwachsen oder abnehmen lassen. Aber selbst die als klein bezeichneten regelmäfsigen Änderungen entsprechen so bedeutenden Kräften, die sie hervorbringen, dafs man immer in Verlegenheit gewesen ist, woher diese magnetischen Kräfte hergenommen werden sollen, falls diese Änderungen wirklich solche des ganzen Erdmagnetismus sind. Hierauf wird später einzugehen sein.

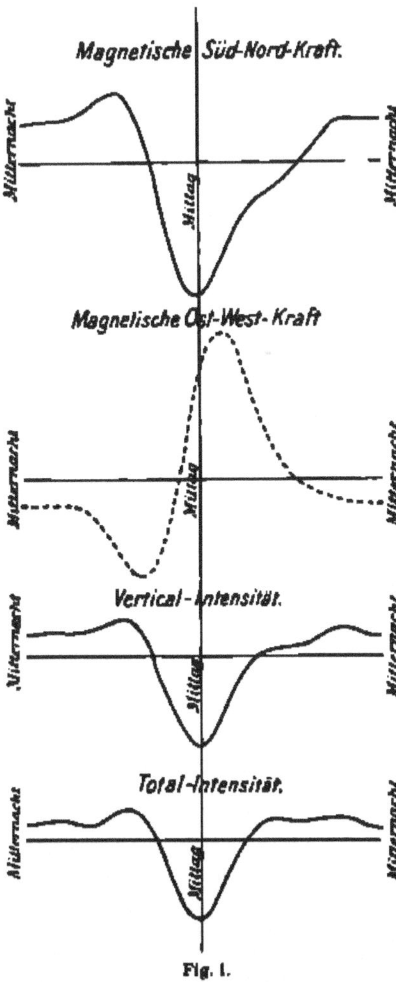

Fig. 1.

Für die Darstellung der Änderungen hat man zwei Methoden, indem man entweder diese Änderungen selbst in ihrer Abhängigkeit von der Zeit feststellt oder die Kräfte, welche hinreichen, sie hervorzubringen. Im ersten Fall zeichnet man auf einem Blatt in horizontaler Richtung, von einem Punkt ausgehend, die Zeiten, in senkrechter Richtung dazu die entsprechenden Änderungen als gerade Linien. Legt man durch die Endpunkte zwanglos eine Linie, welche im allgemeinen gekrümmt sein wird, so ist diese die Kurve der Änderungen. Im zweiten Fall zieht man von einem Punkte im Raume für die einzelnen Zeiten gerade Linien, welche in Richtung der Richtung der Kraft folgen und durch ihre Länge die Gröfse der Kraft feststellen. Verbindet man die Endpunkte dieser Linien durch einen Kurvenzug, so nennt man diesen das Vektordiagramm. v. Bezold hat diese Methode wieder zu Ehren gebracht.

Das unter Leitung dieses Forschers stehende magnetische Observatorium auf dem Telegraphenberge zu Potsdam veröffentlicht alljährlich solche Kurven und bietet so der wissenschaftlichen Welt ein reiches Material zur Untersuchung dar. Als Beispiel gebe ich hier solche Kurven für Wien. Zunächst vier nach der ersten Methode gezeichnete Kurven, welche die durchschnittliche tägliche Änderung der magnetischen Kraft darstellen (Fig. 1). Die erste Kurve bezieht sich auf die horizontal von Süden nach Norden gerichtete Kraft, die zweite auf die von Osten nach Westen, die dritte auf die senkrecht von oben

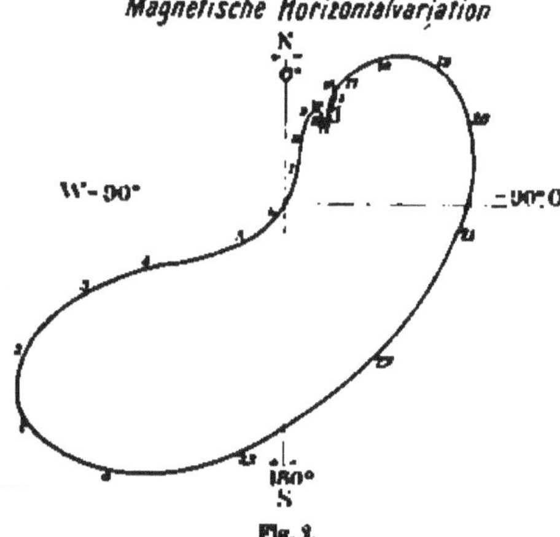

Fig. 2.

nach unten, die vierte auf die ganze (der Inklinationsrichtung folgende) Kraft. Der Leser sieht, wie die von Osten nach Westen gerichtete Kraft von 8 Uhr früh bis 1 Uhr nachmittags stetig anwächst und dann mit kleinen Schwankungen die 19 übrigen Stunden hindurch abnimmt. Die drei anderen Kräfte nehmen umgekehrt zuerst ab, etwa von 7 Uhr früh bis Mittag, um dann in mehr oder weniger erheblichen Schwankungen zuzunehmen, namentlich ist der ganze Erdmagnetismus gegen 7 Uhr früh und dann gegen 9 Uhr abends am stärksten, gegen Mittag am schwächsten.

Wenn man die Änderung in Ostwestrichtung mit der in Südnordrichtung zu einer einzigen Änderung vereinigt, so erhält man das nach der zweiten Methode gezeichnete Vektordiagramm der ändernden magnetischen Kraft in einer Horizontalebene. Auch diese Kurve gebe ich in einem Beispiel für die durchschnittliche tägliche Änderung in Wien (Fig. 2). Hiernach ist diese Kraft um Mittag fast am größten und von Nordost nach Südwest gerichtet, sie dreht sich dann nach West, indem sie von 1 Uhr ab bis etwa 6 Uhr nachmittags stetig abnimmt; indem sie sich weiter, abgesehen von kleinen Schwankungen, immer in gleicher Richtung nach Nord und Nordost dreht, erreicht sie gegen 7 Uhr abermals einen größeren Wert, geht ein wenig abnehmend nach Ost und dann zunehmend nach Süd. Die Drehung geschieht wie die des Zeigers einer Uhr.

Die Kurven dieser und der vorbezeichneten Art sind für verschiedene Orte der Erde einander auffallend ähnlich. So laufen die täglichen Vektordiagramme für Kingua Fjord (in Grönland), Wilhelmshaven, Wien und Süd-Georgien (südlich von Südamerika), alle in gleicher Richtung, in der oben für Wien angegebenen. Auch die Form der Kurven ist nicht unähnlich, selbst in kleinen Einzelheiten. Zum Beispiel haben die Diagramme für Wilhelmshaven und Wien beide die Einbuchtungen bei Sonnenuntergang (6 Uhr) und zwischen 10 Uhr nachts und 5 Uhr früh. Das ist schon auffallend. Aber beide Einbuchtungen finden sich sogar auch in dem Diagramm für Süd-Georgien, und doch handelt es sich hier um enorme Entfernungen zwischen diesen Orten und sehr verschiedene Verhältnisse. Allerdings giebt es auch Ausnahmen; so läuft das Diagramm für Fort Rae (in Labrador), welches gar nicht so sehr weit von Kingua Fjord liegt, gerade entgegengesetzt wie die anderen angeführten. Wie die Ähnlichkeiten zu erklären sind, wie die Verschiedenheiten, läßt sich noch nicht sagen, beide sind erst seit zu kurzer Zeit in so bedeutendem Umfange entdeckt.

Wenn man nach Größe und Richtung von einem Punkte aus alle Kräfte aufträgt, welche die ganze Änderung des Erdmagnetismus zu verschiedenen Zeiten bewirken, so bilden die darstellenden geraden Linien natürlich einen, meist gewellten, Kegel im Raume. Thut man dieses z. B. für die Kräfte der täglichen ganzen Änderung des Erdmagnetismus in Wien, indem man die geraden Linien, welche in Richtung dieser Kräfte laufen, sich vom Endmittelpunkt aus gezogen denkt, so schneidet der Kegel, welchen diese Linien bilden, die Erdoberfläche in einer gewellten Linie, welche etwa folgenden Verlauf hat. Sie tritt um Mittag (Greenwicher Zeit) südlich von der Ostspitze Südamerikas in Brasilien ein, läuft durch Brasilien nach der Südspitze von Peru (8 Uhr), geht in gleicher Richtung weiter durch den Pacific, bis sie (gegen 6 Uhr) im Meridian von Hawaii den Antarctic erreicht, dort biegt sie steil nach Nordwest, geht durch die Neuen Hebriden, nach den Marschall-Inseln, zum nördlichen Wendekreis (im mittleren Meridian der Kurilen) über diesen hinaus bis zur südlichsten japanischen Insel, die sie um 5 Uhr früh erreicht. Jetzt geht sie wieder nach Süden durch die Philippinen, das chinesische Meer, Malakka, Sumatra, den Indischen Ozean, die Nordspitze Madagaskars nach Afrika. Diesen Kontinent durchquert sie über Mozambique, den Kongostaat, Benguela. An den Atlantischen Ozean gelangt, eilt sie zwischen St. Helena und Ascension nach der Ostspitze Brasiliens zurück.

Die entsprechende Kurve für Süd-Georgien hat einen ganz ähnlichen Verlauf. Für Kingua Fjord ist diese Kurve leider nicht bekannt (weil an dieser Station die Beobachtungen der Vertikalintensität nicht vollständig sind). Für Fort Rae ist die Kurve anders gestaltet, so jedoch, dafs sie von 1 Uhr nach Mitternacht, rückwärts gerechnet, ungefähr so verläuft, wie die für Süd-Georgien von Mittag nach vorwärts gerechnet, was kaum zufällig sein kann. Unmittelbar von der Sonne zur Erde oder von der Erde zur Sonne ist die ändernde magnetische Kraft nur in einzelnen Momenten gerichtet; im allgemeinen steht die Kraft schräg zur Verbindungslinie von der Sonne zur Erde. In diese Verbindungslinie fällt sie in der Horizontalebene bei Sonnenaufgang und bei Sonnenuntergang.

Das Vorstehende gilt für den täglichen Gang im Durchschnitt eines Jahres. Im Laufe des Jahres selbst erleidet dieser Gang sehr erhebliche Änderungen, im allgemeinen ist er im Winterhalbjahr viel unbedeutender wie im Sommerhalbjahr. Die gewöhnlichen Diagramme sind im Sommerhalbjahr tiefer und breiter gewellt, die Vektordiagramme sind runder und gröfser. Dazu kommt, dafs beide Arten von Diagrammen im Sommer einfachere Form haben als im Winter; ihr Verlauf ist glatter, nicht durch so viel kleine Biegungen und Schleifen verwirrt. Im allgemeinen sind die Änderungen in der Nacht viel geringer als am Tage; vom Winter auf den Sommer zu werden aber naturgemäfs mehr und mehr Stunden in den Tag fallen, und so verschieben sich denn auch die Zeiten gröfster Änderungen zum Sommer hin von Mittag nach den Abendstunden und den Frühstunden. Die Verschiebung geht bis zu zwei Stunden nach beiden Seiten hin. Das gilt alles in den grofsen Zügen, Symmetrie mit Bezug auf den jahreszeitlichen Stand der Sonne am Himmel findet nicht statt, ebenso wenig wie bei den täglichen Änderungen mit Bezug auf die Tagesstunde; so sind z. B. die Änderungen im September geringer als im symmetrischen Monat März, ebenso sind die Änderungen im August geringer als im

Mai und sogar geringer als im folgenden Monat September, und geradezu auffallend grofs sind sie im November, unmittelbar vor ihrem Fall. Es hängt also nicht alles von der Jahreszeit allein ab, sondern noch von etwas anderem, was wir aber leider noch nicht kennen. Das trifft aber zu, dafs die lokale Jahreszeit wesentlich von Einfluß ist; deshalb finden sich in Süd-Georgien in unserem Winter die gröfsten, in unserem Sommer die kleinsten Änderungen, weil diese Station der Südhalbkugel angehört.

In allen hier behandelten Stationen haben die drei Monate Mai, Juni, Juli, bezw. November, Dezember, Januar die gröfsten Änderungen. Die kleinsten Änderungen finden sich in mittleren Breiten im November, Dezember, Januar bezw. Mai, Juni, Juli. In höheren Breiten scheinen sie sich jedoch nach dem Herbst zu verschieben, so sind die 3 Wintermonate im Kingua Fjord mit gröfseren Änderungen versehen als die Herbstmonate, in Fort Rae mit noch gröfseren als die Frühlingsmonate. Die Änderungen wachsen aufserdem mit wachsender Breite. Trotz aller jahreszeitlichen Verschiedenheiten bleibt der Charakter der täglichen Änderungen durch das ganze Jahr hindurch der nämliche. Nochmals hervorzuheben ist, dafs für die ganze Erde die erdmagnetische Stärke im Winter gröfser ist als im Sommer; es kommt also auch auf die Entfernung von der Sonne an.

Andere Perioden als die hier angegebenen mufs ich übergehen; es soll nur erwähnt werden, dafs man auch Änderungen nachgewiesen hat, welche von der Rotationsdauer der Sonne um ihre Achse abhängen, und auch solche, welche mit durch den Stand des Mondes oder gar der Planeten bestimmt sind. Die allergröfsten und längstdauernden Änderungen, die säkularen, sind an eine bestimmte Periode noch nicht mit Sicherheit gebunden, weil die erdmagnetischen Beobachtungen nicht weit genug zurückreichen — die ältesten wissenschaftlich mitgeteilten stammen aus dem Beginn des 16. Jahrhunderts. Man vermutet jedoch, dafs diese Periode gegen 500 Jahre beträgt. Innerhalb dieser Zeit werden die erdmagnetischen Verhältnisse aufserordentlich verändert. So zeigte die horizontale Magnetnadel in Berlin vor etwa 400 Jahren mehr als 10° nach Osten, vor 100 Jahren aber an 23° nach Westen, jetzt zeigt sie nur etwa 10° nach Westen. Auch die Inklination war zu Zeiten viel geringer, zu anderen Zeiten viel gröfser, als sie gegenwärtig ist.

Zuletzt die Störungen des Erdmagnetismus. Diese können, wie schon bemerkt, sehr bedeutend sein. Anscheinend treten sie unvermittelt auf. Vielfach wirken sie stofsartig, oft aber auch in langandauernden Wellen. An die Tages- und Jahreszeit sind sie nicht streng gebunden, wie sie auch in weiten Gebieten in demselben Moment sich geltend machen. Ein Gesetz scheinen auch sie zu befolgen, sie treten in bestimmten Perioden auf, in der so berühmt gewordenen elfjährigen Periode, welche, wie meine Leser wissen werden, auch für das Aussehen der Sonne und für die Vorgänge auf ihr von Wichtigkeit ist. Öfter hat man geglaubt, bestimmten Erscheinungen auf der Sonne, z. B. dem plötzlichen Auftreten einer bedeutenden „Fackel" oder einer „Protuberanz", Änderungen des Erdmagnetismus zuweisen zu können. Der Verfasser selbst hat solche Korrespondenz mehrfach zu bemerken gemeint.

Überblickt man die Gesamtheit aller Änderungen des Erdmagnetismus, so wird man für sie etwa die folgenden Gründe in Anspruch zu nehmen geneigt sein:

1. Änderungen innerhalb der Erdmasse selbst, etwa Massen- und Aggregatänderungen in ihrem Innern. Diesen Grund hat man wesentlich für die säkularen Variationen des Erdmagnetismus geltend gemacht.

2. Änderungen infolge der Lage der Erde zur Sonne (bezw. anderen Gestirnen). Hierher gehört der größte Teil der täglichen, monatlichen, jahreszeitlichen u. s. f. Variationen des Erdmagnetismus. Die Sonne müßte entweder als solche irgend eine magnetische Kraft auf die Erde ausüben, welche dann selbstverständlich von ihrer Stellung am Himmel abhängt, oder sie müßte irgendwelche andere Erscheinungen auf der Erde hervorbringen, die nun ihrerseits die erdmagnetischen Variationen bewirken.

3. Änderungen infolge Verschiedenheit der Lage der Erde zur Sonnenoberfläche selbst, wie in der Periode, welche von der Rotation der Sonne um ihre Axe abhängt. Dieses würde auf Ungleichheiten schließen lassen, die sich auf der Sonnenoberfläche finden; Ungleichheiten, die anzunehmen wir ja auch heliophysische Gründe haben.

4. Änderungen, welche durch plötzliche oder allmähliche Zustandsänderungen der Sonne bewirkt werden, etwa durch Explosionen, Fackelbildungen, Fleckenkonzentrationen u. s. f. Als solche Änderungen betrachtet man gerne die Störungen des Erdmagnetismus.

5. Änderungen durch klimatische Verschiebungen und Wetteränderungen. Diese spielen wahrscheinlich eine nicht unbedeutende Rolle in den Variationen des Erdmagnetismus; ihre Verfolgung ist aber sehr schwierig, wie alles, was das Wetter betrifft.

6. Änderungen durch elektrische Entladungen in der Luft in

Form von Gewittern oder von Polarlichtern. Wir kommen auf diese noch zurück.

In der Natur gehen alle diese Änderungen bunt durcheinander; was wir beobachten, ist ihr Gesamtergebnis; es ist aber ganz gut, sie wenigstens gedanklich auseinander zu halten, darum habe ich sie zusammengetragen. Es hat ziemlich lange gedauert, ehe man ein solches System für sie hat aufstellen und einigermafsen begründen können. Dafs aber mit dem System an sich nicht zu viel gewonnen ist, wenn man nicht sagen kann, wie die verschiedenen Ursachen wirken, liegt auf der Hand, wenigstens nicht für eine Einsicht in das Wesen der Sache. Ich komme darum auch hierauf noch einmal zurück, nachdem ich erst die elektrischen Verhältnisse der Erde betrachtet habe.

Die Elektrizität ist nicht blofs im technischen, sondern auch im wissenschaftlichen Sinne des Wortes Hans in allen Gassen. In Bezug auf Universalität ist mit ihr nur noch die Wärme zu vergleichen. Es dürfte kaum eine Erscheinung in der Natur geben, bei der nicht wie die Wärme, so auch die Elektrizität mitspielt, sei es, dafs sie ensteht und vergeht, oder dafs sie ihrerseits Vorgänge veranlafst. So sind denn auch die Forscher, wenn sie in einer Naturerscheinung Elektrizität finden, niemals in Verlegenheit, eine Quelle anzugeben, aus der diese Elektrizität stammen könnte; die Schwierigkeit für sie liegt eher darin, dafs sie zu viel solcher Quellen namhaft machen können und meist lange herumprobieren müssen, ehe sie unter diesen Quellen die für den besonderen Fall richtigen ermittelt haben. Da sich also Elektrizität in so mannigfaltiger und leichter Weise einstellt, wird sie auch in der Physik der Erde eine Rolle spielen müssen. Und diese Rolle ist eine sehr bedeutende. Die Erde als Ganzes bietet Elektrizität in allen Erscheinungsformen, welche die Wissenschaft nur kennt. An dieser Stelle soll eingehend nur von einer Erscheinungsform der Elektrizität die Rede sein, von den elektrischen Strömen der Erde. Luftelektrizität und Gewitterelektrizität mit zu behandeln, würde zu weit führen.

Die Naturforscher haben wichtige Gründe, anzunehmen, dafs die Erde als solche mit einer Ladung negativer Elektrizität seit jeher versehen ist. Diese Ladung kann sie bei ihrer Abtrennung von dem allgemeinen Weltnebel oder von einem grofsen Weltenball, aus dem unser Sonnensystem entstanden ist, oder in irgend einer andern Weise bekommen haben. Wir wissen hierüber nichts. Wäre die Erde ein vollkommener Leiter für Elektrizität, etwa wie ein Metall, und überall von gleicher Beschaffenheit, so würde die Ladung sich nur auf ihrer Oberfläche befinden und in ihrer ganzen Ausdehnung gleiche Spannung besitzen. Letzteres besagt, dafs, wenn man zwei Punkte ihrer Oberfläche durch einen Draht verbände, in diesem Draht kein elektrischer Strom zu bemerken wäre. Die Elektrizität würde in Ruhe verharren und verbleiben. Nun ist die Erde allerdings ein Leiter für Elektrizität, aber zunächst jedenfalls kein solcher wie ein Metall (Leiter erster Klasse). Einzelne Teile mögen und werden wie Metalle leiten, andere jedoch wie Flüssigkeiten (allgemeine Leiter zweiter Klasse). Ferner ist die Erde keineswegs homogen, sondern aus den verschiedensten Substanzen zusammengesetzt. An der Grenze verschiedener Substanzen entstehen aber besondere elektrische Spannungen (Kontaktelektrizität), die sich unter Umständen stets ausgleichen und wiederherstellen können. Aus anderweitig gemachten Erfahrungen müssen wir hiernach schliefsen, dafs erstens Elektrizität nicht blofs auf der Oberfläche der Erde vorhanden ist, sondern auch in ihrem Innern (z. B. auch in der Luft, in der Erdkruste u. s. f.); zweitens Ausgleichungen dieser Elektrizität möglich sind, sobald man verschiedene Punkte der Erde miteinander durch einen Draht verbindet. Die Erde ist dann eine Art galvanisches Element und zugleich ein ungleich geladener Körper. So würden wir in einem solchen Draht einen wirklichen elektrischen Strom bekommen. Ob ohne Verbindung der Erdpunkte durch Drähte elektrische Ausgleichungen, das sind elektrische Ströme, innerhalb der Substanz der Erde aus den angegebenen Gründen stattfinden können und werden, ist von vornherein mit Bestimmtheit nicht zu sagen, denn die elektrische Spannung darf in Körpern von Stelle zu Stelle durchaus verschieden sein, ohne dafs Ausgleichung eintritt. Wir können sehr viele Fälle angeben, in denen die Ausgleichung durch besondere Kräfte, welche wohl an die kleinsten Teilchen der Körper gebunden sind (daher als Molekularkräfte oder Atomkräfte bezeichnet werden), verhindert wird. Doch machen manche Erscheinungen es sehr wahrscheinlich, dafs in der That die Ladung der Erde mindestens zu gewissen Zeiten in steter Bewegung ist, wobei sie Luft und feste Hülle in senkrechter und schräger Richtung durchzieht. Hier hätten wir also schon Erdströme.

Ein weiterer Grund für solche Ströme ist von Faraday angegeben. Die Erde ist, wie wir gesehen haben, ein Magnet; bewegt sich ein Körper an einem Magneten vorbei, so entstehen in ihm durch „magnetische Induktion“, wie in unseren Dynamomaschinen, elektrische Ströme. Nun finden aber solche Bewegungen von Körpern auf der

Erde fortwährend statt, z. B. in den Luftströmungen, in den Meeresströmungen, in den Flüssen u. a. f., es müssen also auch durch den Magnetismus der Erde induzierte Ströme vorhanden sein. Faraday verband zwei gegenüberliegende Uferpunkte der Themse vermittelst eines Drahtes und konnte in diesem in der That einen elektrischen Strom nachweisen; er glaubte, dieser Strom sei durch die fließende Themse verursacht.

Weiter entstehen elektrische Ströme bei jeder Änderung magnetischer Verhältnisse. Da, wie wir sahen, der Magnetismus der Erde fortwährend sich in Richtung und Stärke ändert, müssen also auch dadurch elektrische Ströme induziert werden. Giese, der Vorsteher der deutschen Polarexpedition vom Jahre 1882/83 in der Station Kingua Fjord, hat auch solche Ströme bestimmt nachgewiesen. Er legte ein geschlossenes Kabel im Kreise innerhalb der Erde und fand in diesem Kabel ständig elektrische Ströme, welche — da das Kabel horizontal lag — so verliefen, wie man sie mathematisch vorausberechnen kann, falls sie durch die Änderungen der Vertikalintensität der Erde induziert werden. Der gleiche Nachweis ist später auch durch Beobachtungen in geschlossenen Telegraphenleitungen der Reichspostverwaltung geführt worden, und der mittlerweile zum Schmerz der Wissenschaft verstorbene Eschenhagen hat eine Methode ausgearbeitet, mittelst dieser in geschlossenen Leitungen zu beobachtenden elektrischen Ströme umgekehrt die sonst schwer zu bestimmenden Änderungen der Vertikalintensität des Erdmagnetismus zu ermitteln. Über diese Ströme vermögen wir auch ein sehr gutes Gesetz anzugeben, welches sie auch in anderen Fällen zu ermitteln gestatten würde; sie müssen nämlich um so stärker sein, je rascher die Änderung des Magnetismus vor sich geht. Sie hängen also in ihrer Stärke nicht ab von der Größe der Änderung des Magnetismus, sondern von der Geschwindigkeit dieser Änderung. Maximis der Geschwindigkeit müssen Maxima dieser induzierten Ströme entsprechen, Minimis Minima; dagegen können zu Maximis der Änderung selbst Minima der Ströme und umgekehrt gehören.

Elektrische Ausgleichungen, Ströme, entstehen in einem inhomogenen, aus verschiedenen Substanzen zusammengesetzten Körper, auch wenn dieser Körper an verschiedenen Stellen, namentlich den Berührungsstellen der verschiedenen Substanzen, ungleich erwärmt wird. Diese Ströme heißen bekanntlich „thermoelektrische Ströme". Da die Erde inhomogen ist und zu gleicher Zeit an verschiedenen Stellen sehr verschiedene Erwärmung erfährt, wird sie auch solche thermoelektrischen Ströme haben.

Andere Ursachen für elektrische Ströme in der Erde will ich hier übergehen. Nur eine Ursache noch mufs hervorgehoben werden, durch welche scheinbar elektrische Ströme in der Erde hervorgerufen werden. Verbindet man zwei Punkte der Erde durch einen Draht, so treten durch die Existenz der Drahtenden in der Erde selbst an diesen Drahtenden elektrische Spannungen auf, die sich, weil die Erde auch als Leiter zweiter Klasse wirkt, im Draht ständig ausgleichen und dort einen Strom geben. Dieser Strom ist der Erde ganz fremd, er ist eine Art galvanischer Strom, verursacht durch die Verbindung selbst. Wir nennen diesen Strom „Plattenstrom".

Nun ist also kein Zweifel mehr, dafs, wenn wir zwei Punkte der Erde miteinander durch einen Draht verbinden, wir in diesem Draht einen elektrischen Strom finden werden, der Plattenstrom, galvanischer Strom, Ausgleichungsstrom, magnetisch doppelt induzierter Strom, thermoelektrischer Strom, und was nicht noch alles sein kann. Indem wir uns den fremden Plattenstrom entfernt denken, nennen wir die Gesamtheit aller übrigen Ströme Erdstrom. Das Nachfolgende beschränkt sich auf denjenigen Teil des Erdstromes, der sich in der festen Kruste der Erde bewegt; der Teil, welcher in der Luft zirkuliert, verrät sich oft in den Polarlichtern und ist von dem Verfasser bereits in einem Aufsatz über diese Lichter in früheren Jahrgängen dieser Zeitschrift behandelt; weniges wird hier nachzuholen sein. Der eigentliche Erdstrom wurde entdeckt, als man nach dem Vorschlage Steinheils im Beginn der dreifsiger Jahre zur Rückleitung der Telegraphenströme die Erde benutzte, indem man die Enden der Telegraphenleitung, welche zwei Stationen verband, nicht durch eine Rückleitung zu einer Schleife schlofs, sondern an den Stationen selbst unmittelbar in die Erde versenkte. Man fand bald, dafs eine solche beiderseits „geerdete" Leitung von Strömen auch dann durchzogen wurde, wenn sie gar keine Batterie enthielt, und diese Ströme konnten nur aus der Erde in sie geraten sein. Ein Teil dieser Ströme war Plattenstrom; aus dem Umstande jedoch, dafs diese Ströme in ihrer Stärke sehr bedeutend wechselten und zu Zeiten so enorme Intensitäten erreichten, dafs sie wie von Hunderten von galvanischen Elementen hervorgebracht schienen, mufste geschlossen werden, dafs der Plattenstrom nur einen Teil derselben ausmachen konnte, der Rest aber eine eigentümliche Naturerscheinung der Erde sei. Von dem Plattenstrom konnte mit grofser Sicherheit, wie von dem Strom eines galvanischen Elements, erwartet werden, dafs er, wenn auch nicht ganz konstant, so doch nur in längeren Zeiträumen veränderlich sich erweisen würde; grofse

Schwankungen, ja wiederholte Umkehrung der Richtung in kurzen Zeiträumen wären bei einem solchen Strom ganz unerklärlich. Die Eigenschaft der Erdströme als Naturerscheinung ist denn auch durch Lamonts und anderer Untersuchungen zweifellos festgestellt worden. Auch die hier mitzuteilenden Ergebnisse sprechen laut zu Gunsten einer solchen Deutung.

Die Reichspostverwaltung hat, angeregt durch Gelehrte, wie Werner Siemens, Gustav Kirchhoff, Neumayer, Wilhelm Förster u. a., seit Beginn der achtziger Jahre eine grofse Reihe von Beobachtungen über den Erdstrom veranlafst, indem sie diesen Strom in Telegraphenleitungen zeitweise, und Jahre hindurch andauernd, feststellen liefs. Von gröfster Bedeutung sind die dauernden Beobachtungen geworden. In anderen Staaten, wie in Frankreich und England, sind solche Beobachtungen gleichfalls angestellt worden, sie sind für die Wissenschaft aber zum gröfsten Teil unfruchtbar geblieben, weil entweder die Linien zu kurz waren oder die Bearbeitung unterlassen wurde. Zu ersterem ist zu bemerken, dafs während man für den Erdstrom um so gröfsere Stärke zu erwarten hat, je weiter die verbundenen Punkte voneinander entfernt sind — wie bei einem von einem Hauptstrom abgezweigten Strom, der auch mit wachsendem Abstand der Abzweigungspunkte zunimmt — umgekehrt der Plattenstrom um so schwächer wird, je länger die Leitung ist, weil der Widerstand mit der Leitungslänge anwächst. Je entfernter die verbundenen Stationen sind, desto mehr wird also der Erdstrom dem fremden Plattenstrom gegenüber hervortreten, je näher desto mehr wird er von diesem Plattenstrom überwallt. Dafs lange Leitungen auch Mängel mit sich bringen, wird später darzulegen sein.

Die dauernden Beobachtungen in Deutschland sind in zwei Kabeln ausgeführt worden, eines von Berlin nach Dresden, das andere von Berlin nach Thorn. Zur Beobachtung dienten Registrierapparate, welche die Stärke des Stromes dauernd aufzeichneten, wie die registrierenden Thermometer die Temperatur, die registrierenden Magnetometer die magnetischen Elemente u. s. f. Jedem Tag entsprach in jeder der beiden Linien eine registrierte Kurve, aus der die Stärke des Erdstromes für jede Tageszeit entnommen werden konnte. Die Richtung des Stromes in der Erde ergab sich dann ebenfalls, und zwar durch Vergleichung der in beiden Linien beobachteten Stärken, nachdem man vorher von diesen Stärken die Plattenströme zum Abzug gebracht hatte, was hier nicht näher auseinandergesetzt zu werden braucht. Viele Tausende solcher registrierten Kurven sind gewonnen und bearbeitet worden. Der Leser bekommt die fertigen Ergebnisse, der Bearbeiter hat ihnen aber mehrere Jahre, oft getäuschter Mühe, widmen müssen.

Der Erdstrom ist eine ungemein veränderliche Erscheinung; alles, was in Bezug auf den Erdmagnetismus gesagt ist, trifft hier wörtlich zu, sogar hinsichtlich der anscheinenden Gründe für die Veränderungen. Wir haben es auch hier mit regelmäßigen Änderungen zu thun, die an die Tageszeit, Jahreszeit u. s. f. gebunden sind, und mit Störungen, die sich in Stromstößen dokumentieren. Der untersuchte Erdstrom wechselt ständig in Stärke und Richtung. Die folgenden beiden Kurven stellen den für ein Jahr im Durchschnitt er-

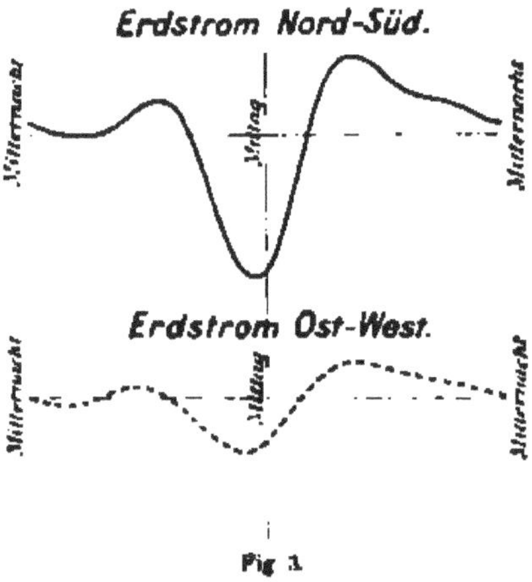

Fig. 3.

mittelten Gang des Erdstromes im Laufe von 24 Stunden dar, und zwar in der Linie Berlin-Dresden und in der Berlin-Thorn, also im wesentlichen für den nordsüdlichen und den westöstlichen Teil des Stromes. Horizontal sind die Stunden aufgetragen, senkrecht dazu die zugehörigen Stromstärken; Kurvenstücke, die oberhalb der Stundenaxe liegen, bedeuten Ströme, die von Nord nach Süd bezw. von Ost nach West fließen, Kurvenstücke unterhalb der bezeichneten Axe Ströme, die entgegengesetzt, von Süd nach Nord bezw. von West nach Ost, ziehen (kürzer auf Berlin zu, von Berlin fort). Man sieht zunächst, wie sehr sich die beiden Kurven (Fig. 3) ähneln, sie haben beide dieselben Aus- und Einbiegungen. Wenn man bedenkt, daß die Linien ganz und gar auseinanderliegen, indem sie zu einander fast 90° gerichtet sind, und daß die Registrierung in beiden Linien mit völlig verschiedenen Apparaten geschah, wird man aus dieser Ähnlichkeit kaum einen andern Schlufs ziehen können, als dafs es sich hier thatsächlich um eine Naturerscheinung handelt, nicht um zufällige Ströme, am wenigsten um Plattenströme. Verstärkt wird dieser Schlufs noch dadurch, dafs die Kurven sich von Tag zu Tag wiederholen; jeder Tag unter den Tausenden Beobachtungstagen zeigt für die eine wie für die andere Linie dieselben Kurven, nur durch solche Änderungen allmählich verwandelt, wie sie durch die Jahreszeit bedingt sind, und auch bei den Kurven für die magnetischen Elemente sich finden. Die Epochen der Wellenberge und Wellenthäler stimmen in beiden Linien nicht genau überein, im Durchschnitt läuft der Breitenstrom (Berlin-Thorn) dem Längenstrom (Berlin-Dresden) in den Vormittagstunden vor, in den Nachmittagstunden bleibt er hinter diesem zurück, als ob die Sonne den Erdstrom nach vorwärts und nach rückwärts drängt.

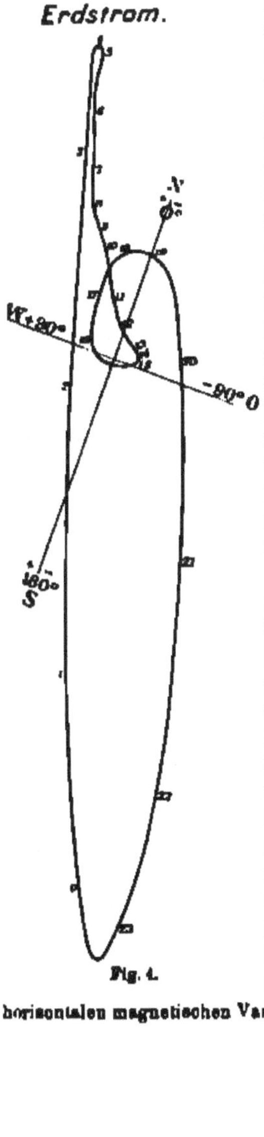

Erdstrom.

Fig. 4.

Aus den Stärken des Breitenstromes und des Längenstromes kann man die Stärke des ganzen Stromes und seine Richtung berechnen. Zieht man (wie bei den ändernden magnetischen Kräften nach der zweiten Methode) von einem Punkte gerade Linien, welche der Richtung des Stromes folgen und durch ihre Länge die Stärke darstellen und verbindet die Endpunkte dieser Linien, so erhält man das Vektordiagramm des Erdstromes. Die nebenstehende Fig. 4 stellt dieses Vektordiagramm für den täglichen Gang des Erdstromes im Jahresdurchschnitt dar. Die Kurve läuft in Richtung der Ziffern einer Uhr (wie die Diagramme für die horizontalen magnetischen Variationen in Wien und an anderen Orten).

Der Erdstrom dreht sich also wie die Zeiger einer Uhr von Ost über Süd nach West und Nord und Ost. er folgt also dem scheinbaren Laufe der Sonne in 24 Stunden. In den mittleren Nachtstunden freilich geht er einmal zurück und schwingt sich durch 360°, so dafs das Diagramm eine Schleife macht. Die gröfste Stärke zeigt der Strom gegen Mittag (eine halbe Stunde vorher), und er fliefst dann nach Süd-Süd-Ost, von Berlin fort. Dann nimmt der Strom, sich nach Westen drehend, sehr stark ab. Gegen 2 Uhr nachmittags ist er ziemlich schwach und fliefst nach Westen. Indem er sich nun nach Nordwest dreht, wächst er an Stärke und erreicht ein zweites Maximum gegen 4 Uhr nachmittags. Dieses Maximum ist aber nur etwa halb so grofs wie das Mittagsmaximum und diesem fast entgegengerichtet. Der Strom nimmt nun, sich langsam weiter drehend, allmählich wieder ab; gegen Mitternacht ist er sehr schwach und bleibt auch die ganzen Nachtstunden hindurch schwach, während deren er in der Kurve die Schleife bildet. Kurz vor Sonnenaufgang (6 Uhr früh) beginnt er wieder zu steigen und geht nach Norden, er fällt dann wieder etwas, sich nach Osten drehend, und wächst dann, sich nach Süden drehend, zum Mittagsmaximum an. Das Vektordiagramm zeigt übrigens, dafs die Erde niemals völlig stromlos ist, wenn auch der Strom manchmal sehr schwach ist. Um Mittag steht der Strom hinter der Sonne und geht ihr nach, indem er zunächst noch mehr zurückbleibt, dann rasch nacheilt; gegen 2 Uhr holt er sie ein und eilt ihr sehr rasch voraus, so dafs er ihr gegen 6 Uhr schon um 100° vorgedreht ist, nun aber dreht er sich sehr langsam und die Sonne holt ihn ein; gegen Mitternacht steht die Sonne zu ihm fast so wie gegen Mittag, dann kommt die Schleifendrehung des Stromes, nach dieser läuft er wieder hinter der Sonne her. Das Verhalten des Stromes zur Sonne um die Mitternachtstunden ist dem um die Mittagstunden sehr ähnlich, was sehr bemerkenswert ist. Die gröfsten Stromstärken finden sich ungefähr zu den Zeiten, in denen die Sonne über dem Strom steht. Alles dieses weist unmittelbar auf einen Zusammenhang des Stromes mit dem Stande der Sonne und ihrer einzelnen Teile zur Erde hin.

Hinsichtlich der jahreszeitlichen Änderungen kann ich fast genau das wiederholen, was bei den Änderungen der magnetischen Elemente gesagt ist. Im Sommerhalbjahr sind alle Tageskurven tiefer gewellt, die Vektordiagramme runder und viel gröfser als im Winter. Auch sind Kurven und Diagramme weit regelmäfsiger als im Winterhalbjahr. Die gröfste Stromentwickelung findet sich gegen Frühlingsanfang, dann im Hochsommer und im Herbst. Die allergeringste im Hochwinter. Es entsprechen sich in der Stromentwickelung wie in der Regelmäfsigkeit des Stromganges Winter und Nacht, Sommer und Tag. Alle Unterschiede zwischen den Kurven und Diagrammen für die verschiedenen Tage im Jahre bilden sich allmählich aus und gehen allmählich zurück. Die Epochen der Maxima und Minima verschieben sich ebenfalls im Laufe des Jahres, sie rücken am Tage von Mittag gegen Sonnenaufgang bezw. Sonnenuntergang. So beträgt die Zeitdifferenz zwischen der frühesten Frühwelle und spätesten Nachmittagswelle im Juni etwa $12^1/_2$ Stunden, im Dezember nur etwa $8^1/_2$ Stunden, indem beide Wellen nach dem Mittag hin sich entgegengerückt sind. Indessen tritt auch die Mittagswelle gegen den Sommer hin früher ein als gegen den Winter, wie überhaupt die Verschiebungen der Vormittagswellen zum Sonnenaufgang stärker sind als die der Nachmittagswellen zum Sonnenuntergang. Die Nachtwellen verschieben sich wenig, zumal sie auch unbedeutend sind. Im Herbst weicht der Strom von dem mittleren Jahresstrom am wenigsten ab, im Winter am stärksten, dann, nach der entgegengesetzten Seite, im Sommer. Auch die Stromrichtung zu bestimmten Zeiten erleidet im Laufe eines Jahres Änderungen, für den Tag gehen diese Änderungen dahin, dafs diese Richtung sich mehr der Richtung zum Sonnenmeridian anschliefst, wenn es auf den Sommer geht.

Der Gang des Erdstromes ist hier nur in den grofsen Zügen geschildert, die Untersuchung hat aber gelehrt, dafs in diesem Strome sich auch eine Menge kleiner Änderungen abspielen, die ihn wie Wellenkräuselungen durchziehen. Diese Kräuselungen treten mit grofser Regelmäfsigkeit auf und sind den grofsen Tageswellen als kleine Wellen aufgesetzt. Durchschnittlich finden sich solche kleine Wellen etwa 36 innerhalb eines Tages. Ihr Auftreten ist noch schwerer zu erklären wie die der grofsen Wellen. Sie können aber nicht zufälliger Art sein, einerseits, weil sie sich eben an allen Tagen vorfinden, andererseits, weil ganz entsprechende Kräuselungen der Tageskurven auch bei den magnetischen Elementen ermittelt worden sind. Überhaupt zeigt sich die Erscheinung, je eingehender man sie bearbeitet, um so verwickelter, aber auch um so gesetzmäfsiger; und namentlich letzteres ist von grofser Wichtigkeit, da man früher sehr geneigt war, alle Abweichungen von einer gewissen grofsen Regelmäfsigkeit als zufällig und nicht zum Wesen der Erscheinung selbst gehörig zu betrachten, nicht allein bei dem Erdstrom, sondern auch bei den erdmagnetischen und anderen Vorgängen. Für andere Perioden sind gleichfalls Berechnungen ausgeführt; die Ergebnisse sind aber nicht so sicher, dafs sie hier schon mitgeteilt werden könnten.

Nun zu den Störungen des Erdstromes. Diese sind schon seit längerer Zeit bekannt, da sie sich besonders in der Telegraphie bemerkbar machen. Sie treten mit Heftigkeit nur zu gewissen Zeiten, und wiederum im Anschlufs an die elfjährige Sonnenperiode auf und äufsern sich als plötzliche Stromstöfse und übergrofse Wellen, die beide nicht an die Tageszeit, sondern an die absolute Zeit gebunden sind. Sie fanden sich 1848, 1859, 1872, 1883 und auch später und sind fast in ganz Europa und Amerika bemerkt worden. Die stärksten Störungen sind bis jetzt die im Jahre 1859 beobachteten. Sie fielen in die Zeit vom 28. August bis zum 4. September und waren zum Teil von solcher Kraft, dafs der Telegraphenbetrieb stundenlang unterbrochen werden mufste. Wie ein Sturm durchzogen sie die Leitungen und stürzten aus den Telegraphenapparaten in mächtigen Feuerströmen hervor. Dabei machten sie sich gleichzeitig in ganz Europa (z. B. Deutschland, Schweiz, Italien, Frankreich, England, Skandinavien) und Nordamerika geltend. Zu Zeiten traten sie an einzelnen Stellen so heftig auf, dafs Apparate und Menschen, die an letzteren beschäftigt waren, beschädigt wurden. Bei geschickter Einrichtung konnte man mit diesen Strömen (wie es in Nordamerika geschehen ist) telegraphieren. Dafs es wirkliche Erdströme waren, zeigte sich daran, dafs, wenn die Erde aus den Leitungen ausgeschaltet wurde, auch die Ströme fast ganz verschwanden; in Leitungen mit Hin- und Rücklauf, also ohne Erde als Rückleitung, fanden sich fast gar keine Stromstörungen, mit diesen konnte ohne Unterbrechung telegraphiert werden. Stromstöfse treten auch bei jedem Gewitter auf, jedem Blitzschlag entspricht ein momentaner Stromstofs, oft von bedeutender Stärke. Interessant ist noch, dafs diese und ähnliche Störungen den regelmäfsigen Gang des Erdstromes nicht wesentlich beeinflussen, nur kann festgestellt werden, dafs zu Zeiten solcher Störungen alle Wellen bedeutender werden, der Wellengang selbst aber erhalten bleibt. Auch das verdient hervorgehoben zu werden, dafs die Störungen in langen Linien viel intensiver auftreten als in kurzen, wie bei dem gewöhnlichen Erdstrom die Wellen.

Anderweite Beobachtungen, die sich den bei uns in Deutschland ausgeführten an die Seite stellen könnten, sind nicht vorhanden. Über mehr gelegentliche Untersuchungen aber verfügen wir in grofser Zahl. So liegen namentlich Angaben aus England vor. Barlow, Walker und Airy haben Einzelbeobachtungen und vollständige Registrierungen mitgeteilt, die das vorstehende teils bestätigen, teils modifizieren würden. Nach diesen Beobachtungen würde der Erdstrom in England wesentlich von Nordost nach Südwest fliefsen. Wir wissen, dafs in den ersten Nachmittagsstunden dieses auch in Deutschland der Fall ist, aber in England soll das ständig der Fall sein. Ich halte dieses Ergebnis für sehr unsicher, zumal es wesentlich aus den Störungen abgeleitet ist, die ganz andere Gesetze befolgen als der regelmäfsige Gang des Erdstromes. Andeutungen, dafs die Stromrichtung im Laufe des Tages rotiert, sind auch in den englischen Beobachtungen vorhanden. Lamont hat aus seinen — leider an sehr kurzen Linien — bei München angestellten Beobachtungen geschlossen, dass der Erdstrom wesentlich von Ost nach West fliefst, er hat aber selbst angegeben, dass davon abweichende Richtungen gleichfalls und nicht selten beobachtet worden sind.

Der Widerspruch gegen die hier mitgeteilten Ergebnisse wird nicht so sehr in den Beobachtungen selbst begründet sein, als vielmehr in der Verwertung derselben. Die richtige Bearbeitung ist auch in Deutschland erst nach sehr vielen verfehlten Versuchen ermittelt worden, als man erkannte, dafs vor allem ausgedehnteste Rechenarbeit nicht gescheut werden durfte, die allein schon Jahre in Anspruch nehmen mufste. Immerhin ist es bedauerlich, dafs wir selbst in Deutschland Beobachtungen doch nur für ein sehr beschränktes Gebiet (den Südostwinkel) besitzen. Es ist keineswegs anzunehmen, dafs der Erdstrom in geraden parallelen Linien fliefst; die wahren Stromlinien müssen gekrümmt und in sich geschlossen sein. Die hier ermittelte Stromrichtung und die Gesetze ihrer Drehung beziehen sich also nur auf ein Stromstück, welches als gerade angenommen ist. Wahrscheinlich handelt es sich in Wahrheit nicht allein um Drehung der Stromlinien, sondern auch um Formänderung derselben im Laufe eines Tages; sie können sich krümmen, wellen, erweitern, verengern. Hierüber könnten nur Beobachtungen in sehr vielen, strahlig und netzartig angeordneten Leitungen Aufschlufs geben. Auch dürften diese Leitungen nicht zu lang sein, weil sonst die Krümmung der Stromlinien uns entschlüpfen könnte. Leider scheint einstweilen keine Aussicht vorhanden, dafs ein derartiger Beobachtungsplan, der bedeutende Geldmittel in Anspruch nehmen würde, verwirklicht werden könnte, falls nicht der Staat wieder zu Hilfe eilt. Der Einzelne vermöchte jedoch sehr nutzbringend mitzuwirken, denn bei richtiger Anordnung der Beobachtungen und geeigneter Bearbeitung könnten auch Untersuchungen in ganz kurzen Leitungen

(z. B. von 500 m), wie sie Privatleute mit einiger Opferwilligkeit herstellen könnten, doch zu sehr wertvollen Ergebnissen führen. Vielleicht dienen diese Zeilen dazu, solche Beobachtungen anzuregen, denn die Erscheinung, um die es sich hier handelt, ist nicht etwa als Kuriosität zu betrachten. Sie gehört zu den bedeutsamsten im Leben der Erde und möglicherweise auch des Weltalls. Hierüber noch einige Worte.

Wir betrachten in der Natur alle Erscheinungen als miteinander zusammenhängend, denn die Erfahrung hat gelehrt, daſs nichts in der Welt vorgeht, ohne daſs nicht andere Vorgänge dadurch hervorgerufen oder verändert werden. Und in dieser Beziehung sehen wir das Weltall überhaupt als ein einheitliches Ganze an, indem nicht allein die Erscheinungen miteinander zusammenhängen, sondern auch die Weltkörper in der nahesten Beziehung zu einander stehen. Die Welt und die Vorgänge in ihr sind Eines, woraus wir denn auf einen Urgrund für die Welt und die Vorgänge schlieſsen. Dieses ist uns ein derartig einleuchtender Gedanke, daſs wir von jeher schon bei jeder Erscheinung auf der Erde nach ihrer Verbindung mit anderen Erscheinungen, wiederum auf der Erde oder selbst auf fernen Weltkörpern, gefragt haben. Vieles hat sich dabei als lächerlicher Aberglaube erwiesen, wie der Zusammenhang der Konstellation von Gestirnen mit dem Schicksal einzelner Menschen oder Nationen, der Einfluſs von Kometen auf Krieg und Krankheit u. s. f. Genug aber ist für die vorurteilsfreie Wissenschaft noch geblieben.

Selbstverständlich sieht man nach einem Zusammenhang zunächst zwischen solchen Erscheinungen, welche auch sonst eine gewisse Verwandtschaft zeigen. In dieser Hinsicht ist es bekannt, daſs elektrische Ströme und Magnetismus ungemein viele Beziehungen zu einander haben. Diese Beziehungen sind so eng, daſs schon Ampère versucht hat, die magnetischen Eigenschaften der Körper durch elektrische Ströme, welche ihre kleinsten Teilchen umflieſsen sollen, zu erklären. Was insbesondere den Erdmagnetismus anbetrifft, so sollten seine Erscheinungen durch einen gewaltigen Strom hervorgebracht sein, welcher ungefähr in der Äquatorebene um die Erde strömt. Das reicht zwar thatsächlich nicht hin, um alle Eigenschaften der Erde als Magnet zu erklären; es unterliegt aber keinem Zweifel, wie auch Gauſs bewiesen hat, daſs man elektrische Ströme in der Weise auf der Erde anordnen kann, daſs der ganze Erdmagnetismus in allen Einzelheiten durch die magnetischen Wirkungen dieser Ströme, welche sie erfahrungsmäſsig haben, zur Darstellung gebracht werden würde. Eines besonderen Magnetismus und namentlich eines besonderen Erdmagnetismus bedürfte es dann nicht. Letzteres ist von gröſserer Wichtigkeit, denn der Magnetismus könnte dabei als solcher erhalten bleiben. Wirklich hat man, da, wie schon bemerkt, die Erdkruste, soweit wir sie kennen, garnicht aus magnetischen Substanzen besteht, welche den Erdmagnetismus auch nur entfernt hervorzubringen vermöchten, zu diesem Auskunftsmittel gern gegriffen.

Aber jeder elektrische Strom verbraucht auf seiner Bahn Energie, indem er namentlich die Substanz, durch die er flieſst, erwärmt oder gar zersetzt. Ein elektrischer Strom muſs also fortdauernd unterhalten werden, wenn er nicht versiegen soll. Wodurch sollen diese gewaltigen Ströme, welche den Erdmagnetismus bedingen, unterhalten werden? Wir können vorläufig nichts darüber sagen; wir wissen nicht, welche Kräfte und Vorgänge wir für diesen kolossalen Arbeitsverbrauch in Anspruch nehmen sollen. Indessen, was man noch nicht weiſs, könnte man vielleicht später erfahren; dürfen wir die beobachteten Erdströme für die den Erdmagnetismus darstellenden halten? Darauf kann lediglich mit Nein geantwortet werden. Sie müssen doch zu allen Zeiten ausreichen, den ganzen Erdmagnetismus zu erklären, und das ist nicht entfernt der Fall, sie sind dazu viel zu schwach.

Nun tritt die zweite Frage heran. Stehen nicht wenigstens die Erdströme mit dem Erdmagnetismus in Beziehung? Hier können wir mit voller Sicherheit Ja sagen. Sie müssen mit dem Erdmagnetismus in Beziehung stehen, weil sie ja magnetische Kräfte ausüben und Magnetismus hervorrufen. Jedes Anwachsen oder Abnehmen der Erdströme muſs je nach der Richtung den Erdmagnetismus scheinbar anwachsen oder abnehmen lassen. Und nicht minder muſs die Richtung der erdmagnetischen Kraft (Deklination, Inklination) durch diese Ströme und ihre Richtung beeinfluſst werden. Ändert sich die Form ihrer Bahn, legt sich diese Bahn um, indem die untere Fläche nach oben kommt, weitet sich die Bahn oder verengert sie sich u. s. f., alles dieses ist mit Änderungen der magnetischen Kraft und der Richtung der Kraft dieser Ströme verbunden und muſs uns in unseren Magnetometern als Änderung des Erdmagnetismus und seiner Elemente erscheinen, denn die Magnetometer bewegen sich eben wie jede Magnetnadel unter dem Einfluſs von elektrischen Strömen und von Änderungen dieser Ströme. Dieses kann also von vornherein mit Sicherheit ausgesagt werden. Ein Teil der Änderungen unserer Magnetometer in den erdmagnetischen Observatorien ist nicht durch Änderungen des Erdmagnetismus, sondern durch solche Erdströme hervorgebracht. Leider läfst sich noch nicht mit gleicher Sicherheit sagen, wie grofs dieser Teil ist. Aus den letzten Untersuchungen hat sich ergeben, dafs insbesondere die Variation der Vertikalintensität sehr genau der Änderung des Erdstromes folgt, und zwar nicht etwa so, dafs dieser Strom durch jene Variation (wie in Giesse Schleifenleitung) induziert erscheint, sondern umgekehrt so, dafs die Variation durch den Strom hervorgebracht ist. Wenn man noch annimmt, wofür Anzeichen vorhanden sind, dafs der Strom sich im Laufe des Nachmittags umlegt (man denke sich auf die Oberfläche einer Kugel einen Faden aus Kautschuk in einer geschlossenen Linie aufgelegt, halte einen Teil des Fadens an die Kugel geprefst und schiebe die Fadenlinie, indem man sie dehnt, über die Kugel weg, bis sie auf der anderen Seite der festgehaltenen Stelle liegt, so hat man die Fadenfläche umgelegt), so kann man auch von den Variationen der Horizontalintensität vermittelst der Änderungen des Erdstromes Rechenschaft geben. Der Verfasser glaubt deshalb, dafs der gröfste Teil der täglichen erdmagnetischen Variationen nicht Änderungen des Erdmagnetismus darstellt, sondern dafs dieselben scheinbar als solche auftreten, indem die Bewegungen der Magnetometernadeln, wie sie von den Änderungen der Erdströme in Stärke, Richtung, Bahn, Fläche u. s. f. hervorgebracht werden müssen, als solche von uns nur gedeutet werden.

Es ist schon bemerkt worden, dafs wir grofse Schwierigkeiten haben, Änderungen des Erdmagnetismus selbst anzunehmen, weil die hierzu erforderlichen Kräfte zu grofs sein müssen. Die Ströme aber sind wesentlich auf die Oberfläche der Erde beschränkt und den Magnetnadeln nahe, ihre Änderungen, selbst wenn ihre Stärke gering ist, können sehr wohl die Bewegungen der Magnetnadeln hervorbringen. Es kommt noch eines hinzu, dafs nämlich auch den grofsen Störungen der Erdströme solche des Erdmagnetismus entsprechen. Lamont und die früher genannten englischen Elektriker, haben schon nachgewiesen, dafs mindestens die Störungen der Deklination so vor sich gehen, als ob sie durch Stromänderungen verursacht würden. Der Verfasser kann das lediglich bestätigen. Suchte er auf den Stromkurven von Berlin Störungswellen charakteristischer Form und auf den magnetischen Kurven von Wilhelmshaven ähnlich aussehende Störungswellen, so konnte er, da die Störungen, wie bemerkt, sich an die absolute Zeit anschliefsen, die Zeitdifferenz zwischen diesen beiden Orten mit sehr grofser Genauigkeit ableiten. Das ist ein schlagender Beweis, gleichwohl ziemt hier wie überall Vorsicht; wir können einstweilen den obigen Angaben nur grofse Wahrscheinlichkeit zusprechen. Die Wissenschaft der Erdströme und des Erdmagnetismus ist noch zu jung, und die Verhältnisse liegen zu verwickelt — da ja eines immer das andere beeinflufst und sich so aus jeder Änderung einer Erscheinung eine Kette von Änderungen beider Erscheinungen ergiebt —, als dafs jetzt bereits volle Klarheit hätte gewonnen worden können. Zusammenhänge mit anderen Erscheinungen, wie Wärme, Witterung u. s. f., sind auch bereits gesucht, jedoch nicht einmal für die Variationen des Erdmagnetismus mit Sicherheit festgestellt. Sie bestehen wohl, jedoch wissen wir über die Gesetze, die sie regeln, nicht viel.

Endlich müfste ich noch auf die Ursachen der Erdstromerscheinungen eingehen. Das ist eine heikle Sache, weil sich darüber viel und gar nichts sagen läfst. Aus den früher aufgezählten Gründen für erdmagnetische Variationen, welche voll und ganz auch für die Erdstromvariationen zutreffen, können wir lediglich schliefsen, dafs anscheinend die Hauptursache für diese Variationen in der Sonne, ihrer Beschaffenheit und den Vorgängen auf ihr liegt. Sind die erdmagnetischen Variationen wesentlich nur in den Erdstromvariationen zu suchen, so würden wir in der Sonne induzierende Kräfte anzunehmen haben, die sich bis zur Erde fortpflanzen und in dieser Ströme hervorbringen, welche sich in der Luft (zum Teil als Polarlichter) und in der Erdkruste ausgleichen. Die Verbreitung solcher Kräfte durch den Raum darf nach den Untersuchungen von Heinrich Hertz als sicher angenommen werden, aber wie diese Kräfte von der Sonne ausgeübt werden und auf ihr entstehen, ist schwer zu sagen. Alles deutet darauf hin, dafs auf der Sonne auch elektrische Vorgänge gewaltigster Art sich ständig abspielen, wahrscheinlich wirken diese auch auf die Erde induzierend. Indessen ist es leichter, auf diese Weise die Störungen der Erdströme zu erklären als den regelmäfsigen Gang; letzterer verlangt eine beständig in gleicher Weise bestehende Ursache auf der Sonne, deren Wirkung nur durch die Stellung der Erde zur Sonne und zu einzelnen Teilen ihrer Oberfläche modificiert wird. Was soll das für eine Ursache sein? Nach dem jetzigen Stande der Wissenschaft würden wir als eine solche nur ständige elektrische „Sonnenströme" ansehen können. Doch haben viele Forscher angenommen, dafs thatsächlich die Sonne die Erdströme nicht unmittelbar hervorbringt, sondern dafs letztere aus zweiter oder dritter Hand entstehen, indem die Sonne durch Erwärmung und Belichtung Änderungen auf der Erde hervorruft. Diese Annahme dürfte kaum ausreichen, wo es sich um eine so verblüffend regelmäfsige Erscheinung handelt, wie die Erdströme es sind, wenigstens müfste ein ganz anderer Einflufs der Witterung auf die Erdströme nachgewiesen sein, als er thatsächlich vorhanden ist. Ein Teil mag und wird solchen sekundären Ursachen seine Entstehung verdanken, der Hauptteil nach Ansicht des Verfassers nicht. Eine Theorie, die der Verfasser sich nach den Faradayschen Annahmen über die elektrischen und magnetischen Kräfte gebildet hat, ist zu umfassend und bedarf zu grofser Vorbereitungen, als dafs sie im Anhang zu einem ohnedies schon etwas langen Aufsatz gegeben werden könnte. Er wird sie in einem späteren Artikel nachholen, denn es ist gestattet und selbst wünschenswert, etwas auch über das hinaus zu sagen, was wir bestimmt wissen.

Die kleinen Planeten.

Von Gustav Witt, Astronom in Berlin.

(Fortsetzung.)

V. Das Aufsuchen und Verfolgen der Planeten.

Wiewohl in den vorhergehenden Abschnitten mehrfach bereits die Hilfsmittel besprochen wurden, welche den Beobachtern die mit der Aufsuchung und Verfolgung neuer resp. schon gesicherter Planeten verknüpfte Mühe erleichtern können, wird es doch des Interesses nicht entbehren, hier im Umrifs ein Bild von der Thätigkeit des Beobachters bezw. Entdeckers am Fernrohre zu entwerfen.

Betrachten wir zunächst den einfacheren Fall, dafs ein in mehreren Oppositionen beobachteter Planet aufgesucht werden soll Ist die Bestimmung der Bahn mit der erforderlichen Sorgfalt ausgeführt und alles gehörig berücksichtigt, worüber in einem späteren Kapitel einiges zu sagen sein wird, dann wird die Unsicherheit über den Ort des Gestirns am Himmel sich im allgemeinen in so engen Grenzen halten, dafs die Auffindung keiner Schwierigkeit unterworfen ist. In einer etwa vorhandenen genauen Karte der betreffenden Gegend bezeichnet man den Ort des Gestirns, richtet das Fernrohr auf die entsprechende Stelle des Himmels und vergleicht einfach die im Gesichtsfelde sichtbaren Objekte mit den auf der Karte verzeichneten Sternen; zweckmäfsig wird hierbei das Triebwerk in Gang gesetzt und so das Instrument der scheinbaren täglichen Bewegung entsprechend mitgeführt. Sofern der Planet wesentlich heller ist als die schwächsten Sterne der Karte, wird man ihn fast auf den ersten Blick erkennen; sein Ort wird dann mit den Mefsvorrichtungen genau bestimmt.

Etwas umständlicher gestaltet sich die Nachsuchung bei sehr geringer Helligkeit eines Planeten, namentlich wenn man sich der Grenze der Leistungsfähigkeit des Beobachtungsinstrumentes nähert.

In solchen Fällen werden die Nachforschungen auf die klarsten mondscheinfreien Nächte zu beschränken sein, damit die optische Kraft des Fernrohrs voll ausgenutzt werde. Hat man die Sterne der Karte sämtlich identifiziert, so geht man daran, etwa noch sichtbare Objekte, die das Kartenblatt nicht enthält, nach dem Augenmafs einzutragen; denn nur selten darf angenommen werden, dafs ein solches an einer Stelle, wo die Karte einen leeren Fleck zeigt, ein Planet ist. In nicht zu sternarmen Gegenden gelingt es, nach einer Stunde oder in kürzerer Zeit eine Veränderung der Konstellation wahrzunehmen, die durch die eigene Bewegung eines der Sterne, also in der Regel des gesuchten Planeten verursacht ist. Steht das verdächtige Objekt, an dem man eine Bewegung vermutet, zufällig sehr isoliert, so gelingt diese Feststellung weniger leicht; doch kann nach Verlauf einiger Stunden fast immer jeder Zweifel ausgeschlossen werden, und man kommt kaum je in die Lage, die Entscheidung bis zur nächsten klaren Nacht verschieben zu müssen. Voraussetzung ist hierbei freilich, dafs die Aufsuchung in nicht zu grofsem zeitlichen Abstande von dem Moment der Opposition vorgenommen werden kann, wo die Planeten durchschnittlich ihre stärkste rückläufige Bewegung besitzen.

Manchmal will es der Zufall, dafs das verdächtige Sternchen allein im Gesichtsfelde in der Nachbarschaft des berechneten Ortes steht. In diesem Falle versagt die Methode, und es kann erst in einer der folgenden Nächte die Gewifsheit erlangt werden, dafs der Planet wirklich gefunden ist. Das Gleiche gilt, wenn die Nachsuchung besonderer Umstände halber um die Zeit erfolgen mufs, wo die Bewegung sich umkehrt.

Das Vergleichen der Karten mit dem Befunde am Himmel ist keineswegs eine sehr angenehme Aufgabe. Durch die unerläfsliche, wenn auch noch so schwache Erleuchtung des Kartenbildes erfährt das Auge in der sonst ganz dunkel gehaltenen Kuppel eine Blendung, welche es für die Wahrnehmung feinerer Lichtpünktchen im Fernrohr unempfindlich macht. Meist mufs deshalb mehrere Minuten gewartet werden, bis der Beobachter das Auge wieder ans Fernrohr bringen kann; während dieser Zeit hat er sich zu bemühen, die Lage der verschiedenen Sterne zu einander im Gedächtnis festzuhalten. Der erfahrene, anstellige Beobachter erlangt diese Übung allerdings sehr bald und kann es darin zu grofser Fertigkeit bringen. Nicht selten sieht man, wenn die Arbeiten sich nicht gar zu sehr häufen, eine bestimmte Konstellation tagelang im Geiste mit allen Einzelheiten vor sich. In den sternreicheren Gegenden, wo dem Gedächtnis zu viel zugemutet werden würde, und der Übergang von der beleuchteten Karte zum dunklen Gesichtsfelde des Fernrohrs häufiger bewirkt werden muß, ermüdet das Auge so rasch, daß es nach einigen Stunden den Dienst vollständig versagen kann.

Ungleich schwieriger und zeitraubender gestaltet sich die Arbeit, sobald es an Karten mangelt. Dieser Fall ist keineswegs selten; er tritt immer ein, wenn ein Planet in die Milchstraße oder deren nächste Nähe gelangt oder von der Ekliptik so weit entfernt ist, daß die Grenzen der Karten überschritten werden. Dieselben beschränken sich nämlich mit wenigen Ausnahmen auf die Abbildung eines relativ schmalen Streifens beiderseits der Ekliptik, über den die Planeten oft genug in ihrem scheinbaren Laufe hinauswandern. Es bleibt dann dem Beobachter nichts übrig, als selbst Spezialkarten von begrenzteren Gebieten anzufertigen. Hierfür können als Grundlage die in den Katalogen gesammelten Fixsternörter dienen, die in ein Netz von passender Größe und hinreichender Ausdehnung eingezeichnet werden; die nächtliche Arbeit am Fernrohr bezweckt darauf in erster Linie die Nachtragung aller nicht katalogisierten Sterne bis mindestens zu der Größe herab, die für den Planeten angegeben ist. Im weiteren gestaltet sich die Aufsuchung ganz analog, wie dies oben beschrieben wurde.

Eine im allgemeinen vollständigere Grundlage für Spezialkarten bietet der zu der berühmten Bonner Durchmusterung gehörige Atlas von 64 Karten, die den Himmel vom Nordpol bis zum 23. Grade südlicher Deklination einschließlich umspannen. Sie enthalten mit verschwindenden Ausnahmen bis zur 9. Größe alle Sterne, außerdem aber noch zahlreiche schwächere bis herab zur 10. Größenklasse. Der Maßstab dieser Karten ist freilich etwa dreimal kleiner als bei den meisten Ekliptikalkarten, so daß zuweilen die in Betracht kommenden Stücke wesentlich vergrößert neu gezeichnet werden müssen; mit Hilfe der in der Durchmusterung aufgeführten genäherten Ortsangaben läßt sich aber diese geringfügige Arbeit leicht bewerkstelligen. Da die ersten 40 Blätter dieses Atlas, von Argelander in Bonn 1863 herausgegeben, seit längerer Zeit vergriffen waren, wurde zur Erinnerung an die hundertjährige Wiederkehr des Geburtstages dieses hochverdienten Mannes[1]) eine neue revidierte Ausgabe durch Professor Küstner, den derzeitigen Direktor der Bonner Sternwarte, besorgt. Die übrigen 24 Karten, von je einer Stunde Rektaszensionsausdehnung,

[1]) 22. März 1899.

bilden eine direkte Fortsetzung des ursprünglichen Argelanderschen Planes vom 2. bis 23. Grade südlicher Deklination; sie erschienen 1886 gleichfalls in Bonn und verdanken ihre Herausgabe Schönfeld, dem Nachfolger Argelanders.

Für den bei Planetenbeobachtungen sonst noch in Betracht kommenden Teil des südlichen Himmels bis zum 42. Deklinationsgrad hat die Sternwarte zu Cordoba in Argentinien unter Thomes Leitung das umfängliche Beobachtungsprogramm erledigt; die Resultate sind in 12 Karten niedergelegt, welche über $2^1/_2$ mal mehr Sterne enthalten als die anschliefsende Schönfeldsche Durchmusterung. Dies rührt daher, dafs man in Cordoba bestrebt gewesen ist, sämtliche Sterne der 10. Gröfse mitzunehmen, und dieses Ziel auch nahezu vollständig erreicht zu haben scheint. Eine Fortführung dieser Beobachtungs- und Mappierungsarbeit bis zum südlichen Himmelspol ist noch nicht zum Abschlufs gelangt, kommt aber überhaupt hier weniger in Betracht.

Die erwähnten drei Werke mit den zugehörigen 76 Karten, sinngemäfs unter den Namen der Bonner Durchmusterung, der südlichen Durchmusterung und der Cordobadurchmusterung bekannt, bilden ein geradezu unentbehrliches Hilfsmittel für alle Astronomen, die sich mit der Stellarastronomie oder mit der Aufsuchung bezw. Verfolgung von kleinen Planeten und Kometen beschäftigen.

An Instrumenten, die mit Fadenmikrometern ausgestattet sind, ziehen es die Beobachter der Regel nach vor, sich eines anderen Verfahrens zu bedienen. Hierzu veranlafst sie neben der Unvollständigkeit der meisten Karten vornehmlich die Belästigung des Auges durch den bei der Vergleichung der Karten unvermeidlichen fortwährenden Wechsel zwischen hell und dunkel. Man kann sich zwar daran gewöhnen, das Auge, mit welchem man ständig am Okular arbeitet, geschlossen zu halten, sobald die Karte angesehen werden mufs, für diesen Zweck also das sonst müfsige Auge zu verwenden; doch ist dies für viele ein unbequemer Notbehelf, der zudem beim Zeichnen gänzlich versagt. Persönliche Vorliebe für die eine oder andere Beobachtungsart spielt hier gleichfalls eine Rolle.

Ein paar Spinnfäden, die in der Brennebene des Fernrohrs senkrecht zur scheinbaren Bewegungsrichtung der Sterne ausgespannt sind, bieten ein bequemes Mittel, um mit grofser Schnelligkeit einen Planeten an seiner rückläufigen Bewegung in den Tagen der Opposition herauszufinden. Nachdem der durch die Vorausberechnung gelieferte Ort am Fernrohr eingestellt und die Gegend mittelst einer

Durchmusterungskarte oder sonstwie identifiziert ist, wird das Instrument im Sinne der täglichen Bewegung ein Stück weiter gedreht und dann festgestellt, um jede Verrückung zu verhüten. Nun notiert man die Momente der Fadenpassagen der nacheinander in das Gesichtsfeld eintretenden Objekte nach dem Schlage einer in der Nähe aufgehängten Uhr oder registriert sie auf dem langsam sich abrollenden Papierstreifen eines Chronographen. Sind sehr viele dicht gedrängt stehende Sterne zu beobachten, so empfiehlt es sich, durch Querfäden das Gesichtsfeld in schmalere Streifen zu zerlegen und nur die in einer ganz engen Zone stehenden Sterne zu berücksichtigen. Das Verfahren wird natürlich mit den angrenzenden Streifen wiederholt, bis auch in Deklination eine Zone von genügender Breite durchbeobachtet ist. Je nach der Geschwindigkeit, mit welcher sich der Planet bewegen soll, wird das ausgewählte Gebiet nach Verlauf einer passenden Zeit nochmals beobachtet. Hierbei wird in der Regel mit einem ziemlich hellen Sterne begonnen. Bildet man nun die Differenzen der beobachteten Zeiten gegen diejenige für den ersten Stern, so wird sich, falls der Planet darunter war, sofort ergeben, dafs einer dieser Unterschiede kleiner geworden ist; bei etwaigen Zweifeln bringt eine weitere Beobachtung derselben Art, die sich aber auf ganz wenige Sterne beschränken kann, stets die Entscheidung. Auch in diesem Verfahren der Aufsuchung erlangt man bald grofse Fertigkeit, und wenn zufällig der Planet einem oder mehreren anderen Sternen sehr nahe stand, so belehrt häufig schon das Ohr den auf das Anschlagen des Chronographenankers achtenden Beobachter, wo der Planet sich befindet.

Jede solche Durchgangsbeobachtung läfst sich natürlich mit einer Einstellung des beweglichen Deklinationsfadens auf den Stern verbinden, so dafs man von allen Objekten, den Planeten eingeschlossen, sofort genaue Ortsbestimmungen erhält. Nur erfordert diese Häufung ein sehr rasches und sicheres Arbeiten, dem eine reiche Übung vorausgegangen sein mufs, und läfst sich im allgemeinen nur ausführen, wenn die eine Hand den Taster für den Chronographen bedient, während die andere die Drehung der Mikrometerschraube und den sofortigen Abdruck der jeweiligen Einstellungsablesung auf einem Papierstreifen bewirken kann. Letztere Manipulation führt Professor Knorre, Observator an der Königlichen Sternwarte zu Berlin, an seinem sogenannten Deklinographen dadurch aus, dafs er mit dem Fufs einen Blasebalg bethätigt und die komprimierte Luft zwingt, einen Hebel mit einem Papierstreifen gegen die erhabene Bezifferung der Schraubentrommel anzudrücken. J. Palisa in Wien hat mit dem gleichen Apparat die meisten schwachen Sterne seiner letzten Ekliptikalkarten gemessen.

Das planmäfsige Aufsuchen neuer Planeten nimmt ungemein viel Zeit in Anspruch und kann mit Erfolg nur betrieben werden, wenn man sich die Mühe der Kartierung zahlreicher Regionen des Himmels nicht verdriefsen läfst. Es ist aber auch, wie wir sahen, der Fall nicht gerade selten, dafs gelegentlich der Beobachtung älterer Planeten neue, in der Nähe stehende angetroffen werden. Die Möglichkeit oder die Wahrscheinlichkeit, hierbei zum Entdecker zu werden, wächst ersichtlich mit der Ausdehnung der Zone, in welcher Nachsuchung gehalten werden mufs. Sobald ein neuer Planet aufgefunden ist, wird sofort die 1886 begründete und gegenwärtig unter der Leitung von Professor H. Kreutz stehende Zentralstelle für astronomische Telegramme in Kiel benachrichtigt, welche ihrerseits die Meldung auf telegraphischem Wege an die Beteiligten in den verschiedenen Kontinenten gelangen läfst. Diese Telegramme, welche in gleicher Weise auch für alle anderen wichtigeren astronomischen Vorkommnisse eingeführt sind, müssen selbstverständlich möglichst kurz gehalten sein und doch alle Angaben in der erforderlichen Genauigkeit enthalten. Zu dem Ende ist ein sinnreiches System von erdenklichster Einfachheit vereinbart, von dem wir unseren Lesern doch einen ungefähren Begriff geben wollen, indem wir ein solches Telegramm hier abdrucken:

Planet Witt 13 August Position 14110 August 12084 Urania 32138 09824 35931 35959 89826 Witt.

Dieses Telegramm besagte, dafs ein von Witt am 13. August (1898) entdeckter neuer Planet am 14. August in der Helligkeit $11.^m0$ in folgender Position beobachtet wurde: $12^h\ 08.^m4$ M. Z. Berlin (Urania), Rektaszension 321° 38', Poldistanz 98° 24'; die tägliche Bewegung betrug in AR — 29' (= 359° 31' — 360° 00'), in PD — 1' (= 359° 59' — 360° 00'). Die letzte Gruppe von 5 Ziffern enthält nichts Wesentliches; sie ist entstanden aus der Summe aller vorangehenden Gruppen von je 5 Ziffern mit Weglassung der sich ergebenden Hunderttausender und dient als Kontrolle, um etwaige Verstümmelungen der Depeschen zu erkennen resp. zu verhüten.

Auf Grund solcher telegraphischen Meldungen gelingt es leicht, den neuen Wandelstern aufzufinden und einige Tage zu beobachten, vorausgesetzt, dafs die Angaben über Ort und Bewegung hinreichend genau sind. Dies ist aber aus verschiedenen Gründen nicht immer zu erreichen. So entdeckte M. Wolf in Heidelberg am 1. November 1894 einen Planeten, (301) Ingeborg. Auf dem Umwege über das Königliche Recheninstitut zu Berlin — die telegraphische Ankündigung war vorläufig unterblieben — erhielt Verfasser davon Kenntnis, suchte aber vergebens nach dem Neuling. Mittlerweile hatte der Entdecker sich überzeugt, dafs seine Angabe über die Bewegung in Deklination wohl zu klein sein möchte; zu einer genaueren Messung fehlten ihm die Hilfsmittel. Aus diesem Grunde wurde am 6. November noch einmal am grofsen Refraktor der Urania, und zwar in ziemlich weiten Grenzen, Nachsuchung gehalten. Die zweimalige Beobachtung der ganzen Zone war fast beendet, als der Beobachter ganz unten im Gesichtsfelde für einen Moment ein Sternchen aufblitzen und gleich wieder verschwinden sah. Da nach seiner Erinnerung eine Stunde vorher so tief kein Objekt gestanden haben konnte, wurde der verdächtige Stern in die Mitte gebracht und mit den umliegenden Sternen verglichen, wobei sich die überraschende Thatsache ergab, dafs wirklich der Planet im letzten Augenblick noch erhascht wurde, als er eben in die ungewöhnlich breite Zone hineinrückte, auf welche die Nachforschung ausgedehnt worden war. Wenige Minuten früher wäre noch nichts Verdächtiges angetroffen worden, und der Beobachter hätte unzweifelhaft weiteres Suchen als aussichtslos aufgegeben. Der Grund für die bei dieser Gelegenheit erwachsenen Schwierigkeiten war allerdings ein sehr seltener: der Planet bewegte sich nämlich in einem Tage um mehr als eine Vollmondbreite nach Süden, während Herr Wolf noch nicht die Hälfte angegeben hatte, und der wahre Ort wich demgemäfs um reichlich einen Grad von dem aus den vorläufigen Angaben abgeleiteten ab.

Das Streben der Beobachter mufs natürlich darauf gerichtet sein, die Messungen eines Planeten möglichst lange auszudehnen; die Daten hierfür liefert in der Regel eine Ephemeride, die aus vorläufigen, häufig noch sehr ungenauen Elementen abgeleitet wird. Folgen indessen die Entdeckungen sehr schnell aufeinander, oder sind die Planeten so lichtschwach, dafs nur wenige Instrumente zu ihrer Beobachtung ausreichen, dann ereignet es sich allerdings leicht, dafs nur die gerade notwendige Zahl von Örtern zur Not erlangt werden kann, insbesondere wenn längere Perioden trüben Wetters eintreten; die Wiederauffindung macht dann trotz des Vorhandenseins einer Ephemeride grofse Mühe. Hierzu kommt, dafs viele Planeten ziemlich bald in die Dämmerung hineinrücken und bei Einbruch der Dunkelheit in der Nähe des Horizontes stehen.

In solchen Fällen erwächst dem Beobachter der allermühsamste Teil seiner Arbeit in der nächsten Opposition, weil meist jeder Anhalt dafür fehlt, innerhalb welcher Grenzen sich die Ungewifsheit über den wahren Ort des Planeten hält. Das Verfahren der Aufsuchung bleibt natürlich im wesentlichen ungeändert; nur können manchmal Tage vergehen, ehe die Auffindung glückt. Je geringer die Helligkeit, desto gröfser ist der unvermeidliche Aufwand an Zeit und Mühe.

Nehmen wir z. B. an, die untersten 24 Felder des in Abbildung 2 wiedergegebenen Teiles der Palisaschen Karte sollten behufs Aufsuchung eines Planeten mit dem Himmel verglichen werden. Da die Ausdehnung dieser Zone 8 Minuten in AR und 30' in D beträgt, man aber über 5' breite Zonen nicht wohl wird hinausgehen können, so erfordert die einmalige Registrierung der ca. 300 Sterne 6 mal 8 = 48 Minuten, welche Zeit man aber unbedenklich verdoppeln kann, weil ein erstes Mal etwa die helleren Sterne und demnächst die schwächeren bis zur Grenzgröfse bevorzugt werden. Da diese Arbeit behufs Konstatierung etwaiger Veränderung wiederholt werden mufs, so wird man das Pensum, die für das Ablesen der Signale nötige Zeit eingerechnet, in weniger als 4 Stunden kaum bewältigen können.

Das Ergebnis solcher viele Stunden und ganze Nächte beanspruchenden Beobachtungen erscheint in der Form einiger weniger Zahlen, denen niemand anzusehen vermag, welche Unsumme von Arbeitsaufwand in ihnen steckt, und doch giebt es selbst Astronomen, die das Beobachten von Planeten als eine recht untergeordnete Thätigkeit ansehen. Nur wer sie selbst ausgeübt hat, weifs zu beurteilen, dafs sie in Wahrheit eine ungewöhnlich grofse Ausdauer erheischt, wenn sie durch Jahre regelmäfsig fortgesetzt wird.

Indessen sind gegenwärtig die Schwierigkeiten in dieser Beziehung bedeutend geringere geworden, und die Arbeit gestaltet sich angenehmer und weniger aufreibend. Das direkte Aufsuchen ganz unsicher bestimmter Planeten am Fernrohr ist so gut wie entbehrlich geworden; es hat einer einfacheren, bequemeren und leistungsfähigeren Methode Platz machen müssen und wird voraussichtlich nie wieder in dem früheren Umfange zur Anwendung kommen.

(Fortsetzung folgt.)

Die erloschenen Vulkane und die Karstlandschaften im Innern Frankreichs.

Von Dr. Otto Schlüter in Berlin.

(Schlufs.)

Die Causses.

Wir verlassen die Vulkangebiete, um uns einer ganz anderen Landschaft zuzuwenden, den Causses. So durchaus verschieden ist die Natur beider Gegenden, dafs sich das Auge dessen, der aus der Auvergne kommt, erst daran gewöhnen mufs, an Stelle der Kegelberge und Lavaströme aus trachytischer oder basaltischer Masse die Kalkschichten des Jura vor sich zu sehen, an Stelle der Erzeugnisse plötzlich und revolutionär wirkender Naturkräfte die regelmäfsigen Absätze aus dem ruhigen Wasser des Meeres.

Die Causses, als Reste der einstmals viel weiter ausgebreiteten Juraformation, bilden ihrem inneren Wesen nach eine Landschaft für sich. Aber ihre Lage in dem Winkel zwischen den archäischen Hochflächen des Centralplateaus und dem Arm, den diese Hochflächen in den Cevennen nach Süden vorstrecken, bringt sie mit den Vulkangebieten in eine räumlich enge Verbindung.

Die Eigenart der Causses ist mit einem Worte bezeichnet: sie sind eine Karstlandschaft, eine Karstlandschaft, die alle kennzeichnenden Merkmale einer solchen in typischer Ausbildung und grofsem Mafsstabe aufweist. Die Eigentümlichkeiten des Karstphänomens beruhen bekanntlich auf der leichten Lösbarkeit des Kalkes und seinem Reichtum an Klüften, die das Wasser der Oberfläche nach der Tiefe hinabführen. Der Boden der Hochflächen selbst bleibt darum kahl und öde. Unter einer fadenscheinigen Grasnarbe sieht überall der nackte graue Kalkfels hervor; nur hier und da bringen kleine Wassertümpel und unbedeutende Flecke bebauten Landes ein wenig Abwechselung in das traurige Bild. Sie sind auf die Dolinen beschränkt, mit welchem Namen man Einsenkungen von sehr wechselnder, meistens jedoch trichterähnlicher Form und verschiedener

Entstehung bezeichnet. In den Causses ist wohl ihre überwiegende Mehrzahl lediglich durch Wasser-Erosion gebildet worden, wogegen Einsturz-Dolinen selten zu sein scheinen. Der Vorgang ist folgender. Das Regenwasser beginnt an irgend einer Stelle den Kalk aufzulösen, der nun mit ihm durch eine der überall vorhandenen Klüfte von der Oberfläche verschwindet. Dem Kalk ist aber in geringerer oder gröfserer Menge immer noch Thon beigemischt. Dieser wird nicht mitaufgelöst und bleibt als feine Erde an der Oberfläche liegen. Indem nun die Zersetzung von ihrem Ansatzpunkt aus allmählich nach allen Seiten hin weiterschreitet, entsteht eine trichterförmige Aushöhlung in dem Felsboden, die, mit thoniger Erde bedeckt, das Wasser zum Teil am Einsickern verhindert und die Möglichkeit eines Anbaues von Nutzpflanzen gewährt. Natürlich sind auch die überaus dünn gesäten Ansiedelungen des Menschen an die Dolinen gebunden. Aber auch hier führen die Bewohner nur ein ärmliches, mühseliges Leben; die Causses sind die unwirtlichsten Gegenden von ganz Frankreich, wozu die kalten Stürme, die über die baumlosen Hochflächen mit gesteigerter Gewalt dahinbrausen, noch das ihrige beitragen.

Das zur Tiefe abgeleitete Wasser setzt hier seine lösende Thätigkeit weiter fort und schafft, während es in dem oft ungeschichteten Gestein vergebens einen Ausweg sucht, viele und grofse Hohlräume.

Mit regem Eifer sind in den beiden letzten Jahrzehnten die Höhlen der Causses aufgesucht und beschrieben worden, ohne dafs sich jedoch wissenschaftliche Gesichtspunkte von besonderem Wert dabei ergeben hätten. Es ist eben fast überall die bekannte Form der Tropfsteinhöhlen, die hier nur in grofser Zahl und zum Teil in beträchtlichen Abmessungen auftreten.

Eine Erscheinung von grofsem Interesse bildet dagegen der unterirdische Lauf des Bonheur. Der Bonheur ist ein kleines Flüfschen, das am Col de la Serreyrede beim Aigoual entspringt und in nordwestlicher Richtung mittelbar dem Tarn zuströmt. Der Bach fliefst zuerst in einem flachen und breiten Thal über granitisches Gestein dahin. Dann wird ihm der Weg durch einen kleinen Causse, eine von den übrigen abgetrennte Kalkscholle versperrt. Anfangs hat der Bonheur seinen Lauf über diese hinweggenommen und ist dann jedenfalls mit einem Wasserfall in die viel tiefer gelegene Fortsetzung seines Thales hinabgestürzt. Jetzt durchbricht er die Kalkschichten in einem unterirdischen, vielfach gewundenen und verzweigten Kanal. Unter dem Namen Bramabiau, d. h. Ochsengebrüll, kommt er auf der anderen Seite wieder zum Vorschein. Aus einer tiefen, oben geschlossenen Klamm tritt er in eine etwas weitere Schlucht ein, deren Formen an die bekannten Abbildungen vom grofsen Coloradocañon erinnern.

Der Bramabiau gewährt einen grofsartigen und überraschenden Anblick und ist von Reisenden im 18. Jahrhundert als eine Art Naturwunder geschildert worden. Wunderbar ist aber nicht so sehr der Austritt des Flusses als sein viel weniger auffälliges Eintreten in die Kalkschichten. Ist diese Thatsache einmal gegeben, so erklärt sich alles andere aus den einfachen Gesetzen der Erosion, die nur durch Spalten und Klüfte in besonderer Weise beeinflufst wird.

Die Vermutung liegt nahe, dafs auch die eigentliche Verlegung des Baches von der Oberfläche in das Innere der Kalkscholle durch Spalten verursacht worden sei. So einfach scheint der Fall jedoch nicht zu liegen. Die dünnen, fast horizontalen Schichten des „Infralias" (= Räth = oberste Trias), aus denen der Causse besteht, liegen hier ganz offen zu Tage, sodafs die Eintrittsstelle mit ihrer Umgebung vollständig klar zu beobachten ist. Wäre es also eine Spalte gewesen, durch die das Wasser in die Tiefe gelangte, so müfste man etwas von ihr sehen. Wahrscheinlich würde der Flufs, ähnlich wie bei seinem Austritt, in einer Klamm fliefsen, die nach oben zu immer enger wird und sich endlich so weit schliefst, dafs die Spalte nur noch als feiner Strich bis zur Erdoberfläche zu verfolgen ist. Thatsächlich fliefst der Bonheur dagegen in einem verhältnismäfsig weiten Thorweg, der in seiner ganzen, freilich nicht grofsen Höhe die gleiche Breite beibehält und oben durch eine nicht gestörte Schicht horizontal bedeckt wird. Von einer Spalte, die von hier aus nach aufwärts führte, ist nichts zu bemerken. Es ist mir deshalb nicht wahrscheinlich, dafs in einer solchen die Ursache zu suchen sei, die den Bonheur in den Causse verschwinden liefs, wenn auch bei der weiteren Ausgestaltung seines unterirdischen Laufes Klüfte und Spalten unzweifelhaft sehr stark mitgewirkt haben.

Richtiger scheint mir folgende Annahme. Dort, wo der Flufs am Ende seines schwach geneigten Granitthales auf die horizontalen Kalkschichten traf, mufste sich die Art seiner Thalbildung notwendig ändern. Die weichen Kalkschichten wurden an dieser Stelle, wo die Stofskraft des fliefsenden Wassers noch unvermindert war, verhältnismäfsig stark angegriffen. Bei ihrer Zerstörung konnte sich aber, der Neigung des Kalkes zu senkrechtem Abbrechen zufolge, leicht eine Wand bilden, die den Flufs am Weiterlauf verhinderte. Wäre das Material ein anderes, festeres gewesen, so würde der Flufs so lange aufgehalten worden sein, bis der Spiegel des hierbei entstandenen Sees die Höhe der niedrigsten Stelle des Vorlandes erreicht hätte. Die Schichten waren aber nicht nur im ganzen nicht sehr widerstandsfähig, sondern sie boten auch dadurch noch besonders viele Angriffspunkte, dafs festeres und weicheres Material in dünnen Lagen abwechselte. So konnte das Wasser die weicheren Schichten rascher zerstören und von der Seite her zwischen die Schichtflächen eindringen. Die Möglichkeit dieses Vorgangs wird durch die Thatsache bewiesen, dafs innerhalb des Thorweges des Bonheur das Wasser an einigen Stellen wirklich in der angegebenen Weise seitlich in die Schichten eintritt. Die innere Zerklüftung der Kalkscholle gestattete dann dem Wasser, seinen Weg innerhalb des Gesteins weiter fortzusetzen. Mit der Zeit wurden dann die Linien seines Laufes immer bestimmter, der Flufs sägte sich durch den gewöhnlichen Vorgang der mechanischen Erosion immer tiefer ein und bildete den Thorweg in seiner jetzigen Gestalt heraus.

Im Vergleich zu den zahlreichen Spuren unterirdischer Erosion sind die eigentlichen Thäler in den Causses sehr selten. Wo es dem oberflächlich abfliefsenden Wasser jedoch gelungen ist, solche auszufurchen, da hat es seine Arbeit in grofsartiger Weise verrichtet. Tief und cañonartig schneiden die Schluchten des Lot, des Tarn und ihrer Nebenflüsse in die Juraschichten ein und bilden mit dem wilden Reiz ihrer schroffen Formen einen fesselnden Gegensatz zu den weiten Einöden auf der Höhe.

Der Verkehr meidet diese engen, unwegsamen Thäler so sehr, dafs z. B. die Schlucht des Tarn auf einer Strecke von mehr als 80 km bis heute noch jeder fahrbaren Strafse entbehrt. Auf flachen, festen Booten fährt man den Flufs hinab, unbekümmert um die zahlreichen Stromschnellen.

Seine hohe Schönheit verdankt das Thal des Tarn zwei Dolomitbänken, die dem Schichtensystem des mittleren Jura, dem Dogger, angehören. Der selbst ungeschichtete Dolomit mit seiner Neigung zu senkrechter Absonderung und seiner starken Zerklüftung schafft jene wilden Formen, jene schroffen, oft überhängenden Felswände, die in mannigfacher Abwechselung immer aufs neue den Blick anziehen. Der Flufs durchschneidet eine flache Schichtenmulde, die einen Wechsel in der Höhenlage der Dolomitbänke und damit auch in den Formen der Schlucht bewirkt. Anfangs ist der Dolomit nur am obersten Rande der Berge sichtbar. Nach und nach senkt er sich aber so tief, dafs die obere Bank beinahe verschwindet, um dann mit schwacher Neigung wieder anzusteigen und von neuem die Formen der Berge zu beherrschen. Bald wächst auch seine Mächtigkeit immer mehr, und schliefslich bestehen die Thalwände in ihrer ganzen Höhe fast ausschliefslich aus Dolomit.

Bis hierher zeigt das ganze Thal allenthalben die seltsamst geformten Zinnen und Zacken, senkrechte Felswände und bis weit hinauf über dem jetzigen Wasserspiegel schön ausgearbeitete Hohlkehlen, die deutlichen Beweise für die einstmals höhere Lage des Flufsbettes

Fig. 10. Die Schlucht des Tarn beim Château de la Case.
An den Bergwänden Hohlkehlen als Spuren früherer Stadien der Thalerosion.

(Fig. 10). Hier und da erkennt das Auge zwischen den Felsen die Trümmer einer alten Burg, die sich in Farbe und Form kaum von dem Gestein unterscheiden. Höhlen, die bereits in ferner, vorgeschichtlicher Vergangenheit bewohnt waren, dienen auch heute noch mitunter den Menschen zum Obdach, während an weniger unzugänglichen Plätzen kleine Dörfer nicht fehlen.

Aber mit einem Male ändert sich der Charakter des Thales. Auf die mächtige Entwickelung des Dolomites mit seinen schroffen Formen folgt dicht unterhalb einer Stelle, an welcher der Tarn zwischen grofsen, herabgestürzten Blöcken fast verschwindet, eine Erweiterung. Noch immer zwar bleibt das Thal ziemlich eng, aber die

Wände sind weniger steil geböscht, die senkrechten oder gar überhängenden Ufer sind verschwunden. Der Flufs strömt jetzt in weicheren Schichten dahin; nur ganz in der Höhe, am obersten Thalrand, bleibt noch lange Zeit der Dolomit zu sehen, an den sich die gleichgefärbten Häuser und Häusergruppen mit einer Art Mimikry anlehnen.

Eine grofse Verwerfung, die in westöstlicher Richtung, fast senkrecht zum dortigen Lauf des Tarn, über eine Strecke von 20—30 km zu verfolgen ist, hat diese Umwandlung bewirkt. Sie hat von neuem die untersten Schichten des Jura, weiche Kalke und Mergel, an die Oberfläche gebracht.

Doch wenn auch die Formen sanfter geworden sind, so fehlt es in diesem Teil der Schlucht nicht an landschaftlichen Reizen, und dem Besucher wird hier sogar noch eine merkwürdige Überraschung zu teil. Völlig unerwartet macht an einer Stelle des Ufers die helle, gelbbraune Färbung des Gesteins dunklen Farbentönen Platz, wie sie uns von der Auvergne her vertraut sind. Und wirklich sehen wir einen kleinen Vulkan vor uns, der sich in die Juraschichten eingedrängt hat, ohne jeden äufseren Zusammenhang mit den übrigen, fernabliegenden Vulkanbergen des inneren Frankreichs.

Die Weltlage und ihre Folgen.

Die erloschenen Vulkane haben die Aufmerksamkeit der Forscher so sehr in Anspruch genommen, dafs über ihrer Erforschung manches andere vernachlässigt worden ist. Über die übrigen Elemente der Landesnatur giebt es nur wenig Litteratur; zum mindesten ist sie zu sehr verstreut, als dafs sie hier verarbeitet werden könnte. Eigene Beobachtungen aber, die auf einer raschen, lediglich von geologischen Gesichtspunkten bestimmten Durchreise gemacht werden, vermögen diesen Mangel natürlich nicht zu ersetzen. Damit jedoch das Bild des Landes, das ich zu entwerfen versucht habe, nicht gänzlich des Abschlusses entbehre, seien wenigstens noch ein paar Worte über die geographische Lage des Gebietes und ihre Wirkungen auf die Landesnatur hinzugefügt. Die Beziehung eines Landes zu seiner Umgebung, die Weltlage, ist ja für Klima, für Flora und Fauna sowie für die menschlichen Verhältnisse in erster Linie entscheidend.

Man hat sich daran gewöhnt, Frankreich als ein fest in sich abgeschlossenes Land, als ein besonders scharf ausgeprägtes „geographisches Individuum" anzusehen. Die gröfstenteils von der Natur so bestimmt vorgezeichneten Grenzen, der klare Aufbau des Landes, das einheitliche Flufsnetz und nicht zum wenigsten die früh gewonnene staatliche Einheit haben die Auffassung genährt und geben ihr auch ohne Zweifel eine beschränkte Berechtigung. Aber eben nur eine beschränkte. Sobald man über die Grenzen hinaus auf den weiteren geographischen Zusammenhang blickt, erscheint Frankreich gerade im Gegenteil als ein Gebiet von geringer Selbständigkeit, als ein Land des Übergangs und der Vermittelung zwischen gröfseren geographischen Einheiten; nämlich zwischen dem Mittelmeergebiet auf der einen und dem nördlichen und östlichen Europa auf der anderen Seite. Wie das Land in den ersten Jahrhunderten seiner politischen Geschichte nacheinander von Rom, Deutschland und England aus erobert und beherrscht worden ist, so haben sich hier auch mancherlei andere, aus den gleichen Richtungen wirkende Einflüsse gekreuzt, und die Vermittlerrolle ist alles in allem die am stärksten hervortretende Seite in der Geographie Frankreichs.

Das ist nicht zu verwundern. Das Gebiet des Mittelmeeres wird gegen Norden durch hohe Gebirge begrenzt, deren trennende Wirkung nur durch Pässe oder enge Lücken gemildert wird. Solche schmalen Wege genügen wohl dem menschlichen Verkehr, und so ist denn in rein menschlicher Hinsicht z. B. die Schweiz von einer grofsen Bedeutung für die Verbindung der Länder. Aber sie genügen nicht, um verschiedene klimatische oder pflanzen- und tiergeographische Provinzen miteinander in engere Beziehung zu bringen. Ein wirklicher Austausch in Klima und Lebewelt findet nur durch breite Öffnungen statt. In der nördlichen Grenzmauer des Mittelmeergebietes finden sich aber nur zwei grofse Breschen: der Pontus mit Südrufsland im Osten und die Lücke zwischen Alpen und Pyrenäen im Westen. Die mittlere Höhe des französischen Centralplateaus, das die letztere teilweise füllt, reicht nicht hin, um eine Trennung zu bewirken, wie es die benachbarten Hochgebirge thun, und so findet gerade in dieser Gegend vorzugsweise das Ineinandergreifen der klimatisch-biogeographischen Gebiete statt. Nur auf die Art, in der sich dieser Übergang im besonderen vollzieht, üben die Oberflächenformen einen bestimmenden Einflufs aus.

Klimatisch vermittelt Frankreich zwischen dem mediterranen und dem atlantischen Gebiet. Die Provence gehört noch vollkommen dem Mittelmeer an, in der Bretagne herrscht ebenso ausschliefslich das atlantische Klima, und zwischen beiden Landschaften liegt eine breite Zone des Übergangs. Steht der gröfsere Teil von Frankreich, wie die britischen Inseln und Mitteleuropa, hauptsächlich unter dem Einflufs der vom Ocean kommenden West- und Südwestwinde, so ändert sich das allmählich, wenn man nach Süden vordringt. In der Gegend des Centralplateaus beginnen die winterlichen Nordwest- und Nordwinde, welche durch eine Anziehung des relativ warmen Mittelmeeres entstehen. Im Winter gehört daher das innere Frankreich bereits dem mediterranen Windgebiet an. Zugleich steigen nach Süden zu natürlich auch die Temperaturen, so dafs beispielsweise Le Puy trotz seiner Lage in 718 m Meereshöhe noch fast genau die gleiche jahreszeitliche Temperaturreihe aufweist wie in Deutschland das um stark 600 m tiefer liegende Frankfurt a. M.

Fast noch deutlicher als in den Windverhältnissen spricht sich ein ähnlicher Übergang in der Regenverteilung aus. Das mediterrane Frankreich hat, wie das ganze Mittelmeergebiet, Herbst- und Winterregen bei sommerlicher Trockenheit. Ähnlich liegt es in Südwest-Frankreich, aber schon sind die Gegensätze minder schroff. Je weiter ins Innere des Landes, desto mehr nehmen dann die Sommerregen zu, bis schliefslich im nordöstlichen Frankreich, wie im ganzen Nordseegebiet, die Monate Juli und August die gröfsten Regenmengen bringen.

In der Pflanzenwelt sind es das mediterrane und das mitteleuropäische Element, die in Frankreich aufeinandertreffen und gerade im Innern des Landes sich am innigsten durchdringen. Bei der Bodengestalt des Centralplateaus wird jedoch aus diesem Durchdringen eine Übereinanderlagerung der beiden Floren. Während das mediterrane Element sich von unten her in die Thäler hinein nach Nordwesten vorschiebt, veranlafst es die mitteleuropäischen Pflanzenformen, in ein höheres, nach Süden zu immer mehr ansteigendes Niveau hinaufzurücken. Aus der Mittelmeerflora verschwindet am frühesten die Olive. Sie wagt sich nur in die untersten Teile der Cevennenthäler und erreicht im Rhonethal jetzt bereits bei Orange ihren nördlichsten Punkt. Ähnlich verhält sich die Cypresse. Dagegen dringen Feigen und Mandeln viel weiter nach Nordwesten vor und sind z. B. in der Schlucht des Tarn noch sehr häufig. Sie finden sich sogar noch an der Südküste der Bretagne.

In ähnlicher Weise stuft sich die Verbreitung der Kastanie nach Nordwesten hin ab, nur dafs dieser schöne Baum in viel gröfsere Höhen hinaufsteigt und viel massenhafter auftritt. Namentlich ist der Abfall der Cevennen bis hoch hinauf mit dichten Kastanienhainen bedeckt. Aber auch in den anderen Teilen des Centralplateaus ist die Kastanie häufig, und selbst in den kleinen Wäldern der Bretagne, die im übrigen ganz und gar als mitteleuropäisch erscheinen, kommt sie nicht ganz selten vor.

Wie die mediterrane Pflanzenschicht in dieser Weise gleichsam nach Nordwesten auskeilt, so die mitteleuropäische nach Südwesten; wie jene sich senkt, hebt diese sich. Wenn am Brocken die Grenze des Baumwuchses schon bei etwa 1000 m liegt, finden wir am Aigoual noch in 1450—1500 m Meereshöhe einen dichten Wald von zwar schwachen, aber doch noch gerade und wohl gewachsenen Fichten. An Bäumen sind es die deutschen Arten der Fichten, Tannen und Buchen, die das mitteleuropäische Florenelement in Frankreich hauptsächlich vertreten. Neben ihnen erscheint seit dreifsig Jahren die „pinus austriaca“, die in den südlichen Teilen des Landes heute bereits ausgedehnte Flächenräume bedeckt. Sie wurde eingeführt, als man daran ging, die seit der Revolution rücksichtslos entwaldeten Höhen im Quellgebiet der Garonne wieder aufzuforsten. Das Schwinden des Waldes hatte sich in unangenehmster Weise bemerkbar gemacht. Jeder starke Regen, der im Quellgebiet der Garonne niederging, führte von den kahlen Abhängen der Berge gewaltige Massen losen Materials hinweg, um einen grofsen Teil erst im Mündungsgebiet des Hauptflusses wieder abzulagern. So versandete der Hafen von Bordeaux immer mehr, und örtliche Vorkehrungen konnten der Gefahr einer völligen Zuschüttung nicht steuern. Deshalb griff man zu dem wirksameren Mittel einer umfangreichen Aufforstung im Quellgebiet, die unter der Leitung von G. Fabre in den letzten Jahrzehnten erhebliche Fortschritte gemacht hat.

Was schliefslich die geographischen Beziehungen des Menschen anlangt, so scheint gerade hier die Auffassung Frankreichs als eines Verbindungslandes durch zahlreiche Thatsachen gestützt zu werden. Es sei nur kurz darauf hingewiesen, dafs die mittelmeerische und die germanische Rasse sich in Frankreich innig durchdringen, also dafs die letztere noch bis in den weitesten Süden hinein angetroffen wird, und dafs ferner auch in der Art der Besiedelung ein allmählicher Übergang von Mitteleuropa nach Südeuropa zu beobachten ist. Weichen in Nordfrankreich die Städte und Dörfer in ihrem allgemeinen Habitus von den deutschen gröfstenteils kaum merklich ab, so zeigen sie in Südfrankreich ganz und gar mittelmeerische Formen. Und beide Bauarten sind durch allmähliche Übergänge miteinander verbunden, während sie in den Alpen so scharf wie möglich gegeneinander abgegrenzt sind. Anscheinend vollzieht sich dieser Übergang innerhalb Frankreichs derart, dafs in der Gegend der Rhone und in den westlichen Landesteilen das nordfranzösische Element die Oberhand hat, während in der Mitte das mediterrane recht weit nach

Norden vordringt. Nicht nur Le Puy, sondern selbst Clermont ist vorwiegend südeuropäisch gebaut, wogegen Lyon eine schwache Wiederholung von Paris ist und Orte wie das Bad Mont Dore oder das Städtchen Bort an der Dordogne (vergl. die betreffenden Abbildungen) in ihrem Gesamtcharakter mitteleuropäischen Siedelungen nicht sehr unähnlich sind.

Der stereoskopische Komparator.

Im Novemberhefte dieses Jahrgangs (S. 91) haben wir verschiedene Ideen von Hamy erwähnt, welche Erfolge für die Anwendung des Stereoskops in der Astronomie erhoffen liefsen. Schneller als vorauszusehen war, haben sich diese Hoffnungen, freilich von ganz anderer Seite her, verwirklicht. Dr. C. Pulfrich in Jena, welcher sich viel mit Untersuchungen über die Bedingungen des stereoskopischen Sehens beschäftigt hat, ist es gelungen, die Schwierigkeiten, welche sich der astronomischen Verwendung des Stereoskops entgegenstellen, zu überwinden und einen stereoskopischen Komparator, d. h. einen Apparat zur stereoskopischen Betrachtung je zweier genau gleicher astronomischer Aufnahmen, zu konstruieren, welchem allen Anschein nach eine grofse Verwendbarkeit beigelegt werden darf. Der Apparat besteht im wesentlichen aus zwei gebrochenen Mikroskopen, unter welchen zwei für die Aufnahme der astronomischen Photographien bestimmte Platten drehbar sind. Das ganze Instrument ist so eingerichtet, dafs die einzelnen Stellen der Photographien unter die Mikroskope gebracht und besichtigt werden können, ohne die stereoskopische Justierung des Apparates zu stören. Prof. Max Wolf hat diesen Komparator an einer Reihe von photographischen Bildern geprüft, die auf der Heidelberger Sternwarte erlangt worden sind; danach ist das Instrument von ganz vorzüglicher Leistungsfähigkeit. Saturn z. B. soll einen prachtvollen plastischen Eindruck geben, er hebt sich weit von den Sternen hinter ihm ab, und seine Monde erscheinen dem Auge deutlich in verschiedenen Entfernungen zu stehen. Diese Fähigkeit des Apparates wäre, wie man sieht, sehr wichtig für die Erkenntnis der gröfseren Eigenbewegungen von Sternen, auch für Untersuchungen über die räumliche Verteilung des Sternenheeres überhaupt; nur müfsten die Brennweiten der Objektive, mit welchen die photographischen Aufnahmen des Himmels gemacht werden, entsprechend grofs sein. Da das Instrument nur von genau gleichen Bildern ein stereoskopisches Bild giebt, so werden Veränderungen am Himmel, die in der Zwischenzeit zwischen mehreren Aufnahmen in der Lichtstärke der Objekte u. dgl. vor sich gegangen sind, mittelst des Apparates leicht konstatiert werden können. Zum Erkennen von falschen Sternen (Plattenfehlern) auf den Photographien genügen nach Wolf schon relativ kurze Brennweiten der Objektive; solche Sterne springen dann förmlich in die Augen. Zur Unterscheidung der schwächeren Nebelflecke von sehr schwachen Sternen waren bisher photographische Aufnahmen mit verschieden langer Belichtung notwendig. Das Instrument würde aber die Astronomen in stand setzen, die Vergleichung und Entscheidung an den einmaligen Aufnahmen sofort vornehmen zu können. Grofse Bedeutung hat das Instrument sicher für die Entdeckung veränderlicher Sterne. Man braucht nur eine Reihe von Aufnahmen, die von ein und derselben Stelle des Sternhimmels zu sehr verschiedenen Zeiten gemacht worden sind, in dem Komparator zu vergleichen. Die etwaigen Veränderlichen offenbaren sich dem Auge sofort und sollen förmlich mechanisch aus den Platten herauslesbar sein. Wolf hat den Komparator probeweise zu einer solchen Auffindung von Veränderungen einige Zeit hindurch auf die Umgebung des Orionnebels angewendet und hat auf einem Raume von wenigen Quadratgraden sogleich 10 sehr schwache veränderliche Sterne gefunden.

Sonnenfinsternis-Meteorologie.

Bis zum Jahre 1886 war es sehr zweifelhaft, ob durch den Eintritt einer totalen Sonnenfinsternis irgend welche Änderungen in der Temperatur und im Luftdrucke innerhalb der Totalitätszone der Finsternis hervorgerufen werden können. Erst die bestimmten Wahrnehmungen, die man in dieser Hinsicht bei Gelegenheit der totalen Sonnenfinsternis vom 29. August 1886 machte, lenkten die Aufmerksamkeit auf die Existenz solcher meteorologischer Störungen, und das Studium der Vorgänge im Luftmeere wurde daraufhin bei den Finsternissen vom 19. August 1887 und 9. August 1896 durch Ausführung systematischer Beobachtungen gesichert. Man fand (vgl. H. u. E. IX. Jahrg. 467), dafs der Luftdruck eine Schwankung während der Dauer der Finsternis ausführt, die sich in den Ablesungen des Barometers als Doppelwelle, entsprechend einem zweimaligen Ansteigen und Fallen des Barometers, ausdrückt. Betreffs des Rückganges der Lufttemperatur ergab sich, dafs das Maximum dieses Fallens der Temperatur etwa $2^{1}/_{2}$ Grad beträgt und sich der tiefste

Stand einige Zeit nach der gröfsten Phase der Verfinsterung (nach der Mitte der Finsternis) einstellt. Die Sonnenfinsternis vom 28. Mai 1900, deren Totalitätszone besonders den südlichen Teil der Vereinigten Staaten Nordamerikas traf, gab nun aber Gelegenheit, ausgedehnte meteorologische Beobachtungen anzustellen. Nach den Resultaten, die Clayton aus den gewonnenen Daten erhalten hat, bewirkte der Eintritt der Finsternis die Entstehung eines Gebietes mit niedrigerer Temperatur, in welchem die letztere um mehr als 4 Grad tiefer war als jene der Umgebung. Ebenso bildete sich ein Gebiet mit etwas höherem Luftdrucke, welches von einer Zone geringeren Druckes und weiterhin noch von einer Zone maximalen Druckes umgeben war. Wie die Eintragungen in Karten anzeigen, änderten dementsprechend, während sich der Mondschatten über den Kontinent fortbewegte, die Winde ihre Richtung, so dafs die ganze meteorologische Veränderung ziemlich der Entwickelung einer Cyklone mit kaltem Centrum gleichkam. Es ist gewifs sehr merkwürdig, dafs der geringe, durch den Lauf des Mondschattens hervorgebrachte Temperaturabfall im stande ist, in sehr kurzer Zeit eine Cyklone zu entwickeln mit derselben Windbewegung und Luftdruckverteilung, wie sie bei Cyklonen vorkommen. Wenn eine Finsternis eine Cyklone erzeugen kann, die mit der Vorwärtsbewegung des Mondschattens gleichen Schritt hält, so liegt der Gedanke nahe, dafs auch der Temperaturrückgang, der täglich am Abend erfolgt, ebenfals eine schwache Cyklone mit kaltem Centrum bilden kann. Während des Tages wird aber eine Cyklone warmer Luft erzeugt; es müssen also täglich zwei Druckminima erscheinen und ein Gebiet hohen Druckes zwischen beiden. Hieraus erklärt sich nach Clayton das Zustandekommen der bekannten täglichen Doppelperiode des Luftdruckes, über die von der Meteorologie bisher noch keine völlig hinreichende Erklärung gegeben werden konnte.

Der neue Edisonsche Accumulator hat nach den bekannt gewordenen Angaben Platten aus Eisen und Nickel in Pottaschelösung. Bei der Anfertigung der Elektroden werden Gemische aus Eisen- und Graphitpulver resp. Nickel- und Graphitpulver in Kästen aus sehr dünnem, perforiertem Stahlblech gedrückt und je 24 solcher Stücke in die Löcher einer Stahlplatte gelegt, worauf die ganze Tafel stark gepreßt wird, so dafs die Teile fest aneinander haften. Beim Laden des Accumulators wird das Eisen reduziert, das Nickel zu Nickelsuperoxyd oxydiert. Die Pottaschelösung ändert dabei ihre Konzentration fast gar nicht, so dafs die Flüssigkeitsmenge gering sein kann. Die Spannung beträgt ca. 1,2 Volt, die normale Stromdichte ca. 0,9 Amp. auf 1 qdm Elektrodenfläche gegenüber 2 Volt und 0,5 Amp. beim Bleiaccumulator. Während aber bei diesem eine Batterie, die eine Kilowattstunde liefern soll, ca. 100 kg wiegt, hat der entsprechende Edisonsche Accumulator nur ein Drittel dieses Gewichtes.

Troels-Lund: Gesundheit und Krankheit in der Anschauung alter Zeiten. Vom Verfasser durchgesehene Übersetzung von Leo Bloch. Mit einem Bildnis des Verfassers. Leipzig 1901. B. G. Teubner. 233 S. 8°.

Das Thema des Verfassers ist die Frage: Was verstanden die Gebildeten des 16. Jahrhunderts unter Gesundheit und Krankheit, und wie suchten sie die Gesundheit zu erhalten? In einer Einführung schildert er uns die hohe Kultur der Ägypter in Bezug auf Hygiene (ihre peinliche Sauberkeit) und ihre Ärzte, die alle Spezialärzte waren; ferner den Einflufs des Tempels zu Kos, der auf die Kranken, die dort Heilung suchten, wie ein Sanatorium wirkte, und der in den Votivtafeln ein grofses Sammelwerk über Krankheit und Heilmittel besafs; ein Sammelwerk, als dessen Frucht wir die Kunst eines Hippokrates und Galenus betrachten dürfen.

Bei den nordischen Völkern des 16. Jahrhunderts lagen die Verhältnisse schwieriger. Die Ungunst des Klimas und die christliche Geringschätzung des Körpers liefsen Verhältnisse aufkommen, die aller Hygiene Hohn sprachen, und der Aberglaube liefs die Menschen für die Krankheiten Ursachen suchen, die gar nichts damit zu thun hatten. Neben der theologischen Abfindung, dafs die Krankheit von Gott stamme, trat die andere, dafs der Teufel die Ursache sei, und entfesselte nun die geängstigten Menschen in blinder Wut gegen alle der Zauberei Verdächtigen. Andere suchten die Ursache in den Sternen, entsprechend dem astrologischen Aberglauben der damaligen Zeit, noch andere in den menschlichen Säften — die Humoralpathologie, die wir noch heute hier und da beim Volk geltend finden. Eingehendere Schilderung ist Paracelsus und Tycho Brahe zu teil geworden.

Das Buch entrollt ein sehr anschauliches Bild der Zustände im 16. Jahrhundert, besonders in Dänemark und Schweden, und ist ein vortrefflicher Beitrag zur Kulturgeschichte.

Aus Natur und Geisteswelt. Sammlung wissenschaftlich-gemeinverständlicher Darstellungen aus allen Gebieten des Wissens. Leipzig. B. G. Teubner. 8°. Geheftet 1 Mk., geb. 1.25 Mk.

3. Bändchen. Bau und Leben der Tiere. Von Dr. Wilhelm Haeke. 140 Seiten.

16. Bändchen. Der Kampf zwischen Mensch und Tier. Von Professor Dr. Karl Eckstein. 128 Seiten.

26. Bändchen. Das Zeitalter der Entdeckungen. Von Professor Dr. S. Günther, München. Mit einer Weltkarte. 144 Seiten.

In ähnlicher Weise, wie mehrere andere Verleger in kleinen, billigen Bändchen ausgezeichnete populäre Darstellungen aus den verschiedensten Gebieten geboten haben, giebt die bekannte Buchhandlung von B. G. Teubner seit einigen Jahren monatlich je ein Bändchen solcher populären Werke heraus, von denen drei hier vorliegen. Davon giebt das erste eine Beschreibung des Tierkörpers, für deren Ausdehnung und Behandlungsart Vorträge des Verfassers im Münchener Volks-Hochschulverein maßgebend gewesen sind. Er schildert die Tiere in ihrer Umgebung, ihre Anpassung an ihre Lebensumstände, die Gliederung, die einzelnen Organe und giebt endlich ein kurzes Schlußbild des ganzen Tierreichs.

In dem zweiten Bändchen schildert uns Prof. Eckstein den Kampf, den der Hirt und Jäger, der Landmann, Forstmann und Fischer gegen ihre besonderen Feinde, jeder einzelne Mensch gegen die Zerstörer seiner Vorräte, seines Körpers und seiner Gesundheit führen müssen; er schildert die Kampfmittel der Menschen und die der Feinde in diesem Kampf gegeneinander und zeigt, wie es hier in diesem ewigen Kampf keinen Stillstand giebt, wie vielmehr jeder toujours en vedette sein muß. Da die Darstellung eine Fülle von Einzelheiten enthält, so ist das Buch nicht nur eine anregende Lektüre, sondern auch ein Rat- und Hilfsbuch für viele Fälle.

Das dritte Bändchen ist wie das erste aus Vorträgen des Verfassers im Münchener Volks-Hochschulverein hervorgegangen. Nach dem einleitenden Vortrag, der die geographischen Entdeckungen im Altertum und Mittelalter schildert, führt uns der Verfasser die geographischen Entdeckungen der Portugiesen, des Columbus, Magellans, die übrigen spanischen und portugiesischen Entdeckungen und Eroberungen in Amerika vor, und beschließt sein Buch mit der Darstellung des Eintritts der Franzosen und der germanischen Völker in die Entdeckerthätigkeit. — Der Name des Verfassers ist auf dem Gebiete solcher geographischen Schilderungen so bekannt, daß man schon aus ihm auf die Fülle des Materials und die anregende Form der Darstellung schließen kann.

Verlag: Hermann Paetel in Berlin. — Druck: Wilhelm Gronau's Buchdruckerei in Berlin-Schöneberg.
Für die Redaktion verantwortlich: Dr. P. Schwahn in Berlin.

Das Bruce-Teleskop der astrophysikalischen Abteilung der Großherz. badischen Sternwarte auf dem Königstuhl bei Heidelberg.

Der Adlergrund.

Von Geh. Baurat a. D. Bezelt in Berlin.

I.

Die Havarie des Linienschiffes „Kaiser Friedrich III." am 2. April v. J. infolge Grundberührung auf der Rönnebank gleich nördlich des Adlergrundes ist wohl die schwerste, die eines unserer modernen Linienschiffe erfahren hat; es ist daher erklärlich, daſs das allgemeine Interesse wieder dem Adlergrund sich zuwendet, wie dies früher schon einmal der Fall gewesen ist. — Von der Insel Bornholm ab erstreckt sich in der Richtung nach der 90 Kilometer entfernten Insel Rügen, aus dem 30 bis 40 Meter tiefen Meeresgrunde aufsteigend, die 48 Kilometer lange, 16 Kilometer breite Rönnebank. Die Wassertiefe auf derselben ist 14 bis 19 Meter, bietet also der Schiffahrt keine Gefahr, aber auf dem Südende der Bank liegt eine 8 Kilometer lange, 4 Kilometer breite Untiefe, auf welcher 10 Meter und weniger, stellenweise nur 6 Meter Wasser stehen. Diese Untiefe heiſst nach einem schwedischen Offizier der „Adlergrund". Derselbe liegt also zwischen Bornholm und Rügen im offenen Meere, gerade auf dem Schiffahrtswege zwischen Danzig und Kiel. Die Rönnebank besteht aus diluvialem Thonboden und ist mit erratischen Geschieben, Kies und Sand überlagert. Die Steine, in der Gröſse von kleinem Gerölle bis zu mächtigen, mehrere hundert Centner schweren Blöcken, liegen einzeln oder haufenweise auf dem Boden oder sind in den Thon, Kies oder Sand eingebettet. — Früher gab es auf dem Adlergrund einige Stellen, die 5 Meter und sogar nur 4 Meter Wasser über sich hatten. Diese geringe Tiefe war eine groſse Gefahr für die Schiffahrt und lieſs den Wunsch nach Unschädlichmachung dieses Hindernisses entstehen. — Schon 1876 hatte Leutn. z. S. Freiherr v. Löwenstein von Kiel aus den Versuch gemacht, die gefährlichen Steine zu beseitigen, doch ohne einen Erfolg zu erreichen.[1]) — Mit der Entwickelung der deutschen Marine und der steten Zunahme der Gröfse der Seeschiffe war eine Abhilfe immer dringender geworden, und so erhielt der damalige Wasserbauinspektor Weinreich in Colbergermünde von der Kaiserlichen Admiralität den Auftrag zur Wegräumung des Adlergrundes.[2]) Nachdem zu diesem Zweck eine Anzahl Schiffe durch Ausrüstung mit Steinkörben, Steinzangen, Hebezeugen, Taucherapparaten, Steinsprengvorrichtungen u. s. w. zu Steinzangerfahrzeugen eingerichtet waren, wurde von dieser Flotte in der Zeit vom Mai bis

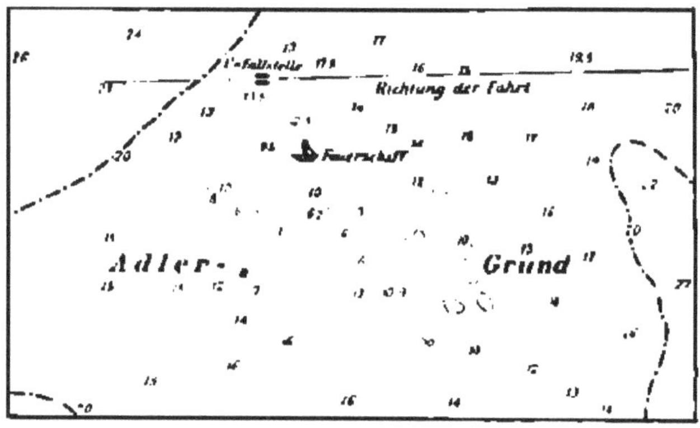

Adlergrund nach den bisherigen Vermessungen

Oktober 1879 die aufsergewöhnliche, schwierige und mühsame Abräumungsarbeit, oft durch stürmisches Wetter unterbrochen, ausgeführt. Am leichtesten geschah dies mit den frei liegenden Steinen, denn das kleine Gerölle wurde einfach in die von den Schiffen herabgelassenen Körbe geworfen, während die gröfseren Steinblöcke unschwer von den Zangen gefafst werden konnten. Schwieriger gestaltete sich die Arbeit, als man auf Felsblöcke stiefs, die in dem festen Thonboden eingebettet lagen. Hier wurde mit Tonit gesprengt, wobei zugleich der anhaftende Thon von den Steinen sich ablöste. Die in den Körben und mit den Zangen gehobenen Steine wurden zunächst in den Schiffen untergebracht, und, wenn diese beladen waren oder wenn

[1]) Annalen der Hydrographie 1876.
[2]) desgl. 1880.

ungünstige Witterung die weiteren Abräumungsarbeiten verhinderte, segelten die Schiffe oder fuhren, durch Dampfer geschleppt, nach tiefen Meeresstellen, wo die Steine wieder aus den Fahrzeugen gehoben und ins Wasser geworfen wurden. Auf diese Weise sind 5200 Kubikmeter Steine abgeräumt, von denen der gröfste bei 6 Kubikmeter Inhalt ein Gewicht von etwa 800 Centner besafs. — Nachdem überall eine Tiefe von 6 Meter erreicht war, auch die zur Verfügung gestellten Gelder im Betrage von $^1/_4$ Million Mark verausgabt waren, wurden die Abräumungsarbeiten eingestellt. Eine Fortsetzung derselben wurde

Die Rönnebank

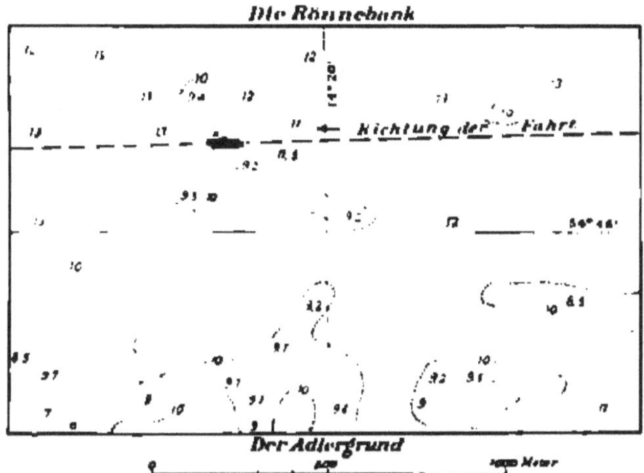

Der Adlergrund

Meter

Die eingeschriebenen Zahlen bedeuten die Wassertiefen in Metern

Unfallstelle Rönnebank

von Weinreich der hohen Kosten wegen nicht empfohlen, denn zur Herstellung einer Tiefe von 8 Meter auf den noch vorhandenen 13 Steinriffen hätten etwa 110000 Kubikmeter feste Masse beseitigt werden müssen, wozu etwa 5 Millionen Mark erforderlich gewesen wären. Aufserdem konnte wegen der Schwierigkeit einer zuverlässigen Kontrolle der Arbeiten auf dem Meeresgrunde eine Garantie für die vollständige Beseitigung aller gefährlichen Stellen nicht übernommen werden. Dagegen machte Weinreich den Vorschlag, zur Bezeichnung des Adlergrundes, auf demselben einen im Unterbau aus mächtigen Betonquadern bestehenden Leuchtturm zu erbauen, wozu etwa 700000 M. erforderlich gewesen wären. Die kaiserliche Admiralität hat es vorgezogen, an der Nordseite des Grundes auf $12^1/_2$ Meter Wassertiefe ein Feuerschiff zu stationieren, dessen weifses Gruppenblinkfeuer 11 Seemeilen (20 Kilometer) weit sichtbar ist und von welchem bei Nebel mit der Sirene Signale gegeben werden. Allerdings mufs das Schiff bei Eintritt des Winters eingezogen und im Frühjahr wieder ausgelegt werden, auch kann es der Sturm von seiner Stelle vertreiben. —

II.

Das Linienschiff „Kaiser Friedrich III.",[3]) auf der Fahrt von Danzig nach Kiel begriffen, fuhr von Hela ab mit Volldampf und machte nahezu 16 Seemeilen (30 Kilometer) in der Stunde; sein Kurs führte etwa 600 Meter nördlich vom Feuerschiff und etwa 900 Meter nördlich von dem Adlergrunde vorbei. Auf dieser Fahrlinie waren nach Mafsgabe der Seekarte ausreichende Tiefen, nämlich nicht unter 13 Meter vorhanden. Vor Beginn der Fahrt lag das Schiff vorn 7,9 Meter, hinten 8,2 Meter tief, während der Fahrt aber nimmt der Tiefgang wegen des Einsaugens bei grofser Geschwindigkeit noch um $^1/_2$ bis 1 Meter zu.

Als bei klarem Wetter und ruhiger See morgens 1 Uhr 22 Minuten das Feuerschiff eben passiert war, hatte man auf dem Vorderschiff die Empfindung, als ob plötzlich die Maschinen rückwärts schlügen oder doch wesentlich ihre Gangart änderten, auf dem Hinterschiff hatte man ein klirrendes Geräusch bemerkt; Wasser war alsbald an einigen Stellen ins Schiff eingedrungen. Das Schiff war auf den Grund gestofsen und über Steine fortgerutscht, dabei hatte der Schiffsboden tiefe Einbeulungen, Risse und Löcher erhalten, auch war die Ruderstütze abgebrochen. Mit Hilfe einer Maschine erreichte das Schiff in langsamer Fahrt (5 Seemeilen in der Stunde) den Kieler Hafen. Die alsbald vorgenommene Untersuchung der Unfallstelle hat ergeben, dafs auf dem 12 bis 13 Meter tiefen Meeresgrunde einzelne flache, zum Teil mit Steinen bedeckte Bodenerhebungen, wenn auch von einigen hundert Metern Gröfse, doch in Rücksicht auf die hier in Betracht kommenden Verhältnisse nur von sehr geringer Ausdehnung sich befinden, auf deren höchsten Stellen 8 bis 9 Meter Wasser stehen. Eine dieser rückenartigen Erhebungen von 250 Meter Länge, 60 Meter Breite hatte auf der höchsten 5 bis 10 Meter breiten, 50 Meter langen Kuppe nur 8,2 Meter Wassertiefe, und durch einen höchst merkwürdigen unglücklichen Zufall hatte das 9 Meter tief gehende Schiff gerade diese kleine Fläche gefafst, während gleich daneben ausreichende

[3]) Marine-Rundschau 1901.

Tiefen vorhanden waren. Die Unfallstelle besteht aus Steingerölle mit einzelnen, $^1/_4$ bis $^1/_2$ Kubikmeter grofsen (12 bis 25 Centner schweren), teilweise in Kies eingebetteten Steinen. Diese sowie mehrere andere in der Nähe aufgefundene Untiefen sind in den Seekarten nicht verzeichnet, und darin liegt die Erklärung, dafs der Unfall sich ereignen konnte, wiewohl die Frage sich aufdrängt, weshalb mit dem grofsen Schiff so nahe bei dem gefährlichen Adlergrund vorbei gesteuert werden mufste. Unzweifelhaft liegt die Ursache von der Unrichtigkeit der Seekarten darin, dafs bei den früheren Vermessungen die flachen Stellen wegen ihrer geringen Ausdehnung von den lotenden Booten nicht angetroffen worden sind. Behufs der nunmehr dringend notwendig gewordenen Berichtigung der Seekarten hat im Sommer eine Neuvermessung des Adlergrundes stattgefunden. Diese unter aufserordentlicher Aufwendung von Hilfsmitteln, besonders auch unter Mitwirkung mehrerer Schiffe der Kriegsmarine ausgeführten Arbeiten, bei welchen $^1/_2$ Million einzelne Meerestiefen durch Auswerfen des Lotes und 200 000 Winkel gemessen werden mufsten, haben wohl den höchsten Grad der Genauigkeit einer Hochseevermessung erreicht. In der „Marine-Rundschau" hat Kapt.-Leutn. Deimling über diese interessanten Vermessungen berichtet und dabei zugleich eine Hypothese über die Entstehung der Veränderungen auf dem Meeresboden durch Steinanhäufungen in der Umgebung des Adlergrundes aufgestellt. Diese Hypothese ist sowohl für die Schiffahrt als auch für die Wissenschaft von so hoher Bedeutung, dafs eine nähere Besprechung derselben gerechtfertigt erscheint. — Gegenüber der zugestandenen Möglichkeit, dafs die neu aufgefundenen Bodenerhebungen mit den Steinanhäufungen auf denselben schon immer vorhanden gewesen und nur wegen ihrer geringen Ausdehnung bei den früheren Vermessungen (1878 und 1885) nicht angetroffen sind, wird es aber doch für wahrscheinlicher gehalten, dafs die Steinanhäufungen erst in neuerer Zeit sich gebildet haben, indem angenommen wird, dafs Steine und Gerölle vom Adlergrunde her, durch Meeresströmungen und Treibeis transportiert, nach anderen Stellen des Meeresgrundes gelangen.

Dieselbe Ansicht besteht offenbar auch im Reichs-Marineamt, denn nach dem Marine-Etat für 1902 sollen in der Ostsee gröfsere Revisionsvermessungen ausgeführt werden, deren Notwendigkeit mit der Behauptung begründet wird, dafs an einzelnen Stellen der Ostsee die Schiffahrt gefährdende Veränderungen der Wassertiefen eingetreten sind.

Hierauf ist folgendes zu bemerken: Zum Fortbewegen von Steinen durch die Kraft fliefsenden Wassers mufs dasselbe eine der Gröfse der Steine entsprechende Geschwindigkeit annehmen; im vorliegenden Falle müfste die Meeresströmung schon die Geschwindigkeit eines reifsenden Gebirgsflusses oder etwa eine solche von 4 bis 6 Seemeilen (7 bis 11 Kilometer) in der Stunde besitzen. Nun erreichen allerdings bei Sturmfluten die Strömungen längs der Küsten zuweilen recht beträchtliche Geschwindigkeiten, so z. B. werden längs der Küste von Rügen Steine manchmal von nicht geringer Gröfse entlang bewegt, aber in der offenen Ostsee sind dergleichen heftige Strömungen bisher nicht beobachtet worden; bei dem Adlergrund soll die Geschwindigkeit selten mehr als $^1/_2$ Seemeile betragen. Wenn als Beweis für das Auftreten heftiger Grundströmungen angeführt wird, dafs die bei der Neuvermessung beschäftigten Taucher durch Wasserbewegung zuweilen in so starke Schwankungen geraten sind, dafs sie ihre Arbeiten haben einstellen müssen, so ist dies lediglich der nach unten hin sich fortsetzenden Pendelbewegung der Wellen zuzuschreiben. Wäre eine Strömung vorhanden gewesen, so würden die Taucher nicht eine schwankende Bewegung angenommen haben, sondern sie würden in der Richtung der Strömung mit fortgerissen sein. Bei den Abräumungsarbeiten auf dem Adlergrund sind Grundströmungen nicht beobachtet worden, denn sonst hätte Weinreich sicherlich Mitteilung darüber gemacht. — Ferner wird berichtet, dafs in kalten Wintern das Wasser auf dem Adlergrund bis auf den Meeresboden zufriert, und auf diese Behauptung wird folgende Drifttheorie aufgebaut: Es wird angenommen, dafs die auf dem Adlergrund liegenden Steine an das Eis anfrieren, dafs bei Eintritt von Tauwetter die aufgebrochenen Eisschollen, vom Winde getrieben, vom Adlergrund fort nach anderen Stellen des Meeres schwimmen, und dafs bei diesem Umherschwimmen die angefrorenen Steine beim Abschmelzen des Eises herabfallen, so dafs auf diese Weise durch Ablagerung und Anhäufung der Steine Veränderungen des Meeresbodens aufserhalb des Adlergrundes, also auch auf der Rönnebank, entstehen. — Wäre diese Theorie richtig, so würde starkes, kerniges Treibeis sowohl in jener Gegend der Ostsee, als auch, durch Seewinde getrieben, an der pommerschen Küste vorkommen, was aber bisher nicht beobachtet worden ist. — Das unter gewissen Witterungsverhältnissen in der Ostsee in grofsen Massen sich bildende Treib-, Schlamm- und Grundeis treibt, der jeweiligen Windrichtung folgend, oft wochenlang in der Ostsee umher, bei Seewind erscheint es an der pommerschen Küste und blockiert die Häfen, bei Landwind treibt es wieder auf die offene See hinaus;

tritt Windstille ein, so frieren die Massen zusammen, und es entsteht eine weit ausgedehnte Eisdecke, aber immerhin nur von geringer Stärke, die beim Aufkommen des Windes wieder in Stücke zerbricht. Dergleichen Eisdecken mögen bei dem Adlergrunde beobachtet worden sein; aber unwahrscheinlich ist es, dafs dieselben so lange Zeit daselbst sich aufhalten, bis das Wasser bis auf den Grund zufriert, falls dies bei der vorhandenen Tiefe von 6 und mehr Metern überhaupt geschehen könnte. Selbst Gewässer von geringerer Tiefe, z. B. das Grofse und Kleine Haff und die Strandseen an der pommerschen Küste, frieren nicht bis auf den Grund zu. In früheren Jahrhunderten sollen ausgedehnte Vereisungen der Ostsee vorgekommen sein; ob bei diesen Nachrichten Übertreibungen mitgewirkt haben, ist schwer zu entscheiden. Bekanntlich bildet sich unter gewissen Bedingungen auf dem Boden von Gewässern poröses Eis, welches eine Zeitlang am Grunde haften bleibt, dann sich loslöst und mit den angefrorenen kleinen Gegenständen, wie Steinchen, Sand. Pflanzen, Seetang u. s. w., als Grundeis bis zum Wasserspiegel emporschwimmt. Nun mag ja auch auf dem Adlergrund die Entstehung von Grundeis beobachtet worden sein, allein es ist unwahrscheinlich, dafs dasselbe wegen seiner geringen Tragkraft massenhaft Steinmaterial und zumal Blöcke von mehreren Centnern Schwere emporhebt. — Ähnliche Steinanhäufungen wie auf dem Adlergrund, aber von geringerem Umfang und in flacherem Wasser, kommen auch an anderen Stellen der Ostsee vor, z. B. auf dem Riff der Greifswalder Oie, auf der Coserower- und Vinetabank, aber von Veränderungen des Meeresgrundes daselbst ist nichts bekannt. — Jahrelange Beobachtungen über das Verhalten der Steine und Betonblöcke, welche neben den Hafendämmen in die pommerschen Ostseehäfen zum Schutz gegen Unterspülungen geschüttet worden sind, haben ergeben, dafs dieselben in den Meeresgrund, wo derselbe aus Sand besteht, einsinken und deshalb Nachschüttungen erforderlich werden, dafs aber weder die an diesen Dämmen zuweilen entlang laufenden heftigsten Strömungen noch die ungünstigsten Eisverhältnisse irgend welche Veränderungen in der Lagerung der Steine auf dem Meeresgrunde verursachen. Wohl ereignet es sich bei Sturmfluten, dafs diejenigen Steine und selbst die schwersten Betonblöcke, welche nur wenig unter dem Wasserspiegel liegen, durch die anrollenden Wellen fortgestofsen werden. — Um die Schiffe zu veranlassen, künftig weiter vom Adlergrunde entfernt und in tieferem Wasser über die Rönnebank zu fahren, hat man das Feuerschiff um etwa 4 Kilometer weiter nördlich, also um so viel näher nach Bornholm hin verlegt. Dasselbe liegt jetzt auf 54° 50′ 3,8″ Nordbreite und 14° 22′ 0,6″ Ostlänge. Hierdurch ist zugleich der Vorteil erreicht, dafs, während bisher das Schiff der grofsen Entfernung wegen weder von Rügen noch von Bornholm sichtbar war, es jetzt von Bornholm gesehen und daher von hier aus die genaue Position desselben jederzeit mit Sicherheit kontrolliert werden kann. — Erweist sich aber die Theorie als richtig, dafs in der That durch Meeresströmungen und Treibeis Steine vom Adlergrunde nach anderen Meeresstellen transportiert werden, so bleibt doch trotz der Verlegung des Feuerschiffes eine Unsicherheit und Gefahr für die Schiffahrt bestehen, denn dann können sich jederzeit unter bestimmten Witterungsverhältnissen unbemerkt neue gefährliche Steinablagerungen auf der Rönnebank bilden. — Vielleicht geben vorstehende Äufserungen Veranlassung zur weiteren Besprechung dieser für die Schiffahrt und für die Wissenschaft wichtigen Frage, besonders auch von Seeleuten, Wasserbauingenieuren und Geologen.

Die kleinen Planeten.

Von Gustav Witt, Astronom in Berlin.

(Fortsetzung.)

VII. Die photographischen Asteroiden-Entdeckungen.

Bei der Fortführung des ursprünglichen Planes von Chacornac waren die Gebrüder Henry in Paris auf dieselben Schwierigkeiten gestoßen, die schon Hind und Peters an der Vollendung der von ihnen begonnenen Mappierung des Ekliptikalgürtels gehindert hatten. Es erwies sich als eine Unmöglichkeit, die noch fehlenden Karten in absehbarer Zeit mit der wünschenswerten Vollständigkeit und Zuverlässigkeit herzustellen. Zudem wäre es eine durch nichts gerechtfertigte Vergeudung von Zeit und Kraft gewesen, auf dem bisher eingeschlagenen Wege fortzufahren, da inzwischen zahlreiche, im wesentlichen erfolgreiche Versuche vorlagen, welche die Erreichung des erstrebten Zieles in einer anderen Richtung vollständiger und genauer zu gewährleisten versprachen.

Geraume Zeit vor der Mitte des verflossenen Jahrhunderts hatte man angefangen, die noch neue Kunst der Photographie auch auf astronomische Aufgaben anzuwenden. Waren auch die Resultate, an den in der Gegenwart erreichten Fortschritten gemessen, vor der Hand mehr als mäßige, so spornten sie doch zu weiterer Vervollkommnung der Methoden wie zur Fortsetzung der einmal in Angriff genommenen Versuche an. Etwa um 1850 war man bereits so weit, von den hellsten Fixsternen brauchbare Eindrücke auf den lichtempfindlichen Platten zu erhalten, namentlich als das Daguerresche Verfahren durch den Kollodiumprozeß ersetzt worden war. Weitere Verbesserungen folgten rasch. Man lernte, ziemlich empfindliche Platten herzustellen, und benutzte mit Vorliebe an Stelle der gewöhnlichen visuellen Objektive solche, bei denen auf eine möglichst vollkommene Vereinigung der aktinischen Strahlen Bedacht genommen war. Der Vorteil davon lag auf der Hand. Die Belichtungszeiten konnten nun selbst für schwächere

Sterne verhältnismäfsig kurz bemessen werden; und als Maddox im Jahre 1871 die Trockenplatte, das sogenannte Bromsilber-Emulsions-Verfahren mit Gelatine erfunden hatte, war die endgiltige Einführung der coelestischen Photographie, insonderheit ihre Anwendung auf die Stellarastronomie, lediglich auf die vollkommenere Ausbildung der photographischen Prozesse hingewiesen.

Die gesammelten Erfahrungen machten sich auch Paul und Prosper Henry zu nutze. Als erfahrene und geschickte Optiker und Mechaniker vorteilhaft bekannt, gingen sie zunächst daran, eigenhändig ein für die chemisch wirksamen Strahlen korrigiertes Objektiv von 16 cm Öffnung und 2,10 m Brennweite zu schleifen. Damit gelang es ihnen, bei einer Expositionszeit von 45 Minuten Sterne 12. Gröfse zu photographieren. Durch diesen schönen Erfolg kühner gemacht, fertigten sie bald darauf ein Objektiv von mehr als doppelter Öffnung bei einer Brennweite von 3,43 m, und sie fanden sich in ihren Erwartungen hinsichtlich der überlegenen Leistungsfähigkeit des neuen Instruments nicht getäuscht. Die Abmessungen desselben waren so gewählt, dafs einer Bogenminute am Himmel eine Strecke von 1 mm auf der Platte entsprach, also derselbe Mafsstab, der für die Ekliptikalkarten früher in Anwendung gekommen war.

Die Hauptschwierigkeit bei den für die Aufzeichnung der schwächsten Sterne notwendigen langen Expositionszeiten, nämlich die exakte Nachführung des zur Aufnahme dienenden Fernrohrs, welche durch ein Triebwerk allein nie vollständig verbürgt werden kann, überwanden die Gebrüder Henry gleichfalls in mustergiltiger Weise. Sie schlossen zu dem Ende das photographische Teleskop mit dem für das Halten des Leitsternes erforderlichen Pointierfernrohr in eine gemeinsame stabile Hülle, so dafs an den Veränderungen und Biegungen des einen das andere unbedingt teilnehmen mufste. Damit schufen sie das Vorbild für alle photographischen Doppelrefraktoren der Neuzeit.

Es darf als bekannt vorausgesetzt werden, dafs bei gewissenhafter Nachführung des Aufnahmeinstruments die Sterne sich als Scheiben abbilden, deren Durchmesser mit der Helligkeit wächst; jedes andere Objekt, welches eine eigene Bewegung besitzt, mufs dagegen bei genügend langer Belichtung der Platte auf dieser eine strichförmige Spur hinterlassen. Auf dieser einfachen Überlegung beruhte nun die erste Anwendung der Photographie zur Aufsuchung von Planeten. Schon im Jahre 1886 war es z. B. W. Roberts gelungen, auf einer Himmelsaufnahme, die er mit seinem Spiegelteleskop erhalten hatte, die in mehreren Oppositionen nicht gesehene (80) Sappho aufzufinden, und ähnliche Versuche sind dann noch bei einigen anderen Planeten mit Erfolg angestellt worden. Indessen ergab sich hier eine Schwierigkeit, die einer wirksameren und ausgedehnteren Anwendung des Verfahrens hinderlich im Wege stand.

Um diese Schwierigkeit möglichst anschaulich zu machen und die Überlegungen zu verstehen, die zu ihrer Überwindung geführt haben, empfiehlt es sich, zwei bestimmte Instrumente hinsichtlich ihrer Leistungsfähigkeit miteinander zu vergleichen. Für unbewegte Objekte wächst die Einwirkung des Lichts auf die photographische Platte mit der Zeit stetig, wenn auch nicht unbegrenzt, so dafs schwächere Sterne noch einen Eindruck hervorrufen, und, je gröfser der Durchmesser des Objektivs, desto mehr Sterne offenbar in einer bestimmten Zeit abgebildet werden. Dabei ist es so gut wie gleichgiltig, welche Brennweite man für das Objektiv wählt. Durchaus anders liegt die Sache aber bei der Aufnahme bewegter Objekte. Da nämlich die von solchen erzeugten Bildchen sich auf der Platte stetig verschieben, können naturgemäfs diese Objekte nur zur Abbildung gelangen, wenn ihre Helligkeit ausreicht, um in der Zeit, innerhalb welcher das Bild seinen eigenen Durchmesser durchläuft, eine merkbare photochemische Veränderung in der empfindlichen Schicht hervorzurufen. Aus diesem Grunde ist der hier in Betracht kommenden Verwendung der gewöhnlichen photographischen Refraktoren eine ziemlich enge Grenze gesteckt.

Ein Beispiel mit konkreten Zahlen wird den Zusammenhang am einfachsten klarstellen. Für den photographischen Refraktor des astrophysikalischen Observatoriums zu Potsdam, der bei einer Objektivöffnung von 13 Zoll eine Brennweite von 3,4 m besitzt, kann der Durchmesser der kleinsten Sternscheibchen etwa zu 3″ gleich 0,05 mm angenommen werden, und diese Strecke durchwandern die Bildpunkte von kleinen Planeten, welche durchschnittlich in einer Minute am Himmel um 0″.5 fortrücken, in 6 Minuten. In derselben Zeit liefert das erwähnte Instrument gerade noch Sterne 11. Gröfse. Hieraus folgt, dafs Planeten von geringerer Helligkeit als 11. Gröfse damit nicht mehr photographiert werden können, wenn nicht die Belichtung nach einem anderen mühsameren Verfahren vorgenommen wird.

Mit dem nämlichen Instrument ist nun eine kleine photographische Kammer verbunden, die ein älteres Porträt-Euryscop von knapp 4 Zoll Öffnung trägt. Dieses liefert bei einer Brennweite von nur 0,66 m kleinste Sternscheiben von 30″. Ein Planet, der sich mit mittlerer

Geschwindigkeit bewegt, braucht mithin $\frac{30}{0,5}$ oder 60 Minuten zu dieser Ortsveränderung, und ebenso natürlich sein Bildpunkt auf der Platte. Diese Zeit reicht aber hin, um mit dem wesentlich kleineren Instrument noch Sterne 12. Gröfse zu erhalten. Hieraus erhellt, dafs das Euryskop wegen seiner bedeutend kürzeren Brennweite in der That für die Aufnahme von kleinen Planeten besser geeignet ist und mehr leistet als der erheblich gröfsere photographische Refraktor.

Augenscheinlich kommt für diesen besonderen Zweck alles darauf an, die Brennweite im Verhältnis zur wirksamen Öffnung des Objektivs so klein als irgend möglich zu wählen, weil in demselben Mafse die durch eigene Bewegung verursachte Verschiebung des Bildes auf der Platte sich verringert und demgemäfs das Licht länger auf dieselbe Stelle der empfindlichen Schicht einwirken kann. Andererseits ist klar, dafs von zwei Objektiven mit sonst gleicher Öffnung für das Aufsuchen von Planetoiden dasjenige den Vorzug verdient, welches die kleinere Fokaldistanz besitzt. Bei den gewöhnlichen zweiteiligen Objektivtypen läfst sich das Verhältnis von Öffnung und Brennweite aus praktischen Gründen nicht wohl über 1 : 10 hinaus steigern, dagegen ist bei den bekannten, aus vier oder mehr Linsen zusammengesetzten photographischen Objektiven unschwer ein Öffnungsverhältnis von 1 : 4 erreichbar, ohne dafs die Schärfe der Abbildung am Rande allzusehr leidet. Dazu kommt der nicht gering zu veranschlagende Vorteil, dafs mit solchen am Himmel Flächen von $10 \times 10 = 100$ Quadratgraden und darüber auf einer einzigen Platte aufgenommen werden können, während die für die Himmelskarte bestimmten Refraktoren nur $2 \times 2 = 4$ Quadratgrade liefern.

Die hier erörterten Gesichtspunkte zuerst in das rechte Licht gerückt und die Vorzüge der Verwendung kurzbrennweitiger Objektive für das Aufsuchen von Planeten betont zu haben, ist das grofse Verdienst von Professor Max Wolf in Heidelberg, mit dessen Arbeiten der letzte und zugleich erfolgreichste Abschnitt der Planetenentdeckungen anhebt. Nicht die Abbildung der kleinen Planeten in Form von Strichen, aus denen auf Gröfse und Richtung der Bewegung geschlossen werden kann, macht das Wesen der photographischen Methode aus, wie häufig unzutreffend angenommen und behauptet wird. Denn wenn auch die Spuren hellerer Asteroiden bei einiger Übung im allgemeinen leicht unter den Scheibchen der Fixsterne herauszukennen sind, so reicht doch in der Mehrzahl der Fälle eine einzige Aufnahme nicht hin, um mit Sicherheit das Vorhandensein eines Planetenstrichs auf der Platte verbürgen zu können. Insbesondere bei den schwächsten

Fig. 3. M. Wolfs älterer photographischer Doppelrefraktor

Strichen würde man nur zu häufig den bedenklichsten Täuschungen ausgesetzt sein, die durch unvermeidliche Unreinlichkeiten oder kleine Fehler der photographischen Schicht veranlaßt werden können. Aber auch mehrere dicht gedrängt stehende Sternchen, deren Bilder ineinander fließen, können Striche erzeugen, die den Planetenspuren aufs Haar gleichen, und selbst eine reiche Erfahrung bietet nicht unter allen Umständen gegen die Möglichkeit von Irrtümern ausreichenden Schutz.

Deshalb bleibt nur der Ausweg, eine Kontrollaufnahme, und zwar am besten bald nach der ersten Platte, anzufertigen. Dann muß sich zeigen, ob auf einer Platte jedesmal die Stelle leer ist, wo die andere eine Strichspur zeigt, d. h. ob es sich um ein reelles Objekt handelt. Auch wird, wenn beide Aufnahmen zeitlich unmittelbar nacheinander erhalten wurden, der eine Strich sich an den anderen anschließen, dessen direkte Fortsetzung bilden müssen. Da in der Regel eine zweistündige Belichtungszeit für jede Aufnahme erforderlich war, wie sie Wolf an seinem sofort zu beschreibenden älteren Instrument und nach ihm andere an ähnlichen Fernrohren erhielten, so resultierte aus der Anfertigung der Kontrollaufnahme eine nicht geringe Belastung, die um so schwerer ins Gewicht fällt, als die sorgsame Nachführung des Instruments auch dann noch eine mühsame und anstrengende Aufgabe bleibt, wenn ein sonst zuverlässiges Triebwerk vorhanden ist. Aus diesem Grunde befolgte Wolf mit Vorteil ein etwas abgeändertes Verfahren.

Das erwähnte erste Instrument, mit dem M. Wolf im Herbst des Jahres 1891 ausgedehnte Vorversuche angestellt und demnächst im Dezember die ersten Planetenaufnahmen erhalten hat, ein sechszölliges Beobachtungsfernrohr mit parallaktischer Montierung von Sendtner, trug zwei kürzere Rohre aus Eisenblech (Fig. 3),[77]) die einander das Gleichgewicht hielten und mit je einem sechszölligen Porträtobjektiv von Voigtlaender nach dem Petzvaltypus versehen waren. Die Drehung des Fernrohrs im Sinne der scheinbaren täglichen Bewegung besorgte ein in der Abbildung deutlich sichtbares Uhrwerk. Nachdem die beiden Kassetten mit den Platten eingesetzt waren, wurde zunächst eine Stunde lang mit dem einen Objektiv allein belichtet, dann der Deckel auch von dem anderen entfernt und die Belichtung eine weitere Stunde fortgesetzt. Nun wurde die Belichtung der ersten

[77]) Die diesem Abschnitt beigegebenen Abbildungen sind nach Originalphotographieen angefertigt, welche Professor Wolf die Güte hatte, dem Verfasser bereitwilligst zur Verfügung zu stellen.

Platte beendet und nur die zweite Platte noch eine Stunde für sich belichtet. So konnte eine volle Stunde erspart werden, ohne dafs die Sicherheit in der Identifizierung verdächtiger Objekte verringert war.

Anderwärts hat man sich, da man nicht über die erforderlichen instrumentellen Einrichtungen verfügte, mit einer Aufnahme begnügen müssen, war dann aber genötigt, wozu Wolf jede Möglichkeit fehlte, an einem lichtstarken Beobachtungsinstrument die verdächtigen Stellen durch direkte Prüfung des Befundes am Himmel zu untersuchen und erforderlichenfalls die nähere Umgebung nach den früher gegebenen Anweisungen zonenartig abzusuchen. Sind viele Zweifel dieser Art zu beheben, so kann dieses Verfahren sehr zeitraubend und lästig werden, und es wird deshalb immer nur als ein Nothbehelf anzusehen sein.

Die weitere Verfolgung einmal als sicher erkannter Planeten überläfst man nach wie vor zweckmäfsig mit wenigen Ausnahmen der direkten Beobachtung; sie führt schneller zur Kenntnis genauer Örter als die Ausmessung der photographischen Aufnahmen, deren Belichtung, Entwickelung und Durchsuchung nach bewegten Objekten ohnehin viele Stunden Arbeit erheischt.

Es ist wohl einleuchtend, welche gewaltige Zeitersparnis, von anderen Vorzügen ganz zu geschweigen, die Anwendung der Photographie gegenüber dem älteren direkten Aufsuchungsverfahren im Gefolge haben mufs und thatsächlich gehabt hat. Nehmen wir selbst an, dafs auf einer Aufnahme nur der mittlere Teil von $5 \times 5 = 25$ Quadratgraden so scharfe Abbildung zeigt, dafs noch die schwächsten Sterne wahrgenommen werden können, die man überhaupt bei zweistündiger Exposition zu erhalten hoffen darf, so würde die einmalige Durchbeobachtung dieses Gebiets an einem Refraktor zum mindesten 100 Stunden angestrengtester Arbeit erfordern, also unter normalen Verhältnissen mehrere Monate in Anspruch nehmen. Dasselbe leistet die Photographie in wenigen Stunden, und zwar mit ungleich gröfserer Zuverlässigkeit.

Mitte Dezember 1891 machte sich Wolf, der in Heidelberg aus eigenen Mitteln ein Observatorium geschaffen hatte, an die Aufsuchung der 1888 im April von Palisa entdeckten, aber seither nicht wieder gesehenen (275) Sapientia. Da der Planet etwa 10. Gröfse, also relativ hell sein sollte, so durfte mit einiger Wahrscheinlichkeit auf einen Erfolg gerechnet werden. Wirklich glückte ihm die Wiederauffindung am 20. Dezember, aber an einem Punkte des Himmels, der so weit von dem vorausberechneten Orte abwich, dafs die direkte Nachforschung wegen der Stellung des Planeten in der Milchstrafse ganz aussichtslos gewesen wäre. Damit war zunächst die Brauchbarkeit der Methode unzweifelhaft dargethan. Gleichzeitig fand aber Wolf auf derselben Platte noch einen Planeten, der sich als neu erwies; mit ihm schloſs die Reihe der Entdeckungen des Jahres 1891 überhaupt ab. Der Neuling erhielt die Nummer 323 und zu Ehren einer freigebigen Förderin der Himmelskunde, der inzwischen verstorbenen Miss

Fig. 4. Planet (329) Svea, entdeckt von Wolf am 21. März 1892.
(15-malige Vergröſserung der Originalaufnahme)

Bruce in New-York, den Namen Brucia. Leider hat gerade dieser erste photographisch entdeckte Planet bisher nicht wiedergefunden werden können.

Bei nochmaliger sorgfältiger Durchsicht aller Aufnahmen, die in der Zeit vom 28. November 1891 bis zum Ende des Jahres erhalten waren, konstatierte übrigens Wolf das Vorhandensein der Spuren von 6 weiteren neuen Planeten, die aber sämtlich als verloren zu betrachten sind und der abermaligen Entdeckung harren, bis auf einen, der 1893 zufällig wiedergefunden wurde.

Es wird nicht ohne Interesse sein, hier eine solche Planetenaufnahme gerade aus der ersten Zeit abzubilden. Sie betrifft den Planeten (329) Svea, den Wolf am 21. März 1892 auf der Platte ausfindig machte, und stellt einen kleinen Teil des Originals in 15facher Vergröfserung dar (Fig. 4). Die Belichtungsdauer betrug wie fast immer zwei Stunden. Das Gestirn, welches die Helligkeit eines Sternes 11,5. Gröfse besafs, bewegte sich ziemlich genau von Südosten nach Nordwesten (links unten nach rechts oben); seine Spur hatte eine wahre Länge von etwa 0,8 mm.

Am besten geht die Überlegenheit der photographischen Methode aus der rapiden Steigerung der Asteroidenentdeckungen hervor. Allein im Jahre 1892 wurden 28 neue Planeten aufgespürt, für welche sich bis auf 6 eine Bahnbestimmung ermöglichen liefs; das folgende Jahr brachte ihrer sogar 38, darunter 8, bei denen das Beobachtungsmaterial nicht zu einer Ermittelung von Elementen ausreichte. Mit dem Beginn des gegenwärtigen Jahrhunderts war die Zahl der bezifferten Planeten auf 463 gestiegen. Zu einem nicht unwesentlichen Teile ist die Entdeckung der ca. 150 Asteroiden, deren Kenntnis wir der Photographie in einem einzigen Dezennium zu verdanken haben, eine Frucht planmäfsiger Aufsuchung älterer Glieder dieser Gruppe, bei denen die direkte Nachforschung auf Schwierigkeiten gestofsen war oder sich von vornherein als unthunlich erwiesen hatte.

An den photographischen Entdeckungen in dem bezeichneten Zeitraum ist neben Wolf der Nizzaer Astronom A. Charlois in hervorragendem Mafse beteiligt gewesen; einige andere Entdecker haben nur wenig beitragen können. Die direkten Entdeckungen in der Zahl von 7 oder 8 treten demgegenüber vollständig in den Hintergrund, da die Beobachter es angesichts der Aussichtslosigkeit eines erfolgreichen Wettbewerbs mit der Photographie vorgezogen haben, auf eigene Nachforschungen ganz zu verzichten.

Recht lehrreich ist eine Übersicht über die Aufeinanderfolge der Entdeckungen, wie sie nachstehend in gedrängter Form gegeben ist. Es wurden aufgefunden:

(1) Ceres 1. Januar 1801.	(251) Sophia 4. Oktober 1885.
(51) Nemausa 22. Januar 1858.	(301) Bavaria 16. November 1890.
(101) Helena 15. August 1868.	(351) Yrsa 16. Dezember 1892.
(151) Abundantia 1. November 1875.	(401) Ottilia 16. März 1895.
(201) Penelope 7. August 1879.	(451) 4. Dezember 1899.

Zu dieser Zusammenstellung ist zu bemerken, dafs nur solche Planeten Berücksichtigung gefunden haben, für welche sich Bahnelemente haben ableiten lassen, die in manchen Fällen allerdings noch mit bedeutenden Unsicherheiten behaftet sein werden. Die Gesamtzahl der wirklichen Entdeckungen einschliefslich der nicht gesicherten hatte am Ende des Jahrhunderts das erste halbe Tausend bereits überschritten. Dabei sind noch nicht einmal über 40 Asteroiden einbegriffen, welche sich nachträglich bei der Ausmessung von Platten fanden, die die Gebrüder Henry in Paris seit Ende Oktober 1892 für die Himmelskarte angefertigt hatten. Diese Planeten müssen natürlich bis auf weiteres als verloren angesehen werden, da von ihnen nur je eine Position bekannt ist, und ähnlich wird es mit etwaigen Funden gehen, die an anderen Sternwarten anläfslich der gleichen Arbeit bereits gemacht sind oder noch gemacht werden.

Die Zahl der photographischen Entdeckungen hat in den letzten Jahren des Jahrhunderts eine deutliche Abnahme gezeigt. So wurden 1897 nur 7 gemeldet, 1898 18, 1899 12 und 1900 bis einschliefslich 31. Oktober 10. Freilich sind auch hier wieder diejenigen aufser Betracht geblieben, die nicht gesichert werden konnten und deshalb keine Nummer erhalten haben. Man darf aber hieraus keineswegs ohne weiteres schliefsen wollen, dafs die Glieder des Asteroidengürtels nahezu erschöpft seien. Ein solcher Schlufs wäre durchaus verfrüht, denn die Abnahme ist nur eine scheinbare und in der Hauptsache durch äufsere Umstände bedingt gewesen, nicht zum mindesten dadurch, dafs Charlois sich in diesen Jahren weniger intensiv an der Aufsuchung von Planeten beteiligt hat. Auch der Umstand darf zur Erklärung herangezogen werden, dafs Wolf eine Zeitlang durch die Errichtung der neuen Grofsherzoglich badischen Sternwarte auf dem Königstuhl bei Heidelberg, deren astrophysikalische Abteilung seiner Leitung übertragen wurde, stark in Anspruch genommen war. Endlich mufsten seine Instrumente von Zeit zu Zeit auch anderen wichtigen Aufgaben dienstbar gemacht werden. Gegenwärtig ist dafür bereits wieder ein mächtiges Anschwellen der Entdeckungen zu verzeichnen.

Seit dem Herbst 1900 ist nämlich die Planetensuche mit gesteigerter Intensität an einem bedeutend gröfseren Instrument auf dem durch vorzüglich durchsichtige Luft ausgezeichneten Heidelberger Observatorium aufgenommen worden. Unser Titelbild veranschaulicht das schöne Spezialinstrument, dessen Montierung nach den Plänen von Wolf zum Teil von Grubb in Dublin herrührt, zum Teil aus der eigenen Werkstatt hervorgegangen ist. Mit Absicht wurde die englische Form der Aufstellung gewählt. Der Pointer, mit einem

10zölligen optischen Objektiv von Pauly in Jena ausgestattet, hat eine Länge von 4,25 m; die beiden nach dem Petzvaltypus von Brashear geschliffenen photographischen Objektive erhielten je eine Öffnung von 16 Zoll und leisten ganz Hervorragendes. Am unteren Ende der nach dem Nordpol gerichteten, zwischen zwei Pfeilern gelagerten Stundenachse befindet sich der Uhrkreis mit einem Durchmesser von 1 m; dicht darunter erblickt man das Uhrwerk, dessen Gang durch eine astronomische Pendeluhr nach einer sinnreichen Idee von Wolf sehr genau reguliert wird. Um die gleichwohl noch vorkommenden kleinen Unregelmäſsigkeiten bei der Belichtung auszugleichen, d. h. den Leitstern exakt auf dem Schnittpunkt der Fäden zu halten, braucht das Fernrohr überhaupt nicht berührt zu werden; die Umdrehungsgeschwindigkeit der Schnecke, die in den Uhrkreis eingreift, läſst sich nämlich mittelst eines in der Abbildung am Okularende sichtbaren Doppeltasters auf elektrischem Wege je nach Bedarf verlangsamen oder beschleunigen.

Mit diesem Instrument ist es möglich, Planeten 14. Gröſse ohne Schwierigkeit zu photographieren; solche der 13. Gröſse sind sogar leichte Objekte, wie umstehende Reproduktion (Fig. 5) einer am 4. November 1901 erhaltenen siebenfach vergröſserten Aufnahme zeigt. Der stärkere Strich zur Rechten gehört dem Planeten (380) Fiducia ($12^m.6$) an; der etwas schwächere Strich links unterhalb der Mitte rührte von einem neuen Asteroiden $13^m.2$ her. Daſs die Striche nicht ganz gleichmäſsig sind, sondern kleine Unterbrechungen aufweisen, erklärt sich durch starken Sturm, der während der Belichtung herrschte und ein absolut genaues Nachführen des sonst sehr stabilen Instruments erschwerte.

Der photographischen Methode ist die Wiederbeobachtung manches älteren Planeten zu verdanken, der aus dem einen oder anderen Grunde nicht hatte aufgefunden werden können. Es befinden sich darunter (163) Erigone, entdeckt am 26. April 1876, dann die sehr wichtige (175) Andromache, entdeckt am 1. Oktober 1877, (203) Pompeja, die 1879 entdeckt worden war, und (228) Agathe, von der inzwischen sieben Oppositionen ohne eine einzige Beobachtung vorübergegangen waren. Die ersten drei der angeführten Planeten haben sich sogar über 15 Jahre allen Nachforschungen entzogen.

Da die photographischen Entdeckungen selbst kaum besondere Momente darbieten, kann davon Umgang genommen werden, einzelne Fälle herauszugreifen und eingehender zu behandeln. Dagegen erscheint es geboten, einer veränderten Vereinbarung über die Numerierung zu gedenken, die sich als notwendig erwies. Einmal war es häufig genug nicht möglich, die photographisch entdeckten Planeten durch direkte Beobachtungen zu sichern; es hätte also nachträglich

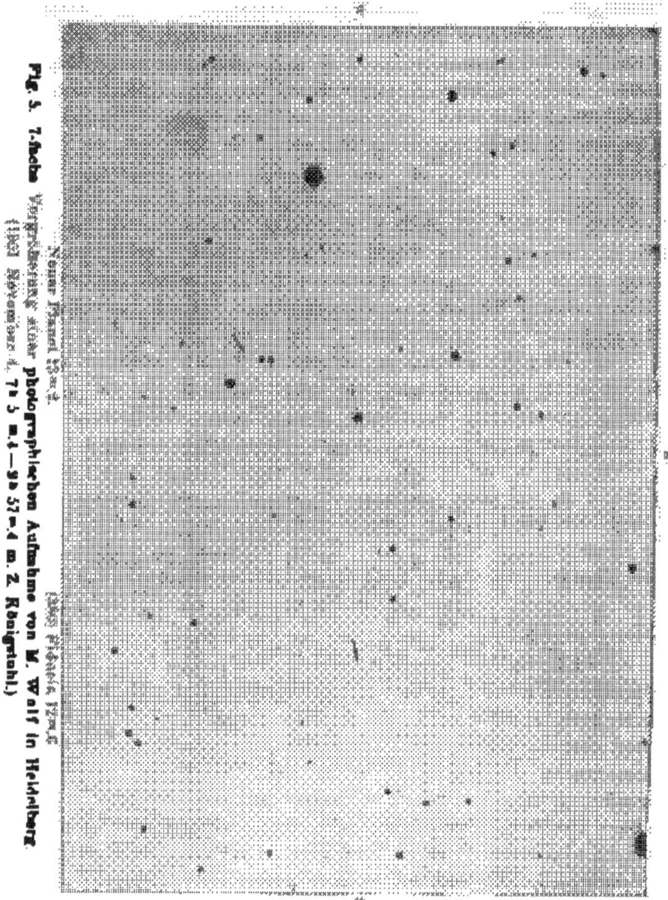

Fig. 5. 7-fache Vergrößerung einer photographischen Aufnahme von M. Wolf in Heidelberg. (1892 November 4, $7^h\,5^m$ m. Z.—$9^h\,57^m.4$ m. Z. Königstuhl.)

in nicht wenigen Fällen die einem Planeten beigelegte Nummer wieder gestrichen oder auf einen anderen übertragen werden müssen. Dazu trat die Schwierigkeit, daſs keineswegs immer schnell genug entschieden werden konnte, ob ein als neu angekündigter Planet sich nicht später als ein alter Bekannter entpuppen würde.

Aus diesen Gründen entschlofs sich der Herausgeber der „Astronomischen Nachrichten", der zugleich die Leitung der Zentralstelle hat, im Einvernehmen mit dem Direktor des Königlichen Recheninstituts zu Berlin, vorerst von einer definitiven Nummer für alle als neu gemeldeten Asteroiden Abstand zu nehmen und sich für dieselben mit einer provisorischen Bezeichnung zu begnügen, bis jeder Zweifel behoben war und die Numerierung gerechtfertigt erschien. In der zweiten Hälfte des Jahres 1892 wurde mit diesem Verfahren der Anfang gemacht, indem einfach jeder neue oder angeblich neue Planet nach der Reihenfolge der Meldungen einen der Buchstaben des grofsen lateinischen Alphabets mit vorgesetzter Jahreszahl erhielt. In jedem Jahre sollte mit dem Alphabet von neuem angefangen werden, gleichviel ob es im abgelaufenen Jahre erschöpft war oder nicht. Planeten, für welche nicht genügend viele Beobachtungen erlangt wurden, blieben schliefslich von der Numerierung, die dem Recheninstitut zustand, ein für allemal ausgeschlossen.

Indessen zeigte sich schon 1893, dafs man in einem Jahre keineswegs immer mit dem Alphabet auskommen würde, da es ein erstes Mal Ende April aufgebraucht war. Das getroffene Abkommen wurde deshalb dahin abgeändert, es seien von nun ab zur Kennzeichnung zwei Buchstaben aus dem Alphabet in fortlaufender Folge ohne Rücksicht auf den Beginn eines neuen Jahres anzuwenden. Der erste Planet, welcher nach diesem System bezeichnet wurde, ist (367) 1893 AA, von Charlois am 19. Mai 1893 entdeckt; den Beschlufs des ersten Doppelalphabets machte (347) Aquitana, in vorläufiger Bezeichnung 1894 AZ. Auf diesen Planeten folgte nun natürlich der vorerst mit 1894 BA bezeichnete (388). Ende Oktober 1900 war man bereits bei FS angelangt (463).

(Schlufs folgt.)

Die Trockenlegung des Zuyder-Sees.

Von Kürchhoff in Berlin.

Die niederländische Regierung hat neuerdings der Volksvertretung einen Gesetzentwurf, betreffend die Trockenlegung des Zuyder-Sees, vorgelegt, durch welche Maſsnahme die Aufmerksamkeit auf die verschiedenen, das Gleiche bezweckenden Pläne gelenkt wird.

Der Zuyder-See ist ein 3189 qkm, mit Einschluss der zur Ebbezeit bloſsliegenden Wadden 5250 qkm, grosser Meerbusen, der erst innerhalb der geschichtlichen Zeit und, zwar im 13. Jahrhundert, entstanden ist. Noch zu der Zeit, als die Römer Herren der jetzigen Niederlande waren, befand sich innerhalb des Raumes, auf welchem sich heute der Zuyder-See ausbreitet, ein „Flevo" genannter Süſswassersee, der ungefähr die gleiche Gröſse wie der heutige Bodensee hatte und vom Meer durch einen breiten, von einer schmalen Wasserstraſse durchbrochenen Landstreifen getrennt war. Diese Wasserverbindung lag an der Stelle, an welcher sich noch heute die „Vlie" genannte Meerenge zwischen Vlieland und Terschelling befindet.

Drusus leitete einen Teil des Rheines durch einen Kanal, die heutige Yssel, in den Flevo-See, in der Absicht, seine auf dem Rhein erbauten Schiffe schneller und sicherer in die Nordsee bringen zu können. Die auf diese Weise der im Mittelalter „Middelsee" genannten Wasserfläche zugeführten Wassermassen dürften wohl die Hauptschuld daran getragen haben, daſs sich der See im Laufe der Zeit immer mehr vergröſserte. Gleichzeitig machte sich auch von auſsen her die Kraft des Meeres geltend, für welches besonders das Vlie eine günstige Angriffsstelle bot. Ungefähr gegen Ende des 12. Jahrhunderts bildete sich durch die Meeresabspülungen ein bis etwa in die Linie Stavoren — Medemblik reichender Meerbusen, bei welchem Vorgang die Inseln Texel und Wieringen sich vom Festland ablösten. Die übrigen jetzt der Küste vorgelagerten Inseln folgten dem Beispiel erst gegen Mitte des 13. Jahrhunderts.

Inzwischen hatte sich der Flevo-See so vergröſsert, daſs zwischen

Stavoren und Medemblik nur eine sehr schmale Landenge bestand. In dieser richteten mehrfache, im Laufe des 13. Jahrhunderts stattfindende Überschwemmungen derartige Verheerungen an, dafs das wenige noch vorhandene Land der im Jahre 1395 stattfindenden grofsen Sturmflut nicht widerstehen konnte, sondern von der See verschlungen wurde.

Das Meer reichte nunmehr 90 km in das Land hinein und — abgesehen von den vorgelagerten Inseln — ragten aus demselben die kleinen Eilande Wieringen, Schokland, Urk und Marken hervor. Früher erstreckte sich von der Südwest-Ecke aus ein schmaler Wasserarm, das Ij, ungefähr 30 km weit nach Westen fast bis an die Küstendünen der Nordsee. Dieser Teil wurde Mitte des vorigen Jahrhunderts trocken gelegt, und durch dieses Gebiet führt jetzt der für Seeschiffe benutzbare Nordseekanal, welcher einer besseren Verbindung der wichtigen Handelsstadt Amsterdam mit dem Meere dienen soll, als diese durch den Zuyder-See möglich ist.

Die Tiefe des Meerbusens nimmt von Süden nach Norden zu und beträgt im Durchschnitt 3,5 m, die gröfste Tiefe ist 5.9 m. Trotz dieser verhältnismäfsig günstigen Tiefenverhältnisse ist die Schifffahrt infolge der vielen vorhandenen Untiefen sehr gefährdet. Unter gewöhnlichen Verhältnissen steigt der See während der Flut nur 30 bis 40 cm, bei Sturmfluten jedoch ist ein Steigen des Wassers um $2^1/_2$ m beobachtet worden.

Der gute Erfolg, welchen man bei der um Mitte des 19. Jahrhunderts vorgenommenen Trockenlegung des Haarlemer Meeres erzielt hatte, richtete die Aufmerksamkeit auch auf den Zuyder-See. Jedoch lagen bei letzterem die Verhältnisse — von dem erheblichen Gröfsenunterschied ganz abgesehen — durchaus nicht so günstig wie bei ersterem. Bei dem Haarlemer Meer hatte man einfach einen Abschlufsdamm gezogen und dann das Wasser aus dem so entstandenen Bassin ausgepumpt. Wie aus den oben gemachten kurzen Angaben hervorgehen dürfte, würde beim Zuyder-See die Herstellung eines Abschlufsdeiches an geeigneter Stelle trotz der erheblich gröfseren Höhe und Stärke durchaus nicht unausführbar sein. Ein wesentlicher Unterschied liegt aber darin, dafs dem Haarlemer Meer keine, dem Zuyder-See dagegen sehr erhebliche Wassermengen durch einmündende Flüsse zugeführt werden. Auf die hierdurch entstehenden Schwierigkeiten haben die meisten der eingereichten Vorschläge zur Trockenlegung des Zuyder-Sees zu wenig Rücksicht genommen.

Im Jahre 1848 wiesen zwei Niederländer zuerst, ohne irgend welche genaueren Pläne zur Ausführung anzugeben, auf das Wünschenswerte und auf die Möglichkeit der Trockenlegung des Zuyder-Sees hin. Auf welch fruchtbaren Boden dieser Vorschlag fiel, zeigt der schon im Jahre 1849 von dem Ober-Ingenieur von Diggeln veröffentlichte Plan. In diesem Plan, welcher die Ausführung jedoch nur in grofsen Zügen behandelte, war eine Trockenlegung des ganzen Meerbusens bis an die vorgelagerten Inseln — in welcher Weise zeigt Fig. 2 — vorgesehen. Die in den See einmündenden Flüsse sollten durch grofse Kanäle, welche längs der Grenzen des heutigen Zuyder-Sees beibehalten bezw. ausgebaut werden sollten, dem Meere ihre Wasser zuführen. Während der östliche Kanalzweig bei Terschelling direkt das Meer erreichte, sollte der westliche vermittelst eines quer durch Nordholland zu bauenden neuen Kanals mit der Nordsee verbunden werden.

Auf diese Weise wären allerdings 550 000 ha dem Meere abgenommen worden, jedoch wäre dieser Erfolg nur unter dem Aufwand einer Summe von 326 Millionen Gulden zu erreichen gewesen, und so erschien die Ausführung dieses Vorschlages sowohl in technischer als auch ganz besonders in finanzieller Beziehung unausführbar, besonders da die Regierung, deren Mittel infolge des andauernden Ausfalles der Staats-Einnahmen aus den ostindischen Kolonien nur gering waren, an eine pekuniäre Unterstützung einer die Sache etwa in die Hand nehmenden Gesellschaft nicht denken konnte.

Auch wurde von den Gegnern dieses Planes festgestellt, dafs die Interessen der Wasserabfuhr, besonders Nordhollands, nicht genug berücksichtigt worden wären, dafs ohne Erbarmen eine Anzahl Seeorte von dem Verkehr abgeschlossen würden, dafs alle Fischerdörfer an der Küste mit totalem Untergang bedroht wären, und dafs allzu optimistische Hoffnungen, sowohl was die mutmafsliche Fruchtbarkeit des Landes, als auch was den Kostenbetrag betreffe, vorgeherrscht hätten.

Äufserlich ruhte nunmehr die ganze Angelegenheit bis zum Jahr 1866, in welchem Zeitpunkt auf Veranlassung der Niederländischen Bodenkredit-Gesellschaft der Ober-Ingenieur Beyernik, welcher bei der Trockenlegung des Haarlemer Meeres reiche Erfahrungen gesammelt hatte, den ersten eingehenden Entwurf zur Trockenlegung eines Teiles und zwar des südlichen Zuyder-Sees veröffentlichte. Die Gründe für die Auswahl dieses aus Figur 1 hervorgehenden Teiles waren einmal die Notwendigkeit, der Yssel ihre freie Mündung in die See zu lassen, und die Thatsache, dafs sich gerade in diesen Gegenden der fruchtbare Schlamm, den der genannte Flufs mit sich führt, absetzt, während sich im nördlichen Teile viele so hoch sich erhebende Sandbänke befinden, dafs an eine Ablagerung des Flufsschlammes nicht zu denken ist. Endlich erscheint es bei der bis zu 40 m steigenden Tiefe des Marsdieps zwischen Nordholland und Texel und des Vlie zwischen Vlieland und Terschellung ausgeschlossen, diese Inseln in die Eindeichung mit hineinzuziehen, und

Abschlufsdamm im Entwurf Beyerink.
Änderungen des Abschlusses im Entwurf der Regierung
Kanäle im Entwurf Beyerink.

Fig. 1. Entwurf Beyerink und Regierung-Stieltjes-Plan.

ferner haben Bodenuntersuchungen ergeben, dafs nördlich von der Insel Wieringen eine ausgedehnte Masse Sandbodens, der sehr minderwertig, ja zum Teil wertlos ist, eingedeicht werden müfste. Aus den angeführten Gründen sollte der Abschlufsdeich deshalb von Enkhuizen nach der Insel Urk und von dort nach der Küste bei Kampen hart südlich der Ysselmündung geführt werden. In dem so gewonnenen Landstrich sollten drei Kanäle für die Entwässerung sorgen. Die Kosten waren auf 106 Millionen Gulden veranschlagt. Diesem Plane trat die niederländische Regierung insofern näher, als sie noch in dem gleichen Jahre des Erscheinens dieses Projektes eine Kommission zusammenberief, welche dasselbe prüfen sollte. Das erstattete Gutachten ging dahin, dafs eine Ausführung wohl möglich, pekuniäre Erfolge aber nicht zu erwarten seien. Noch mehr Förderung liefs die Regierung den sich immer lauter äufsernden Wünschen dadurch angedeihen, dafs sie im Jahre 1870 eine ständige Kommission ernannte, welche alle Projekte über den gedachten Gegenstand prüfen sollte.

Im Jahre 1873 legte der Ingenieur Stieltjes einen verbesserten Entwurf Beyernik vor, dessen hauptsächliche Änderungen in einer Verstärkung und Erhöhung der Dämme und einer etwas südlicheren Führung des westlichen Endes des Abschlufsdeiches bestanden, durch welche Mafsregel die Yesselmündung noch freier gelegt würde. Auf diese Weise würden 176000 ha Boden gewonnen, wofür die Kosten auf 184 Millionen Gulden veranschlagt worden; der gesamte Plan sollte innerhalb 16 Jahre ausgeführt werden. Besonders wichtig war es, dafs ebenso wie im Projekte Beyernik grofse, für die Schiffahrt geeignete Kanäle zur Entwässerung dienten, weil es hierdurch möglich war, dafs auch jene Ortschaften, die bei etwaiger Verwirklichung des Planes von der See abgeschnitten worden wären, zum gröfsten Teil die Schiffahrt beibehalten konnten. Der Abschlufsdeich sollte 47 km lang werden, sich 5 m über den Amsterdamer Pegel erheben und am Fufse mindestens 40 m breit sein.

Da die Kommission die Ausführung auf Grund dieses Planes nicht nur für möglich, sondern auch grofse Vorteile versprechend erklärte, so suchte eine sich besonders zu diesem Zweck bildende Gesellschaft um die Erlaubnis zur Ausführung dieses Planes nach. Jedoch erklärte die Regierung im Jahre 1876, dafs sie die Trockenlegung des Sees nunmehr selbst auszuführen gedenke, und 8000 Gulden wurden zu einer genaueren Prüfung der ganzen Angelegenheit regierungsseitig ausgeworfen. Die Regierung behielt im allgemeinen den Stieltjes-Plan bei, nur wurde der Abschlufsdeich an seinem Westende noch etwas mehr südlich gelegt, so dafs gegen 157000 ha Land dem Meere abgenommen worden wären. Der so fertiggestellte Plan wurde im Jahre 1877 der Volksvertretung vorgelegt. Das Ministerium wechselte aber, noch bevor die Entscheidung gefallen war, und das neue Ministerium zog den Entwurf zurück.

Die Angelegenheit ruhte nun bis zum Jahre 1882, in welchem der Abgeordnete Buma, der schon früher in verschiedenen Veröffentlichungen für eine Verwirklichung des langgehegten Planes eingetreten war, mit einem neuen Projekt hervortrat, welches eine Trockenlegung des ganzen Gebietes bis zu den vorgelagerten Inseln wünschte (Fig. 2). Aus diesem Entwurfe sei nur besonders hervorgehoben, dafs die in den See einmündenden Flüsse nicht durch gerade Kanäle dem Meere zugeführt werden, sondern dafs das Eindämmen derselben in ihrem natürlichen Gefälle geschehen sollte.

Die Einwände, welche gegen diesen Vorschlag gemacht wurden, waren im grofsen und ganzen die gleichen, wie diejenigen gegen das Diggelnsche Projekt.

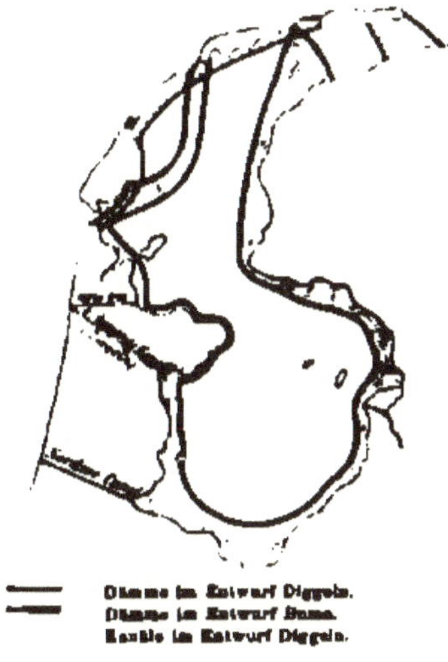

Fig. 2. Entwurf Diggeln und Buma.

Unter dem Einflusse des genannten Abgeordneten bildete sich 1866 ein Zuyder-See-Verein, der einmal den Zweck hatte, die Trockenlegung des Zuyder-Sees möglichst zu betreiben und aufserdem die schon vorhandenen, sowie etwa neu auftretenden Projekte sowohl nach der technischen, wie nach der finanziellen Seite hin zu prüfen.

Eines Planes sei hier noch nebenbei Erwähnung gethan. Er bezweckt die Trockenlegung des sogenannten Grudares, des westlichen Teiles des Zuyder-Sees, der sich von der Neck nordöstlich Schellinghout bis zum Nes südöstlich von Monikendam erstreckt und die Insel

Marken einschliefst. Die Konzession zu demselben wurde 1886 von dem Ingenieur Linse erbeten.

Inzwischen hatte auf Veranlassung des obengenannten Vereins der Ingenieur Lely einen neuen Plan ausgearbeitet (Fig. 3), der von dem Grundgedanken ausging, zunächst den Zuyder-See gegen das Meer durch einen 30 km langen Damm abzusperren. Diese Trennung sollte, von Ewyk an der nordholländischen Küste beginnend, durch das Amsteldiep nach der Insel Wieringen und von dieser nach Piam an der friesischen Küste führen. Dieser Abschlufsdeich brauchte auf der bezeichneten Linie nur durch mäfsige Tiefen — im allgemeinen 4—6 m, nur an einzelnen Stellen 7 m — geführt werden. Die Höhe des Dammes war auf 5 m über gewöhnliche Flut und auf 2,5 m über den höchsten bekannten Wasserstand festgesetzt. Die Fufsbreite des Dammes mufste in der Mitte ungefähr 60 m betragen. Als Bauzeit waren 8 Jahre, als Kosten 42 Millionen Gulden veranschlagt. Durch den in der angegebenen Linie hergestellten Damm wäre zunächst eine 360 000 ha grofse Wasserfläche abgeschlossen worden. Da die verschiedenen einmündenden Flüsse dieser sehr grofse Wassermengen zugeführt hätten, so war östlich von Wieringen die Anlage einer 300 m breiten und 4 m tiefen Schleuse vorgesehen. Es sollten nun in diesem Binnenmeer nicht alle, sondern nur diejenigen Teile trocken gelegt werden, welche voraussichtlich guten Ackerbau zu liefern im stande wären, sich also bezahlt machen würden. Der übrige, meist aus Sandboden bestehende Teil sollte als Ysselmeer erhalten bleiben, um die Gewässer der in den Zuyder-See einmündenden Flüsse und diejenigen der Entwässerungskanäle aufzunehmen. Die oben bezeichneten geeigneten Gegenden sollten im Laufe von 32 Jahren eingedeicht werden, und zwar ist deren Lage aus Fig. 3 ersichtlich. Auf diese Weise wären 289 000 ha Ackerland für die Kosten in Höhe von 190 Millionen Gulden gewonnen worden.

Hinsichtlich des Yesselmeeres wurde angenommen, dafs es sich allmählich in einen Süfswasser-See verwandeln würde, wodurch für Nordholland und Friesland der Vorteil entstehe, sich besonders im Hochsommer Trinkwasser leichter als bisher verschaffen zu können. Über den Abschlufsdamm sollte eine Eisenbahn geleitet werden, wodurch die Verbindung von Friesland nach Nordholland bedeutend abgekürzt werden würde. Die alten Seehäfen, welche nach den früheren Entwürfen von der See abgeschnitten worden wären, konnten ihre Schiffahrt behalten, besonders da für diese zur Verbindung mit dem Meere von Piam ein Kanal längs des Seedeiches nach Harlingen geplant war. Der Abschlufsdeich kommt endlich den ganzen inneren Küstengebieten zu gute, da er dieselben gegen die hohe Flut schützt. Allein benachteiligt wären die zahlreichen am See wohnenden Fischerfamilien, doch sind die Ergebnisse des Fischfanges im Zuyder-See im grofsen und ganzen nicht sehr bedeutend, und nach der Landgewinnung würde sich für die auf diese Weise zunächst erwerblos Gewordenen eine lohnendere Beschäftigung bieten.

Grenzen der Trockenlegungsgebiete
------ im Entwurf Lely
—— im jetzigen Regierungsentwurf

Fig. 3. Entwurf Lely und jetziger Regierungs-Entwurf.

Dieses Projekt ist technisch ausführbar und hat aufserdem den Vorteil, auch pekuniäre Vorteile zu versprechen. Die Königin ernannte daher im Jahre 1892 einen Ausschufs von 28 Mitgliedern, welcher die Ausführbarkeit dieses Planes prüfen sollte.

Das Ergebnis der Arbeiten dieses Ausschusses ist die jetzige Gesetzesvorlage. Die Angaben des Lelyschen Vorschlages sind im grofsen und ganzen beibehalten worden, nur stellt im Westen des unverändert angenommenen Abschlufsdammes, an Stelle des oben angegebenen Kanals Piam—Harlingen, eine Schleuse bei erstgenanntem Orte die Verbindung des Ysselmeeres mit der Nordsee her. Die vier von der Regierung zur Trockenlegung bestimmten Gebiete sind aus

Figur 8 ersichtlich, jedoch sind im Gesetzentwurfe zunächst nur die beiden westlichen, bei den Inseln Wieringen und Marken gelegenen zur Ausführung der Arbeiten bestimmt. Die Kosten der Trockenlegung dieser beiden Abschnitte sind auf 88 Millionen Gulden veranschlagt. Die Ausführung der Gesamtarbeit verteilt sich auf 18 Jahre; im neunten soll der Abschlußdamm fertiggestellt sein, und zu Ende des 18. Jahres könnte der Staat über eine trockengelegte Fläche von 46 500 ha verfügen, auf welcher 40 Dörfer mit ungefähr 4000 Bauernhöfen errichtet werden sollen.

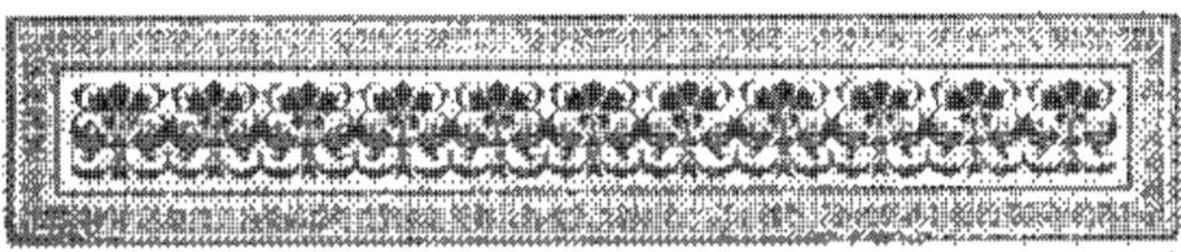

Die Erdölwerke und Salzlager in der Lüneburger Heide.

Von Prof. Dr. L. Häpke in Bremen.

Durch die Katastrophe von Ölheim wurden alle Unternehmungen zur Gewinnung von Mineralöl in unserem Nordwesten lahm gelegt, und erst nach einer längeren Periode der Ermattung erfolgte ein hoffnungsvoller Aufschwung bei Wietze. Dies Dorf liegt 18 Kilometer westlich von Celle an dem gleichnamigen kleinen Flusse, der sich bald darauf in die Aller ergiefst. Dort findet sich in sog. Teerkuhlen ein bituminöser Sand, durch dessen Auswaschen mit heifsem Wasser bereits seit 240 Jahren Erdöl gewonnen wurde, das man als Wagenschmiere benutzte. Eine 1859 von der damaligen Hannoverschen Regierung unternommene Bohrung wurde schon bei 36 m Tiefe eingestellt, lieferte aber durch Auspumpen jährlich 20 Centner Erdöl. Auf diesem Terrain nahm Herr Poock aus Hannover die Bohrversuche gegen Ende der achtziger Jahre energisch wieder auf. Nach günstigen Erfolgen wurde das Unternehmen von der holländischen Aktiengesellschaft „Maatschappij tot Exploitatie van Oliebronnen" übernommen, das Poock als technischer Leiter weiter führte. Angesichts der lohnenden Produktion traten bald andere Gesellschaften, wie die Hannover-Westfälische, Hamburger und Berliner hinzu. Bei einem Besuche im Frühjahr 1897 waren bereits über 80 Bohrlöcher niedergebracht, von denen etwa $^2/_3$ Erträge lieferten. Von der Teerkuhle des Hofbesitzers Wallmann ausgehend, erstreckten sich die Bohrungen in der Richtung von Südwest nach Nordost bis zur Dorfstrafse, wo sie sich häuften. Aus zwei Bohrlöchern, No. 5 und 7, trat das Öl anfangs frei fliefsend aus, und selbst heute noch liefert eines derselben nach zwölfjährigem Betriebe durch Pumpen täglich ein Quantum Öl. Ein anderes Bohrloch, No. 59, gab aus 67 m Tiefe am ersten Tage 120 Barrel, ging aber bald auf 20 und 10 Barrel in der täglichen Ausbeute zurück.

Im Herbst 1899 wurde durch Herrn A. Keyser aus Hannover, Direktor der Gesellschaft „Celle-Wietze", die jetzt den Namen „Prinz

Adalbert“ führt, ein neues Ölfeld am rechten Ufer des Flusses aufgeschlossen. Eine hart an der Wietze unternommene Bohrung erschürfte in 140 m Tiefe eine frei fliefsende Quelle, die vier Monate lang täglich über hundert Barrel Öl lieferte und auch jetzt noch durch Pumpbetrieb ein beträchtliches Quantum fördert. Zu diesem Ergebnis hatte die Erwägung geleitet, dafs die Bohrlöcher in der Nähe der Teerkuhle bei 40, 60 und 70 m Tiefe ergiebig waren, im weiteren Verlauf der Streichungslinie beim Dorfe erst in 80 bis 100 m. Daher müsse

Fig. 1. Bohrtürme am überschwemmten Ufer der Wietze; im Vordergrunde lagern Ölfässer.

am anderen Ufer des Flusses die Ölader in 140 bis 200 m Tiefe gefunden werden; eine Annahme, die sich überraschend bewährte. Zu beiden Seiten des neuen Terrains erwarben nun auch die anderen Gesellschaften Gerechtsame.

Ein Wald von mächtigen Bohrtürmen erhebt sich hier, und noch immer kommen neue hinzu. Tag und Nacht arbeiten die Bohrapparate mit Dampf, neben denen die Lokomobilen drei bis vier Pumpen treiben. Man ist fortgesetzt zu gröfseren Ölbehältern übergegangen; so hat die genannte Gesellschaft einen Tank von 1560 Fafs Öl aufgestellt und die Berliner Handelsgesellschaft einen solchen für 2000 Fafs errichtet. Während im Frühjahr 1897 die Jahresproduktion etwa 6000 Barrel, jedes zu 175 kg netto, betrug, hatte sich die Produktion im August

d. Js. auf mindestens 400 Barrel täglich, oder auf 120000 Barrel jährlich gehoben, die einen Wert von mehr als 2 Millionen Mark repräsentieren. Die Bohrgerechtsame haben die Unternehmer von den Grundbesitzern in Wietze teilweise gepachtet, teilweise aber gegen eine Abgabe von 2 bis 8 Mark per Fafs erworben. Der Absatz des Erdöls erfolgt noch immer durch Fuhrwerk nach den Bahnhöfen von Celle und Schwarmstedt; nur sind die Fässer jetzt durch grofse eiserne Cisternen (Tankwagen) ersetzt. Von dort führen die Züge das Öl nach den Raffinerien in Peine und Salzbergen. Da letztere die vermehrte Produktion nicht bewältigen konnten, so häufte sich der Rohstoff bedenklich an und machte Sicherheitsmafsregeln nötig, indem man die Fässer gegen Witterungseinflüsse und Leckage durch Bedecken mit Erde schützte. Die meisten Wietzer Werke haben sich im vorigen Jahre mit fachmännischen Häusern zum Bau einer eigenen Raffinerie vereinigt, die in Hamburg von der Firma Albrecht & Co. errichtet wird. Dadurch würde dem unnatürlichen Aufstau des Mineralöls eine Abhilfe geschafft, ebenso durch den Bau einer Eisenbahn von Celle nach Schwarmstedt. Dies ist eine Teilstrecke der projektierten Staatsbahn durch das Allerthal, die bereits vor vier Jahren von dem preufsischen Ministerium genehmigt wurde, aber erst jetzt in Angriff genommen worden ist.

Die bisherigen Resultate haben die Gesellschaft „Prinz Adalbert" zu einer Tiefbohrung auf dem Ölfelde ermutigt, die in eigener Regie unternommen, im Herbst 1901 bereits 358 m Teufe erreicht hatte und bis zu 1000 m hinab geführt werden soll. Es wurde während meines Besuchs im August noch mit Meifsel und Wasserspülung gebohrt, doch ist dieses Verfahren bei zunehmender Tiefe durch Bohrung mit der Diamantkrone ersetzt worden. Der innere Durchmesser des dabei zur Verwendung kommenden Stahlcylinders, der mit 20 Diamanten besetzt ist, beträgt 112 mm und liefert Bohrkerne, die ein genaues Profil der durchsunkenen Erdschichten geben. Unter den bisherigen Bohrproben eines Nachbarwerks fand sich am häufigsten blauer plastischer Thon, unter dem in gewisser Tiefe das Petroleum hervorquoll. Zuweilen wechselten mit diesem Vorkommen harter Kalkstein mit eingeschlossenen Glaukonitkörnern und Schwefelkiesknollen ab. Nur drei geringe Reste von Versteinerungen sind mir in die Hände gekommen, die ich als Cidaris Stachel, Belemnites brunsvicensis und ein Bruchstück von Pectunculus bestimmte. Da nicht festzustellen war, ob diese Reste vom Nachfall herrührten, so läfst sich über die durchsunkene Formation nur vermuten, dafs sie dem Gault angehört.

In der Festschrift zur Feier des hundertjährigen Bestehens der Naturhistorischen Gesellschaft hat Dr. O. Lang 1897 auf Grund von Bohrregistern, Lageplänen und Profilen wertvolles Material über das Wietzer Ölgebiet mitgeteilt. Wegen vielfacher Abweichungen in der Schichtenfolge der einzelnen Bohrlöcher schloſs Lang auf die gestörte Lagerung eines Schollengebirges, das von Spalten durchsetzt ist und mannigfache Verschiebungen und Verwerfungen erfahren hat. Das Öl

Fig. 2. Bohrturm mit Öltanks im Hintergrunde.

befindet sich dort an sekundärer Lagerstätte, und doch ist sein Ursprung in weit tieferen Schichten zu suchen, von wo es durch Wasser oder Destillation in höhere Gebiete gehoben ist. Die tiefsten Horizonte führen ebenso wie im Elsaſs und in anderen Ölregionen das leichteste, die höheren das schwerere Öl, da sich hier die leichten Bestandteile verflüchtigen und die zähflüssigen durch Berührung mit Luft in Gestalt von Teer und Asphalt zurückbleiben. Im Wietzer Revier liegen die Ölquellen so nahe bei einander, daſs es möglich ist, die Pumpen von vier Bohrlöchern durch eine Lokomobile zu treiben.

Die Entstehung des Erdöls haben Höfer und Engler aus tierischen Resten nachzuweisen versucht, indem letzterer Forscher aus Thran und anderen tierischen Fetten durch Destillation bis 350° und unter einem Überdruck von 5 bis 10 Atmosphären Petroleum ähnliche Körper erhielt. Gegen diese Theorie spricht, dafs das Petroleum in allen Formationsgruppen vorkommt, von den jüngsten bis zu den ältesten, auch in solchen, in denen tierische Reste ganz fehlen oder

Fig. 3. Das Erdöl fliefst aus der Pumpe in beständigem Strahl in einen Tank.

selten sind.*) Ferner spricht dagegen, dafs der Verbleib der stickstoffhaltigen Substanz der Tierkörper nicht immer nachzuweisen ist, da die Verdunstung des Stickstoffs als Ammoniak doch zu viele Bedenken erregt. Endlich bleibt nach dieser Theorie auch die ungeheure Menge des Öls unerklärlich, die ein einziges Bohrloch in Baku und neuerdings auch in Texas lieferte, eine Menge, die bis zu vielen

*) Professor H. B. Patton beschrieb auf der letzten Jahresversammlung der amerikanischen Naturforscher im August 1901 zu Denver, Colorado, eine Erdölquelle, die frei aus Gestein der archäischen Formation hervorquillt.

tausend Barrel in einem Tage, ja in einigen Stunden anschwoll. Dagegen dringt die Ansicht immer mehr durch, dafs das Petroleum im Innern der Erde durch Zersetzung von Metallkarbiden, besonders von kohlenstoffhaltigen Eisenverbindungen mittelst Wasser oder Wasserdampf entstanden ist. Diese Annahme, die sich schon bei Alexander von Humboldt findet, wird durch die Ausführungen der drei bedeutendsten Chemiker unserer Tage, Berthelot, Moissan und Mendelejeff, gestützt. Eine weitere Bestätigung dieser Theorie liefert ferner die Synthese der Erdöle, wie sie von Sabatier entdeckt und unlängst der Pariser Akademie der Wissenschaften mitgeteilt wurde. Diesem Forscher gelang es, durch Einwirkung von Acetylen und Wasserstoff auf Nickel, Eisen oder Kobalt in feinzerteiltem Zustande, je nach der Temperatur und sonstigen Versuchsbedingungen, Öle von den Eigenschaften des amerikanischen, russischen und rumänischen Petroleums zu erhalten. In den Tiefen der Erde finden sich unzweifelhaft Karbide verschiedener Metalle, die bei der Zersetzung des Wassers Acetylen und Wasserstoff geben und in Berührung mit Eisen oder Nickel die verschiedenen Erdöle zu bilden vermögen. Diese Art der Bildung läfst hoffen, dafs noch neue Erdölgebiete erschlossen werden und in gröfseren Tiefen noch reiche Öllager vorhanden sind.

Die Prüfung des Wietzer Erdöls seitens der Königlich technischen Versuchsanstalt in Charlottenburg ergab folgendes Resultat. Das Öl ist von dunkel rothbrauner Farbe und mäfsig zähflüssiger Konsistenz, entsprechend schweren Maschinenölen mit dem spec. Gewicht 0,93. Frei von Harz, Säuren und verseifbaren Fetten enthält es nur Spuren von Wasser und darin löslichen Substanzen. Es schäumt schwach beim Erhitzen, aber stöfst nicht. Das Sieden begann zwischen 180 und 200° C. und ergab bis 300° erhitzt 20 pCt. Destillate, über 300° erhitzt noch 65 pCt., ferner 9 pCt. Koks und 6 pCt. Destillationsverlust. Das untersuchte Öl hatte die Eigenschaften eines paraffinarmen Rohöls, das kein Benzin, wenig Leuchtöl, aber erhebliche Mengen Schmieröl neben beträchtlichen Mengen gelösten Asphalts enthält.

Zufolge der Statistik des Deutschen Reichs wurden im Jahre 1900 in Deutschland, besonders in Wietze und im Elsafs, an Erdöl gewonnen: 50 375 Tonnen zu einem Werte von 3 720 000 M. Demnach ist der Doppelcentner mit 7,4 M. bewertet. Die Einfuhr Deutschlands an Mineralölen betrug in dem genannten Jahre:

Raffiniertes Petroleum . .	9 227 000 dz	zu	77 240 000 M.
Schmieröle	1 245 000 „	„	22 411 000 „
Zusammen .	10 472 000 dz	zu	99 651 000 M.

Da außerdem noch 516 400 dz Rohöl zu 5 226 000 M. zum Raffinieren eingeführt wurden, so ergiebt sich eine Einfuhr von rund 11 Millionen Doppelcentner zu einem Werte von 105 Millionen Mark. Dabei ist zu bemerken, daſs der Verbrauch Deutschlands an Erdöl und Erdöldestillaten noch jährlich erheblich zugenommen hat. Wenn von dieser kolossalen Einfuhr das Kilo nur um einen Pfennig teurer wird, so erhöht sich der dem Auslande zu zahlende Tribut um 11 Millionen Mark. Grund genug, um das Aufblühen der Ölindustrie in der Lüneburger Heide mit Nachdruck zu fördern. Bei den zunehmenden Preisen der Steinkohlen, die eine „Kohlennot" in Aussicht stellen, hat die Verwendung des Erdöls als flüssiges Brennmaterial unter dem Namen „Masut" bereits eine erhöhte Bedeutung gewonnen, das sich wegen seiner groſsen Vorteile auf den Dampfern der Kriegs- und Handelsflotten immer mehr einbürgert.

Als die Chaussee von Wietze nach Celle angelegt wurde, fanden sich in dem zwei Kilometer vom ersteren Orte entfernten Dorfe Steinförde ölreiche Sande, die eine russische Gesellschaft aus Reval veranlaſsten, unweit des Schulhauses vom November 1875 bis 1876 eine Bohrung auf Petroleum vorzunehmen. Das Abteufen des 478 m tiefen Bohrloches ergab das überraschende Resultat, daſs sich keine Spur von Erdöl fand, während ein fast 300 m mächtiges Lager von Steinsalz erschlossen wurde, das von Keupermergel und buntem Sandstein unterteuft war. Dies Ergebnis ermutigte verschiedene englische und deutsche Gesellschaften, nach den wertvollen Kalisalzen zu schürfen, wobei man in den letzten Jahren von Steinförde aus weiter gegen Osten bis in die Feldmark des benachbarten Oldau vordrang. Weite Waldflächen mit kräftigem Kiefernbestand sind bei diesem Dorfe nach der Aller hin von Dünensand unterbrochen. Die Bohrgerechtsame der Gesellschaft „Prinz Adalbert" umfassen dort 2500 Hektar, auf denen vier Tief- und einige Flachbohrungen unternommen wurden. Diese Aufschluſsarbeiten hatten einen auſserordentlichen Erfolg. Die Bohrung IV erreichte eine Teufe von 1618 m und ist damit eine der tiefsten der Erde geworden, denn sie wird nur von Paruschowitz in Oberschlesien mit 2003 m und von Schladebach bei Merseburg mit 1748 m Teufe übertroffen. Während aber in Oberschlesien die tiefsten Bohrkerne nur den Durchmesser eines Champagner-Pfropfens hatten, sind hier sämtliche Bohrkerne von 112 mm Durchmesser. Das Steinsalz der Bohrung IV, deren letzte Röhrentour nur bis zur Teufe von 108 m hinabreichte, wurde bei ca. 104 m angetroffen und setzte sich unverrohrt in einer Mächtigkeit von nahezu 1500 m fort, nur von zwei Kalilagern von 8 bis $4\frac{1}{2}$ m unterbrochen.

Am 16. August d. Js. hatte ich den Anblick, in einem Schuppen vor dem Bohrloche bei Oldau die kolossale Menge von etwa 1500 Bohrkernen Steinsalz nach ihrer Teufe in Reihen neben- und übereinander gelagert zu sehen, von denen jeder durchschnittlich ein Meter lang war. Nach dem äufseren Ansehen waren darunter viele Bohrkerne von chemischer Reinheit; andere zeigten einen blafs-rötlichen Schimmer, der von Spuren des Eisenoxyds herrührte, bei noch anderen war die krystallhelle Klarheit durch einen bituminösen Hauch getrübt. Zufolge des vorliegenden Gutachtens des Bergwerkdirektors A. Klein, der seit 20 Jahren in leitender Stellung im Salz- und Kalibergbau gewirkt hat, und des Königlichen Markscheiders Walter ergeben sich für die beiden Bohrlöcher folgende Profile.

Bohrung III. Unter dem Diluvium reichte das Tertiär bis 73,5 m Tiefe, Gips und Anhydrit bis 132 m und das jüngere Steinsalz bis 190 m. Letzterem folgte ein 76 m mächtiges Lager von Kalisalzen (Hartsalz) bis 266 m, das dann wieder von Steinsalz bis zur Endteufe von 568 m unterlagert wird. Von diesem Bohrloch 740 m entfernt, befindet sich Bohrung IV. Hier folgten dem Tertiär wieder Gips und Anhydrit bis 104 m, unter denen Steinsalz bis 582 m Teufe abgelagert ist. Auf mehrere Meter Kalisalz beginnt dann neues Steinsalz bis 699 m, worauf wieder 4,8 m Kalisalze einsetzen. Die weitere Teufe bis 1618 m ist von fast reinem Steinsalz erfüllt, dessen Liegendes wieder aus Gips und Anhydrit besteht. Eine so mächtige Ablagerung eines Salzgebirges, das die Höhe des Brockens fast anderthalb mal übertrifft, ist noch niemals auf Erden nachgewiesen. Es wurde von dem Bohringenieur Thumann in Halle durchteuft, dessen Bohrapparat durchschnittlich täglich 11 m, in der ersten Periode aber bis 15 m tiefer eindrang.

Diese kolossale Tiefe wurde in der kurzen Zeit von 146 Arbeitstagen erreicht, wobei auch nicht ein einziger störender Zwischenfall eintrat. Herr Thumann hatte sich bemüht, eine Fortsetzung der Arbeit auf Staatskosten zu veranlassen, und wurde dabei von den höchsten Bergbehörden Preufsens, der Geologischen Landesanstalt und dem Oberbergamt Clausthal, aufs wärmste unterstützt. Leider versagte der Finanzminister die Geldmittel. Jedoch unternahm Herr Thumann auf eigene Kosten eine Temperaturmessung des Erdinnern, für die er neue Apparate und eine höchst sinnreiche Methode erfand. Es war eine mühsame und zeitraubende Arbeit, denn das Einlassen des Gestänges dauerte allein zehn Stunden, und der Druck der Chlormagnesium-Lösung, womit der Bohrschmand gespült wurde, betrug bei dieser Tiefe nicht weniger als 217 Atmosphären. Die am 22. Februar 1901 mit drei Geothermometern ausgeführte Messung ergab in der gröfsten Tiefe des Oldauer Bohrlochs + 45,9° C., während das Thermometer an der Oberfläche das Tagesmittel von 8 Grad Kälte und ein Minimum von — 10° anzeigte. Demnach beträgt die geothermische Tiefenstufe des Oldauer Bohrlochs etwa 34 m, das ist dasjenige Tiefenmafs, um welches man niedergehen mufs, um eine, je um einen Grad höhere Temperatur zu finden. Diese Arbeiten und Untersuchungen erregten auch in hohem Mafse das Interesse der preufsischen Landesgeologen, und die Bohrproben wurden unter anderen von den Herren Geheimen Bergräten Schmeifser aus Berlin und Tecklenburg aus Darmstadt in Augenschein genommen.

Nach den vorliegenden Ergebnissen ist beschlossen, bei Bohrloch III den Schachtbau hinunterzubringen, der bei der geringen Tiefenlage des Steinsalzes durch das in Aussicht genommene Gefrierverfahren abgeteuft werden soll. Direktor Klein hat ausführlich nachgewiesen, dafs bei dem Einfall der Schichten von etwa 50° an Kalisalz mindestens 64 Millionen Doppelcentner abbaufähig sind, die bei täglicher Förderung von 83 Doppelwaggon à 10 000 kg Kalisalze auf fünfzig Jahre genügen, ohne den Schacht weiter als auf 820 m abzuteufen. Nach den 63 zu Grunde gelegten Analysen des Chemikers Dr. Lange zu Hannover ergab sich ein Durchschnittsgehalt von 15,76 pCt. Chlorkalium, während er am Hangenden der Lagerstätte 20,4 pCt. betrug. Das Lager von fast reinem Steinsalz ist bei der Rentabilitätsberechnung unberücksichtigt geblieben, kann aber in unbeschränktem Mafse ausgenutzt werden. Gegenüber den älteren Kaliwerken hat „Prinz Adalbert“ den grofsen Vorzug der billigeren Verfrachtung aller ins Ausland gehenden Salze. Die grofse Nähe der schiffbaren Aller bietet den bequemen Wasserweg nach Bremen. Auch der Vorteil bei dem Eisenbahnwege ist durch die geringe Entfernung der Ausfuhrhäfen, z. B. gegen Stafsfurt, sehr grofs. Die Strecke Stafsfurt Hamburg beträgt 206 km, dagegen Celle Hamburg nur 137 km und Celle Bremen 157 km. Letztere Strecke wird durch den Bau der Allerthalbahn, die von Celle über Oldau und Wietze nach Verden führt, noch erheblich gekürzt.

Nach Angabe des Kaiserlichen Statistischen Amts wurde in Preufsen im Jahre 1900 gewonnen:

an Steinsalz .	355 824	Tonnen zu einem Werte von	1 660 000 M.
Kainit	1 178 530	„ „ „ „ „	16 536 000 „
Andere Kalisalze .	1 874 350	„ „ „ „ „	22 575 000 „
Beide zusammen .	3 052 880	Tonnen zu einem Werte von	39 111 000 M.

Die deutsche Ausfuhr an Staßfurter Abraumsalzen betrug im vorigen Jahre rund:

4,7 Millionen Doppelcentner zu 11,5 Millionen Mark.

Die für Industrie und Landwirtschaft unentbehrlich gewordenen Kalisalze, die Handel und Schiffahrt befruchten und bislang allein in Deutschland gefunden werden, sind eine Stütze unseres Nationalreichtums geworden. Der Verbrauch der Kalisalze wächst von Jahr zu Jahr und dürfte sich in wenigen Jahren verdoppeln.

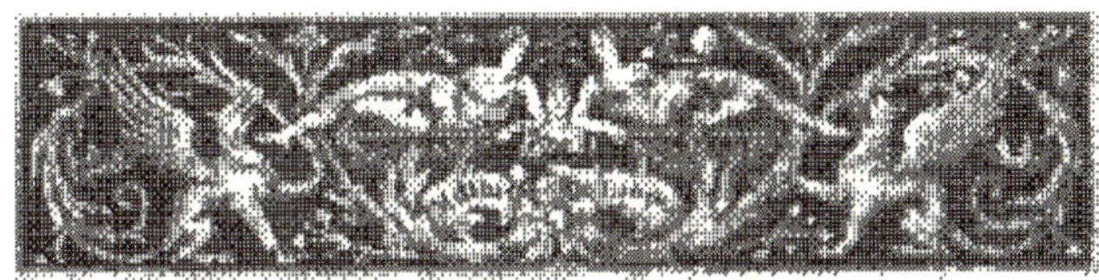

Über die Entwickelung des Elektronenbegriffs hat W. Kaufmann auf der diesjährigen Naturforscherversammlung in Hamburg einen Vortrag gehalten, der in der Physikalischen Zeitschrift (1901 8. Jahrgang No. 1) abgedruckt ist, und dem wir über diesen für die neuere Physik sehr wichtigen Begriff folgendes entnehmen. Wenn der Name Elektronen auch noch sehr jungen Datums ist (er ist vor 10 Jahren von dem englischen Physiker G. Johnston Stoney eingeführt worden), so liegt die Einführung der damit bezeichneten Sache in die physikalische Betrachtung doch viel weiter zurück. In der zum Gedächtnis Michael Faradays am 5. April 1881 in London gehaltenen Rede hat Helmholtz aus dem Faradayschen Gesetz eine wichtige Folgerung gezogen. Dieses schon mehr als ein Menschenalter vorher aufgestellte Gesetz besagt, dafs bei der Elektrolyse ein und derselbe Strom in verschiedenen Elektrolyten gleich viele Valenzen frei macht oder in andere Kombinationen überführt. Helmholtz macht nun die Annahme, dafs jeder Valenzwert eines Jons in dem Elektrolyten mit derselben Elektrizitätsmenge geladen ist, die er als elektrisches Atom ansieht. Wird durch den Strom die Anode positiv, die Kathode negativ elektrisch geladen, so zieht die eine die negativelektrischen Anionen, die andere die positiven Kationen an, und beide werden ausgeschieden. Kann aber das Anion nicht frei existieren (z. B. SO_4), so wird die äquivalente Menge des Anodenmetalls (Kupferplatte) positiv geladen und so zum Jon. Also wandert die Elektrizitätsmenge, die am Jon haftet, von einem Massenteilchen zum andern und mufs daher auch gesondert existieren können.

Ferner entstehen nach Arrhenius bei der Bildung eines leitfähigen Elektrolyten, z. B. bei der Lösung von Kochsalz in Wasser, Anionen und Kationen, also elektrisch geladene Teilchen, und nur sie nehmen an der Stromleitung teil, die noch nicht in Jonen dissociierten Moleküle dagegen nicht. Wenn aber auf diese Weise elektrisch geladene Teilchen entstehen können, so ist die Annahme am wahrscheinlichsten, dafs sie die Ladung schon hatten, als das Molekül noch nicht dissociiert war, und dafs man nur infolge der gegenseitigen Neutralisation der beiden Elektrizitäten nichts wahrnimmt. Wenn aber in einem Körper, z. B. in einem Krystall, solche elektrischen Atome enthalten sind, so müssen sie beim Durchgang des Lichtes in Schwingungen geraten, wenn anders Licht und Elektrizität identisch sind. Die Wirkung dieser mitschwingenden, geladenen Teilchen in durchsichtigen Körpern hat nun u. a. H. A. Lorentz untersucht und gezeigt, dafs hierbei z. B. die Dispersion und Aberration des Lichtes sich genügend erklären lassen. Hierbei bleiben die Maxwellschen Gleichungen für den freien Äther bestehen, und der durchsichtige Körper beeinflufst das Licht nur durch die in ihm enthaltenen geladenen Teilchen. Dabei scheidet die Dielektrizitätskonstante als Grundbegriff ganz aus; diese Gröfse, die durch ihre Beziehung zum Brechungsindex bei Maxwell so wichtig und durch ihre abweichenden Werte bei manchen Körpern auch so störend gewesen war.

Wenn man nun die Güte einer neuen Theorie daran prüft, ob sie nicht nur das schon Bekannte erklären, sondern auch neue Erscheinungen deuten oder gar vorhersagen kann, so konnte auch die Lorentzsche Theorie diese Probe bestehen. Zeemann entdeckte vor wenigen Jahren eine Erscheinung, deren Existenz schon Faraday, freilich vergeblich, gesucht hatte. Wenn man Natriumdampf, der sich im Magnetfeld befindet, betrachtet, so sieht man die Spektrallinien verdoppelt oder verdreifacht. Aus der theoretischen Untersuchung dieses Zeemannschen Phänomens ergab sich weiter, dafs nur das negative Elektron schwingt und das positive ruht. Es schwingt auch nicht das ganze Jon, das aus der Summe des chemischen Atoms und der Ladung besteht, sondern eine Masse, die nur etwa der 2000. Teil des Wasserstoffatoms ist, und das ist vermutlich das Elektron selbst.

Diese Elektronen, deren Existenz in festen und flüssigen Körpern bisher nur errechnet war, treten uns nun auch frei vor Augen in den Kathodenstrahlen. In ihnen hatte Crookes Gasmoleküle sehen wollen, die an der Kathode negativ geladen und dann von ihr abgestossen wurden. Später aber ergab sich, dafs diese Anschauung von wandernden Teilchen nur haltbar ist, wenn man den geladenen und abgeschleuderten Massen viel kleinere Dimensionen giebt, als die Atome sie haben. Also werden nicht chemische Atome geschleudert, sondern Elektronen. Sie vermögen Glas nicht zu durchdringen, wohl aber manche Metallblätter. Treffen sie auf die Glaswand auf, so erregen sie in ihr Fluorescenz und erzeugen hier und auch beim Auftreffen auf ein Platinblech die Röntgenstrahlen.

Wenn man ferner annimmt, dafs eine elektrische Ladung imstande ist, Elektronen aus der Oberfläche der Kathode heraus zu treiben, so wird man ihr auch die Fähigkeit zuschreiben dürfen, sie überhaupt in einem festen Körper in Bewegung zu setzen, so dafs die Elektronen zu Trägern der Elektrizitätsleitung werden. [Auch ultraviolettes Licht vermag unter Umständen die Elektronen aus der Oberfläche einer Metallplatte herauszuholen.] Aus der Untersuchung der Leitung in Gasen hat J. J. Thomson sogar die absolute Gröfse der Ladung eines Jons gemessen, und Planck hat denselben Wert bei seinen Untersuchungen der Strahlungsgesetze des sogenannten schwarzen Körpers gefunden.

Endlich treten die Elektronen auch frei auf, ohne durch Elektrizität hervorgerufen zu werden; das geschieht in den Becquerelstrahlen. Diese Strahlen, die das Uran und Thor und ihre Verbindungen und andere bei diesen Untersuchungen neu entdeckte Elemente, wie das Radium und Radioblei, aussenden, verhalten sich in manchen Beziehungen genau wie die Kathodenstrahlen, und W. Kaufmann vermutet ihre völlige Identität. Dabei ist das gröfste Rätsel die Energiequelle, die anscheinend unerschöpflich ist.

Wenn schliefslich die bisherigen Untersuchungen zu der Annahme führen, dafs die Masse der Elektronen nur scheinbar, dafs sie durch elektrodynamische Wirkungen vorgetäuscht ist, so kann man zu der Vermutung kommen, dafs alle Massen nur scheinbar, dafs sie nichts als Konglomerate von Elektronen sind. Diese sind dann vielleicht der Urstoff, aus dem alle Elemente bestehen. Wir wären damit bei zwei uralten Vorstellungen wieder angelangt, die wir für völlig abgethan hielten. Das elektrische Fluidum ist in den Elektronen wieder aufgetaucht, und wenn alle Elemente nur Elektronengruppen sind, so könnte man gar mit den Alchymisten hoffen, durch Scheidung, Umwandlung etc. aus wertlosen Stoffen Gold zu machen.

Zerlegung der Kohlensäure in Kohlenstoff und Sauerstoff.

Der französische Pflanzenphysiologe Jean Friedel hat kürzlich (Comptes rend. 1901 No. 18: L'assimilation chlorophyllienne réalisé en dehors de l'organisme vivant) gezeigt, dafs die Zerlegung der Kohlensäure in Kohlenstoff und Sauerstoff auch aufserhalb des lebenden Pflanzenkörpers vor sich geht. Bekanntlich unterscheiden sich die Pflanzen darin von den Tieren, dafs sie Kohlensäure zerlegen und ihren Körper dabei aufbauen, während die Tiere bei der Atmung Kohlensäure produzieren, so dafs diese zwei Teile der lebenden Welt sich ergänzen, die Tiere den Pflanzen die Kohlensäure liefern und diese ihnen die Luft wieder reinigen. Freilich atmen die Pflanzen auch, d. h. sie verbrauchen auch Sauerstoff und produzieren Kohlensäure, wobei die Verbrennungswärme, diese Wärmequelle des Tierkörpers, frei wird, z. B. in aufgehäufter, zur Malzbereitung keimender Gerste; aber die wichtigste Gasausscheidung verläuft doch umgekehrt. Diese Abscheidung von Sauerstoff aus der Kohlensäure kann man bequem beobachten, wenn man z. B. frische grüne Blätter in ein Glas Wasser legt und mit einem umgekehrten Glastrichter bedeckt. Im Licht sieht man aus dem Wasser Gasblasen aufsteigen, und, wenn das Ende des Trichterrohres unter Wasser durch einen Kork verschlossen ist, so sammelt sich das Gas hier an, wird beim Entfernen des Korkes vom Wasser herausgedrückt und verrät seine Sauerstoffnatur darin, dafs es ein glimmendes Holz entzündet.

Es ist auch bekannt, dafs diese Zerlegung der Kohlensäure an die grüne Farbe der Pflanzenteile gebunden ist. Nicht-grüne Pflanzen, wie die Pilze und manche Schmarotzerpflanzen (Kleeseide, Schuppenwurz), können daher nicht von Kohlensäure leben, sondern entnehmen ihre Nahrung anderen, lebenden oder verwesenden Pflanzen. Den grünen Farbstoff, das Chlorophyll, kann man mit geeigneten Flüssigkeiten, z. B. Spiritus oder Äther, ausziehen und an ihm die optische Erscheinung der Fluorescenz studieren. Er sieht im durchscheinenden Licht grün, im auffallenden blutrot aus.

Friedel ging nun so vor: Er löste Stoffe, die in grünen Blättern enthalten sind, in Glycerin und erhielt nach sorgfältigem Filtrieren eine klare, gelbe Flüssigkeit. Ferner stellte er isolierte Chlorophyllkörner dadurch her, dafs er Blätter bei etwas über 100° C. trocknete. Hierbei erhielt er ein grünes Pulver, das den Chlorophyllstoff unzersetzt enthielt, aber von allen lebenden Pflanzenteilen frei war, weil alles Leben bei 100° C. zerstört wird. Unter den im Glycerin gelösten Stoffen befinden sich auch die Enzyme, das sind stickstoffhaltige, lösliche, organische Substanzen, die im lebenden Organismus entstehen und bei geeigneter Temperatur bestimmte Substanzen verändern können, ohne selbst verbraucht zu werden. Hierher gehört z. B. die Diastase im Malz, Ptyalin im Speichel, Emulsin in bitteren Mandeln, Pepsin im Saft der Labdrüsen, die in der Magenschleimhaut liegen.

Als Friedel nun sein Chlorophyllpulver mit dem Enzyme enthaltenden Glycerin mischte, die Mischung dem Licht aussetzte und Kohlensäure zuführte, ergab sich eine Ausscheidung von Sauerstoff, der dasselbe Volumen hatte wie die verbrauchte Kohlensäure. Dafs die Wirkung von den Enzymen ausging, folgt daraus, dafs die Sauerstoffausscheidung unterblieb, wenn das Glycerin gekocht war, also die Enzyme zerstört waren.

Diese Friedelschen Versuche treten anderen physiologischen Experimenten der jüngsten Zeit an die Seite, bei denen z. B. aus Hefezellen ein Extrakt gewonnen wurde, das ebenso, wie die lebenden Zellen, Gärung, d. h. Zerlegung von Zucker in Alkohol und Kohlensäure, hervorrufen konnte.

Einen Beweis für das Vorhandensein eines grofsen Planeten aufserhalb der Neptunsbahn glaubt Forbes gefunden zu haben. Man weifs, dafs, wenn ein Planet eine Kometenbahn aus einer Parabel in eine Ellipse umwandelt, dann der Ort des Aphels der Ellipse an der Stelle liegt, wo die Umwandlung stattfand. Nun hat Forbes bei mehreren Kometen denselben Aphelabstand von der Sonne gefunden, etwa = 100 Erdbahnradien; und genaue Untersuchungen über den Kometen von 1556, der 1848 nicht wiederkam, haben auf die Annahme eines Planeten geführt, der die Kometenbahn verändert haben mufs, und der nach der Menge der von ihm gestörten Kometen gröfser als Jupiter sein soll. Trifft die Vermutung zu, dafs der Komet 1844 III mit jenem verlorenen identisch ist, dann würde der Planet im Jahre 1901 eine Länge von etwa 181° haben. Forbes hofft durch genaueres Studium der Beobachtungen vom Jahre 1556 noch mehr Material zur Entscheidung dieser Frage beizubringen. R.

 Himmelserscheinungen. 

Übersicht der Himmelserscheinungen für Februar und März.

Der Sternhimmel. Der Anblick des Himmels um Mitternacht ist während Februar und März der folgende: Die Sternbilder Hydra, Löwe, Sextant befinden sich in Kulmination, später der Rabe; im Aufgange sind Wage, Herkules, Ophiuchus und Schlange (α Librae geht zwischen $^1/_2$11 h — $^1/_2$1 h auf), zwischen 2—4 h morgens folgt Skorpion (Antares), eine Stunde später Pegasus und zwischen 5—6 h Wassermann. Im Untergange sind um Mitternacht Orion und Widder; Walfisch zwischen $^1/_2$10 h — $^1/_2$12 h abends. Zwillinge und Löwe sind die ganze Nacht sichtbar, Sirius geht um $^1/_2$12 — $^1/_2$2 h unter, Procyon 3 Stunden später. Bootes wird vor 9 h abends (resp. 7 h) sichtbar, Jungfrau (α Virginis) 2 Stunden später ($^1/_2$11 — $^1/_2$9 h). Folgende Sterne kulminieren für Berlin um Mitternacht und dienen zur Orientierung:

1. Februar	ι Hydrae	(3. Gr.)	(AR.	8 h	42 m,	D. + 6°	47'
8. „	θ „	(4. Gr.)		9	9	+ 2	44
15. „	ε Leonis	(3. Gr.)		9	40	+ 24	13
22. „	α „	(1. Gr.)		10	3	+ 12	27
1. März	33 Sextant	(6. Gr.)		10	36	— 1	13
8. „	χ Leonis	(5. Gr.)		11	0	+ 7	52
15. „	ξ Hydrae	(4. Gr.)		11	28	— 31	19
22. „	ο Virginis	(4. Gr.)		12	0	+ 9	17
29. „	δ Corvi	(2. Gr.)		12	25	— 15	58

Helle veränderliche Sterne, welche zur Beobachtung günstig stehen, sind folgende:

β Persei	(Helligk. 2. — 4. Gr.)	(AR.	3 h	2 m,	D. + 40°	35	Algoltypus
ε Aurigae	(„ 3. — 4. „)		4	55	+ 43	41	Irregulär
η Geminor.	(„ 3. — 4. „)		6	9	+ 22	31	Per. 229 Tge.
ζ „	(„ 3. — 4. „)		6	58	+ 20	43	„ 10 „
S Cancri	(„ 8.—10. „)		8	38	+ 19	23	Algoltypus
U Hydrae	(„ 4. — 5. „)		10	33	— 12	52	Irregulär
δ Librae	(„ 5. — 6. „)		14	56	— 8	8	Algoltypus
R Coronae	(„ 6.—13. „)		15	45	+ 28	27	Irregulär
U Herculis	(„ 7.—11. „)		16	21	+ 19	7	Per. 408 Tge.

Die Planeten. Merkur, rückläufig im Wassermann, kommt am 5. Februar ins Perihel und ist im Februar anfänglich bis nach 6 h abends sichtbar, in der ersten Hälfte März dagegen wird er $^3/_4$ Stunden vor Sonnenaufgang Morgenstern. — Venus ist Anfang Februar noch bis gegen 7 h abends am Westhimmel sichtbar, geht aber immer zeitiger unter und wird im März $1^1/_2$ Stunden vor Sonnenaufgang Morgenstern; am 20. März erreicht Venus den größten Glanz. — Mars steht im Wassermann, ist im Februar noch einige Zeit nach Sonnenuntergang sichtbar, wird aber immer ungünstiger und geht im März bald mit der Sonne nahe gleichzeitig auf und unter. — Jupiter geht am Tage unter und wird im März eine Stunde vor Sonnenaufgang sichtbar, Ende März schon nach $^1/_2$4 h morgens. — Saturn, im Schützen, geht ebenfalls am Tage unter und wird im März eine halbe Stunde früher am Morgenhimmel sichtbar als Jupiter. — Uranus steht im Ophiuchus und ist in den Morgenstunden sichtbar, im Februar gegen 5h morgens, Anfang März nach 3h, Ende März nach 1h. — Neptun, im Stier, ist die ganze Nacht sichtbar, Anfang März bis gegen 1/2 4h morgens, Ende März bis fast 1/2 2h.

Sternbedeckungen durch den Mond (für Berlin sichtbar):

			Eintritt			Austritt		
12. Februar	ε Piscium	(4. Gr.)	8h	37m	abends	9h	17m	abends
16. "	δ Tauri	(5. ")	7	37	"	8	33	"
17. "	m "	(5. ")	2	56	morgens		—	
17. März	26 Geminor.	(5. ")	10	20	abends	11	20	abends
18. "	68 "	(5. ")	6	53	"	7	36	"
23. "	ρ² Leonis	(5. ")	0	25	morgens	1	36	morgens
29. "	ν Scorpii	(4. ")	2	53	"	4	17	"

Mond.			Berliner Zeit.						
Neumond	am 8. Februar						—		
Erstes Viert.	" 15. "	Aufg.	10h	12m	vorm.	Unterg.	2h	3m	morg.
Vollmond	" 22. "	"	5	47	abends	"	6	55	"
Letztes Viert.	" 2. März	"	1	20	morgens	"	10	10	vorm.
Neumond	" 10. "			—			—		
Erstes Viert.	" 16. "	"	9	48	vorm.	"	2	0	morgens
Vollmond	" 24. "	"	7	3	abends	"	6	6	"

Erdnähe: 16 Februar, 13. März.

Erdferne: 1. Februar, 1. März, 29. März.

Sonne.	Sternzeit f. den mittl. Berl. Mittag.			Zeitgleichung.			Sonnenaufg. für Berlin.		Sonnenunterg. für Berlin.	
1. Februar	20h	42m	53.0s	+	13m	41.4s	7h	46m	4h	42m
8. "	21	10	28.9	+	14	21.4	7	34	4	56
15. "	21	38	4.7	+	14	22.5	7	20	5	9
22. "	22	5	40.6	+	13	46.9	7	6	5	22
1. März	22	33	16.5	+	12	40.1	6	51	5	35
8. "	23	0	52.3	+	11	8.4	6	35	5	48
15. "	23	28	28.2	+	9	16.0	6	19	6	1
22. "	23	56	4.1	+	7	14.6	6	2	6	13
29. "	0	23	39.9	+	5	5.8	5	45	6	25

Wolpert, Dr. phil. Adolf und Dr. med. Heinrich: Theorie und Praxis der Ventilation und Heizung. Vierte Auflage in 5 Bänden. Berlin. Löwenthal.

Bd. II. Die Luft und die Methoden der Hygrometrie. Mit 108 Abbildungen im Text. 1899. XII u. 388 S. 8°. Broch. 10 Mk., geb. 12 Mk.

Bd. III. Die Ventilation. Mit 215 Abbildungen im Text. 1901. XV u. 608 S. 8°. Broch. 15 Mk., geb. 17 Mk.

Von dem aus 5 Bänden bestehenden Werk über Ventilation und Heizung liegt hier der 3. über die Ventilation und der 2. über die Luft vor; der 1., früher erschienene, enthält physikalische und chemische Grundbegriffe, der 4. wird die Heizung liefern, der letzte Anwendungen und Ergänzungen. Das Buch, das in erster Linie für Baumeister bestimmt ist, wird vielen Anklang auch bei Physikern und Ärzten finden. Der 2. Band giebt die erforderliche physikalische Belehrung über die Luft und behandelt dann in größter Ausführlichkeit die Hygrometrie. An eine eingehende Darstellung der hygienischen Bedeutung der Luftfeuchtigkeit schließt sich eine Besprechung der verschiedenen Prinzipien, nach denen die Luftfeuchtigkeit bestimmt wird: Aus dem Dampfgewicht, dem Dampfvolumen, dem Dampfdruck, der Dichte und der Molekülvolumina eines Dampfluftgemisches, an der Temperaturerhöhung durch Verdichtung des Wasserdampfes, durch hygroskopische Körper, deren Gewichte, Länge, Form oder Farbe sich ändert, u. s. w. Im ganzen sind es 21 Prinzipien und über 50 verschiedene Psychrometer, die besprochen werden. Dabei sind mehrere Tabellen angegeben, so dass also jemand, der Feuchtigkeitsmessungen auszuführen hat, aufs beste von dem Buch beraten wird.

Der 3. Band bespricht zuerst die chemische Luftanalyse für hygienische Zwecke, die Prüfung auf Kohlen-, Schwefel-, Stickstoffgase etc., darauf die Untersuchung auf Staub und Bakterien und endlich die Ventilation, ihre hygienische Notwendigkeit und die verschiedenen dazu dienenden Apparate mit Berechnungen von Beispielen. Dieser Band geht mehr als der zweite den Baumeister an, der doch allein die Ventilationseinrichtungen schafft. Aber auch der Physiker und Arzt wird gern das ausgezeichnete Lehrbuch zur Hand nehmen, um sich zu unterrichten, vorhandene Anlagen nachzuprüfen und bei Entwürfen unter Umständen auf eine notwendige Änderung hinzuweisen. Es braucht wohl nicht hervorgehoben zu werden, dass die Berücksichtigung vorhandener Ventilationsapparate hier ebenso groß ist wie die der Hygrometer im 2. Bande.

Verlag: Hermann Paetel in Berlin. — Druck: Wilhelm Gronau's Buchdruckerei in Berlin-Schöneberg.
Für die Redaction verantwortlich: Dr. F. Schwahn in Berlin.

Wesen und Bedeutung der Spektralanalyse.

Von Professor Dr. Gallus Wenzel in Wien.

Seit jeher hat der Anblick des gestirnten Himmels den Menschen mit Bewunderung erfüllt; der Grund dieses mächtigen Gefühles, das unsere Brust ergreift, wenn wir in heiterer Nacht unseren Blick zu den glänzenden Gestirnen erheben, dürfte wohl in dem Gedanken liegen, den ein Dichter[1]) in die Worte kleidet:

„Wie sie so ruhig, himmlisch droben kreisen!
Kein Laut, der je zu uns herüber drang,
Sie wandeln ihren stillen, ewig leisen,
Geheimnisvollen, wunderbaren Gang."

Stolz dachte sich die Menschheit vor etwas mehr als zwei Jahrhunderten noch die Erdkugel in die Mitte des Weltalls versetzt: die Sonne, der Mond, die Planeten, ja selbst der ganze Fixsternhimmel sollten nur Leuchten, Diener sein für die Erde, die bevorzugt war, die Krone der Schöpfung, den Menschen, zu beherbergen. Erst Keppler[2]) hat den stolzen Wahn vollends gebrochen, da er in der philosophischen Überzeugung von der mathematischen Ordnung des Weltalls durch eine großartige Induktion die Gesetze der Planetenbewegung entdeckte, deren mechanische Erklärung von Newton[3]) durch sein Gravitationsgesetz gegeben wurde. Glücklich traf es sich, daß kurz vor die Zeit, da Keppler seine zwei ersten Gesetze[4])

[1]) K. Waldmüller.

[2]) Geb. 27. Dezember 1571 in dem Dorfe Magstatt unfern der damaligen Reichsstadt Weil, gest. 15. November 1630.

[3]) 1643—1727.

[4]) Diese machte er bekannt in seiner Astronomia nova αἰτιολογητὸς sive physica coelestis tradita commentariis de motibus stellae Martis. (Neue, begründete Astronomie oder Himmlische Physik, dargestellt durch Erklärungen über die Bewegungen des Mars.)

veröffentlichte, die Entdeckung der Fernrohre fällt. Der tiefe originelle Denker Keppler gab selbst die erste wissenschaftliche Darstellung der Prinzipien, auf denen die Wirkung des Fernrohres beruht, und erfand das nach ihm benannte Fernrohr, das sich zu astronomischen Beobachtungen ganz besonders eignet. Die Möglichkeit nun, mittelst der Fernrohre den Blick bis auf die gröfsten Entfernungen zu erweitern, gestattete eine genauere Beobachtung der Bewegungen der Gestirne und eröffnete die Kenntnis der fernen Welten, freilich aber im wahren Sinne des Wortes nur oberflächlich. Die stoffliche Zusammensetzung derselben zu erklären und wenigstens Hypothesen ihres Werdeprozesses zu geben, blieb einer anderen grofsartigen Entdeckung vorbehalten, deren Wurzeln zwar bis 1752 zurückreichen, die aber erst vor 30 Jahren sozusagen vollendet wurde, als Kirchhoff und Bunsen die Resultate derselben in voller Allgemeinheit und Bestimmtheit hinstellen konnten.[1]) Diese grofsartige Entdeckung ist die Spektralanalyse.

Die Sehnsucht nach Aufschlufs über das Wesen der herrlich glänzenden Gestirne, die in den Worten des Dichters ihren Ausdruck findet:

„Glänze, funkle, schöner Stern,
Was du bist, wüfst' ich so gern“

hat durch die Aufschlüsse der Spektralanalyse schon teilweise Befriedigung gefunden, sie hat aber auch in anderen Wissenszweigen als in dem der Astronomie, und zwar theoretischer und praktischer Art, reichlich Licht verbreitet. Dieser verhältnismäfsig noch junge Zweig der Wissenschaft soll im folgenden seinem Wesen und seiner Bedeutung nach besprochen werden.

Sehen wir durch einen Glaskörper, der zwei geschliffene, unter einem Winkel zusammenstofsende Flächen hat, so bemerken wir beim Durchschauen durch einen solchen Körper, der in der Physik Prisma genannt wird, dafs die Gegenstände von ihrem Platze gerückt und von

[1]) Spektrallinien waren (z. B. die gelbe Natriumlinie) 1752 von Melville beobachtet worden, später haben John Herschel und Fox Talbot den Gedanken ausgesprochen, dafs man durch das Spektrum Stoffe nachweisen könne, auch W. A. Miller und Swan beschäftigten sich mit spektralanalytischen Untersuchungen. Vorläufer der bestimmten Gesetze, die von Bunsen und Kirchhoff 1859 gegeben wurden, waren jedenfalls auch die Arbeiten von Wollaston, der den Spalt statt des von Newton angewendeten kreisrunden Loches verwendete, dann die Untersuchungen von Fraunhofer, Angström, Plücker u. a. Letzter beobachtete zuerst 1858 das Spektrum des elektrischen Lichtes in stark verdünnten Gasen. (Siehe: J. Landauer, die Spektralanalyse. [illegible] 1896.)

farbigen Säumen umgeben sind. Die Verschiebung der Gegenstände erklärt sich leicht, wenn wir den Gang eines Lichtstrahls durch ein Prisma, von dem uns Fig. 1 einen Querschnitt vorstellt, verfolgen. P ist ein leuchtender Punkt, der von ihm ausgehende Lichtstrahl wird bei M zum, bei N vom Einfallslote gebrochen, und das Auge bei O verlegt daher den von N kommenden Lichtstrahl nach P'. Die farbigen Säume deuten darauf hin, dafs das weifse Licht durch das Prisma nicht nur von der Richtung abgelenkt, sondern auch in seine farbigen Bestandteile zerlegt wird. Rein erhalten wir die Erscheinung, wenn wir das Sonnenlicht durch eine Öffnung, etwa durch ein kreisrundes Loch im Fensterladen, in ein dunkles Zimmer treten lassen und in den Gang der Lichtstrahlen ein Prisma bringen; auf dem Schirm, den wir hinter dem Prisma aufstellen, erhalten wir dann das Bild der Öffnung, das wir Spektrum nennen. Das mittelst des Heliostaten H durch die Öffnung gelenkte Licht wird, wie Fig. 2 es darstellt, durch das Prisma gebrochen und in die farbigen Bestandteile zerlegt; Rot ist in unserem Falle zu unterst. Das Bild gleicht einem Stücke des Regenbogens. Bringen wir das Prisma aus dem Gang der Strahlen fort, so erhalten wir ein weifses Sonnenbildchen O. Stellt man zwischen das Prisma und den Schirm zweckmäfsig eine Sammellinse auf, so vereinigt sich diese die farbigen Strahlen zu einem weifsen Bilde.

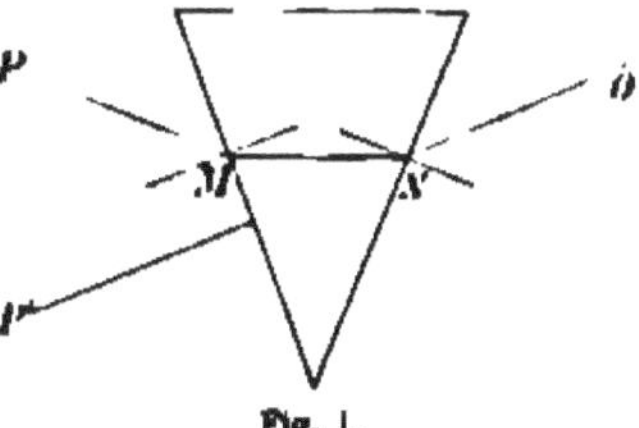

Fig. 1.

Wie ein Körper, der auf eine Wasserfläche geworfen wird, Wellen erzeugt, die dadurch entstehen, dafs die Wasserteilchen durch die Druckkraft auf- und abgehende Bewegungen machen, von denen nach und nach auch die weiterliegenden Teilchen ergriffen werden, so besteht auch das Licht aus Schwingungen der Ätherteilchen senkrecht zur Fortpflanzungsrichtung. Die Fortpflanzungsgeschwindigkeit ist für alle Lichtsorten, aus denen das weifse Licht zusammengesetzt ist, dieselbe, dagegen ist die Wellenlänge und

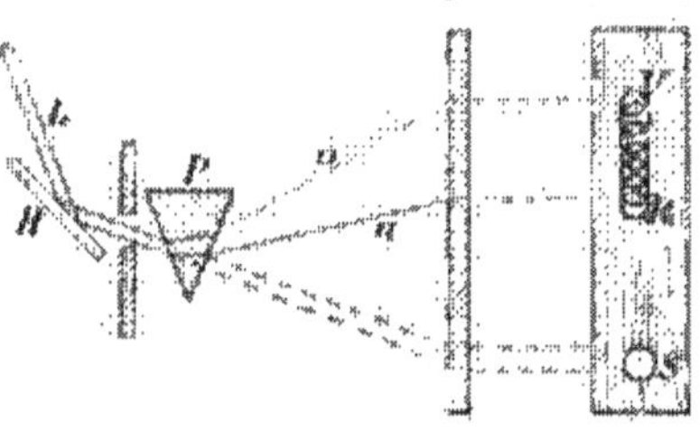

Fig. 2.

die Zahl der Schwingungen bei den Strahlen der verschiedenen Farben verschieden. Das rote Licht hat längere Wellen als das der anderen Farben, das violette Licht die meisten Schwingungen in derselben Zeit.

Da die Wellenlänge nichts anderes ist als der Weg, um den sich die Schwingungsbewegung fortpflanzt, während ein Teilchen seine Schwingung vollzieht, so ist die Wellenlänge $\lambda = c\,T$, d. h. gleich der Fortpflanzungsgeschwindigkeit, dem Wege in einer Sekunde, mal der Zeit T, die es eben zum Wege einer Welle braucht. Ist also die Zeit einer Schwingung T und werden in einer Sekunde n Schwingungen vollführt, so ist $n\,T = 1$ Sekunde, oder $T = \frac{1}{n}$ und daher $\lambda = \frac{c}{n}$. Die Anzahl der Schwingungen in der Sekunde ist also $n = \frac{c}{\lambda}$. Die Fortpflanzungsgeschwindigkeit des Lichtes ist bekannt; sie beträgt rund 300 000 km per Sekunde. Eine Methode der Wellenlängenmessung werden wir im folgenden kennen lernen. Kennen wir aber c und λ, so kennen wir auch die zu jeder Farbengattung gehörige Schwingungszahl. Sie beträgt für rote Strahlen ungefähr 400 Billionen, für violette Strahlen fast den doppelten Betrag per Sekunde. Anstatt des Prismas können wir zur Bildung eines Spektrums auch ein sogenanntes Gitter verwenden. Man versteht unter einem Gitter in der Physik eine Glas- oder Metallplatte, auf der feine Furchen gezogen sind. Durch Anwendung guter Teilmaschinen ist es gelungen, Gitter herzustellen, bei denen auf 1 mm Länge 800 feine Striche kommen. Zwischen je zwei solchen Furchen erhält man gleichsam einen feinen Spalt, der das Licht hindurchlässt, resp. bei den Metallgittern das Licht reflektiert.[*]) Wir wollen, um einen Einblick in das Zustandekommen des Spektrums durch Gitter zu erhalten, die Erscheinungen verfolgen, die auftreten, wenn das Licht durch einen Spalt geht, und den einfachsten Fall voraussetzen, nämlich daß homogenes Licht, d. h. Licht von einer bestimmten Farbe, also etwa rotes Licht eintrete. Das Licht, das durch einen vertikalen Spalt eintritt, breitet sich nicht nur in gerader Richtung, sondern auch seitlich aus, da jeder Punkt des Spaltes als Wellenerreger anzusehen ist, von dem das Licht nach allen Richtungen sich geradlinig fortpflanzt.

---

[*]) Die geritzten und dadurch matt gewordenen Stellen wirken wie undurchsichtige Schirme, die nicht geritzten entsprechen den Spalten. Bei den Metallgittern wird das im reflektierten Licht entstehende Beugungsbild betrachtet; die gezogenen Linien sind matt, reflektieren also kein Licht, die nicht geritzten, den Spalten entsprechend, reflektieren das Licht.

Das in normaler Richtung AA′ BB′ (Fig. 3) auf den Schirm auffallende Strahlenbündel hat nur Strahlen, die denselben Weg machen, sie müssen also in ihrer Wirkung sich verstärken; dort, wo sie auffallen, erhalten wir also einen hellen Streifen. Es treffen aber auch in seitlicher Richtung z. B. AA″ BB″ Strahlenbündel auf. Fällt man vom Punkte B ein Lot auf AA″, so wird, wie man sieht, der Winkel φ, den man Beugungswinkel nennt, um so größer, je seitlicher das Strahlenbündel austritt.

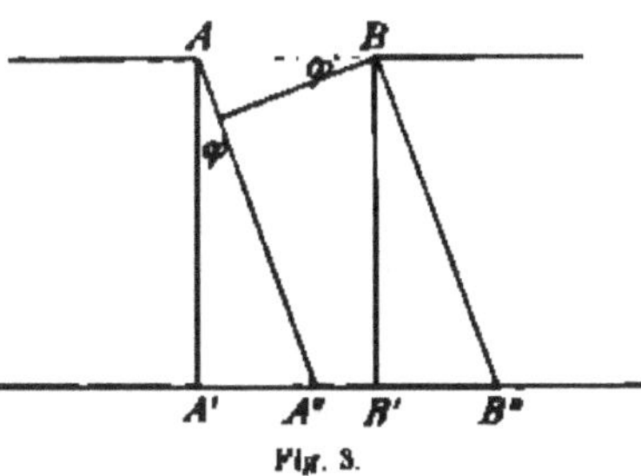

Fig. 3.

Mit wachsendem Beugungswinkel wächst auch die Differenz der Wege, die von den äußersten Strahlen (Randstrahlen) bis zum Orte ihres Zusammentreffens P zurückgelegt werden. Diesen Unterschied der Wege nennt man Gangunterschied der Strahlen.

Ist z. B. der Gangunterschied der Strahlen AA″ BB″ gleich $\frac{\lambda}{2}$, einer halben Wellenlänge, so löschen sich diese zwei Strahlen aus, denn der eine verlangt eine Bewegung der Äthermoleküle in einer geradezu entgegengesetzten Richtung als der andere, und zwei gleiche und entgegengesetzte Bewegungen heben einander auf (Fig. 4).

Von den dazwischen liegenden Strahlen wird aber gleichwohl eine gewisse Lichtintensität übrig bleiben, da sie gegeneinander kleinere Gangunterschiede haben. Ist aber der Gangunterschied λ eine ganze Wellenlänge geworden, so kann man das ganze Lichtbündel in zwei Hälften teilen (Fig. 5). Dem Strahl A kann man dann den Strahl b zuordnen und so jedem folgenden Strahl von A bis b einen Strahl von b bis B. Je zwei dieser zugeordneten Strahlen haben aber, wie man sieht, einen Gangunterschied von $\frac{\lambda}{2}$ und heben sich demnach auf. In der Gegend (P) also, in der dieses Strahlenbündel auffällt, ist gar kein Licht, man erhält dort einen dunklen Streifen. Ist der Gangunterschied $3\frac{\lambda}{2}$ geworden, so teile man das Bündel ab in

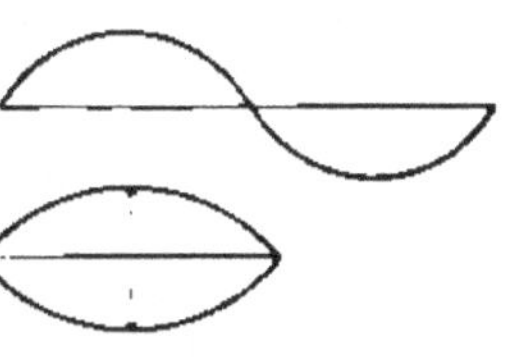
Fig. 4.

zwei Bündel. Das erste mit dem Gangunterschied λ, das zweite mit $\frac{\lambda}{2}$. Die Lichtwirkung des ersten Bündels fällt nach dem eben Gesagten weg, das Bündel vom Gangunterschied $\frac{\lambda}{2}$ giebt dagegen eine, wenn auch etwas geringere Lichtintensität. Das Resultat wird also folgendes sein: In den Punkten, wo Strahlenbündel auffallen vom Gangunterschiede $\frac{\lambda}{2}, 3\frac{\lambda}{2}, 5\frac{\lambda}{2}, \ldots$ erhält man helle Streifen, wo dagegen der Gangunterschied λ, 2λ, 3λ . . geworden ist, heben sich die Strahlen in ihrer Wirkung gegenseitig auf. Das Beugungsbild wird also bei rotem Lichte so aussehen: In der Mitte steht ein rotes Rechteck, seitlich von diesem wechseln rote, immer lichtschwächere Rechtecke mit dunklen ab. Lassen wir aber nicht homogenes, also

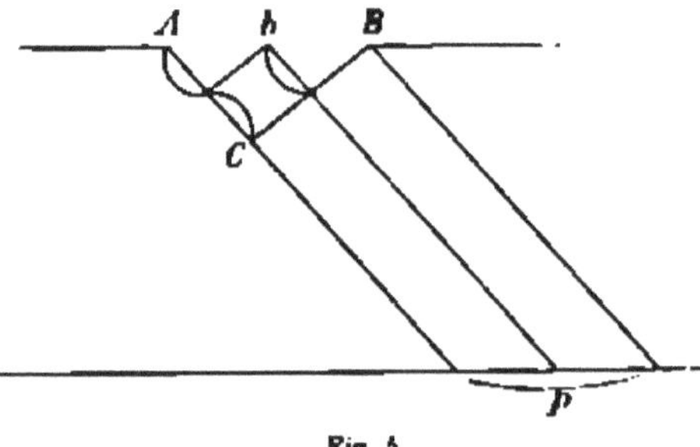

Fig. 5.

weißes Licht auf den Spalt fallen, so fallen auch die Rechtecke und die schwarzen Streifen der verschiedenen Farben beim Bilde nicht mehr zusammen; man erblickt dann in der Mitte ein weißes Rechteck, zu beiden Seiten der weißen Mitte aber eine Reihe von vielfarbigen Bändern, welche durch farbige, ebenfalls gefärbte Streifen getrennt sind. Wendet man ein Gitter an und läßt auf ein solches Gitter einfaches, z. B. rotes, Licht fallen, das vorerst durch einen Spalt gegangen ist, so treten bei Glasgittern auf der entgegengesetzten (bei Metallgittern auf derselben) Seite sowohl in normaler Richtung zum Gitter als auch in jeder Beugungsrichtung so viel unter sich gleiche Strahlenbündel aus, als Öffnungen im Gitter vorhanden sind. Je grösser wieder der Beugungswinkel wird, oder je weiter die Auffallstelle von der Mitte absteht, desto grösser wird der Gangunterschied je zweier benachbarter Strahlenbündel werden. Fällt man von dem Punkte, von dem der erste Strahl des zweiten Bündels ausgebt (Fig. 6), eine Senkrechte auf den ersten Strahl des ersten Bündels, so ist a h der Gangunterschied dieser zwei Strahlen, aber auch überhaupt je zweier folgenden Strahlen des ersten und zweiten Bündels, und der Gangunterschied jedes anderen Bündels gegen das folgende, des dritten gegen das vierte u. s. w., da die Normale c h für alle diese bezüglichen Strahlen dieselbe ist. Für einen bestimmten Beugungswinkel φ*) wird dieser Gangunterschied je zweier Strahlenbündel eine ganze Wellenlänge des roten Lichtes betragen. In dieser Richtung müssen sich sämtliche Bündel verstärken. In jeder anderen Richtung, in der nicht wieder der Gangunterschied ein oder mehrere ganze Wellenlängen beträgt, mag sie von der angegebenen noch so wenig seitlich gelegen sein, müssen sich aber sämtliche Strahlenbündel in ihrer Wirkung vernichten. Denn nimmt z. B. bei einem Gitter von 1000 Furchen der Beugungswinkel nur um so viel zu, dafs die Wege der Strahlen des ersten und zweiten Bündels um $1 + \frac{1}{1000}$ Wellenlänge verschieden sind, so ist der Gangunterschied des 1. und 3. Bündels $2 + \frac{2}{1000}$, des 1. und 4. $3 + \frac{3}{1000}$ u. s. f. Beim 501. Bündel beträgt der Gangunterschied dann in Bezug auf das erste $500 + \frac{500}{1000} = 500 + \frac{1}{2}$ Wellenlänge. Da also zwischen diesen zweien ein Gangunterschied einer ungeraden Anzahl halber Wellenlängen ist, heben sie sich in ihrer Wirkung auf; ebenso aber auch das zweite mit dem 502., das dritte mit dem 503. u. s. f., so dafs wir in dieser Richtung kein Licht erhalten. Aber auch in keiner anderen Richtung erhalten wir Licht, bis nicht wieder der Gangunterschied einer Anzahl ganzer Wellenlängen gleich wird. Wäre z. B. bei einem gröfseren Beugungswinkel der Gangunterschied zwischen dem ersten und zweiten Bündel $= 1 + \frac{1}{200}$ Wellenlänge, dann wäre der Gangunterschied schon zwischen dem ersten und 101. $= 100 + \frac{100}{200} = 100 + \frac{1}{2}$, es würde sich also das erste und 101., das zweite und 102. u. s. f. aufheben.

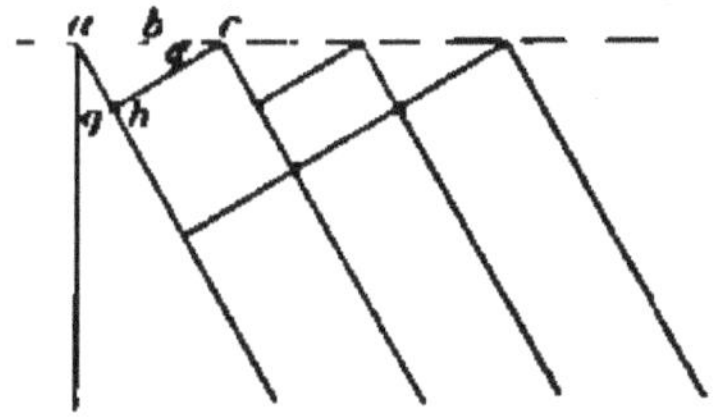

Fig. 6.

Das Beugungsbild eines Gitters wird sich also bei Anwendung

*) Diesen Winkel bildet auch a N mit dem ersten Strahl; denn Winkel, deren Schenkel im selben Sinne zu einander normal stehen, sind gleich.

von rotem Lichte so gestalten: In der Mitte erscheint ein roter Streifen, dann wechseln nach rechts und links dunkle Streifen mit roten ab. Die roten folgen an den Stellen, wo der Gangunterschied je zweier Nachbarbündel einer Anzahl ganzer Wellenlängen entspricht.

Bei weißem Lichte erhalten wir dagegen folgendes Beugungsbild: In der Mitte haben wir das weiße Spaltbild; seitlich legen sich die sämtlichen in diesem Lichte enthaltenen Farben, dem Gangunterschied einer ganzen Welle entsprechend, nach Maßgabe ihrer Wellenlänge nebeneinander und bilden auf jeder Seite des Spaltbildes das Spektrum 1. Ordnung. In gleicher Weise bilden die Strahlen höherer Gangunterschiede die Spektren (2., 3., 4. . . . Ordnung). Wenn in dem einfallenden Lichte gewisse Strahlenarten fehlen, wie es beim Sonnenlichte der Fall ist, so müssen natürlich auch in den Spektren die betreffenden Wellen dunkel erscheinen. Es gilt dies nicht nur vom Beugungsspektrum, sondern auch vom Prismenspektrum.

Gerade die Erklärung des Auftretens dieser dunklen Linien,[*] deren Fraunhofer im Jahre 1814 an 800 beobachtete und deren Lage und Abstände er bestimmte, brachte Aufschluß wenigstens über die äußere Beschaffenheit des Sonnenballs. Wichtig ist es, zu bemerken, daß sich durch Beobachtung des Beugungsspektrums die Wellenlänge der einzelnen Lichtarten und zwar sicherer als nach anderen Methoden bestimmen läßt. Dem ersten gebeugten Spaltbild (Fig. 6), z. B. bei rotem Lichte, entspricht der Beugungswinkel a c b, der — wie oben bemerkt wurde — gleich ist dem Winkel φ,[**] den die Normale von a mit dem ersten gebeugten Strahle bildet; diesen kann man aber mit dem Spektrometer messen. Im rechtwinkeligen Dreiecke a c h ist aber ∠ φ = ∠ a c h bestimmt durch das Verhältnis der gegenüberliegenden Seite a h und der Hypotenuse a c. Diese Funktion des Winkels wird sinus genannt. Man hat also

$$\sin \varphi = \frac{a\,h}{a\,c};$$

a h ist aber gleich einer ganzen Wellenlänge λ, a c ist die Gitterbreite γ. Daraus findet man: λ = γ sin. φ.

Verschiedene Lichtquellen geben, das ist klar, verschiedene

[*] Schon Wollaston hatte 1802 dunkle Linien im Sonnenspektrum gesehen. Aber erst Fraunhofer entdeckte, daß sie immer dieselbe Lage und Ordnung haben, daß sie für die Angabe einzelner farbiger Strahlen als Marke dienen können. Als charakteristische Fraunhofersche Linien, deren er selbst 8 von A bis H bezeichnete, gelten jetzt: A, a, B, C, α, D (D_1 D_2), E, b (b_1 b_2 b_3 b_4), F, d, G, g, h, H.

[**] Winkel, deren Schenkel wechselseitig aufeinander senkrecht stehen.

Spektren. Man wird also aus der Beschaffenheit des Spektrums auf das Wesen der Lichtquelle zurückschliefsen können. Durch die Analyse[10]) des Spektrums auf die Natur des leuchtenden Körpers zu schliefsen, also aus den optischen Erscheinungen, die bei der Brechung oder Beugung des Lichtes auftreten, die Bestandteile des leuchtenden Körpers zu ergründen, ist nun eben Aufgabe der Spektralanalyse.

Im vorhinein seien zur Orientierung folgende Thatsachen erwähnt. Man unterscheidet hauptsächlich folgende Arten von Spektren:

1. Das kontinuierliche Spektrum, d. h. das Spektrum, bei welchem die einzelnen sichtbaren Farben von rot bis violett ununterbrochen aufeinanderfolgen; ein solches liefern alle festen und flüssigen Körper in der Weifsglut.

2. Die Banden- und Linienspektra. Jeder leuchtende Dampf und jedes leuchtende Gas, sei es, dafs es eine chemische Verbindung oder ein Element darstelle, giebt bei niedriger Temperatur ein Bandenspektrum, bei hoher Temperatur ein Linienspektrum, d. h. die Farben reihen sich nicht ohne Unterbrechung aneinander, sondern lassen dunkle Unterbrechungen der einzelnen Farben erkennen. Die Bandenspektra machen den Eindruck von Lichtbändern. An der Seite, die dem Rot zugekehrt ist, leuchten sie am kräftigsten. Die einzelnen Bänder beginnen also gleichsam mit leuchtenden Kanten, so dafs sie den Eindruck von kannellierten Säulen gewähren; sie heifsen deshalb auch kannellierte Spektra. Es sind aber nicht einzelne Banden, sondern Bandengruppen, deren jede sich wieder in Linienreihen auflösen läfst. Das Linienspektrum zeigt helle Linien, deren Anzahl selten über 100 beträgt. Jedes Gas, jeder leuchtende Dampf hat sein eigentümliches Spektrum. Nach dem Gesagten gehören also faktisch Banden- und Linienspektrum zu einer Gruppe. Die Bandenspektra sind feinere Linienspektra. Man glaubt, da die Linien bei jenen zusammengedrängt erscheinen, die Bänder also aus Linien zusammengesetzt sind, dafs das Bandenspektrum von zusammengesetzten, das eigentliche Linienspektrum von einfachen Molekülen herrühre.

3. Das Absorptionsspektrum. Denken wir uns ein kontinuierliches Spektrum und zugleich ein Linienspektrum, dessen Linien aber dunkel statt hell sind, so haben wir ein Absorptionsspektrum, dessen Name sich aus seinem Zustandekommen ergeben wird. Das Sonnenspektrum ist ein Absorptionsspektrum. In ihm folgen die Farben ohne Unter-

[10]) Zerlegung, also Deutung.

brechung aufeinander, es ist aber senkrecht zu seiner Länge von den dunklen schon genannten **Fraunhoferschen** Linien durchzogen.

Warum feste und flüssige Körper in der Weifsglut kontinuierliche Gase und Dämpfe unterbrochene Spektra liefern, läfst sich aus der Konstitution der Körper schliefsen. Die Ursache des Leuchtens der Körper besteht in ihrer hohen Temperatur, also in der Wärme, die nach der neueren Naturanschauung bekanntlich in der raschen Bewegung der Moleküle ihren Grund hat. Je mehr Moleküle vorhanden sind, je gröfser die Anzahl der Schwingungen ist, je intensiver die Bewegung, also je höher die Temperatur ist, desto intensiver ist auch

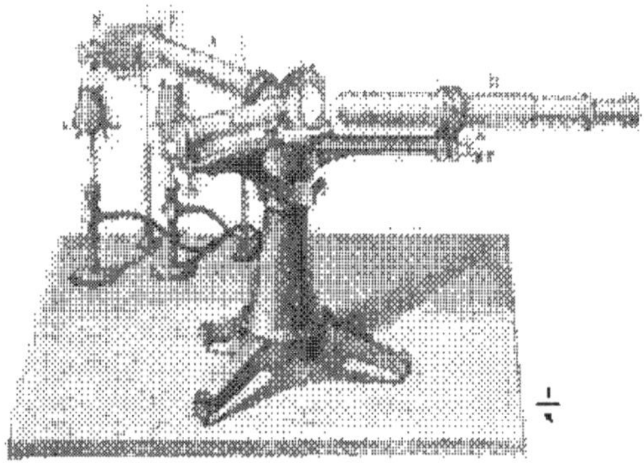

Fig. 7.

das Leuchten. Die Weifsglut der festen und flüssigen Körper ist eine Mischung aller Farbengluten, daher sind auch alle Farbengattungen im Spektrum der festen und flüssigen Körper ohne Unterbrechung vorhanden. Bei den Gasen sind die Moleküle weiter auseinandergelagert, die Schwingungen jener Farben, welche bestimmten fehlenden Schwingungszahlen entsprechen, fehlen daher auch im Spektrum.[11])

[11]) Genauer wäre die Sache nach den Untersuchungen von **Wiedemann**, die jedoch noch nicht völlig zum Abschlufs gebracht sind, folgendermafsen aufzufassen: Bei festen und flüssigen Körpern können sowohl die Schwingungen der ganzen Moleküle um ihre Schwerpunktslage als auch die intramolekulare Bewegung der Atome eine Lichtemission hervorbringen, und zwar die ersteren die kontinuierliche, während die letzteren die Lichtunterschiede in der Lichtemission bedingen. Dagegen können bei Gasen nur die Schwingungen der materiellen Teilchen, die der Zahl nach natürlich bedeutend geringer sind als bei den festen und flüssigen Körpern, die ihnen eigentümlichen Spektra erzeugen. (Siehe **Scheiner**: Die Spektralanalyse der Gestirne. Leipzig 1890.)

Kirchhoff und Bunsen haben einen Apparat konstruiert, mit dem man zweckmäßig die Spektra verschiedener leuchtender Körper beobachten kann, der daher den Namen Spektralapparat führt. Er hat (Fig. 7) folgende Einrichtung: Der Hauptbestandteil ist natürlich das brechende Prisma P. Vor demselben befindet sich das sogenannte Collimatorrohr A; es hat an dem Ende, das vom brechenden Prisma abgekehrt ist, einen Spalt, der regulierbar ist. Von diesem fallen die Strahlen der Flamme F auf eine Linse im Collimator. Da der Spalt sich im Brennpunkte der Linse befindet, geben die Strahlen von der Linse parallel aus und fallen auf das Prisma, durch das sie gebrochen

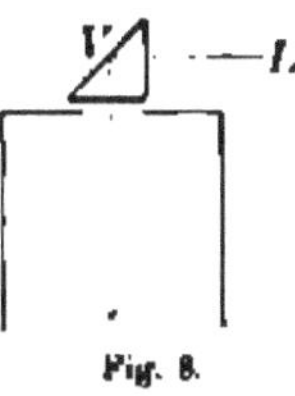

Fig. 8.

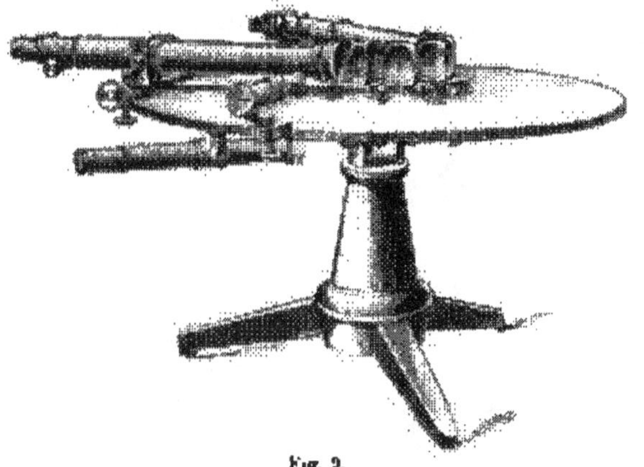

Fig. 9.

und zerlegt werden. Das Spektrum wird durch das Fernrohr B beobachtet. Links vom Beobachtungsrohr ist noch ein drittes, das Skalenrohr, so genannt, weil es eine mikroskopische Skala trägt, die durch eine Lichtquelle beleuchtet wird. Diese Skala befindet sich im Brennpunkte einer Linse. Wenn das Skalenrohr beleuchtet ist, so gehen die Lichtstrahlen durch die durchsichtigen Skalenteile, fallen auf die Linse, aus der sie parallel austretend zum Prisma gelangen. Von der Fläche des Prismas werden sie in das Beobachtungsrohr reflektiert, so daß man im Fernrohr nicht nur das Spektrum, sondern auch die Skala sieht. Man kann so genau konstatieren, mit welchem Teilstrich etwa eine helle oder eine dunkle Linie zusammenfällt. Bei den neueren

Apparaten hat man statt der mikroskopischen Skala eine andere Einrichtung, um die Lage der Linien angeben zu können. Das Beob-

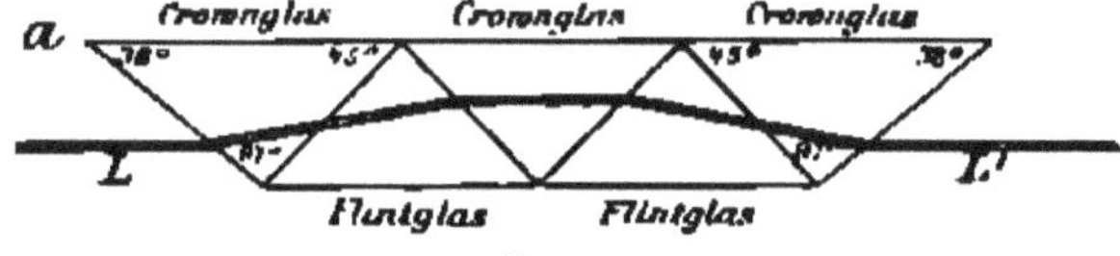

Fig. 10a.

achtungsfernrohr hat eine scharfe Marke (Mire) irgendwelcher Art, z. B. einen feinen Draht, ein Fadenkreuz, zwei einander gegenüberstehende Spitzen, eine Lichtlinie u. dergl., die sich auf dem Spektrum hin und her schieben läfst. Die Gröfse dieser Verschiebung kann mit Hilfe einer Mikrometer-Vorrichtung genau gemessen werden.[17])

Fig. 10b.

Zum Vergleichen zweier Spektra trägt der Apparat gewöhnlich ein Vergleichsprisma; dieses ist vor dem Spalt so angebracht, dafs es dessen untere oder obere Hälfte verdeckt und mittelst eines Hebels drehbar ist. Von einer Lichtquelle, deren Spektrum zum Vergleiche mit dem einer anderen, deren Strahlen durch die nicht verdeckte Spalthälfte hindurchgehen, benutzt werden soll, fallen Strahlen L (Fig. 8) auf dieses Vergleichsprisma (V), werden total in das Collimatorrohr hineinreflektiert und treffen wie die direkten Strahlen das Beleuchtungsprisma. So erhält man zwei Spektren übereinander, die man miteinander vergleichen kann. Statt eines Prismas wendet man oft, namentlich für astronomische Untersuchungen, bei denen eine gröfsere Dispersion[18]) notwendig ist, Prismensätze an (Fig. 9): so verwendete Kirchhoff 4,

[17]) Näheres in Schellens: Die Spektralanalyse in ihrer Anwendung auf die Stoffe der Erde und die Natur der Himmelskörper. Braunschweig 1883.

[18]) Zerstreuung, Auseinanderziehen der einzelnen Farben.

Thalén 6, Mers 11, Donati sogar 25 zweckmäfsig miteinander verbundene Prismen.

Solche Prismensätze können derart eingerichtet werden, dafs Spalt, Linse, Prisma und Beobachtungsrohr in derselben Richtung zu liegen kommen, so dafs man ein Spektroskop mit gerader Durchsicht (à vision directe) erhält (Fig. 10a u. b); in kleiner, handlicher Form führen sie den Namen Taschenspektroskop (Fig. 10c). Freilich geben sie ein Spektrum, das schon im Blau abbricht und wegen der häufigen Reflexionen lichtschwach ist. Die Gitterspektroskope sind so eingerichtet, dafs vor dem Gitter das Collimatorrohr angebracht ist; das Beobachtungsrohr wird in den Gang des gebrochenen, respektive reflektierten Lichtes gebracht, je nachdem ein Glas- oder Metallgitter in Verwendung ist (Fig. 11)[14].)

Das Spektroskop von Kirchhoff hat auch sonst mannigfache Ab-

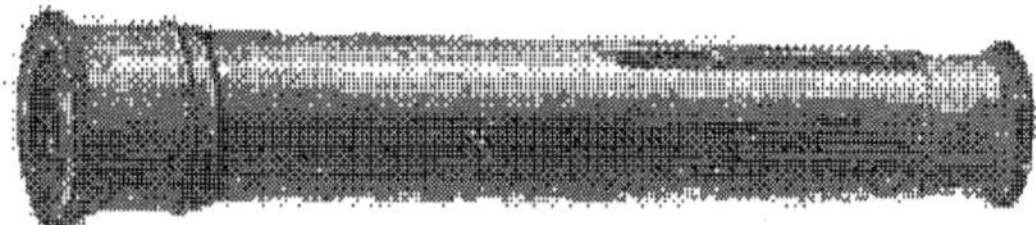

Fig 10c.

änderungen erfahren; je nachdem es zu chemischen und physikalischen Untersuchungen dient oder zur Durchmusterung des Sonnenspektrums, zur Ausmessung der Protuberanzen, jener gewaltigen Flammensäulen, die sich hoch über den Sonnenrand erheben, zur Beobachtung der Spektren der Fixsterne, der Kometen, der Meteore u. s. w., verlangt es eine andere zweckdienliche Einrichtung. Das Grundprinzip des ursprünglichen Apparates liegt aber selbstverständlich auch allen diesen Apparaten zu Grunde: das von der Lichtquelle auf das Prisma auffallende Licht wird von diesem gebrochen und in seine Bestandteile zerlegt, das entstehende Spektrum kann zweckmäfsig beobachtet werden. Statt eines Spaltes können auch zwei eingesetzt, oder der eine Spalt kann in zwei nebeneinander stehende Hälften geteilt sein. Der einfache Spalt dient zu qualitativen Analysen, also zur Untersuchung, welche Substanzen in der zu prüfenden Materie vorhanden sind, der Doppelspalt zu quantitativen Untersuchungen, welche darauf abzielen, die Menge des vorhandenen Stoffes zu ermitteln.

[14]) g bedeutet das Glasgitter, durch welches die vom Spalte S durch das Collimatorrohr kommenden Strahlen gebeugt in das Fernrohr gelangen. Bei () erblickt das Auge im Fernrohr die durch Brechung erzeugten Spektra.

Einen solchen Apparat hat Vierordt bei seinen vielfachen wissenschaftlichen Untersuchungen verwendet. Beide Spalthälften werden gleich beleuchtet und auf eine bestimmte Breite eingestellt, so dafs die ausgewählte Spektralregion als vertikales Band erscheint. Wenn nun vor die eine Spalthälfte eine Flüssigkeit gestellt wird, so dafs alles Licht, das von der Lichtquelle kommt, die Flüssigkeit passieren mufs, so wird im Fernrohr das entsprechende Spektrum jedenfalls dunkler erscheinen, da ein Teil des Lichtes von der Flüssigkeit verschluckt wird. Man kann aber auch das Spektrum des zweiten Spaltes auf den gleichen Grad der Verdunkelung bringen, indem man den Spalt gehörig verengt. Die Differenz der eingestellten Spaltbreiten ist unter gewissen Vorsichtsmassregeln, die Vierordt anwendete, der Absorption

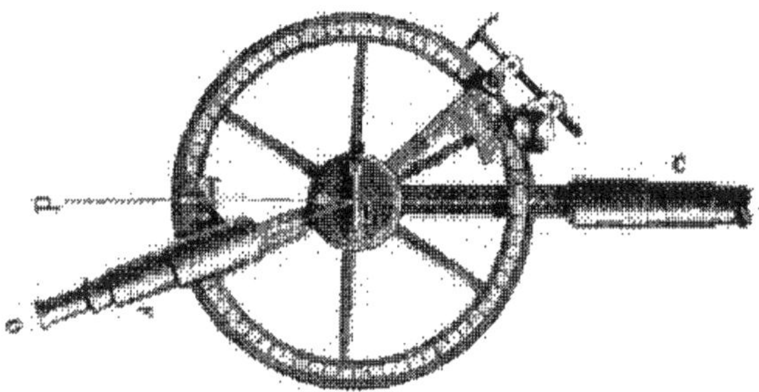

Fig. 11.

proportional. Je gröfser aber die Absorption irgend einer Lösung ist, desto gröfser ist die Menge der aufgelösten Substanz. Auf diesem Wege konnte er einerseits direkte Bestimmungen anstellen,[18]) um den Gehalt von farbigen Metallsalzen in Lösungen und von Farbstoffen, z. B. des Zuckersyrups, zu ermitteln, sowie auch indirekte Bestimmungen der entfärbenden Kraft der Kohle, der Farbstoff-Aufsaugung des Papiers, der Goldschlägerhaut, tierischer Gewebe u. s. f. Diese Methode der Bestimmung zeichnet sich durch Sauberkeit, Genauigkeit und Schnelligkeit aus und macht sie daher wertvoll für wissenschaftliche, technische und chemische Zwecke.[19]) Aber auch zur qualitativen Analyse

[18]) Siehe K. Vierordt, Die quantitative Spektralanalyse in ihrer Anwendung auf Physiologie, Physik, Chemie, Technologie. Tübingen 1876. Desgl.: Die Anwendung des Spektralapparates zur Photometrie der Absorptionsspektren und zur qualitativen chemischen Analyse. Tübingen 1873.

[19]) Glan und Hüfner bedienen sich zu derartigen Bestimmungen einer anderen Methode; sie erreichen ihren Zweck nicht durch Verengung der Spalte, sondern mit Hilfe polarisierender Mittel.

kann man das Absorptionsspektrum, durch Lösungen hervorgerufen, unter Anwendung eines Spaltes benutzen. Durch eine Lichtquelle, etwa eine Kerzenflamme, erhielte man ein kontinuierliches Spektrum. Brächte man aber in den Gang der Strahlen eine Lösung, z. B. von hypermangansaurem Kali, so würden nur bestimmte Lichtstrahlen, hier die roten, hindurchgelassen, die übrigen dagegen werden absorbiert. Da jeder Art von Lösung ihr eigentümliches Absorptionsspektrum entspricht, so läfst sich auch durch dieses Absorptionsspektrum auf die Anwesenheit bestimmter Stoffe in der Lösung schliefsen. Auch zur Untersuchung mikroskopischer Präparate kann diese Methode angewendet werden. Man bedient sich dabei eines Apparates, der das Mikroskop und Spektroskop in sich vereinigt. Das Spektroskop wird nämlich einfach an die Stelle des weggenommenen Okulars des zusammengesetzten Mikroskops gebracht. Das Licht geht durch das Präparat, und man erhält daher ein durch Absorption geändertes, dem im Präparate enthaltenen Stoffe eigentümliches Spektrum, das noch mit einem anderen verglichen werden kann. Die spektroskopische Reaktion des Blutes ist aufserordentlich fein; das hochrote, sauerstoffhaltige arterielle Blut zeigt noch in 40facher wässeriger Verdünnung zwei kräftige Absorptionsstreifen zwischen D und E. Auch getrocknetes Blut, in Pulverform in Wasser gebracht, giebt noch ein unzweifelhaftes Absorptionsspektrum. Valentin untersuchte mit Erfolg solche Blutflecke, die schon 1—4 Jahre alt waren. Mittelst Anwendung des genannten Mikrospektroskops wird man daher selbst die geringsten Blutspuren nachweisen können, eine Thatsache, die in Kriminalfällen von der gröfsten Bedeutung geworden ist. Die Färbung von Speisen, Zuckerwaren, Liqueuren, Weinen mit gesundheitsschädlichen Stoffen ist auf diesem Wege nachweisbar. Welche Bedeutung die mikroskopische Untersuchung noch für die Heilkunde erlangen kann und wird, zeigt recht augenscheinlich ein von Lokyer erzählter Fall. Ein englischer Arzt spritzte die sehr verdünnte Lösung eines Lithiumsalzes einem Meerschweinchen unter die Haut, um die Geschwindigkeit nachzuweisen, mit welcher der tierische Körper im stande ist, gewisse Stoffe aufzunehmen und in seinem Organismus zu verbreiten. Schon nach 4 Minuten war das Lithiumsalz bis in die Galle gedrungen, nach 10 Minuten war schon der ganze Körper infiziert.

(Fortsetzung folgt.)

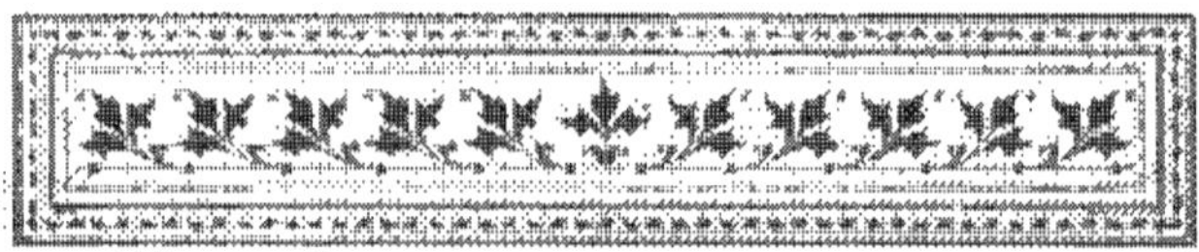

Über die elektromagnetischen Kräfte der Erde und über Kräfte überhaupt.

Von Prof. Dr. B. Weinstein in Berlin.

In meinem Aufsatz „Die Erde als Elektromagnet“ habe ich dem Leser zugesagt, diejenigen Erklärungen vorzuführen, welche man für die dort geschilderten Erscheinungen aufgestellt hat. Ich kann diese Zusage nicht erfüllen, wenn der Leser mir nicht die Geduld schenkt, sich erst durch eine Reihe von vorbereitenden Auseinandersetzungen durchzumühen. Lägen die Erklärungen so klar auf der Hand und wären sie so einfacher Art, dafs man sie nur vorzuführen brauchte, um sofort auch von Nichteingeweihten verstanden zu werden, so müfste man sich billig darüber wundern, dafs die Wissenschaft so viel Zeit gebraucht hat, um sie zu ermitteln, und dafs zwischen den Fachmännern soviel Zweifel und Streit über sie herrscht. Stehen sich doch die Ansichten hervorragendster Gelehrten schroff gegenüber! Was ich dem Leser vorzutragen haben werde, wird eine Zusammenstellung geäufserter Ansichten sein, in Verbindung mit einer Auseinandersetzung über das, was ich selbst über den uns beschäftigenden Gegenstand mir zusammengereimt habe. Zusammengereimt ist der richtige Ausdruck, nicht allein für das, was der einzelne hier schafft, sondern überhaupt für die Erklärungen, welche die Wissenschaft vorführt. Es sind Dichtungen, Bilder, die die Phantasie des Forschers schafft, indem er die Erscheinungen in ihren grofsen Zügen auffafst, wie der eigentliche Dichter Bilder aus Natur und Leben hinstellt, die nur an das, was man sieht und hört, erinnern. „Die Sprache der Sinne“ hat Herder die Dichtung genannt. Richtig verstanden, gilt diese Bezeichnung in der wundervollsten Weise auf die Dichtung in den Wissenschaften.

Es handelt sich für uns um die Frage nach den Ursachen für die magnetischen und elektrischen Erscheinungen der Erde, um die Kräfte, welche diese Erscheinungen hervorbringen. Die Antwort hierauf schein t leicht; es sind magnetische Kräfte und elektrische, derselben Art, wie wir sie in unseren Laboratorien hervorrufen und beliebig wirken lassen. Gewifs! Nur dafs wir in unseren Laboratorien die Ausgangspunkte für die Kräfte vor uns haben, dafs wir über den Sitz dieser Kräfte sicher sind, und sicher sind, dafs die Kräfte den Ort, den wir ihnen zuschreiben, als Ausgangsort wirklich haben, und dafs wir endlich wissen oder zu wissen glauben, wer diese Kräfte hervorgebracht hat und wie das geschehen ist. Bei den Kräften der freien Natur dagegen glauben wir zwar ebenfalls ihren Sitz zu kennen, allein wir sind dieses Sitzes nicht sicher, und noch viel weniger wissen wir, was diese Kräfte hervorgebracht hat und wie dieses geschehen ist. Den freien Naturerscheinungen gegenüber befinden wir uns nämlich in der sehr unangenehmen Lage, dafs erstens die Orte, welche wir als den Sitz ihrer Ursachen auffassen, für uns unerreichbar sind, und dafs zweitens die Erscheinungen selbst sich uns ungemein verwickelt und durcheinandergehend darstellen. Hier beginnt bereits die erste vorbereitende Betrachtung und diese betrifft Kräfte überhaupt.

Wir unterscheiden in der Natur zwei Arten von Kräften: unmittelbare oder Berührungskräfte und Fernkräfte. Die Berührungskräfte äufsern sich, wie der Name schon besagt, wenn zwei Körper sich berühren, also unmittelbar von Körper auf Körper. Der Druck ist eine solche Berührungskraft; er tritt ein, wenn ein Körper auf einen andern drückt, indem er ihn berührt und von seinem Orte zu verdrängen sucht. Eine gleiche Kraft ist der Zug, die elektromotorische Kraft an der Berührungsstelle zweier Körper u. s. f. Diese Kräfte wirken offenbar nicht auf die Körper selbst, sondern auf die Oberfläche dieser Körper und nur mittelbar auf den ganzen Körper, wie am deutlichsten an dem Beispiel des Druckes oder Stofses zu sehen ist; gedrückt oder gestofsen wird nur die Oberfläche des Körpers, doch der ganze Körper kommt in Bewegung oder wird wenigstens deformiert, wenn er durch ein Widerlager an der Bewegung verhindert ist.

Anders verhält es sich mit den Fernkräften; dieselben wirken von Körper zu Körper, auch wenn diese Körper sich in keiner Weise berühren, sondern von einander durch „leere" Räume getrennt sind. Die Himmelskörper ziehen zum Beispiel einander an, und doch sind sie anscheinend von einander durch Millionen und Billionen von Meilen geschieden, und nirgends bemerken wir etwas, was sie materiell miteinander verbände. Wir sind sogar gewohnt, den Raum zwischen ihnen als durchaus leer zu betrachten, und indem wir gleichwohl finden, dafs Kräfte zwischen ihnen walten, sprechen wir von Fernkräften auch bei denjenigen Körpern, die unserem Bereiche angehören, selbst wenn sie von Luft oder einer Flüssigkeit umgeben sind, falls sie nur sich selbst nicht berühren.

Die Fernkräfte wirken nun nicht mehr von Oberfläche zu Oberfläche, sondern von ganzer Substanz zu ganzer Substanz. Der Leser lasse sich durch die letzte Festsetzung nicht beirren: Elektrische und magnetische Kräfte sind Fernkräfte, diese Fernkräfte wirken nur auf Elektrizität und Magnetismus. Dafs letztere beide Substanzen sind, behauptet kein Physiker mit Sicherheit, aber soweit sie in Erscheinung treten, sind sie an Substanzen gebunden; sie kommen nur an Substanzen zur Erscheinung. Daher wirken auch elektrische und magnetische Kräfte von Substanz zu Substanz, wenn auch nicht auf Substanz.

Leicht einzusehen ist es auch, dafs die Fernkräfte mit wechselnder Entfernung von ihrem Ursprungsorte an Stärke abnehmen müssen, denn strahlt ein Körper eine gewisse Menge von Kraft aus, so verteilt sich diese, da der Raum, den die Kraft auszufüllen hat, mehr und mehr anwächst, und es kommt auf jeden Teil des Raumes mit wachsendem Abstand weniger und weniger. Die Verhältnisse liegen hier ganz analog wie bei der Beleuchtung eines Körpers durch ausgestrahltes Licht, und sogar das Gesetz der Abnahme mit wachsender Entfernung ist in beiden Fällen das nämliche und leicht aufzufassende. Es ist für die allgemeine Schwerkraft unter dem Namen Newtons bekannt, gilt aber in gleicher Weise für magnetische und elektrische Kräfte, nur dafs bei den letzteren unter gewissen Umständen noch andere Bestimmungselemente als die Entfernung hinzukommen. Bei gewissen Fernkräften, namentlich den magnetischen, erleidet dieses Gesetz scheinbar eine Ausnahme, indem diese Kräfte viel rascher abnehmen als die Belichtung einer Fläche, nämlich, statt im Verhältnis von Eins zum Quadrat der Entfernung, im Verhältnis von 1 zur dritten Potenz der Entfernung, was hervorzuheben für unsern Zweck sehr wichtig ist. Diese Ausnahme ist aber nur scheinbar und erklärt sich durch die Thatsache, dafs z. B. Magnetismus immer und an jeder Stelle in doppelter Gestalt auftritt, als Nordmagnetismus und als Südmagnetismus, und dafs diese beiden Magnetismen entgegengesetzte Wirkungen äufsern. Wären diese beiden Magnetismen auch vermischt, so gäbe es überhaupt keine magnetischen Wirkungen; sie sind aber immer, wenn auch durch unmefsbar kleine Räume, von einander geschieden. So bringen sie zusammen zwar noch eine Wirkung hervor, aber diese ist naturgemäfs viel schwächer als die jedes von ihnen, und mufs auch noch aufser von der Entfernung (ihrer dritten Potenz) von der Orientierung der Angriffsstelle zur angreifenden abhängen.

Die scharfe Zweiheit in den Kräften der Natur hat nun die Forscher von jeher in Verlegenheit gesetzt, und zwar um so mehr, als zwischen den Berührungskräften und Fernkräften eine unüberbrückbare Kluft zu bestehen scheint. Ein Übergang ist gedanklich gar nicht auszuführen, denn mag die Entfernung zwischen zwei Körpern ein Milliontel Millimeter oder Billionen von Kilometern betragen, in dem einen Falle ist die Kraft ebenso gut eine Fernkraft wie in dem andern, Berührungskräfte aber finden nur bei absoluter Berührung statt. Sowie zwei Körper auch nur den geringsten Abstand voneinander haben, gehören die Kräfte zwischen ihnen den Fernkräften an.

Was ist vorstellbarer, eine Berührungskraft oder eine Fernkraft? Die Antwort ist zu verschiedenen Zeiten, und selbst zu gleicher Zeit, von verschiedenen Forschern in verschiedener Weise gegeben worden. Die einen sagten: Kräfte sind überhaupt nicht vorstellbar, also ist es ziemlich gleichgiltig, ob wir Berührungskräfte oder Fernkräfte oder beides zugleich annehmen. Die anderen meinten, Fernkräfte lägen der Vorstellung näher als Berührungskräfte, mindestens sei die Existenz jener sicher, die dieser dagegen nicht, denn niemand könne, wenn zwei Körper sich anscheinend berühren, nachweisen, dafs eine Berührung thatsächlich stattfinde; es sei ebenso gut möglich, dafs Kräfte, welche von Körper zu Körper wirken und die nur merkbar sind, wenn die Körper einander sehr nahe kommen (sogenannte Molekularkräfte), die wir aus gewissen Gründen sogar annehmen müssen, die Körper stets auseinanderhalten. Diese also führten die Berührungskräfte auf Fernkräfte zurück, die nur in besonderer Weise (wie die Molekularkräfte) wirken sollten. Eine dritte Schule endlich meinte, Wirkung in die Ferne sei überhaupt nicht vorstellbar. Wie soll ein Körper auf einen andern wirken, wenn beide Körper in gar keiner Verbindung miteinander stehen? Vorstellbar seien nur Berührungskräfte; hier greife ein Körper den andern unmittelbar an, das könnten wir uns vorstellen.

Es wäre sehr verlockend, die Begriffe etwas zu zergliedern und zu fragen, was eigentlich vorstellbar oder nichtvorstellbar heifsen soll? Man kommt auf der einen Seite zu reinem Spiritualismus, auf der andern zu rein sinnlicher Auffassung, und sieht ziemlich bald, dafs das meiste individuell ist. Derartige Untersuchungen gehören aber nicht hierher. Wenn der Leser will, kann er die ganze Streitfrage darauf zurückführen: soll man Fernkräfte und Berührungskräfte, soll man nur Fernkräfte oder nur Berührungskräfte annehmen.

Es ist leichter, Berührungskräfte auf Fernkräfte zurückzuführen als umgekehrt Fernkräfte auf Berührungskräfte. Viele Versuche sind in letzterer Beziehung gemacht worden, namentlich hat man Fernkräfte durch Stofskräfte zu ersetzen versucht. Zuletzt hat der bekannte englische Physiker Maxwell in einer seiner genialsten und folgenschwersten Arbeiten nachgewiesen, dafs man Fernkräfte, wie solche in der Natur beobachtet werden, durch Druck- und Zugkräfte darzustellen vermag. Dazu gehört aber selbstverständlich die Annahme, dafs zwischen den Körpern, auch wenn sie nicht von anderen Körpern, wie von Luft oder von Flüssigkeit, umgeben sind, gleichwohl kein leerer Raum vorhanden ist, sondern dafs der Raum überall mit einem Stoff gefüllt ist, der die Druck- und Zugkräfte aufnimmt und von Körper zu Körper verbreitet. Diesen Stoff nennt man bekanntlich den Äther. Der Äther ist, wie ich bemerken möchte, zuerst nicht zum vorgenannten Zwecke erfunden worden, sondern zur Erklärung der Verbreitung des Lichtes; nunmehr hat er auch die Verbreitung der Kräfte übernommen und spielt infolgedessen eine so bedeutende Rolle in der Wissenschaft, dafs seiner Existenz kaum noch widersprochen wird.

Stelle sich der Leser vor, dafs innerhalb einer Flüssigkeit ein Körper vorhanden sei. Drücken wir mit einem Stempel auf die Oberfläche der Flüssigkeit, so nimmt diese den Druck auf; er verbreitet sich durch die Flüssigkeit, ist also auch innerhalb derselben vorhanden und trifft auch auf den Körper in der Flüssigkeit, so dafs auch dieser einen Druck erfährt. So ungefähr ist die Rolle, die der Äther zu übernehmen hat. Zug- und Druckwirkungen gehen von Körpern aus — wie, ist nicht bekannt —, durchdringen den Äther, und wenn sie zu einem zweiten Körper gelangt sind, wird dieser von ihnen so angegriffen, als ob der erste Körper vermittelst der betreffenden Kraft aus der Ferne auf ihn gewirkt hätte, ganz so, wie sich das Licht nach der sogenannten Undulationstheorie von Körper zu Körper durch den Äther verbreitet. Wenn es so auf einen Körper gelangt ist, hat es den Anschein, als ob dieser von jenem unmittelbar aus der Ferne beleuchtet worden ist.

Man nennt bekanntlich die Linie, nach welcher eine Kraft sich verbreitet, die also stetig der Richtung einer Kraft folgt, eine Kraftlinie. Geht eine Kraft von einer Substanz aus und verbreitet sie sich nach allen möglichen Richtungen, so strahlen von der Substanz nach allen Richtungen Kraftlinien aus, genau so wie Lichtstrahlen von einem leuchtenden Körper. Die Kraftlinien können gerade oder beliebig gekrümmt sein. Linien, welche in stetigem Zug Kraftlinien senkrecht schneiden, nennt man Niveaulinien; auch diese können jede beliebige Form haben. Die Zug- und Druckkräfte nun, welche die Fernkräfte in ihrer Wirkung ersetzen, und welche sie durch den Äther verbreiten sollen, folgen der Richtung dieser Kraftlinien und Niveaulinien (wenigstens in Substanzen von überall gleicher Beschaffenheit), und ihre Stärke wächst wie das Quadrat der Kräfte selbst. So z. B. haben die Zug- und Druckkräfte, welche die sogenannten elektrostatischen Kräfte ersetzen (das sind die Kräfte, welche von elektrisch geladenen Körpern ausgehen), die Kraftlinien in ihrer Richtung zu dehnen und zugleich zusammenzuhalten. Entfallen diese Kräfte, indem die elektrischen Ladungen verschwinden, so ziehen sich die Kraftlinien plötzlich jede in sich zusammen, und zugleich fahren sie auseinander, sie verschwinden also. Die Zug- und Druckkräfte dienen dazu, dieser Neigung der Kraftlinien zur Selbstvernichtung Einhalt zu thun. Bei anderen Kräften gehen die Kraftlinien nicht von den Substanzen aus, deren Sitz die, die Kräfte hervorrufenden Erscheinungen sind, sondern sie umschlingen diese Substanzen in geschlossenen Linien. Die Niveaulinien haben dann ihren Ursprung in den Substanzen. Dieses trifft beispielsweise bei den magnetischen Kräften zu, welche von elektrischen Strömen herrühren. Aber auch in diesem Falle gelten die obigen Angaben hinsichtlich der Druck- und Zugkräfte.

Drei Folgerungen sind unausweichlich. Erstens: will man konsequent sein, also Fernkräfte nicht wieder durch Fernkräfte (wenn auch in unmeſsbar geringen Entfernungen wirkend) erklären, was ja intellektuell nichts nützen würde, so muſs man annehmen, daſs der Äther den Raum ganz kontinuierlich erfüllt, also: daſs der Äther nicht etwa aus kleinsten getrennten Teilchen besteht. Zweitens: überträgt sich der Druck von Stelle zu Stelle, so muſs diese Übertragung Zeit verbrauchen, das heiſst, die Kraft verbreitet sich nicht momentan durch den Raum, sondern bedarf zur Verbreitung, wie das Licht, einer gewissen Zeit, um von Körper zu Körper zu gelangen, die um so gröſser sein wird, je weiter die Körper auseinander stehen. Und das Nämliche gilt von allen Änderungen, die die Kraft etwa erfährt. Drittens: die Kraftverbreitung muſs abhängig von der Substanz sein, innerhalb welcher sie vor sich geht.

Die erste Folgerung bereitet gerade dem Physiker einige Unbequemlichkeiten. Gewisse Erscheinungen in dem physikalischen Verhalten der Substanzen (z. B. dafs man die Substanzen beliebig zerteilen und zusammensetzen kann, dafs man sie zu verdichten und zu verdünnen vermag), namentlich aber auf dem Gebiete der Chemie, haben zu der Annahme fast gezwungen, dafs die Substanzen nicht kontinuierlich sind, sondern aus kleinen Teilchen bestehen, die man Molekeln und in noch feinerer und letzter Zerteilung Atome nennt. Soll der Äther sich anders verhalten? Aber ist der Äther überhaupt Substanz in dem gewöhnlichen Sinne des Wortes? Die Sache ist die, dafs wir allerdings dem Äther gewisse Eigenschaften der gewöhnlichen Substanz zuschreiben, wie Dichte, Elasticität u. s. f., ob wir ihm aber alle zuschreiben dürfen, ist mindestens zweifelhaft. So sind Vorgänge im Äther für unsere Sinne nicht wahrnehmbar, soviel wir einstweilen wissen: nur wenn die Vorgänge zu gewöhnlicher Substanz gelangt sind, können wir sie wahrnehmen. Im Raume zwischen Sonne und Erde sehen wir kein Sonnenlicht, wiewohl dieser Raum mit Äther erfüllt sein und das Licht durch diesen Äther verbreitet werden soll; erst wenn das Licht durch den Äther auf eine gewöhnliche Substanz trifft, bemerken wir es, indem wir den Körper sehen. Analoges gilt von den Kräften. Die gleiche Folgerung führt auch zu der Annahme, dafs Äther sich nicht blofs zwischen den Substanzen befindet, sondern auch innerhalb der Substanzen zwischen den Teilchen dieser, wozu übrigens auch die Thatsache der Verbreitung von Licht und Kräften durch Substanzen hindurch führt. Bekanntlich hat Sir William Thomson, jetzt Lord Kelvin, fufsend auf eine geniale Arbeit unseres Helmholtz, die Vermutung ausgesprochen, es möchten am Ende die kleinsten Atomteilchen der Substanz nichts weiter sein als ebenfalls Äther, aber Äther in anderem Zustande als der umgebende eigentliche Äther. Man errege innerhalb einer Flüssigkeit Wirbelbewegungen, so wird die wirbelnde Flüssigkeit zwar noch Flüssigkeit der nämlichen Art sein wie die übrige Flüssigkeit, aber in einem anderen Zustand, also auch mit anderen Eigenschaften. Um bei diesem Bilde zu bleiben (welches thatsächlich das angenommene ist), beständen hiernach die Substanzen aus einer Vergesellschaftung getrennter Ätherwirbelchen, die im Äther schwimmen. So wäre die diskontinuierliche Beschaffenheit der gewöhnlichen Substanzen mit der Kontinuität des Äthers vereinigt und zugleich der Vorteil gewonnen, es nur mit einer Substanz zu thun zu haben, dem Äther, wenn auch in verschiedenen Zuständen.

Ferner wäre verständlich, warum Äther und Substanz aufeinander einwirken müssen, denn die Substanzteilchen, die Ätherwirbel, müssen als Wirbel auch den übrigen Äther, indem sie ihn in ihre Bewegung hineinzuziehen streben, beeinflussen. Man sieht, die Hypothese ist eigentlich wunderschön, wenn auch nicht verschwiegen werden darf, dafs sie vielfach nicht zureicht und in ihren Grundlagen sehr erhebliche Schwierigkeiten bietet. Sie verlangt nämlich, den Äther wie eine Flüssigkeit zu behandeln, während andere Erscheinungen veranlassen, den Äther als starren Körper anzusehen.

Die zweite Folgerung sollte sich durch die Erfahrung prüfen lassen. Haben wir beim Licht nachweisen können, dafs es nicht momentan sich verbreitet, sondern Zeit braucht, um von Ort zu Ort zu gelangen, so sollte es uns auch bei den Kräften gelingen. Man hat Versuche nicht gescheut. Von den elektrischen und magnetischen Störungen weifs man auch sicher, dafs sie solche Zeit zu ihrer Verbreitung brauchen. Maxwell hat diese Zeit aus theoretischen Spekulationen berechnet und sie so grofs gefunden wie die, welche Licht zu seiner Verbreitung nötig hat. Heinrich Hertz hat das experimentell bewiesen, und so besteht hinsichtlich dieser Kräfte kein Zweifel. Aber für andere Kräfte ist der Zeitbedarf nicht nachgewiesen, so namentlich nicht für die allgemeine Schwerkraft. Alle Versuche, die nach dieser Richtung hin gemacht sind, haben nur ein negatives Ergebnis gehabt. Braucht die Schwerkraft zu ihrer Verbreitung Zeit, so ist diese Zeit für Verhältnisse, wie sie in unserem Sonnensystem herrschen, auch für die weitesten Entfernungen daselbst, sehr klein. Einstweilen wenigstens können wir nicht anders folgern.

Drittens endlich ergiebt sich, dafs die Verbreitung der Kraft von der Beschaffenheit des Äthers, innerhalb dessen diese Verbreitung geschieht, abhängt. Ist nun diese Beschaffenheit bestimmt durch die Substanz, welche der Äther durchdringt, so folgt weiter, dafs die Kraftverbreitung je nach der Substanz, durch welche hindurch sie vor sich geht, verschieden geschieht. Diese Abhängigkeit der Kraftverbreitung von der zu durchsetzenden Substanz erinnert lebhaft an die entsprechende Abhängigkeit der Lichtverbreitung. Wie es Substanzen giebt, durch welche Licht frei hindurchgeht, und andere, welche dem Licht keinen Durchlafs bieten, so können gewisse Kräfte gewisse Substanzen ungehindert durchsetzen, andere nicht. So vermag beispielsweise keine elektrostatische Kraft in das Innere eines Metalls zu dringen, wohl aber in das eines Glasstückes. Eine Hohlkugel aus

Messing oder sonst einem Metall ist in ihrem Innern gegen jede noch so grofse elektrostatische Kraft absolut geschützt, ebenso, wenn auch nicht unter allen Umständen, gegen die elektrischen Induktionskräfte. In solchen Fällen nehmen die Kraftlinien in den betreffenden Körpern ein Ende oder gehen um sie herum. Die Analogie mit den ähnlichen Erscheinungen beim Licht ist nicht vollständig, hier sprechen noch andere Vorgänge, wie namentlich Absorption, mit.

Sodann äufsert sich der Einflufs der Substanzen in der Beschleunigung oder Verzögerung der Verbreitung; die Verbreitungsgeschwindigkeit hängt von der Verbreitungssubstanz ab, ebenfalls wie beim Licht, und dadurch werden Erscheinungen hervorgerufen, ganz analog denen der Reflexion und Brechung des Lichtes. Heinrich Hertz hat dies unzweideutig nachgewiesen.

Weiterhin vermögen manche Substanzen die Kraft in sich zusammenzuziehen, sie konzentrieren die Kraftlinien aus der Umgebung in sich. Andere dagegen treiben die Kraftlinien aus ihrer Umgebung von sich fort, oder besser lassen zu, dafs die Umgebung die ihnen sonst zukommenden Kraftlinien an sich zieht. Jene sind Kraftsammler, diese Kraftvertreiber. Auf diese eigentümlichen Erscheinungen hat besonders Faraday hingewiesen, sie spielen eine sehr grofse Rolle selbst in der Praxis, wie leicht einzusehen, da dieser Praxis oft an Kraftkonzentrationen sehr viel gelegen sein mufs. Der Leser weifs, dafs z. B. von den Polen eines Hufeisenmagnets Kraftlinien ausgehen, die sich wesentlich von Pol zu Pol erstrecken, Bogen bilden, die sich von Pol zu Pol schwingen und nach aufsen mehr und mehr weiten. Bringt man nun über diese Pole ein Stück Glas oder ein Stück Holz, so ändert sich fast nichts in der Lage und Gestalt dieser Kraftlinien; sie durchziehen das Glas oder Holz fast ungehindert, als ob diese gar nicht existierten. Nimmt man jedoch ein Stück weiches Eisen (als Anker, wie man bekanntlich sagt), so rafft dieses alle Kraftlinien möglichst in sich zusammen. So leert sich der Raum von Kraftlinien, und diese Kraftlinien ziehen nun dicht aneinandergedrängt durch das Eisen von Pol zu Pol. Wenn das Eisen die Pole gerade überbrückt, so kann die Konzentrierung der Kraft nach seiner Substanz hin so vollständig sein, dafs aufserhalb fast jede Spur magnetischer Kraft geschwunden ist, als ob der Magnet gar nicht existierte. Dafür ist die Kraft innerhalb des Eisenstücks sehr grofs. Dieses ist eines der bekanntesten Beispiele für die kraftkonzentrierende Eigenschaft mancher Substanzen.

Wenn wir das Eisenstück, welches die Pole des Hufeisenmagnets überdeckt, in der Mitte fassen, von den Polen abheben und hochziehen, so strebt es, die Kraftlinien mit sich zu nehmen; dadurch dehnt und biegt es die Kraftlinien; da jedoch die Kraftlinien solcher Änderung widerstehen, so treten sie an der unteren Fläche des Eisenstückes allmählich aus diesem heraus, sie bleiben aber so gestaltet, als ob das Eisen sie hochzöge, so dafs die Bogen spitzer als sonst verlaufen. Je höher das Eisenstück gehoben wird, desto mehr Kraftlinien mufs es freilassen, während zugleich die Kraftlinien sich mehr und mehr seinem Einflufs entziehen, also herabsinken und in ihre natürliche Form übergehen. Nähern wir das Eisenstück den Polen wieder, so kehrt sich das Spiel um, die Kraftlinien unterhalb des Eisenstückes werden hochgebogen und nacheinander in das Eisen hineingezogen, von wo sie nicht mehr herauskommen, so dafs sie sich der Bewegung des Eisenstückes entsprechend ändern (zusammenziehen und abflachen) müssen. Weniger einfach sind die Änderungen der Kraftlinien, wenn das Eisenstück um seine Mitte über den Polen gedreht wird. Kraftlinien treten aus seiner Substanz heraus, biegen und krümmen sich beiderseitig, treten wieder in das Eisen ein und flachen sich wieder ab, je nach der Stellung des Eisenstückes zu den Polen. Alle diese Änderungen machen sich aufsen unmittelbar bemerkbar, indem an jeder Stelle die Kraft nach Gröfse und Richtung sich verändert. Also — und darauf wollte ich hinaus —, ohne dafs an dem Herde einer Kraft irgend eine Veränderung vorgenommen wird, kann doch die Kraft nach Gröfse und Richtung an jeder Stelle des Raumes variiert werden, indem man Substanzen einführt oder entfernt, oder irgend bewegt. Das mutet ungemein sonderbar an, und noch sonderbarer, insofern der Betrag der Variation nicht allein von der betreffenden Kraft, sondern auch von den Substanzen abhängt. Gerade bei den Kräften, mit denen wir es hier besonders zu thun haben, den elektrischen und magnetischen, treten diese Beeinflussungen auffallend hervor.

Und endlich noch eins. Lassen wir an irgend einem Ort eine Kraft entstehen, so schiefsen von ihm aus Kraftlinien in den Raum, die sich weiter und weiter erstrecken, oder es gehen Kraftringe aus, die sich, wie Wellenringe im Wasser, die an einer Stelle wieder und wieder erregt werden, weiter und weiter ausbreiten. Lassen wir die Kraft verschwinden, so ziehen sich die Kraftlinien zusammen. Ändern wir nur eine vorhandene Kraft an ihrem Sitz, so ändern sich die Kraftlinien zuerst an diesem Sitz der Kraft, dann weiter und weiter; die Änderung pflanzt sich auch auf den Raum fort; und nicht allein.

wenn die Kraft an ihrem Sitz geändert wird, sondern auch, wenn dieses sonst an irgend einer Stelle geschieht; die ganze Umgebung um den Störungsherd wird einbezogen. Gelangt die Änderung an eine Substanz, so tritt sie dort in besondere Erscheinung. Diese besondere Erscheinung hängt von der Art der Kraft ab und von der Art der Änderung. Sie kann einfach wiederum als Änderung der Kraft an dem Körper auftreten, z. B. wenn es sich um Änderungen der Gravitation, magnetischer Anziehungen und Abstofsungen u. s. f. handelt. Sie kann sich in elektrischen Strömen äufsern, die im Körper zu fliefsen beginnen und aufhören, wenn die Änderungen verschwinden. Man nimmt in der elektromagnetischen Theorie des Lichtes auch an, dafs die Erscheinungen bei gewissen Änderungen in Licht und strahlender Wärme sich äufsern. Die sogenannte drahtlose Telegraphie ist ein gutes Beispiel für die Verbreitung solcher Änderungen. In der Gebestation werden in einem Draht, der in der Luft endet, elektrische Schwingungen verursacht, das heifst hin- und hergehende Bewegungen der Elektrizität, wodurch die Kräfte anwachsen, abnehmen, schwinden, ins Entgegengesetzte übergehen u. s. f., die Kraftlinien also sich verbreiten, zusammenziehen, schwinden, wieder ausbreiten, aber mit entgegengesetzter Richtung. Diese Änderungen pflanzen sich durch die Luft (den Äther in der Luft) fort, treffen also auch die Empfangsstation. In dieser wird ein Apparat hergerichtet, auf den sie ganz besonders auffallend wirken (z. B. ein sogenannter Coherer) und bemerkt werden können. Die Änderungen an der Empfangsstation hängen von denen an der Gebestation ab, und so vermag man nach verabredeten Signalen zu telegraphieren. Es ist die Anwendung der Lehre von der Verbreitung elektromagnetischer Störungen auf die Praxis.

Jetzt bereits wird der Leser bemerken, dafs die vorbereitenden Auseinandersetzungen ihn allmählich zur Erklärung mindestens eines Teiles der Variationen des Erdmagnetismus oder der Erdströme geführt haben. Allein schon durch ihre Existenz und ihre Bewegung im Verhältnis zur Erde müssen die anderen Himmelskörper, Sonne, Mond, Planeten und andere Gestirne, Änderungen in den elektromagnetischen Kraftlinien der Erde hervorbringen, die sich auf der Erde in Änderungen an den Magnetometern und den Galvanometern in den an der Erde angeschlossenen Leitungen zu erkennen geben.

Senden diese Körper selbst elektromagnetische Kraftlinien aus, so tritt durch die Bewegung der Erde und die der Himmelskörper eine ständige Änderung der Lage der Erde und jeder ihrer Orte zu diesen Kraftlinien ein, und auch dieses mufs an der Erde in der angegebenen Weise zur Erscheinung kommen. Stellen wir uns einen Augenblick vor, es sei nur die Sonne vorhanden, und die Erde drehe sich nur um ihre Achse, so befindet sich ein Ort der Erde um Mitternacht an Stellen der Kraftlinien der Sonne, die von ihr jedenfalls ferner sind als die auf der Mittagsseite der Erde. Dreht sich die Erde, so geht der Ort dem Sonnenaufgang zu, er kommt mehr und mehr zu der Sonne näheren Stellen der Sonnenkraftlinien, das heifst zu Stellen, wo sie dichter aufeinander folgen als auf der Mitternachtsseite. Der Einflufs der betreffenden Sonnenkraft mufs also nach Morgen und Mittag zu anwachsen, und dieses kommt wie eine Änderung der Kraft der Erde selbst zum Vorschein. Gehen die Kraftlinien der Sonne nicht gleichmäfsig von ihr aus, sondern, etwa wegen Verschiedenheiten ihrer Substanz an verschiedenen Stellen, ungleichmäfsig, von einigen Stellen dichter oder gekrümmter als von anderen Stellen, so tritt ein weiterer Grund zu scheinbaren Änderungen an der Erde ein, indem die Orte der Erde bei deren Rotation in andere und andere Gruppen von Sonnenkraftlinien tauchen. Dreht sich auch noch die Sonne um ihre Achse, bewegt sich die Erde um die Sonne, so treten weitere Komplikationen ein. Kurz auf diese Weise vermag man sich Gründe für die täglichen Variationen, die 27tägigen, die jahreszeitlichen, — wenn der Mond hinzugenommen wird — für die monatlichen u. s. f. des Elektromagnetismus der Erde zu konstruieren. Auch der Umstand, dafs die Erde als ein inhomogener Körper ihrerseits auf die Kraftlinien der Himmelskörper verschieden wirkt, indem sie diese mit einigen Teilen ihrer Substanz in anderer Weise konzentriert als mit anderen, giebt zu ähnlichen Variationen Anlafs.

Nun vollends, wenn gar auf den Himmelskörpern selbst Änderungen der elektromagnetischen Verhältnisse sich abspielen! Diese verbreiten sich durch den Raum, gelangen auch zur Erde und bringen dort neue Änderungen hervor, die sich zu den anderen summieren oder als Störungen kenntlich machen. Ich war in meinem letzten Aufsatz geneigt, anzunehmen, dafs alle diese Änderungen an der Erde selbst in elektrischen (induzierten) Strömungen zum Vorschein kommen, in den Erdströmen, die nun ihrerseits die Magnetometer in Bewegung setzen, so dafs es den Anschein hat, als ob der Erdmagnetismus diese Änderungen erfahren hätte. Doch habe ich dem Leser nicht verhehlt, dafs ein Teil der Änderungen an unseren Magnetometern auch rein magnetischen Ursprungs sein kann. Das ist auch nach dem Vorhergehenden durchaus nicht ausgeschlossen. Aber das Phänomen ist in seinem Endergebnis ein sehr verwickeltes, so dafs nicht gesagt werden kann, wieweit die Änderungen an unseren Magnetometern unmittelbar magnetischen Änderungen zuzuschreiben sind, und wie viel indirekt durch die magnetische Wirkung in der Erde induzierter Ströme zu stande kommt.

Bis jetzt haben wir bei den Auseinandersetzungen immerhin festen Boden unter den Füfsen gehabt, weil wir, wenn auch nicht für alles, so doch für das wesentlichste, uns unmittelbar auf Erfahrung berufen konnten. Es ist Erfahrung, dafs Änderungen sich durch den Raum verbreiten können, es ist Erfahrung, dafs Substanzen Kräfte zusammenzuziehen und zu zerstreuen vermögen, es ist Erfahrung, dafs Änderung irgend welcher Verhältnisse, wenn sie an Substanzen gelangen, dort besondere Erscheinungen hervorzurufen vermögen u. s. f. Die weitere Frage geht aber nach dem Ursprung der Kräfte selbst, und hier sind wir fast ganz auf Spekulationen und Vermutungen angewiesen. Gleichwohl möchte ich dem Leser auch hierüber einiges mitteilen, wenngleich er dadurch in die tiefsten Tiefen der menschlichen Gedankenwelt hineingezogen wird und auch in den Streit sich heftig befehdender Parteien.

Aber Kampf ist das Element nicht blofs des Lebensbewufstseins, sondern auch des Forschungsbewufstseins, und man braucht ihm nicht auszuweichen, wenn man ihn mit guten und verständigen Waffen zu führen vermag. Die Frage hat höchste Bedeutung, nicht blofs für die Wissenschaft, sondern auch für Weltanschauung und Religionsansicht, wenngleich ich persönlich glaube, dafs der Kampf thatsächlich nur um Aufsenwerke tobt, im Innern alle Parteien ziemlich gleich denken. Zunächst etwas relativ Bedeutungsloses. Die Erde ist ein Magnet. Sind die anderen Himmelskörper auch Magnete? Wir können darauf nur erwidern, dafs es nicht ausgeschlossen ist, da die Himmelskörper auffallend gleichartig gebaut sind. Kann auch die Sonne ein Magnet sein? Wenn wir unter Magnet nur einen Körper verstehen, der so magnetisch ist wie ein Stück Stahl oder magnetisiertes Eisen, so müssen wir allen Erfahrungen nach mit Nein! antworten. Alle solche Magnete verlieren ihren Magnetismus in der Hitze und können dann auch nicht mehr magnetisiert werden. Die Sonne ist aber sehr heifs, Eisen kann auf ihr nur als Dampf oder, in den Wolken der Photosphäre, als Flüssigkeit bestehen: solches Eisen ist unmagnetisch und nicht magnetisierbar. Also ein gewöhnlicher Magnet ist die Sonne wohl nicht. Wäre sie es auch, so würde ihr Einflufs als solcher auf die Erde nur geringfügig sein, da Wirkungen von Magneten sehr rasch mit wachsendem Abstand abnehmen (Seite 268), die Stärke gewöhnlicher Magnete aber eine sehr beschränkte ist. Anders lautet die Antwort, wenn gefragt wird, ob die Sonne magnetische Kräfte zu äufsern vermöchte? Gewifs! wenn sie nur über die nötigen elektrischen Ströme verfügt, da jeder von elektrischen Strömen durchzogene Körper wie ein Magnet wirkt. Auch in diesem Falle freilich nimmt die Wirkung wie bei einem gewöhnlichen Magneten sehr rasch mit wachsender Entfernung ab, dafür jedoch ist die Stärke unbeschränkt, da sie von der Stärke der Ströme abhängt, für welche wir bis jetzt ideell eine Grenze nicht kennen. Als solcher Magnet könnte die Sonne Wirkungen ausüben, die auf der Erde deutlich nachweisbar sein würden. Und nun liegt es nahe, anzunehmen, dafs auch die Erde kein gewöhnlicher Magnet ist, sondern ebenfalls vermittelst elektrischer Ströme magnetisch wirkt. Wir sind sogar auch bei der Erde zu einer solchen Annahme gezwungen, weil einerseits ihre feste Kruste keine Stoffe bietet, welche als gewöhnliche Magnete ihre magnetische Kraft auch nur entfernt zu erklären im stande wären, und andererseits höchste Wahrscheinlichkeit dafür besteht, dafs auch die Erde in ihrem Inneren sehr heifs ist, jedenfalls heifser, als dafs gewöhnliche Magnete als solche sich zu halten vermöchten. Hiernach könnten wir einfacher fragen, woher haben Erde und Sonne ihre elektrischen Ströme, welche magnetische Wirkungen von der wenigstens bei der Erde bekannten Bedeutung auszuüben vermögen? Indessen ist damit nur eine praktische Vereinfachung gewonnen, keine für die Sache selbst wichtige.

Nun scheint es, als ob wir alle Kräfte in zwei Klassen einzuteilen hätten, in Kräfte, die ein für allemal bestehen und sich jeder Einwirkung unsererseits, ohne Herbeiziehung von gleichen Kraftherden, entziehen, und in Kräfte, die beliebig entstehen und vergehen, und auch von uns gemehrt und gemindert und sonst wie verändert werden können. Die Gravitation bietet ein Beispiel für Kräfte der ersten Art. Alle Körper sind von vornherein schwer, nichtschwere Körper existieren unseres Wissens nicht. Ferner können wir die Schwere eines Körpers niemals weder vermehren noch vermindern, wenn wir nicht den Körper vergröfsern oder verkleinern. Versuche, die man nach dieser Richtung gemacht hat, sind völlig fehlgeschlagen. So haben z. B. Chemiker und Physiker chemische Elemente, die sich zu einem neuen Körper verbinden können, zusammen gethan und gegen Gewichte abgewogen; dann haben sie diese Elemente zur chemischen Verbindung gebracht und zugesehen, ob der aus ihnen entstandene Körper gegen die früheren Gewichte mehr oder weniger wiegt. Sie fanden stets, dafs, wenn Änderungen sich einstellten, diese nach beiden Richtungen gingen, indem der neue Körper bald leichter, bald schwerer befunden wurde als die Elemente, und dafs die Abweichungen so gering waren, dafs sie durch die unvermeidlichen Beobachtungsfehler vollständig sich erklären liefsen. Andere Versuche mehr physikalischer Art hatten kein anderes Ergebnis. Die Schwere der Substanzen wäre also an diese selbst gebunden und jeder Änderung entzogen.

Elektrische und magnetische Kräfte dagegen können wir augenscheinlich selbst hervorrufen und beliebig mehren und mindern, wie sie auch in der freien Natur oft unvermittelt auftreten und verschwinden. Einen Körper, welcher so starke elektrische Kräfte übt, dafs Funken von ihm schlagen, brauchen wir nur mit dem Finger zu berühren, um ihm alle Kraft zu rauben. Wir streichen ein Eisenstück mit einem Magnet, und das Eisenstück zeigt magnetische Kräfte, die es früher nicht besafs; wir schlagen mit dem Eisenstück mehrmals auf eine Unterlage, und es hat seine magnetische Kraft ganz oder zum Teil verloren. Ebenso verhält es sich mit den elektromagnetischen Kräften elektrischer Ströme. Wenn wir einen Strom schliefsen, haben wir solche Kräfte geschaffen, wenn wir ihn öffnen, sind diese Kräfte vernichtet. Nun sagt man freilich, die Schwere der Substanzen vermögen wir nicht zu ändern, weil die Substanz selbst unserer Einwirkung entzogen ist, weil wir Substanz weder hervorbringen, noch vernichten können. Dagegen schaffen, vernichten und ändern wir beliebig Elektrizität, Magnetismus, elektrischen Strom, und nur indirekt durch dieses Schaffen, Vernichten und Ändern beeinflussen wir die betreffenden Kräfte. Das ist ganz richtig, aber wir wissen durchaus nicht, was Elektrizität, Magnetismus, elektrischer Strom ist; wir erkennen alles dieses nur aus den Kraftäufserungen, während sie selbst jeder Sinneswahrnehmung anscheinend absolut entzogen sind. Dafs wir von ihnen wie von Substanzen sprechen (z. B. von der Menge oder der Dichte der Elektrizität u. s. f.), hat nicht die geringste Bedeutung, es ist viel bequemer z. B. „elektrischer Strom“ zu sagen, als „Achse elektromagnetischer Kräfte“, als was der elektrische Strom eigentlich betrachtet wird.

Sind die Menschen nun wirklich im stande, auf so geheimnisvolle und ihren Sinnen entzogene Dinge, wie Kräfte (Ursachen), einen bestimmenden Einflufs auszuüben? Wir würden leichter antworten können, wenn wir nur zu sagen vermöchten, was Kräfte sind. Aber manche Forscher schreiben uns diesen Einflufs zu, meinen also, dafs es Kräfte giebt, die beliebig veränderbar sind. Andere dagegen sind der Ansicht, dafs Kräfte an sich ein für allemal sind, dafs wir und die Natur nichts weiter zu thun vermögen, als ihre Wirkungen durch Zusammensetzung oder Zerteilung zu verändern. Sie stützen sich auf folgende Thatsachen, deren Richtigkeit dem Leser sofort einleuchten wird. Zwei Kräfte, deren Wirkungen sich gleich sind, aber einander widerstreben, heben sich ganz auf, verschwinden zusammen für die Aufsenwelt, wiewohl sie einzeln existieren und nachgewiesen werden können. Das gleiche gilt für drei und mehr Kräfte. Ferner, wenn eine Kraft einen Körper fortreibt und eine zweite ihr gleiche Kraft wirkt gegen sie, so wird der Körper nicht mehr fortgetrieben, aber er wird gedrückt und kann zerdrückt werden. Hier tritt also an Stelle der einfachen Fortbewegung, welche jede Kraft für sich ausüben würde, in der Zusammensetzung der beiden Kräfte eine davon ganz verschiedene Erscheinung ein, die Zusammendrückung, welche mit Erwärmung, Zertrümmerung, Elektrisierung, Magnetisierung u. s. f. verbunden sein kann, was alles keine der beiden Kräfte für sich hervorbrachte. Man nimmt also an, dafs alle Einwirkungen auf die Kräfte nur darin bestehen, dafs man ihnen andere Kräfte beigesellt oder entgegensetzt, wodurch sie für die Aufsenwelt anscheinend verschwinden oder in die Aufsenwelt treten, oder sich der Aufsenwelt in anderer Form bemerkbar machen als vor den Einwirkungen.

Diese Ansicht arbeitet mit Kräften wie mit Substanzen, die ja auch in der (chemischen) Zusammensetzung ganz etwas Anderes bieten als vor der Zusammensetzung. Kräfte bestehen von je, sind unveränderlich, und alle Veränderungen, die wir an ihnen bemerken oder hervorrufen, werden lediglich durch Zusammensetzungen bewirkt.

Danach wären die elektromagnetischen Kräfte der Erde entweder als solche oder als Zusammensetzung anderer Kräfte ihr von je gegeben; alle beobachteten und im bezeichneten Aufsatz beschriebenen Änderungen im Tage, dem Jahr u. s. f. kämen nur durch das Hinzutreten anderer, ebenfalls von jeher gegebenen Kräfte, deren Sitz anscheinend in der Erde selbst (für die säkularen Variationen) oder vornehmlich in der Sonne ist. Jede Spekulation über die Herkunft dieser Kräfte wäre ebenso fruchtlos wie über die Herkunft der Schwerkraft oder der Substanzen.

Im weiteren Verfolg dieser Anschauung kann man aber immer noch sehr verschiedene Wege gehen. Man kann zunächst annehmen, dafs die Kräfte wirklich den Substanzen angehören, von den Substanzen ausgehen, der Erdmagnetismus, Magnetismus der Erdsubstanz, die Erdelektrizität, Elektrizität der Erdsubstanz ist u. s. f. Die Substanz als solche hätte mit allen anderen Eigenschaften von je auch die der Kräfte bekommen. Indem man diese Lehre aufs Äufserste trieb, hat man sogar von den Substanzen lediglich als von Kraftcentren gesprochen; ein Körper sollte eine Anhäufung solcher ausdehnungsloser Kraftcentren sein (Theorie von Boskovich).

Denken wir jedoch an den Nachweis, dafs alle Kräfte auf Berührungskräfte zurückgeführt werden können, die sich durch den Äther verbreiten, so kann man auch der entgegengesetzten Ansicht zuneigen, dafs die Substanzen als solche überhaupt keine Kräfte besitzen, dafs alle Kraft im Äther steckt und an den Substanzen nur deshalb zum Vorschein kommt, weil der Äther in den Substanzen andere Eigenschaften besitzt als aufserhalb derselben. Was wir als Kräfte der Substanzen deuten, wären gar nicht Kräfte dieser Substanzen selbst, sondern des sie durchdringenden Äthers. Es ist sehr verwunderlich, dafs zwei so einander widersprechende Ansichten gleichwohl nebeneinander in der Wissenschaft bestehen können. Aber hat nicht Kant in seiner „Kritik der reinen Vernunft" Antinomieen dieser reinen Vernunft noch auf einem ganz anderen Gebiete nachgewiesen? Die Welt ist endlich und die Welt ist unendlich können wir mit gleicher Evidenz klar machen, und ebenso noch manches Andere. Das beruht aber darauf, dafs wir nach Beschaffenheit unseres Geistes nicht ausschliefslich Notwendigkeiten und nicht ausschliefslich Möglichkeiten zugeben. Doch werden wir bald noch eine Lehre kennen lernen, die sich auf einen anderen Standpunkt stellt.

Nach der zweiten Ansicht, die wesentlich von Faraday und neueren Physikern gepflegt worden ist, beständen also im ganzen Raume (im Äther) Kräfte, die sich entlang der Kraftlinien und quer zu diesen in Druck oder Zug oder sonstwie äufsern. Der ganze unendliche Raum würde von Kraftlinien und Niveaulinien (Drucklinien oder Zuglinien) durchzogen. Im Äther der Substanzen nähmen diese Linien einen besonderen Verlauf, und daraus erwachse die Kraftwirkung der Substanzen auf einander. Die Kraftwirkungen wären also nur verursacht durch Störung des normalen Verlaufs der Kraftlinien im freien Äther.

So durchziehen den Raum auch magnetische Kraftlinien, beim Durchgang durch die Erde erleiden sie Störungen, darin besteht der Erdmagnetismus. Ändert sich im Laufe der Zeit die Beschaffenheit der Erde (wie sie es thatsächlich thut), so ändern sich die Störungen, das heifst der Erdmagnetismus, indem etwa neue Kraftlinien in den

Äther der Erde einbezogen werden oder Kraftlinien herausgedrängt werden oder Kraftlinien andere Form und anderen Verlauf durch die Erde nehmen u. s. f. Das würde die säkularen Variationen des Erdmagnetismus bedingen, erklären. Wie die Erde stören auch die anderen Himmelskörper die magnetischen Kraftlinien des Raumes, auch diese Körper werden also Magnetismus besitzen. Kommen die Bewegungen der Himmelskörper dazu, so treten die Störungen an anderen und anderen Stellen des Raumes und möglicherweise in anderer und anderer Weise ein. Das gilt auch für die Erde und hat auf die Erde Einflufs. So sehen wir einerseits, dafs jeder Körper durch seine Beschaffenheitsänderung und durch seine Bewegung (um die Achse und im Raume) für sich schon Änderungen seines Magnetismus bewirken kann, so dafs z. B. ein Teil der täglichen und jährlichen Variation des Erdmagnetismus nicht durch die Sonne, sondern durch die Rotation der Erde um ihre Achse und ihre Revolution um die Sonne, also nur scheinbar durch die Sonne, thatsächlich durch die Stellungs- und Ortsveränderung der Erde bewirkt sein kann. Andererseits aber erhellt demzufolge, was früher über die Verbreitung der Störungen in den Kraftlinien durch den Raum gesagt ist, dafs keine Störung im Weltall vorfallen kann, die sich nicht weiter verbreitet und dadurch in der einen oder anderen Form an allen Himmelskörpern sich bemerkbar macht. Dadurch sind die Variationen durch die Existenz der anderen Himmelskörper bedingt. Genau gleiche Betrachtungen gelten für die elektrischen und anderen Kräfte der Erde und der Himmelskörper.

Diese Lehre, von der ich nicht weifs, ob sie anderweitig schon bekannt gegeben ist, wahrt also erstens jeder Substanz ihre Kräfte und die Veränderungen dieser Kräfte, wodurch die Individualisierung stärker hervorgehoben ist, als sonst geschieht, und zweitens schliefst sie jede Substanz dem ganzen Weltall an, freilich nicht direkt, sondern mehr indirekt: durch die Störungen, welche die Himmelskörper im Äther hervorrufen und durch die Verbreitung dieser Störungen durch den Äther, und auch hierin strebt die Lehre, den Einzelsubstanzen mehr Sondersein zuzuschreiben.

Aber gerade an diesem Punkte, an welchem wir zu einer Stärkung des Sonderseins der Einzelkörper gelangt sind, mufs eine andere Lehre vorgetragen werden, welche ganz im Gegenteil kein Sondersein der Naturerscheinungen anerkennt. Giebt es denn überhaupt Kräfte in der Natur? hat man sich gefragt. Sind denn nicht die Kräfte, die wir zu finden meinen, lediglich eine Täuschung? besser gesagt: nur ein Symbol dafür, dafs gewisse Erscheinungen eintreten. Einige

Forscher haben darauf mit einem fast leidenschaftlichen Ja! geantwortet. In der Natur giebt es keine Kräfte, keine Ursachen, nur Vorgänge, Erscheinungen sind vorhanden, und diese treten auf, weil sie zufolge der von Ewigkeit bestehenden Welteinrichtung auftreten müssen, und sie verlaufen so, wie sie verlaufen, weil das ebenfalls zufolge der gleichen Einrichtung so und nicht anders sein kann. Das ganze Leben der Welt in allen seinen Phasen spielt sich nach einem ehernen Gesetze ab, das von je war. Alles ist vorausbestimmt und geschieht — kommt die Zeit — wie vorausbestimmt, und nichts kann darin etwas ändern. Die Welt mit allen Erscheinungen ist ein Ganzes in Raum und Zeit. Erscheinungen entwickeln sich nach Erscheinungen, keine kann die andere beeinflussen, alle bestehen zugleich oder nacheinander. Die Entwickelung der Welt ist durch ihren Anfang gegeben, der Anfang ist die erste und einzige Ursache für alle Vorgänge in der Welt. Von dem Anfang sprechen die Anhänger dieser eisernen Lehre nicht gern, sie lassen die Welt von je bestehen. Aber man mag einen Anfang in Gebirge von Ewigkeiten rücken, so bleibt er doch ein Anfang. Man hat diese Lehre auch auf das seelische Gebiet übertragen und ist so zu der krassesten Prädestinationslehre gelangt, die man moderner mit dem Namen Monismus belegt.

Nun würde also kein Körper zur Erde fallen, weil er und die Erde sich anziehen, sondern weil der Lauf der Welt es mit sich bringt, dafs er fällt. Nun fliegt die Erde um die Sonne in der bekannten Bahn, nicht weil die Erde einen Antrieb dazu erfahren hat und aufserdem sie und die Sonne sich nach dem unter Newtons Namen ausgesprochenen Gesetze sich anziehen, sondern weil das so zum Leben der Welt gehört. In dieser Lehre sind wir auch rasch mit dem Erdmagnetismus und den erdmagnetischen Variationen sowie mit den Erdströmen fertig. Sie sind nicht durch Kräfte verursacht, ihre Erscheinungen in allen Einzelheiten, in allen Entwickelungen sind von je bestimmt, so wie wir sie finden, müssen sie sein, Gründe dafür kann nur der angeben, der vor der Welt war und die Welt schuf. Wir vermögen nur den Verlauf und seine Gesetze zu studieren, wir erleben als Welterscheinung diesen Verlauf mit.

Diese Lehre hat etwas Furchtbares und Schreckendes, ich mufste sie dem Leser jedoch vorführen. Am Ende hat jeder Mensch seine Welt in sich und schmückt und ziert sie nach eigenem Behagen.

Allerlei interessante Prophezeiungen.

Von Leopold Katscher in Budapest.

Die Schliefsung der prächtigen Buffaloer panamerikanischen Ausstellung (November 1901) gab Herrn Walker, dem Herausgeber des Neu-Yorker „Cosmopolitan", Anlafs, die hervorragenden Erfindungen aufzuzählen, welche seit der Chicagoer „world's fair" gemacht worden sind: Das unterseeische Boot, die drahtlose Telegraphie, das unterseeische Telephon, die Röntgenstrahlen, die 32-Kilometer-Hochdruckkanone, das kleinkalibrige Gewehr, das Automobil, das Acetylengas. Daran knüpft er die kühne Vorhersagung, dafs bis zur nächsten Weltausstellung (Berlin 1911) die nachfolgenden Kulturfortschritte „hoffentlich" (?) erreicht sein werden: „Das lenkbare Luftschiff; die allgemeine Einführung von Automobilen und das Verschwinden des Pferdes für Geschäftszwecke; wissenschaftliche Arten der Gedankenübertragung; ein auf wissenschaftlichen Grundlagen beruhendes Unterrichtswesen; sparsame Stadt-Zentralheizung durch Oel und Gas; Städtebau nach den Regeln der gröfsten Schönheit und Nützlichkeit; Ersetzung der Schlachtschiffe durch unterseeische Boote; dreihundert Meter lange Dampfer; ein den Krieg unwahrscheinlich machender Staatenbund; die Organisierung der Produktion und des Handels auf wissenschaftlicher Grundlage; die allgemeine Anerkennung der Menschenrechte; die Entfaltung eines Zeitgeistes, dessen höchstes Ziel die Hebung der Wohlfahrt aller sein wird."

Nicht minder optimistisch und mutig erweist sich der Engländer Francis Grierson mit seinen Prophezeiungen in der Oktober-Nummer (1901) der Londoner „Westminster Review". Er geht von der „verblüffenden" Thatsache aus, dafs Gedanken und elektrische Ströme ohne Drähte übertragbar sind, und sagt die Herrschaft der „unsichtbaren Kräfte" voraus. „Das Leben wird von unsichtbaren Handlungen und Methoden erfüllt sein. Wie das verflossene Jahrhundert der Materie gehört hat, wird das neue vorwiegend dem Geist gehören." Grierson meint, daſs in dem „groſsen Zukunftskampf" jene Nation, die den lebhaftesten Sinn für die geistigen und unsichtbaren Kräfte bethätigen wird, über alle Völker, die am Materiellen haften werden, triumphieren müsse. „Der Intellekt wird den Stoff beherrschen, und sei dieser noch so machtvoll. Die Zukunft gehört der wissenschaftlichen Macht in ihrer praktischen Anwendung durch psychische und intuitive Genies." Die Zeit sei nahe, da eine Geisteswissenschaft die materielle Wissenschaft wie ein Spielzeug behandeln werde. Die leitenden Persönlichkeiten werden dem Publikum nicht sichtbar zu sein brauchen; sie werden ihre Arbeit in stiller Einsamkeit leisten und ihre Befehle aus geheimen Entfernungen erteilen. Die „reine Intelligenz" werde den Mammon so sehr unterdrücken, daſs die Reichtümer nur eine untergeordnete Rolle spielen können — ganz im Gegensatz zu heute. „Die Seelenkraft des Verstandes wird das Millionentum umbringen, denn diese beiden sind miteinander unvereinbar. . . . Die rohe Macht wird der seelischen Gewalt erliegen." Die heutigen Denker seien von denen um 1870 so verschieden, wie die Elektrizität vom Dampf. So überlegen jene diesem sei, so hoch stehe der Geist über der Elektrizität — das werde die Welt bald erkennen.

In einzelnen Punkten berühren sich mit den Griersonschen Ideen diejenigen des höchst originellen Romanschreibers H. G. Wells, einer Mischung von Jules Verne und Bellamy, Verfassers der bekannten Sensations-Zukunftsromane „Krieg der Welten", „Das Erwachen des Schläfers" u. s. w. Seine Spezialität — das Vorhersagen dereinstiger Ereignisse und Zustände — bekundet sich auch in einem ebenso fesselnden wie seltsamen Buche, das er soeben unter dem Titel „Anticipations" (London, Chapman & Hall, 1902) veröffentlicht hat. Diesmal schweift er nicht in die Ferne entlegener Epochen, sondern hält sich bescheiden an das naheliegende neue Jahrhundert und prophezeit, wie es seiner Meinung nach in demselben mutmaſslich zugehen wird. Aus dem überreichen Stoff sei nur das Interessanteste mitgeteilt.

Das XX. Jahrhundert wird eine Welt ohne Bibel, ohne Gott, ohne anerkannte Sittlichkeit sein und die Laster der römischen Cäsaren wie der russischen Tsarinas in verstärktem Maſse von neuem zeitigen. Nicht daſs alle Menschen schlecht sein werden. Es wird „glücklicherweise sehr viele geben", die eine einfache Lebensweise führen und „reife Denker sein müssen", weil sie technischen Berufszweigen obliegen werden. Aber die Groſsaktionärs der Welt, die Leute, welche nicht arbeiten und von allen theologischen oder gesellschaftlichen Schranken gänzlich frei sind, werden auf der ganzen Erde „eine Unmasse kleiner Höfe“ errichten, an denen die Laster früherer Zeiten wieder aufblühen dürften. Ihr Beispiel wird allgemein ansteckend wirken, und so dürfte jede Form prunkvoller Verderbnis überhandnehmen und – geduldet werden. Dieser korrupten Klasse, der der gröfste Teil des Reichtums der Welt gehören wird setzt Wells grofse Gruppen „tüchtiger Männer und gebildeter, vollwertiger Frauen“ entgegen — Gruppen von Ingenieuren, Ärzten, Forschern, eine Klasse von hoher Sittlichkeit. „Sie werden klar und entschlossen sein, wo wir verworren, unschlüssig und schwach sind.“ Diese höchst intelligenten Gesellschaftsschichten stattet unser Gewährsmann mit aufserordentlicher Selbstbeherrschung und Arbeitskraft aus, und er erwartet, dafs sie den Geist der Ingenieurkunst auf die Lösung sämtlicher Lebensaufgaben anwenden werden. Sonderbarerweise scheint er nicht bedacht zu haben, dafs eine Gesellschaft, in welcher Geist und Charakter im alleinigen Besitz einer Klasse von Wissenschaftlern sich befinden, die alle Probleme mit Technikerblicken betrachten, die Monopolisierung des Reichtums durch neue Nerone und Caligulas schwerlich länger als ein Jahr dulden würde. Die sittliche Entrüstung der Tüchtigen würde, im Verein mit ihren Sprengmitteln, die unsittlichen Taugenichtse von Drohnen gar bald hinwegfegen.

Nicht minder unwahrscheinlich klingt, was Wells über die Zukunft der Ehe sagt. Einer der Haupteinflüsse, die sich nach ihm schon jetzt zu Ungunsten der Monogamie geltend machen, besteht in der „Tendenz unserer Zeit, die räumlichen Entfernungen allmählich abzuschaffen“. Das werde zur Folge haben, dafs die Menschheit „ein kosmopolitisches Gemisch aller moralischen Ideen aller auf unserem Planeten vorhandenen Rassen“ werden wird. Demgemäfs werden reiche mohammedanische und andere Anhänger der Vielweiberei sich mit ihren Harems „an den angenehmsten Stellen der Welt niederlassen“, mit den Monogamisten in Verkehr treten und ihren Einflufs in mancherlei Weise geltend machen. Dazu kommt, dafs die Kinderlosigkeit viel häufiger sein wird als bisher, was ebenfalls zur Untergrabung der Grundlagen des Familienlebens beitragen dürfte, welches stets die Hauptstütze der Monogamie war. Die Vielweiberei wird zunehmen, und ihre Jünger werden eine eigene Kaste bilden. Überhaupt prophezeit Wells eine immer weitergehende Absonderung der Menschen nach Klassen und Kasten. In seinem Sozialroman „When the sleeper wakes“ war er hierin so weit gegangen, für künftige Jahrhunderte die Lostrennung bis auf zwei Klassen durchzuführen: eine kleine herrschende Kaste und eine ungeheure Masse von ihr dienender Lohnsklaven.

Interessant sind die Mutmafsungen über den einstigen Haushalt. Dieser werde keine Dienstboten, keine Kinderstube, keine Küche kennen. Heute sei Gesinde nur infolge der Unzulänglichkeit der „gnädigen Frau“ und des Hauses notwendig. Die Häuser der Zukunft „werden vernünftig gebaut sein, und daher wird alle Welt Aufzüge benutzen“, wodurch das Reinigen der Stiegen entfällt. Die Überflüssigkeit von Öfen, Kaminen und Lampen ergiebt sich aus der Anwendung der Elektrizität zu Heizungs- und Beleuchtungszwecken. Die Lüftung ist mittels in der Mauer angebrachter geeigneter Röhren gedacht, welche die Strafsenluft erwärmen und staubfrei machen sollen. Das Reinigen der Fufsbekleidung entfällt, weil „jeder Denkende es äufserst häfslich finden wird, Stiefel oder Schuhe zu tragen, denen man die tägliche Händearbeit unablässig ansieht“. Jedes Zimmer wird Leitungsröhren für kaltes und warmes Wasser enthalten. „Statt nach den Mahlzeiten das schmutzige Tafelgeschirr mühsam abwaschen zu lassen, taucht man es auf einige Minuten in ein angemessenes Lösungsmittel und läfst es dann trocknen.“ Die Fenster werden sich von selbst waschen, indem das Öffnen eines Hahnes genügen wird, „aus kleinen Öffnungen über jede Scheibe eine entsprechende chemische Flüssigkeit herabrinnen zu lassen“. Was das Kochen betrifft, so wird es lediglich auf „niedlichen kleinen Herden mit vollkommen regelbarer Temperatur und praktischen Hitzeschirmen“ geschehen — „eine angenehme Zerstreuung für leidende Damen“. Die Dienstmädchen — „Zeichen einer sozialen Ungerechtigkeit und erfolglose Nebenbuhlerinnen der Hausfrauen“ — werden also überflüssig sein.

Am interessantesten und plausibelsten sind unseres Propheten Spekulationen über die Entwicklung der Verkehrsmittel im Laufe des Jahrhunderts — das Steckenpferd der meisten Sozialromanschreiber. Im Eisenbahnwesen sieht er eine allmähliche, aber grofse Umwälzung voraus. Er läfst es nur für „den schwersten Verkehr“ bestehen und die meisten Reisen vermittelst Motoren machen, für die eigene Strafsen gebaut werden würden. Die unsinnige übliche Gleisspurweite, die wir einem blofsen Zufall verdanken, verhindere den Bau passender, praktischer Eisenbahnwagen. Es sei kein Grund vorhanden, warum die letzteren nicht drei Meter breit sein sollten — die geringste Breite eines Zimmers, in welchem Menschen bequem leben können. In Zukunft dürften sie auf solchen Federn und Rädern ruhen, welche jedes Stofsen oder Schütteln ausschliefsen; auch werden sie so ausgestattet sein wie gute Wohnstuben, später sogar wie prunkvolle Klubsäle. Dies wird man durch Verbreiterung der Spurweite, Verminderung der Steigungen und angemessene Abänderungen im Weichen- und Kurvenwesen erzielen. Übrigens schwärmt Wells für die Ersetzung des jetzigen beflanschten Fahrparks durch Wagen mit Gummiradreifen, für die Abschaffung der Schienen und Brücken, für die Erweiterung der Einschnitte und der Dämme.

Auch bezüglich des Strafsenverkehrs hat er grofse Rosinen im Topf. Der gegenwärtige erscheint ihm — und mit Recht — als „ungemein barbarisch", weil primitiv und unrein. Er weissagt für die nahe Zukunft Stadtstrafsen ohne Schmutz und eine so gute Regelung des Fuhrwerksverkehrs, dafs selbst in den verkehrsreichsten Weltstädten die Radfahrer ungefährdet bleiben werden. Er glaubt an eine weitgehende Beschränkung des Pferdematerials auf den Gassen — in einigen Bezirken Londons sind solche Einschränkungen bereits in Kraft —, sowie an eine bessere Reinigung und Besprengung der Gassen, an eine Verbreiterung des Trottoirs und an den Schutz desselben gegen Regen oder Sonne durch Zeltdächer oder Bogengänge. Besonders bemerkenswert ist, wie er sich die unterirdischen Stadtbahnen des zwanzigsten Jahrhunderts denkt. Wenn seine Träume in Erfüllung gehen (?), so wird es unter der Erde keine Bahnzüge mehr geben, sondern eine Abart des rollenden Trottoirs, welches auf der Pariser Weltausstellung im Jahre 1900 so grofses Aufsehen gemacht hat. Die Passagiere werden eine sich sehr langsam drehende Stiege besteigen, die sich in der Mitte eines radförmigen, riesigen, rollenden Perrons befindet. Diese Stiege würde die Fahrgäste mit einer Langsamkeit von hundert Metern per Minute zum Drehtrottoir hinabbefördern, welches in sechs Perrons geteilt ist; fünf von diesen würden etwa einen, der sechste ungefähr zwei Meter breit sein. „Der Reisende legt den Weg über die fünf ersten Perrons" — der erste bewegt sich per Minute zirka 200 Meter weiter, die anderen mit immer zunehmender Geschwindigkeit — „zu Fufs zurück, bis er den letzten betritt, der per Stunde etwa 45 Kilometer weit tanzt und niemals zur Ruhe kommt". Das Aussteigen könnte auf jeder beliebigen Station ohne Zeitverlust erfolgen. Das rollende Trottoir wäre mit bequemen Sitzen und Nischen ausgestattet.

Die Einführung dieses Verkehrsmittels erwartet Wells schon in dreifsig bis vierzig Jahren. Doch giebt er die Möglichkeit zu, dafs sich speziell in London infolge der in den dortigen unterirdischen Verhältnissen herrschenden Verwickelungen unüberwindliche Schwierigkeiten ergeben könnten, und deshalb empfiehlt er für diesen Fall, das rollende Trottoir als Hochbahn anzulegen — nach Art der jetzt über unseren Köpfen liegenden Viaduktstrecken. Angesichts des gräfslichen, dumpfen Lärmens, welches den Passagieren des Pariser „trottoir roulant" so lästig fiel und den Wert der Häuser in der betreffenden Gegend erheblich verringerte, mufs man ernstlich hoffen, dafs diese an sich ja recht gute Idee erst dann Verwirklichung finden werde, wenn man in der Lage sein wird, die Drehperrons geräuschlos zu betreiben. Voraussichtlich dürfte aber eine andere Prophezeiung unseres Autors viel eher in Erfüllung gehen — die Fortentwickelung der Architektur zum Besseren. Er hat die sehr richtige Beobachtung gemacht, dafs viele Gewerbe wegen unzulänglicher Ausbildung und daher ungenügender Anpassungsfähigkeit der sie Betreibenden ins Stocken geraten sind. „Es wird doch sicherlich möglich sein, bessere Mauern herzustellen," schreibt er hinsichtlich des technischen Stillstandes der Baukunst, „und zwar in weniger lebensgefährlicher Weise". Den beim Bau Beschäftigten müsse ein besseres Verständnis für ihren Beruf beigebracht werden. „Ich träume übrigens von einer Vorrichtung, welche an einer zeitweiligen Schiene entlang läuft und Mauerwerk auspreſst, wie man heute aus einer Tube Farbe herausdrückt." Er geht noch weiter. Die Mauern der heutigen kleinen Wohnhäuser sind ihm — im Gegensatz zu so vielen anderen Beobachtern — viel zu solide gebaut. „Wir können die Überlieferungen der Pyramiden noch immer nicht abschütteln. Wir müssen gesunde, verschiebbare, kräftige Häuser aus befilztem Drahtnetz und wetterfestem Papier mit leichtem Fachwerk errichten. . . . Die heutigen Architekten und Zeichner sind viel zu verfeinert und viel zu wenig ausgebildet; darum stehen sie neuartigen Aufgaben ratlos gegenüber. Einige energische Männer könnten diesem Zustand jederzeit abhelfen!" Nun — qui vivra, verra! Inzwischen lesen wir in amerikanischen Fachblättern, dafs Edison eine bauliche Erfindung gemacht habe, deren Grundzüge — man gieſst einen eigen- und neuartigen Portlandcement um Eisen- oder Stahlrahmen herum und erzielt damit ebenso schöne wie billige und überdies ganz feuersichere Bauten — lebhaft an den obigen Schienen-Tuben-Traum erinnern.

Mancher Leser wird wissen wollen, wie Wells sich die Zukunft des Krieges vorstellt. Er ist fest überzeugt, dafs das in seinen Romanen eine so grofse Rolle spielende lenkbare „Äroplane"-Luftschiff „lange vor dem Jahre 2000, sehr wahrscheinlich vor 1950" erfunden sein und dann unverzüglich zu Kriegszwecken Anwendung finden werde. Er vergleicht den Kampf zwischen einer Armee mit dieser Flugmaschine und einer ohne dieselbe mit einer Schlacht zwischen Sehenden und Blinden, und entwirft ein scheufsliches Bild von der Barbarei eines Äroplane-Krieges. Das Bild wird nicht freundlicher durch seine Weissagung, dafs die Rechte der Nichtkriegführenden „sehr beträchtliche Einschränkungen erleiden“ dürften. Von stramm organisierten Heeren, lenkbaren Schlachten und grofsen Generalen werde keine Rede mehr sein. Dagegen werde „irgendwo weit hinten der Ober-Organisator am telephonischen Mittelpunkte seiner gewaltigen Front sitzen und nach Bedarf hier Verstärkungen, dort Proviant verordnen und ohne Unterlafs den erbarmungslosen Druck beobachten, der sich seinen Angriffen entgegensetzt“. Auf den Motorstrafsen, von denen wir weiter oben sprachen, werden riesige Kanonen von gröfster Tragweite in grofser Menge geschäftig hin und her geschleppt werden, um sich im Kampf mit den lenkbaren Luftballons zu messen. Dem Fahrrad weist Wells im Zukunftskrieg eine wichtige Rolle zu.

Der Sieg wird seiner Ansicht nach derjenigen Nation zufallen, die die beste soziale Organisation hat — jener, die „in naher Zeit die meisten gebildeten und intelligenten Techniker, Landwirte, Ärzte, Schulmeister, Berufssoldaten etc. aufweist“ und der es „am gründlichsten gelingt, die Spielwut zu unterdrücken und dadurch den von dieser unzertrennlichen sittlichen Verfall des Familienlebens aufzuhalten“; kurz, jene Nation, welche „den verhältnismäfsig gröfsten Teil ihres wertlosen Fettansatzes in soziale Muskeln zu verwandeln gewufst haben wird“, werde vor dem Ende des 20. Jahrhunderts die anderen überragen und in einem Kriege besiegen. Nun denn, dafs geistige und sittliche Überlegenheit zur Vorherrschaft berechtigen sollte, ist ein Gedanke, dem man jedenfalls auch dann zustimmen kann, wenn man sich den Prophezeiungen des englischen Phantasten gegenüber im allgemeinen zweifelsüchtig verhält.

Unter den Sternen des nördlichen Himmels hat die gröfste Eigenbewegung von 7".05 im Jahre der Stern No. 1830 im Katalog von Groombridge; er bewegt sich in 500 Jahren um etwa 1 Grad zwischen den Sternen fort. Wenn auch seine Parallaxe wenig sicher zu 0".14 bestimmt ist, so kann man doch auf eine Bewegung von etwa 240 km in der Sekunde rechnen, also etwa auf das 8fache der Geschwindigkeit, mit der die Sonne im Raume fortschreitet. Die Lichtschwäche des Sternes, 6,5 oder 7,5 Gröfse, liefs bisher eine Messung der Verschiebung in der Gesichtslinie nicht zu, bis es im Frühjahr 1901 Campbell gelungen ist, mit dem grofsen Millsspektrographen der Lickstermwarte 4 gute Aufnahmen zu erhalten; sie ergaben übereinstimmend eine Annäherung des Sternes an die Erde von 95 km in der Sekunde. Aus beiden Werten folgt, dafs die wirkliche Eigenbewegung etwa 258 km beträgt, also ein aufserordentlich grofser Betrag, der zu eigenartigen Betrachtungen über die Kräfte führen mufs, die diesen Körper mit solcher Geschwindigkeit zwischen den anderen Sternen durch den Weltraum treiben. Ein besonderes Interesse gewinnt diese Untersuchung durch den Nachweis, dafs unsere heutigen Instrumente gestatten, Linienverschiebungen bei Sternen von der 8. Gröfse zu erhalten, wodurch ein unendliches Arbeitsfeld eröffnet ist. R.

Falsche Meteorsteine. Von jeher haben Meteorsteine etwas Wunderbares gehabt; und es ist auch nicht auffällig, dafs Steine, welche vom Himmel gefallen sind, von Naturvölkern mit einem überirdischen Nimbus umgeben werden. Ich erinnere nur an den den Mohammedanern heiligen Stein in der Kaaba von Mekka, der von den unzähligen Küssen der frommen Moslems schon Löcher aufweist. Solchen einfachen Menschenkindern fehlt natürlich jedes Kriterium für die Echtheit eines derartigen Steins, aber ihr unbeugsamer fanatischer Glaube hat für sie mehr Beweiskraft als das bestbeglaubigte

Dokument. Dafs jedoch auch bei uns hochgebildete Leute bisweilen allen Fachmännern zum Trotz einen solchen bergeversetzenden Glauben entwickeln, lehrt ein Aufsatz des Prof. St. Meunier vom naturhistorischen Museum in Paris. Dort besteht eine besondere Abteilung für falsche Meteorsteine. Da echte Steine in hohem Ansehen stehen, darf es uns nicht verwundern, wenn bereits systematische Fälschungen versucht wurden; hierzu verlockt besonders der hohe Preis, denn Herr Meunier hat selbst einmal für einen echten Stein 25 Fr. pro Gramm gezahlt. Die Fälscher, die gegenwärtig noch im Gefängnis sitzen, waren Corsikaner, die aus dem Innern der Insel Felsblöcke holten, soweit sie Meteoriten ähnlich sahen, und sie künstlich mit der schwarzen Kruste versahen, welche eine der Merkmale echter Meteoriten ist. Sie schmolzen zu dem Zwecke Schwefel, mischten ihn mit Kienrufs, und überzogen die Steine damit, doch wurde die Fälschung leicht erkannt und der Inhaber der Meteorfabrik eingesperrt.

Andererseits giebt es aber eine grofse Zahl durchaus ehrenhafter Personen, welche von der Echtheit solcher von ihnen gefundener Steine vollkommen überzeugt sind, und gerade dann mufs der Sammler doppelt vorsichtig sein. So berichteten zahlreiche Personen über einen Meteorfall in dem livländischen Städtchen Igast am 17. Mai 1855 und legten auch den angeblichen Meteoriten vor, der einen Baumzweig abgebrochen und dann ein Loch in die Erde gefahren haben soll. Prof. Grewinck von der Universität Dorpat sammelte daraufhin die Bruchstücke, analysierte sie und verteilte sie an mehrere Museen, da er von ihrer kosmischen Herkunft überzeugt war. Neuerdings hat man sie aber als Schlackenstücke erkannt und naturgemäfs sofort aus den betreffenden Sammlungen entfernt. Handelte es sich bei den Augenzeugen nur um ungebildete Landleute, so führt Meunier in der Liste derjenigen Personen, welche dem Museum in voller Überzeugung allerlei Steine als Meteorsteine anboten oder einsandten, Männer wie Leverrier, Nicklès, Professor der Chemie in Nancy, Companyo, Gründer des naturhistorischen Museums in Perpignan, den Mineralogen Damour etc. auf.

Unter denjenigen Substanzen, welche am meisten als Meteorite gesammelt werden, figuriert weitaus an erster Stelle nach der Häufigkeit ein in manchen Ländern recht gewöhnliches, aber bisweilen seltsam geformtes Mineral: der Schwefelkies mit radialer Struktur. Ein Mineral, das besonders in der unfruchtbaren, sogenannten Lause-Champagne, dann auch bei Dieppe und Trouville aufgelesen wird und im Volksmunde den Namen „Blitzstein“ oder „Donnerstein“ trägt. Da in diesen Steinen im Laufe der Zeit chemische Umsetzungen eintreten können, die ihn bröcklig machen, so wird es verständlich, wenn ein Gendarm einen solchen „Meteoriten" dem Museum mit den Worten anbot: „Jedenfalls ist das kein gewöhnlicher Stein, er lebt, man hört ihn knistern und dann läfst er kleine Stücke abfallen; meine Frau hat eine solche Furcht davor, dafs ich die Teufelsmasse nicht mehr aufheben kann."

Von einem anderen interessanten Meteorstein, der gleichfalls sich als falsch erwies, erzählt Meunier: „Damit steht es auch nicht anders; denn wie ich mich durch eine vollständige chemische Analyse überzeugt habe, handelt es sich um eine von Negern hergestellte Schmelzkugel. Indessen beansprucht dieses Stück, welches 1250 g wog, dadurch ein besonderes Interesse, dafs es als Meteorit im Jahre 1888 von dem berühmten Reisenden G. Schweinfurth an der Grenze der lybischen Wüste bei Fayum aufgelesen wurde. Mit Genehmigung von Abbate Pascha konnte ich es abformen lassen und ein für das genaue Studium genügendes Stück abschneiden, worauf ich es dem Museum der geographischen Gesellschaft in Kairo zustellte, deren Eigentum der Block ist." Ebenso wie hier Schweinfurth erging es Nordenskjöld mit dem angeblichen Meteoreisen von Ovifak in Grönland.

Dafs endlich viele Leute Sternschnuppen und Meteore in geringer Entfernung von sich haben fallen sehen, beruht auf der bekannten Täuschung, wobei unsere mangelhafte Schätzung bei Gegenständen in der Luft, wo feste Vergleichsobjekte fehlen, den Hauptanteil hat. Bei Nacht wie bei Nebel wird ein Gegenstand stets für näher gehalten, als er ist, und zwar für um so näher, je heller (bei Nebel je dunkler) er sich vom Hintergrunde abhebt. Daher glauben viele, dafs ein Meteor, welches hinter einem Hause verschwunden ist, auch dicht hinter ihm auf die Erde gefallen sei; suchen sie nun in der Gegend des vermeintlichen Fallortes und finden einen etwas seltsamer als gewöhnlich geformten Stein, so werden sie ihn sicher für den gesuchten Meteorstein halten. C. K.

Eine astrophysikalisch-meteorologische Höhensternwarte in der Art der Lícksternwarte giebt es in Europa noch nicht. Während die Lícksternwarte eine Seehöhe von 1283 m hat, liegt die Sternwarte Königstuhl bei Heidelberg nur 570 m hoch und ist den Unbilden des Winters in hohem Grade ausgesetzt. Nun ist bekannt, dafs auf hinreichend hohen Bergen, die über die Umgebung genügend hervorragen, wie etwa der Brocken mit 1140 m gerade der Winter andauernd schönes klares Wetter hat, während in den Thälern und der Tiefebene wochenlang bedeckter Himmel herrscht. Die gewaltigen Kapitalien, die in einer modernen Sternwarte stecken, können also sehr viel besser ausgenutzt werden, wenn ihre Lage eine möglichst grofse Zahl klarer Tage und Nächte aufweisen kann. Aus diesem Grunde bemüht sich der bekannte Astronom Kostersitz in Wien seit Jahren, für das an Sternwarten arme Österreich den Bau eines solchen Institutes in den Alpen, nahe bei Wien, auf dem Sonnenwendstein durchzusetzen. Hatte er früher den Schneeberg als besonders geeignet gefunden, so zeigt sich doch durch Studium des 11jährigen meteorologischen Materiales, dafs die nahe gelegene erstgenannte Spitze noch vorzuziehen ist. Von Oktober bis März nahezu konstant schönes Wetter, die Wolken und Nebelschicht fast immer tief unten, aufserdem wunderbar durchsichtige Luft, so dafs bei hellem Mondschein der Andromedanebel dem blofsen Auge erscheint, das sind fast ideale Zustände für den Astronomen, während die Höhenlage von 2000 m an sich schon dem Meteorologen von Wert ist. Ferner kommt noch als besonders günstig hinzu, dafs der Gipfel auch im Winter leicht erreichbar ist, so dafs die Gelehrten dort oben nicht die so bald sich einstellende Vereinsamung im Winterschnee zu fürchten haben; ermöglicht doch die nur 4 Stunden von Wien betragende Entfernung jederzeit einen leichten Verkehr, der z. B. für die Bewohner der Licksternwarte im Winter monatelang unterbunden ist. Dem Unternehmen, für das namhafte Gelehrte, wie Weifs, Palisa, Penck, eintreten, ist ein baldiges und vollständiges Gelingen zu wünschen. H.

Über den carrarischen Marmor handelt ein längeres Feuilleton von W. Hörstel in der „Tägl. Rundschau", dem wir das Folgende entnehmen: In den dortigen, meistens im Besitze der Stadt Carrara befindlichen 400 Brüchen wird gröfstenteils der „Bianco-chiaro" gewonnen, der fast nur zu Bauzwecken benutzt wird, während die Hauptmenge des besten Statuenmarmors, des „Statuario", nicht bei Carrara, sondern bei dem südwestlich gelegenen Serravezza gebrochen wird. In den 600—900 m hoch liegenden Marmorbrüchen Carraras löst man den Marmor durch Sprengung in grofsen Blöcken ab. An den senkrechten Wänden schweben die Steinhauer in Stricken, welche von eisernen, in der Höhe eingerammten Pfählen gehalten werden, und bohren mit Eisenstangen die bis zu 20 m tiefen, 4—6 cm im Durchmesser haltenden Sprenglöcher in den Marmor. Um große Steinmassen abzusprengen, gießt man in die Bohrlöcher vorsichtig Salzsäure, welche am Ende des Loches durch Auflösen des Marmors eine weite Höhlung bewirkt. Nach dem Austrocknen mit Hede wird dann die erforderliche Pulvermenge hineingegeben und elektrisch entzündet. Für die bisher größte Sprengung von über 5000 cbm Gestein betrug die Pulvermenge 12000 kg.

Der in Carrara seltenere Statuario wird nicht durch Sprengung, sondern durch Eintreiben schmaler Gänge und Losbrechen der gewünschten Blöcke mittelst Keilen gewonnen.

Die abgesprengten Felsmassen werden in den Brüchen zerteilt und roh behauen. Während die Abfälle auf die großen Geröllhalden geschafft werden, legt man die Marmorblöcke auf zwei Baumstämme, die durch unter ihnen befindliche eingeseifte Hölzer die Steilhänge hinunter gleiten, gehalten durch dicke Hanfstricke, welche um auf der Höhe und seitwärts eingerammte Holzpfähle geschlungen sind. Dieses gefährliche Verfahren ließe sich wohl unschwer durch ein dem jetzigen Stande der Technik entsprechenderes ersetzen. Der weitere Transport bis zu den Sägemühlen geschieht entweder durch die in die Brüche bis zu 520 m Höhe hinauf fahrende Eisenbahn, oder mit zwei- oder vierräderigen plumpen Ochsenkarren, je nach der Größe der Blöcke von 4—20 Paar beschlagener Ochsen gezogen. Die Kosten dieses Wagentransports sollen sich noch etwas niedriger stellen als die mit der Bahn.

In den Sägemühlen wird der Block mit Sandsägen, zahnlosen in Rahmen gespannten Eisenbändern, die feuchten Quarzsand in den Stein eindrücken, zersägt und zwar mittelst Wasserkraft. Die 3 bis $5^1/_2$ m langen und 1—2 m breiten Sägen dringen in 24 Stunden etwa 16 cm tief in den Marmor ein und liefern Platten bis hinunter zu 1 cm Dicke. Mit Sand geschieht endlich auch das Polieren der Platten, die dann versandfertig sind.

Über 100000 Tonnen Marmor sollen jährlich von Carrara aus verschickt werden. Sie repräsentieren einen Wert von mehr als 8 Millionen Lire und bringen der Stadt einen Zoll von etwa 220000 Lire ein. F. R.

Meyers Konversations-Lexikon. Fünfte Auflage. 21. Band. Jahres-Supplement 1900–1901 mit Gesamtverzeichnis der in den Supplementbänden (Bd. 18–21) enthaltenen Artikel. Leipzig u. Wien. Bibliographisches Institut. 1901. 1040 S. geb. 10 M.

Zum vierten Male erhalten die Besitzer der letzten Auflage von Meyers Konversations-Lexikon einen Ergänzungsband, der diese Auflage, die ja allmählich veralten muß, auf der Höhe erhält. Rund 150 Spalten lang ist das Inhaltsverzeichnis der 4 Ergänzungsbände — ein Beweis dafür, wie sorgfältig die Verlagsbuchhandlung bemüht ist, ihr Werk brauchbar zu erhalten.

Von Interesse für unsere Leser dürften besonders die naturwissenschaftlichen Aufsätze sein, von denen folgende hier erwähnt werden mögen: Das neue grofse Fernrohr der Sternwarte in Potsdam ist beschrieben und auf einer Tafel abgebildet. Der Artikel: „Elektrische Mefsapparate“ zeigt uns neuere Wechsel- und Drehstrommefsapparate. Ferner sind behandelt: Elektrische Eisenbahnen, Zugbeleuchtung, Kraftübertragung, die Verwendung von Aluminium zu Leitungsdrähten, elektrischer Antrieb an Werkzeugmaschinen, an Friktionshämmern, an Grubenhaspeln, die Hörnerblitzableiter von Siemens & Halske, die Doppelbogenlampe von Körting und Matthiesen, die Nernstlampe (bei der aber die neuen Konstruktionen der A.E.G. nicht berücksichtigt sind; auch ist die Angabe, dafs sie nur in Göttingen benutzt wird, falsch; sie brennt z. B. am Potsdamer Bahnhof und an vielen Stellen in Berlin in Wohnungen und Läden; die Feuerschutzausstellung des letzten Jahres und die grofse Pariser Ausstellung zeigten die Verwendung von Nernstlampen in gröfstem Mafse. Auch die Bremerlampe kommt etwas zu kurz weg). Ausführlich behandelt ist ferner der Schnelltelegraph von Pollak und Virág, die Funkentelegraphie nach Marconi, Slaby-Arco, Braun, und ihre Verwendung an der deutschen Nordseeküste. Die Berliner Hochbahn und die Elberfelder Schwebebahn lernen wir in Wort und Bild kennen. Von maritimen Aufsätzen seien die über das Rettungswesen und über die Schleppmodellversuchsstation des Norddeutschen Lloyd genannt. Über Dampf- und ähnliche Maschinen finden wir Artikel, die die Dampfkessel und ihre Überwachung, einen Cylinderentwässerungsapparat, Gasmotoren zur Ausnutzung von Hochofengasen, Heifsluftmaschinen und -Turbinen, eine neue Petroleumkraftmaschine von Hänki, schliefslich mannigfache Formen und Konstruktionen von Motorwagen behandeln.

Dafs die anderen Gebiete des Wissens ebenso sorgfältig beachtet worden sind, dafs die Ausstattung, z. B. die farbigen Tafeln, die zu den Gartenpflanzen, zur Keramik, zu den Nutzhölzern beigegeben sind, und die vielen Karten ausgezeichnet sind, braucht nicht erst versichert zu werden.

Baumgarten, Alexander, S. J.: Durch Skandinavien nach St. Petersburg (Haupttitel: Nordische Fahrten. Skizzen und Studien von A. B., S. J.) Mit einem Titelbilde in Farbendruck, 161 Abbildungen und einer Karte. Dritte Auflage. Freiburg i. Br., Herdersche Verlagsbuchhdlg. 1901. XXI u. 619 S. 8°. 10 M., geb. 12 M.

Wenn eine Reisebeschreibung ihre dritte Auflage erlebt, so kann man schon sicher sein, dafs sie gut ist, und wenn man in der vorliegenden liest, so wird man erfreut durch ein Gemisch von Naturschilderungen, Erlebnissen, Sagen, Litteratur etc.; denn über allem liegt ein Hauch von prächtiger Erzählerkunst, die die Trockenheit, an der viele Reiseberichte kranken, bannt. Eins freilich dürfte manchen beim Lesen stören, der Verfasser hat nach seinen Angaben besonders auf die religiösen Verhältnisse geachtet, und da er Jesuit ist (die Reise ist von 2 Mitgliedern des Ordens gemacht worden), so sieht er alles von seinem Standpunkt aus an. Nun ist es ja sehr interessant, auch einmal ein Buch zu lesen, das von diesem Standpunkt aus geschrieben ist, zumal wenn der Erzähler sich als ein sehr liebenswürdiger Mensch zu erkennen giebt, aber das dabei zu Tage tretende geringe Mafs von historischem Sinn stört doch sehr, und es drängt sich die Überzeugung auf, dafs die Protestanten, Gustav Wasa und Gustav Adolf, sehr schief zu ihrem Nachteil beurteilt werden, dafs aber die Schäden der Kirche im 14. und 15. Jahrhundert, die die Reformation verursacht haben, von dem Verfasser völlig ignoriert werden.

Feldtmann, Ed.: Charakterbilder aus der heimischen Tier- und Pflanzenwelt. Der Wald. 326 S. 8°. 4,80 M. Ravensburg. Otto Maier.

Die Bäume des Waldes, die besprochen werden, sind der natürliche Anlafs, auch die auf ihnen lebende Tierwelt zu beachten; ebenso wie der Wald als Ganzes nicht betrachtet werden kann, ohne des in ihm lebenden Wildes und der Raubtiere zu gedenken. So wird der Wald als Lebensgemeinschaft den Lesern vorgeführt, die der Verfasser in allen Freunden der Natur, auch in der reiferen Jugend sucht, die zu Haus oder in der Schule Anregung erhält, sich mit dem allen zu beschäftigen, was sie im Walde suchen und finden kann. 208 Holzschnitte und 6 Vollbilder erläutern den Text; 5 beigegebene tabellarische Anhänge machen das Buch für den, der im Wald selbst suchen und sammeln will, zu einem sehr brauchbaren Hilfs- und Handbuch.

Kraepelin, Dr. Karl: Naturstudien im Hause. Plaudereien in der Dämmerstunde. Ein Buch für die Jugend. Mit Zeichnungen von O. Schwindrazheim. 2. Auflage. 181 S. 8°. *Leipzig.* H. G. Teubner 1901.

Um neben dem engen Rahmen des Schulunterrichts besonders den Kindern aus grofsen Städten etwas mehr Kenntnis der umgebenden Natur zu verschaffen, bespricht der Verfasser Tiere (Spinne, Kanarienvogel, Goldfisch, Hund, Bandwurm, Hausinsekten), Pflanzen (Pelargonien, Pilze, Blattpflanzen), Wasser, Kochsalz, Mineralien, Steinkohlen etc. Er hat dazu die ungewöhnliche — oder veraltete — Form des Dialogs gewählt, aber den richtigen Gesprächston so gut getroffen, dafs er die Leser an der sonst unvermeidlichen Klippe der Langeweile glücklich vorbeiführt. Dafs das Buch in zweiter Auflage vorliegt, zeigt, dafs es sich Freunde erworben und bewahrt hat.

Verlag: Hermann Paetel in Berlin. — Druck: Wilhelm Gronau's Buchdruckerei in Berlin-Schöneberg.
Für die Redaction verantwortlich: Dr. P. Schwahn in Berlin.

Stätte des alten Karthago.

Auf den Trümmern von Karthago.

Frühlingstage am Mittelmeer.

Von Dr. Alexander Rumpelt-Taormina.

IV. Tunis.

Zweierlei bewegt die Seele des Reisenden, der in den Golf von Tunis einläuft und nun vom hohen Bord bald nach den nahen, sanft ansteigenden Hügeln im Westen blickt, bald gen Süden nach der weifsen Häusermasse, die ihm aus der noch fernen Ebene entgegenleuchtet. Wie wird sie sich ausnehmen, die Hauptstadt der Herrschaft Tunis, dieses sonderbaren Staatengebildes, das — man weifs nicht so recht, ob dem Bey, dem Sultan oder den Franzosen gehört? Wird Tunis nicht halb Orient, halb Paris, im Grunde genommen aber eben deshalb weder Fleisch noch Fisch sein? Und dann, wo hat die Stadt gestanden, die jahrhundertelang die Seeherrschaft über das weite Mittelmeer behauptete und nach drei langen verzweifelten Kämpfen um Sein oder Nichtsein von den Söhnen der mächtigeren Nebenbuhlerin am Tiberstrom dem Erdboden gleich gemacht wurde? Wahrlich ein interessantes Stück Erde, wie kaum ein zweites, und infolge seines herrlichen Klimas und seiner wundervollen Lage wohl eines längeren Aufenthaltes wert.

Wenige Kilometer von der alten Byrsa, der Königsburg der Karthager, läuft bei dem Hafenstädtchen Goletta der Dampfer durch einen langen, 1894 vollendeten Kanal in die seichte Bucht El-Bahira ein. Eine volle Stunde braucht er, um dieses ebenso kostspielige wie segensreiche Werk französischer Kolonialpolitik zu passieren. So können wir mit Mufse die kleine Insel Schickley zur Rechten betrachten, welche die Trümmer einer Festung trägt und uns an ihren Erbauer, Karl V., erinnert, der einst mit 500 Segeln und 30000 Mann hierher kam, den Seeräuberkönig Barbarossa schlug, Goletta und Tunis eroberte und nicht weniger denn 20000 Christensklaven befreite.

Wir werfen endlich unmittelbar am Kai Anker, kommen unbehelligt an der Douane vorbei und fahren im bequemen Zeltwagen auf der breiten, schnurgeraden Avenue de la Marine unserem Ziele zu. Überall zur Seite niedere Vorstadthäuser mit allerhand Budiken und Matrosenkneipen. Allmählich werden die Häuser höher und schliefsen sich enger aneinander, schöne Anlagen erfreuen das Auge. In herrschaftlichen Gärten erheben sich anmutige Villen. Der Kutscher muß Bescheid geben: was ist das da für ein grofser Palast, von dessen Dach das blau-weifs-rote Banner weht? „Das Palais des französischen Ministerresidenten."

Von meiner Zimmerwirtin, einer korpulenten, mit stattlichem Schnurrbart geschmückten Provençalin, erfuhr ich, dafs gerade heute der Bey, um irgend einer Zeremonie zu genügen, sein Schlofs am Meer verlassen und sich in die Stadt begeben habe. Ich beeilte mich, die feierliche Auffahrt seiner Hoheit zu sehen. Durch die Souks (Kaufhallen), die an Ausdehnung und Reichhaltigkeit jene von Tripolis und Sfax bei weitem übertreffen, stieg ich den mäfsigen Hügel hinan, an dem sich das Araberviertel aufbaut. Eine Menge Türken in Fez und Turban standen vor dem Eingang des Schlosses, alle begierig, ihren Bey zu sehen. Ich setzte mich auf eine Bank unter einer Palme und wartete. Nicht lange, so verkündeten Trommelwirbel und Trompetenklang das Nahen des Herrschers. Die Wachen präsentierten. Alles war gespannt. Ein altes, ziemlich traurig und müde dreinschauendes Männchen, das sich kaum noch gerade halten konnte, erschien in Gesellschaftstoilette und rotem Fez. So trat er aus dem Thor und stieg in eine Kutsche, die trotz des bunten Wappens am Schlag und ihrer glänzenden Bespannung mit sechs Maultieren einen recht dürftigen Eindruck machte. Ihm folgten mehrere Muhamedaner, gleichfalls im Fez mit grofsen Orden auf der Brust. Eine berittene Leibwache auf acht Schimmeln, mit gezogenem Säbel, guldenem Halbmonde auf den Kartuschen und Satteldecken, sprengte voraus, hinter dem Wagen trieben zwei Trompeter ihre alten Mähren an und rissen sie bald nach links, bald nach rechts, gewifs damit sie einige feurige Sprünge machten und der ganze Aufzug doch etwas Ansehen gewinne. Die Türken verneigten sich, die Hände vor der Brust, der Bey verbeugte sich ausdruckslos in seinem Wagen, und die Tragikomödie war zu Ende.

* *

Wahrlich eine Tragikomödie! Haben die Franzosen dem Bey auch eine Leibgarde von 600 Mann bewilligt, haben sie ihn auch aus seinen drei Schlössern bis jetzt noch nicht verjagt, und haben sie auch die Liebenswürdigkeit gehabt, ihm seinen kleinen Hofstaat und seinen Harem zu lassen, so führt er doch nur eine traurige Scheinregierung. Und gar nur in der Einbildung bestehend ist das Regiment des Sultans, der den Bey von Tunis noch in der Liste seiner Paschas führt, ihn durch einen Ferman bestätigt, und dem zu Ehren täglich gegen Sonnenuntergang von dem Zeremonienmeister des Beys unter Trommeln, Pauken und Pfeifen der feierliche Grufs Salam-alek dargebracht wird. Die staatsrechtliche Stellung des alten müden Herrn wäre wirklich einmal einer Doktorarbeit wert. In Wahrheit, obgleich einige kleine Konzessionen noch bestehen, z. B. Tunis eigenes Geld und eigene Postwertzeichen hat, herrscht hier die Französische Republik. Man braucht nur die Artikel des Vertrages anzusehen, den Frankreich nach der „Intervention" mit dem unglücklichen Mohammed-es-Sadok († 1882) geschlossen hat:

„1. Das französische Protektorat erhält die Autorität des Beys aufrecht. 2. Der Bey tritt an Frankreich die diplomatische und militärische Gewalt ab und erkennt die unmittelbare Aufsicht Frankreichs über die Verwaltung und die Finanzen an. 3. Dem französischen Ministerresidenten sind die Kommandanten aller Truppen zu Wasser und zu Lande unterstellt, nicht minder die Rechtspflege, soweit sie die Händel von Europäern unter sich und von Europäern mit Eingeborenen betrifft. 4. Er allein hat das Recht, mit der französischen Regierung geschäftlich zu verkehren."

Die Italiener haben als einziges Privileg bei diesem Abkommen die eigene Post erringen können.

Wohl in keiner anderen muselmännischen Stadt hat man so lebhaft das Gefühl eines fortwährenden heimlichen Kampfes zwischen den zwei grofsen weltdurchdringenden Prinzipien, Kreuz und Halbmond, wie hier, eines Kampfes, in dem der Halbmond sicher unterliegen wird. Die Mauren fühlen es auch hier, dafs sie weniger widerstandsfähig sind als ihre Gegner, dafs die europäische Kultur ihnen Schritt für Schritt den Boden abgräbt. Sie sehen es ja täglich vor Augen, wie immer mehr und mehr Eindringlinge aus dem Norden sich ansiedeln, wie immer neue Kirchen gebaut werden, deren verhafste Glockenklänge, einst gänzlich unbekannt, jetzt schon beim Morgengrauen den Eingeborenen in seiner Ruhe stören. Jeder, der ganze Glieder und gesunde Lungen hat, mufs dem fernen Frankreich auf dem Kasernenhof seine besten Jahre zum Opfer bringen. Und dazu die hohen Steuern. Denn Frankreich braucht viel, viel Geld.

Aber wenn man auch aus Liebe zur Romantik mit wehmütigem Gefühl sieht, wie der rein orientalische Charakter der Stadt immer mehr getrübt wird, so mufs man doch den Franzosen dankbar sein, dafs sie wie Algier, so auch Tunis den Europäern erschlossen haben. Wer weifs, vor hundert Jahren noch hätte der Fremde sich vielleicht nicht ungefährdet abends in das muhamedanische Quartier begeben können. Er wäre vor Messerstichen nicht sicher gewesen, wie man das heutzutage in dem fanatischen Tripolis noch nicht ist, oder wäre wohl gar gefangen und am nächsten Morgen auf dem Souk-el-Birka als Sklave verkauft worden!

Es ist eben etwas Urkonservatives, Reaktionäres im Islam, das sich unter keinen Umständen dem Neuen anpassen will. Auch in künstlerischer Beziehung. Wenn man ihm als einer Religion zugethan sein mufs, deren Dogma vom gesunden Verstand die am wenigsten empfindlichen Konzessionen verlangt, so kann man ihm in künstlerischer Hinsicht nur eine sehr niedrige Stufe anweisen. Was haben die Araber in der Musik geleistet? Nichts. In der Poesie? Aufser ein wenig Lyrik und Märchendichtung (Tausend und eine Nacht) nichts. Durch das plumpe Verbot des Propheten sind ferner zwei edelste Kundgebungen des höheren Menschentums, die Bildhauerei und Malerei, von vornherein lahmgelegt. Bleibt also nur die Baukunst. Hierin haben die Araber allerdings Aufserordentliches hervorgebracht, es scheint fast, als ob all ihre künstlerischen Triebe sich in dieser einen Kunst konzentriert hätten. Die breite Kuppel, wie der sogenannte gotische Spitzbogen stammen von ihnen, und mit diesen zwei Grundelementen haben sie in Verbindung mit originellen Dekorationsmotiven (Mosaik und Arabesken in Stein und Erz) einen neuen Stil eingeführt, welcher der südlichen Natur der von ihnen bewohnten Erdstriche wunderbar angepafst ist.

Auch in Tunis findet man schöne und altehrwürdige Denkmale der maurischen Kunst, in der teilweise erhaltenen Befestigung mit ihren Thoren und Türmen, vor allem aber in den zahlreichen Moscheen mit ihren schlanken Minarets.

Die älteste Moschee ist die 1232 nach Chr. erbaute Dschama-el-Kasbah (Burgmoschee). Sehr sehenswert sind ferner Dschama-ez-Zituna, deren Inneres 150 aus Karthago stammende antike Säulen zieren, und Dschama-Sidi-Ma'hros, die eine Riesenkuppel, umgeben von 8 kleineren Kuppeln trägt, welche zusammen wie ein Spiel Kegel nebeneinander stehen. Der dort begrabene Heilige, nach dem die Moschee benannt ist, wird als einer der Hauptpatrone von Tunis verehrt. Die Moschee diente lange Zeit Schuldnern zum Asyl, wenn sie von ihren Gläubigern gar zu hart bedrängt wurden. Sidi-ben-Ziad zeichnet sich durch ihr schmuckes Minaret aus. Unvollendet blieb infolge der Hinrichtung ihres Erbauers die Moschee Sahab-es-

Moschee Sidi-ben-Ziad.

Tabadschi. Sie soll prächtige Marmorsäulengänge und Holzdecken mit Arabeskenschnitzerei enthalten. Man kann nämlich leider nur einige wenige dieser Gotteshäuser mit ganz besonderer Erlaubnis besuchen. Bei den meisten mufs man sich begnügen, durch die gewöhnlich offene Thür des Vorhofes in diesen einen scheuen Blick zu werfen.

Sonst wird der liebe Gott hier noch von einer Menge anderer Religionen und Konfessionen angerufen. Es existieren aufser den Moscheen für die 40000 Juden eine grofse Anzahl Synagogen und mehrere Kirchen für die etwa 45000 Seelen zählende römisch-katholische Gemeinde, die unter einem Erzbischof und drei Bischöfen steht, ferner zwei protestantische, eine anglikanische, endlich auch eine griechisch-orthodoxe Kirche.

Dem entsprechend sieht man auf den Strafsen die verschiedenartigsten Typen und hört alle erdenklichen Sprachen. Am meisten arabisch, das mit seinen harten Gaumen- und Zungenlauten neben dem eleganten, melodischen Französisch greulich klingt, wie Rabengekrächze. Demnächst italienisch, das von der 10000 Seelen starken italienischen Kolonie, die ihre eigenen Schulen hat, und von den 9000 Maltesern gesprochen wird. Franzosen befinden sich unter den 125000 Einwohnern der Stadt kaum 4000! Nur die Ladenschilder und Plakate, sowie die französischen Offiziere, die einem auf Schritt und Tritt begegnen, erinnern immer wieder daran, dafs wir auf französischem Boden wandeln.

Frankreich thut viel für Tunis. Abgesehen von dem erwähnten grofsen Kanal, der mehrere Millionen gekostet hat, und dessen Erhaltung noch mehr Millionen kosten wird, läfst es im Osten der Stadt ein viele Hektare umfassendes, allmählich ansteigendes ödes Stück Land zu einem grofsen Park umwandeln (das Belvedere). Es hat im Jahre 1894 eine prachtvolle, neue Moschee für die Moslemin erbaut, es läfst Strafsen und Eisenbahnen anlegen. So ist Tunis bereits mit Bizerta, Bona und Susa, dieses wieder mit Kairouan durch den eisernen Strang verbunden. Aber sehr fraglich ist es, ob diese grofsen Ausgaben sich lohnen werden. Der Verkehr im Hafen von Tunis ist beispielsweise noch sehr gering. Draufsen lagen ja einige grofse Segelschiffe, aber von Dampfern sah ich bei meiner Ankunft nur zwei von der französischen Compagnie générale transatlantique. Ein so geringer Verkehr dürfte die ungeheuren Spesen kaum einbringen.

* * *

Tunis liegt ungefähr unter dem 37. Grad nördlicher Breite. Ein Zeichen, wie südlich wir uns hier schon befinden, ist der in dieser Jahreszeit (Ende Mai) auffallend frühe Untergang der Sonne (ein halb sieben Uhr) und die kurze Dämmerung. Wenn dann die Sonne rot wie eine Blutapfelsine den fern blauenden Höhen zustrebt, auf dem Doppelgipfel des Bukurnin noch einmal kurze Zeit aufblitzt und dann dahinter versinkt; wenn in der traulichen Dämmerung die Frösche in den Bassins der Anlagen ihr einförmiges Gequake anstimmen, versammelt sich alles in der Avenue de la Marine und deren Fortsetzung, der Avenue de la France. Auf dem Platz vor dem Palast des Ministerresidenten spielt zweimal wöchentlich eine Zuavenkapelle. Sechs Posaunen, zwei Bafsgeigen und eine grofse Anzahl vorzüglicher Flöten verleihen der Musik ein aufserordentlich weiches Kolorit. Während im arabischen Viertel bis auf einige mehr oder weniger gefüllte Cafés um diese Stunde alles wie ausgestorben erscheint, fangen

Alte Moschee

die unsoliden Europäer jetzt nach der Last des Tages erst zu leben an. Die Strafsen füllen sich. Vor den grofsen Cafés sitzen die eleganten Herrschaften zu Hunderten bis weit über die Strafse herüber. Hier hört man Gesang von einem bramarbasierenden Italiener, dort lassen sich Damen auf Guitarre und Mandoline hören, Herren mit Violine und Flöte begleiten. Will man aber etwas ganz Originelles, echt Orientalisches kennen lernen, so fahre man mit der Pferdebahn nach dem Halfuinplatz, dort kann man sich an etwas Absonderlichem ergötzen, nämlich an einem Bauchtanz.

In der Nähe dieses Platzes befindet sich eine Menge kleinerer und gröfserer arabischer Cafés. Bunte Stein- oder Holzsäulen tragen die Holzdecke oder ein altes Steingewölbe, Stühle giebt es nicht. An den Wänden laufen Bänke, in der Mitte zwischen den Säulen, ebenso zuweilen auch an den Seiten sind grofse Podien angebracht; diese sind ebenso wie die Bänke mit Teppichen oder Strohmatten belegt, womit auch der untere Teil der Wände durchweg bekleidet ist. Obwohl der Prophet alle bildlichen Darstellungen verboten hat, sieht man doch an den Wänden mancherlei Gemälde hängen. Bilderbogen, alte Kupferstiche und schlechte Öldrucke. Sogar eine Tizianische Venus fand ich bei einem ganz gottvergessenen Türken an einer der grünen Säulen, welche das Mittelpodium begrenzten angenagelt. In diesen Cafés sitzen sie nun, die biederen Türken, entweder auf dem Podium oder auf den Bänken, einer neben dem anderen mit übergeschlagenen Beinen, die meisten barfufs. Nur Freitags ziehen sie zur Feier des Tages Strümpfe an. Sie spielten Karten zu vier, ohne Tisch, oder Schach und Dame, auch Puff. „Schaf und Wolf" schienen sie nicht zu kennen. Sie gaben sich hier wie überall in Blick und Bewegung mit gemessener Würde. Nur gegen Ende des Spieles werden sie gewöhnlich etwas eifriger, ziehen die Figuren schneller und nehmen dem Gegner die geschlagenen Steine mit gröfserer Lebhaftigkeit weg. Dazu rauchen sie immer und ewig Cigaretten oder langgestielte Pfeifen mit winzigen Köpfchen, nicht gröfser als eine Haselnufs. Von Zeit zu Zeit nehmen sie einen Schluck des herrlichen arabischen Kaffees aus ihren — den Pfeifen entsprechend — winzig kleinen Tassen. In langen Reihen stehen unter den Bänken ihre gelben und roten Pantoffeln, die sie immer ausziehen, wenn sie sich setzen. Manche, die in entfernten winkeligen Gäfschen wohnen, haben auch ihre Laterne für den Heimweg neben sich. Man hat, wenn man dieses Treiben sieht, den Eindruck, als ob dies vor tausend Jahren nicht anders gewesen sein könne.

Geradezu ins alte Testament aber wird man versetzt, wenn man das Café Sidi-Raian besucht, wo einheimische Jüdinnen als Sängerinnen und Tänzerinnen auftreten. Am ersten Abend, als ich dies arabische Tingeltangel besuchte, safsen drei Burschen auf einer Estrade im Hintergrund des Saales. Der mittlere spielte auf einem alten Harmonium ungefähr vierzig Mal hintereinander dieselbe kurze Melodie. Die zwei an den Seiten schrien dazu mit gellender Stimme und begleiteten ihren Gesang, indem sie, der eine ein Tambourin, der andere eine Handtrommel schlugen. Letztere, jedenfalls ein Negerinstrument, hat die Gestalt eines langhalsigen Kruges; auf dem breiten, mit Leder bespannten Boden wird mit der Hand getrommelt. Gegen Ende zu wird die Musik schneller und heftiger, mit wahrer Wut Tambourin und Trommel dazu bearbeitet. Dann verlangsamt sich der Rhythmus, das Gekreisch verstummt, die Melodie wird kaum noch angedeutet, noch einmal erklingt sie ganz getragen, dann ist es still. Die Sänger stärken sich mit Kaffee. Von mitfühlenden Gästen werden rohe Eier hinaufgereicht, die die Sänger austrinken, wodurch sie sich

Markt im Araberviertel.

offenbar noch im letzten Moment vor dem Heiserwerden retten. Das Einsammeln spielt natürlich die Hauptrolle. Weil es sich so oft wiederholt, giebt niemand mehr als einen Sou. Da das Programm offenbar keine neuen Nummern aufwies und ich von dieser auf der Höhe der Aschanti stehenden Musik genug hatte, verliefs ich das Lokal bereits, als zum vierten Male eingesammelt wurde.

Am nächsten Abend, Donnerstag, dem Vorabend des heiligen Tages der Araber, safsen vor dem Harmonium drei junge Jüdinnen in reichstem orientalischen Putz, in Seide und Perlen, Brust und Arme mit wundersamen Geschmeiden behangen, auf dem rabenschwarzen Haar goldene Hauben, deren Troddeln in die Stirn hereinfielen. Sie zeigten die Feiertagstracht der Jüdinnen: weifse Pumphosen und kurze himmelblaue Seidenjacke, die die Arme blofs läfst (ähnlich dem polnischen Serdak). Es waren blühende, üppige Schönheiten. Diese breiten Augenlider mit den langen Wimpern, die sie so langsam und gemessen, zuweilen auch mit vielsagenden Seitenblicken nach dem Publikum auf- und niederschlugen! Ich wurde an Rahel und Rebekka erinnert. Wohl möglich, dafs sich hier die jüdische Rasse und die alte jüdische Tracht durch die Jahrtausende am unverfälschtesten bewahrt hat. So wie die jüngste von ihnen, die kaum siebzehn Jahre alt sein mochte, stellte ich mir ungefähr Judith vor, die Holofernes in der Brautnacht den Kopf abschnitt. Ein solcher Zug von raffinierter Koketterie und siegessicherem Stolz, von Falschheit und unendlicher Herzlosigkeit lag in diesem Auge ausgeprägt. Sie safsen mit gekreuzten Beinen auf dem Divan und rauchten Cigaretten. Die drei Männer von gestern safsen neben ihnen. Der eine hatte die Violine aufs Knie gestemmt und spielte so, die beiden anderen waren wieder mit Trommel und Tambourin bewaffnet.

Es war kein ergötzlicher Aufenthalt, einige Lampen rauchten. Der Geiger sang mit hoher Fistelstimme, so langsam und so traurig, als beklage er die babylonische Gefangenschaft oder die Zerstörung Jerusalems. Plötzlich, als man schon nahe daran war, einzuschlafen, setzten die beiden Trommeln ein; die drei Weiber fingen an zu kreischen, das Tempo ging aus Adagio in Allegro über. Es war eine eigenartige Melodie, aber immerfort dasselbe, hundertachtundneunzig Takte, immerfort dasselbe. Ein Sudanneger safs neben mir, der schmunzelte, es erinnerte ihn gewifs an Timbuktu oder den Tschadsee.

Nachdem sich der Saal allmählich gefüllt hat, wird dem allgemeinen Verlangen nachgegeben und der Bauchtanz exekutiert. Judith tritt vor, in jeder Hand zwei silberne Schellen, die sie nach dem Takte schlägt, dazu macht sie bald mit der Brust, bald mit dem Unterleib zuckende Bewegungen, abwechselnd zur Seite, oder auch von oben nach unten, ohne dafs Arme und Füfse dabei im geringsten aus ihrer Ruhe kommen. Die einförmige Musik der anderen begleitet diesen Kunstgenufs.

Wenn sie sich zwischen den einzelnen Abteilungen des Tanzes umdreht, wirft sie prüfende Blicke in den grofsen Spiegel, der über dem Harmonium an der Wand hängt. Auch knieend führt sie die oben beschriebenen Bewegungen aus, was sehr schwer sein mag. Den zahlreich anwesenden Türken schien der Tanz das höchste irdische Vergnügen zu bereiten. Sie gerieten ganz aus ihrer gewöhnlichen Ruhe, klatschten in die Hände und gaben durch lautes Rufen ihren Beifall zu erkennen.

War es vielleicht auch ein Bauchtanz, mit dem die schöne Herodias den armen Herodes derart bezauberte, dafs er ihr dafür das Haupt Johannes des Täufers zum Lohn gab? Übrigens kann man

Strafse im Araberviertel

nicht sagen, dafs der Tanz, so wie er hier ausgeführt wurde, etwas Unsittliches hatte. Er war nach unseren Begriffen nur im äufsersten Mafse unschön. Der Gesang aber erinnerte an das Absingen der Litanei, wie man es in süditalienischen und sizilianischen Kirchen zu hören bekommt. Ein ebenso lang anhaltendes, wie einförmiges, Ohren zerreifsendes Gegröhle. Schliefslich hatte ich kein Sousstück mehr für das sich alle sieben Minuten wiederholende Einsammeln, und da eine weitere Neuheit im Programm nicht zu erwarten stand und die Lampen immer noch rauchten, so empfahl ich mich. Aber noch mehrmals in den folgenden Tagen war es mir, als hörte ich plötzlich das Klappern der silbernen Handschellen, zugleich leuchtete vor meinem inneren Blick jener kalte, unheimliche Glanz der basaltschwarzen Augen auf, jener selbe Glanz, der einst dem grimmigen Feldherrn Holofernes wie dem harmlosen Wüstenprediger gleich verderblich geworden ist.

* * *

Nun habe ich auch gelernt, wie ein Turban entsteht. Der europäische Leser meint gewifs, der Turban sei eine selbständige Kopfbedeckung, etwa wie ein Cylinderhut, oder eine Jockeymütze. Weit gefehlt! Ein Turban entsteht aus einem Fez. Letzterer wird aufgesetzt und nun ein langes Stück weifsen oder auch bunten, zusammengedrehten Linnens darum gewickelt. Ich bin überzeugt, dafs mancher auf diese Art ein ganzes Betttuch auf seinem Haupte trägt. Die Kunst besteht darin, den Anfang und das Ende des Wickels geschickt zu verbergen.

Die Araber — diesen gegenüber tritt die türkische Rasse wie in ganz Nordafrika so auch hier in den Hintergrund — haben fast alle sehr ausdrucksvolle und oft geradezu edel-schöne Gesichter. Die Ruhe des Gemüts, die ihnen ihr Glaube verleiht, prägt sich in ihren Zügen aus. Namentlich die Bejahrteren zeigen einen tief beseelten Ausdruck um Auge und Mund. Die Umrahmung durch den Turban hilft freilich dabei mit. Das gilt auch von Leuten aus dem niederen Volk. Ein greiser muhammedanischer Schneider oder Seidenweber deckt sich nicht selten mit unserm Idealbild eines alttestamentlichen Patriarchen. Die kleinen Jungen, auch schon im Fez, dessen grofse Troddel tief auf den Rücken herunterbummelt, und im schlafrockähnlichen Kaftan sind drollige Figürchen. Sie zeichnen sich durch einen ungemein zarten, weifsen Teint und durch grofse, braune, lebhafte Augen aus. Nicht minder anmutig sind die kleinen Mädchen, die sich noch nicht verschleiern müssen, aber doch oft schon aus Nachahmungstrieb einen jener langen, prächtigen Seidenshawls umnehmen und sich nun mit schalkhaftem Lächeln darin verstecken. Die Armen; sie wissen nicht, dafs dies nur ein Zeichen ihrer späteren Sklaverei ist, erfunden von dem Egoismus und dem Mifstrauen der Männer. Übrigens darf man sich ihre Lage nicht allzu traurig vorstellen. Abgesehen davon, dafs sie bei dem täglichen Bad, das sie abends gemeinsam nehmen, sich gegenseitig aussprechen können wie europäische Damen bei ihren Kaffeekränzchen, und selbst doch alles sehen, wenn sie auch der

Aufsenwelt unsichtbar bleiben, also ihre weibliche Neugier durch diese Verschanzung nicht zu leiden hat: so wissen sie es ja nicht anders. Es ist eben Sitte, ist Mode. Und welche Quälereien und Plagen legt sich ein Weib nicht mit Freuden auf, nur eben weil es Sitte und Mode ist.

In der Art der Verschleierung scheinen wieder verschiedene Moden zu existieren. Die Weiber in Tunis bedecken ihr Gesicht nicht, wie die in Sfax, mit einem kleinen Vorhang aus Gardinenstoff, sondern sie binden eine schwarze Maske aus Leinen vor und zwar eine doppelte, eine Stirnbinde und eine andere, die von unten her das Gesicht bis dicht unter die Augen verhüllt. In der Ferne hält man sie für Mohrinnen, erst in der Nähe erkennt man den schmalen Streifen zwischen den zwei Binden, und aus diesem Streifen blicken einem nicht selten grofse, braune Sterne in feuchtblauem Oval furchtlos entgegen.

Mein Wunsch, ein wenig mit den Moslemin in nähere Berührung zu kommen, erfüllte sich in der bescheidenen italienischen Trattorie, wo ich zu Abend speiste. Da safs am Nebentisch, den weifsen Turban auf dem Haupt, im langen blauen Burnus ein Türke. Vor ihm stand — o Schrecken — das Getränk, das der Prophet verbietet. Er bestellte eine Schüssel nach der anderen — keine kostete mehr als vierzig Centimes —, da konnte man schon eine Reihe von Gängen genehmigen. Aber ich traute meinen Augen kaum, als der Türke die erste Flasche schweren Elba-Weines geleert hatte und sich nun noch eine zweite geben liefs. Allemal wenn er einschenkte, warf er mir einen scheuen Seitenblick zu. Ich that so, als sehe ich es nicht. Aber ich begann zu erraten, dafs der gute Mann sich fern von seinen Genossen in die italienische kleine Winkelkneipe geflüchtet habe, um einmal gehörig zu sündigen. Die Türken dürfen bekanntlich nicht mit den Ungläubigen an einem Tisch sitzen. Aber dieser nahm es wohl nicht so genau mit den Geboten des Korans. Und als auch ich mich noch zu einer zweiten Flasche aufraffte, kamen wir ins Gespräch. Er radebrechte ein wenig italienisch — ich setzte mich zu ihm und wir stiefsen an.

Ich fragte ihn, was der Prophet dazu sagen würde, dafs er Wein und noch dazu so viel schweren Wein trinke.

Er sah tiefsinnig auf sein Glas und drehte es in der Hand.

„Ihr Türken habt nicht die Vergebung der Sünden. Ihr müfst Eure Sünden schleppen bis an Euer Ende."

„Aber wir können gute Werke thun."

„Jawohl. Aber die Sünden werdet Ihr damit nicht los. Das ist bei uns einfacher, da kniet der reuige Sünder in einem Beichtstuhl zu einem Softa und erzählt ihm seine Missethaten. Dieser giebt ihm eine Bufse auf, z. B. bestimmte Gebete zehnmal zu beten, schlägt ein Kreuz, steckt ihm einen Zettel zu, und alles ist gesühnt auf immer und ewig."

„Ja, ja, das ist ziemlich einfach," seufzte der Türke und that zum Trost einen tiefen Zug aus seinem Glase. Bald glänzte sein Gesicht wie Alpenglühen, er blies gewaltig vor sich hin, das Haupt wurde ihm schwer. O weh, was würden seine fünf bis sechs Weiber sagen, wenn er in diesem Zustande nach Hause kam!

Aber er hatte noch nicht genug. Wir steckten eine neue Cigarre an, und der selige Türke rief: „Kellner, noch eine Flasche!" Dabei blinzelte er mich mit seinen fetten Äuglein an.

Endlich tranken wir aus. Ich stützte den armen Schelm, es war keine leichte Arbeit. Durch enge, menschenleere Gäfschen ging's, bis er endlich stehen blieb und flüsterte: „Dort ist mein Haus, sehen Sie, dort hinter den grünen Holzgittern. Meine Weiber haben noch Licht, wie's scheint. Warten wir ein wenig. Uff, Uff." —

„Wie viele Weiber haben Sie denn?"

„Nur zwei. O warum bin ich den Geboten des Propheten wieder abtrünnig geworden! Ich hatte es mir so fest vorgenommen, nie mehr — Das wird wieder einen Tanz geben. Die Fatime ist ja nicht so schlimm, aber die Kadidscha, das ist eine wilde, die schlägt mir gleich die Pantoffeln um die Ohren." —

Ich bedauerte sehr, den Armen gegen diesen Angriff nicht schützen zu können, und schob ihn in seine Hausthür hinein.

* * *

Einer der nächsten und lohnendsten Ausflüge in die Umgebung ist die nach dem Bardo, dem alten Residenzschlofs der tunesischen Herrscher.

Mit einer arabisch und französisch gedruckten Eintrittskarte versehen, die man sich beim deutschen Konsul holt, fährt man kaum eine Viertelstunde weit, durch Olivenhaine und Getreidefelder, an mehreren verwahrlosten Forts vorüber, bei deren Anblick auch der älteste Landsturmjahrgang nicht mit der Wimper zucken würde. Endlich geht es unter dem hohen Bogen einer langen römischen Wasserleitung durch. Wenige Schritte vom Bahnhof schon sieht man die weitläufigen Palastbauten. Zuerst machen sie den Eindruck einer zusammengeschossenen Festung. Überall sind die Mauern eingerissen, oft bis zu den Schiefsscharten herunter. Aus einer ruinenhaften Bastion schauen trübselig zwei alte Kanonenrohre heraus. Die zerfallenen Mauern umschliefsen einen ebenso zerfallenen Häuserkomplex, aus dem sich nur einige in jüngster Zeit erneuerte gröfsere Gebäude vorteilhaft herausheben. Man kommt an einer Wache vorbei, einer türkischen, denn hier herrscht der Bey noch wahrhaft und darf Türme und Höfe dieses seines Schlosses mit seinen eigenen Soldaten besetzen. Durch einen langen Gang geht es in einen Hof, in verschiedene maurische Zimmer, die ein kleines Museum beherbergen. Hier war früher der Harem. Noch erinnert an die einst hier versammelten Schönen ein prachtvolles Kuppelzimmer in Form eines griechischen Kreuzes, über dessen Armen kleinere Kuppeln stehen. Alles Gold und Marmor. In der That ein Stückchen Alhambra. Die Ausbeute an Altertümern ist nicht grofs gewesen. Einige leidliche Gewandstatuen, aber ohne Kopf, verschiedene Mosaiken, darunter eine grofse von 140 Quadratmeter Fläche, in Susa gefunden, den Zug des Poseidon vorstellend, sehr gut erhalten, aber schon aus der Verfallzeit. Dann werden einem eine Menge Räume gezeigt, Audienzzimmer, Empfangs- und Gerichtszimmer. Im grofsen Thronsaal hängen abwechselnd mit zimmerhohen Spiegeln an den mit rotem Damast verkleideten Wänden eine Menge Gemälde von europäischen Herrschern, Napoleon III., Viktor Emanuel und andere. Auch Prinz Friedrich Karl von Preufsen und Ludwig II. von Bayern haben als Zeichen der Erinnerung an ihren Aufenthalt in Tunis ihre Bilder hierher gestiftet. Der dicke Louis Philipp, den Generalshut im Arm, ist sogar in Gobelin vertreten. Er war 1841 hier beim Bey zu Gaste. Mit seinem behäbigen Bankiersgesicht schmunzelt er von der Wand den Beschauer an, als wollte er sagen: Wenn Ihr mich auch fortjagt, ihr guten Franzosen, ich habe mein Geschäft gemacht.

Unweit davon ist Napoleon III. noch einmal zu sehen, und zwar im Kreise seiner Familie, neben dem Kaiser, der steht, sitzt Eugenie, den vierjährigen Lulu auf dem Schofse. Wie schnell vergeht doch der Zauber dieser Welt!

In den prunkvollen Gerichtssälen fallen die langen Sofas an den Wänden ebenso auf, wie die wenigen Stühle. Aber die Muhammedaner lieben es bekanntlich nicht, auf Stühlen zu sitzen. Das Beratungszimmer zeichnet sich durch Fliegenschmutz an den hohen goldenen Wandspiegeln und durch scheufsliche Bilder aus, so scheufslich, dafs sie kein Handwerker bei uns in der Stube dulden würde. Und so viel Staub überall, dafs selbst der Offizier, der mich begleitete, sich bemüfsigt sah, von einer Empire-Uhr, damit man nur sehen könnte, dafs es eine Uhr sei — mit einem Staubwedel das gröbste wegzuwischen.

Throne sah man in diesen Zimmern in allen möglichen Formen. Grofse vergoldete mit roten Sammetkissen oder mit Seidenbezügen und Marmorlehnen u. s. w. Und doch giebt es eigentlich keinen Thron mehr für den Bey von Tunis; durch den eben hier 1881 abgeschlossenen Bardo-Vertrag ist er nur noch eine Marionette in der Hand seiner „Beschützer", der Franzosen.

Im Audienzsaale fallen auf Marmortischen zwei mannshohe vergoldete Leuchter auf, die statt Kerzen den Halbmond tragen. Auf dem besonders kostbaren Thron des Audienzsaales fehlt sonderbarerweise das Wappen: vielleicht haben es die Franzosen schon herausgeschnitten? Zwei weitere Leuchter stehen hier, zwei Meter hoch aus venetianischem Glas, ein Geschenk Viktor Emanuels, der mit dem Bey besonders gute Freundschaft gehalten haben mufs. Die Leuchter werden auf zwanzigtausend Francs geschätzt! Auch verlorene Liebesmüh'!

Die Wände sind meist mit alttunesischen Fayencen ausgelegt, und Leute, die für so etwas Vorliebe haben, können hier ihre Sammlung leicht auf billige Art vermehren.

„Wollen Sie ein Stück?" fragte mich der führende Offizier, verschmitzt lächelnd.

Ich hatte eigentlich gar keine Lust, meinen schon zum Bersten vollen Koffer noch mit Steinen und Mauerwerk zu beschweren. Ich zögerte.

„Zeigen Sie mir's." —

Der Biedermann verschwand in einer kleinen Nebenthür, durch die ich in ein wüstes Gemach schaute, das eben ausgebaut wurde. Er kam mit zwei Stücken wieder. „Zwei Francs," raunte er mir ins Ohr, und hielt mir das bessere von ihnen hin. Ich machte das (griechische) Zeichen der Verneinung. „Ein Franc, fünfzig. Schnell, stecken Sie's ein, es kommen Leute." — Ich steckte es mechanisch ein. „Und lassen Sie's keinen Soldaten draufsen sehen." — Da man auf Reisen, namentlich im Süden, ein weiteres Gewissen hat als zu Hause, so wird der Offizier Seiner Hoheit mit dessen Fayencen gewifs im Laufe der Jahre ein gutes Geschäft machen. Ich hätte ihm die alte Kachel ganz gern wiedergegeben, zumal sich dieser schlimme Handel im grofsen „Saal der Gerechtigkeit" (salle de justice) ereignete, aber die Gewissensbisse kamen zu spät. Andere Besucher waren in der Nähe und bei der nächsten Thür verabschiedete sich der „Offizier“ mit einem vielsagenden Lächeln.

Ich drückte ihm seinen Judaslohn in die Hand und sprang die Löwentreppe wieder hinab, welche ihren Namen von sechs grofsen Löwen aus weifsem Marmor hat, die zu beiden Seiten auf hohen Postamenten lagern.

Ich war schliefslich froh, diese Hallen und Höfe wieder hinter mir zu haben. Man lese nur einmal die folgende kleine Geschichtstabelle und man wird einen Schreck bekommen vor diesem alten Residenzschlofs der seit 1706 hier herrschenden Hasseniden.

1706 (um 1118 der Hedschra) wirft sich der Renegat Hassan-ben-Ali zum Bey auf und läfst seinen Vorgänger Ibrahim hinrichten.

1735 Hassan-ben-Ali wird von seinem Neffen Ali abgesetzt und enthauptet.

1755 Ali (der Neffe) wird erwürgt durch die Söhne Hassan-ben-Alis.

1782 Ismail, Alis Enkel, verschwört sich gegen seinen Onkel Hamuda-Bey und wird stranguliert.

1814 Otman Bey, Sohn Hamudas, wird nach nur dreimonatiger Regierung mit seinen Kindern meuchlings ermordet. Mit ihnen ist die alte Linie der Hasseniden ausgerottet.

1837 verschwört sich im geheimen Einverständnis mit der Türkei der Premierminister Chekib-Sabtab gegen seinen Gebieter Hussein-Bey. Er wird in den Bardo befohlen und sogleich nach seiner Ankunft gehängt.

Das ist die Geschichte des Bardo und seiner weiten Hallen über und unter der Erde.

Es scheint, dafs man mit den Verdächtigen nicht immer erst in den „Saal der Gerechtigkeit“ gegangen ist.

* * *

Sehr bequem ist der Ausflug nach Karthago. Wir fahren mit der Eisenbahn bis zur Station La Malka. Dann schreiten wir durch ein Araberdorf den Hügel hinan, den eine grofse, schöne Kirche krönt, und stehen schon auf den Ruinen der alten karthagischen Königsburg. Der Golf von Tunis erscheint hier wie ein riesiger, wundervoller Binnensee, etwa wie der Lago Maggiore, aber viel, viel gröfser, umrahmt von Bergen, die unseren Voralpen, z. B. dem Herzogenstand, an Höhe und Form auffallend gleichen. Aber das, was da vor uns blaut, ist kein eingezäunter und eingeengter Landsee, sondern ein Teil des gewaltigen Meeres, und da draufsen ganz in der Ferne, wenn man recht zuschaut, zwischen dem weit vorspringenden Cap Farina und Cap Bon geht es hinaus in die „ungeheuren Gewässer“, die einst ein halbes Jahrtausend hindurch von dieser Stelle aus beherrscht wurden.

Allerdings ein Punkt, um eine Seemacht ersten Ranges zu gründen. Bereits 880 v. Chr. soll die schlaue Dido die Stätte, auf der wir jetzt stehen, mit ihrer Ochsenhaut umspannt haben, und erst 146 vor Chr. wurde die Stadt durch Scipio genommen und vollständig zerstört, trotz ihrer tiefen Gräben und ihrer Pallisaden, trotz ihrer dreizehn Meter hohen Mauern, ihrer dreihundert Elefanten und ihrer nach Hunderten von Seglern zählenden Flotte, die in dem kleinen, kreisrunden Innenhafen stationiert war. Dieser ist bis auf den heutigen Tag erhalten: ganz genau sieht man den Kreis unten am Strand, aber nur zum Teil noch mit Wasser gefüllt. Aus diesem Bassin führt ein Kanal in den rechteckigen äufseren Handelshafen, dessen Gestalt nicht mehr deutlich zu erkennen ist, namentlich deshalb nicht, weil die grofsartigen ehemaligen Quais an der Ostseite wohl infolge einer Bodensenkung jetzt weit herein vom Meer bedeckt sind. Beide Häfen sind künstlich auf ursprünglich festem Lande angelegt, eine Riesenarbeit und nur denkbar zu einer Zeit, wo man — ohne grofse Unkosten — Tausende von Menschenkräften auf Jahrzehnte zu solch mühseligem Werk kommandieren konnte. Von der Burg überblickt man ein weites Ruinenfeld, auf dem einst 700000 Menschen in Häusern und Palästen wohnten, in Tempeln beteten, auf Märkten feilschten, in Gerichtssitzungen sich gegenseitig verurteilten und freisprachen. Nichts ist mehr vorhanden als wenige Säulenstümpfe und ein paar zerlöcherte Gewölbe. Es ist unnütz, nachzuforschen, wo der berühmte Tempel des Bal stand, dem als Opfer Kinder in die glühenden Arme gelegt wurden, oder gar wo Dido gebadet oder Hannibal als neunjähriger Knabe den Schwur geleistet hat, auf ewig ein Feind der Römer zu bleiben. Selbst das Haus, wo dieser gröfste Afrikaner wohnte, will man gefunden haben. Im Bereich der Wahrscheinlichkeit bereits liegt es, wenn man in den Trümmern eines grofsen Rundbaues das Amphitheater entdeckt haben will, wo die Märtyrerinnen Felicitas und Perpetua im Jahre 203 für ihren Glauben starben. Der Platz der Byrsa hingegen ist mit gröfster Gewifsheit zu bestimmen, und noch lassen sich die drei kleinen Gassen erkennen, durch welche die Legionen, nachdem sie gelandet, in fürchterlichem Strafsenkampf Schritt für Schritt sich Bahn brachen bis hinauf zur

Burg ihres Erbfeindes. In den großen Quadermauern und Substruktionen, die zu Tage treten, sind die letzten Reste des Äskulaptempels zu erblicken, in dem Hasdrubals Frau, um die Schande nicht zu überleben, sich mit ihren Kindern und 900 Karthagern verbrennen ließ, als die Römer in die Stadt eindrangen.

Es war eben ein „écraser" in aller Form.

Aber noch einmal blühte neues Leben aus den Ruinen, als dieser wunderbar günstige Flecken Erde von den Römern wieder besiedelt wurde, und hier das junge Christentum, wiewohl unter heftigen Kämpfen, Fuß faßte. Diese Kämpfe wiederholten sich, als 439 Genserich mit seinen Vandalen hier sein Reich gründete und nun als arianischer Christ die katholischen Christen grausam verfolgte. Die Eroberung der Stadt durch den Araber Hassan und ihre gründliche Zerstörung 697 besiegelten ihr Schicksal. Nur ein paar Araberdörfer liegen jetzt zerstreut inmitten von Getreidefeldern, Citronen- und Olivenplantagen und bezeichnen die Stätte, wo einst die Hauptstadt Nordafrikas, die Beherrscherin von Spanien, Malta, Sizilien, Sardinien und zahlreicher anderer Kolonien am Mittelmeer blühte.

Noch einmal spielte die alte Byrsa eine Rolle in der Geschichte, nämlich im Jahre 1270, als Ludwig der Heilige auf seinem verunglückten Kreuzzug an dieser Küste landete und mit siebentausend seines Gefolges an der Malaria starb. Eine kleine Kapelle, 1841 von Louis Philipp seinem großen Ahnen geweiht, erinnert an diesen Kreuzzug. Unweit der Kapelle erhebt sich seit einigen Jahren jene prachtvolle, große Kirche im Moscheenstil, von Lavigerie, dem berühmten Sklavenbefreier und Deutschenfresser errichtet, der hier als Erzbischof der Diözese Karthago seinen Sitz hatte, und dem Papst Leo IX. bestätigte, daß „der karthagische Bischof stets nächst dem Papst in Rom der erste Metropolitan der katholischen Kirche sei und bleibe, gleichviel ob Karthago noch länger so zerstört darniederliegen oder einst glorreich aus dem Schutt auferstehen werde." Diese Stelle aus dem Briefe des Papstes ist in mannshohen Buchstaben rings unter dem bunten Holzdach als eine Art Fries im Innern der Kirche zu lesen. Ein ziemlich schwacher Trost!

Wenn man recht zusieht, ist unter all den Ruinen nur eine gut erhalten, sie liegt aber nicht über, sondern unter der Erde: die Wasserleitung. Noch heute wird die aus punischer Zeit stammende Quellenleitung benutzt. Geradezu bewundernswert sind die sogenannten „kleinen Cisternen", langgedehnte Gewölbe mit siebzehn Bassins, zehn Meter tief und ebenso breit. Ganz märchenhaft berührt die hellgrüne Farbe des herrlich-klaren Wassers, die durch die Lichtbrechung der drei runden Luftlöcher an der Decke jeden Bassins entsteht. Diese drei runden Fenster spiegeln sich in der Tiefe fast unheimlich wie drei bleiche Sonnen nebeneinander wieder. Das beständige Rauschen in diesem merkwürdigen Zwielicht, verbunden mit der Vorstellung, dafs vor zweieinhalb Jahrtausenden die alten Karthager in eben diesen Räumen ihr Wasser schöpften, macht einen unbeschreiblich seltsamen Eindruck.

Wir gehen wieder an das liebe Sonnenlicht und kehren zur Eisenbahnstation zurück. Zwischen stacheligen, über und über dunkelblauen Blattpflanzen schlüpfen Eidechsen mit dreieckigem Kopf — in Sizilien Sassamira genannt —, jene selben, welche die Araber zum Fliegenfangen als Haustiere halten, dann wieder fahren grofse Molche, so dick wie Frösche und wohl eineinhalb Fufs lang, wie mit einem Bogen abgeschossen über den Weg. Auch die Heuschrecken sind viel gröfser als bei uns. Manchmal, wenn sie vor einem aufschwirren, denkt man, ein Vogel fliegt auf. Aber weder diese ägyptische Landplage, noch die querköpfigen Basilisken können uns aus den eigenartigen Empfindungen reifsen, die auf uns fast beklemmend einstürmen, wenn wir auf diesen Trümmern einstiger Gröfse wandeln. Athen und Rom, wenn sie auch nicht mehr die alten sind, existieren doch an derselben Stelle noch. Aber wie die Millionenstädte Babylon und Ninive, wie die Königssitze Aquileja und Alt-Syracus, ist auch die Stadt der Karthager nur noch an ihren Trümmern erkenntlich. Nur das Wasser rinnt noch, wie einst zu Hannibals Zeit, durch dieselben gemauerten Gänge und sammelt sich noch in denselben Tiefen.

Was wird einst in zweitausend Jahren von Berlin übrig sein? Das Brandenburger Thor? oder die kaiserlichen Paläste? oder die Siegessäule?

Vielleicht auch nur noch einige alte Röhren von der Wasserleitung. . . . . .

Über eigenartige Lichterscheinungen.[1])

Von Dr. P. Dahms in Danzig.

Die Geschichte eines jeden Zweiges der Naturwissenschaften weiß ausführlich von Neuerungen und Verbesserungen zu berichten, die der letzten Zeit entstammen. Auch in der Beleuchtungsfrage sind bemerkenswerte Umänderungen vorgegangen. Zu der Gasflamme ist das elektrische Licht getreten, und während diese beiden Rivalen einen erbitterten Kampf um ihre Existenz auszufechten begannen, hat sich ihnen das zuerst so sehr verrufene Acetylenlicht zugesellt. Es soll nicht die Aufgabe dieser Zeilen sein, von Auerlicht, Nernstlampe, Bremer- und Milleniumlicht zu handeln, es soll vielmehr eine Reihe von Erscheinungen besprochen werden, welche neben den stolzen Lichtquellen der heutigen Technik bescheiden und unbeachtet nur hier und dort zur Sprache kommen. Wieweit sie aus dem Dunkel ihrer Existenz einmal hervortreten oder eine praktische Verwendung finden werden, ist nicht abzusehen. Jedenfalls bieten sie, soweit sie hier im wesentlichen zusammengefaßt werden konnten, in mehr als einer Hinsicht Anregung und Gelegenheit zum Nachdenken.

Die eigenartigen Lichterscheinungen, welche beim Lösen von Körpern in Flüssigkeiten, bei Einwirkung von Druck, bei Umlagerung in den Molekülen, unter dem Einfluß von Licht- und Wärmestrahlen u. s. w. von gewissen Substanzen ausgehen, führen im allgemeinen die Bezeichnung Luminescenz. Unter Lyo-, Thermo-, Triboluminescenz versteht man zum Beispiel Lichterscheinungen, welche beim Lösen, Erwärmen und Reiben entstehen; doch kommt nach Wiedemann und Schmidt[2]) diese Bezeichnung nur solchen Erscheinungen zu, welche viel intensiver sind, als sie nach der Temperatur des Körpers sein sollten.

[1]) Nach einem Vortrage, gehalten am 18. Dezember 1901 in der Naturforschenden Gesellschaft zu Danzig.

[2]) Wiedemann, E., und Schmidt, G. C.: Über Luminescenz von festen Körpern und festen Lösungen. Annalen der Phys. und Chemie, herausgegeb. von G. und E. Wiedemann. N. F. Bd. 56, Heft 10, S. 244 ff. 1895.

Eine der ersten wissenschaftlichen Untersuchungen über diesen Gegenstand ist die von Rose.[3]) Heifse Salzsäure, in welcher bis zur Sättigung arsenige Säure gelöst worden ist, läfst diesen Körper beim Erkalten unter starker Lichtentwickelung zur Ausscheidung gelangen. Das von ihm ausgehende Licht ist darauf zurückzuführen, dafs er dabei die porzellanartige Modifikation, d. h. einen krystallinen Zustand, annimmt. Früher hat man schon beim Anschiefsen von Krystallen ein Leuchten wahrnehmen können, hier war jedoch zum ersten Male ein Versuch gegeben, der sich beliebig oft und zu jeder Zeit ausführen liefs. Da man gelegentlich auch beim Anschiefsen des schwefelsauren Kalis Lichterscheinungen wahrgenommen hatte, so begann Rose nunmehr, auch diesen Körper zu beobachten. Nach vielen Bemühungen gelangte der Forscher zu ähnlichen Ergebnissen, wie bei der arsenigen Säure, wenn er durch die Schmelze ein Doppelsalz von Kalium- und Natriumsulfat darstellte, das Doppelsalz mit Wasser auskochte und heifs filtrierte. Jeder sich neu ausscheidende Krystall zeigte im Dunkeln bei dieser Gelegenheit seine Entstehung sofort durch lichte Funken an.

In neuerer Zeit hat sich Bandrowski[4]) dem Studium dieser Erscheinungen zugewendet. Er legte sich zuerst die Frage vor, ob bei dieser Lichtentbindung während der Krystallisation nicht vielleicht elektrische Kräfte thätig wären. Besonders in wässeriger Lösung zerfallen die Moleküle in dieselben Bestandteile, in welche sie unter Einwirkung des elektrischen Stromes zerfallen würden. Diese Bestandteile, die Jonen, wären dann entgegengesetzt elektrisch geladen, könnten also unter Lichtentwickelung zu Molekülen zusammentreten, um ihrerseits krystallinische Komplexe zu bilden. — Nach dieser Hypothese mufste sich Licht überall dort entwickeln, wo ein Körper bei seiner Lösung in Jonen zerfällt, d. h. wo sogenannte elektrolytische Dissociation auftritt. Bandrowski wählte deshalb zwei solcher Körper, Chlornatrium und Chlorkalium, obgleich man von einer Lichtentwickelung während ihrer Krystallisation bisher noch nichts wufste, und hatte bei zweckmäfsiger Anordnung seiner Versuche Erfolg. Bei einfacher Krystallisation, in der Kälte oder bei Wärmezufuhr, wurde ein Leuchten nicht wahrgenommen. Jedenfalls ging die Vereinigung der Jonen zu langsam vor

[3]) Rose, H.: Über die Lichterscheinungen bei der Krystallbildung. Verhandlungen der Königl. Preufsischen Akad. der Wissenschaften zu Berlin. S. 130 ff. 1841.

[4]) Bandrowski, E.: Über Lichterscheinungen während der Krystallisation. Anzeiger der Akad. der Wissenschaften in Krakau, 1894, No. 8, S. 253 ff. und 1896, No. 4, S. 199 ff.

sich; wurden sie aber durch geeignete Zusatzmittel bei entsprechender Konzentration zum Zusammentreten gezwungen, so trat sogar eine ziemlich starke Lichtentwickelung ein. Der Versuch gelang wiederholt, wenn ein Glaszylinder zur Hälfte mit Kochsalzlösung, die in der Hitze gesättigt war, gefüllt und dann eine gleich grofse Menge Salzsäure vom spezifischen Gewichte 1,12 zugesetzt und schnell umgerührt wurde. Die Lichterscheinung begann zunächst mit einem Minimum, stieg dann mehr und mehr unter Ausstrahlung eines bläulichgrünen Schimmers und nahm zuletzt wieder ab. Mit Chlorkalium verliefen die Versuche in ähnlicher Weise.

Interessanter noch sind die Versuche desselben Autors mit Fluornatrium. Bereits bei langsamem Abdunsten aus wässerigen Lösungen entwickelt diese Verbindung eine bedeutende Lichtmenge. Eine in der Kälte gesättigte Lösung läfst beim Eindunsten in einer Schale bei 45 bis 50° C. bereits das Leuchten beginnen. So lange sich nur wenige Krystalle ausscheiden, ist die Lichtwirkung nur schwach, dann nimmt sie mehr und mehr zu, um mit den letzten sich ausscheidenden Krystallen vollends zu verschwinden. Diese Erscheinung kann mit demselben Präparate beliebig oft wiederholt, durch Temperatur-Erhöhung und -Erniedrigung zum Verschwinden gebracht und durch Einblasen von Luft auf die Oberfläche der Lösung gesteigert, ja von neuem ins Leben gerufen werden. Auch ein Zusatz von etwas kaltem Wasser zu den noch feuchten, aber nicht mehr leuchtenden Krystallen läfst ein neues Leuchten beginnen.

Im Gegensatze zu dieser Eigenart mancher Körper, bei ihrer Ausscheidung aus Lösungen zu leuchten, lösen gewisse chemische Verbindungen sich beim Eintragen in Wasser unter heller Lichtentwickelung. Diese als Lyoluminescenz bezeichnete Eigentümlichkeit zeigt besonders Chlornatrium, welches so lange mit Röntgenstrahlen behandelt wurde, bis es eine dunkelbraune Farbe annahm.[1])

Die Röntgenstrahlen besitzen bekanntlich die Fähigkeit, auf gewisse Salze derart einzuwirken, dafs sie zu leuchten beginnen. Ihre praktische Verwertung ist wohl auch ausschliefslich auf diese Fähigkeit zurückzuführen. Das bekannteste der unter Einwirkung dieser Strahlen leuchtenden Salze ist das Platin-Barium-Cyanid. Es war schon längere Zeit bekannt, dafs auch eine Anzahl natürlich vorkommender Mineralien die gleiche Eigenschaft besitzt, und dafs der

[1]) Wiedemann, E., und Schmidt, G. C.: Über Luminescenz. Annalen der Physik und Chemie, herausgegeben von G. und E. Wiedemann. N. F. Bd. 54, Heft 4, S. 619 ff. 1895.

Scheelit von ihnen am hellsten leuchtet, in gepulvertem Zustande sogar heller als Platin-Barium-Cyanid. Keilhack*) hat alle häufiger vorkommenden und eine große Reihe von seltenen — im ganzen etwa 120 verschiedenen — Mineralien auf ihre Fähigkeit geprüft, unter dem Einflusse der X-Strahlen aufzuleuchten. Von den untersuchten Mineralien wurden ungefähr 30 pCt. als leuchtend befunden. Um die Intensität in jedem Falle ermitteln zu können, wurden kleine Lichtmesser aus Stanniol hergestellt, da die Kraft der Röntgenstrahlen beim Durchgang durch Metalle entweder ganz aufgehoben oder wenigstens stark geschwächt wird. Auf einem Pappstreifen wurden 16 Stanniolblätter so übereinander gelegt, dafs jedes folgende 2 cm kürzer war als das vorhergehende. Bei dieser Anordnung lagen an dem einen Ende 16 Blätter übereinander, am anderen befand sich dagegen nur eine Lage. Wo die einzelnen Stanniolstreifen endeten, waren auf die Pappe Holzstückchen geklebt, damit man diese Stellen durch das Gefühl wahrnehmen konnte. Daneben wurden noch drei kleinere Pappstücke verwendet, welche mit 16 Stanniolblättern von gleicher Gröfse belegt waren. Die Hittorfsche Röhre befand sich in einer Kiste, deren eine Wandung aus einer Bleiplatte bestand und einen viereckigen Ausschnitt trug. Diese Öffnung befand sich unmittelbar vor der Erzeugungsstelle der Kathodenstrahlen. Die Mineralien wurden einzeln vor die Öffnung der Platte gebracht und eine so grofse Zahl von Blättern dazwischen geschoben, dafs das Leuchten vollständig aufhörte. Da als Skala 4 Stanniolpäckchen zu je 16 Blättern gewählt waren, so ergaben sich 64 Stufen, innerhalb derer die Leuchtkraft fast aller Mineralien erlosch. Aus der Zusammenstellung der Resultate ergiebt sich, dafs der Scheelit die Leuchtstärke 60, ein wasserheller Flufsspat von Rabenstein bei Sarntheim sogar die Intensität 64 besitzt. Die Leuchtkraft eines und desselben Minerals kann je nach dem Fundorte und der an dem betreffenden Fundorte auftretenden Farbe sehr verschieden sein. So beginnt sie bei Flufsspat mit der Stufe 4 und ist bei Stufe 64 noch nicht erloschen. Ferner ist bemerkenswert, dafs die Minerale der Granat-, Glimmer-, Amphibolit-, Pyroxen- und Zeolith-Gruppe auch nicht die geringste Lichterscheinung zeigen. Keilhack hat ferner eine gröfsere Reihe von Gesetzmäfsigkeiten feststellen können, welche an dieser Stelle übergangen werden müssen. Steinsalz zeigte das eigenartige Verhalten, nach dem Erlöschen der Strahlenquelle nicht, wie die anderen Mineralien, zu er-

*) Keilhack: Die Luminescenz der Mineralien. Zeitschrift der Deutschen geologischen Gesellschaft. Jahrg. 1898, Bd. 50, Verhandl. S. 131 ff. 1899.

löschen, sondern noch längere Zeit fortzuleuchten. Wurden ganze Krystall-Drusen geprüft, so liefs sich mit einem Blicke die Zahl und Lage der stärker leuchtenden Kryställchen im Gegensatze zu den schwächer oder gar nicht leuchtenden Mineralien übersehen. Feldspathaltige Gesteine lassen die Verbreitung des Feldspats auf der Oberfläche infolge seines freilich matten, aber deutlichen Leuchtens gut erkennen.

Die Erregung von Luminescenz in Gasen mittelst elektrischer Wellen hat de Hemptinne[1]) behandelt. Er hat vor allem die Frage zu beantworten gesucht, wie sich elektrische Energie bei dem Aufleuchten der Gase in Lichtenergie umwandelt. Zur Ausführung der Untersuchungen wurde an dem einen Ende eines Teslaschen Transformators eine auf Isolatoren ruhende Metallplatte befestigt. Das andere Ende führte in möglichst weiter Entfernung von der Platte zu einer isolierten Kugel.

Ein Standgefäfs von 100 Kubikcentimeter Gehalt wurde auf die Platte gestellt und in dieses hinein eine zugeschmolzene Röhre von 15 cm Länge und 1 cm Durchmesser, in welcher der Luftdruck 5 mm betrug. Wird nun durch die Batterie ein Strom geschickt, so sendet die Platte elektrische Wellen aus, und die Röhre beginnt zu leuchten. Füllt man sodann das Standgefäfs mit destilliertem Wasser, so fährt die Röhre trotzdem zu leuchten fort. Sobald aber ein Tropfen Schwefelsäure in das Wasser kommt, ändert sich das Bild. Ein schwarzer Schleier scheint sich an der Röhre hinunterzuziehen, und bald ist jede Spur von Licht verschwunden. Wird ein Krystall irgend eines löslichen Salzes in das destillierte Wasser geworfen, so wiederholt sich der Vorgang. In beiden Fällen ist die Ursache des Auslöschens dieselbe. Das Wasser wird durch den Zusatz leitend, es absorbiert die elektrische Energie und macht es der Röhre unmöglich, selbst leuchtend zu werden.

Bei einer vergleichenden Durchführung dieses Versuches mit verschiedenen Stoffen liefs sich erkennen, dafs die Absorption der Energie nicht nur von der Konzentration der Lösung, sondern auch von ihrer elektrischen Leitungsfähigkeit abhängig ist. Röhren, in denen Luft unter dem Druck von 1, 5, 10, 20 und 32 mm enthalten war, wurden nacheinander in Standgläser mit destilliertem Wasser gestellt und ebenfalls untersucht. Bei tropfenweisem Zusatz verdünnter Säure von bekannter Konzentration liefs sich aus der schliefslich eintreten-

[1]) Hemptinne, A. de: Sur la luminescence des gaz. Bulletin de l'Acad. Royale de Belgique. Classe des Sciences. S. 22 ff 1899.

den Verdunkelung der Röhre das Gesetz ableiten, dafs diese Konzentration der Lösung, welche das Erlöschen der Luminescenz bedingt, sich umgekehrt verhält wie der Druck in der Glasröhre; doch nimmt die Säuremenge schneller ab, als der Druck zu. Bei höherem Druck wird auch in destilliertem Wasser die Röhre nicht mehr leuchtend. Bei weiteren Versuchen mit Gasen ergaben sich noch weitere Gesetzmäfsigkeiten zwischen Luminescenz, Konzentration, Druck und Molekulargewicht.

Calland, Apotheker in Annecy, konstatierte 1821 zuerst das Aufleuchten von Chinin, welches erwärmt worden war. Seit jener Zeit ist eine grofse Menge anderer Stoffe gefunden, welche beim Erwärmen luminescieren. Man hat diese Erscheinung mit der Bezeichnung Thermoluminescenz belegt. Mit Hilfe dieser Lichtentwickelung ist es sogar möglich, gewisse Mineralien nachzuweisen.

Einen eigenartigen Fall schildert uns Herschel.[*] Es lagen Staub und einige Körner aus dem Innern des Meteorsteins von Middlesborough vor, die bei dem Gange der Untersuchung im Dunkeln auf ein Stück fast rot glühenden Eisens gestreut wurden. Sie begannen ganz deutlich, freilich nicht sehr hell, mit gelblich-weifsem Lichte zu leuchten. Die Luminescenz konnte nicht vom Olivin und Bronzit, auch nicht vom Nickeleisen und Eisensulfit, welche das Meteor im wesentlichen aufbauen, herrühren. Durch die chemische Analyse wurden später merkliche Mengen von Kalkfeldspat (Labradorit) nachgewiesen, auf die sich dann die Lichterscheinung zurückführen liefs. Diese Annahme findet ihre Bestätigung in der Thatsache, dafs kalkhaltige Gesteine und Mineralien bei starkem Erhitzen im Dunkeln meist hell leuchten und einen Glanz von licht- bis rötlich-gelben Schattierungen ausstrahlen. Da aber eine verhältnismäfsig kurze Erhitzung bereits ausreicht, um solchen luminescierenden Stoffen ihre Leuchtfähigkeit vollständig zu nehmen, so stellt sich bei diesem Meteorsteine noch eine andere interessante Thatsache heraus. Es ergiebt sich, dafs der Stein seit der Zeit, als er sich von dem Himmelskörper seiner Entstehung als Trümmerstück loslöste und selbständig seinen Weg begann, keine Einwirkung hoher Temperatur auf sein Inneres erfahren hat. Selbst da hat die Einwirkung nicht stattgehabt, als der Stein bei seinem Fall durch die Atmosphäre aufsen glühend wurde.

Werden Glas- oder Feuersteinsplitter unter starkem Drucke an einem Schleifsteine gewetzt, so strahlen sie ein rötliches Licht aus.

[*] Herschel, A. S.: Triboluminescence. Nature. No. 1541. Vol. 60, S. 29. 1899.

Der Gedanke, dafs durch die bei der Reibung erzeugte, hohe Temperatur diese Luminescenz veranlafst werde, ist zurückzuweisen: treten die Lichterscheinungen doch in gleicher Weise unter Wasser an einem vollständig nassen, wie an einem trockenen Steine auf. Die Luminescenz ist einzig und allein als eine Wirkung der Reibung, der Friktion der kleinsten Teilchen aufzufassen. Genaueres berichtet uns darüber Nöggerath[9]) auf Grund von Schleifversuchen in den Achatschleifereien zu und bei Oberstein und Idar im Oldenburgischen Fürstentume Birkenfeld an der Nahe. Die von ihm beobachteten Phänomene sind im wesentlichen zweierlei Art. Wird ein Schleifobjekt von ungefähr Quarzhärte gegen den Schleifstein aus sehr festem, feinkörnigem bunten Sandstein gedrückt, so entwickelt sich zwischen den beiden aufeinander treffenden Mineralien ein starkes, rotes Licht. Dieses umstrahlt den zu schleifenden Körper zugleich in einem schmalen Streifen und läfst viele Funken von sich ausgehen. Die Erscheinung ist bei allen harten Steinen die gleiche. Aufserdem kann der Stein prachtvoll feuerrot erleuchtet sein. Dieses ist dann wahrscheinlich eine blofse Folge der Lichtdurchstrahlung, welche von der Berührungsstelle beider Steine ihren Ursprung nimmt. In vollständig undurchsichtigen Mineralien zeigt sich diese Erscheinung nicht, dagegen stellt sie sich in durchsichtigen und blofs durchscheinenden bis zu 14 und 18 cm Länge ein und läfst diese ganz gleichmäfsig in feuerrotem Lichte erstrahlen, als ob sie glühend wären.

Beim Zerreiben und Zerstofsen einiger krystallinischer Substanzen tritt ebenfalls ein eigentümliches Licht auf. Diese Lichtentbindung bezeichnet man als Triboluminescenz. Werden gewisse Substanzen, wie Rohrzucker, Saccharin, Hippursäure, in Krystallform zwischen zwei Glasscheiben zerdrückt, so tritt ein Leuchten auf. Ähnlich verhält sich Uranylnitrat und wohl auch eine Reihe anderer Uransalze. Tschugaeff[10]) hat zu erforschen versucht, ob zwischen der Zusammensetzung resp. Konstitution chemischer Verbindungen und den Luminescenzerscheinungen nicht irgend welche Beziehungen nachweisbar seien. Solche sind in der That vorhanden. In einer vorläufigen Mitteilung erfahren wir folgendes über die Ergebnisse der Untersuchungen.

---

[9]) Nöggerath, Jakob: Ausgezeichnete Lichtentwickelungen beim Schleifen harter Steinarten. Poggendorffs Annalen der Physik u. Chemie. 5. Reihe. Band 30 S. 325 ff. 1873.

[10]) Tschugaeff: Über Triboluminescenz. Berichte der deutsch. chem. Ges. 34. Jahrg. No 9. S. 1820 ff. 1901.

Nach Tschugaeff wird möglichst deutlich krystallisierte Substanz am besten in einem sorgfältig gereinigten Glasmörser vorsichtig zerdrückt resp. zerrieben. Die Beobachtungen müssen in einem vollständig dunkeln Raume angestellt werden, hier müssen auch die Augen durch einen Aufenthalt von etwa 15 bis 20 Minuten vorher die notwendige Lichtempfindlichkeit erhalten haben. Mit Hilfe mehrerer Substanzen von bekanntem Triboluminescenzvermögen wurde eine Skala von 4 Stufen festgelegt, so dafs für jede beliebige Verbindung ein bestimmter Lichtwert ermittelt werden konnte. Von den untersuchten Substanzen waren ungefähr 25 pCt. luminescenzfähig, und zwar von den organischen 30 pCt., von den unorganischen nur $5\frac{1}{2}$ pCt. Das Leuchtvermögen ist also ziemlich weit verbreitet und besonders bei den organischen Verbindungen häufig. Es ist namentlich an gewisse cyklische Atomgruppen gebunden; so ergab sich, dafs 36 pCt. der luminescierenden Verbindungen aromatisch und hydroaromatisch, dagegen nur 18 pCt. aliphatisch waren. Bei den cyklischen Verbindungen ist die Intensität auch bedeutend gröfser als bei denen mit offener Kohlenkette. Eine besonders günstige Wirkung auf die Lichtentbindung scheinen gewisse „luminophore" Atomgruppen zu besitzen. Zu diesen gehört das Hydroxyl, das Carbonyl und besonders der tertiär und sekundär gebundene Stickstoff. Damit stimmt gut überein, dafs die natürlichen Alkaloïde aufserordentlich häufig Triboluminescenz in recht glänzender Form aufweisen. Je nach der Verbindung ändert auch die Farbe des Lichtes ab. Cumarin leuchtet z. B. mit weifser, Urannitrat und -Acetat mit grünlicher, Anilinchlorhydrat mit violetter Farbe. Die Leuchterscheinung hat gewöhnlich nur so lange Dauer, als die mechanische Kraft einwirkt, doch findet in manchen Fällen ein deutliches Nachleuchten statt.

Auch durch Einwirkung von starker Kälte können Lichterscheinungen erregt werden. Becquerel[11]) wiederholte einen Versuch mit flüssiger Luft, den J. Dewar bereits einige Wochen vorher angestellt hatte. Wenn ein Krystall von Urannitrat in flüssige Luft, besser noch in flüssigen Wasserstoff, getaucht wird, so beginnt er zu leuchten. Nach Dewar entstand das ausgesandte Licht durch Molekularkontraktion und Spaltungen, welche ihrerseits zu elektrischen Wirkungen Veranlassung gaben. Der Krystall leuchtet, so lange er sich abkühlt, erlischt dann und zeigt später von neuem die Lichterscheinung, wenn er herausgenommen wird und sich dabei wieder er-

[11]) Becquerel, Henri: Sur quelques observations faites avec l'uranium à de très basses températures. Comptes rendus. Tome 133, S. 199 ff. 1901.

wärmt. Das Licht ist während der Abkühlung intermittierend und erinnert an die Luminescenzerscheinung, die beim Schütteln von Urannitratkrystallen in einer Glasflasche entsteht. Der in die Flüssigkeit getauchte Krystall liefert, auch wenn er bereits dunkel geworden ist, beim Reiben an den Wänden des Glasgefäfses ein Licht, wie man es ähnlich durch das Reiben von Quecksilber an Glas im Vakuum erhält. Das Leuchten durch Abkühlung und Wiedererwärmung kann man mehrere Male mit demselben Krystalle hervorrufen, dann zerfällt er aber bald in kleine Bruchstücke.

Eine einheitliche Erklärung für die verschiedenartigen Luminescenzwirkungen ist zur Zeit noch nicht bekannt. Ob Vibrationen des Äthers, hervorgerufen durch Umlagerungen in den Molekülen, die Veranlassung zu diesen eigenartigen Erscheinungen sind, oder ob elektrische Spannungen entstehen, welche sich unter Bildung von Lichtfunken ausgleichen, kann nicht in allen Fällen mit Sicherheit entschieden werden. Da noch verschiedene andere Hypothesen aufgestellt sind, so scheint es am geratensten, von jedem allgemeinen Erklärungsversuche abzustehen. Hoffentlich gelingt es später, durch eine Reihe einwandsfreier Versuche das Wesen dieser Erscheinungen zu ergründen.

(Schluſs folgt.)

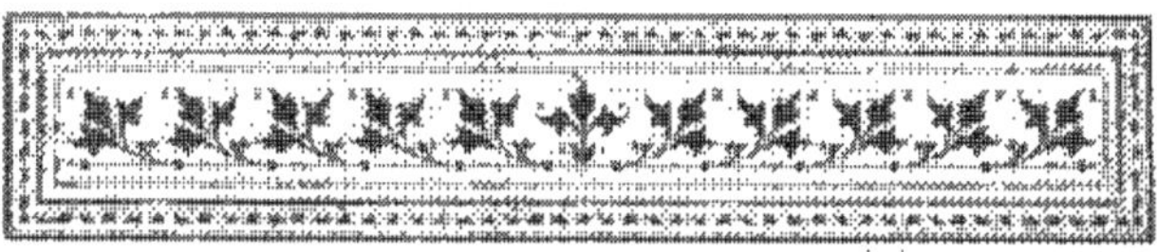

Wesen und Bedeutung der Spektralanalyse.

Von Professor Dr. Galles Wessel in Wien.

(Fortsetzung.)

Spektroskope, die sehr feine Messungen gestatten, nennt man Spektrometer.*

Von besonderer Wichtigkeit für astronomische Untersuchungen sind aber jene Spektroskope geworden, die es gestatten, das entworfene Spektrum zu photographieren, Apparate, die man Spektrographen nennt.

Bei diesen wird an Stelle des Beobachtungsfernrohres in entsprechender Weise die camera obscura angebracht. Die Bedeutung der Spektrographen wird sich bei Besprechung der Resultate der astronomischen Spektralanalyse ergeben.

Führen wir nun einerseits zur Erläuterung der bisher angeführten Thatsachen, anderseits, um uns den Weg zum Verständnisse der Konstitution der Himmelskörper zu bahnen, einige experimentelle Beispiele an. Wir benutzen dazu den uns schon bekannten Spektralapparat von Bunsen und Kirchhoff.

Bringen wir vor den Spalt einen leuchtenden festen oder flüssigen Körper, so erhalten wir, wie bereits erwähnt, ein kontinuierliches Spektrum. Schon eine gewöhnliche Kerzenflamme erfüllt ihren Zweck. Wir erhalten wirklich ein Spektrum, das ganz so aussieht wie ein Teil eines Regenbogens oder wie das Seite 249 angeführte Sonnenspektrum, nur fehlen die schwarzen Linien. Intensiver wird das Spektrum bei Verwendung des elektrischen Lichtes.[17] Immer, wenn wir glühend leuchtende

[17]) Bei der elektrischen Beleuchtung werden Kohlenstoff oder Platin durch Elektrizität zum Glühen gebracht; bei unseren gewöhnlichen festen und flüssigen Leuchtstoffen sind es brennende Kohlenwasserstoffe, in deren Flammen fein verteilter Kohlenstoff (Ruſs) ins Glühen kommt. Bei allen Flammen mit Docht, der ja ein fester Körper ist, erhält man, wenn die Flamme für sich auch kein kontinuierliches Spektrum geben würde, natürlich auch ein kontinuierliches Spektrum; in diesem leuchten die von den Gasen oder Dämpfen herrührenden Linien auf

Körper haben von der Dichtigkeit, die ihnen im festen und flüssigen Zustande eigen ist, erhalten wir ein solch ununterbrochenes Spektrum. Man kann also, da alle leuchtenden festen und flüssigen Körper dasselbe Spektrum haben, aus dem Spektrum nicht auf die in der Lichtquelle vorhandenen Substanzen schliefsen. Im gasförmigen Zustand dagegen erscheinen — namentlich bei grofser Verdünnung — die den Grundstoffen eigentümlichen Schwingungen, die sich im Spektrum als feine leuchtende Linien darstellen. Da sich aber die festen und flüssigen Körper bei entsprechender Temperatur in den gas- oder dampfförmigen Zustand verwandeln lassen, so kann man ihre Anwesenheit aus dem Spektrum ihres dampfförmigen Zustandes erschliefsen. Werden die Dämpfe dichter, so gehen sie auch nach dem oben Gesagten wieder kontinuierliche Spektra. Dichter werden aber die Dämpfe bei entsprechender Erhöhung des Druckes, und mit dem Drucke steht auch die Temperatur im Zusammenhang.

Zur Darstellung der Alkali- und Erdalkalimetalle (mit Ausnahme von Magnesium) und einiger weniger Schwermetalle genügt die Flamme eines Bunsenbrenners,[18]) da diese Körper schon bei einer verhältnismäfsig niedrigen Temperatur in Dämpfe verwandelt werden; selbst bei Anwendung einer Alkoholflamme (ohne Docht) kann man noch, wenn auch matte Spektra dieser Körper erhalten.

Sehr empfindlich ist diese Reaktion bei Natrium; schon ein Dreimilliontel eines Milligramms genügt, um das entsprechende Linienspektrum zu erhalten. Wir sehen wirklich eine helle gelbe Linie an Stelle der Fraunhoferschen D-Linie, die sich bei gröfserer Dispersion als Doppellinie erweist. Kaliumsalze geben verdampft ein schwaches kontinuierliches Spektrum, aufserdem zwei rote und einen violetten Streifen. Lithium zeigt eine rote und eine gelbe Linie, Bariumsalze liefern viele Linien in Orange, Gelb und Grün, Rubidium liefert eine Anzahl von Linien, von denen die violette Doppellinie und zwei rote Linien charakteristisch sind. Goldchlorid färbt die Flamme grün und liefert ein schönes Spektrum, welches aus einer Reihe von Bändern besteht. Man kann also auf diese Weise geringe Spuren von Metallen in Verbindungen nachweisen. In der That hat man auf diesem Wege die Elemente: Cäsium, Rubidium, Thallium, Indium, Gallium und mehrere Metalle der seltenen Erden entdeckt. Tritt nämlich im Spektrum eine Linie auf, die keinem der schon bekannten Elemente zukommt, so mufs man schliefsen, es rühre diese Linie im

---

[18]) Zum Einführen der betreffenden Substanz dient ein Platindraht mit Öhr.

Spektrum von einem bisher unbekannten Körper her. Zur Darstellung der Spektra jener Metalle, die zur Dampfbildung eine höhere Temperatur brauchen, verwendet man in geeigneter Weise den elektrischen Funken oder den elektrischen Kohlenbogen.[19])

Bei den Gasspektren verwendet man sogenannte Geislersche[20]) Röhren, die die Gase in verdünntem Zustande enthalten (Fig. 12). An den geschlossenen Enden sind Platindrähte eingeschmolzen, die im Innern als Fortsatz einen Aluminiumdraht haben. Die Capillare, die dünne Mitte, wo sich das Licht bei eingeschaltetem Strome zusammendrängt, leuchtet intensiv und wird für die spektroskopische Beobachtung benutzt.

Da die verschiedenen Prismen verschiedenes Brechungsvermögen haben, so ist ein Vergleichen der Linien ihrer Lage nach nur bei einem und demselben Prisma leicht möglich.

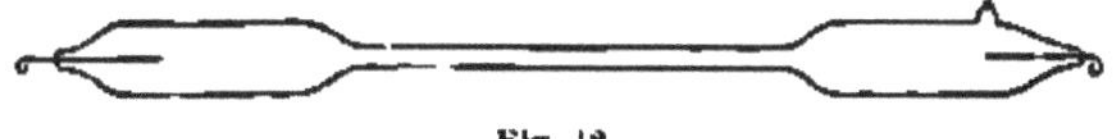

Fig. 12.

Zur Angabe der Lage der Linien oder, besser gesagt, zum Vergleichen der Lage der Linien verschiedener Prismen eignen sich nur die Angaben der Linien in Wellenlängen. Weil die charakteristische Natriumlinie mit der Fraunhoferschen D-Linie übereinstimmt, so entspricht ihr dieselbe Wellenlänge. Ebenso kann man die Wellenlängen anderer Linien nach den Fraunhoferschen Linien, mit denen sie zusammenfallen, bestimmen. Man kann aber dann mittelst eines graphischen Verfahrens auch die Wellenlänge dazwischen liegender Linien ausfindig machen. Auf einer Horizontalen sind in gehöriger Entfernung, den Distanzen der Linien im Spektrum entsprechend, als Ordinaten die Wellenlängen bekannter Linien aufgetragen. Wenn man nun die Endpunkte dieser Normalen verbindet, so erhält man eine krumme Linie. Zu jedem Punkte der Horizontalen gehört dann eine Ordinate bis zum Schnittpunkte mit der erhaltenen krummen Linie. Diese Normalen entsprechen dann den Wellenlängen in den betreffenden

[19]) Man stellt entweder aus dem betreffenden Metalle die Elektroden her und läßt den elektrischen Funken überspringen, oder man verwendet eine wäßrige Lösung der Metallsalze, welche zu den spektroskopischen Untersuchungen in einen eigenen Apparat gebracht werden. Der elektrische Strom löst einen Teil der Flüssigkeit, der elektrische Funke verwandelt diesen in Dampf.

[20]) Geisler in Bonn hat zuerst nach Angabe des Prof. Plücker solche Röhren konstruiert.

Teilen des Spektrums. Tritt z. B. zwischen F und G an einer bestimmten Stelle eine Linie auf, so braucht man nur die zugehörige Länge der Normalen zu ermitteln, sie ist schon die zugehörige Wellenlänge. Liegt für die verschiedenen Apparate eine solche graphische Darstellung vor, so kann man umgekehrt bei jedem aus der mitgeteilten Wellenlänge auf die Lage der Linien im Apparate zurückschliefsen.[20])

Schon oben wurde ausführlich besprochen, dafs man durch verschiedene Lösungen auch verschiedene, eigentümliche Absorptionsspektra erhält. Absorptionsspektra kann man aber noch auf anderem Wege erzielen. Läfst man das Licht einer Flamme, die Natriumdämpfe enthält, bevor es in das Spektroskop eindringt, durch eine gleiche zweite Natriumflamme[21]) gehen, so erscheint die früher gelbe D-Linie schwarz. Woher kann dies kommen? Doch wohl nur daher, dafs das Licht der Flamme durch die Dämpfe der zweiten Flamme gegangen ist. Umgekehrt erreichte Kirchhoff, indem er ein mäfsig helles Sonnenspektrum entwarf und vor den Spalt des Spektroskops eine Natriumflamme brachte, dafs sich die früher dunklen Linien in helle verwandelten. Unser Fall zeigt uns, dafs jedenfalls die Natriumflamme die gelben Lichtstrahlen, die von den Natriumdämpfen der Flamme herrühren, absorbiert. Durch zahlreiche Untersuchungen gelangten Kirchhoff und Bunsen von dem Satze, den man in minder präziser Form schon früher kannte, dafs ein leuchtender Körper Strahlen von der Art, die er selbst aussendet, auch absorbieren, d. h. verschlucken könne, zu der genauen Form: das Verhältnis zwischen dem Emissions- und Absorptionsvermögen der Körper ist bei derselben Temperatur konstant. Erst als diese Thatsache in ihrer ganzen Tragweite erkannt wurde, zeigte sich die Spektralanalyse in voller Fruchtbarkeit auf den verschiedensten Wissensgebieten, namentlich auf dem der Astronomie.

Wie erklären sich nach diesen Resultaten die Fraunhoferschen Linien und das Sonnenspektrum überhaupt? Nur auf folgende Weise: Die Strahlen, welche von der hell leuchtenden Sonnenoberfläche ausgehen, müssen erst durch leuchtende Dämpfe und Gase hindurchdringen, durch Gase, welche den Sonnenball umhüllen und deren

[20]) Als Einheit der Wellenlänge gilt der millionte Teil eines Millimeters; der tausendste Teil eines Millimeter heifst Mikron (μ); demnach ist unsere Längeneinheit gleich 0,001 μ. Man bezeichnet sie nach dem Vorschlage Kaysers mit μμ. Ein Zehntel dieses Mafses heifst „Angströmsche Einheit". Rowland veröffentlichte 1893 ein Verzeichnis von Normallinien, deren Wellenlängen sehr genau bestimmt sind.

[21]) Die also auch gleiche Temperatur hat wie die erste.

Temperatur die der lichtausstrahlenden Oberfläche jedenfalls nicht übersteigt. Da diese Gase Lichtstrahlen derselben Art aussenden, müssen sie diejenigen der Oberfläche absorbieren.[77]) Passieren, wie erst Kirchhoff den Versuch veranstaltete, die Strahlen abermals solche Lichtarten enthaltende Dämpfe, so leuchten die entsprechenden Linien im Spektrum wieder auf.

Zunächst ergab sich durch das vergleichende Studium der Fraunhoferschen Linien, deren Zahl von Rowland auf 20000 angeschlagen wird, mit den zusammenfallenden hellen der irdischen Stoffe, dafs in der Sonne zahlreiche Elemente vorkommen, die auch der Erde angehören, als: Wasserstoff, Natrium, Barium, Magnesium, Aluminium, Eisen, Mangan, Chrom, Kobalt, Nickel, Zink, Kupfer, Titan und Kohlenstoff.[78]) Nach Lokyer sind aber auch noch andere Elemente der Sonne und Erde gemeinsam, so namentlich Blei, Cadmium, Kalium, Cer, Strontium, Uran, Vanadin: vielleicht auch Lithium, Rubidium, Cäsium, Zinn, Wismut, Silber, doch sind Lokyers Resultate nicht allgemein anerkannt. Auch die vor einigen Jahren von Rowland veröffentlichten Untersuchungen, nach denen im Sonnenspektrum von den bis jetzt bekannten Elementen: Antimon, Arsen, Wismut, Bor, Stickstoff, Cäsium, Gold, Jodium, Quecksilber, Selen, Schwefel, Phosphor, Thallium, Praseodym nicht enthalten sein sollen, sind nicht als endgiltig zu betrachten; viele wichtige Linien harren noch der Erklärung.

Der Analyse der Sonne in Bezug auf ihre Bestandteile sind ja dadurch Schranken gesetzt, dafs sich erstens der Kern, der mindestens $^{9}/_{10}$ ihrer Masse ausmacht, überhaupt unserer Untersuchung entzieht, weil nur die Photosphäre oder die glühende Wolken- oder Lichthülle sich im Spektroskop zu erkennen giebt, und zweitens überhaupt nur ein Teil des Spektrums wahrnehmbar ist, da die ultravioletten Strahlen von mehr als 300 μμ Wellenlänge die Erdoberfläche nicht erreichen können, sondern auf ihrem Wege absorbiert werden. Vielleicht sind also noch andere Elemente, namentlich Metalloide, von

[77]) Überstiege die Temperatur der Gashülle die Temperatur der Sonnenoberfläche, so wäre das Emissionsvermögen gröfser, die Linien würden nicht dunkel, sondern hell erscheinen.

[78]) Das Vorkommen glühender Kohlenstoffdämpfe in gewissen Schichten der Sonnenatmosphäre, welche auf das Vorhandensein des Kohlenstoffes im Sonnenball schliefsen lassen, ist durch Beobachtungen von Hale im Jahre 1897 und durch Beobachtungen auf der Yerkes Sternwarte 1899 nachgewiesen worden. Die Kohlendampfschicht ist sehr dünn und ruht unmittelbar auf der Photosphäre. Das Element Helium wurde auf der Sonne früher entdeckt als auf der Erde; ihm entspricht die Linie D_3.

denen bis jetzt keine im Sonnenball nachgewiesen werden konnten, doch in ihm vorhanden. An dem Gedanken mufs umsomehr festgehalten werden, als das Experiment lehrt, dafs Schwefel, Eisen und Kupfer sehr gut nebeneinander existieren können, ohne dafs uns das Spektrum eines solchen Gemisches etwas von dem Schwefel verrät. Das Licht des Schwefels kann von dem des Eisens und Kupfers derart überstrahlt werden, dafs die Linien, die von dem Metalloid Schwefel herrühren, nur bei aufmerksamster Prüfung mit den vollkommensten Beobachtungsinstrumenten gesehen werden können.

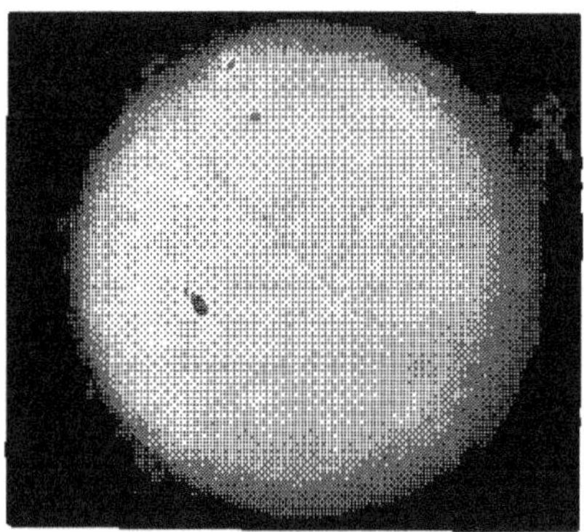

Fig. 13.

Durch überwiegende Wärmeausstrahlung[24]) auf der glühendflüssigen Sonnenoberfläche bilden sich schlackenartige Massen, die sich infolge der durch sie selber erzeugten Gleichgewichtsstörung

[24]) Dafs hauptsächlich die Wärmeausstrahlung den Grund für diese mächtigen Strömungen an der Sonnenoberfläche abgebe, verficht namentlich Spörer. Nach Secchi dagegen entstehen die Flecken durch heftige Krisen im Innern der Sonne, infolge deren ihre leuchtende Oberfläche, die Photosphäre, durchbrochen wird und mehr oder minder regelmässige Höhlungen bekommt, in die sich die photosphärischen Massen hineinstürzen. Diese innere Thätigkeit giebt sich nach aussen durch ein Emporheben oder ein Aufwerfen der photosphärischen Massen in Gestalt von Fackeln kund. Nach Moreux dagegen stellen die Flecke überhitzte, hyperthermische Gebiete dar. Jede Wärmezunahme an der Sonnenoberfläche begünstigt die Dissociation und unterdrückt die Strahlung der sonst gasigen Photosphäre. Als Ursache solcher Wärmesteigerung wird eine lokale Verdichtung der Korona und Chromosphärenstoffe angenommen; gleichzeitig wird an dem Orte eines Fleckes ein Centrum eines Hochdruckgebietes vorausgesetzt, das die überhitzten Gase aufzusteigen und sich oben zu verbinden verhindert.

wieder auflösen. Durch diese Störungen entstehen auf- und absteigende Strömungen, und dadurch bilden sich Lichtquellen, d. h. heißere Teile, die sich durch erhöhte Leuchtkraft auszeichnen, die sogenannten Fackeln. Durch die bei dieser Temperaturerniedrigung hervorgerufene Verdichtung der Gase entstehen ferner wolkenartige Kondensationen; es werden Verbrennungsprozesse ermöglicht, deren schwerere Produkte sich senken, so daſs Vertiefungen an der glühendflüssigen Sonnenoberfläche, die Sonnenflecken (Fig. 18), entstehen.

Die Fackeln, nicht die Flecken, sind als die beständigen Zeichen der Sonnenthätigkeit anzusehen, da die Fackeln sich lange Zeit halten, während die Flecken nur vorübergehende, selten zwei Umdrehungen des Glutballs überdauernde, Erscheinungen darstellen.

Das Spektrum der Flecke zeigt vermehrte Absorption, denn einige dunkle Linien erscheinen erweitert, einzelne, z. B. die Wasserstofflinien, sind umgekehrt. Es ist daher sehr wahrscheinlich, daſs die Vertiefungen der glühendflüssigen[25]) Sonnenoberfläche, als welche die Flecke zu betrachten sind, mit Dämpfen gefüllt sind, welche das von der Tiefe der Flecken herkommende Licht absorbieren.[26]) Die Fackeln erzeugen keine Änderung des Spektrums, sondern nur eine Erhöhung der Intensität.

Die Photosphäre oder Lichthülle ist in einer Höhe von etwa 200 Meilen von der umkehrenden Schicht umgeben, das heiſst von jener Gas- und Dampfschicht, durch welche die Umkehrung der Spektrallinien in dunkle Fraunhofersche Linien zustande kommt. Über dieser umkehrenden Schicht breitet sich eine Gashülle aus, in welcher Wasserstoff den Hauptbestandteil bildet. Diese Gashülle, Chromosphäre genannt, besitzt eine mittlere Höhe von 1000—1500 Meilen. Lokale Anhäufungen der Chromosphäre bilden die sogenannten

[25]) Der Sonnenball dürfte, wie aus der ungeheuren Hitze, die auf der Oberfläche herrscht, und aus der geringen Dichtigkeit (etwa 1/4 der Dichte unserer Erde) folgt, jedenfalls gasförmig sein, aber infolge des ungeheuren Druckes müssen die Gase eine so groſse Dichtigkeit besitzen, daſs sie an Zähigkeit etwa dem Glaserkitt nahe kommen.

[26]) Der Beobachtung der Fleckenhäufigkeit wird grosse Aufmerksamkeit zugewendet. Rudolf Wolf in Zürich konstatiert eine Periode von 11,3 Jahren. Mit der Periode der Fleckenhäufigkeit gehen eine Anzahl von Erscheinungen auf unserem Planeten parallel; so fällt mit dem Maximum der Flecken auch dasjenige der Nordlichter und der Störungen der Magnetnadel, also der Störungen der erdmagnetischen Kraft zusammen. Auch die meteorologischen Verhältnisse der Erde sucht man in innigen Zusammenhang mit den Flecken zu bringen. Doch scheinen die bisherigen Resultate vorschnell aufgestellt worden zu sein; für endgiltige Ergebnisse bedarf es noch eingehender Studien.

Protuberanzen. Ihr Spektrum lehrt, dafs sie glühende Wasserstoff-säulen sind, welche bisweilen in Form von ungeheuren Eruptionen aus dem Innern des Sonnenkörpers bis zu 45 000 Meilen Höhe hervorzubrechen scheinen (Fig. 14). Meist ist ihre Aufsenseite gleichmäfsig begrenzt, oft aber züngeln sie in Gestalt feuriger Strahlen oder Flammen hoch empor. Lokyer und Janssen ist es gelungen, Methoden ausfindig zu machen, nach welchen man die Protuberanzen tagtäglich beobachten kann, während man sie früher nur zur Zeit totaler Sonnenfinsternisse sehen konnte. In den Jahren 1868 und 1869 und in den übrigen Jahren, in denen Sonnenfinsternisse stattfanden, wurden zur Beobachtung dieses Phänomens kostspielige Expeditionen ausgerüstet. Den Glutball umgiebt schliefslich noch die Korona mit ihren Wolkeneinschnitten und Lichtströmungen, welche

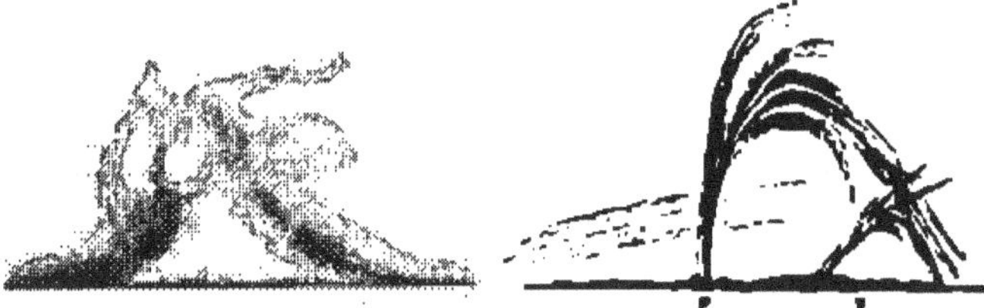

Fig. 14.

sich allmählich in der dunklen Sonnenatmosphäre verlieren (Fig. 15). Über diese Korona mit ihrem silberweifsen, magischen Licht, das wie ein Heiligenschein die verfinsterte Sonne umgiebt, hat die Spektralanalyse noch keine genügende Aufklärung gebracht.[77]) Eine Linie, die sogenannte Koronalinie, ist für sie besonders charakteristisch; welche Substanz diese Linie erzeugt, ist noch unbekannt, vermutlich stammt sie von einem sehr leichten Gase, einem Metalloid.

[77]) Manche meinen, die Koronastrahlung mit elektrischen Entladungen identifizieren zu können, die man folgendermafsen erzeugen kann: In einer gröfseren luftleer gepumpten Kugel, deren Innenwand teilweise mit Staniol belegt ist, befindet sich eine kleinere Glaskugel, die aufsen mit Staniol belegt ist. Die elektrischen Strahlungen, welche man zwischen den beiden Kugeln hervorrufen kann, haben in der That die gröfste Ähnlichkeit mit den Erscheinungen der Korona, die danach ein Phänomen wäre, das ein Ausstrahlen elektrischer Energie in den Weltenraum darstellen würde. Nach dem Beobachtungsergebnisse der totalen Sonnenfinsternis vom 18. Mai 1900 scheint die Korona kälter zu sein als die übrigen Teile der Sonne und daher weder Sonnenlicht zu reflektieren, noch infolge hoher Temperatur Licht auszustrahlen; doch harren diese Ergebnisse noch einer Verifizierung.

Nicht alle dunklen Linien im Sonnenspektrum werden durch die absorbierende Kraft der Sonnenatmosphäre hervorgerufen; nach eingehenden Untersuchungen übt auch die Erdatmosphäre, und zwar der Wasserdampf und der in der Luft enthaltene Sauerstoff, eine Absorption auf die Sonnenstrahlen aus. Stickstoff, Kohlenstoff und Ozon scheinen ohne Einfluſs zu sein. Die Intensität dieser Linien ist verschieden; wenn die Sonne am Horizont steht und ihre Strahlen breitere Schichten der Erdatmosphäre passieren müssen, markieren sich die dunklen Linien stärker als zur Mittagszeit.

Die Spektralanalyse giebt uns aber nicht nur hypothetischen Aufschluſs über die Beschaffenheit der Sonnenoberfläche, ihre Bestandteile sowie ihre Lebensthätigkeit, die sich in der Bildung und dem Emporheben der Protuberanzen kund giebt, sondern auch über die Konstitution der übrigen Himmelskörper.

Wenn die Planeten des Sonnensystems und die Monde nur in zurückgestrahltem Licht leuchten, so ist es begreiflich, daſs ihr Spektrum mit dem Sonnenspektrum dem Wesen nach übereinstimmen muſs; es können höchstens noch Absorptionslinien, von der Absorption durch ihre eigene Atmosphären herrührend, hinzukommen. Faktisch hat man die Spektren dieser Himmelskörper mit dieser logischen Voraussetzung in Übereinstimmung gefunden. Was zunächst unseren Mond anbelangt, so zeigt sich sein Spektrum in voller Übereinstimmung mit dem Sonnenspektrum. Dies beweist uns daher auch, daſs der Mond keine Atmosphäre besitzt.[39]) Das kupferrote Licht, in welchem der verfinsterte Mond sichtbar wird, rührt nicht von einer eigenen Atmosphäre, sondern von der Erdatmosphäre her. Im Spektrum des Merkur, dem ersten der sogenannten inneren Planeten, ebenso in demjenigen der Venus und des Mars erkennt man deutlich die Fraunhoferschen Linien. Das erstere Spektrum stimmt sogar bis auf zwei Linien, welche möglicherweise nicht allein durch Absorption in unserer Atmosphäre, sondern teilweise durch Absorption der Sonnenstrahlen in der den Merkur umgebenden gasartigen Hülle hervorgebracht werden können, mit dem Sonnenspektrum überein. Die feinen Linien, wodurch sich das Venusspektrum von dem der Sonne unterscheidet und welche den Linien unserer Atmosphäre entsprechen, dürften dem Wasserdampfe der Atmosphäre, der jedenfalls diesem Pla-

[39]) Pickering glaubt freilich durch Dämmerungserscheinungen eine Mondatmosphäre beobachtet zu haben; es könnten wohl noch Reste einer Mondatmosphäre vorhanden sein, aber dieselben müſsten nach den gemachten Erfahrungen sehr unbedeutend sein.

neten nicht abzusprechen ist, zuzuschreiben sein. Ebenso hat der Mars, seinem Spektrum nach zu schliefsen, eine Atmosphäre, welche von derjenigen der Erde nicht viel verschieden sein kann. Dagegen zeigen Jupiter und Saturn einen Absorptionsstreifen, der wahrscheinlich einem uns fremden Gase seine Entstehung verdankt. Merkwürdigerweise fehlt nach den Untersuchungen von Vogel und Keeler dieses Absorptionsband im Ringspektrum des Saturn; das Ringsystem mufs also wohl atmosphärenlos sein. Desgleichen weichen Uranus und Neptun durch Absorptionslinien von dem Sonnenspektrum, namentlich durch einige Banden im Rot und Orange, so sehr ab, dafs man an-

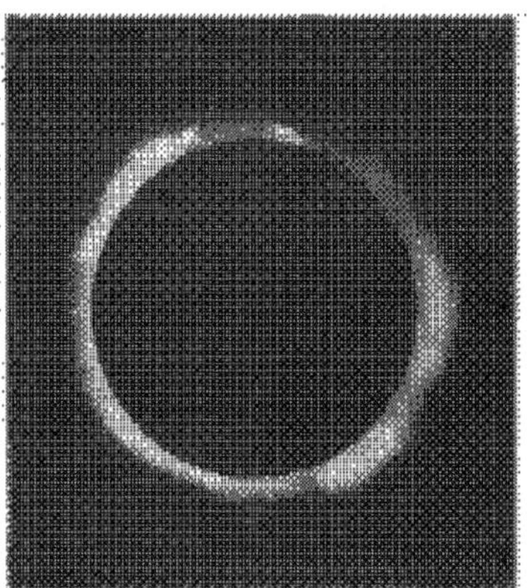

Fig. 15. Die Korona der Sonne bei der totalen Finsternis vom 16. April 1893.

nehmen mufs, ihre Atmosphären enthalten Gase, die in der Erdatmosphäre nicht vorhanden sind.

Von den Planetoiden,[28]) deren Zahl jedes Jahr wächst, hat Vogel die Vesta und Flora auf ihr Spektrum untersucht; das Spektrum der ersteren zeigte zwei Streifen, von denen einer mit der atmosphärischen Linie δ zusammenzufallen scheint, das Spektrum der letzteren liefs keine Linien erkennen.

[28]) Der erste Planetoid wurde von Piazzi zu Palermo am 1. Januar 1801 entdeckt. Jetzt zählt man bereits über 400. Über den Ursprung dieser Schar kleiner Weltkörper sind die Meinungen geteilt; die Hypothese der Zerstörung eines einzigen Planeten ist heute noch nicht aufgegeben, freilich auch nicht bewiesen. Prof. Abbe suchte im „Sirius" 1894 nachzuweisen, dass die Schar der kleinen Planeten als genügend ausgiebige Quelle für alle Kometen und Meteoritenbildungen im Sonnensystem anzusehen sei.

Interessante Aufschlüsse giebt die Spektralanalyse über die Beschaffenheit der Fixsterne. Sie zeigen, wie die Sonne, im allgemeinen ein kontinuierliches Spektrum, das von dunklen Linien durchzogen ist. Aber schon Fraunhofer erkannte, dafs diese dunklen Linien weder in den Spektren der Fixsterne untereinander noch mit denen des Sonnenspektrums übereinstimmen. Secchi und Vogel haben eine Klassifikation der Fixsternspektren vorgenommen, nach der man 3 Klassen unterscheiden kann, von denen selbst jede wieder in zwei Abteilungen zerfällt (Fig. 16). Das Prinzip der Vogelschen Klassifikation, die aus der Secchischen hervorgegangen ist, besteht darin, dafs die Hauptklassen successive Entwickelungsstufen eines Sternes darstellen, dafs folglich ein Stern I. Klasse allmählich zum Sterne II. Klasse und später zu einem Sterne III. Klasse herabsinkt. In die I. Klasse gehören diejenigen Fixsterne, in deren kräftigem, kontinuierlichem Spektrum entweder keine oder nur sehr schwache Absorptionslinien auftreten. Woher kann dies rühren? Wohl nur daher, weil ihr Glühzustand noch ein so beträchtlicher ist, dafs die in ihren Atmosphären enthaltenen Metalldämpfe keine oder nur eine sehr geringe Absorption ausüben können. Dieser Klasse gehören die sogenannten weifsen Sterne an, deren hauptsächlichste Repräsentanten Sirius und Wega bilden, und zwar rechnet man letztere zu den weifsen Sternen der Klasse Ia. Die Spektra dieser Ordnung zeigen nur intensive dunkle und breite Wasserstofflinien und höchstens schwache dunkle Metalllinien. Die Spektra der Klasse Ib zeigen ebenfalls nur schwache Metalllinien, aber nicht mehr die starken Wasserstofflinien der Klasse Ia. Hierhin rechnet man z. B. die Sterne β, γ, δ Orionis und andere. Aufserdem gehören dieser Klasse noch Sterne an, deren Spektra die Wasserstofflinien und auch die D_3-Linien hell zeigen. Dahin gehören z. B. α Lyrae, γ Cassiopeiae. Die Kriterien, welche angeben, ob ein Stern der Klasse Ia oder Ib angehöre, sind jedoch nicht immer stichhaltig. Zur zweiten Hauptklasse gehören die sogenannten gelben Sterne, zu denen auch unsere Sonne zählt; bei ihnen geben sich die in ihren Atmosphären enthaltenen Metalle durch kräftige Absorptionslinien kund. Auch hier unterscheidet man wieder zwei Gruppen, IIa und IIb. Die Sterne der Gruppe IIa, so α Aurigae, β Geminorum, α Arietis, α Bootis, verhalten sich ganz wie unsere Sonne. Die Spektra der Sterne IIb gehören zu den interessantesten, weil man es eigentlich hier mit einer Kombination von drei Spektren zu thun hat: einem kontinuierlichen, herrührend von der glühenden Photosphäre, einem Absorptionsspektrum, herrührend von einer Atmosphäre niedrigerer Temperatur, und endlich einem Emissionsspektrum, herstammend von noch un-

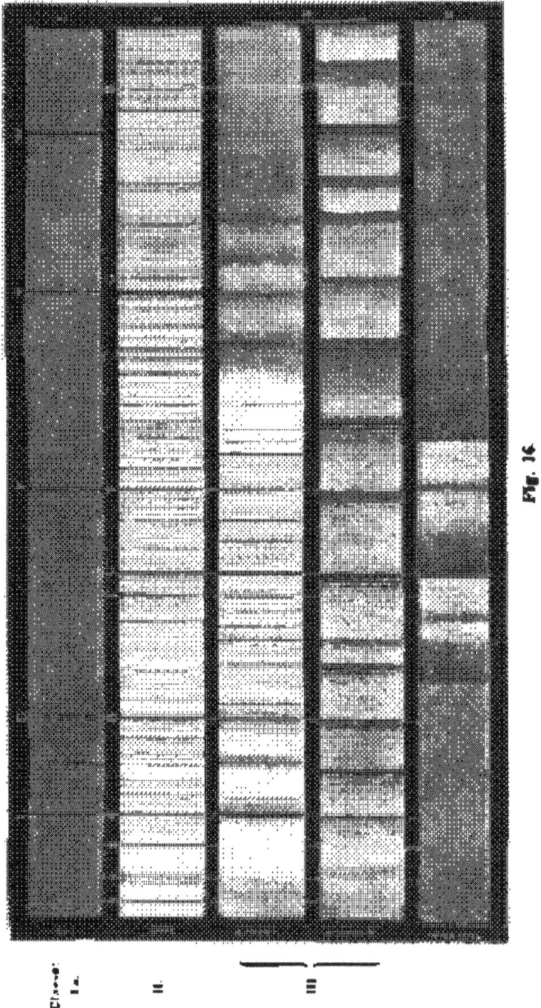

Fig. 16

bekannten Gasen, die überall auf der Oberfläche und in der Atmosphäre vorhanden sind. Da in der Klasse IIa nie eine Heliumlinie auftritt, so mufs man annehmen, dafs bei fortschreitender Entwickelung oder vielmehr Degenerierung der Sterne der Klasse Ib die Spektrallinien des Heliums verschwinden müssen, vielleicht durch Abnahme der Gashülle, oder auch dadurch, dafs die Bedingungen für eine sichtbare Absorption durch das Heliumgas ungünstiger werden. Schon von vornherein soll erwähnt werden, dafs die Spektra der sogenannten neuen Sterne dem Typus der Klasse IIb angehören.

Zur III. Klasse gehören die Fixsterne, in deren Spektren nicht nur Absorptionslinien, sondern Absorptionsbänder vorkommen. Ihr Glühzustand mufs daher wohl schon so weit erniedrigt sein, dafs die Absorption sehr verstärkt auftritt. Auch hier hat man eine Klasse IIIa und IIIb angenommen. Die Färbung der Sterne der ersten Gruppe III (z. B. α Herculis, α Orionis) ist rötlich-gelb durch orange- bis gelblichrot. Dieses Spektrum zeigen auch viele veränderliche Sterne, von denen noch gesprochen werden soll. Die Sterne der Klasse IIIb zeichnen sich, sofern sie sich nicht nur der Intensität nach von IIIa unterscheiden, durch charakteristische Bänder aus, die von der Absorption durch Kohlenwasserstoff oder von einer dunklen Linie herrühren, deren Materie nicht zu ergründen ist; oft lassen Linien auf die Anwesenheit von Metalldämpfen schliefsen. Doch scheinen die Spektren der Klassen IIIa und IIIb nur Parallelklassen zu sein: je nach der Eigenschaft der Sterne treten diese vor ihrem Erlöschen als Sterne der Klasse IIIa oder IIIb auf, so dafs also nicht etwa ein Stern IIIa durch weitere Degenerierung ein Stern der Klasse IIIb werden kann

(Fortsetzung folgt.)

Der Vortrag Ernst Lechers vor der Versammlung deutscher Naturforscher in Hamburg über die Entdeckung der elektrischen Wellen durch H. Hertz und die weitere Entwickelung dieses Gebietes ist nunmehr bei Johann Ambrosius Barth in Leipzig erschienen. Wir verfehlen nicht, unsere Leser auf die Lektüre dieses Vortrages aufmerksam zu machen. Ein Sammelreferat über das genannte Gebiet würde eine willkommene Gabe sein, auch wenn es nicht von einem so hervorragenden Kenner und gewandten Darsteller gegeben würde. Lecher ist aufserdem bescheiden, für unser Gefühl zu bescheiden, vergifst er doch in dem Referat seine eigenen bedeutenden Verdienste um die Erforschung der Ausbreitung elektrischer Wellen.

Faraday hatte sich bereits losgesagt von den durch den leeren Raum wirkenden Fernkräften, indem er zwischen den Polen der Elektromagnete, zwischen elektrisierten Körpern, bei induktiven Energieübertragungen wirkliche Veränderungen des Raumzustandes vermutete. Maxwell gab diesen Anschauungen eine mathematische Grundlage und sprach bereits von ungeschlossenen Verschiebungsströmen in den Nichtleitern und im Äther. An eine experimentelle Bestätigung dieser damals höchst gewagten Ansichten war kaum zu denken, und doch kam sie durch Heinrich Hertz. Er konnte nachweisen, dafs schwingende elektrische Entladungsvorgänge ihre Energie in den Raum ausstrahlen und fähig sind, in geeigneten Resonatoren wiederum Fünkchen auszulösen. Eine elektromagnetische Welle eilt durch den Raum mit der Geschwindigkeit des Lichtes und zeigt allgemein dasselbe Verhalten wie eine Lichtwelle, sie läfst sich reflektieren, durch ein Prisma brechen und mit anderen Wellenzügen zur Interferenz bringen, nur ist ihre Schwingungszahl viel geringer, ihre Wellenlänge viel gröfser als die des Lichtes. Selbst die kürzesten durch Lampa hergestellten elektromagnetischen Wellen von 4 Millimeter Länge übertreffen die längsten Lichtwellen noch immer einige tausend Mal. Auch die dem Auge unsichtbaren längsten Ätherwellen, die der strahlenden Wärme, vermögen den Raum zwischen beiden nicht auszufüllen. Denn die gröfste von Rubens und Aschkinass noch nachgewiesene Wärmewelle ist immerhin doch erst 0,06 Millimeter lang. Von beiden Seiten wird an einem Zusammenschlufs eifrig gearbeitet: man versucht immer gröfsere Wärmewellen, immer kleinere elektrische Wellen nachzuweisen, und wenn es auch aus theoretischen und praktischen Gründen unwahrscheinlich erscheint, die Kluft wesentlich zu verringern, so ist doch heute kaum noch daran zu zweifeln, dafs die elektromagnetischen von den Wärme- und Lichtwellen ihrer Wesenheit nach nicht soweit verschieden sind, als dafs man sie nicht insgesamt für elektromagnetische Wellen halten könnte, lediglich unterschieden nach Schwingungszahl und ihrer Wirkung auf unsere Sinne. Die Hertzsche Entdeckung, welche die uns bekannte, etwa 10 Oktaven umfassende Ätherwellenskala um ein Bedeutendes erweitert, ist zugleich der glänzendste Beweis für Maxwells elektromagnetische Lichttheorie. Allerdings sind gewisse Unterschiede zwischen den elektrischen und optischen Strahlungsvorgängen vorhanden, bedingt durch den gewaltigen Gröfsenunterschied elektrischer und optischer Wellen gegenüber dem Molekül. Man hat jedoch die besten Analogien erzielt, indem man den elektrischen Wellen grofse, „künstliche" Moleküle in den Weg stellte.

Was ist inzwischen aus dem einfachen Laboratoriumsversuch von Hertz nicht alles geworden! Die elektrischen Wellen sind hinausgewachsen über Land und Meer, seit man die aufgewendeten Energiemengen gesteigert und den Funkenresonator von Hertz durch den Branlyschen Cohärer ersetzt hat. Wenn schon die Mechanik des Cohärers noch keineswegs aufgeklärt ist, wenn man auch noch nicht sagen kann, ob seine Teilchen unter dem Einflufs winziger Funken zwischen diesen zusammenschweifsen, oder ob eben diese Fünkchen den Widerstand isolierender Gashüllen vernichten, so ist doch das Eine sicher, wir haben in dem Cohärer den uns fehlenden Sinn für elektrische Wellen erhalten, und zwar ein erstaunlich feines und leistungsfähiges Organ. Hertz dehnte seine Versuche auf 10 Meter Entfernung aus, obgleich es ihm „fast widersinnig erschien, dafs diese Fünkchen noch sichtbar sein sollten". Und heute? Entfernungen, wie die zwischen Cuxhaven und Helgoland, zwischen Schweden und Deutschland, sind überbrückt, ja vielleicht darf man heute bereits sagen, dafs auch der Atlantische Ocean überwunden werden kann. Die Telegraphie ohne Draht ist das praktische Ergebnis der Hertzschen Arbeiten. B. D.

•

 Himmelserscheinungen. 

Übersicht der Himmelserscheinungen für April und Mai.

Der Sternhimmel. Um die Mitte dieser Monate zeigt der Himmel folgenden Anblick: In Kulmination befinden sich Jungfrau mit Spica, Jagdhunde, später Bootes mit Arktur, Wage, Krone und Schlange, Ende Mai Skorpion und Herkules. Zenithbilder sind anfangs der grofse Bär, später der Drache, ganz im Norden die Cassiopeia. Am Abendhimmel neigen sich zum Untergang Stier, Orion, grofser und kleiner Hund; der Löwe geht erst nach Mitternacht unter; Spica in der Jungfrau zwischen 2 h und 4 h, Bootes 3½ Stunden später. Der Skorpion erscheint nach 10 h tief im Süden, dann nacheinander am Osthimmel Adler mit Atair, Schwan, Delphin und Pegasus, über dem Adler steht Wega in der Leier. Zur Orientierung dienen folgende, um Mitternacht für Berlin kulminierende Sterne:

1. April	γ Virginis	(3. Gr.)	(AR.	12 h	37 m,	D. − 0°	45')
5. „	δ „	(3. Gr.)		12	51	+ 3	56
8. „	θ „	(4. Gr.)		13	5	− 5	1
15. „	ζ „	(3. Gr.)		13	30	− 0	6
22. „	τ „	(4. Gr.)		13	57	+ 2	1
30. „	γ Bootis	(3. Gr.)		14	28	+ 38	44
3. Mai	109 Virginis	(4. Gr.)		14	41	+ 2	18
11. „	β Librae	(2. Gr.)		15	12	− 9	1
16. „	α Coronae	(2. Gr.)		15	30	+ 27	3
19. „	ε Serpentis	(3. Gr.)		15	45	+ 4	47
27. „	γ Herculis	(3. Gr.)		16	18	+ 19	23
31. „	ζ Ophiuchi	(3. Gr.)		16	32	− 10	22

An veränderlichen Sternen sind zur Beobachtung günstig und erreichen zum Teil ihre gröfste Helligkeit:

S Cancri	(Helligk. 8.—10. Gr.)	(AR.	8 h 38 m,	D. + 19°	23')	Algoltypus
R Leonis	(„ 6. „)		9 41	+ 11	53	Kurze Per.
U Hydrae	(„ 4.—5. „)		10 33	− 12	52	Irregulär
R Virginis	(„ 7.—11. „)		12 33	+ 7	31	Kurze Per.
V Bootis	(„ 7. „)		14 26	+ 39	17	„ „
δ Librae	(„ 5.—7. „)		14 56	− 8	7	Algoltypus
S „	(„ 8.—12. „)		15 16	21	2	Max. Mai 3.
S Ursae min.	(„ 8. „)		15 37	+ 78	58	„ Mai 9.
X Herculis	(„ 6. „)		16 0	+ 17	30	Irregulär
U „	(„ 7. „)		16 21	+ 19	7	Max. April 16.
RR Ophiuchi	(„ 8. „)		16 43	− 19	17	„ Mai 16.
S Herculis	(„ 7. „)		16 47	+ 15	6	„ Mai 14.
U Ophiuchi	(„ 6.—7. „)		17 11	+ 1	19	Algoltypus
Y „	(„ 6.—7. „)		17 14	− 6	7	Kurze Per.
Z Herculis	(„ 7.—8. „)		17 54	+ 15	9	Algoltypus
Y Sagittarii	(„ 6.—7. „)		18 15	− 18	54	Kurze Per.
d Serpentis	(„ 5.—6. „)		18 22	+ 0	7	„ „
U Sagittarii	(„ 7.—9. „)		18 26	− 19	12	„ „

Die Planeten. Merkur, rechtläufig in den Fischen, im Widder und im Stier, kommt am 23. April nahe an Mars (40' südlich), wird Ende Mai Abendstern, bis gegen 9 h sichtbar. — Venus, rechtläufig im Wassermann und den Fischen, ist Morgenstern, erreicht am 25. Mai ihren größten westlichen Abstand von der Sonne. — Mars steht anfangs in den Fischen, dann im Widder, ist wegen großer Nähe an die Sonne nicht zu beobachten. — Jupiter, im Steinbock, ist in der zweiten Hälfte der Nacht sichtbar und geht bei Tage unter. — Saturn, im Schützen, geht dem Jupiter um etwa 1 Stunde voraus. — Uranus, im Ophiuchus, geht Mitte April um 11 h auf, Ende Mai um 8 h, ist also die ganze Nacht im Süden zu beobachten. — Neptun, in den Zwillingen, ist Mitte April bis 12 h, Ende Mai bis 9 h sichtbar. — Außerdem ist die Zeit günstig für Beobachtung des Zodiakallichtes, falls man abends, eine Stunde nach Sonnenuntergang, den Westhimmel sehen kann, ohne durch irgendwelche Lichtquellen geblendet zu sein. Es ist dann leicht bis zu den Plejaden hinein und darüber hinaus wahrnehmbar.

Sternbedeckungen durch den Mond (für Berlin sichtbar):

			Eintritt		Austritt
11. April	δ^1 Tauri	(5. Gr.)	10 h 22 m	abends	unsichtbar
14. „	68 Geminor.	(5. „)	1 28	morgens	„
21. „	α Virginis	(1. „)	0 54	„	„
1. Mai	o^1 Capricorni	(5. „)	2 12	„	„

Mond.			Berliner Zeit				
Letztes Viert.	am 1. April	Aufg.	2 h 22 m	morgens	Unterg.	11 h 34 m	vorm.
Neumond	„ 8. „	„	5 36	„	„	6 56	abends
Erstes Viert.	„ 15. „	„	—		„	2 6	morgens
Vollmond	„ 22. „	„	7 5	abends	„	5 0	„
Letztes Viert.	„ 30. „	„	1 24	morgens	„	11 31	vorm.
Neumond	„ 7. Mai	„	4 42	morgens	„	7 8	abends
Erstes Viert.	„ 14. „	„	—		„	1 7	morgens
Vollmond	„ 21. „	„	9 40	abends	„	6 18	„
Letztes Viert.	„ 30. „	„	0 41	morgens	„	—	

Erdnähe: 10. April, 8. Mai.

Erdferne: 25. April, 23. Mai.

Am 8. April findet eine in Berlin unsichtbare partielle Sonnenfinsternis statt. — Am 22. April findet eine totale Mondfinsternis statt; in Berlin geht der Mond 7 h 5 m total verfinstert auf; Ende der Finsternis überhaupt 9 h 39 m; Ende der Totalität 8 h 29 m. — Am 7. Mai findet eine in Berlin unsichtbare partielle Sonnenfinsternis statt.

Sonne.	Sternzeit f. den mittl. Berl. Mittag.	Zeitgleichung.	Sonnenaufg. für Berlin.	Sonnenunterg. für Berlin.
1. April	0 h 35 m 29.6 s	+ 4 m 10.9 s	5 h 36 m	6 h 31 m
8. „	1 3 5.5	+ 2 7.4	5 20	6 43
15. „	1 30 41.3	+ 0 15.0	5 4	6 55
22. „	1 58 17.2	— 1 21.6	4 49	7 7
1. Mai	2 33 46.2	— 2 53.6	4 31	7 23
8. „	3 1 22.1	— 3 25.0	4 18	7 34
15. „	3 28 57.9	— 3 48.8	4 6	7 46
22. „	3 56 33.8	— 3 33.5	3 56	7 56
29. „	4 24 9.7	— 2 56.3	3 48	8 6

R.

Thompson, Silvanus P.: Mehrphasige elektrische Ströme und Wechselstrommotoren. Deutsch von K. Strecker und F. Vesper. Verlag von Wilhelm Knapp in Halle.

Der zweiten englischen Auflage des Buches ist die zweite deutsche in kurzem Zwischenraum gefolgt. Man kann der Verlagsbuchhandlung dafür nur Dank wissen, denn das Thompsonsche Buch besitzt entschiedene Vorzüge vor anderen seiner Gattung. Es verschmäht nicht, überall klar und deutlich zu sein und den allzu gelehrten Ballast beiseite zu lassen. Ein technisch-praktisches Buch, das wohl auch geeignet ist, dem Anfänger zur Einführung zu dienen. Reichlicher und wertvoller Litteraturnachweis dient den Bedürfnissen des Vorgeschritteneren und giebt ihm Gelegenheit zum Studium spezieller Fragen. Die Darstellung glückt durchweg mit elementarer Mathematik, einige allereinfachste Integrale erscheinen nur in den Anmerkungen und werden dort ausführlich kommentiert. Der für das Verständnis der Wechselstromerscheinungen so wichtigen Anschauung ist der gebührende Platz eingeräumt. Man begegnet ihren Mitteln gern bei Auseinandersetzungen über die Richtung induzierter elektromotorischer Kräfte, bei der Anwendung von Uhr- und Polardiagrammen u. s. f.

Den Übersetzern darf man nachrühmen, daſs sie ein wirklich deutsches Buch herausgebracht haben, nicht nur was die Diktion anbelangt. Ihre Anmerkungen weisen des öfteren auf unterschiedliche technische Bezeichnungen in deutschen und englischen Fachkreisen hin, an denen die junge Wechselstromtechnik so verwirrend reich ist, und englische Konstruktionstypen sind zum Teil durch deutsche ersetzt. So findet man im ersten Heft statt einer Westinghouse-Maschine eine Schuckertsche und statt der auf einer beigegebenen Tafel der englischen Ausgabe figurierenden Dreiphasen-Maschine von Kolben & Co. eine solche von Siemens & Halske. Dem ersten Hefte werden die anderen hoffentlich planmäſsig und rasch folgen. Nach der dem Referenten vorliegenden englischen Gesamtausgabe, welche gegen die erste Auflage eine wesentliche Bereicherung des Stoffes aufweist, zu urteilen, dürfte auch die deutsche Übersetzung sich neue Freunde zu den alten erwerben. B. D.

Hausschatz des Wissens. VI. Das Tierreich. Von Heck, Matschie, v. Martens, Dürigen, Staby und Krieghoff. In 2 Bänden. Mit 1455 Abbildungen im Text. Zahlreiche Tafeln in Schwarz- und Farbendruck. Bd. II. Neudamm 1897. Neumann. 7,50 Mark.

Unter dem Titel: Hausschatz des Wissens giebt die Verlagsbuchhandlung seit einigen Jahren eine Sammlung von 17 Bänden über unser Wissen von der Natur und der Menschheit heraus, also ein Gegenstück zu den groſsen Werken des Bibliographischen Instituts, aber zu erheblich geringerem Preis. Während schon ein Kapital dazu gehört, sich z. B. Brehms Tierleben anzuschaffen, hat man hier das Tierreich in 2 Bänden für 15 Mark. Und — das macht einen besonderen Vorzug der vorliegenden Werke aus — aus der Feder eines Fachmannes, wie Heck, der als Direktor des Zoologischen Gartens in Berlin viel Erfahrung in der Beobachtung von Tieren hat. Der vorliegende 2. Band des Tierreiches schildert auf 1390 Seiten die Lurche, Reptilien, Vögel und Säugetiere. Die Abbildungen, zum größten Teil Originale (von Frau Anna Held-Matschie, P. Mangelsdorf u. a.), geben sehr gute Vorstellungen von den dargestellten Tieren. Das Buch wird von allen Freunden der Tierwelt mit vielem Vergnügen und Nutzen gelesen werden, mögen sie nun den Brehm besitzen oder nicht, so daß ihm eine weite Verbreitung nicht nur zu wünschen, sondern wohl auch sicher ist.

Über Entstehung und Fabrikation des photographischen Objektivs.

Von P. Baltin-Friedenau.

Das moderne, leistungsfähige photographische Objektiv ist kostspielig. Das empfindet der Fachphotograph und Liebhaber der Lichtbildkunst, wenn er sich ein solches anschaffen mufs oder möchte, mit Unbehagen, und der Laie, welcher in einem solchen Instrumente kaum mehr sieht als etwas Glas und Messing, ist vollends aufser stande, die Fülle von geistiger und gewerblicher Arbeit, welche zur Herstellung eines solchen erforderlich war, richtig zu bewerten.

Die täglich zunehmende Verbreitung und Bedeutung der Photographie, wodurch wohl jeder einmal in aktive oder passive Beziehungen zum photographischen Objektiv gerät, rechtfertigt die Hoffnung, dafs einige Mitteilungen über den Werdegang der photographischen Linsen einem freundlichen Interesse begegnen werden.

Es giebt Objektive der verschiedensten Art: solche, die in der Hauptsache für Spezialzwecke bestimmt sind, wie Porträtobjektive und Weitwinkellinsen, und andere, die einer mehr universellen Verwendbarkeit Genüge leisten sollen. Letztere beanspruchen das überwiegende Interesse der photographierenden Menschheit und lassen sich in zwei Gruppen gliedern: Aplanate und Anastigmate.

Erstere sind von verhältnismäfsig einfacher Konstruktion, sie zeichnen bei voller Öffnung nur ein geringes Bildfeld scharf aus und müssen — um Randschärfe zu erzielen — beträchtlich abgeblendet werden. Die Herstellung derselben erfordert weder schwierige Rechnungen noch ist sie durch Patentschutz behindert, die dazu notwendigen Glassorten sind in guter und gleichmäfsiger Qualität jederzeit zu haben, kurz, jeder geschickte Optiker kann einen brauchbaren Aplanaten bauen.

Anders die Anastigmate, die — ein Produkt der neueren Zeit — bei voller Öffnung, also gröfster Lichtstärke, ein aufserordentlich grofses Bildfeld scharf auszeichnen. Diese Leistung ist nur durch einen komplizierten Bau, durch die Verwendung spezieller Glassorten und durch eine peinlich exakte Ausführung zu erreichen.

Die Hauptbedingung für die Konstruktion solcher Objektive ist nicht der Besitz von Glasstücken, von Schleif- und Drehbänken, son-

Fig. 1.

dern das Vorhandensein der theoretischen Rechnung, deren Schöpfer nur ein wissenschaftlich gebildeter Mathematiker sein kann. Damit ist aber durchaus nicht gesagt, dafs ein jeder wissenschaftlich gebildete Mathematiker auch ein brauchbares Objektiv berechnen könne. Das Gebiet der optischen Berechnungen ist ein so abgelegenes, die Fachlitteratur über dasselbe so spärlich, dafs jeder Forscher in demselben sich seine eigenen Wege suchen mufs. Leider giebt es deren so viele, die zum Ziele führen können oder dahin zu führen scheinen, dafs zum Auffinden des richtigen aufser gründlichen theoretischen Kenntnissen noch etwas Inkommensurables gehört: jenes prophetische Ahnungsvermögen (gewöhnlich als „Genie“ bezeichnet), das — oft scheinbar zufällig — das rechte trifft. Die Namen der heute lebenden erfolgreichen Berechner photographischer Objektive der ganzen Welt sind denn auch bequem an den Fingern herzuzählen.

Stellen wir uns jetzt vor, dafs ein solcher Rechner — je nach seinem Temperament — entweder in monatelanger stetiger Arbeit, oder unter gewaltiger geistiger Anspannung, die Nacht dem Tage gleichstellend, in wenigen Wochen oder Tagen einen neuen, Erfolg verheifsenden Typus errechnet hat, so ist damit für den Ausbau desselben doch nur

Fig. 2

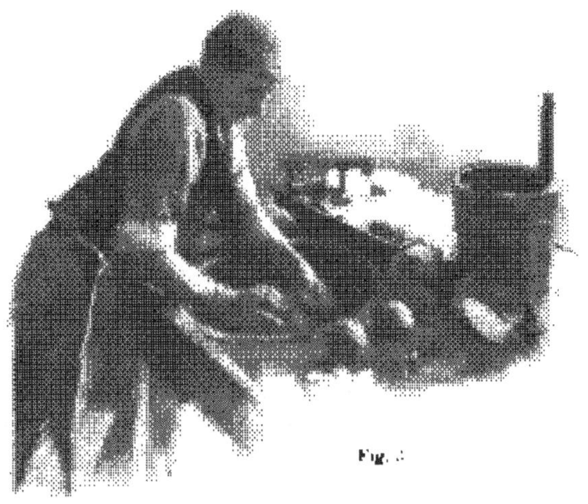

Fig. 3

erst gewissermafsen der Grundrifs gegeben. — Bei den vielfachen Komplikationen, welchen der Gang der verschiedenen Strahlengattungen in dem optischen Systeme unterliegt, ist die Berücksichtigung aller Möglichkeiten, die vorgängige Beseitigung aller Fehler auf rechnerischem Gebiete sehr umständlich. Manche Optiker ziehen es deshalb vor, nach dem Ergebnis der vorläufigen Rechnung ein Probeobjektiv ausführen zu lassen und dasselbe auf die Übereinstimmung seiner Leistungen mit den Forderungen der Rechnung praktisch zu

Fig. 1.

untersuchen. Ergeben sich dabei, wie das fast immer der Fall sein wird, noch Fehler, so ist die Rechnung in Rücksicht auf diese so lange zu verbessern, bis das praktische Resultat der Theorie entspricht.

Dieses Verfahren hat zur Voraussetzung, dafs die praktische Ausführung des Objektivs auch genau der Rechnung gemäfs erfolgt, und führt zu ganz falschen Schlüssen, wenn dies nicht in aller Strenge der Fall ist. Es mufs demnach auf die Wahl der richtigen Glassorten, auf die exakte Innehaltung der berechneten Krümmungsradien auf die genaue Justierung eine ganz besondere Sorgfalt verwendet werden.

Es ist eine unter den heutigen industriellen Verhältnissen selbstverständliche Sache, dafs die fabrikmäfsige Herstellung eines besseren

Objektivtypus sich nur lohnt, wenn seine Konstruktion durch Patente in allen oder doch den meisten Kulturstaaten geschützt ist. Die Notwendigkeit, diese Patente nachzusuchen, und die dabei auftretenden Schwierigkeiten und Verdriefslichkeiten bezeichnen wohl den Gipfel unter den Leiden des optischen Rechners.

Von den Mitgliedern eines Patentamtes, so gründlich gebildet sie im allgemeinen auch sein mögen, kann billigerweise eine zu maſsgebenden Urteilen befähigende Kenntnis der diffizilen Materie nicht erwartet werden, während die wenigen, wirklich sachverständigen Kenner, oft im Dienste konkurrierender Firmen, vor dem Forum des Patentamtes vielleicht als Gegner gegenüberstehen. So ist es unvermeidlich, dafs die Urteile in Patentanmeldungssachen und Patentprozessen auf optisch - photographischem Gebiet mehr oder weniger den Charakter des Zufälligen an sich tragen müssen, wodurch die Schaffensfreudigkeit der Rechner und die Unternehmungslust der Fabrikanten nicht gerade erhöht wird.

Fig. 5.

Manchmal kommt es nun vor, dafs ein Patentanspruch allen Widerwärtigkeiten zum Trotz durchgeht, dafs also ein neuer Objektivtypus, D. R. P. No. x, zur Beglückung der Amateure und sonstigen Photographiebeflissenen in die Welt gesetzt werden kann. Wer aber etwa glaubt, es brauche nun blofs losgeschliffen zu werden, ist sehr im Irrtum. Noch ist ein weiter, oft dornenvoller Weg bis zu dem Tage, an welchem die ersten Exemplare der Neuheit in den Handel kommen.

Es darf wohl als bekannt vorausgesetzt werden, dafs die besseren

Objektive nicht aus Scherben zerbrochenen Spiegelglases, sondern aus eigens zu diesem Zweck hergestellten, sogen. „optischen" Glassorten hergestellt werden. Die Preise dieses Glases schwanken für das Kilo von etwa 8—80 Mk. Ein Kilo — besonders von den schwereren Sorten — ist nicht viel, und wenn man berücksichtigt, dafs bei dem Herausarbeiten runder Linsen aus den viereckigen Glasblöcken sehr viel Abfall sein mufs, so wird man ermessen, dafs häufig schon der Wert der Rohmaterialien für ein Objektiv einen achtbaren Betrag erreicht.

Fig. 5a.

Leider ist die Herstellung derjenigen Glassorten, welche für die Fabrikation der modernen Anastigmate benötigt werden, ziemlich schwierig, und es ist direkt unmöglich, irgend eine bestimmte Nummer immer in absolut gleicher Qualität, d. h. von genau denselben optischen Eigenschaften, herzustellen. Der optische Rechner basiert natürlich seine Rechnung auf ganz bestimmte Glassorten, wie sie ihm vom Glastechniker angeboten werden und die er für die Ausführung der Probeobjektive auch thatsächlich erhält.

Wird später, für die Ausführung im grofsen, Glas von derselben Qualität bestellt, so zeigt dieses fast immer Abweichungen, die zwar nicht sehr bedeutend sind, aber doch dazu zwingen, die Form der einzelnen Linsen, ihre Radien, Dickenmafse oder Abstände etwas zu modifizieren, damit der vom Theoretiker beabsichtigte Zweck vollkommen erreicht wird. Dazu müssen notwendig die der Fabrikation dienenden Hilfsmittel, wie Leeren, Schleifschalen, Probegläser u. s. w. (von denen später die Rede sein wird) durch neue ersetzt werden, deren Maße

Fig. 6

durch eine Umrechnung ermittelt werden müssen. Diese ist zwar zeitraubend und auch langweilig, aber zum Glück nicht besonders schwierig, und kann von Hilfskräften ausgeführt werden. Immerhin werden die Fabrikationskosten dadurch merklich gesteigert, da die erwähnten Neuanschaffungen und Umrechnungen sich bei der Verarbeitung jedes neuen Glaspostens (Schmelze) als notwendig erweisen.

Fig. 7.

Jetzt erst stehen wir an der Schwelle der eigentlichen Fabrikation, welche in den grofsen, modern eingerichteten optischen Anstalten unter Verwendung aller technischen Hilfsmittel der Gegenwart betrieben wird, so dafs eine möglichst vollkommene, der Rechnung entsprechende Ausführung wie auch die Gleichmäfsigkeit des Fabrikates gewährleistet wird.

Die Beschreibung des praktischen Werdeganges des photographischen Objektivs erfolgt im wesentlichen an der Hand eines

Fig. 8.

sehr instruktiven Artikels, welchen A. Reichwein im vorigen Jahrgang der „Photogr. Mitth." veröffentlicht hat. Hier wie dort sind die die Anschauung vermittelnden Abbildungen von der Optischen Anstalt C. P. Goerz, Berlin-Friedenau, freundlichst zur Verfügung gestellt worden.

Das rohe Glasmaterial, wie es die Glasschmelze liefert, hat gewöhnlich die Gestalt quadratischer Tafeln von 20 cm Seitenlänge und 5 cm Dicke (Fig. 1), und mufs natürlich vollkommen schlierenfrei sein. Das Vorkommen kleiner Luftbläschen im Glase läfst sich gerade bei denjenigen Glassorten, welche zur Fabrikation der Anastigmat-

verwendet werden müssen, bis jetzt noch nicht vermeiden.[Es können

Fig. 9.

demnach solche als ein Fehler des Objektivs nicht betrachtet werden,

Fig. 10.

auch ist die dadurch etwa entstehende Einbuſse an Lichtstärke gänzlich unerheblich.

Vermittelst einer rotierenden Blechscheibe, deren Rand mit feinen Diamantsplittern versehen ist, werden die Rohglasblöcke in kleinere Stücke zerschnitten (Fig. 2), welche an Dicke und Durchmesser der Gröfse der daraus zu schleifenden Linsen entsprechen. Ein Arbeiter bricht alsdann mit der sogenannten Bröckelzange die Ecken der quadratischen Täfelchen weg und stutzt sie in ganz roher Weise rund zu.

Nun beginnt das Vorschleifen — Schruppen — mit feinem, feuchtem Sand (Fig. 3). Es geschieht dies in sehr genau gearbeiteten, je nach der Linsenform konkaven oder konvexen gufseisernen Schalen, die, weil sie sich bald abnutzen und dadurch ihre Form ändern, häufig ausgewechselt werden müssen.

Mit Hilfe von Dickenmessern, wie ein solcher in Fig. 3 hinten neben dem Arbeiter und auch in Fig. 4 rechts zu sehen ist, wird von Zeit zu Zeit die Dicke des Glases kontrolliert, wobei bis auf $^1/_{20}$ mm genau gemessen wird. Die richtige Form der Krümmung wird dann mit Messingleeren geprüft.

Neuerdings ist es den glastechnischen Instituten auch gelungen, wenigstens die kleineren Linsen gleich in der ungefähr richtigen Form geprefst zu liefern, wodurch die Arbeit des Schruppens sehr erleichtert und der sonst sehr reichliche Abfall gespart wird.

Das Feinschleifen erfolgt mit stets feiner werdendem Schmirgel auf ähnlichen Schleifschalen wie das Schruppen, doch sind dafür die Schleifbänke für Fufsbetrieb eingerichtet, der eine gröfsere Genauigkeit der Arbeit ermöglicht.

Um die Linse gleichmäfsig auf die kreisende Schleifschale aufdrücken zu können, wird sie mit Siegellack auf einen Handgriff aufgekittet (Fig. 4 und 5). Von kleineren Linsen kann man auch mehrere auf demselben Schleifkopf befestigen, wie in Fig. 4, Mitte und oben, zu sehen ist.

Zum Kontrollieren der Flächen beim Feinschleifen genügen mechanische Hilfsmittel nicht mehr: man benutzt statt dessen Probegläser, wie sie in Fig. 1 in der vordersten Reihe rechts liegen.

Diese Probegläser haben genau die gewünschte Krümmung und nutzen sich beim Gebrauche absolut nicht ab, so dafs sie das Mittel zur genauesten Kontrolle abgeben. Legt man die zu prüfende Linse auf das Probeglas, so entstehen die bekannten Newtonschen Farbenringe, aus deren Farbe, Lage und Form man Schlüsse auf die Abweichungen der Flächen ziehen kann. Eine Abweichung von einem zehntausendstel Millimeter läfst sich, wie jedem Physiker bekannt ist, durch diese Methode noch nachweisen, und ein geschickter Arbeiter kann durch geeignete Verteilung des Drucks beim Schleifen die Abweichungen beseitigen.

Das Polieren der Linsen geschieht in der Art, daſs der Polierer die Schleifschale mit Pech überzieht und die zu polierende Linsenfläche hierin abdrückt. Auf die erhaltene Fläche wird Pariserrot aufgetragen und die Schale in Drehung versetzt. Auch hierbei wird die Genauigkeit der Fläche ständig mit dem Probeglase kontrolliert.

Da ein gutes Polieren sehr viel Zeit erfordert — oft viele Stunden

Fig. 11.

für eine Linse —, bedient man sich mit Vorteil automatischer Polierbänke, von denen ein Arbeiter 4—6 beaufsichtigen kann (Fig. 6a).

Mit einem Sphärometer (Fig. 6) werden die fertigen Linsen nochmals nachgemessen und kommen, wenn fehlerfrei, zur Centriererei. Der Rest wandert zum Ausschuſs, der ziemlich beträchtlich ist. In der Centriererei wird die Linse auf eine genau laufende Drehbankspindel aufgekittet und zwar so, daſs die Drehungsachse der Spindel mit der optischen Achse der Linse zusammenfällt. Dies prüft der Arbeiter erstens daran, ob die zwei in den Linsenflächen sichtbaren Spiegel-Bilder eines hellen Gegenstandes bei der Rotation der Linse still stehen, und zweitens kontrolliert er es mit dem Fühlhebel (Fig. 7).

Der noch weiche Kitt gestattet, die Linse so lange zu verschieben, bis die obige Bedingung erfüllt ist. Nun kann, nachdem die Linse fest angetrocknet ist, das Schleifen des Randes erfolgen (Fig. 8). Ist der Durchmesser richtig, so wird die Linse abgenommen und in der Kitterei mit den anderen zum System gehörigen Linsen verbunden. Der Goerzsche Doppelanastigmat besteht z. B. aus zwei gleichen, je eine bikonvexe, eine bikonkave und eine konvex-konkave Linse enthalten-

Fig. 12.

den Hälften; es müssen also 12 Linsenflächen geschliffen und poliert werden, bevor das Kitten vor sich gehen kann (Fig. 9). Bei dieser Manipulation, welche mit Kanadabalsam unter Erwärmung der Linsen vollzogen wird, mufs sorgfältig darauf geachtet werden, dafs die optischen Achsen aller Linsen genau zusammenfallen. Zur Kontrolle dient ein äufserst feinfühliger Libellenapparat mit Tasthebel (Fig. 10). Die fertigen Einzelsysteme werden mit dem grofsen Prüfungsapparat (Fig. 11) einer genauen optischen Prüfung unterworfen. Als Probeobjekt dient ein durch eine elektrische Glühlampe beleuchtetes, nach rechts und links verschiebbares Liniensystem, dessen Bild sowohl bei seitlicher wie axialer Betrachtung klar und scharf sein und beim Drehen des Objektives um seine Achse still stehen mufs. Mit demselben Apparat wird auch die günstigste Entfernung der Einzel-Systeme voneinander, die mit der rechnerisch festgelegten nicht immer ganz genau übereinstimmt,*) bis auf $^1/_{20}$ mm genau angegeben. Jetzt erst gelangen die Einzelsysteme in die mechanische Werkstatt, um dort in die Messingfassungen gesetzt zu werden (Fig. 12). Auch zur Herstellung der Fassungen (Fig. 13) und Einfügung der Linsen in dieselben bedarf es vieler komplizierter Maschinen. Nach dem Fassen

Fig. 13.

der Systeme und Einsetzen der Blende erfolgt eine nochmalige Prüfung und danach das Eingravieren der Firma, der Fabrikationsnummer u. s. w. Schliefslich werden mit dem fertigen Objektiv Probeaufnahmen im photographischen Atelier gemacht, so dafs für ein Objektiv, welches alle diese Prüfungen bestanden hat, volle Garantie für Fehlerlosigkeit geleistet werden kann.

Die Prüfungen an der optischen Bank (dem Prüfungsapparat) geben im allgemeinen ein ausreichendes Bild von den Eigenschaften

*) Der Grund für diese Erscheinung liegt darin, dafs die verwendeten Glassorten von den theoretisch geforderten oft ein wenig abweichen.

des Objektivs: Bildwinkel, Bildfeldkrümmung, Ausdehnung und Grad der Schärfe, etwaige Mängel in der Korrektion der sphärischen Abweichung u. a., lassen sich leicht beobachten und messen. Für die praktische Prüfung im Atelier bleibt eigentlich nur die Kontrolle auf Freiheit von Focusdifferenz übrig, welche rein optisch schwer auszuführen ist.

In neuester Zeit ist auch diese an sich einfache Untersuchung dadurch kompliziert worden, dafs die Anforderungen an eine gute Farbenkorrektion durch die Ausbreitung des Dreifarbendrucks sich gesteigert haben. Es sollen jetzt auch die roten Strahlen, welche früher vernachlässigt wurden, sich mit den grünen und blauen in einem Punkte vereinigen. Dadurch erwächst einmal dem Rechner eine neue und grofse Arbeit, und andererseits mufs eine sehr zeitraubende und subtile photographische Prüfung mit Farbenfiltern u. s. w. vorgenommen werden, welche besonders genau gearbeitete photographische Kameras erfordert.

Es dürfte nach alledem kaum unbillig erscheinen, wenn man einem guten Objektive im Gegensatze zu einem minderwertigen in demselben Sinne einen Kunstwert zuerkennt, wie ihn z. B. das Gemälde eines Meisters gegenüber dem eines Handwerkers besitzt, und für den denkenden Besitzer eines modernen Anastigmaten kann kaum eine interessantere Aufgabe gedacht werden, als die individuellen Eigenschaften desselben zu studieren und sie in zweckmäfsiger Weise den ihm gestellten Aufgaben dienstbar zu machen.

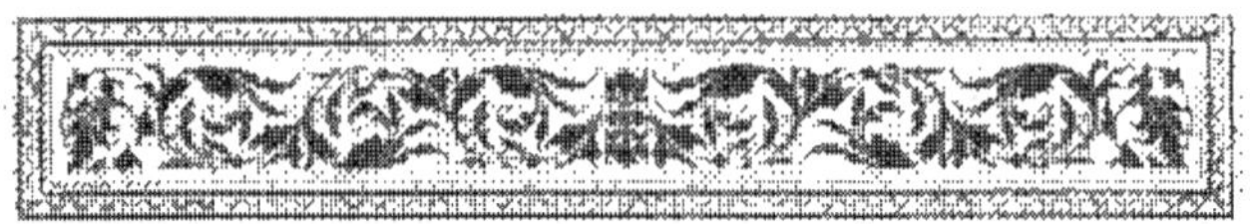

Über eigenartige Lichterscheinungen.

Von Dr. P. Dahms in Danzig.

(Schlufs.)

Bei Gelegenheit seiner Studien über Ozon machte Otto[12]) eine interessante Entdeckung. Als er mit Hilfe einer Wasserpumpe ozonisierte Luft ansog, zeigte sich ein lebhafter Schimmer. Diese Lichterscheinung begann an der Stelle, wo Wasser und Luft sich berührten, und währte ungefähr 5 bis 6 Sekunden. Wurden gläserne Flaschen mit solchem leuchtenden Wasser gefüllt, so konnte man in einem dunklen Zimmer recht gut verfolgen, wohin sie getragen wurden. In einem länglichen Glasgefäfs, das an beiden Enden mit Hähnen geschlossen werden konnte, wurden verschiedene Körper, teilweise in wässeriger Lösung, der Einwirkung von Ozon unter verschiedenen Druckkräften ausgesetzt. Bei den Versuchen wurde Luft verwendet, welche im Liter 40 bis 50 mg Ozon enthielt.

Füllte man das cylindrische Gefäfs mit ozonisiertem Sauerstoff und liefs vorsichtig gewöhnliches Wasser hineinlaufen, so konnte man in einem dunklen Raume bei starkem Schütteln in ihm einen lebhaften Glanz wahrnehmen. Die geringen Mengen organischer Substanz, welche das Wasser enthält, wurden energisch oxydiert, und zwar unter Entbindung von Lichtstrahlen während mehrerer Sekunden. Wurde der Apparat noch einmal geschüttelt, so liefs sich eine weitere Lichterscheinung hervorrufen, doch war diese lange nicht so lebhaft wie die erste. Dieser Versuch läfst sich noch 5 bis 6mal wiederholen, dann zeigt sich jede weitere Erregung durch Schütteln ohne Erfolg. Jedenfalls sind dann alle organischen Teilchen durch Oxydation vernichtet, denn der gröfste Teil des zur Verwendung gelangten Ozons ist erhalten geblieben. Man kann das leicht nachweisen. Wird nämlich das im Zylindergefäfs enthaltene Wasser durch anderes ersetzt, so kann man mit dem Experimente von neuem beginnen. Dieser

[12]) Otto, Marius: Sur l'ozone et les phénomènes de phosphorescence. Comptes rendus. Tome 123. S. 1005 ff. 1896.

Versuch verläuft unabhängig davon, ob normale Druckverhältnisse vorliegen, oder ob der Druck etwas vermindert oder vermehrt wird, jedenfalls läfst sich keine Änderung in der Lichterscheinung wahrnehmen. Destilliertes Wasser, welches in jeder Beziehung frei von Spuren mineralischer und organischer Substanzen ist, giebt trotz vieler Versuche kein Leuchten, selbst dann nicht, wenn mit stark konzentriertem Ozon experimentiert wird. Mehr oder weniger günstigen Erfolg hatte Otto, wenn er statt des Wassers 90 pCt. Alkohol, Benzol oder Thiophen verwendete. Milch und Urin gaben kräftige Lichterscheinungen.

Die eben erwähnte Lichterscheinung bei Einwirkung ozonisierter Luft auf Wasser ist nicht unbeachtet geblieben. Man meinte, endlich mit einem Schlage das seit langem berührte und ohne besonderen Erfolg behandelte Thema vom Leuchten des Meeres zum Abschlufs bringen zu können.[13]) Solche Ozonmengen, welche ein kräftiges Leuchten verursachen würden, müfsten sich freilich mit den Hilfsmitteln der Chemie, wenn nicht anders durch den Geruch nachweisen lassen, was bisher nicht der Fall gewesen ist. Andererseits sind wir durch verschiedene Arbeiten aus der letzten Zeit über diesen Punkt besser unterrichtet, so dafs wir die Theorie einer derartigen Lichtentbindung ohne weiteres fallen lassen können.

Während seines elfmonatlichen Aufenthaltes am Roten Meere vermochte Ehrenberg in dem Meereswasser nicht Noctiluken oder andere lichtentwickelnde Protozoen aufzufinden, wie er sie in jeder gröfseren Menge leuchtenden Nordseewassers mühelos hätte nachweisen können. Da er trotz häufiger mikroskopischer Untersuchungen keinerlei Geschöpfe antraf, welche er als Erzeuger des Leuchtens hätte ansehen können, so stellte er eine Hypothese auf, um die eigenartige Erscheinung zu erklären.

Am Gestade der Nordsee traf er kleine, leuchtende Medusen an, welche die Eigentümlichkeit zeigten, dafs nicht nur sie, sondern auch von ihnen abgetrennte Fetzen Licht zu entsenden vermochten. Er brachte deshalb den Schleim des Roten Meeres mit diesen abgerissenen Teilen der Medusen in Beziehung und meinte, dafs die leuchtende Materie aus solchen noch lebenden Tierteilen bestände. Wenn Ehrenberg auf diese Weise sich von der alten Ansicht, dafs das Meeresleuchten ausschliefslich tierischen Ursprungs sein müsse, noch

[13]) Ehrenberg, M: Das Ozon als wahrscheinliche Ursache des Meeresleuchtens. Mutter Erde. 1. Jahrg., Heft 13. S. 241.

nicht losmachen konnte, so gab eine andere Erscheinung Veranlassung zu weiterem Nachdenken. — Tote Seefische beginnen, wenn sie einige Tage aus dem Wasser sind, in eigenartiger Weise zu leuchten. Diese Erscheinung nimmt ihren Ausgangspunkt von den Augen der Fische und erstreckt sich schliefslich auf den ganzen Körper. Der Glanz, welcher hierbei ausstrahlt, gleicht dem Leuchten des Meeres so sehr, dafs man unwillkürlich dazu veranlafst wird, für beide Erscheinungen dieselbe Entstehungsart anzunehmen. Dabei überziehen sich die Fische mit einer schleimigen Masse, welche mit der Zunahme des Leuchtens an Dicke zunimmt, ohne dafs in ihr irgendwie Leuchttierchen wahrgenommen werden könnten. Auch Flufsfische zeigen dieselben Erscheinungen, wenn sie unter ähnliche Verhältnisse, wie die Seefische, gebracht werden. Werden sie in Salzwasser gelegt und dann mit einem Seefische aufbewahrt, so erstreckt sich das Leuchten des letzteren auch auf sie; auch auf ihnen tritt dieselbe eigenartige schleimige Substanz auf und nimmt mit der Zeit an Ausdehnung zu. Wurde die schleimige Masse in 3prozentige Seesalzlösung verteilt und unter dem Mikroskop untersucht, so fanden sich zahlreiche Spaltpilze, aber keine Infusorien vor.

Nicht nur auf Fischen, sondern auch auf Fleisch sind solche Pilze beobachtet worden, und auch hier hat man durch Überimpfung der Leuchtmaterie andere Fleischstücke leuchtend machen können. Diese Übertragung von Nährboden zu Nährboden geht oft so schnell und intensiv vor sich, dafs ganze Fleischerläden und Anatomiesäle bei Dunkelheit in eigenartig gespenstischem Lichte zu erstrahlen vermochten.

Fischer ging während einer Dienstreise nach Westindien in planvoller Weise daran, im Meerwasser nach lichtentwickelnden Spaltpilzen zu forschen. Seine Bemühungen hatten Erfolg; mit Hilfe der von ihm gezüchteten Reinkultur konnte er mit Sicherheit alle Erscheinungen des Meeresleuchtens zur Darstellung bringen. Bei diesen Zuchtversuchen ergaben sich ähnliche Resultate wie später bei Züchtung anderer Arten. Ein schwach alkalischer Nährboden ist der günstigste, während die geringste Spur von Säure oder eine gröfsere Menge Alkali tödlich wirkt. Desgleichen ist für diese Spaltpilze unbedingt Luft zum Leuchten notwendig. Das Aufleuchten von Meeresbecken bei niedergehendem Platzregen, bei Erregung durch Ruderschläge, sich bewegenden Schiffskörpern und Propellerdrehungen wird daher einfach dadurch erklärt, dafs eine anregende Durchlüftung des Wassers veranlafst wird. — Um das Jahr 1898 waren ungefähr 18 Arten von Leuchtbakterien bekannt.

Als Kutscher im Jahre 1893 abends mehrere Platten mit Kulturen aus dem Brütschrank nehmen wollte, bemerkte er, dafs zwei von ihnen leuchteten. Die Originalkulturen hatte er aus einem Hamburger Krankenhause erhalten, wo man sie während der grofsen Epidemie im Jahre 1892 gewonnen hatte. Eine genaue Untersuchung der beiden Kulturen ergab, dafs nicht etwaige Verunreinigungen dieses abweichende Verhalten bedingten; sie stammten von zwei erkrankten, aber geheilten Personen. Ähnliche Bakterien wurden später noch in zwei Fällen von Personen gewonnen, die klinisch nicht verdächtig waren, niemals aber von solchen, welche der Cholera erlagen. Deshalb meinte Kutscher, die Eigenschaft des Leuchtens als ein Unterscheidungsmerkmal zwischen dem eigentlichen Kommabazillus der asiatischen Cholera und anderen weniger gefährlichen Cholerabazillen ansprechen zu dürfen. Es ist von Interesse, dafs derartige leuchtende Choleravibrionen auch in einigen Flufsläufen nachgewiesen wurden, z. B. in der Saale und der Elbe. Kutscher scheint mit seiner Vermutung recht zu haben, dafs die Leuchtfähigkeit dieser Bakterien auf den Salzgehalt beider Ströme zurückzuführen sei. Es mufs hier hervorgehoben werden, dafs auch die Leuchtfähigkeit anderer Leuchtbakterien durch einen hohen Gehalt an Kochsalz in ihrem Lebensbereich teils gefördert, teils überhaupt erst möglich gemacht wird, und dafs diese beiden Ströme aus den Mansfelder Bergwerken reiche Mengen von Grubenwässern aufnehmen.

Beyerinck hat die Beziehungen zwischen verschiedenen Nährböden und Leuchtbakterien so genau erforscht, dafs er die einzelnen Arten der letzteren nach ihrem Leuchten oder Nichtleuchten direkt zu Indikatoren für die Anwesenheit bestimmter Substanzen gemacht hat. Da viele Stoffe in sehr kleinen Mengen sich chemisch überhaupt nicht nachweisen lassen, so ist diese Methode, welche an Empfindlichkeit der Bunsenschen Flammenreaktion zur Seite gestellt werden kann, von der gröfsten Bedeutung.

Untersuchungen über die Leuchtbakterien der Ostsee sind vor kurzem von Tarchanoff[14]) in St. Petersburg angestellt worden. Er fand zunächst, dafs frische und reine Kulturen das stärkste Licht geben, besonders wenn die Nährflüssigkeit in Bewegung ist und sich mit Luft mischt. Die Zeit, während der die Bakterien leuchten, kann 2 bis 3 Wochen, doch auch ebensoviel Monate betragen, je nachdem das Nährmittel und seine Umgebung beschaffen ist. Die Lichtaus-

[14]) Tarchanoff, J.: Lumière des bacilles phosphorescents de la mer Baltique. Comptes rendus. Tome 123, S. 246 ff., 1901.

strahlung soll eine Äusserung des Atmungsprozesses sein, so dafs sie auch hier eng an den Verbrauch von Sauerstoff gebunden ist. In der Ruhe beschränkt sich die leuchtende Masse auf die Oberfläche der Nährflüssigkeit, weil diese Teile der Luft am nächsten sind. Wird Luft ins Innere der Flüssigkeit eingeführt, so beginnt sie in ihrer ganzen Masse zu leuchten; die thätigen Bewegungen der Bazillen sind stets auf den Sauerstoff hin gerichtet. Der Kälte widerstehen sie viel besser als der Wärme; die Temperatur des besten Leuchtens liegt nahe bei +7 bis +8° C. Die Aussendung von Licht findet noch bei —4° C. statt, teilweise sogar noch bei vollständiger Erstarrung der Flüssigkeit, die bei ungefähr —6 bis —7° C. eintritt. Man erhält bei dieser Temperatur leuchtendes Eis, welches allmählich von der Mitte nach der Oberfläche hin — infolge der gestörten Luftzufuhr — zu erlöschen beginnt. Nach einigen Stunden hat das Leuchten in der ganzen Masse aufgehört, setzt beim Schmelzen jedoch sofort wieder ein. Wird das Eisstück auf eine photographische Platte gelegt, und zum Schutze derselben eine dünne Glasscheibe zwischengeschoben, so erhält man ein Bild der erstarrten Flüssigkeit. Beim Erwärmen wird das Licht mehr und mehr geschwächt; bei 34 bis 37° C. erlöschen die Kulturen, doch werden sie bei der Abkühlung wieder leuchtend. Erst bei +50° C. wird die Lichtentwickelung für immer vernichtet. Anästhetika, z. B. eine wässerige Lösung von Chloroform u. a., heben die Leuchtfähigkeit der Bazillen sofort auf, dagegen scheinen energische Gifte, wie z. B. Strychnin, indifferent zu sein. Während der Magensaft bei seinem hohen Säuregehalte ein vollständiges Erlöschen herbeiführt, vermehrt der Saft des Darms die Lichtentwickelung. Diese Erscheinung wird wohl nicht durch die Alkalität der Flüssigkeit, sondern wahrscheinlich durch ein Ferment veranlafst. Induktions- und sehr kräftige galvanische Ströme rufen in horizontalen Röhren mit Leuchtflüssigkeit das Pflügersche Phänomen hervor: das Licht zieht sich nach dem negativen Pole zurück und verschwindet schliefslich auch hier. Nach Tarchanoff werden die Bakterien trotz ihrer Vorliebe für Sauerstoff, der sich am positiven Pole ausscheidet, durch den Strom zum negativen Pole hin fortgerissen. In der so ausgelöschten Flüssigkeit sind die kleinen Lebewesen jedoch nicht abgestorben; eine eingeführte Luftblase läfst in der Regel das Leuchten wieder auftreten. Mechanische Stöfse und ähnliche anregende Einwirkungen vermehren die Leuchtkraft der Nährflüssigkeiten oder Gelatinekulturen für kurze Zeit, dann aber schwächen sie dieselbe und heben sie auf. Auch hier stellt eine eingebrachte Luftblase den alten Zustand wieder her.

Läßt man in den dorsalen Lymphsack eines Frosches einige Kubikcentimeter leuchtende Bouillon eintreten, so dringt die Flüssigkeit in die benachbarten Lymphsäcke, sowie in das Blut ein und erleuchtet nach und nach den Körper des Tieres, vorzugsweise die durchsichtigen Teile, besonders die Zunge. Wird der Frosch auf einer Glasscheibe über eine photographische Platte gebracht, so erhält man ein Bild, bei welchem sich die Umrisse des Körpers am besten abzeichnen. Solche leuchtenden Frösche müssen in einem dunklen Raume untersucht werden. In den Flüssigkeiten und Organen des Tieres finden die Leuchtbazillen ein mit Sauerstoff gesättigtes Mittel, das ihrem Gedeihen günstig ist. Dieses Licht erlischt nach 3 bis 4 Tagen: jedenfalls deshalb, weil die Phagocyten (Freßzellen) die Bakterien vernichten, und der Frosch wird wieder so, wie er war. Bei Tieren mit warmem Blute mißlingt dieser Versuch, weil die Leuchtbazillen bei einer Temperatur von 36 bis 38° C. erlöschen. — Dieser letzte Versuch ist deshalb von besonderer Bedeutung, weil bisher nur Giard mit Erfolg Impfversuche an lebenden Tieren gemacht hat. Er infizierte Flohkrebse, welche am dritten und vierten Tage ein grünliches Licht, das man auf 10 m Entfernung wahrnehmen konnte, ausstrahlten, nach 7 bis 8 Tagen aber eingingen.

Eine Reihe ähnlicher Versuche hat bereits Suchsland[15]) im Jahre 1898 veröffentlicht. Er experimentierte mit zwei Varietäten des von Beyerinck als »Photobacterium phosphorescens« bezeichneten Leuchtbakteriums. Wenn trotzdem die Ergebnisse Tarchanoffs vorher und ausführlich erwähnt wurden, so geschah es aus dem Grunde, weil wir in seiner Arbeit im großen Ganzen auch alles das zusammengestellt finden, was in früheren Arbeiten zerstreut publiziert worden ist. Suchsland hat in dem einleitenden Teile seiner Abhandlung eine Geschichte der Leuchtbakterien — wenn man so sagen darf — gegeben. Seinen Ausführungen ist auch in großen Zügen das entnommen, was der Darstellung über leuchtende Ostseebazillen vorausgeschickt wurde.

Für Photobacterium phosphorescens liegt die Temperatur des Erlöschens jedenfalls bei 36,5° C. Temperaturen von — 80° C., wie sie mittelst fester Kohlensäure und Äther erzeugt wurden, vermochten

---

15) Suchsland, Emil: Physikalische Studien über Leuchtbakterien. Festschrift der Latina zur zweihundertjährigen Jubelfeier der Franckeschen Stiftungen und der Lateinischen Hauptschule. Halle a. S. 1898.

die Bakterien nicht zu töten. Eine Reihe von Kulturen war eine Stunde, eine Anzahl von Gläschen sogar zwei Stunden diesem Kältegrade ausgesetzt. Wurde die entstehende Schnee- und Eiskruste schnell abgetaut, so zeigte sich auch sofort das Leuchten. Dieses scheint demnach auch bei der tiefen Temperatur überhaupt nicht aufgehört zu haben. Wurden dieselben Kulturen noch ein weiteres Mal stark abgekühlt, so zeigten sie wieder das Leuchten beim Verschwinden der undurchsichtigen Schneekrystalle. Eine Einwirkung von Sonnen- und von Röntgenstrahlen liefs sich nicht wahrnehmen. Schwarzes Papier wurde im Gegensatze zu Percy Franklands Experimenten vom Lichte der Bakterien nicht durchdrungen, auch wenn Vorrichtungen getroffen wurden, dafs die Kolonieen dicht an die photographische Platte herangebracht werden konnten. Dagegen wurde das Licht vom Prisma gebrochen; es zeigte ein Spektrum von Rot bis Blau und liefs erkennen, dafs es den Gesetzen der Polarisation unterliege. Statische Elektrizität hatte keinerlei Einflufs auf die Leuchtwirkung, die dynamische liefs sich in ihrem Einflufs dagegen deutlich durch die bereits erwähnte Pflügersche Erscheinung nachweisen. Interessant ist es, wie Sucheland das Zustandekommen des Phänomens erklärt. Die Leuchtbakterien können, wie oben bereits angeführt wurde, Säuren noch weniger vertragen wie ein starkes Alkali. Deshalb wird sich dort, wo sich der Säurebestandteil der leitenden Flüssigkeit ausscheidet, also am positiven Pole, zuerst ein Erlöschen bemerkbar machen, und später erst am negativen. Aus demselben Grunde schreitet das Auslöschen vom positiven Pole aus auch schneller fort als vom anderen.

Von dem Gedanken ausgehend, dafs dasjenige Licht das vorteilhafteste für Beleuchtungszwecke sei, dessen Strahlen fast ausschliefslich mittlere Wellenlänge und nur in geringer Menge Wärme- oder chemische Wirkung besitzen, hat Dubois[16]) sogar versucht, das Licht von Photobakterien praktisch zu verwerten. Dieses nähert sich jenem idealen Beleuchtungsmittel am meisten und wirkt auf das Auge sehr angenehm; leider läfst es in Hinsicht auf seine Intensität noch viel zu wünschen übrig. Zur Zeit der Pariser Weltausstellung stattete Dubois über den Stand seiner Arbeiten Bericht ab und stellte im Monat April in den Räumen des Palais d'optique die praktischen Ergebnisse aus. Zuerst hat sich der Gelehrte bemüht, gewisse

[16]) Dubois, Rafael: Sur l'éclairage par la lumière froide physiologique, dite lumière vivante. Comptes rendus. Tome 131, S. 475 ff. 1900.

leuchtende Mikroben oder Photobakterien in Flüssigkeiten von ganz besonderer Zusammensetzung zu züchten. Er beabsichtigte damit, das »physiologische Licht« schnell und praktisch verwendbar zu machen, sowie in jeder gewünschten Menge zu jeder Zeit erzeugen zu können.

Wenn die Flüssigkeiten mit guten Kulturen infiziert sind, so ist es leicht, sie innerhalb der mittleren Temperaturgrenzen der Luft zum Leuchten zu bringen. Bringt man sie dann in geeignete Glasgefäfse, so kann man leicht einen Saal so stark erhellen, dafs man die Züge einer Person auf mehrere Meter Entfernung erkennen und Druckschrift, sowie die Zahlen auf dem Zifferblatte einer Uhr lesen kann. Besonders abends, wenn das Auge nicht von der Helligkeit des Tages geblendet wird, oder nach einem Aufenthalte von wenigen Minuten in einem dunklen oder nur schwach erleuchteten Zimmer ist diese Beleuchtungsart gut verwendbar.

Nachdem Dubois mit Hilfe geeigneter Nährflüssigkeiten erreicht hatte, einen Saal mit einem schönen, mondscheinartigen Lichte zu erleuchten, gab er der Hoffnung Raum, die Kraft dieser Lichtquelle ansehnlich verstärken zu können, so dafs die Möglichkeit ihrer praktischen Verwendbarkeit bald erkannt werden wird.

Der Gedanke, das Licht lebender Wesen praktisch zu verwerten, ist übrigens nicht neu. Vor einigen Jahren hat Pasteur bereits Leuchtbakterien in Gelatine gezüchtet und diese Kulturen dann zur Herstellung kleiner Lampen benutzt. Die so erzielte Helligkeit war ungefähr mit der einer kleinen Nachtlampe zu vergleichen. Von geringerer Bedeutung ist die Thatsache, dafs gelegentlich Pyrosomen als lebende Lampen verwendet wurden. Wird ein solcher Tierstock berührt, so tauchen an der betreffenden Stelle zuerst einige Lichtpunkte auf; diese teilen sich den benachbarten Partieen mit, so dafs der ganze Körper sich nach und nach zu entzünden scheint. Dabei werden die leuchtenden Punkte immer heller und heller, dehnen sich mehr und mehr aus und verfliefsen miteinander, bis schliefslich der ganze Organismus wie ein weifsglühender Eisenstab strahlt! Während seiner Reise nach Chile fing von Bibra eines Abends 6 bis 8 Pyrosomen auf, setzte sie in ein Gefäfs und erhielt dann von diesen genügend Licht, um seinem erkrankten Freunde in einem ganz dunklen Raume die Beschreibung der Tiere bei ihrem eigenen Lichte vorzulesen. — Nur als Kuriosum sei erwähnt, dafs Nüesch einmal beim Scheine einiger Schweinekoteletten, die mit Leuchtbazillen bedeckt und auf Flaschenhälse gesteckt waren, eine kleine Gesellschaft bewirtete.

Wie Radziszewski[17]) bereits vor längerer Zeit gezeigt hat, verbrennen gewisse organische Substanzen beim Erwärmen mit alkoholischer Kalilauge oder diese ersetzenden organischen Verbindungen langsam. So lumineszieren viele organische Verbindungen, wie Alkohole, Aldehyde, mit mehr als 4 Kohlenstoffatomen im Molekül; ebenso verschiedene andere Stoffe, indem sie sich oxydieren. Der genannte Chemiker meinte, in diesen Vorgängen eine Erklärung für die Lichtentbindung phosphoreszierender Tiere gefunden zu haben. Rafael Dubois[18]) teilte diese Ansicht freilich nicht, doch setzte er die Versuche fort. Dabei fand er zahlreiche Stoffe, welche früher nicht geprüft worden waren, und die in Berührung mit Kaliumalkoholat in der Wärme oder Kälte Licht entbanden. So fand er auch, dafs das Äsculin, das aus der Rinde unserer Rofskastanie gewonnene Glycosid, eine ebenso schöne Lumineszenzerscheinung gab, wie der Schleim von Pholas dactylus. Diese Lichterscheinung, welche der Mundhöhle der Italiener, die die Bohrmuschel roh verzehren, im Dunkeln einen feurigen Glanz verleiht, wird durch starken Alkohol sofort verlöscht und erst durch Zusatz von Wasser wieder erregt. Das vom Äsculin mit Kaliumalkoholat hervorgerufene Lumineszieren wird durch Wasserzusatz dagegen sofort vernichtet. Eine Lösung von Äsculin in alkoholischer Kalilösung vermag eine ganze Nacht hindurch schön zu leuchten; sie nimmt noch zu, wenn man sie durch Einführen von Luftblasen lebhaft erschüttert. Je nach der Reinheit und Konzentration der verwendeten Stoffe wechselt die Leuchtkraft.

Über eine eigenartige Lichterscheinung berichtet Tommasi.[19]) Wenn ein Salmiakkrystall auf geschmolzenes Kaliumnitrat geworfen wird, so sieht man, wie er sich an der Oberfläche der flüssigen Schmelze in eine kleine, sich drehende Kugel verwandelt. Diese wird zuerst weifsglühend, entflammt darauf und verschwindet schliefslich unter schwachem Knall, etwa wie ein Stückchen Kalium auf Wasser. Ammoniumsulfat wirkt noch lebhafter leuchtend wie Salmiak: noch interessanter ist aber das Verhalten von Ammoniumnitrat in Form von krystallisiertem Pulver. Dann sieht man eine Reihe leuchtender Punkte auf der Oberfläche der Lösung auftauchen, während gar ein

[17]) Radziszewski, Br.: Untersuchungen über Hydrobenzamid, Amarin und Lophin. Berichte d. deutsch. chem. Ges. Band 10, S. 70 ff. 1877.

[18]) Dubois, Rafael: Luminescence obtenue avec certains composés organiques. Comptes rendus. Tome 132, S. 431 ff. 1901.

[19]) Tommasi, D.: Phénomènes lumineux produits par l'action de certains sels ammoniacaux sur l'azotite de potassium en fusion. Comptes rendus. Tome 128, S. 1107. 1899.

kleiner Krystall des Nitrats auf der Lösung sofort zu einer weißglühenden Kugel wird. Diese ist von einem phosphoreszierenden Ringe umgeben, welcher eine schnell drehende Bewegung ausführt und nach einigen Sekunden unter Bildung einer violetten Flamme zerspringt.

Ein Versuch, der vielleicht nicht mehr den besprochenen Erscheinungen, vielmehr einem Grenzgebiete angehören dürfte, wird uns von Vanino und Hauser[30]) mitgeteilt. Schwefelwasserstoff bringt nämlich, wenn er auf Bleisuperoxyd geleitet wird, die ganze Masse zum Glühen. Dabei verbrennt das zugeleitete Gas mit der eigentümlich fahlblauen Flamme des Bleies. Die mehr oder minder verunreinigten Superoxyde des Wismut, sowie das Pentoxyd dieses Metalls weisen ähnliche, aber nicht so intensive Lichterscheinungen auf, ohne dafs das Material besonders vorbereitet und sorgfältig getrocknet zu sein braucht.

Die sichere und schnelle Einwirkung des Schwefelwasserstoffs auf Bleisuperoxyd gestattet ein promptes Entzünden von Explosionsgemischen, z. B. von Schiefsbaumwolle, welche vollständig mit Wasser durchtränkt ist. Mit Hilfe der beiden Reagensien läfst sich auch im Augenblicke Pikratpulver verpuffen und Metallpulver, wie Aluminium, Zink und Wismut, unter Funkensprühen verbrennen. Vorausgesetzt ist nur, dafs das Superoxyd nicht auf eine Fläche verteilt ist, es mufs vielmehr gehäufelt zur Anwendung kommen. Diese Reaktion findet zwischen Schwefelwasserstoff und Mennige, Braunstein oder frisch gefälltem Mangansuperoxydhydrat nicht statt, während Kobalthydroxyd und Kupferdioxyd wenigstens eine starke Erwärmung eintreten lassen. Jedenfalls ist für das Zustandekommen der Reaktion eine starke Affinität zwischen dem Metalle und Schwefel erforderlich, wie sie bei Blei, Wismut und Silber besteht.

Das bunte Gemenge der besprochenen Erscheinungen giebt lange kein erschöpfendes Bild von all den verschiedenen Wegen, auf denen Licht zur Entbindung kommt. Einige Arten der Lichterzeugung sind kaum erkannt, für andere fehlt eine Erklärung ganz. Es dürfte deshalb nach unseren Betrachtungen für dieses Kapitel der Optik der letzte Wunsch Goethes berechtigt sein:

Mehr Licht!

[30]) Vanino, L., und Hauser, O.: Notiz über die Einwirkung von Schwefelwasserstoff auf Bleisuperoxyd. Berichte der deutsch. chem. Ges. 33. Jahrg., S. 625. 1900.

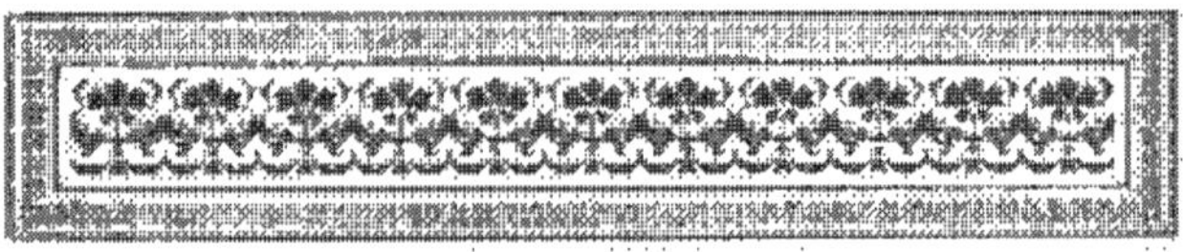

Wesen und Bedeutung der Spektralanalyse.

Von Professor Dr. Gallus Wessel in Wien.

(Schlufs.)

Oben bereits wurde der neuen und veränderlichen Sterne Erwähnung gethan. Als neue oder temporäre Sterne bezeichnet man jene, die bisher nur einmal aufleuchteten. Ein solcher Stern war der im Jahre 1572 von Tycho de Brahe bemerkte Fixstern, welcher 4 Wochen hindurch leuchtete und sogar die Venus in ihrer gröfsten Helligkeit an Glanz übertraf, 2 Jahre darauf aber für das blofse Auge vollends entschwunden war. Auch 1604, 1612, 1670, 1866, 1876, 1885, 1901 wurden neue Sterne beobachtet; besonders interessant war der neue Stern des Jahres 1892, der bei seiner Entdeckung bereits das Maximum der Helligkeit überschritten hatte. Nach 5 Monaten war er verschwunden, ein Vierteljahr später jedoch erschien er als echter Nebel wieder, dessen spektroskopische Beobachtung zugleich eine Bewegung von wenigstens 900 km in der Sekunde bewies.

Was die spektroskopische Beobachtung der neuen Sterne anbelangt, so haben die eigentümlichen Verschiebungen und Verbreiterungen ihrer Spektrallinien [39]) Anlafs zu Versuchen an Metallspektren gegeben, die mittelst des elektrischen Funkens in Wasser und in Alkohol erzeugt wurden; die Metalldämpfe standen dabei unter einem Drucke von mehreren hundert Atmosphären. Man konnte in dieser Weise die gleichen Verschiebungen und Verbreiterungen der Linien erzielen, und damit gewinnt die Anschauung sehr an Wahrscheinlichkeit, dafs das Phänomen eines neuen Sternes in dem Hervorbrechen gewaltiger Massen aus dem Innern des Sternes besteht, eine Ansicht, die durch die Art des Spektrums, das an und für sich kontinuierlich ist, aber sowohl helle als dunkle Linien zeigt, eine mächtige Stütze erhält. Damit stimmt Zöllners Hypothese überein, nach welcher bei plötzlich aufleuchtenden Sternen, zu denen nicht nur die eigentlich

[39]) Siehe Berberichs Bericht im Jahrbuch der Erfindungen. Jahrg. 35, Leipzig, 1900.

neuen Sterne, sondern auch die Sterne von sehr grofser Periode gerechnet werden könnten, die Abkühlung bereits so weit fortgeschritten ist, dafs es zur Bildung einer Schlackendecke kommt. Durch irgend einen Vorgang, eine heftige Krise im Innern wird diese Decke zerrissen, glühende Glutmassen brechen aus dem Innern hervor, durch welche die an der Oberfläche bereits vorhandenen chemischen Verbindungen wieder zersetzt werden, und mit dieser Zersetzung kann eine bedeutende Lichtentwicklung verbunden sein. Das heftige Aufleuchten ist also nach Zöllner besonders durch den Verbrennungsprozefs verursacht, der durch die emporbrechenden Glutmassen eingeleitet wird.[31])

[31]) Wilsing verlegt den Grund einer plötzlichen Aufhellung solcher Sterne darin, dafs man den neuen Stern als sehr excentrischen Doppelstern aufzufassen habe. In der Sternnähe werde durch die starke Anziehung des Nachbarsternes ein grofser Teil der Atmosphäre freigelegt, so dafs eine beträchtliche Aufhellung des Spektrums erfolgen könne. Vielleicht ist dieser Vorgang wenigstens bei einigen Sternen mafsgebend. Nach Seeliger käme auch noch die Thatsache in Betracht, dafs rasch laufende Sterne beim Durchgange durch ausgedehnte kosmische Nebelmassen infolge der Reibung sich oberflächlich erhitzen und infolgedessen aufleuchten. Durch den Reibungswiderstand, den der Weltkörper auf diese Weise erfährt, wird ein Teil seiner lebendigen Kraft in Wärme umgewandelt, so dafs er sich in relativ kurzer Zeit bis zur Weifsglut erhitzen kann. Durch Aufstürzen neuer kosmischer Materie, die gleichfalls bis zur Weifsglut erhitzt wird, kann sich eine glühende Gashülle bilden. Vor der Bildung der Gashülle könnte also das Spektrum sogar rein kontinuierlich sein, dann aber nach der Bildung der Gashülle zugleich helle Linien zeigen. Alle neuen Sterne zeigten sich bisher in dem vorgeschritteneren Stadium mit der Gashülle, da sie im kontinuierlichen Spektrum zugleich helle Linien aufwiesen. Nur der neueste der neuen Sterne, den R. Anderson am 21. Februar 1901 entdeckte, dessen Helligkeitsmaximum am 23. Februar eintrat, an welchem Tage er sogar den hellen Stern Capella an Intensität übertraf, zeigte in den ersten Tagen (bis 21. Februar) ein rein kontinuierliches Spektrum von dunklen Linien durchzogen, am 25. Februar aber sah man darin auch schon helle Linien, das Spektrum glich dann vollständig demjenigen des neuen Sternes von 1892. Nach Seeligers Hypothese unterläge also die Deutung dieses Spektrums keinen Schwierigkeiten. Vogel erkennt in Bezug auf die neuen Sterne der Hypothese Lohses grofse Vorzüge zu, nach welcher die Eigentümlichkeiten dieser Spektra sich durch erhöhten Druck erklären lassen. Lohses Ansicht ist folgende: „Durch die fortschreitende Abkühlung der aus glühenden Gasen bestehenden Masse eines selbstleuchtenden Weltkörpers (Fixsterns) wird schliefslich eine atmosphärische Hülle erzeugt, die das Licht in so starkem Grade absorbiert, dafs der Stern von der Erde aus nicht mehr oder doch nur schwach gesehen werden kann. Wenn dann durch weitere Wärmeausstrahlung der Grad der Abkühlung erreicht wird, welcher für die Bildung derjenigen chemischen Verbindungen erforderlich ist, die einen wesentlichen Teil des Ganzen bilden, so wird bei Vereinigung der betreffenden Elementarstoffe eine bedeutende Wärme- und Lichtwirkung auftreten, welche den Stern plötzlich aufhellt und auf grofse Entfernungen sichtbar macht."

Die veränderlichen Sterne wechseln entweder unregelmäfsig ihre Leuchtkraft wie Mira Ceti, oder regelmäfsig wie δ Ceptei oder Algol.[33]) Bei den letzteren wird man die Ansicht Pickerings und Zöllners nicht abweisen können, dafs wir es hier mit Himmelskörpern zu thun haben, welche bereits soweit erkaltet sind, dafs sich auf ihren Oberflächen Kontinente bilden konnten. Infolge der Umdrehung wenden sie uns regelmäfsig einen gröfseren oder kleineren Festlandkomplex zu.

Bei den Sternen, welche unregelmäfsige Perioden ihrer Leuchtkraft aufweisen, haben wir es wahrscheinlich mit Fixsternen zu thun, deren Glühzustand schon sehr vermindert ist; vielleicht finden dann Vorgänge statt, die der Fackel- und Fleckenbildung auf unserer Sonne entsprechen, durch welche die erhöhte Leuchtkraft sich erklären liefse.

Eine andere für die spektroskopische Untersuchung wichtige Klasse von Himmelskörpern sind die Kometen und Meteore.

Der Charakter des Spektrums ist bei allen Kometen derselbe: das typische Kometenspektrum besteht aus 3 immer an derselben Stelle auftretenden Banden, die gegen das Rot hin scharf begrenzt, gegen das Violett hin verwaschen sind. Die Kometen mit Kernbildung zeigen aufserdem ein kontinuierliches Spektrum, das aller Wahrscheinlichkeit nach vom Kerne selbst hervorgerufen wird. Die hellen Banden deuten auf glühende Gase hin, die im Kometen vorhanden sind, und zwar auf glühende Kohlenwasserstoffverbindungen. Die Ähnlichkeit des Kometenspektrums mit dem der Kohlenwasserstoffverbindungen ist so frappant, dafs fast jeder Zweifel ausgeschlossen ist, dafs die Spektrenbanden durch Kohlenwasserstoffverbindungen, etwa Petroleum oder Benzin, hervorgerufen werden. Nach den teleskopischen Beobachtungen gehen auf den Kometenköpfen Revolutionen vor sich, die an Grofsartigkeit den Umwälzungen auf der Sonnenoberfläche gleich kommen. Je mehr sich der Komet der Sonne nähert, desto mehr verschwinden die 3 charakteristischen Banden, und es macht sich dann nur die gelbe Natriumlinie geltend. Es erinnert diese Thatsache an folgende Erscheinung bei den Geissler-Röhren: Enthält die Geissler-Röhre aufser verdünnten Gasen auch Metalldämpfe, so zeigt sie nicht mehr das Spektrum der Gase, sondern nur dasjenige der Metalldämpfe. Der Vorgang bei der Annäherung eines Kometen an die

[33]) Es möge hier nicht unerwähnt bleiben, dafs alle Veränderlichen vom Algoltypus spektroskopisch als Doppelsterne sich erwiesen. Als solche Doppelsterne wurde auch eine Gruppe von Sternen erkannt, deren Spektrallinien sich periodisch verdoppeln und Sterne, bei denen die Spektrallinien zwar einfach bleiben, aber periodisch nach dem roten oder blauen Ende hin schwanken.

Sonne dürfte darin bestehen, dafs die Hülle des Kometen sich in Dampf verwandelt. Bei dieser riesigen Dampfbildung werden zugleich grofse Elektrizitätsmengen gebildet; die Massen des Kometen werden in der Nähe der Sonne durch elektrische Abstofsung von der Sonne fortgeschleudert, so dafs es zu Schweifbildungen kommt, die als riesige Lichtbrücken bis zu hundert Millionen von Kilometern den Himmel umspannen.

Mit dem gewaltsamen Sprengen der Hülle des Kometen kann auch die Bildung der sporadischen Meteore verbunden sein, die teils als Sternschnuppen und Feuerkugeln durch den Weltenraum fliegen, teils als Meteorite, Aërolithe oder Meteorsteine auf unsere Erde fallen.

Es sei im vorhinein erwähnt, dafs die Frage nach der Herkunft der Meteore, und ob die Meteorite mit ihnen gleichen Ursprunges seien,[33]) noch keineswegs gelöst ist. Die meisten Anhänger dürfte aber wohl die Hypothese haben, dafs wenigstens die Meteore und Kometen eines und desselben Ursprunges seien. Man könnte sich nach Halley und Schiaparelli diese Sache folgendermafsen erklären:

Die ursprüngliche Heimat der Kometen und Meteore ist wahrscheinlich die Fixsternwelt. Als Fremdlinge kommen sie in unser Sonnensystem und als kugelförmige Anhäufung kosmischer Materie in den Sonnenbereich. Durch die Anziehungskraft der Sonne wird sich diese kosmische Wolke deformieren, indem sie sich längs ihrer Bahn ausdehnt und so einen Meteorstrom bildet. Da aber auch die Planeten deformierend einwirken, kann ein solcher Meteorstrom zu Bewegungen und Gestaltungen veranlafst werden, die ihm den Charakter eines Kometen geben. Je nach den physikalischen Bedingungen wird also diese kosmische Wolke als eigentlicher Meteorschwarm oder als Komet auftreten. Wenn die Erde alljährlich einen solchen Strom kreuzt, so wird der letztere zu periodischen Sternschnuppenfällen aus einer bestimmten Richtung Anlafs geben (Radianten). Nicht gering ist die Zahl solcher Radianten, aus welchen her Monate hindurch Meteore gesehen werden. Eine Reihe periodischer Sternschnuppenschwärme kommt bekanntlich aus den Radianten der Perseiden und

[33]) Prof. Klein leitet die Meteorite vom Monde her; Schmidt und Meunier meinen, sie entständen durch explosionsartige Zertrümmerung eines Körpers unseres Planetensystems, welcher sich in rechtläufiger Bahn um die Sonne bewege. Ein Meteorit von ungewöhnlicher Gröfse ist in der Nähe von Porto Alegre am 12. Februar 1900 zur Erde gefallen; seine Masse ist 26 m hoch und hat 17 m Durchmesser; eine ungewöhnlich schöne Feuerkugel wurde am 16. Dezember 1900 in Dänemark und Norddeutschland beobachtet.

Leoniden.[34]) Die tägliche Zahl der mit freiem Auge sichtbaren Meteore wurde von H. A. Newton auf 10—15 Millionen geschätzt.[35]) Nach Dr. See müfsten in jeder Nacht 600 Millionen teleskopische Meteore in die Erdatmosphäre treten, und ebensoviel an jedem Tage. Leider gab das Spektroskop bisher nur wenig Anhaltspunkte zu einer Entscheidung über die verschiedenen Ansichten, denn das schnelle Erlöschen vereitelt meist die spektroskopische Untersuchung, und die Geschwindigkeit ist zu grofs, als dafs man sichere Beobachtungen machen könnte. Das für die Beobachtung eigens eingerichtete Meteorspektroskop lieferte bisher von Meteorkernen ein kontinuierliches Spektrum, in dem Gelb vorherrscht, und nur in zwei Fällen bestand es aus homogenem grünen Lichte. Konkoly fand sehr oft in dem kontinuierlichen Spektrum die helle Natriumlinie projiziert, und Secchi sah im Spektrum zweier Sternschnuppen sehr schön die Magnesiumlinie und aufserdem Linien im Rot.

Ebenso unsicher sind die Aufschlüsse der Spektralanalyse über die Natur des Tierkreislichtes, das aus einem matten Lichtschimmer besteht, der in Form einer Pyramide über der unter dem Horizont stehenden Sonne sich erhebt. Da das Spektrum sich immer als kontinuierlich erweist, dürfte das Licht des Tierkreises wahrscheinlich von reflektiertem Sonnenlichte herrühren, und es müfste in diesem Falle die Sonne von einem aus kosmischem Staube oder sehr kleinen Meteorkörperchen bestehenden Ringe umgeben sein, der in unsere Erdbahn hineinreicht. Die erwähnten Meteorschwärme werden in neuester Zeit auch zur Erklärung der Nebelflecke, und von einigen Forschern, wie z. B. Seeliger, auch zur Erklärung der neuen und veränderlichen Sterne herangezogen.

Die Nebelflecke sind ihrem Aussehen nach entweder gestaltlos oder sie haben ausgeprägte Formen und treten dann hauptsächlich als Ring- und Spiralnebel auf. Der ausgebreitetste und regelloseste

[34]) Der für Mitte November 1899 erwartete Hauptschwarm der Leoniden-Meteore ist ausgeblieben.

[35]) Die dem blofsen Auge nicht sichtbaren Meteore, sowie der kosmische Staub sind hier nicht mitgerechnet. Solcher Staubfälle sind viele bekannt. Von Karl Stolp wurde Schnee, welcher mit solchem Staube am 5. Nov. 1883 auf dem Paso de la Lamas, der Wasserscheide Chiles und Argentiniens, bedeckt war, abgeschöpft, und der Staub chemisch untersucht; er enthielt als rotbraunes Pulver Eisenoxyd, Nickeloxyd, Kieselsäure, Aluminium, Magnesium und geringe Mengen von Kupferoxyd, Phosphorsäure, Schwefelsäure und Kalk. Vielleicht ist auf eine ähnliche Erscheinung der oft erwähnte Blutregen zurückzuführen. Siehe G. Huber: Sternschnuppen, Feuerkugeln, Meteorite und Meteorschwärme. Bern 1894.

aller Nebelflecke befindet sich im Sterngebilde des Orion (Fig. 17). Chaotische Nebel sind auch die Magelhaenschen Wolken am Südpole. Von den Spiralnebeln ist besonders bekannt der Nebel im Sternbilde der Jagdhunde und in der Andromeda (Fig. 18 u. 19); einer der interessantesten Ringnebel steht im Sternbilde der Leyer. Die sogenannten planetarischen Nebel verdanken ihren Namen dem Umstande, dafs einerseits ihr bläuliches, gleichmäfsiges Licht dem Planeten-

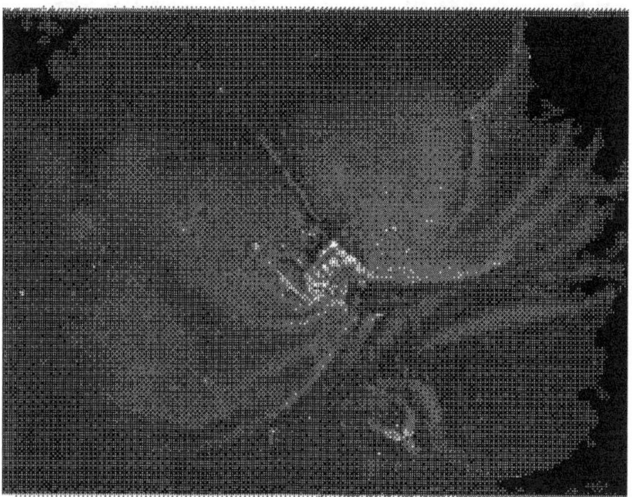

Fig. 17. Der grofse Orion-Nebel.

lichte, andererseits ihr Aussehen selbst den Planetenscheiben ähnlich ist. Alle eigentlichen Nebel geben ein Linienspektrum, und zwar weist dieses Spektrum lediglich 3 oder 4 einzelne farbige Linien auf, die durch dunkle breite Streifen von einander getrennt sind. Die eigentlichen Nebel bestehen also jedenfalls aus Gasen, hauptsächlich aus Wasserstoff- und Stickstoffgasen, und oft besitzen sie einen Kern aus verdichteten Gasen.

Von den Nebelflecken sind die Sternhaufen zu unterscheiden, die sich wohl auch dem blofsen Auge oder selbst in schwächeren Fernrohren als Nebel zeigen, durch kräftige Fernrohre jedoch sich aus vielen Tausenden von dicht gedrängten Sternen zusammengesetzt erweisen. Bei der Untersuchung, ob in einem bestimmten Falle ein

Sternhaufen oder ein Nebelfleck vorliegt, kann uns das Spektroskop Aufschlufs geben. Ein eigentlicher Nebel giebt immer ein Linienspektrum, Sterne dagegen geben ein kontinuierliches Spektrum. Freilich lassen uns bis jetzt die Instrumente wegen ihrer Unvollkommenheit bei der Untersuchung oft im Stiche, wenn es sich darum handelt, die Aussagen des Spektroskopes auch zu bestätigen, das heifst durch Fernrohre wirklich die Nebel in Sterne auflösen zu können. Bisher war es möglich, etwa die Hälfte der Nebel in Sterne aufzulösen.

Unwillkürlich drängt sich die Frage auf, wie der Glüh- oder Leuchtzustand der Nebel zu deuten sei. Ritter ist geneigt, den-

Fig. 18. Andromeda-Nebel.

selben durch Zusammenstofs ausgedehnter kosmischer Wolken zu erklären, welche beim Beginn ihrer gegenseitigen Annäherung eine gewisse interstellare Anfangsgeschwindigkeit gehabt haben. Höchstwahrscheinlich haben wir aber diese Nebelmassen als Uranfänge der Weltenbildung zu betrachten. In einem solchen Urnebel mögen sich an vielen Stellen und zu verschiedenen Zeiten Kondensationen bilden, und durch gegenseitige Einwirkung solcher Kondensationskerne, wobei als Kräfte nicht nur die Anziehungskraft der Massen, sondern jedenfalls auch solche elektrischer[35]) und magnetischer Natur zu berück-

[35]) Nach den Untersuchungen von Wiedemann und Hasselberg, die darthun, dafs in einer gasförmigen Hülle trotz einer verhältnismäfsig niedrigen Temperatur infolge elektrischer Entladungen Lichtentwicklung stattfinden könne, ist es nicht ausgeschlossen, dafs das Leuchten der Nebelmaterie als eine

sichtigen sind, mögen dann die verschiedensten Bewegungen eingeleitet werden. Durch Zusammenstöfse dieser verdichteten Massen können dann infolge der dabei auftretenden hohen Temperaturen auch leuchtende Himmelskörper, Sonnen, entstanden sein. Endlich konnten mit der allmählichen Verdichtung, mit welcher die rotierende Bewegung der Gasmassen jedenfalls auftrat, einzelne Teile losgelöst werden, welche nach den Gesetzen der Anziehung die gröfseren Massen umkreisen mufsten.

Durch Ausstrahlung der Wärme müssen die in lebhaftester Glut stehenden Himmelskörper, die erwähnten weifsen Fixsterne, sich nach und nach so abkühlen, dafs sie allmählich zu Sternen zweiter und dritter Klasse herabsinken. Durch Zusammenstöfse mit anderen Himmelskörpern können sie sich in späteren Zeiträumen möglicherweise wieder neue Lebensenergie holen.

Wir bewegen uns bei Beantwortung der Frage nach der Entstehung der Himmelskörper, wie wir sehen, noch auf ganz hypothetischem Boden; jedenfalls aber ist der Entwicklungsprozefs der Gestirne, namentlich derjenigen unseres eigentlichen Planetensystems, kein so einfacher und regelmäfsiger, wie ihn die Kant-Laplacesche Theorie lehrt. Nach dieser Hypothese war unser Sonnensystem ein Nebelball aus Gasen bestehend, der sich mindestens bis zur Neptunsbahn erstreckte. Während dieser Nebelball sich um seine eigene Achse mit einer Geschwindigkeit bewegte, die der Geschwindigkeit des Neptun gleich kam, trat ein Verdichtungsprozefs ein; der Ball zog sich infolge der Eigenschwere immer mehr und mehr zusammen, wodurch der Glutzustand des Centralkörpers, der Sonne, hervorgerufen wurde. Gleichzeitig lösten sich durch Abtrennung oder Spaltung die verschiedenen Satellitensysteme von ihm ab. J. R. Moulton und Prof. Chamberlin haben auf Grund der Gesetze der Mechanik diese Hypothesen geprüft und dabei gefunden, dafs jedenfalls kompliziertere Vorgänge, als die geschilderten, bei der Bildung unseres Sonnensystems stattgehabt haben. Namentlich könnte der Urnebel keine homogene Beschaffenheit gehabt haben, wie diese Theorie es voraussetzen mufs.

Sind die Aufschlüsse über die Entstehung der Himmelskörper auch noch vage, so ist doch so viel sicher, dafs sie alle denselben Ursprung haben, da ihre Zusammensetzung eine einheitliche ist. Ohne

elektrische Strahlung zu betrachten sei, wie denn auch eine Vergleichung des Flammenspektrums mit dem elektrischen der Kohlenwasserstoffe zu der Annahme einer elektrischen Strahlung bei den Kometen führt. Siehe „Sirius" September 1900.

Zweifel wird die Photographie, die in jüngster Zeit so wichtige Bundesgenossin der Spektroskopie, noch weitere Einblicke in die Natur des Universums gestatten. Sind doch die Resultate, die der Spektrograph schon in der kurzen Zeit seiner Verwendung lieferte, geradezu großartig zu nennen.

Der Grund der vorteilhafteren Forschung mit dem Spektrographen ist zunächst darin gelegen, dafs Untersuchungen bei lichtschwachen Objekten, die mit dem Spektroskop nicht mehr gelingen, mit dem Spektrographen ausführbar sind, weil auf der photographischen Platte sich die Licht-Eindrücke summieren.[37] Exponiert man also hinlänglich lange, so erhält man trotz der Lichtschwäche der Objektive deutliche Bilder.[38] Anderseits kann man das Spektroskop nur auf ein einziges Objekt richten, im Spektrographen dagegen ist uns ein Mittel gegeben, gleichzeitig die Spektra vieler Sterne zu fixieren. Ferner ist das Messen der Spektrallinien am Fernrohr eine sehr mühevolle Arbeit, da die meist unruhigen Bewegungen des Farbenbandes und die oft unbequeme Haltung des Kopfes des Beobachters dieselbe sehr erschweren. Die photographische Platte gestattet dagegen, die Ausmessung der Linien eines Spektrums jederzeit und zwar mit aller Ruhe und Sicherheit auszuführen.

Abgesehen von anderen Vorteilen und Ergebnissen, die der Spektrograph ermöglicht, sei noch der schönste Erfolg hervorgehoben, den die Astronomie dem photographischen Verfahren verdankt, ein Erfolg, der zu den gröfsten Hoffnungen auf dem Gebiete astronomischer Forschung berechtigt. Mit Hilfe des Spektrographen ist es nämlich gelungen, die Bewegungen der Sonne sowie der Fixsterne nicht nur zu beobachten, sondern auch die Gröfse dieser Bewegungen zu berechnen. Die Grundlage dieser Beobachtungen und Berechnungen liefert das sogenannte Dopplersche Prinzip. Doppler hat nämlich gefunden, dafs der Ton einer Schallquelle höher wird, wenn die Schallquelle sich dem Beobachter nähert, sich aber vertieft bei der

[37]) Es sei hier auf die ausgezeichneten Mondphotographien der Lick- und Yerkes-Sternwarten hingewiesen; Mondlandschaft Theophilus ist die beste, schönste und detaillierteste aller bisherigen.

[38]) So zeigten erst auch die photographischen Aufnahmen am Crossley-Reflektor, dafs die meisten Nebel spiralförmig sind. H. Ritchey hat am 9. August 1900 den Sternhaufen im Herkules mit 90 Minuten Expositionsdauer aufgenommen. Das Original-Negativ zeigt nicht weniger als 3200 Sterne, darunter sehr feine Doppelsterne. Von der Pariser Akademie wurde vor etwa 2 Jahren ein astronomischer Kongrefs zusammenberufen, auf dem die Grundlagen für eine photographische Aufnahme des ganzen Himmels festgestellt worden sind. 18 Sternwarten teilen sich in diese Arbeiten, deren Veröffentlichung bereits begonnen hat.

Entfernung. Das ist an sich natürlich, denn wenn sich die Schallquelle, z. B. eine Lokomotive auf einem geradlinigen Geleise, uns nähert, so gelangen in den näheren Punkten die Tonerregungen früher an unser Ohr, als wenn sie am selben Platze bliebe. Es folgt daraus, daſs in derselben Zeit von einer sich nähernden Schallquelle mehr Schall-

Fig. 19. Spiralnebel in den Jagdhunden.

wellen unser Ohr treffen, als von einer ruhenden. Eine Vermehrung der Schallwellen bedingt aber einen höheren Ton. Nun kann dieses Prinzip offenbar auch auf die Lichtwellen angewendet werden. Wie die Höhe des Tones der Schwingungszahl entspricht, welche durch die Bewegung des Schallerregers verändert wird, so entspricht einer bestimmten Anzahl Ätherwellen, die unser Auge treffen, eine bestimmte Stelle im spektralen Farbenband. Bewegt sich die Lichtquelle auf uns zu, so treffen das Auge in derselben Zeit mehr Ätherwellen, als wenn die Lichtquelle ruhig steht. Die Stelle im Farbenbande, welche der Wellenzahl bei nicht bewegter Lichtquelle entspricht, wird daher bei bewegter nach jener Seite und an jenen Ort rücken müssen, welcher eben der geänderten Wellenzahl entspricht. Zur Beobachtung dieser Verrückung dienen hauptsächlich die dunklen Fraunhoferschen Linien, die ja auch an Stellen von bestimmter Wellenzahl auftreten, und die hellen Linien; zur Vergleichung mufs dann aber eine ruhende Lichtquelle herangezogen werden. Auf Grund des angeführten Prinzips konnte z. B. Campbell die Geschwindigkeit des Mondes in der Gesichtslinie zur Erde bestimmen. Seine Berechnung ergab ein Resultat, das von dem auf anderem Wege erzielten nur sehr wenig verschieden war, wodurch die Anwendung dieses Prinzips auf die Bewegung der Fixsterne vollkommen berechtigt erscheint. Auf allen gröfseren Sternwarten wird in der jüngsten Zeit der Aufgabe, mit Hilfe des Spektroskops die im Visionsradius gelegene Bewegungskomponente der Gestirne zu ermitteln, die gröfste Aufmerksamkeit zugewendet. Die Potsdamer Sternwarte hat bereits eine 10jährige Arbeit über diese Sternbewegungen veröffentlicht. Als Vergleichsspektrum diente fast ausschliefslich das Wasserstoffspektrum. Aus den Jahren 1890 und 1891 liegen ferner schöne Resultate über die Bewegung der Nebelflecke im Visionsradius vor, die Keeler mit dem grofsen Refraktor der Lick-Sternwarte durch direkte Beobachtungen mittelst eines Gitterspektroskops gewonnen hat. Es sind 14 Nebel mit grofser Genauigkeit auf Bewegung untersucht worden; dasselbe geschah von Belopolsky auf der Sternwarte zu Pulkowa in Bezug auf die Bewegung des Polarsterns. Die Geschwindigkeit dieses Sterns berechneten Vogel und Scheiner im Jahre 1888 auf 26 km, seit dieser Zeit hat sie nach Belopolsky um 15 km abgenommen. Auf Grund der Ergebnisse der Potsdamer Beobachtungen hat Dr. Kempf daselbst den wahrscheinlichen Wert der Geschwindigkeit der Sonne zu 13 km per Sekunde berechnet.[39])

Durch Vergleichung der Linien des Spektrums, welche die auf uns sich zu bewegenden Randpartien des Sonnenballs liefern, mit den

[39]) „Man kann sagen, dafs der ganze Fixsternhimmel in Bewegung ist. Allerdings sind diese Bewegungen nicht grofs; der am schnellsten bewegte Stern braucht etwa 250 Jahre, um seinen Ort um einen Monddurchmesser zu verändern, und jene Sterne, welche zu einer so grofsen Ortsveränderung drei Jahrtausende benötigen, gelten immer noch als „recht rasche Wanderer am Firmament" (Bidschoff, Über die Bedeutung der Photographie für die Erforschung der Beschaffenheit und der Bewegungen der Gestirne).

Spektrallinien derjenigen Randpartien, die sich infolge der Achsendrehung der Sonne von uns wegbewegen, konnte nach demselben Prinzipe auch die Geschwindigkeit, mit welcher sich die Sonne um ihre Achse dreht, berechnet werden.

Die bisher angestellten spektrographischen Arbeiten haben aber, wie es bei großen Entdeckungen immer der Fall ist, noch zu anderen wichtigen Resultaten geführt, welche in der Zukunft von der größten Bedeutung für das Studium des Baues des Universums werden können. So konnte Scheiner aus spektrographischen Beobachtungen sogar auf die Temperatur der äußersten Schichten der Fixsterne Schlüsse ziehen. Die Sterne der ersten Klasse — die weißen Sterne — hätten darnach eine Oberflächentemperatur von mindestens 15000°, jene der dritten nur mehr eine Temperatur von 3—4000°. Die zunehmende Genauigkeit der spektrographischen Forschung läßt weiterhin erwarten, daß mit ihrer Hilfe die Aufgabe, welche als eine der wichtigsten der ganzen Astronomie betrachtet werden darf, nämlich die Bestimmung der mittleren Entfernung der Erde von der Sonne — die dem Astronomen sozusagen als Maßstab der Entfernungen dient — gelöst werden könne. Auf Grund spektrographischer Beobachtungen der Linienverschiebungen ist es endlich möglich geworden, viele der sogenannten helleren Sterne als Doppelsterne, manche derselben als mehrfache Sterne zu erkennen; so ergaben die oben angeführten Potsdamer Sternbeobachtungen 78 Doppelsternsysteme, die sich der direkten Beobachtung, selbst mit den größten Instrumenten, gänzlich entziehen.[*])

Sind schon die bisherigen Erfolge der Spektroskopie wahrhaft großartig zu nennen, so darf man bei der steten Vervollkommnung der Lichtbildkunst und Beobachtungsmethoden die Hoffnung hegen, daß die astronomische Forschung auf dem eingeschlagenen Wege manches Dunkel in den Anschauungen über die Entstehung und den Aufbau des Weltalls, speziell unseres Sonnensystems, aufhellen, und so die Sehnsucht des Menschen nach der Erkenntnis des gestirnten Himmels durch die Königin der Wissenschaften Befriedigung finden werde.

*) Die Beobachtungen sind vor kurzer Zeit mit einem neuen, großen Doppelrefraktor wieder aufgenommen worden.

Aus der Tiefe empor!*)

Die wenigsten Leser haben eine Ahnung davon, welch ungeheure Schätze im tiefen Meeresgrund begraben liegen. Nur von Zeit zu Zeit wagen sich mutige Taucher in die geheimnisvollen, grausigen Tiefen, um die Kostbarkeiten zu heben, die infolge von Seeschlachten, Feuer oder Sturm verloren gegangen sind und oft Jahrhunderte lang unversehrt auf dem Meeresgrund liegen, während ihre rechtmäßigen Besitzer schon längst vermodert im Grabe ruhen.

„L'Orient" hiefs eines der französischen Schiffe, welches der berühmte Admiral Nelson in der denkwürdigen Schlacht von Abukir in die Luft sprengte. Nebst grofsen Mengen anderer Schätze hatte es 600 000 Pfund Sterling in klingender Münze und den ganzen geraubten Kirchenschatz der Kathedrale von Valetta an Bord. Das Schiff war ausgeschickt worden, um Bonaparte den rückständigen Sold der französischen Armee zu überbringen.

Nach mehrfachen Versuchen gelang es Kapitän Ponsonby, vom Deck des gesunkenen „Orient" einen Offizierssäbel und andere interessante Reliquien heraufzuholen. Wichtiger jedoch war der Fund, den man im Magen eines ungeheuren Schwertfisches machte. Man fand darin zwei achtzig Quadratzoll grofse, vom „L'Orient" herrührende, mit rohen Diamanten gefüllte Holzkistchen. Ehe man seiner habhaft werden konnte, hatte der sich in der Nähe des Wracks herumtreibende Riesenfisch den Tauchern viel Angst und Sorge bereitet. Wie grofs war aber die Freude, als man die Kistchen öffnete! Man denke, zwei Kistchen Diamanten als totes Kapital im Magen eines Seeungeheuers!

Aus dem Hauptmast des „L'Orient" wurde ein Sarg gezimmert, den Kapitän Hallowell dem Admiral Nelson mit folgendem Begleitschreiben übersandte:

*) Fortsetzung der Mitteilung im Dezemberheft 1901.

„Swiftsure, August 1798.

Mein Herr! Ich nehme mir die Freiheit, Ihnen den aus dem Hauptmast des „L'Orient" gezimmerten Sarg zum Geschenk zu machen, damit Sie, wenn Sie Ihre militärische Laufbahn in dieser Welt beendet haben, in einer Ihrer Siegestrophäen begraben werden können. Dafs dies jedoch noch recht, recht lange hinausgeschoben bleiben möge, ist der aufrichtige Wunsch Ihres Sie verehrenden Freundes

Ben Hallowell."

Admiral Inglefield erzählte, Nelson sei von der sinnigen Gabe so erfreut gewesen, dafs er den Sarg an der Scheidewand seines Speisetisches an Bord der „Victoria" aufstellen liefs; dort blieb er, bis man die sterblichen Überreste des grofsen Seehelden nach seiner letzten Ruhestätte, dem Londoner St. Paulsdom, beförderte.

Im Jahre 1799 strandete das grofse Kriegsschiff „Lutine" an der holländischen Küste. Es war ausersehen, ungeheure Schätze von Yarmouth nach dem Texel zu schaffen. Eines Morgens erhob sich ein furchtbarer Sturm. Trotz der übermenschlichen Anstrengungen der Mannschaft gelang es nicht, den Elementen zu trotzen; das Schiff ging mit Mann und Maus unter. Achtzehn Monate lang unternahm man fortwährend Bergungsversuche, bis es endlich gelang, 80 000 Pfund Sterling in Münzen zu heben. Doch war das nur ein Teil der an Bord befindlichen Barschaft.

1814 versuchten mutige Taucher, das mittlerweile tief in den Sand gebettete Wrack zu durchsuchen, aber ohne jeden Erfolg. Das Resultat einer mühevollen, lebensgefährlichen Arbeit von sieben Jahren (1814 bis 1821) ergab nur einige Silbermünzen. 1822 wurden mehrere tausend Pfund auf Taucherarbeit verwendet, und trotzdem kam auch diesmal absolut nichts zu Tage. Da meldete sich die britische Lloydgesellschaft und einigte sich nach schier endlosen Verhandlungen mit der holländischen Regierung dahin, dafs sie für die Hälfte der zu Tage geförderten Schätze die Taucherarbeiten fortsetzen werde. Jahre um Jahre wurden Taucher in die grausigen Tiefen hinabgelassen und setzten ihr Leben aufs Spiel, um dem neidischen Meere die verborgenen Schätze zu entreifsen — vergebens. Nur Ärger und Aufregungen aller Art lohnten die Mühe.

1857 wurde zwischen der holländischen Regierung und dem Lloyd eine neue Vereinbarung getroffen. Der seit zweiundsechzig Jahren in der Tiefe ruhende Schatz mufste um jeden Preis gehoben werden, und siehe da — in den nächsten vier Jahren wurde die Ausdauer von Erfolg gekrönt, und auf Lloyds Anteil allein entfielen 25 000 Pfund Sterling. Bei dieser Gelegenheit fand man auch zahlreiche interessante Reliquien, einen Teil des Steuerruders und die Schiffsglocke. Dem alten Neptun war es vielleicht schon lästig geworden, von den habgierigen Menschen so oft in seiner Ruhe gestört zu werden; vielleicht fürchtete er auch, dafs die findigen Köpfe zu viele seiner Geheimnisse ergründen könnten, und er liefs sie daher lieber den sehnlichst gesuchten Schatz finden. Oder schlummert auch der gute Neptun zuweilen? . . .

Ein anderer merkwürdiger Fund wurde im Jahre 1806 in Weymouth gemacht. Man fischte mit Hilfe einer Taucherglocke von der einige Jahre vorher gesunkenen „Abergavenny" zweiundsechzig Kisten auf, welche 350 000 Dollars enthielten. Der Wettergott schanzte gegen Ende des achtzehnten Jahrhunderts seinem Bruder Neptun eine Anzahl von Wracks mit ungeheuren Schätzen zu. 1798 ging die britische Fregatte „De Brook" in einem furchtbaren Sturm bei Lewes in den Vereinigten Staaten unter. Sie soll Gold- und Silbermünzen, Juwelen und andere Kostbarkeiten im Werte von mehreren Millionen an Bord gehabt haben, die sie der auf dem Wege nach Halifax abgefangenen spanischen Flotte weggenommen hatte. Zweihundert in Eisen geschlagene Gefangene befanden sich im Zwischendeck, als das Schiff sank. Giebt es eine Phantasie, die lebhaft genug wäre, um den Jammer und die Todesqualen dieser Ärmsten auszumalen! Zweihundert Menschen, die alle ein Recht auf Freiheit und Leben hatten, wurden erst ein Opfer des Krieges und dann ein Opfer des Sturmes!

Man sollte es kaum für möglich halten, dafs man 235 Jahre nach dem Untergang kostbarer Güter diese aus der Meerestiefe unversehrt ans Tageslicht befördern kann, und doch ist es eine Thatsache, dafs das gute Schiff „Haarlem", welches im Mai 1648 in der Tafel-Bai unterging mit all den vielen Kisten von Kuriositäten und Antiquitäten, die zum Verkauf an europäische Museen bestimmt waren, im Jahre 1883 von Tauchern aufgefunden wurde. Die Kisten enthielten Götzen, seltenes Porzellan, kostbare Glas- und Silberwaren. Das Porzellan hatte nicht im mindesten darunter gelitten, dafs es 235 Jahre unter dem Meeresspiegel lag, wohl aber die zahlreichen Silbergegenstände, die kaum mehr kenntlich waren.

Ein anderer, nicht minder merkwürdiger Fall — doppelt merkwürdig wegen des ungeheuren Schatzes, wie wegen des Glücks, dessen sich die Berger erfreuten — ist der der britischen Fregatte „Thetis", die im Jahre 1830 an der brasilianischen Küste strandete mit 162 000

Pfund in Barren an Bord. Der ganze Schiffsrumpf ging in Stücke, der Schatz sank fünf bis sechs Faden tief unter Wasser. Der Admiral der brasilianischen Station, die Kapitäne und die Mannschaft von vier Korvetten waren volle achtzehn Monate damit beschäftigt, den Schatz zu bergen. Die Bergungsarbeiten wurden mit großem Verständnis und Geschick geleitet und waren mit vieler Mühe, Plage und viel Gefahren verbunden. Leider fielen ihnen auch vier Menschenleben zum Opfer, sie waren aber wenigstens von Erfolg begleitet. Wegen der Belohnung der Berger entstanden zwischen den Parteien Streitigkeiten, die sogar zu langwierigen Prozessen ausarteten. Der Admiralitäts-Gerichtshof erkannte ihnen 17 000 Pfd. St. zu, der Geheime Rat 20 000 Pfd. St. und 25 800 Pfd. St. für Auslagen.

Eine der erfolgreichsten Bergungsexpeditionen fand unter der Regierung Jakobs II. statt. Auf einem reichen spanischen Schiffe, das an der südamerikanischen Küste gescheitert war und 44 Jahre auf dem Meeresgrund gelegen haben soll, fanden die Berger 800 000 Pfund Sterling. 1687 wurde zu Ehren dieses Ereignisses sogar eine Medaille geprägt. Damals gab es noch dankbare Menschen! Zwei Jahrhunderte später, im Februar 1885, sank bei Point Gaudo der von Cadiz nach Havana abgehende spanische Postdampfer „Don Alfonso" in 25 Faden Wasser. Er hatte angeblich für 100 000 Pfund Sterling Wertsachen an Bord. Die Gesellschaft, bei welcher das Schiff versichert war, sandte im Mai eine Expedition zur Auffindung des Dampfers und zur Bergung der darauf befindlichen Güter aus. Das Glück begünstigte diese Leute, denn es gelang ihnen nach mehrmonatiger anstrengender und gefährlicher Arbeit, den gesunkenen Dampfer zu finden und den größten Teil der klingenden Münze ans Tageslicht zu fördern.

Merkwürdig sind zwei Funde, die man in letzter Zeit gemacht. Das so gefürchtete und von so vielen Poeten besungene Meer wird hier und da von einer Geberlaune erfaßt. Es speit zuweilen die in seinem Zorn verschlungenen ungeheuren Schätze wieder aus. So fand man unter der Landungsbrücke von Melbourne 3800 Pfund Sterling, die einen Teil jener 5000 bildeten, welche mit dem Dampfer „Iberia" dort untergegangen waren. In der Nähe von Bognor fand ein Zusammenstoß zweier Schiffe statt, deren eines mit Mann und Maus nach wenigen Minuten sank. Einige Monate später spülte das Meer in der Nähe von Worthing das zur Unterhaltung der Passagiere im Salon jenes unglücklichen Dampfers aufgestellt gewesene Piano an die Küste. Die Wassernixen und Meergötter wußten wahrscheinlich mit dem modernen

Unding nichts anzufangen, und da es auch für die Hai- und sonstigen Raubfische ein zu harter Bissen war, wurde es zu Nutz und Frommen der Menschenkinder wieder ans feste Land gespült. In welchem Zustande, das kann man sich wohl denken!

Manchem Leser dürfte sich vielleicht die Frage aufdrängen, was mit denjenigen gehobenen Gütern geschieht, die erwiesenermaßsen den Passagieren der gesunkenen Schiffe gehört hatten. Die nachfolgenden Beispiele mögen als Erklärung dienen. 1882 schwebte bei dem Marseiller Zivilgericht ein eigentümlicher Fall. Ein Ehepaar kam bei einem Schiffsunfall ums Leben, und die Verfügung über fünfundsiebzigtausend Pfund Sterling hing von der Frage ab, wer erbberechtigt sei. Ein ähnlicher Fall wurde 1767 entschieden. Im Oktober 1766 schiffte sich General Stanwix mit seiner zweiten Frau und seiner Tochter ein, um von Dublin nach England zu reisen. Das Schiff ging spurlos verloren, und man konnte trotz aller Nachforschungen nicht ermitteln, auf welche Art es zu Grunde gegangen war. Es blieb einfach verschollen. Nach Jahr und Tag meldete sich ein Onkel mütterlicherseits und nächster Verwandter des Fräulein Stanwix als Erbe mit der Berufung auf einen Gesetzesparagraphen, nach welchem in Fällen, wo Eltern und Kind zusammen zu Grunde gehen und die Todesart unbekannt bleibt, das Kind immer als Erbe der Eltern anerkannt werden und die Erbschaft daher auf den nächsten Verwandten des Kindes übergehen müsse. Der Onkel wurde abgewiesen, denn es gelang einem Neffen des ums Leben gekommenen Generals, nachzuweisen, dafs er ein gröfseres Anrecht auf die Erbschaft habe.

Die Bevölkerung aller Meeresufer weifs von ungeheuren Schätzen zu erzählen, die unbehoben auf dem Meeresgrunde liegen. So geht an der Küste von Cornwallis die Sage, dafs im Jahre 1784 ein spanisches, mit Goldbarren und klingender Münze beladenes Schiff dort gestrandet sei. Das Gold und Geld hätte in der Bank von England angelegt werden sollen, um während der Zeit der Unruhen in Spanien gesichert zu sein. Das Volk ist heute noch von der Überzeugung durchdrungen, dafs der gröfste Teil jenes Schatzes zwischen dem Sand und den Felsenklippen, an denen das Schiff zerschellte, begraben ruht. Von Zeit zu Zeit spülen die Wellen wirklich Hunderte von Dollars ans Land. Zuletzt nach einem heftigen Sturm im August 1898.

Vor ungefähr einem Vierteljahrhundert hatte sich eine Gesellschaft gebildet, die in der Nähe der Stelle, wo man den gesunkenen Schatz vermutete, einen Schacht durch den Felsen unter dem Hochwasserzeichen hinabsenkte — in der Hoffnung, dafs der nächste heftige Sturm die begrabenen Münzen und Barren durch die heftige Wellenbewegung in das künstlich erzeugte Loch treiben werde. Aber ehe das Werk vollendet war, wurde es durch die Flut zerstört. Zahlreiche andere Pläne zur Hebung dieses Schatzes mifsglückten ebenso, und man mufs es einem günstigen Zufall überlassen, ob das Meer gewillt sein wird, die vermeintliche Beute herauszugeben oder nicht.

Man sollte doch glauben, dafs die mutigen Taucher, die ihr Leben aufs Spiel setzen, um gesunkene Schiffe oder deren Ladung ans Tageslicht zu fördern, gut bezahlt werden. Dem ist aber nicht so. Es giebt keine festgesetzten Tarife für Bergungsarbeiten, und die Berger werden in der Regel nicht übermäfsig glänzend bezahlt. Ja, was noch schlimmer ist, auch die Behörden versäumen es oft, die Fischer und Taucher zur Ehrlichkeit zu ermutigen. Ein Fall für viele:

Als der „Jonkheer Meester Van de Wall", ein Holländisch-Ostindienfahrer, an der englischen Küste strandete, waren Fischer damit betraut, Zinnblöcke, die einen Teil der Fracht gebildet hatten, aufzufischen. Es gelang ihnen, auch eine schwere Blechkiste, die in sechs Faden Tiefe gelegen hatte, ans Land zu befördern. Sie öffneten sie und fanden zu ihrem Erstaunen und ihrer nicht geringen Freude Münzen und Banknoten im Werte von 12—18 000 Pfund Sterling darin. Die wackeren Leute lieferten, ohne auch nur eine Minute in Versuchung zu geraten, die Kiste samt Inhalt sofort der betreffenden Behörde ein. Das Gericht erkannte ihnen wohl den dritten Teil der Gesamtbarschaft als Bergungslohn zu, den sie auch ausgezahlt erhielten, aber als Belohnung für ihre Ehrlichkeit standen sie von dem Augenblick an, da sie den Schatz getreulich abgeliefert hatten, unter strenger Aufsicht und wurden, so oft sie fortan ins Meer stachen, von einem Küstenwächter begleitet. So schlecht wird heutzutage die Tugend manchmal belohnt! B. K—r.

Periodische Seespiegelschwankungen (Seiches).

Vom Genfer See kennt man seit einiger Zeit die Erscheinung, dafs der Wasserspiegel sich in regelmäfsigen Pausen hebt und senkt; ein Vorgang, der den Namen „Seiches" erhalten hat, und der dort auch praktisch wichtig ist, da das Seewasser bei Genf Turbinenwerke speist, also eine Hebung oder Senkung des Wasserspiegels um den mitunter vorkommenden Betrag von 1 m von grofser Bedeutung ist. Durch weitere Beobachtungen an Schweizer Seen von Forel, Plantamour, Sarasin ist festgestellt worden, dafs es sich hierbei nicht um eine wirkliche Zu- oder Abnahme des Wassers handelt, sondern daß eine Schwingung der ganzen Wassermasse des Sees vorliegt. In ca. 73 Minuten schwingt das Wasser hin und her und erzeugt dabei an beiden Enden des Sees (in Vevey und Genf) periodische Hebungen und Senkungen des Spiegels, während in der Mitte der Spiegel in Ruhe bleibt. Man hat es also mit einer stehenden Schwingung zu thun; am Ost- und Westende des Sees liegen Schwingungsbäuche, in der Mitte ein Knoten (uninodale Schwingung). Zu Zeiten tritt aber neben dieser Schwingung noch eine andere hervor, die in 35 Minuten verläuft und auch in der Mitte einen Bauch, also zwei Knoten hat (binodale Schwingung). Schon die Vergleichung der beiden Schwingungszeiten (73 und 35 Minuten) zeigt, dafs das Verhältnis von beiden nicht so einfach ist, wie bei den ersten Oberschwingungen in der Musik (Oktave). Das Ineinandergreifen beider Schwingungen bezeichnet Forel als dikrote Schwingungsform.

Diese Untersuchungen der Seiches hat nun der Münchner Physiker Ebert auch in Deutschland vorgenommen, und zwar zunächst im Jahre 1900 am Starnberger See (H. Ebert: Periodische Seespiegelschwankungen (Seiches), beobachtet am Starnberger See. Sitzungsbericht der math.-phys. Klasse der kgl. bayer. Akademie der Wissenschaften, Bd. XXX, 1900, Heft III, und H. Ebert: Sarasins neues selbstregistrierendes Limnimeter. Zeitschrift für Instrumentenkunde, 1901, Juli). Der zur Beobachtung benutzte, an einer Badeanstalt angebrachte Apparat besteht aus einem grofsen Schwimmer von Zinkblech, der ca. 7,5 l Wasser verdrängt und zum Schutz gegen Dampferwellen etc. in einer grofsen, starken, an Pfählen befestigten Kiste mit durchlöchertem Boden ruht. Eine an dem Schwimmer befestigte Stange geht senkrecht hoch und durch feste Führungslöcher. An ihr ist ein Kupferband befestigt, das über eine Rolle läuft und durch ein Bleigewicht gespannt wird. Hebt und senkt sich der Schwimmer, so dreht sich die Rolle und schiebt einen wagerecht liegenden Bleistift parallel zu sich selbst hin und her. Seine Aufzeichnungen auf einem Papierband registrieren die Bewegungen des Schwimmers und also auch die des Wasserspiegels. Wenn der Schreibstift durch Hoch- oder Niedrigwasser zu weit zur Seite gedrängt wird, so kann man durch Änderung der Verbindung zwischen der Schwimmerstange und dem Kupferband den Apparat von neuem einstellen. Das Uhrwerk, das den Papierstreifen bewegt, macht auch die nötigen Zeitmarken, so dafs man ohne weiteres ablesen kann, ob und in welchen Zwischenräumen das Wasser schwankt.

Als Unterlage für die Beobachtung wurde nun eine von Merian (1828) aufgestellte Formel benutzt, nach der die Schwingungsdauer für das in einem flachen Gefäfs hin und her schwingende Wasser $T = \frac{2l}{\sqrt{gh}}$ ist, wobei l die Länge, h die Tiefe der schwingenden Wassermasse bezeichnet und g = 9,81 m ist. Auf dem Starnberger See ist l = 19,6 km; die durchschnittliche Tiefe wurde dadurch ermittelt, dafs für den Längsschnitt eine Schablone nach vorhandenen Tiefenmessungen von Geistbeck ausgeschnitten und gewogen wurde. Eine gleich schwere Schablone von derselben Länge und rechteckiger Form giebt die durchschnittliche Tiefe. Für die Längsrinne, in der das Wasser schwingt, ist h = 75,7 m. Aus diesen Zahlen ergiebt sich T = 24 Minuten, die Beobachtungen lieferten T = 25 Minuten; also besteht eine sehr gute Übereinstimmung mit der Formel. Die durchschnittliche Höhe der Schwankung ist verschieden; am 7. Juli betrug sie 18 mm, ging dann herab bis auf 6 mm (14. Juli), später stieg sie wieder und betrug z. B. am 18. und 19. August ebenfalls 6 mm, dagegen am 5., 20., 21. August 22 mm, am 27. August 50 mm etc. Die Schwingungsdauer aber änderte sich nicht in demselben Mafse, sie war von der Gröfse der Schwingung (Amplitude) unabhängig, ebenso wie die eines Pendels. Dagegen nahm sie vom Juli bis zum September zu, von 24,89 Minuten bis auf 25,10 Minuten im Durchschnitt. Da gleichzeitig der Wasserspiegel des Sees sank, so ergiebt sich auch hier eine Übereinstimmung mit der Merianschen Formel, da $\frac{2l}{\sqrt{gh}}$ wachsen mufs, wenn h abnimmt.

Neben dieser Hauptschwingung, deren Periode rund 25 Minuten beträgt, trat oft eine Oberschwingung hervor mit einer Periode von 15,8 Minuten (z. B. am 23. August von 0^h v. bis 10^h n., also 16 Stunden lang). Auch hier ist, wie beim Genfer See, das Verhältnis zwischen beiden Schwingungen nicht so einfach wie in der Musik; es liegt in der Mitte zwischen den Verhältnissen der Quinte und Sexte (1 : 1,5 und 1 : 1,67 neben 1 : 1,58). Treten beide Schwingungen zugleich nebeneinander auf, so zeichnet der Stift die dikroten Schwingungen Forels auf, den Wellenzug, der durch Interferenz aus den beiden einfachen entsteht. Bei der Hauptschwingung schwingt die ganze Wassermasse, bei der Oberschwingung vermutlich nur die des tieferen nördlichen Teils, der bei Unter-Zaismering durch eine Untiefe von dem südlichen, flachen Teil abgetrennt ist.

Das Verhältnis der Oberschwingung zur Hauptschwingung ist

also auch wesentlich von dem Verhältnis entsprechender Schwingungen in der Musik verschieden; nicht die Kräfte, die überhaupt das Wasser in Bewegung setzen, und die Cohäsion zwischen den Wasserteilen rufen die Oberschwingung hervor, sondern Nebenumstände, die in der Musik etwa mit einer lose an eine schwingende Saite gelegte Federfahne verglichen werden könnten.

Diese in den Seespiegelschwankungen sich zeigenden Wasserströmungen sind schon seit langer Zeit den Fischern bekannt gewesen. Es ist mehrfach vorgekommen, dafs ihnen ihre Netze weggerissen worden sind. Das ist ohne die Schwankungen nicht zu erklären, mit ihnen aber leicht verständlich, denn wenn am einen Ende des Sees das Wasser ca. 60 mm steigt, so mufs eine bedeutende Wassermenge die Mitte des Sees in kurzer Zeit durchfliessen, also eine starke Strömung hervorrufen.

Ebert hat schliefslich seine Untersuchungen noch auf die Einwirkung des Luftdrucks auf den Seespiegel ausgedehnt und mit Hilfe eines selbstregistrierenden Aneroidbarometers am 21. August, an dem ein Gewitter heranzog, gegen Abend das typische Fallen und Steigen des Barometers (Gewitternase) und gleichzeitig um 10 Uhr ein Sinken des bisher ganz ruhigen Spiegels um 24 mm beobachtet, das schon um $10^1/_2$ Uhr bis zu Schwingungs-Amplituden von mehr als 60 mm sich gesteigert hatte. In der Nacht entlud sich das Gewitter. Die Schwankungen dauerten bis zum 23.; am 22. um 3h v. trat zur Hauptschwingung auch die Oberschwingung hinzu, die am 23. um 6h v. allein übrig blieb und bis zum Abend anhielt.

Aus diesen Untersuchungen ergiebt sich, dafs in diesen periodischen Schwingungen des Wassers eine Erscheinung vorliegt, die wahrscheinlich an sehr vielen gröfseren Seen sich findet, und deren Kenntnis für manche Verhältnisse (Fischfang, Turbinen) wichtig ist.

Wir dürfen wohl hoffen, dafs nach diesem glücklichen Anfang die bezüglichen Untersuchungen noch auf andere deutsche Seen ausgedehnt werden.

Himmelserscheinungen. 

Übersicht der Himmelserscheinungen für Juni, Juli und August.

Der Sternhimmel. Da diese Übersicht fortan für jedesmal 3 Monate gegeben werden wird, so ist daran zu erinnern, daß sich der Anblick des Himmels, bezogen auf eine bestimmte Stunde, in diesen 3 Monaten ebenso stark verändert, wie innerhalb von 6 Stunden derselben Nacht. In Kulmination befinden sich anfangs Bootes mit Arktur, Krone mit Gemma, Wage, dann tief im Süden der Skorpion mit Antares, später Anfang Juli Ophiuchus, Herkules, Leyer mit Wega, und Schütze, Adler mit Atair, Schwan, Delphin, Steinbock. Ende August um und nach Mitternacht Fomalhaut im südlichen Fisch, nahe dem Horizont, Wassermann und Pegasus. Während anfangs dann am Abendhimmel Zwillinge, kleiner Hund und Krebs sich zum Untergange neigen, folgen später Krebs, Löwe, Jungfrau bis zum Bootes. Der Osthimmel zeigt zunächst Schwan und Adler, dann weiter Steinbock, Wassermann, Pegasus, Fische, und Ende August die Plejaden gegen 10 h abends. Im Zenith steht der Drache, zuletzt Cepheus. Zur Orientierung seien folgende, um Mitternacht für Berlin kulminierende Sterne gegeben:

2. Juni	η Herculis	(3. Gr.)	(AR.	16 h	39 m,	D. + 39°	6')
8. „	η Ophiuchi	(2. Gr.)		17	5	— 15	36
15. „	α „	(2. Gr.)		17	30	+ 12	38
21. „	ν „	(4. Gr.)		17	54	— 9	46
25. „	η Serpentis	(3. Gr.)		18	16	— 2	55
1. Juli	α Lyrae	(1. Gr.)		18	34	+ 38	42
5. „	σ Sagittarii	(2. Gr.)		18	49	— 26	25
9. „	ζ „	(3. Gr.)		19	4	— 21	11
14. „	β Cygni	(3. Gr.)		19	27	+ 27	45
19. „	α Aquilae	(1. Gr.)		19	46	+ 8	37
28. „	γ Cygni	(2. Gr.)		20	19	+ 39	57
2. August	ε „	(3. Gr.)		20	42	+ 33	36
9. „	ζ „	(3. Gr.)		21	9	+ 29	50
17. „	ε Pegasi	(2. Gr.)		21	39	+ 9	26
22. „	α Aquarii	(3. Gr.)		22	1	— 0	48
26. „	γ „	(3. Gr.)		22	17	— 1	53
31. „	ζ „	(3. Gr.)		22	37	+ 10	19

An **veränderlichen Sternen** sind zur Beobachtung günstig und erreichen zum Teil ihre größte Helligkeit:

R Comae Ber.	(Helligk.	8.	Gr.)	(AR.	11 h	59 m,	D. + 19°	19')	Max. Juli 6.
R Virginis	(„	7.—11.	„)		12	33	+ 7	32	„ „ 21.
S Ursae maj.	(„	8.	„)		12	40	+ 61	37	„ „ 6.
S Virginis	(„	7.	„)		13	28	— 6	12	„ „ 22.
V Bootis	(„	7.	„)		14	26	+ 39	17	Kurze Per.
R „	(„	7.	„)		14	33	+ 27	10	Max. Juli 3.
δ Librae	(„	5. — 7.	„)		14	56	— 8	7	Algoltypus
S Serpentis	(„	8.	„)		15	17	+ 14	40	Max. Juni 11.
R „	(„	7.	„)		15	46	+ 15	25	Max. Aug. 24.

X Herculis	(Helligk. 6. Gr.)	(AR. 16h	0m,	D. + 47°	30')	Irregulär
V Ophiuchi	(" 7. ")	16	21	− 12	13	Max. Juli 24.
W Herculis	(" 8. ")	16	33	+ 37	32	Max. Aug. 3.
U Ophiuchi	(" 6.—7. ")	17	11	+ 1	19	Algoltypus
Y "	(" 6.—7. ")	17	14	− 6	7	Kurze Per.
RS Herculis	(" 8. ")	17	16	+ 23	4	Max. Aug. 30.
Z "	(" 7.—8. ")	17	54	+ 15	9	Algoltypus
T "	(" 8. ")	18	5	+ 31	0	Max. Juni 22.
Y Sagittarii	(" 6.—7. ")	18	15	− 18	54	Kurze Per.
R Scuti	(" 5. ")	18	42	− 5	48	Irregulär
R Sagittarii	(" 7. ")	19	11	− 19	12	Max. Aug. 25.
U Sagittae	(" 7.—9. ")	19	15	+ 19	26	Algoltypus
R Cygni	(" 7. ")	19	34	+ 49	59	Max. Juli 31.
SU "	(" 7. ")	19	41	+ 29	2	Kurze Per.
N Aquilae	(" 3.—5. ")	19	47	+ 0	45	" "
SZ Cygni	(" 8. ")	20	30	+ 46	16	" "
T Aquarii	(" 7. ")	20	45	− 5	31	Max. Juli 13.
T Vulpec.	(" 5.—6. ")	20	47	+ 27	53	Kurze Per.
X Delphini	(" 8. ")	20	50	+ 17	16	Max. Juni 30.
S Cephei	(" 8. ")	21	37	+ 78	11	Max. Juli 30
W "	(" 7. ")	22	33	+ 57	55	Kurze Per.
R Cassiop.	(" 6. ")	23	53	+ 50	51	Max. Aug. 27.

Die Planeten. Merkur, kurze Zeit rückläufig in den Zwillingen, durchläuft Krebs, Löwe bis Jungfrau, ist um den 15. Juli morgens vor Sonnenaufgang kurze Zeit zu sehen. — Venus, rechtläufig in Widder, Stier, Zwillinge und Krebs, bleibt am Morgenhimmel sichtbar; kommt am 27. Juli dem Neptun auf 11' nahe, am 31. Juli dem Mars auf $1^{1}/_{2}$°. — Mars, rechtläufig im Stier und Zwillingen, ist morgens anfangs kurze Zeit, zuletzt nahezu 4 Stunden vor der Sonne sichtbar. — Jupiter, rückläufig im Steinbock, geht Anfang Juni nach Mitternacht auf, und ist im August schon von abends an sichtbar. — Saturn, rückläufig im Schützen, ist im Juni von abends 10h ab sichtbar, bis gegen 4h; Ende August die ganze erste Hälfte der Nacht. — Uranus, rückläufig im Ophiuchus, geht dem Saturn etwa 1 Stunde voraus. — Neptun, rechtläufig in den Zwillingen nahe bei η Geminorum, ist Anfang Juni noch abends bis nach 8h zu sehen, geht Anfang Juli um 3h früh, Ende August um Mitternacht auf.

Zwischen 26. und 29. Juli zeigen sich Meteore, deren Ausstrahlungspunkt im Schwan liegt. Vom 9. bis 13. August tritt die Erscheinung des Laurentiusstromes ein, deren wichtigster Radiant bei γ Persei liegt.

Sternbedeckungen durch den Mond (für Berlin sichtbar):

			Eintritt	Austritt
18. Juni	ι Scorpii	(4. Gr.)	10h 52m abends	2h 12m morgens
2. Juli	θ[1] Tauri	(5. ")	2 52 morgens	3 45 "
18. "	ρ[1] Sagittar	(4. ")	0 10 "	1 12 "
30. "	m Tauri	(5. ")	unsichtbar	4 31 "
10. August	α Librae	(3. ")	9 45 abends	unsichtbar
28. "	26 Geminor.	(5. ")	unsichtbar	0 38 morgens

Mond.			Berliner Zeit.	
Neumond	am 5. Juni	Aufg.	4h 7m morgens	Unterg. 7h 13m nachm.
Erstes Viert.	" 12. "	"	—	" 11 59 nachts

Vollmond	am 20. Juni	Aufg.	7h	39m	nachm.	Unterg.	4h	13m	morg.
Letztes Viert.	„ 28. „	„	11	34	abends	„	—		
Neumond	„ 5. Juli	„	3	9	morgens	„	7	53	nachm.
Erstes Viert.	„ 12. „	„	0	35	mittags	„	11	14	nachts
Vollmond	„ 20. „	„	7	34	nachm.	„	5	1	morgens
Letztes Viert.	„ 27. „	„	10	35	abends	„	0	1	mittags
Neumond	„ 3. August	„	3	17	morgens	„	7	5	nachm.
Erstes Viert.	„ 10. „	„	0	32	mittags	„	10	12	abends
Vollmond	„ 18. „	„	6	34	nachm.	„	5	4	morgens
Letztes Viert.	„ 25. „	„	9	47	„	„	0	18	mittags

Erdnähe: 5. Juni, 4. Juli, 1. August, 28. August.
Erdferne: 19. Juni, 16. Juli, 13. August.

Sonne.	Sternzeit f. den mittl. Berl. Mittag.			Zeitgleichung.			Sonnenaufg. für Berlin.		Sonnenunterg. für Berlin.	
1. Juni	4h	35m	59.4s	—	2m	32.1s	3h	45m	8h	9m
8. „	5	3	35.3	—	1	21.6	3	41	8	16
15. „	5	31	11.2	+	0	2.4	3	39	8	21
22. „	5	58	47.1	+	1	32.2	3	39	8	24
1. Juli	6	34	16.1	+	3	24.9	3	43	8	24
8. „	7	1	52.0	+	4	41.1	3	49	8	21
15. „	7	29	27.9	+	5	38.4	3	57	8	15
22. „	7	57	3.8	+	6	11.1	4	6	8	6
1. August	8	36	29.3	+	6	10.3	4	21	7	51
8. „	9	4	5.2	+	5	34.6	4	32	7	39
15. „	9	31	41.1	+	4	29.7	4	44	7	25
22. „	9	59	17.0	+	2	58.0	4	56	7	11
29. „	10	26	52.8	+	1	4.4	5	7	6	55

R.

Verlag: Hermann Paetel in Berlin. — Druck: Wilhelm Gronau's Buchdruckerei in Berlin-Schöneberg.
Für die Redaktion verantwortlich: Dr. P. Schwahn in Berlin.

Helgoland: Unterland.
Aufgenommen von Franz Goerke.

Helgoland: Westseite des Felsens.
Aufgenommen von Franz Goerke.

Helgoland.

10 Jahre unter deutscher Herrschaft.

Von Dr. E. Lindemann in Berlin.

Mit dem Ende des 19. Jahrhunderts ist zugleich für die kleine Nordseeinsel Helgoland das erste Dezennium unter preufsischer Herrschaft verflossen, da am 9. August 1890 die bisher englische Insel aus den Händen des letzten englischen Gouverneurs Arthur Barkly offiziell in diejenigen des Staatsministers Boetticher als Vertreter Deutschlands überging.

Die grofsen Veränderungen, welche der Regierungswechsel für das kleine Friesenvolk (etwa 2200 Einwohner) mit sich gebracht hat, sind vor 2 Jahren — am Tage der 10jährigen Wiederkehr der Besitzergreifung — in den Tagesblättern in Kürze besprochen worden. Dieselben sind indes für Land und Leute der kleinen Nordseeinsel so gewaltiger Art, dafs eine Besprechung derselben im einzelnen von Interesse sein dürfte, um so mehr, als diese Veränderungen nicht nur administrativer Natur sind, nicht nur in Neubauten und Errichtung von Batterien und sonstigen Festungsarbeiten bestanden, sondern verändernd auf den Grund und Boden der kleinen Felseninsel, besonders der Düne, eingewirkt haben. Jedenfalls sind durch den Übergang der Insel in die deutsche Herrschaft die Lebensbedingungen der Helgoländer wesentlich beeinflufst worden.

Dafs schon früher Helgoländer den Wunsch hegten, deutsch zu werden, zeigt die Bitte, welche vor ca. 30 Jahren ein dortiger Ratsmann, Namens „Siemens", vor seinem Tode den Angehörigen ans Herz legte: „Wenn jemals die Insel deutsch werden sollte, so möchten an diesem Tage auf seinem Grabe drei deutsche Fahnen wehen". Dieser Wunsch des deutsch gesinnten Friesen ist auch am 10. August 1890 in Erfüllung gegangen, als Se. Majestät der deutsche Kaiser unter dem Jubel der Helgoländer und der zu Tausenden herbeigeströmten fremden Gäste die Insel persönlich in Besitz nahm, und als unter dem Donner der Kanonen die Kaiserliche Standarte zum ersten Male auf dem kleinen Felsen gehifst wurde. —

Wenn wir die Umwandlungen auf der Insel uns der Reihe nach vergegenwärtigen, so sind die Veränderungen, welche in den letzten Jahren der Felsen selbst und die Düne erlitten haben, von besonderer Bedeutung, weil die Wohlfahrt der Bewohner ganz und gar von der Zu- oder Abnahme ihres eng begrenzten Landes abhängt.

Der allmählich fortschreitende Verlust des Felsens, dessen „Keupergestein" in kleineren oder gröfseren Stücken vom Felsrande abbröckelt, wird auf der Westseite mehr vom Wellenandrang, dann aber auch, und dies besonders an der Ostseite, von den Niederschlägen, dem Witterungswechsel — Frost, Sonnenschein und Regen — bedingt. Aus einer Vergleichskarte, welche ich von der Ausdehnung des Oberlandes 1845 und 1899 fertigen liefs, sowie dem Vergleich zweier englischer Karten von 1855 und 1887 ging hervor, dafs die Insel in 52 Jahren, planimetrisch berechnet, um ca. 22100 qm sich verkleinert hatte. Hiernach geschätzt, würde der Untergang des Felsens annähernd nach 600 bis 700 Jahren erfolgen, vorausgesetzt, dafs der Felsabsturz in gleicher Weise zunimmt. Gleichzeitig ging aus meiner Vergleichskarte hervor, dafs an der Ostseite, welche tiefer liegt, und an welcher sich deshalb die Niederschläge sammeln, bedeutend mehr abfällt als auf der zerklüfteten Westseite. Diese Thatsache hat auch in der letzten Zeit sich bewahrheitet, da gerade an dieser Ostseite, und zwar in der Mitte derselben in der Nähe des letzten Schuppens mit der Windmühle, ein aufsergewöhnlich grofses Stück vor einigen Jahren herunterfiel, so dafs die Umzäunung weit eingezogen werden mufste und ein grofser Teil der Kartoffelfelder künftig als solcher unbrauchbar wurde. Diese Stelle, die auch wohl später der Zerklüftung mehr unterliegen wird, korrespondiert mit einem tiefen Einschnitt auf der Westseite neben dem „Flaggenberg" derart, dafs hier nach 100 bis 200 Jahren die Insel zuerst wohl durchbrochen und so in zwei Teile geteilt wird, wenn man dies nicht durch künstliche Arbeiten u. s. w. verhindert. Bewährt hat sich in dieser Beziehung das Errichten einer Mauer, wie sie an der Treppe seit vielen Jahren besteht und an der tiefsten Stelle der Ostkante zum Schutz der gefährdeten „Kirchenstrafse" von der Helgoländer Gemeindevertretung im letzten Dezennium erriebtet wurde. Die Errichtung einer solchen Mauer dürfte an der oben erwähnten Einschnittsstelle der Ostseite neben der jetzt zugeworfenen „Sapskuble" früher oder später in Frage kommen. Sonst wäre, wenn man dem Abbröckeln des Felsens, wenigstens an der am meisten darunter leidenden Ostseite, entgegenarbeiten wollte, nach fachmännischem Urteil eine Drainierung des Oberlandes, besonders eine Cementierung der noch erhaltenen Sapskuble zu empfehlen; sie würde sich deshalb wirksam erweisen, weil dann das Durchsickern der Bodenfeuchtigkeit an den Felsrand, welches zum Abbröckeln beiträgt, gröfstenteils wenigstens aufhört. Eine rings um den Felsen zum Schutz desselben angelegte Cement-Backsteinmauer wurde nach den Aufzeichnungen und Worten des Erbauers der Festungswerke, Herrn Weifs, auf 15 Millionen Mark geschätzt. Von den vorhandenen zwei Grotten der Westseite „Mörmers- und Prahlegatt" ist die letztere vor einigen Jahren eingestürzt, ferner ein grofses Stück an der Westseite in der Nähe des alten Leuchtturmes. Am zweiten Ostertage 1901 wurde ein 13jähr. helgoländer Knabe durch vom Ostrande herabfallende Steine getötet, ein Unglücksfall, wie er sich sonst nur äufserst selten ereignet hat.

Vor 200 Jahren, als die Düne noch mit Helgoland verbunden und mit vielen hohen Sandhügeln bedeckt war, stand an der Nordseite die Kreideklippe, die sogen. Wittklipp, wie aus einer alten Karte von 1697 zu ersehen ist. Eine Karte vom Jahre 1721 aus demselben Kiefeckerschen Atlas, den ich in der Kommerzbibliothek zu Hamburg vorfand, zeigt die Durchbruchsstelle. Seitdem verkleinerte sich die Düne, besonders die Zahl ihrer Hügel, mehr und mehr, während die Südspitze sich allmählich nach Osten herumlagerte, was ich durch einen Vergleich zweier englischer Karten aus den Jahren 1855 und 1887 nachweisen konnte.*) Dieses Bestreben der Sandabschwemmung auf der West- und der Anhäufung an der Ostseite wird auch wohl weiter bestehen, wenn nicht durch die neuen Buhnenarbeiten eine völlige Änderung in den Strömungsverhältnissen eingetreten ist. Die direkte Veranlassung zur Inangriffnahme dieser kostspieligen Arbeiten bildeten verheerende Sturmfluten in den ersten Jahren nach der deutschen Besitzergreifung, besonders die Sturmflut vom 22. Dezember 1894, die mit Windstärke 10 so arg wütete, dafs der „Bredausche" Pavillon ganz unterwühlt und umspült war und nicht viel fehlte, dafs die auch von Osten gegen die Hügel andrängenden Fluten hier durchgebrochen wären. Auf Kosten der Ge-

*) Lindemann, Die Nordseeinsel Helgoland, pag. 7.

meinde wurde der Teil der wegrasierten Hügel künstlich erneuert und hat auch bis jetzt stand gehalten, zumal die Düne in den letzten Jahren von heftigen Sturmfluten verschont blieb. Seit 5 Jahren ist nun zum Schutz der Düne gearbeitet worden, und zwar sind radienförmig acht Buhnen ins Meer gebaut. Diese bestehen aus mit Draht zusammengeflochtenen Reisigbündeln, welche mit Steinen beschwert und als Senkstücke bei Ebbe an den Meeresgrund zwischen zwei Schaluppen versenkt werden. Die längste der bei Flut unter Wasser liegenden Buhnen reicht 900 m ins Meer hinein. Diese Buhnen, welche im Jahre 1900 fertig geworden sind, sammeln den Flugsand, halten ihn fest und dienen so zunächst zur Erhaltung, dann aber auch zur Vergröfserung der Düne. Der Erfolg derselben ist bis jetzt schon ein solcher, dafs der Vorstrand der Düne um 150000 cbm Sand gewonnen hat.

Doch kehren wir zur Felseninsel zurück! Nicht allein zum Schutz derselben gegen die Naturelemente, sondern auch zur Sicherheit gegen feindliche Elemente zu Kriegszeiten ist dieselbe befestigt worden. Die hierzu in den ersten Jahren des letzten Dezenniums notwendigen Arbeiten — Errichtung einer Cementmole an der Südspitze des Unterlandes, Bau eines Tunnels durch den Felsen, Anlage der verschiedenen Batterien etc. — sind indessen unter gröfster Rücksichtnahme auf die Helgoländer, besonders auch auf die Badezeit, vorgenommen worden, und auch nach Fertigstellung hindern die Befestigungswerke in keiner Weise den freien Verkehr der Helgoländer und Fremden auf dem Oberlande. Insbesondere ist kein einziger Aussichtspunkt dort abgesperrt, selbst nicht die Südspitze, obwohl sich dort unterirdisch der grofse Scheinwerfer — einer der gröfsten des Festlandes — befindet. Bei den zur Befestigung sowie zum Tunnelbau, welcher die Südspitze des Unterlandes mit dem Oberland in der Nähe des Leuchtturmes verbindet, notwendigen Erdarbeiten wurden zwei alte Streitäxte gefunden, sowie bei der Eröffnung eines Hünengrabes — des kleinen Bredtberges neben dem alten Leuchtturm — im Jahre 1893 durch Dr. Olshausen eine bronzene Säbelnadel und Dolchspitze. Diese für die Beurteilung der Vorgeschichte Helgolands wichtigen Funde, welche aus dem Jahre 500—1000 vor Christi stammen sollen, sind in dem Berliner Museum für Völkerkunde untergebracht worden, während leider die im Jahre 1845 in einem Hünengrab — dem Moderberg, nahe der Südspitze — vom Begründer des Seebades, Jacob Andresen Siemens, aufgefundenen Altertumsgegenstände, eine Bronzewaffe und ein goldener Spiralring, verloren gegangen sind.

Während auf dem Oberlande meist die militärischen Bauten — Batterie, Kaserne — sich befinden, sind die im letzten Jahrzehnt zur Wohlfahrt der Helgoländer und Fremden in grofser Zahl errichteten Gebäude auf dem Unterlande in der Nähe des Strandes gelegen. Dieselben haben insgesamt der Insel ein viel stattlicheres Ansehen gegeben, das den Verbesserungen der modernen Zeit, zumal den Ansprüchen der Festlandsbewohner Rechnung trägt. Hierzu gehören:

Das neue Konversationshaus, welches neben der Landungsbrücke an Stelle des alten Cafépavillon im grofsen Stile gebaut wurde und in dem Konzertsaal und der auf die See gerichteten Glasveranda viele Fremde aufnehmen kann, ferner

Das Warmbadehaus am Südoststrande, welches vorzüglich eingerichtet ist und mit seinem grofsen Seewasserschwimmbassin, dem einzigen in Nordseebädern, als Muster eines Warmbadehauses für Seebäder gelten kann. Sodann

Das neue Postgebäude, ein architektonisch schöner Bau, welcher in der Haupt-, der jetzigen Kaiserstrafse, neben dem alten Konversationshause aufgeführt wurde.

Dieses letztere, das alte Konversationshaus, ist seit 3 Jahren als Nordsee-Museum eingerichtet worden. In demselben befindet sich neben einem grofsen Modell der Insel, kurz vor der deutschen Besitzergreifung vom Gemeindevertreter Philipp kunstvoll ausgeführt, als besondere Sehenswürdigkeit die berühmte Gätkesche Vogelsammlung; sie enthält ca. 600 verschiedene Vogelarten, welche Helgoland auf dem Fluge berühren, zum Teil seltene Arten, wie die nur am Nordpol vorkommende Rossche, Möve etc. Doch auch andere jeden Naturfreund interessierende Funde von Helgoland und seiner Umgebung werden dort aufbewahrt und verdienen — namentlich bei schlechter Witterung — von den Fremden mehr noch als bisher beachtet zu werden, so die Bestandteile des Felsens und der Klippen mit ihren wenigen eigenartigen Versteinerungen, die in den mannigfaltigsten Farben prangenden Algen, überhaupt die ganze Flora und Fauna der Nordsee, von denen die gut konservierten efsbaren Nordseebewohner von den Anfangsstadien ihrer Entwickelung an — so ein Hummer, einige Tage alt, etc. — besonderes Interesse erregen.

Die Aufstellung dieser Sammlungen verdanken wir der erst zur deutschen Zeit auf Helgoland errichteten Biologischen Station, mit deren Eröffnung ein langersehnter Wunsch der Naturforscher und Freunde der Insel in Erfüllung gegangen ist; hauptsächlich hat sich der Direktor im preufsischen Kultusministerium Wirkl. Geh. Ober-Regierungsrat Althoff um die Errichtung derselben verdient gemacht. Die Biologische Station, welche in zwei Häusern am Oststrande provisorisch eingerichtet ist, bezweckt, Forschungen über die Lebensverhältnisse der Seetiere anzustellen, sowie durch Gewährung von Arbeitsplätzen auch fremden Naturforschern Gelegenheit zum Studium und zu wissenschaftlichen Arbeiten zu geben; so sind von dem Direktor der Station, dem in der Gelehrtenwelt rühmlichst bekannten Professor Heincke, sowie seinen Mitarbeitern bis jetzt schon eine ganze Reihe wertvoller Arbeiten erschienen. Die hierin niedergelegten Erfahrungen über die Biologie der Nordseetiere kommen schliefslich auch der Fischerei zu gute, die einer Pflege bedarf, da bereits in der letzten englischen Zeit der Schellfischfang bedeutend abnahm. Seit Eröffnung der Station im Jahre 1892 haben durchschnittlich 14 Gelehrte jährlich dort Arbeitsplätze benutzt, und in ergiebiger Weise werden Seetiere — wie Seerosen, Medusen, Laminarien etc. — an Aquarien, Museen etc. des Festlandes verschickt, so dafs auch die Gelehrtenwelt des Kontinents von der Station Nutzen zieht.

Gegenwärtig wird an einem mit der Station verbundenen Aquarium, das noch in diesem Jahre eröffnet werden soll, gearbeitet. Der wissenschaftliche Wert der Biologischen Station wird dadurch noch bedeutend erhöht, und es ist ihr zu wünschen, dafs sie in Zukunft noch manche Freunde und Gönner, wie den verstorbenen Botaniker Professor Pringsheim, findet, dessen Erben kurz nach dem Tode des Forschers ein Legat von 25 000 Mk. zur Gründung des Nordseemuseums vermachten.

Unter den in deutscher Zeit auf Helgoland für wissenschaftliche Forschungen errichteten Gebäuden verdient erwähnt zu werden ein Regen- und Windmesser beim Kindergarten und ein sogen. Sonnenschein-Autograph auf dem Oberland beim Flaggenberg, womit meteorologische Untersuchungen vorgenommen werden, welche früher der kürzlich verstorbene beliebte helgoländer Lehrer Schmidt viele Jahre hindurch mit grofser Gewissenhaftigkeit ausgeführt hatte. Aufserdem sind auf dem Oberlande einige Gebäude für die Wohlfahrt der Helgoländer und zu Vergnügungszwecken errichtet, so:

Der Kindergarten in der Nähe der Kirche, worin die junge Welt Helgolands in geistiger und leiblicher Weise gefördert wird. Die Kosten desselben wurden hauptsächlich durch die Einnahmen eines unter dem Protektorat Ihrer Majestät der Kaiserin in Berlin veranstalteten helgoländer Bazars gedeckt.

Ferner die beiden grofsen Tanzsalons „Hohe Meereswoge“

und „Grüne Wasser" an Stelle der früheren niedrigen und für die im Sommer in ihnen abends sich aufhaltenden Helgoländer und Kurgäste viel zu kleinen Gebäude.

Von gröfseren Bauten, welche im vorigen Jahre begonnen wurden, ist hervorzuheben ein den hygienischen Anforderungen mehr entsprechendes neues Schulhaus als Erweiterung des bestehenden; es wird von der Gemeinde gebaut, die Regierung hat indes einen Teil der Kosten übernommen.

Endlich ein elektrischer Leuchtturm in der Nähe des jetzigen, welcher Petroleumlicht enthält, während der sogen. alte Leuchtturm zu einer mit modernen Apparaten ausgestatteten „Semaphoren"-(Ausguck-)Station für die Schiffahrt rings auf der Nordsee eingerichtet worden ist.

In der Nähe dieses alten Leuchtturms ist auf dem Platz, wo Se. Majestät am 10. August 1890 von der Insel Besitz ergriff und die erste grofse Parade von vielen tausend Seesoldaten abnahm, der Kaiserdenkstein — das erste Denkmal auf der Insel — im Jahre 1891 errichtet worden; es trägt die Inschrift:

„Se. Majestät der Deutsche Kaiser, König von Preufsen Wilhelm II. ergriff an dieser Stelle Besitz von der Insel Helgoland. Gewidmet von den Helgoländern."

Noch einen anderen Denkstein hat die Insel zur Erinnerung an die feierliche Übernahme durch Se. Majestät erhalten. Es ist dies eine Steinplatte, welche ein jetzt verstorbener hamburger Kaufmann an der Stelle des Unterlandes vor dem neuen Konversationshaus am Strande einsetzen liefs, wo Se. Majestät zuerst die Insel betrat. Es sind auf dem Stein die Worte eingeprägt: „Wilhelm II. 10. Aug. 1890." Südwärts von diesem Stein erhebt sich am Ostrande das zweite Denkmal, welches auf Helgoland in der letzten Zeit gesetzt wurde und zwar von einem festländischen Komitee für den Dichter Hoffmann von Fallersleben, der am 26. August 1841 auf Helgoland in einem Hause des Oberlandes, der jetzigen „Villa Hoffmann von Fallersleben" in der Nähe der Sapskuhle, wohnte und das Lied: „Deutschland, Deutschland über Alles" dichtete.

Wenn nun diese vielen baulichen Veränderungen und Verbesserungen im Aussehen der Insel ein sichtbares Zeichen für die gedeihliche Entwickelung derselben unter deutscher Herrschaft sind, so war die Lösung der Aufgabe, welche den ersten Behörden, den Kommissaren, sowie der Helgoländer Gemeinde-Vertretung zufiel, nach preufsischem Muster die ganze Organisation der insularen Obrigkeits-

Verhältnisse umzuwandeln und eine einheitliche Ordnung in die verschiedenen Verwaltungszweige zu bringen, sicher ebenso mühevoll. In früherer Zeit lag die ganze Macht in den Händen des englischen Gouverneurs: der letzte, Arthur Barkly, starb bald nach der Übergabe. Er war der direkte Vertreter der Königin; keine Gemeinde-Vertretung stand ihm zur Seite, nur ein Regierungs- und ein Landschafts-Sekretär. Bei schweren Vergehen sprach er als Vorsitzender des Obergerichts auch Recht, obwohl die Richter Gouverneurstellen erhielten. — Neben diesem Vertreter der Regierung wurde oft „die Landschaft" genannt, obwohl dieser Begriff im einzelnen schwer definierbar war und im ganzen die Interessen und den Besitz der Gemeinde Helgolands in sich faſste.

Die Übergabe der Insel wurde formell am 9. August 1890 durch Se. Excellenz den preuſsischen Staatsminister von Boetticher vollzogen und zwar auf Grund des am 1. Juli getroffenen deutsch-englischen Abkommens. Dasselbe lautet:

Deutsch-englisches Abkommen vom 1. Juli 1890.

1. Vorbehaltlich der Zustimmung des britischen Parlaments wird die Souveränität über die Insel Helgoland nebst deren Zubehörungen von Ihrer Britischen Majestät an Se. Majestät den Deutschen Kaiser abgetreten.

2. Die deutsche Regierung wird den aus dem abgetretenen Gebiet herstammenden Personen die Befugnis gewähren, vermöge einer vor dem 1. Januar 1892 von ihnen selbst oder bei minderjährigen Kindern von deren Eltern oder Vormündern abgegebenen Erklärung die britische Staatsangehörigkeit zu wählen.

3. Die aus dem abgetretenen Gebiet herstammenden Personen und ihre vor dem Tage der Unterzeichnung dieser Übereinkunft geborenen Kinder bleiben von der Erfüllung der Wehrpflicht im Kriegsheer und in der Flotte in Deutschland befreit.

4. Die zur Zeit bestehenden heimischen Gesetze und Gewohnheiten bleiben, so weit es möglich ist, unverändert fortbestehen.

5. Die deutsche Regierung verpflichtet sich, bis zum 1. Januar 1910 den zur Zeit auf dem abgetretenen Gebiet in Geltung befindlichen Zolltarif nicht zu erhöhen.

6. Alle Vermögensrechte, welche Privatpersonen oder bestehende Korporationen der britischen Regierung gegenüber in Helgoland erworben haben, bleiben aufrecht erhalten; die ihnen entsprechenden Verpflichtungen gehen auf Se. Majestät den deut-

schen Kaiser über. Unter dem Ausdruck „Vermögensrechte" ist das Signalrecht des Lloyd inbegriffen.

7. Die Rechte der britischen Fischer, bei jeder Witterung zu ankern, Lebensmittel und Wasser einzunehmen, Reparaturen zu machen, die Waren von einem Schiff auf das andere zu laden, Fische zu verkaufen, zu landen und Netze zu trocknen, bleiben unberührt.

Berlin, den 1. Juli 1890.

von Caprivi
R. Krauel
Edward B. Malet
H. Percy Anderson.

Danach wurde Helgoland zunächst deutsches Reichsland bis zum 1. April 1891, wo es der preufsischen Monarchie einverleibt ward und seitdem als Landgemeinde zum Kreise Süderdithmarschen mit dem Landratsamt in Meldorf gehört. Die bisherigen Landräte waren auf der Insel stets durch landrätliche Hilfsbeamten vertreten, während die „Festung" Helgoland höheren Seeoffizieren als Kommandanten unterstellt ist; jetzt ist Contreadmiral Hofmeier Festungskommandant auf der Insel und wohnt, wie die bisherigen, im früheren Gouvernementsgebäude auf der Südspitze des Oberlandes.

Die Gemeinde Helgolands erhielt das Recht der Selbstverwaltung durch gewählte Gemeindevertreter, welche sich alle zwei Jahre durch Wahl ergänzen. Die Auseinandersetzung zwischen der Gemeinde und dem preufsischen Staat regelte sich in der Weise, dafs der Staat den der Gemeinde gehörigen Teil des Oberlandes, der sogenannten „Klippe" und die Südspitze des Unterlandes für die Festungsbauten erhielt, während der übrige Teil des Unterlandes, sowie die Düne der Gemeinde überlassen wurden. Der Leuchtturm, früher Eigentum einer englischen Privatgesellschaft, des Trinity-House, ging erst vor einigen Jahren in den Besitz des preufsischen Staates über. Derselbe leuchtete bei klarem Wetter bis 20 englische Meilen.

Die richterliche Thätigkeit wird von Amtsrichtern in Altona ausgeübt, welche neun- bis zehnmal im Jahre in Helgoland Gerichtstage abhalten.

In dieser Weise ist jedes Ressort verteilt und in manche Verhältnisse mehr Ordnung als früher hineingebracht; so z. B. wurde bald zur Anlegung eines Grundbuchs geschritten. Die Unterhaltung der Düne, welche Sache der Gemeinde ist, wurde unter Aufsicht des Staates gestellt, welcher auch die anfangs beschriebenen Buhnen ausführen liefs u. s. w. Während so alle Civilverhältnisse der Insel ordnungsgemäfs gegliedert und den Ressorts unterstellt sind, hat sich unter den Helgoländern selbst eine ganze Reihe Vereine gebildet, von denen zu nennen sind: Der Bürgerverein, Kriegerverein, die freiwillige Feuerwehr, der Musikverein und der Turnverein, welcher nach dem Friesengott den altfriesischen Namen „Foséte“ erhalten hat. Auch unter den Badegästen Helgolands hat sich ein eigentümlicher Verein, der sogen. „Heufieber Bund“ von Heufieberkranken gebildet, welche im Frühjahr zur Zeit der Grasblüte nach Helgoland kommen und dort stets Besserung ihrer Beschwerden finden.

Die Feuerwehr konnte in dem verflossenen Dezennium mehrmals in Thätigkeit treten; so wurden die Helgoländer wie die Kurgäste durch den Brand des alten Konversationshauses in der Nacht vom 10. zum 11. September 1891 in Angst und Schrecken versetzt. Nur mit Mühe konnte er gelöscht und das Konversationshaus, in welchem sich damals die Gätkesche Vogelsammlung unter meiner Oberaufsicht befand, erhalten werden. Dann brannte einige Jahre später, im August 1895, der Ohlsensche Pavillon auf der Düne vollständig nieder.

Unter sonstigen Schicksalsschlägen, welche die kleine Insel betroffen haben, ist ein Vorfall am 8. September 1893 zu erwähnen, wobei zwei Fremde durch einen Blitzschlag auf dem Oberlande getroffen und der eine von ihnen getötet wurde. Infolgedessen erhielten auch die Befestigungswerke, in deren Nähe sich der Unglücksfall ereignete, bald Blitzableiter.

Durch die schwere Sturmflut am 24. Dezember 1894 wurde nicht nur die Düne, sondern besonders auch das Unterland Helgolands auf der Ostseite arg mitgenommen und die nächstliegenden Häuser arg beschädigt. Ein Bericht des Hamburger „Korrespondent“ schildert diesen Vorgang folgendermafsen:

„Schon seit Sonnabend, den 22. Dezember, abends 9 Uhr, wehte ein heftiger Sturm (Windstärke 10) aus Westen, der sich plötzlich nach Norden drehte und das Wasser verhinderte, mit der Ebbe abzulaufen. Es stieg im Gegenteil fast 16 Stunden lang fortwährend, und selbst zur Zeit der tiefsten Ebbe, nachts 3 Uhr, stand es am Strande des Unterlandes bis zum Musikpavillon vor dem Konversationshause. Das noch vor kurzem weiter unten am Strande stehende Denkmal Hoffmanns von Fallersleben war wenige Tage vorher auf einer sichereren Stelle am Südrande aufgestellt worden, weil nach den Erfahrungen bei der Sturmflut vom 12. Februar 1894 seine alte Stelle nicht sicher genug erschien. Von 4 bis 5 Uhr früh schien es, als wenn ein Stillstand im Steigen der Flut eingetreten wäre, jedoch von

5 bis 7 Uhr stieg das Wasser wieder unaufhaltsam. Es brach vom Nordstrand des Unterlandes über die Jütland-Terrasse herein in die Viktoriastrafse und liefs um das Kurhaus herum in die Kaiserstrafse. Das alte Postgebäude an der Jütland-Terrasse mufste geräumt werden, da die Wellen von der Seewelle die Fenster zerschlugen und sich dort Eingang verschafften. Der Nordstrand des Unterlandes ist sehr verwüstet und es wird viel Geld kosten, das Bollwerk und die Promenade wieder herzustellen. Der Südstrand, worauf das Neue Badehaus und viele Hotels stehen, ist durch die von der Fortifikation an der Südspitze erbaute sehr feste Mole, an der sich die Wucht der Wellen brach, bedeutend geschützt worden; die aus dem Wasser gezogenen Boote und Fahrzeuge lagen dort ganz sicher. Während der überaus finsteren Nacht war die Aufregung unter der Bevölkerung eine sehr grofse u. s. w."

Glücklicherweise ist bei derartigen Stürmen, wenn Schiffe, Segelboote zufällig auf See waren, bei Helgoland von den Insulanern sowohl als von den Kurgästen im letzten Dezennium nie ein Menschenleben zu beklagen gewesen, während es den helgoländer Lotsen oft, und zwar manchmal mit eigener Lebensgefahr — so bei Bergung der Hamburger Yacht „Atalanta“ am 24. September 1896 — gelang, Menschenleben zu retten.

Strandungen fremder Schiffe auf den helgoländer Klippen ereigneten sich in den letzten drei Jahren der englischen Zeit 1887 bis 1890 siebenmal; in den Jahren 1897 bis 1899 nur viermal; auch hat das Strand- und Bergungsrecht strenge, gesetzliche Formen erhalten und ist genau geregelt worden.

Die Lebensverhältnisse der Helgoländer sind im allgemeinen durch den Regierungswechsel nicht wesentlich verändert worden, wenn auch im einzelnen durch den Zuzug Fremder für die Festungsarbeiten das Leben der Insulaner im Winter ein etwas anderes Gepräge erhielt.

Die Einwohnerzahl Helgolands ist eine ziemlich konstante; schon Anfang des 19. Jahrhunderts betrug sie stets etwas mehr als 2000. So ergab die erste deutsche Volkszählung 2086 und die dritte am 1. Dezember 1900 2307 Personen; der Zuwachs bezieht sich hauptsächlich auf Militärpersonen, nämlich Marinesoldaten, Unteroffiziere und Offiziere mit ihren Angehörigen. Von den Helgoländern selbst werden erst diejenigen, welche nach dem 10. August 1890 geboren wurden, zum Militärdienst herangezogen; trotzdem sind bisher 7 Helgoländer freiwillig Soldat geworden, unter ihnen 1 Einjähriger.

Von den sonstigen, die Bewegung der Bevölkerung betreffenden Ziffern sind nur diejenigen, welche sich auf die Geburtsziffer (23‰) und die Sterbeziffer (16‰) beziehen, insofern von allgemeinem Interesse, als sie die Thatsache erweisen, dafs beide die niedrigsten in ganz Europa sind, da selbst in Frankreich die Geburtsziffer, d. h. die Anzahl der Geburten im Jahr 25 pro Mille der Bevölkerung beträgt, die Sterblichkeitsziffer im preufsischen Staat dagegen 23‰ *). —

Sonst sind die Gesundheitsverhältnisse unter den Helgoländern äufserst günstige zu nennen. In den 4 Jahren, in denen ich Landesphysikus und Arzt der Helgoländer war, hatte ich keinen Fall von Scharlach, Masern oder Diphteritis zu verzeichnen; das Durchschnittsalter der Gestorbenen betrug 59,2 Jahre. — Ehen wurden durchschnittlich in den letzten Jahren unter Helgoländern 11 jährlich geschlossen, und zwar bemerkte man etwas mehr gegen früher unter ihnen auch Mischehen zwischen Helgoländern und Fremden, was entschieden zum gesundheitlichen Vorteil der Friesenrasse auf der Insel sein dürfte, da wohl selten so viele Verwandtschaftsehen auf einem kleinen Fleck Erde geschlossen wurden, als auf der Felseninsel der Nordsee. Diese helgoländer Trauungen traten der Zahl nach vollständig zurück gegen die seit 1. Januar 1900 in Wegfall gekommenen Fremdentrauungen, welche auf Helgoland früher mehrere Hundert betrugen.

Der Erwerb der Helgoländer ist im ganzen durch die preufsische Besitzergreifung günstig beeinflufst worden, weil die Insulaner — namentlich in der ersten Zeit — bei den Festungsbauten, später zu anderen Arbeiten herangezogen wurden und so ihnen mancher Verdienst auch im Winter zufiel. Freilich ihr eigentlicher Beruf, Fischfang und Lotsengewerbe, ist im Abnehmen begriffen; allerdings war dies schon zur englischen Zeit der Fall und ist durch fremde Konkurrenz etc. bedingt und bezüglich des Schellfischfangs wohl in dem Umstande zu suchen, dafs infolge unzweckmäfsiger Fischerei von anderer Seite mit Dampfschiffen, wodurch die kleine Brut zerstört wird, die Zahl der Schellfische in der Nordsee abgenommen hat. Noch vor ca. 15 Jahren erinnere ich mich, dafs an einem Tage ca. 50000 Schellfische im Winter gefangen wurden, während in den letzten Jahren der englischen Zeit sowie bis jetzt der Fang im ganzen Winter verhältnismäfsig nur sehr gering war, nämlich ca. 22000 Schellfische betrug.

Hummern wurden in den letzten Jahren 60000 Stück jährlich gefangen, und hat der Hummerfang nach den Berichten gegen früher noch etwas zugenommen.

Über den Hummerfang erfuhr ich von den Fischern folgendes:

*) Vergleiche: Dr. Lindemann, Die Gesundheitsverhältnisse Helgolands.

Etwa 4 deutsche Meilen östlich von der Insel, von NO.—NNW. liegen große Klippen, woselbst nach Annahme der Fischer sich eine Brutstätte befindet. Von hier aus wandert der Hummer weiter nach den näher gelegenen Klippen, wo er dann in Körben gefangen wird.

Der Fang richtet sich sehr viel danach, wie vor 3 Jahren die Brut war, da die meisten gefangenen Hummern etwa 3 Jahre alt sind.

Austern sind in der letzten Zeit auf den hinter der Düne liegenden Bänken nur sehr wenig gefischt worden.

Den Haupterwerb bildet der Fremdenverkehr in der Sommerzeit (Juni bis September); die daraus erwachsene Einnahme gestattet dem Helgoländer im Winter auszuruhen.

Die Badeverhältnisse selbst unterliegen der Gemeindevertretung und werden im Gemeinde- und Badebureau in der Kaiserstraße geregelt. Dieselbe hat, unter Vorsitz ihres jetzigen Vorstehers, Herrn O. Friedrichs, manche wertvolle Neuerungen im Interesse der Badegäste eingeführt. Hierzu gehört die Einstellung von Dampfbarkassen zum Schleppen der Fahrboote zur Düne, die Anstellung einer Krankenpflegerin, welche — von mir vor 15 Jahren zuerst für die Sommerzeit engagiert — jetzt ständig auf der Insel weilt. Wie weit sich die Einführung eines gemeinschaftlichen Familienbades auf der Düne — am Oststrande derselben — als zweckmäßig erweist, muß erst die Zukunft lehren. Jedenfalls hat im vergangenen Jahrzehnt die Anzahl der Helgoland besuchenden Fremden wesentlich zugenommen, da diese zu Ende der englischen Zeit ca. 12000 betrug und in den letzten Jahren ca. 19000. Hierzu kommen noch ebensoviele Passanten. Der Schiffahrtsverkehr ist ein sehr viel regerer geworden; bequem eingerichtete Dampfer, wie die „Cobra", vermitteln den Verkehr mit Hamburg etc., auch lockt die neu erworbene Insel manchen Deutschen an und ladet schon ihrer Eigenart halber zu einem Besuche ein.

Jedenfalls zeigen diese Darlegungen, daß durch die deutsche Erwerbung eine gründliche Regelung der mannigfachen Verhältnisse auf Helgoland geschaffen ist, daß der naturwissenschaftliche Wert der Insel, wie es die Gründung der Biologischen Station und des Nordseemuseums erkennen läßt, mehr ausgenutzt und verwertet wird, und daß — nach der Zunahme des Fremdenverkehrs zu urteilen — auch die wirtschaftlichen Verhältnisse unter den Insulanern bessere als früher geworden sind.

Die Zeitdauer geologischer Vorgänge.

Von Geh. Bergrat Professor Dr. Wahnschaffe-Berlin.

Sehr häufig hört man bei der Erörterung geologischer Probleme vor einem Laienpublikum die Frage aufwerfen, wie viel Zeit für diesen oder jenen Vorgang erforderlich gewesen sei, worauf dann der Geologe meist bekennen mufs, dafs man einen bestimmten, nach Jahren abzuschätzenden Zeitraum nicht angeben könne, sondern dafs es sich gewöhnlich nur um die Ermittelung des relativen Alters handle. Diese so natürlich erscheinende und doch den Geologen befremdende Frage findet ihre Erklärung darin, dafs die geologischen Thatsachen und die daraus abzuleitende Beurteilung geologischer Vorgänge leider noch viel zu wenig im gröfseren Publikum bekannt geworden sind. Noch bis in unsere Tage hinein hat die biblische Schöpfungsgeschichte auf die Vorstellungen der Menschen über die Bildung der festen Erdrinde einen mafsgebenden Einflufs ausgeübt. Danach glaubte man, dafs unsere Erde mit ihren gegenwärtigen Gebirgen, Tiefländern, Meeren und Seen, sowie der ganzen sie bevölkernden Lebewelt unmittelbar aus der Hand des Schöpfers hervorgegangen sei und dafs sie nur unter Mitwirkung der Sintflut ihre heutige Oberflächengestalt erhalten habe. Erst die genaue Untersuchung der verschiedenen Erdschichten und das Studium der in ihnen aufbewahrten Reste von Lebewesen führte dazu, verschiedene Epochen oder Zeitalter in der Entwickelungsgeschichte unserer Erde zu erkennen. Viele der älteren Geologen glaubten, wohl meist in Anlehnung an die Sintfluttheorien, zur Erklärung der verschiedenen Formationen grofse, plötzlich auftretende Katastrophen annehmen zu müssen. Am bekanntesten ist die Kataklysmentheorie Cuviers geworden, welcher meinte, dafs am Schlusse jeder Bildungsepoche unserer Erde eine grofse, nach Beaumont mit der plötzlichen Erhebung der Gebirge in Zusammenhang stehende Katastrophe eintrat, durch welche die gesamte Lebewelt auf der Erde durch die Überflutung des Landes vernichtet wurde, so dafs jedesmal bei Beginn der neuen Periode eine völlige Neuschöpfung des Tier- und Pflanzenlebens auf der Erde stattfinden mufste. Durch den deutschen Geologen Hoff und namentlich durch das Verdienst des englischen Geologen Charles Lyell ist die Cuviersche Kataklysmentheorie beseitigt worden. Die beiden Forscher lehrten, dafs man die gegenwärtig auf der Erde stattfindenden geologischen Vorgänge genau beobachten müsse, um dadurch einen Mafsstab zur Beurteilung der Vorgänge in früheren Erdepochen zu gewinnen. Nach ihnen soll die Ablagerung und Oberflächengestaltung der Erdschichten im wesentlichen durch die noch jetzt auf der Erde wirksamen Kräfte während aufserordentlich langer Zeiträume erfolgt sein. Die Lyellschen Ansichten sind grundlegend geworden für die ganze Entwickelung der modernen Geologie, und wenn auch die konsequente Durchführung seiner Prinzipien in Bezug auf die Intensität gewisser Agentien in früheren Erdepochen zu irrigen Anschauungen führen mufste, so sind doch im grofsen und ganzen die von ihm aufgestellten Grundsätze noch immer mafsgebend für die Beurteilung der Bildungsgeschichte unserer Erdrinde. Wenn wir daher der Frage näher treten wollen, welche Zeitdauer gewisse geologische Vorgänge erfordern und ob man dieselben zur Beurteilung der Zeitdauer in früheren geologischen Perioden benutzen könne, so wird man stets den Lyellschen Grundsätzen entsprechend von den sich vor unseren Augen noch vollziehenden Erscheinungen auszugehen haben.

Die Kräfte, welche die heutigen Oberflächenformen unserer festen Erdrinde geschaffen haben und noch gegenwärtig an der Veränderung dieser Formen arbeiten, sind im grofsen und ganzen zweierlei Art. Einmal liegen dieselben in unserer Erde selbst und sind zurückzuführen auf den ehemals glutflüssigen Aggregatzustand, den die Erde in ihrem Urzustande besafs, und die daraus folgende allmähliche Abkühlung. Diese die Erde umgestaltenden tellurischen Kräfte kommen im Vulkanismus und in der Gebirgsbildung zum Ausdruck. Während durch ersteren Material aus dem Erdinnern heraufgeschafft und aufgeschüttet wird, werden durch den Faltungsprozefs der Erdrinde langsam und allmählich hohe Gebirge aufgetürmt, wobei zugleich auch durch das Absinken mehr oder weniger grofser Festlandschollen an Bruchlinien zum Teil beträchtliche Höhenunterschiede entstehen. Vulkanismus und Gebirgsbildung sind im allgemeinen bestrebt, Erhebungen zu schaffen und die Unregelmäfsigkeiten der Erdoberfläche zu vermehren. Während man in vielen Fällen die Zeitdauer vulkanischer Aufschüttungen genau bestimmen kann, ist es unmöglich, die Dauer der Gebirgsaufrichtung nach Jahren auch nur annähernd abzuschätzen. Es läfst sich nur das relative Alter der Gebirge feststellen, indem man zu ermitteln sucht, welche ältesten Ablagerungen am Fufse des Gebirges nicht mehr in die Faltung hineingezogen worden sind.

Die zweite Kategorie von Kräften wirkt, im Gegensatz zu den tellurischen, von aufsen nach innen umgestaltend auf die Erdoberfläche ein; wir können sie als siderische bezeichnen, da sämtliche im Dunstkreise der Atmosphäre sich vollziehenden Bewegungen auf die von der Sonne ausgestrahlte Wärme zurückzuführen sind. Diese Kräfte finden ihren Ausdruck in der Thätigkeit des Wassers, in der Wirkung der Atmosphäre und in den Einflüssen des organischen Lebens. Infolge der immerfort stattfindenden Verdunstung und Wiederverdichtung der auf der Erde befindlichen Wassermassen werden auf dem Festlande im Laufe eines Jahres Niederschläge von ungefähr 1 m Höhe gebildet, so dafs demnach 3000 cbmeilen Wasser jährlich in Form von Tau, Regen, Schnee und Hagel auf dem Festlande niederfallen. Da nun die sämtlichen Meere 3400000 cbmeilen Wasser enthalten, so würden, wenn man nur die auf dem Festlande gebildeten Niederschläge berücksichtigt, 1133 Jahre erforderlich sein, um den Gesamtinhalt der Meere durch Verdunstung und Zuflufs vollständig zu erneuern. Da die in den Meeresgebieten niederfallenden Niederschläge bei dieser Berechnung nicht berücksichtigt sind, so findet die Erneuerung der Meere in noch weit kürzerem Zeitraume statt, und man erkennt aus diesen Erwägungen, welche ungeheure Kraft durch den unaufhörlichen Kreislauf des Wassers für die Umgestaltung der Erdoberfläche zur Verfügung steht. Sahen wir, dafs durch Vulkanismus und Gebirgsbildung Faltung und Aufschüttung bewirkt wurden, so ist das Endziel der geologischen Thätigkeit des Wassers Nivellierung und Einebnung. Die Wirkung des Wassers ist eine mechanische und chemische, eine zerstörende und ablagernde. Das auf den Erhebungen des Festlandes niederfallende Wasser eilt infolge der Schwerkraft den tiefer liegenden Gebieten auf allen sich bietenden Wegen zu, bis es in das Weltmeer gelangt, um dort von neuem durch Verdunstung emporgehoben zu werden. Die Wirkung des strömenden Wassers ist von der Neigung der Oberfläche, der bewegten Wassermenge und von dem mitgeführten Gesteinsmaterial abhängig. Dadurch, dafs die Gebirgsflüsse das Schuttmaterial über den Felsgrund ihrer Betten hinwegführen, sind allmählich im Laufe langer geologischer Perioden tiefe Thäler in die höchsten Gebirge eingesägt worden. Man bezeichnet diese Thätigkeit der Gebirgsflüsse als Erosion. Der gesamte Verwitterungsschutt der Gebirge wird allmählich durch die Flüsse hinausgeschafft, und so kommt es, dafs die höchsten Gebirge zuerst von tiefen Thälern durchsägt, dann immer mehr erniedrigt, zu Hügellandschaften umgeformt und schliefslich zu Ebenen bis zum Niveau des Meeres abgetragen werden. Man bezeichnet das gesamte Ergebnis der Abtragung eines Gebietes als Denudation.

Die Flüsse führen unablässig eine grofse Menge von Substanzen, teils schwebend, teils gelöst, dem Meere zu und erniedrigen dadurch das Festland, dem sie diese Teile entziehen. Kennt man daher die Wassermenge, welche einen bestimmten Querschnitt des Flusses innerhalb eines Jahres durchströmt, und bestimmt man die Menge der schwebenden und gelösten Teile, so erhält man einen Mafsstab über die mittlere Abtragung des oberhalb dieser Stelle innerhalb des Flufsgebietes gelegenen Landes. Auf diese Weise ist beispielsweise durch Forel ermittelt worden, dafs der Abtrag der Alpen im Rhonegebiete oberhalb des Genfer Sees durch die von der Rhone demselben zugeführten gelösten und schwebenden Stoffe im Jahre 0,5 mm, demnach in 2000 Jahren 1 m beträgt. Nach den Ermittelungen von Heim trägt die Reufs ihr Flufsgebiet oberhalb des Urner Sees jährlich um 0,24 mm ab, wenn man nur die schwebenden Substanzen berücksichtigt. Rechnet man dagegen die gelösten Substanzen dazu, so erhöht sich der jährliche Abtrag auf 0,3 mm. Bei diesem Denudationsbetrage würde in 3333 Jahren 1 m abgetragen werden. Da nun, nach den herausgeschafften Schuttmassen zu urteilen, die Gipfel der Alpen früher um 2000 m höher gewesen sein müssen, so würde unter Zugrundelegung des Denudationsbetrages der Reufs für alle Alpenflüsse zur Abtragung dieser 2000 m ein Zeitraum von 6666000 Jahren erforderlich gewesen sein. Im Neckargebiete beträgt der jährliche Abtrag 0,2 mm, demnach würden, um 1 m festes Gestein abzutragen, 5000 Jahre erforderlich sein.

Sehr genaue Messungen der Stoffmengen, welche durch die Elbe jährlich aus ihrem Flufsgebiete in Böhmen oberhalb Tetschen hinausgeführt werden, sind durch Ullik und Hanamann ausgeführt und jüngst durch Professor Hibsch kritisch beurteilt worden. Nach Ulliks Untersuchungen führte die Elbe im Jahre 1877

776 309 959 kg schwebende Stoffe,
753 717 050 „ gelöste Stoffe,

1 530 027 009 kg Substanzen

bei Tetschen aus Böhmen heraus. Die schwebenden Stoffe werden vorwiegend dem Kulturboden des offenen Landes entnommen und dieses dadurch im Jahre 1877 um 0,0235 mm abgetragen. Legt man diese Zahl zu Grunde, so würde das offene Land in Böhmen in 42558 Jahren um 1 m erniedrigt. Da sich nun aus dem genauen Studium der geologischen Verhältnisse des Landes ergiebt, dafs das Gebiet der oberen Elbe seit der mittleren Tertiärzeit bis zur Gegenwart um rund 300 m abgetragen sein mufs, so würde unter Zugrundelegung der von Ullik ermittelten Abtragsgröfse im Jahre 1877 der Abtrag seit der Tertiärzeit rund 13 Millionen Jahre erfordert haben. Hibsch hat nun gezeigt, dafs derartige Berechnungen völlig unzuverlässig sind, weil der jährliche Denudationsbetrag sowohl periodischen wie auch jährlichen Schwankungen unterworfen ist. Im Jahre 1890 betrug die Menge der schwebenden Teile der Elbe bei Tetschen bei bedeutend gröfserer Wassermenge ungefähr das Doppelte, und im Jahre 1892 enthielt das bei Tetschen geschöpfte Elbwasser die doppelte Menge gelöster Stoffe als im Jahre 1877. Seit der mittleren Tertiärzeit haben Perioden mit stärkerem und schwächerem Abtrag mehrfach sich abgewechselt, und wir haben nicht den geringsten Anhalt, die Abtragsenergie so weit zurückliegender Zeiträume nur annähernd beurteilen zu können. Wir wissen auch, dafs in der jüngeren Diluvialzeit im böhmischen Elbgebiete nicht nur kein Abtrag, sondern eine bedeutende Erhöhung durch die Ablagerung von Löfs stattfand. Wir wissen, dafs in früheren Erdperioden in denselben Gebieten völlig verschiedene klimatische Verhältnisse vorhanden gewesen sind, welche teils niederschlagsreiche oder niederschlagsarme Perioden bedingten, in denen sich der Abtragungsbetrag der Flüsse ganz verschieden gestaltete. Alle Berechnungen des Denudationsbetrages für ältere Perioden unserer Erdgeschichte, unter Zugrundelegung des gegenwärtigen Abtragungsbetrages der Flüsse, geben daher keinen Anhalt zur Bestimmung geologischer Zeiträume, sondern haben nur den Wert ungefährer Schätzungen.

Nimmt man an, dafs die Flüsse Englands einen mittleren Gehalt an Schwebstoffen zu $^1/_{5000}$ ihres Volumens besitzen, so würde durch deren Transport in das Meer das feste Land jährlich um $^1/_{8000}$ abgetragen werden. Da England eine mittlere Höhe von 220 m über dem Meere besitzt, so würde das Land unter Annahme einer der heutigen gleichbleibenden Denudationsenergie in $5^1/_2$ Millionen Jahren bis zum Meeresniveau abgetragen werden. Geikie hat berechnet, dafs ganz Europa bei gleichbleibender Denudationsenergie seiner heutigen Flüsse in 2 Millionen Jahren bis zum Meeresspiegel erniedrigt sein würde.

Auch den Betrag des Zurückschreitens der Wasserfälle hat man zum Ausgangspunkt der Berechnung geologischer Zeiträume gemacht. Das bekannteste Beispiel dieser Art bildet der weltberühmte Niagara-Wasserfall, welcher im Stromlauf des Niagaraflusses auf seinem Wege vom Erie- zum Ontario-See gelegen ist. Der von dem 172 m über dem Meere gelegenen Eriesee aus in nördlicher Richtung strömende Fluſs fliefst zunächst auf dem Plateau, welches bei Queenstown unterhalb der Fälle in einem Steilrand zur Ebene des 71 m über dem Meere gelegenen Ontario-See abbricht. In zwei gewaltigen Fällen, dem amerikanischen und dem kanadischen oder Horseshoefall, welche durch die Ziegeninsel voneinander getrennt sind, stürzt sich der Fluſs in Höhe von 47 und 44 m in eine tiefe Schlucht hinab, welche sich unterhalb der Fälle bis nach Queenstown erstreckt, eine Länge von nahezu 7 englischen Meilen besitzt und von 70—80 m hohen steilen Felswänden begrenzt wird. Das dem Obersilur angehörige Plateau, in welches der Niagarafluſs durch Zurückschreiten seines Wasserfalles die tiefe Rinne eingegraben hat, wird zuoberst aus dem harten Niagarakalkstein gebildet, der von weichen Schiefern und Sandsteinen unterlagert wird. Das Wasser stürzt über die Kante des harten Niagarakalkes in die Tiefe. Durch den Rückstoſs des emporbrandenden Wassers werden die weicheren Schichten der Steilwand unterhöhlt, die harten Bänke darüber, welche von Klüften und Spalten durchsetzt sind, verlieren allmählich ihren Halt, brechen herunter und geben dadurch Veranlassung zum allmählichen Rückschreiten der Fälle. Die ersten genaueren Berechnungen darüber rühren von dem bereits erwähnten berühmten Geologen Charles Lyell her, der im Jahre 1841 die Niagarafälle besuchte. Während er anfangs, von älteren Beobachtungen ausgehend, die Zeitdauer der Bildung der 7 englische Meilen langen Schlucht auf 10000 Jahre berechnet, giebt er später unter Zugrundelegung eines jährlichen mittleren Zurückschreitens der Fälle von 0,33 m im Maximum die Zeit von 81000, 35000 oder 26000 Jahren an. Nimmt man mit Lyell für die Bildungsdauer der Schlucht unterhalb der Fälle bis Queenstown 35000 Jahre an, so würde der Fluſs bei gleichbleibender Energie 70000 Jahre nötig haben, um die noch übrigbleibende 14 engl. Meilen lange Strecke bis zum Eriesee durchzusägen. Aber schon Marcou hat darauf hingewiesen, daſs der Betrag des Rückganges der Fälle sehr veränderlich ist, da er durch die Beschaffenheit des Gesteins, durch die Zerklüftung derselben, sowie durch die Wassermenge bedingt ist. In gewissen Jahren können infolge von vorhandenen Klüften grofse Gesteinsmassen von der Kante der Wasserfälle herunterbrechen, während in anderen Jahren die Zerstörung kaum bemerkbar ist. Er fand durch Beobachtungen zwischen den Jahren 1842—1863, dafs der kanadische Fall in diesen 21 Jahren um 12 Fufs zurückgegangen sei. Neuere Berechnungen von Woodward und Gilbert, die auf Beobachtungen von 1842—1875 beruhen, ergaben, dafs der jährliche Rückschritt der Fälle während dieser Zeit etwa $2^1/_4$ englische Fufs beträgt. Danach wären unter Berücksichtigung aller örtlichen Verhältnisse nur 7000 Jahre erforderlich gewesen, um die 7 Meilen lange Schlucht bis Queenstown auszuwaschen. Alle die angeführten Berechnungen zeigen uns, dafs dieselben nur den Wert ungefährer Schätzung besitzen, weil wir keine Gewifsheit dafür haben, dafs die als Mittel angenommenen Erosionsbeträge sich immer gleichgeblieben sind. Jedenfalls ist die Bildung der Niagaraschlucht in der geologischen Geschichte unserer Erde ein verhältnismäfsig sehr junger Vorgang und kann erst nach der Eiszeit eingetreten sein, da Moränen der Eiszeit und durch ihren Anstau bewirkte Seeterrassen dort in bedeutend höherem Niveau über dem Eriesee vorkommen und auf ganz andere Wasserverhältnisse am Schlufs der Eiszeit hinweisen.

Auch die St. Anthony-Fälle des Mississippi bei Minneapolis hat man zur Schätzung geologischer Zeiträume benutzt. Ursprünglich stürzte der Mississippi 13 km unterhalb Minneapolis von einem steilen Plateau als Wasserfall herab und erodierte durch Zurückschreiten des Falles infolge von Unterspülung und Herabbrechen der Oberkante die nur 400 m breite steilwandige Schlucht bis Minneapolis. Seit 1680 sind eine ganze Reihe von Mitteilungen und sorgfältigen Aufzeichnungen über die jeweilige Lage der Felsoberkante, über die der Mississippi herabstürzt, gemacht worden, so dafs bis zum Jahre 1856 eine Beobachtungsreihe von 176 Jahren vorliegt. Nach den Berechnungen von Prof. Winchell betrug der Rückschritt des Wasserfalles in dieser Zeit jährlich 1,65 m. Legt man diese Zahl zu Grunde, so wären zur Aushöhlung der 13 km langen Schlucht von Fort Snelling bis zur gegenwärtigen Lage der St. Anthony-Fälle in Minneapolis 7803 Jahre erforderlich gewesen. Da die Bildung der Schlucht nachweisbar erst im letzten Stadium der Eiszeit begann, so glaubten verschiedene amerikanische Geologen, hier ebenfalls einen Mafsstab gefunden zu haben, um die Länge der postglacialen Zeit annähernd berechnen zu können. Sie dürfte nach ihrer Schätzung 10 000 Jahre kaum überschritten haben. Aber auch gegen diese Berechnung läfst sich derselbe Einwand wie beim Niagarafall erheben. Es ist nicht möglich, festzustellen, ob die Erosion der Wasserfälle immerfort mit gleicher Energie gewirkt hat.

Ebenso wie man aus dem Schlammtransport der Flüsse die Zeitdauer der Abtragung des Landes berechnet hat, gewinnt man auch aus der Menge der Flufsablagerungen Anhaltspunkte, um danach die Bildungszeit älterer fluviatiler Festlandsabsätze beurteilen zu können. Die Deltabildungen, welche beim Eintritt schlammreicher Flüsse in Binnenseen und Meeresbuchten entstehen, gehören zu den auffallendsten Folgewirkungen der Ablagerung von Sinkstoffen, und aus ihrem Fortschreiten läfst sich die Dauer ihrer Bildung beurteilen. Durch Bohrungen hat man festgestellt, dafs die Mächtigkeit des Deltas, welches die Rhone durch Ablagerung ihrer Sedimente dem Genfer See abgewinnt, über 250 m beträgt. Seit der altrömischen Zeit ist dieses Delta etwa 2 km weit vorgeschritten, da die römische Hafenstadt Portus Valesiae, das heutige Port Valais, jetzt 2 km vom Seeufer entfernt liegt. Nimmt man an, dafs das Delta in Zukunft in gleich schneller Weise fortschreiten würde, so würde der ganze Genfer See durch die Sedimente der Rhone in etwa 48000 Jahren ausgefüllt und in eine ebene Landfläche umgewandelt sein. Einen noch rascheren Zuwachs zeigt das Delta des Po, der jährlich 11480 Millionen Kubikmeter feste Stoffe transportiert. In den Jahren 1647 bis 1841 ist die Küstenlinie dieses Deltas um 12 km meerwärts gewandert, und man schätzt den gegenwärtigen jährlichen Fortschritt auf etwa 70 m. Die alte etruskische Stadt Adria, welcher das Adriatische Meer seinen Namen verdankt, lag zu Cäsar Augustus' Zeiten unmittelbar an der Küste und ist jetzt 25 km von dieser entfernt. Die südlich davon gelegene Stadt Ravenna war noch zu Strabos Zeiten ein Kriegshafen und liegt jetzt im Binnenlande 7 km weit von der Küste. Die vom Po durchströmte lombardische Tiefebene bildet ein tiefes Senkungsgebiet, welches bei der Aufrichtung der Alpen in der jüngeren Tertiärzeit an gewaltigen, die Südalpen abschneidenden Spalten in die Tiefe sank und während der jüngsten Tertiärzeit noch vom Meere bedeckt wurde. Seit der Pliocänzeit ist diese ehemalige Meeresbucht durch die Ablagerungen des Po und seiner Nebenflüsse zugeschüttet und in eine Alluvialebene verwandelt worden. Wenn wir auch annehmen müssen, dafs die Abtragsenergie der von den Alpen und dem Apennin herabkommenden Flüsse während der niederschlagsreichen Eiszeit bedeutend gröfser war als in der Gegenwart, so war doch ein sehr langer Zeitraum erforderlich, um die ganze Meeresbucht mit Flufssedimenten zu erfüllen, die bei Bohrungen in Mailand und Mantua bei 162 und 120 m noch nicht durchsunken wurden und bei Modena erst in 115 m als Unterlage marine Schichten des Pliocäns erkennen liefsen.

Auf Grund der Nachrichten, welche uns Herodot überliefert hat, sowie auf Grund genauer Messungen an den alten Nilpegeln lag Kairo vor ungefähr 3000 Jahren 2 m über dem Meere, während es jetzt 7 m über demselben liegt. Vor Menes, also vor beinahe 6000 Jahren, war Ägypten mit Ausnahme des Thebanischen Distriktes ein Morast; durch den Nilschlamm ist dieses Delta seit jener Zeit aufgeschüttet worden. Girard hat das vertikale Wachstum des Nildeltas nach den alten Nilpegeln zu 1,26 m für 1000 Jahre berechnet. Da nun der von Sand unterlagerte Schlamm bei Kairo 8 m dick ist, so würde das Alter des Nildeltas, vom Scheitelpunkte bei Kairo ab gerechnet, auf 6350 Jahre zu schätzen sein. Nach einer anderen Berechnung, ausgehend von der gegenwärtigen Schlammführung des Nils und der Menge der im Nildelta vorhandenen Schlammmasse, die auf 10 m im Mittel angenommen wurde, erhielt man 4082 Jahre für die Bildung des Deltas.

Auf Grund von Beobachtungen, nach denen der Betrag der landbildenden Sedimente im Frischen Haff jährlich 2,7 Millionen Kubikmeter beträgt, so dafs demnach der gesamte Haffzuwachs im Jahre 30—32 ha ausmacht, hat A. Jentzsch das Alter der Weichseldeltas auf 4900 Jahre oder rund 5000 Jahre berechnet. Die Bildung begann, als das Inlandeis sich vom baltischen Höhenrücken zurückgezogen hatte und die Weichsel nun ihren Lauf von Fordon zum Haff nach Norden lenkte, während sie früher ihr Wasser durch das alte Urstromthal nördlich von Berlin zur Elbe sandte. Es fällt daher der Beginn des Weichseldeltas nach Jentzsch etwa zusammen mit der Gründung der ägyptischen Stadt Memphis durch Menes (nach Lepsius 3892 v. Chr.).

In der gewaltigen, 760000 qkm umfassenden Ebene des Indus und Ganges, südlich vom Himalaya, sind Flufsablagerungen ausgebreitet, die auf Grund von Bohrergebnissen eine mittlere Mächtigkeit von 250 m besitzen. Das Ursprungsgebiet dieser erst nach der Tertiärzeit abgelagerten Flufssedimente liegt ausschliefslich innerhalb des Gebietes der vom Himalaya herabkommenden Flüsse, welches ungefähr 1 Million Quadratkilometer umfafst. Penck hat berechnet, dafs dieses Gebiet seit der Tertiärzeit um 100 m denudiert sein mufs. Da nun der Indus und Ganges unter Zugrundelegung ihres gegenwärtigen Schlammtransportes in 10000 Jahren 3 m abtragen, so brauchten sie bei gleichbleibender Denudationsenergie 683000 Jahre, um den Himalaya um 190 m zu erniedrigen und den Schutt in der Indus-Ganges-Ebene bis 250 m aufzuhäufen.

Aber noch weit grofsartigere Bildungszeiträume müssen wir für jenes Gebiet in Anspruch nehmen, wenn wir dort die jüngsten Tertiärablagerungen des Miocäns und Pliocäns berücksichtigen, welche unter dem Namen der Sivalik-Schichten bekannt sind, den äufsersten Saum des Gebirges gegen die Ebene einnehmen und wahrscheinlich sich unter den posttertiären Bildungen der Indus- und Ganges-Ebene fortsetzen. Diese bis zu 4000 m mächtigen Sand- und Lehmablagerungen, welche sich durch das Vorkommen zahlreicher Säugetierreste, namentlich Elefanten, Mastodonten, Nashörnern, Hippopotamen, Sivatherien und Rindern auszeichnen, können nur als Anschwemmungen der tertiären, vom Himalaya herabkommenden Flüsse in einen Binnensee gedeutet werden. Da aber die Annahme eines 4000 m tiefen Binnensees auf grofse Schwierigkeiten stöfst, weil man nicht einsehen kann, wo das Ufer desselben gegen den Golf von Bengalen und das Arabische Meer gelegen haben soll, so kam Blanford zu einer anderen Erklärung, durch welche diese Schwierigkeiten gehoben worden sind. Die grofse nordindische Tiefebene stellte nach ihm während der Pliocän- und Miocänzeit ein Senkungsgebiet dar, das an Bruchlinien langsam in die Tiefe absank, während die aus dem Gebirge kommenden Flüsse durch ihre Sedimente den durch die Senkung bewirkten Höhenverlust annähernd zu decken vermochten. Die Aufrichtung des Himalaya ist in geologischem Sinne sehr jugendlich, da die pliocänen Ablagerungen am Südrande noch in ein verwickeltes System von Falten gelegt worden sind. Die Faltung und Senkung mufs hier in einem aufserordentlich langsamen Tempo erfolgt sein, wenn die Erosion und die Absätze der Tertiärflüsse mit ihr gleichen Schritt halten konnten.

Im Innern der Vereinigten Staaten von Nordamerika finden wir in dem Raume zwischen den Rocky Mountains und dem Wahsatch-Gebirge tertiäre und zwar oligocäne und eocäne Süfswasserablagerungen mit Säugetierresten in der grofsen Mächtigkeit von 10000 Fufs. Nach dem Ende der Kreidezeit bildete sich hier ein gewaltiger Süfswassersee aus, in welchem während der Eocän-Periode 500 Fufs mächtige Schichten abgesetzt wurden. In den folgenden Epochen der Tertiärzeit schrumpfte dieser See mehr und mehr zusammen und war schliefslich auf den nordöstlichen Teil von Utah beschränkt. Selbst unter

Annahme eines sehr gewaltigen Denudationsbetrages und Schlammtransportes der tertiären Flüsse erfordern diese mächtigen Süfswasserbildungen zu ihrem Absatz gewaltige Zeiträume, deren auch nur annähernde Schätzung ganz aufser dem Bereich der Möglichkeit liegt. Eine ungefähre Vorstellung kann man sich am besten dadurch machen, wenn man erwägt, dafs die drei grofsen chinesischen Flüsse Pei-ho, Hoang-ho und Jangtse-kiang, welche $2^1/_4$, $47^1/_4$ und 182 Millionen Kubikmeter fester Stoffe jährlich dem nur 46 m tiefen Gelben Meere zuführen, dasselbe erst in 100000 Jahren vollständig ausfüllen würden.

Auch die Abscheidung der im Wasser gelösten Stoffe bietet Anhaltspunkte zur Schätzung der Dauer einer Ablagerung. In dem Geyser-Gebiete des Yellowstone-Parkes in Nordamerika scheidet sich um die Austrittsöffnung des Geysers aus dem heifsen Wasser ein aus Kieselsäure bestehender Sinterkegel ab. Das Wasser des Old-Faithful-Geysers enthält in 1000 Teilen 0,3081 Teile Kieselsäure gelöst. Aus diesem Wasser geht die Abscheidung des Kieselsinters aufserordentlich langsam vor sich, denn die mit Bleistift auf den Sinter niedergeschriebenen Inschriften wurden zwar sehr bald durch ein feines Häutchen vor dem Auslöschen geschützt, aber die Ausscheidungen sind meist so dünn, dafs die Schriftzüge auch nach 5–6 Jahren in völliger Deutlichkeit hindurchscheinen. Die stärksten, zum Teil unter Mitwirkung von Algen sich bildenden Geyseritabsätze betragen nur etwa $^1/_3$ mm im Jahre. Unter Zugrundelegung dieses Maximalbetrages veranschlagt Hague die Bildungszeit des Sinterkegels am Old-Faithful-Geyser auf mindestens 25000 Jahre. Ob derartige Berechnungen den Thatsachen entsprechen, läfst sich schwer entscheiden. Es ist sehr wohl annehmbar, dafs die Eruptionen bei diesem Geyser, der noch im Jahre 1891 in Pausen von 65 Minuten in Thätigkeit trat, in früherer Zeit häufiger stattfanden, und dafs infolge der dadurch hervorgerufenen öfteren Benetzung des Geyserkegels auch der Absatz von Geyserit schneller stattfand.

Ebenso bieten auch Ausscheidungen aus Lösungen in älteren Formationen Anhaltspunkte zur Schätzung ihrer Bildungsdauer. Nur ein charakteristisches Beispiel sei hier hervorgehoben. Wir nehmen an, dafs die Steinsalzlager, welche in verschiedenen Formationen vorkommen, unter tropischem Klima in Becken gebildet worden sind, die vom Meere durch eine Barre abgeschnürt waren, so dafs zur Flut das Meerwasser über die Barre hinweg in das Becken gelangen konnte und durch die immerfort stattfindende starke Verdunstung eine Konzentration der Salzlauge eintreten konnte. Das dem oberen Zechstein angehörige untere Steinsalzlager in Stafsfurt besitzt eine Mächtigkeit von 900 m. Darin befinden sich durchschnittlich 7 mm dicke Schichten von wasserfreiem schwefelsauren Kalk oder Anhydrit in Abständen von 5 -9 cm. Der Absatz des Steinsalzes ist demnach kein regelmäfsiger gewesen, sondern periodisch durch den Absatz des Anhydrits unterbrochen worden. Da aber der Anhydrit weit schwerer löslich ist als das Steinsalz, so schied sich derselbe bereits aus einer nicht völlig gesättigten Salzlösung aus. Man mufs annehmen, dafs die durch die Temperatur veranlafste Verdunstung des Meerwassers nicht regelmäfsig verlaufen ist, oder dafs in bestimmten Perioden durch atmosphärische Niederschläge eine Verdünnung der Salzlösung erfolgte. Wurde nun über die Barre hinweg Meerwasser zugeführt, so schied sich wohl der Anhydrit, aber kein Kochsalz ab. Nimmt man an, dafs die Ablagerung der Anhydritschnüre in jedem Jahre während der kälteren Jahreszeit oder in der Regenperiode des tropischen Klimas erfolgte, so bildet die Salzschicht zwischen zwei Anhydritschnüren den Kochsalzabsatz innerhalb eines Jahres, und das 900 m mächtige Steinsalz wäre somit in einem Zeitraume von etwa 10000 Jahren gebildet worden. Dies würde aber noch nicht die Bildungszeit des ganzen Stafsfurter Salzlagers umfassen, denn über dem Steinsalzlager folgen noch die bis 100 m mächtigen Abraumsalze, auf deren Abbau die Kaliindustrie Stafsfurts beruht.

Die durch die Lebensprozesse der Pflanzen und Tiere auf dem Festlande und im Meere erfolgenden Absätze gewähren uns in manchen Fällen Aufschlufs über die Bildungsdauer entsprechender Ablagerungen in älteren Formationen. Der Guano bildet sich auf den von Menschen unbewohnten, im Windschutz gelegenen Inseln und steilen Vorgebirgen durch die dort massenhaft nistenden Wasservögel. Man hat berechnet, dafs das 10 m mächtige Guanolager der Insel Iquique in 1100 Jahren gebildet worden ist.

Eine Betrachtung der ausgedehnten Korallenriffe und -Inseln, die in den tropischen Meeren auftreten, führt zu der Erwägung, dafs aufserordentlich lange Zeiträume zu ihrer Bildung erforderlich gewesen sind. Wissen wir doch, dafs durch neuere, auf dem Korallenatoll Funafuti ausgeführte Tiefbohrungen in 256 m Tiefe noch echter Korallenkalk nachgewiesen worden ist, während ja bekanntlich die Korallentierchen nur etwa bis 45 m Tiefe lebend vorkommen. Es hat sich hier die früher von Darwin aufgestellte Theorie bestätigt, welche eine langsame Senkung des Meeresbodens annahm, infolge deren die unteren Partien der Korallenstöcke abstarben und die Tiere gezwungen wurden, sich immer höher aufzubauen. Nach Beobachtungen von Dana und Agassiz betrug die Wachstumsgeschwindigkeit von Orbicella annularis 7 cm, von Maeandrina areolata 3 cm und von Isophyllia dipsacea 8 cm in 7 Jahren. Die Madreporen dagegen wachsen 8 bis 9 cm in einem Jahre. Man kann im Durchschnitt annehmen, daß eine ästige Korallenkolonie als Riffbildnerin zehnmal so rasch wächst als eine massige Koralle. Auch in den Meeren der früheren Erdperioden, beispielsweise der Devon-, Perm-, Trias- und Jurazeit, bildeten sich gewaltige Korallenstöcke, die heute zum Teil als feste Kalkbänke grofse Massive in den Gebirgen bilden und sehr lange Zeiträume zu ihrer Bildung erfordert haben müssen.

Bei der Beurteilung der in den heutigen Meeren vor sich gehenden Absätze sind wir nicht auf direkte Beobachtung, sondern nur auf Schätzung angewiesen, und doch wäre die Erlangung exakter Zahlen hier gerade von der gröfsten Bedeutung, um die Bildungsdauer der gewaltigen Komplexe mariner Ablagerungen zu beurteilen, welche uns aus den älteren Perioden aufbewahrt worden sind. Die neueren Tiefseeforschungen haben ergeben, dafs eine littorale Zone, welche die Kontinentalmassen umgiebt, durch die aus den Kontinenten herausgeschafften Schlammmassen beeinflufst wird. Während die Strandzone meist kalkfreien Sand besitzt, steigt der Kalkgehalt des in Schlamm übergehenden Sandes mit zunehmender Tiefe auf 5—10 pCt. In Tiefen von 2—4000 m findet sich vorwiegend Globigerinenschlamm, der bis zu 95 pCt. Kalk enthält. Aus Tiefen von 6000 m und darüber bringt jedoch das Lot einen kalkfreien, roten Tiefseeschlamm heraus, und man nimmt an, dafs unter dem hohen Druck von 400—600 Atmosphären und bei dem höheren Kohlensäuregehalt der Kalk aufgelöst worden ist und der rote Tiefseethon demnach den Auflösungsrückstand des Globigerinenschlammes darstellt. Die Absatzmengen in den verschiedenen Meereszonen sind sehr verschieden. Nach einer Berechnung von Penck wird auf der Fläche von 80 Millionen Quadratkilometern der kontinentalen Küstenzone in 7500 Jahren 1 m Sediment abgelagert, welches aus den Sinkstoffen der Flüsse, dem Zerreibsel der Brandung, dem vom Festland durch Winde herbeigeführten Staub, aus vulkanischer Asche und aus den Resten der in der Flachsee so zahlreich vorkommenden Meerestiere und Kalkalgen gebildet wird. Nimmt man die mittlere Mächtigkeit der versteinerungsführenden marinen Schichten auf 18—25 km an, so wären unter der Voraussetzung, dafs alle als Flachseebildungen entstanden seien, für ihre Bildung 136—187 Millionen Jahre erforderlich gewesen. Penck hat dieses Gesamtalter der fossilienführenden Schichten als paläontologische Zeit bezeichnet. Eine Kritik dieser Zahlen zeigt uns jedoch, dafs sie nur das Minimum der Zeitdauer anzugeben vermögen. Wir wissen, dass sehr mächtige Schichten aus älteren Formationen nicht als Flachsee-, sondern als Tiefseebildungen entstanden sind, und für diese mufs ein viel langsamerer Absatz angenommen werden. Von dem kalkfreien roten Tiefseethone kann in den grofsen Tiefen unserer Ozeane seit der Tertiärzeit nur eine sehr dünne Schicht abgesetzt worden sein, denn man findet bei Untersuchungen mit dem Schleppnetz in grofsen Mengen die Zähne von Haifischen, welche in der Tertiärzeit lebten, aber jetzt ausgestorben sind, und außerdem in unendlicher Zahl die festen Ohrknochen von Walen, während alle übrigen Knochen aufgelöst worden sind. Es müssen ganz ungeheure Zeiträume vergangen sein, bis sich die Haizähne und die Ohrknochen der Wale hier in so ungeheurer Menge ansammeln konnten.

Beobachtungen an den Meeresküsten führen zu dem Ergebnis, dafs einerseits durch die zerstörende Thätigkeit der Brandung, andererseits durch Hebungen und Senkungen des Landes Verschiebungen der Küstenlinien stattfinden können. Da in gröfserer Tiefe des Meeres keine Wellenbewegung stattfindet, so kann das bewegte Meer nur dort zerstörend einwirken, wo es unmittelbar gegen die Steilküste brandet. Der Erosionsbetrag kann zuweilen ein sehr grofser sein, so dafs beispielsweise in den Jahren 1824–29 an der Küste der Normandie das Meer 16 m landeinwärts vorrückte. Solche gewaltigen Angriffe gehören jedoch zu den Ausnahmen. Gewöhnlich bildet sich durch die Brandung eine flach nach der Steilküste zu ansteigende Plattform aus, auf der die Wellen zwischen den herabgestürzten Blöcken sich tot laufen, so dafs die Steilkante unter gewöhnlichen Verhältnissen gegen die weiteren Angriffe des Meeres geschützt ist. Befindet sich jedoch das Land in langsamer Senkung, so vermag das Meer allmählich immer mehr landeinwärts vorzudringen, und es entstehen auf diese Weise ausgedehnte ebene Abrasionsflächen. Auf diese Weise können hochaufgestaute Gebirge allmählich zu ebenen Flächen abgehobelt werden, und man kann nicht mehr an der äufseren Form, sondern nur noch aus dem inneren Faltenbau der Schichten erkennen, dafs hier ein ehemaliges Gebirge vorhanden war. Eine solche Abrasionsfläche zeigt beispielsweise das rheinische Schiefergebirge. Man erkennt dieselbe deutlich, wenn man beispielsweise von dem Städtchen St. Goar am Rhein auf die Plateaufläche hinaufsteigt. Es bieten sich keinerlei Anhaltspunkte, um den gewaltigen Zeitraum auch nur annähernd zu schätzen, in welchem das devonische rheinische Schiefergebirge abgehobelt worden ist. In der Geologie bezeichnet man derartige abgetragene Gebirge als erloschen.

Schon im Jahre 1748 hat der Astronom Celsius Berechnungen ausgeführt, die das Aufsteigen Skandinaviens zum Ausgangspunkt nahmen. Er glaubte festgestellt zu haben, dafs das Niveau des bottnischen Busens in 100 Jahren 1,35 m sänke. Spätere Untersuchungen, welche namentlich auch die hoch über dem heutigen Meeresniveau vorkommenden Muschelbänke, Terrassen und Strandlinien in Betracht zogen, ergaben, dafs die Verhältnisse hier weit verwickelter liegen, als Celsius annahm. Es hat sich ergeben, dafs Schweden in der spätglacialen Zeit eine Untertauchung mit nachfolgender Hebung und in der Postglacialzeit eine abermalige Untertauchung mit wiederum folgender Hebung erlitten habe. Unter Zugrundelegung der Untersuchungen De Geers, Holmströms und Bonsdorffs über die Höhenlage der spät- und postglacialen Strandlinien über dem Meere ist neuerdings von Bonsdorff die Zeit vom Beginn der spätglacialen Hebung Skandinaviens und Finlands bis zur Gegenwart folgendermefsen berechnet worden:

Nordküste Schwedens	rund	69 000 Jahre
Ostseeküste	„	92 000 „
Bottnische Küste	„	99 000 „
Finische Küste	„	81 000 „

Aus diesen Berechnungen erhält man für die Postglacialzeit weit gröfsere Zeiträume, als sie bisher gewöhnlich angenommen worden sind. Aus den Ablagerungen zwischen Brienzer und Thuner See, die das Bödeli bilden, haben Brückner und Steck das Alter der Postglacialzeit auf 20 000 Jahre berechnet. Es stimmt das im allgemeinen mit den von Penck gewonnenen Beobachtungen in den Ostalpen überein, so dafs demnach die Dauer der Postglacialzeit auf 16 000 bis 25 000 Jahre geschätzt wird. Penck kommt unter der Annahme von zwei Interglacialzeiten auf eine Dauer von rund einer halben Million Jahre seit Beginn der ersten Vergletscherung bis zur Gegenwart. Da er jetzt in den Alpen drei Interglacialzeiten nachgewiesen zu haben glaubt, so wird er wahrscheinlich diese frühere Berechnung nicht mehr aufrecht erhalten.

Noch ein anderer in den Küstengebieten sich vollziehender Vorgang, dessen Zeitdauer sich berechnen läfst, mag ebenfalls noch Erwähnung finden. Er betrifft das Wandern der Dünen. Wo diese aus dem Sande des Strandes sich bildenden Küstendünen nicht künstlich befestigt werden, wandern sie unaufhörlich landeinwärts vorwärts Nach Lehmann beträgt das Vorrücken der Dünen an der pommerschen Küste 9 m im Jahre, während Berendt für die Kurische Nehrung dasselbe auf 6 m im Jahre berechnet hat. Diese Wanderung des Dünensandes nach dem Kurischen Haff zu wird am besten veranschaulicht durch die Versandung des Dorfes Kunzen. Die Kirche desselben lag im Jahre 1800 unmittelbar hinter dem dem Kurischen Haff zugewandten Steilabhange der Düne. Im Jahre 1839 befand sich der Dünenkamm gerade über dieser Kirche, und im Jahre 1860 war die Düne schon so weit vorgerückt, dafs die Ruine der Kirche auf der Ostseeseite vor derselben lag. Hätte man nicht durch energische Mafsregeln dem Vorrücken des Dünensandes auf der Kurischen Nehrung Einhalt geboten, was allerdings nicht an allen Stellen gelungen ist, so würden die Dünen bei jährlichem Vorrücken von 6 m in längstens 550 Jahren das nur flache Haff vollständig ausfüllen und dasselbe in Land umwandeln.

Um das Hereinbrechen der Eiszeit zu erklären, sind die verschiedensten Hypothesen aufgestellt worden. Einige Forscher haben die Ursachen anfangs nur auf tellurische, auf der Erde selbst sich vollziehende Vorgänge, andere dagegen auf rein kosmische, im Weltenraum sich abspielende Erscheinungen und noch andere auf ein Zusammenwirken beider zurückführen wollen. Ziffernmäfsige Berechnungen über Dauer und Eintritt der Eiszeit sind bisher nur unter der Annahme ausgeführt worden, dafs die Eiszeit auf den wiederkehrenden Veränderungen der Excentrizität der Erdbahn beruhe und demnach eine periodisch wiederkehrende Erscheinung sei. Die Wirkungen der Excentrizität auf Klimaschwankungen und auf die Herbeiführung von Eiszeiten sind auf das verschiedenste beurteilt worden und können daher vorläufig keinen Anhalt gewähren, um den Eintritt ziffernmäfsig zu berechnen. Besonders unter den gegenwärtigen Verhältnissen, wo die Ansichten der Geologen noch sehr geteilt sind, ob während der Quartärperiode eine einheitliche Eiszeit mit mehreren Oscillationen auftrat, oder ob, wie jetzt vorwiegend angenommen wird, mehrere Vereisungen, deren Anzahl aber noch keineswegs feststeht, mit dazwischen eingeschalteten wärmeren Interglacialperioden vorhanden waren, ist es ganz unmöglich, die Dauer dieser Zeiträume auch nur mit annähernder Sicherheit abzuschätzen. Manches deutet darauf hin, dafs auch schon in früheren Erdperioden, namentlich zur Subkarbonzeit, Eiszeiten vorhanden gewesen sind, doch gehen auch hierüber die Ansichten noch sehr auseinander, und es mufs sie ganz unbegründet zurückgewiesen werden, diese älteren, noch durchaus hypothetischen Eiszeiten, wie dies jüngst geschehen ist, zum Ausgangspunkte von Berechnungen zu machen.

Für die gewaltigen Zeiträume, welche unsere Erde zur Bildung ihrer festen Rinde gebraucht hat, sprechen aufser der bedeutenden, viele tausend Meter betragenden Schichtmächtigkeit mancher Formationen namentlich auch die Entwickelungsvorgänge der organischen Natur. Die Pflanzen und Tiere haben von einfachen Formen aus sich zu immer höher ausgebildeten Organismen entwickelt, und wenn wir beispielsweise die Reihen der verschiedenen Pferdeformen betrachten, die im nordamerikanischen Tertiär aufgefunden worden sind, so können wir ihre Entwickelung von Tieren mit fünf Zehen (Phenacodus) bis zu Einhufern nur unter der Annahme sehr langer Zeiträume verstehen, denn in dem, geologisch betrachtet, überaus kurzen, von uns zu überschauenden historischen Zeitraume von 6000 Jahren zeigen die Tiere und Pflanzen eine grofse Beständigkeit ihrer Formelemente, soweit nicht der Mensch auf deren Veränderung künstlich eingewirkt hat.

Auch Haeckel nimmt für die Entwickelung der Tierwelt in früheren Erdepochen gewaltige Zeiträume an. Schätzt man die gesamte Dicke der Gesteinsschichten auf annähernd 130000 Fufs, so kämen nach ihm:

auf die archolithische oder Primordialzeit . .	70000	Fufs
auf die paläolithische oder Primärzeit . . .	42000	„
auf die mesolithische oder Sekundärzeit . . .	15000	„
auf die känolithische oder Tertiärzeit . . .	3000	„
und auf die anthropolithische oder Quartärzeit	300—700	„

Indem nun Haeckel die gesamte Bildungsdauer dieser Schichten gleich 100 setzt, erhält er folgendes procentische Verhältnis für die verschiedenen Perioden:

I. Primordialzeit	53,6	pCt.
II. Primärzeit	32,1	„
III. Sekundärzeit	11,5	„
IV. Tertiärzeit	2,3	„
V. Quartärzeit	0,5	„

Er hebt, indem er auch auf die ebenfalls langandauernden, aber absatzarmen Hebungsperioden hinweist, besonders hervor, dafs man in der organischen Erdgeschichte nicht nach Jahrtausenden, sondern nach paläontologischen oder geologischen Perioden rechnen müsse, von denen jede viele hundert Jahrtausende, und manche vielleicht Millionen oder selbst Milliarden von Jahrtausenden umfasse.

Walcott, der Direktor der geologischen Landesuntersuchung in Washington, kommt dagegen zu dem Resultate, dafs die postarchäischen Perioden einschliefslich des Algonkiums eine Gesamtdauer von 45 150 000 Jahren gehabt haben, dass mithin die geologische Zeit mindestens nach Zehnern von Millionen, aber nicht nach Hunderten von Millionen Jahren gemessen werden dürfe. Das Palaeozoikum ausschliefslich des Algonkiums wird von ihm auf 17 500 000 Jahre berechnet, während die mesozoische Zeit $^5/_{12}$ davon ausmacht.

Eine originelle Redaktion.

Von Leopold Katscher in Budapest.

Durch den Telegraphen und das Telephon steht die Elektricität längst im Dienste der Tagespresse. Der aufstrebenden Stadt Budapest sollte es vorbehalten bleiben, die journalistischen Leistungen der so vielseitig verwendbaren Naturkraft erheblich zu erweitern, und zwar in ebenso neu- wie eigenartiger Weise: durch die Schaffung der wahrhaft grofsstädtischen „gesprochenen Zeitung“. Ein Tageblatt, welches liest, vorträgt, singt und musiziert, ist trotz Rabbi Akiba denn doch noch nicht dagewesen — ein Triumph der angewandten Naturwissenschaften, die Verwirklichung eines der hübschesten und originellsten Träume Bellamys.

Der „Telefon - Hirmondó“ (= Herold) ist die Erfindung des ungarischen Elektrotechnikers Theodor Puskás, eines gewesenen Mitarbeiters Edisons. Das Unternehmen trat Neujahr 1893 ins Leben. Drei Monate später starb der Erfinder. Ursprünglich nur 69 km lang, hatte das Netz im Jahre 1900 bereits ein Länge von 915 km — ein glänzender Beweis für die stetige gedeihliche Fortentwickelung der Einrichtung. Bislang auf Budapest beschränkt, wird der „Hirmondó“ einen ungeheuren Aufschwung nehmen, sobald die seit längerer Zeit vorbereitete Umgestaltung des Netzes in ein interurbanes durchgeführt sein wird. Die nach Arad und Szegedin angestellten Proben sind vorzüglich ausgefallen; technisch würde die Einführung in die Provinz also keine Schwierigkeiten machen. Ihr Gelingen hängt lediglich davon ab, ob genug Abonnenten gewonnen werden können, um die Provinzlinien rentabel zu machen. Die Zahl der hauptstädtischen Abonnenten beträgt rund 7000, d. h. etwa das Achtfache der im ersten Jahr Angeschlossenen.

Im November 1894 ging das Unternehmen in die Hände einer kapitalkräftigen Kommanditgesellschaft über — selbstverständlich nach Überwindung der Kinderkrankheiten. Zu diesen gehörte unter anderem der Umstand, dafs sich, als die Abonnentenzahl etwa 1200 erreicht hatte, ein bedeutendes Abnehmen der Lautstärke einstellte. Diesem Übelstand ist im Laufe der Zeit durch mühsames Experimentieren so gründlich abgeholfen worden, dafs jetzt die normale (volle) Lautstärke für 20000 Abonnenten ausreicht — eine Zahl, die wohl kaum je überschritten werden wird.

Was bezweckt und bietet die telephonische Zeitung? Sie läfst das in ihrer Redaktion sorgfältig hergestellte Manuskript (Tagesneuigkeiten jeder Art, Börsenberichte, Telegramme, Theaterkritiken, Parlamentsreden, politische, militärische, kommunale, volkswirtschaftliche und andere Nachrichten, Gerichtssaal, Journalschau aus Budapest und Wien, Wetter- und Warenmarktberichte etc.) von sechs Herren mit kräftigen Stimmen verlesen, sie vermittelt Militär-, Zigeuner- und Vokalkonzerte, sowie die Vorstellungen der Oper und des Volkstheaters, läfst von hervorragenden Schriftstellern und Schauspielern belletristische und andere Vorträge halten, verkündet die Fremdenliste, die richtige astronomische Zeit und einen ständigen Vergnügungsanzeiger, arrangiert allwöchentlich einen Kindernachmittag mit Musik, Gesang und Vorlesungen — kurz, sie ergänzt oder ersetzt die gedruckten Zeitungen nicht nur in redaktioneller Hinsicht, sondern bietet auch künstlerische und andere Genüsse.

In diesen Darbietungen, die sich auf die Zeit zwischen 8 Uhr morgens und 11 Uhr nachts verteilen, herrscht eine strenge Zeiteinteilung. Jeder Rubrik sind der Reihe nach bestimmte zehn, fünfzehn oder dreifsig oder mehr Minuten gewidmet. Diese Ordnung ist eine feststehende (und sie wird jeden Morgen allen Abonnenten aufs neue verkündet), so dafs jeder Abonnent nur das anzuhören braucht, was ihn interessiert, und sicher ist, es zu einer ganz genau bestimmten Zeit zu hören. Die Börsen- und Parlamentsberichte werden jede halbe Stunde mitgeteilt. Von $1\frac{1}{2}$ bis 3 erfolgt eine kurze wiederholende Übersicht aller interessanteren Nachrichten des halben Tages. Alle diese Vorteile kann keine gedruckte Zeitung bieten. Giebt es besonders wichtige Ereignisse oder Konzerte anzukündigen, so ertönt in der Wohnung aller Abonnenten ein kräftiges Alarmsignal, hervorgerufen durch einen in die Leitung eingeschalteten Rumkorff. Aufserdem werden die nichtredaktionellen Genüsse wöchentlich durch Programme angekündigt.

Eine wahre Wohlthat bildet der „Telephon-Hirmondó“ für die kaufmännische Welt,[1]) die Kinder und Frauen, die Kranken,[2]) Blinden

[1]) Viele wichtige amtliche Nachrichten, sowie die Kurse etc. werden nämlich durch den „Herold“ früher mitgeteilt als durch die gedruckten Blätter.

[2]) Häufig schenken reiche Wohlthäter den Budapester Spitälern Abonnements zum Gebrauch für Patienten.

und für alle, die wegen Zeit- oder Geldmangels weder Theater noch Konzerte besuchen können. Dabei ist der Luxus spottbillig. Man zahlt monatlich nur anderthalb Gulden, ist blofs auf vier Monate gebunden, hat keinerlei Einleitungsgebühren zu entrichten und kann jederzeit kündigen. Für zehn Heller täglich erhält man einen zierlichen Hörapparat mit zwei Muscheln, so dafs zwei Personen gleichzeitig hören können. Den Apparat kann man sich beliebig anbringen lassen: beim Bett oder Sofa, im Speisezimmer, am Schreibtisch — ganz nach Bedürfnis und Bequemlichkeit. An sehr vielen Orten,

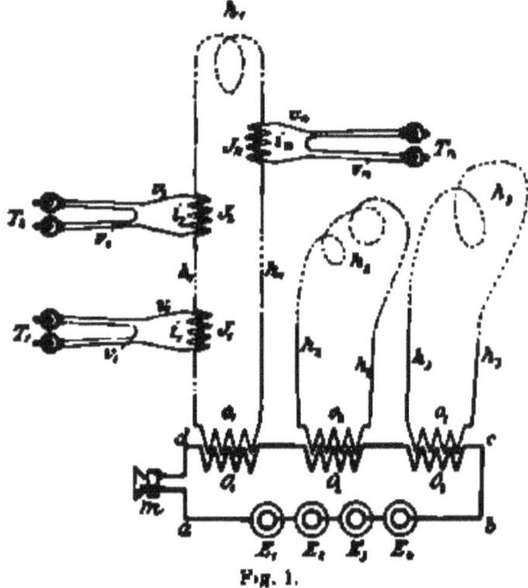

Fig. 1.

wo Publikum oft warten mufs, erweist sich ein solcher Apparat als überaus praktisch: in den Wartezimmern der Ärzte, in Barbierstuben, Cafés, Restaurants u. s. w.

In der „Redaktion" liest je ein Mann das Manuskript zwischen zwei grofsen Mikrophonen (Gebern), die einander gegenüber liegen, mitten durch, wodurch der Schall viel stärker ist, als er beim direkten Sprechen in einen Apparat hinein wäre. Klaviermusik wird durch einen im Vermittelungszimmer stehenden grofsen Flügel vermittelt, in welchen das Telephon durch eine besondere Schallvorrichtung hineinbefestigt ist. Ringsumher befinden sich viele telephonische Empfangsapparate mit Schalltrichter für Orchestermusik. Der Gesang wird in derselben Weise übertragen wie das Sprechen.

Das Wesen der Erfindung besteht technisch darin, dafs im primären Stromkreise a, b, c, d, e (Figur 1) der allgemein bekannten Mikrotelephonschaltung aufser dem Mikrophon m, den Stromquellen E_1, E_2, E_3, E_4 und der Induktionsspule O_1 noch so viele Induktionsspulen O_2, O_3 angeordnet wurden, als besondere und von einander unabhängige Sekundärstromkreise h_1, h_2, h_3 erforderlich waren. Die von der Centrale des „Telephon-Herold" ausgehenden und zur Speisung

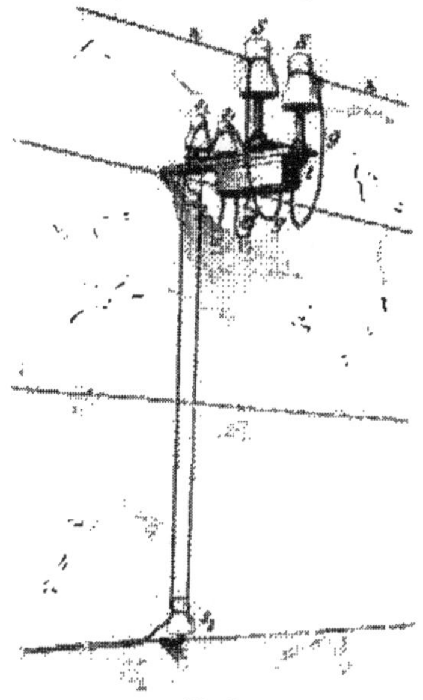

Fig. 2.

eines gewissen Stadtteils dienenden Sekundärstromkreise schliefsen, in die Centrale zurückkehrend, die Sekundärleitung der Induktionsspule, nachdem sie vorerst diesen Stadtteil in einer Länge von etwa 20 km durchlaufen haben. So entstanden zur Speisung gewisser Stationsgruppen Schleifen h. Während die zum Hin- und Hersprechen dienenden bekannten Telephonstationen Aufrufvorrichtungen (Klingelinduktoren und Klingeln) besitzen, sind beim „Telephon-Herold" die Stationen nur zum Hören eingerichtet.

Eine derartige Station besitzt zwei Hörmuscheln T (System Bell), deren Leitung v in Serie geschaltet durch den Sekundärstromkreis i einer Induktionsspule (Stationsspule I) geschlossen wird, während deren Primärleitung J die metallene Fortsetzung der erwähnten Schleife h bildet. Wird in das Mikrophon hineingesprochen, so ändert sich dessen elektrischer Widerstand der Schallwellenbewegung entsprechend, und es ändert sich auch die Stromstärke in dem primären Stromkreis a, b, c, d, a, wodurch Stromimpulse (Undulationen) entstehen, die den Induktionsgesetzen nach in den Sekundärwindungen O, O_1, O_2, On der Induktionsspulen und somit auch in den durch diese geschlossenen Schleifen h_1 . . . hn auftreten. Die in den Schleifen auftretenden Ströme induzieren in den Spulen J, i der Stationen wieder Ströme mit ganz gleichen Schwankungen wie die Schallwellenbewegung vor dem Mikrophon. So gelangen die durch die Schallwellen hervorgerufenen Stromänderungen im Wege einer zweifachen Induktion (Transformation) in die Telephonhörmuscheln und durch diese in das Ohr des Zuhörenden. Eine derartige Schleifenlinie enthält in Kettenschaltung durchschnittlich 200 bis 300 Stationsspulen. Wie aus diesem Induktionssystem ersichtlich, sind weder die Telephonleitung v der Stationen, noch die dieselben speisenden Schleifenlinien h miteinander in metallischer Verbindung, so dafs die Beschädigung einer Sekundärleitung einer Station nur für diese Station von störender Wirkung sein kann. Dieser Umstand ist im Betriebe des „Telephon-Herold“ der wichtigste Faktor.

Figur 2 zeigt eine zu einer Station gehörige Induktionsspule in aufmontiertem Zustande. Diese Vorrichtungen sind in Budapest allerorten an den Mauern der Häuser zu sehen. In Figur 2 ist h die Luftleitung der Schleifenlinie (Siliciumbronzedraht), die an isolierten Stützpunkten von Gebäude zu Gebäude geführt wird und, in der dargestellten Station auf dem Isolator S befestigt, in den umhüllten Draht g übergeht, der mit den zwei Enden der Induktionsspule in metallischer Verbindung steht. Die Induktionsspule selbst ist, mit isolierendem Material umgeben, in einer verlöteten Blechdose t angeordnet, die an der Unterseite eines die Isolatoren tragenden und in der Mauer befestigten eisernen Trägers befestigt ist. Die Sekundärleitung v der Induktionsspule tritt ebenfalls umwickelt aus der Dose und gelangt, an zwei bis drei kleinere Isolatoren e gebunden, als Doppelleitung durch das der Station zunächst gelegene Fenster ins Zimmer, wo die Drähte mit beiden Enden der mit Drahteinsatz versehenen Schnur und somit auch mit den Telephonen in metallische Verbindung gelangen.

In Figur 3 veranschaulichen wir das Schema der im Jahre 1893 bestandenen Centraleinrichtung, die als Erweiterung der in Figur 1 dargestellten allgemeinen Konstruktionsprinzipien betrachtet werden kann. Hier sind statt eines schon zwei Mikrophone m_1, m'_1 angeordnet, wobei eine rasche Einschaltung von Ersatzmikrophonen m'_2, m_2 ermöglicht ist. Eine Sprechcentrale war daher mit zwei Mikrophonen versehen, damit bei unsicherer Wirkung des einen Mikrophons mittels Umschalters k sofort das Ersatzstück eingeschaltet werden könne; die Anordnung von zwei Mikrophonen wurde aus dem Grunde gewählt, damit einesteils bei Ablösung der Vorleser die Kontinuität der Vorlesung keinen Abbruch leide und anderenteils, damit das unter der Einwirkung der Töne infolge des Stromes wesentlich erwärmte Mikrophon sich während der Thätigkeit des anderen Mikrophons abkühlen könne. Wie aus Figur 8 auch ersichtlich, entspricht jedem der eben eingeschalteten Mikrophone der beiden Sprechcentralen B_1 und B_2 ein besonderer Primärstromkreis $a_1 \ldots d_1$ und $a_2 \ldots d_2$, deren jeder fünf in Kettenschaltung befindliche Induktionsspulen $O_1 \ldots O_5$ speiste. Diese zehn Induktionsspulen haben bis zum Herbst des Jahres 1895 fünf Schleifenlinien $h_1 \ldots h_5$ mit je 200 Stationen gespeist. Da immer nur ein Vorleser vor einem Mikrophon der einen, z. B. der Sprechcentrale B_1, funktionierte und das Mikrophon der anderen Sprechcentrale B_2 insofern außer Thätigkeit war, als Tonwellen mit ihm nicht unmittelbar in Berührung kamen, was thatsächlich nur immer eine Induktionsgruppe $O_1 \ldots O_5$ in Bethätigung setzte, gelangten die in ihr induzierten Ströme auch, die Sekundärwickelungen der anderen Induktionsgruppen $O'_1 \ldots O'_5$ durchströmend, in die Schleifen. Diese einseitige Funktion dauerte so lange, bis an der Sprechcentrale B_1 das Vorlesen eingestellt wurde, um sofort an der anderen, in demselben Zimmer befindlichen Sprechcentrale B_2 fortgesetzt zu werden, wobei die Wirkung in den Schleifen, trotzdem jetzt ein anderes Mikrophon m_2 und andere Spulen $O'_1 \ldots O'_5$ in Funktion gebracht wurden, eine mit der vorigen Wirkung identische war. Zu bemerken ist, dafs als Stromquellen grofse sogenannte Callaudelemente E dienten, und zwar je vier für eine Sprechcentrale. Als Mikrophon war und ist auch noch heute das beim Nahesprechen bestens funktionierende und bekannte Deckert-Homolkasche Graphitmikrophon in Verwendung.

Im Laufe der Zeit wurden folgende Verbesserungen und Neuerungen bewerkstelligt:

a) Die gleichzeitige Anwendung von mehr als zwei Mikrophonen und infolgedessen die Aufstellung eines neuen Sammel- und Verteilungssystems zum Zwecke von Musikübertragungen.

b) die Verhinderung der Tonabnahme beim Vermehren der Stationen; der Grund dieser Tonverminderung lag im Auftreten der nambaften Selbstinduktion, die beim früheren System unvermeidlich war;

c) zur Instandhaltung und Sicherung der Schleifenlinien wurde deren Zahl wesentlich vermehrt, d. h. die bestehenden in kleinere Teile verteilt, so dafs am Ende des Jahres 1896 verschiedene Teile der Stadt (Häuserblocks) durch dreifsig von einander unabhängige Strom-

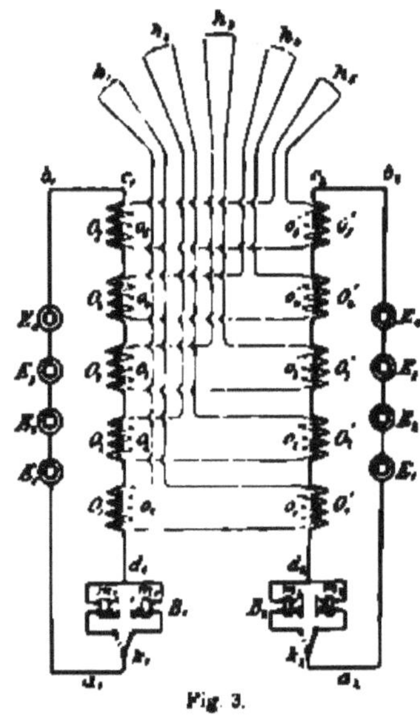

Fig. 3.

kreise (Schleifen oder Zonen) derart gespeist wurden, dafs aus der im November 1894 auf die Kerepescherstrafse verlegten Centrale die schleifenspeisenden Doppelleitungen (Siliciumbronzedraht) als Dachlinien ausgeführt wurden;

d) zu rascher Instandsetzung der durch unvermeidliche äufsere Einwirkungen gestörten Strecken wurde von Fall zu Fall eine telegraphische Verbindung mit der die Instandhaltung bewerkstelligenden Person hergestellt, und zwar durch die gestörte Leitung selbst, so dafs die Streckenaufseher in jedem Moment mit dem technischen Personale der Centrale in telegraphische Verbindung treten konnten.

Der zu diesem Zwecke dienende Morseapparat ist in Figur 4 vor der rechten Seite des Linienstöpsels zu sehen;

e) Musikübertragungen von Orten, die von der Centrale des

Fig. 4 Stöpselschalter „Jack".

„Telephon-Herold" entfernt sind, wie z. B. von der Oper, vom Volkstheater u. s. w., zu welchem Zwecke besonders empfindliche Mikrophone konstruiert wurden;

f) die Anwendung von Akkumulatoren an Stelle der Callaudelemente;

g) die Anwendung eines Alarmsignals (Rufsignales), das mit Hilfe besonderer Instrumente bei Niederdrücken eines Tasters in der Centrale in den Muscheln der in der Stadt verteilten Stationen ein in Entfernung von mehreren Metern hörbares Summen induziert, das bei mehrmaliger Wiederholung die Abgabe einer sensationellen Nachricht, bei kürzerer Dauer aber z. B. den Anfang eines Opernaktes oder eines Konzertes anzeigt;

h) zur Bewerkstelligung aller notwendigen Schaltungen wurde die Zentrale mit sogenannten Stöpselschaltern (Figur 4) versehen, deren Anwendung die Bethätigung der verschiedenen Tonempfänger (Mikrophone) im Gesamtnetze am schnellsten ermöglicht und die täglich mehrmals notwendige Streckenmessung bei der geringsten Unterbrechung des ordentlichen Nachrichtendienstes zu bewerkstelligen gestattet;

i) In der ersten Hälfte des Jahres 1897 wurde die Centrale unmittelbar mit dem Königlich ungarischen Meteorologischen Institut verbunden und auch eine vom Institut aus automatisch geregelte Uhr eingestellt, so dafs der „Telephon-Herold" mittels des unter g erwähnten Rufsignales die pünktliche Mittagszeit angeben kann;

k) die (zeitweilige) Anwendung von Edisonphonographen in Verbindung mit einer besonderen Mikrophonkonstruktion, um im Netze des „Telephon-Herold" phonographisch aufgenommene Stimmen von Celebritäten wann immer wiedergeben zu können.

Technisch interessant ist bei der Einrichtung noch, dafs die die primären Stromkreise ergänzenden Mikrophone und deren Leitungen von den centralen Transformatoren, Induktionsspulen und Stromquellen, d. h. den Akkumulatoren, weit entfernt sind, wie dies z. B. bei dem in der Oper angeordneten Tonfänger der Fall ist, und dafs die über die Dächer geführte Leitung je eines Mikrophons aufser der Centrale etwa 1300 m beträgt; die Anwendung einer solch langen Primärleitung ist in der Telephontechnik alleinstehend.

Es sei nur noch erwähnt, dafs die Sekundärleitungen der Primärinduktionsspulen in einem sogenannten Sammler sämtliche durch Mikrophone einer Gruppe abgegebenen Ströme vereinigen; dieser Sammelapparat vereinigt z. B. die von je zwei im Orchester, auf der Bühne und im Zuschauerraum des Opernhauses angeordneten Mikrophonen aufgefangenen Töne zu einem einheitlichen Ganzen. Vom Sammler gelangt der Strom in einen ebenfalls nur schematisch dargestellten Verteiler, der die verschiedenen Stadtteile (die Netzschleifenlinien der Zonen, 30 an der Zahl) speist. Zu diesem Zwecke enden die aus dem Verteiler hervorragenden, mit $h_1 \ldots h_{30}$ bezeichneten Drahtpaare ebenfalls in Stöpseln, die mit den von aufsen kommenden Drahtpaaren, welche in dem in Figur 4 dargestellten Stöpselschalter[2]) endigen, durch Stöpselung in metallische Verbindung gebracht werden. Eine vom Verteiler auszweigende Doppelleitung führt durch den Stöpselschalter hindurch zur Dachstützkonstruktion der Centralanlage und bildet, von hier aus auf den mit Porzellanisolatoren versehenen Dachstützkonstruktionen über den Häusern wegziehend, einen Doppeldraht, bis sie, in den durch sie gespeisten Zonenkreis gelangend, vom Dache hinabgleitet und als Einzeldraht an der Stirnwand der Gebäude fortschreitet, Häuserblocks umringt und, nach Zurücklegung eines Weges von ungefähr 200 Stationen zu ihrem Drahtpaar zurückkehrend, die Schleife schliefst.

[2]) Die Mikrophonpaare stehen einzeln mit einem Stöpselschalter in Verbindung. Dieser Stöpselschalter ist in der Telephonie unter dem englischen Namen „Jack“ zur Bewerkstelligung von Schnellerhaltungen allgemein bekannt. Eine charakteristische Eigenschaft dieses Stöpselschalters ist, dafs er zwei voneinander isolierte Leitungen in einem cylindrischen Raume bildet, in den zur Bewerkstelligung einer metallenen Verbindung ein stöpselartiger Konstruktionsteil so hineinpafst, dafs dessen zwei, voneinander ebenfalls isolierte metallene Leitungsteile genau zu den Leitungsteilen des hohlen Schalters passen. Die Stöpsel sind an zweifach leitende, mit Metalleinlage versehene, biegsame Schnüre montiert.

Weitere Nachrichten vom neuen Stern im Perseus.

Im Septemberhefte d. vorigen Jahrg. unserer Zeitschrift haben wir Nachrichten über den merkwürdigen Lichtwechsel gegeben, welchen die am 21. Februar plötzlich als Stern erster Gröfse im Perseus entdeckte Nova gezeigt hat. Wir ergänzen diese Nachrichten, die bis gegen Ende Mai 1901 reichten, durch weitere hier folgende. Zunächst hielt sich nach den späteren Beobachtungen die periodische Lichtschwankung, die der Stern alle 4,8 Tage, jedoch nicht in unveränderter Weise, im April aufgewiesen hatte, auch im Mai und Juni; im Juni scheint sich die Periode noch etwas erweitert, auf fünf Tage ausgedehnt zu haben. Das Maximum der Lichtstärke des Sternes war ungefähr gleich der Grössenklasse 4,6, das Minimum etwa 6,3. Im Juli, besonders von der zweiten Hälfte dieses Monats an, verschwanden aber diese periodischen Lichtschwankungen ziemlich schnell, der Stern ging an Helligkeit noch etwas zurück, zeigte jedoch im Juli und August eine bemerkenswert konstant werdende Helligkeit von 6,3 bis 6,4. Die Lichtstärke ist also gegen die vom April und Mai (vgl. die Zeichnung im Septemberhefte) nicht viel gesunken, aber gegen den September hin viel weniger veränderlich geworden als früher.

Was nun besonders merkwürdig erscheint, sind, abgesehen von Farbenveränderungen des Sternes, die mit der Zu- und Abnahme der Lichtstärke gleichen Schritt halten, starke Variationen in seinem Spektrum, die ebenfalls entschieden mit dem Aufflammen und Herabsinken der Helligkeit in Beziehungen stehen. Am 24. Februar traten schmale, dunkle Linien in den hellen Bändern des Spektrums auf, einige der früheren dunklen Bänder lösten sich in Teile. Am 17. März war das Spektrum normal, die Linien H_γ, H_δ, H_ε, H_ζ und eine Linie bei H_β waren deutlich, ein früher breites dunkles Band K war nicht mehr vorhanden. Ebenso zeigte sich am 23., 27., 30. März und 1. April das Spektrum kontinuierlich, mit den erwähnten hellen

Linien und schwachen dunklen Begleitlinien, deren Vorhandensein wechselte. Ähnlich verhielt sich das Spektrum auch am 13. und 27. April. Dagegen fehlten am 19. März plötzlich fast alle dunklen Linien und das kontinuierliche Spektrum. Am 12. April befand sich an Stelle von H; ein helles Band, eine neue helle Linie stand bei Hγ, einige Linien zeigten gegen das Rot hin scharfe Ränder. Am 26. April war das Band vom 12. wieder da und noch heller als vorher, das kontinuierliche Spektrum fehlte wie am 12. Am 28. April, 1. und 3. Mai zeigte der Stern abermals abnorme Spektra mit scharfen Begrenzungen der hellen Bänder gegen das Violett hin. Der Zusammenhang dieser Spektralveränderungen mit der Lichtstärke geht aus folgender Zusammenstellung hervor.

17.	März	Spektrum	normal,	Stern	3,8	Grösse
19.	„	„	abnorm	„	5,0	„
23.	„	„	normal	„	3,6	„
27.	„	„	„	„	4,1	„
30.	„	„	„	„	4,2	„
1	April	„	„	„	4,1	„
12.	„	„	abnorm	„	4,6	„
13.	„	„	normal	„	4,6	„
26.	„	„	abnorm	„	5,8	„
27.	„	„	normal	„	4,2	„
28.	„	„	abnorm	„	5,1	„
1.	Mai	„	„	„	5,3	„
3	„	„	„	„	5,5	„

Wie man daraus ersieht, war das Spektrum normal an den Tagen, an welchen der Stern eine gröſsere Lichtstärke, wahrscheinlich das Maximum seiner periodischen Veränderung, hatte, und abnorm zu den Zeiten, die mit den Minima zusammenfielen, von den letzteren höchstens das vom 12. April ausgenommen. Besonders auffallend war die groſse Breite der Absorptionsbänder und der Wechsel in der Schärfe der Begrenzung derselben; an einigen Tagen tauchten auch Bänder an Stellen der Spektra auf, wo man bisher jene Linien gefunden hat, die charakteristisch für die Spektra von Nebelflecken sind.

Das weitere Verhalten des neuen Sternes förderte mehrere Überraschungen für die Astronomen zu Tage. Am 19. und 20. August machten Flammarion und Antoniadi zu Juvisy photographische Aufnahmen der Nova und fanden zu ihrem Erstaunen eine Nebelhülle von 6 Minuten Durchmesser um den Stern. Die sofort von mehrfacher Seite wiederholten Versuche (Wolf, Kostinsky, Gothard) zeigten aber, daſs die Ursache dieser Nebelhülle um den Stern in den photographischen Objektiven liege; letztere sind für eine dem Stern eigentümliche Lichtart nicht korrigiert, und diese bringt die Nebelsphäre um den Stern hervor; Gotbard meinte auch diese Lichtart noch näher definieren zu können. Während die Nebelaureole so auf einen optischen Effekt zurückgeführt wurde, erkannte Wolf indessen auch sehr feine Nebelzüge, die sich in der nächsten Umgebung des Sternes auszudehnen schienen und welche, da sich deren Bilder bei mehrfach veränderter Anordnung der photographischen Versuche immer wieder auf den Platten vorfanden, als reell angenommen werden durften. Nun wurden die Astronomen durch ein Telegramm Pickerings vom 11. November alarmiert, dafs Perrine auf Grund von photographischen Aufnahmen vier kondensiertere Punkte in einer die Nova umgebenden Nebelhülle konstatiert habe, die sich mit ungeheurer Geschwindigkeit gegen Südosten bewegten. Dieselbe Erscheinung ist nach einem späteren Telegramme schon am 9. November von Ritchey am Yerkesobservatory bemerkt worden; der letztere meldet vom 12. ausserdem noch, dafs sich die Nebelmaterie nach allen Richtungen um die Nova ausdehne. Unwillkürlich wird man dabei an die von Wolf schon im August in der Umgebung des neuen Sternes gefundenen Nebelstreifen erinnert. Dafs ungeheure Veränderungen während der letzten Monate in der Nova vor sich gegangen sind und wahrscheinlich noch fortwähren, ist sicher. Es wäre nicht unmöglich, dafs sich seit August grofse Nebelentwickelungen um den Stern herum vollziehen, wenn auch die Zahlenangaben für die Gröfse dieser Bewegung, die gemacht wurden, vielleicht übertrieben sind. — (P. S. Zur Zeit, da dieser Bericht gedruckt ist und zur Korrektur gelangt, sind Nachrichten eingetroffen, welche die Bewegungen der Nebelknoten vollauf bestätigen. Danach beträgt die Fortbewegung der vier Nebelmassen auf Grund dreier Photographien vom 20. September, 7. und 8. November, also in 48 Tagen Zwischenzeit $1\frac{1}{2}$ Bogenminuten, doch erfolgte die Bewegung nicht für alle Nebelknoten in der gleichen Richtung, sondern für einige in einer mehr gekrümmten Bahn als bei den anderen. Desgleichen bestätigen Aufnahmen durch M. Wolf bis zum 17. November die Fortdauer der Bewegung. Die stärkste Eigenbewegung von Sternen, die wir kennen, ist 9 Sekunden pro Jahr. Die Bewegung der Nebelknoten aber würde pro Jahr 11 Minuten erreichen. Man muss also wohl, um diese ungeheure, alle bisherigen Erfahrungen weit übertreffende kosmische Geschwindigkeit zu erklären, an explosionsartige Vorgänge denken. Wir kommen in unserer Zeitschrift noch auf diese merkwürdigen Bewegungen in der Umgebung der Nova zurück.)

Bei der Erklärung der merkwürdigen Erscheinungen, welche uns der Stern im Perseus bisher dargeboten hat, scheint eine Hypothese sehr glücklich zu sein, welche von J. Halm aufgestellt worden ist. Man erinnert sich der Theorie von H. Seeliger, welche derselbe gelegentlich des Auftauchens der Nova Aurigae (1892) gegeben hat. In einen sehr ausgedehnten Nebelfleck dringt ein fester Körper, der sich gradlinig fortbewegt, mit mäfsiger Geschwindigkeit ein; infolge der Anziehung der Nebelmassen wird diese Geschwindigkeit aber beschleunigt, die Gase geraten in heftige Bewegung und in den Glühzustand. Nach J. Halm ist es aber viel wahrscheinlicher, dafs die Nebelmassen nicht von gleichmäfsiger Dichte sind, wie Seeliger voraussetzt, sondern dafs sie überwiegendenteils schon kosmische Formen besitzen, in denen die Dichte nach einem Schwerpunkte hin zunimmt. Diese ungleich dichten, oder an einer Stelle besonders konzentrierten Gasmassen werden, falls überhaupt Begegnungen mit festen Weltkörpern (leuchtenden oder dunklen) stattfinden, meist seitlich mit diesen Körpern zusammenstofsen, und nur in Ausnahmefällen wird der Zusammenstofs central sein. Dabei mufs der Widerstand, den die Nebelmassen dem Körper entgegenstellen, auf der nach dem Schwerpunkt liegenden Seite wegen der gröfseren Dichte bedeutender sein als auf der anderen nach der Begrenzung liegenden. Das Vordringen des Körpers wird demnach die nächstliegenden Nebelmassen in Rotation versetzen. Infolge der ungeheuren Reibung zwischen dem planetarischen Körper und dem Nebel wird bald eine Erhitzung des Körpers und die Bildung glühender Gase und Dämpfe um ihn herum eintreten. Die Nebelmoleküle werden mit grofser Geschwindigkeit aufeinander geworfen, und das Ganze bildet die Erscheinung eines Wirbels von leuchtenden Gasen und Dämpfen, in dessen Mitte sich der in mehr oder minder grosse Gluhhitze versetzte Stern befindet. Die Bewegung des Eindringlings wird, selbst wenn sie ursprünglich gradlinig gewesen, nicht unverändert bleiben, sondern in eine gekrümmte verwandelt werden, denn der Druck der Nebelmassen gegen den Körper wird auf der nach dem Centrum des Nebels liegenden Seite der Bahn des Körpers gröfser sein als auf der entgegengesetzten auch mufs eine Ablenkung des Körpers von seiner Bahnrichtung, und zwar nach der Begrenzung des Nebels hin erfolgen. Dabei muss sich die Geschwindigkeit des eindringenden Körpers verändern. Hierdurch werden die vielen Abweichungen der hellen

Linien im Spektrum gegen die Normalstellungen erklärt, die man beobachtet hat. Was nun die Strömungen der Nebelmaterie, sobald der Widerstand am bedeutendsten geworden ist, anbelangt, so werden sich zwei dominierende einstellen, nämlich überwiegend heifse und leuchtende vom Äquator des Nebels nach aufsen hin, und kältere, dunkle Ströme in der Richtung der Pole der Rotation des Wirbels. Wenn die Achse des Wirbels so liegt, dafs sie mit der Gesichtslinie von der Erde zum Stern parallel läuft oder mit dieser zusammenfällt, so werden wir wenig von Veränderungen des Spektrums bemerken. Sehen wir aber unter einem Winkel gegen den Wirbel, so müssen sich uns bedeutende Verschiebungen der Linien und Bänder des Spektrums offenbaren, denn infolge der starken Rotationsbewegung der ganzen Nebelmassen um den Stern müssen die Absorptionsbänder verbreitert werden, und die heifsen, vom Äquator des Wirbels ausgehenden Strömungen werden Verschiebungen jener Bänder bewirken, die von der Stärke der Strömungen abhängen, während die polaren Strömungen wenig Einflufs auf das Spektrum nehmen können. Das Phänomen des neuen Sterns ist also nach der Halmschen Hypothese eine ungeheure Cyklone von Nebelmassen, die sich in hoher Temperatur befindet und mit aufserordentlicher Geschwindigkeit um einen glühenden Centralkörper bewegt. Die abströmenden, erkaltenden Gasmassen, die mit der Zeit fortgeschleudert werden und sich in der Umgebung des Wirbels halten, können die Erscheinung der Nebelknoten und Streifen erklären, welche man vom 9. zum 12. November in der Nähe der Nova in starker Bewegung befindlich, entdeckt hat.

Fischer, E.: Eiszeittheorie. Heidelberg 1907, Carl Winters Universitätsbuchhandlung.

Der Verfasser legt seiner Schrift als Motto die Kant'schen Worte zu Grunde: „Ich habe auf eine geringe Vermutung hin eine gefährliche Reise gewagt und erblicke schon die Vorgebirge neuer Länder." Wahrlich gering war die Vermutung, mit der der Autor seinen Ausflug angetreten hat und gefährlich ebenfalls, denn statt neue Länder zu entdecken, ist er sofort in eine tiefe Gletscherspalte hineingeraten.

Die Argumentation des Verfassers ist die folgende: Die Sonne bewegt sich unter den Sternen, und da das zweite Keppler'sche Gesetz auf ihre Bewegung Anwendung findet, so mufs die Geschwindigkeit der Sonne an den einzelnen Stellen ihrer Bahn eine verschiedene sein. Mit einer verlangsamten Bahnbewegung der Sonne ist aber eine starke Abkühlung verbunden (!), deren Wirkung wir unbedingt auf der Erde wiederfinden müssen und in der der Autor die Erklärung der alternierenden Eiszeiten sucht.

In dieser kurzen Darlegung des Autors ist eine mechanisch ganz absurde Behauptung aufgestellt. Kennt der Verfasser denn nicht das Prinzip der Erhaltung der Energie für die freien Bewegungen, wie sie die Himmelskörper darbieten? Weifs er denn nicht, dafs die Summe der kinetischen und potentiellen Energie bei allen derartigen Bewegungen eine unveränderliche Gröfse bleibt, dafs die Abnahme der kinetischen Energie eine Zunahme der potentiellen eines Himmelskörpers bedingt und von Wärmeschwankungen dabei nicht die Rede ist? Man kann dem Autor nur raten, ein wenig Mechanik zu treiben, bevor er Theorien aufstellt und Bücher schreibt.

Dr. P. Schwahn.

Rann, Ludwig: Neue Theorie über die Entstehung der Steinkohlen und Lösung des Marsrätsels. Heidelberg 1901. Carl Winters Universitätsbuchhandlung. VI. u. 96 S. 8°.

Die Theorie des Verfassers über die Entstehung der Steinkohlen lautet: Da die Steinkohlen an den verschiedenen Stellen der Erde aus denselben Pflanzen entstanden sind, mufs zur Zeit ihrer Entstehung das Klima auf der ganzen Erde dasselbe gewesen sein. Es fehlten also die Kontinente, die Erde war mit einem grofsen Ozean bedeckt, aus dem höchstens Inseln herausragten. Auf diesem Ozean, den keine Stürme aufregten, bildeten sich schwimmende Decken von Algen. Diese Pflanzendecke vertorfte, Bäume und Tiere lebten auf ihr, bis endlich nach geraumer Zeit alles versank, um unten auf dem Meeresgrund ein Kohlenflöz zu bilden. Oben entstand eine neue Algendecke, und das Spiel begann von neuem.

Derartige Algeninseln, die schliefslich Gräser, Binsen, Stauden und Sträucher tragen, über die Menschen und Tiere gehen, bis sie endlich zu schwer werden und versinken, entstehen nach den Angaben des Verfassers in Südrufsland auf Tausenden von kleinen Seen, in Deutschland im Hautsee bei Markuhl, auf dem Steinhuder Meer in Lippe-Schaumburg etc.

Dieselben Zustände, die zur Zeit der Entstehung der Kohlen auf der Erde geherrscht haben sollen, sieht der Verfasser nun heute auf dem Mars. Er ist ein jüngerer Planet als die Erde, seine ganze Oberfläche ist ein Meer, das von einer Algenschicht bedeckt ist. Die Kanäle werden durch Meeresströmungen hervorgerufen, die die Algendecke zerreifsen; zusammentreffende Strömungen, die grössere Stücke der Algendecke wegspülen, bilden die sogenannten Meere. Strömung und parallele Gegenströmungen geben die Verdoppelung der Kanäle.

Das Buch giebt eine geistreiche Hypothese, die aber noch nicht das Rätsel löst.

Lampert, Dr. Kurt: Die Völker der Erde. Eine Schilderung der Lebensweise, der Sitten, Gebräuche, Feste und Zeremonien aller lebenden Völker. Mit etwa 650 Abbildungen nach dem Leben. 35 Lieferungen zu je 60 Pfennig. (Stuttgart, Deutsche Verlags-Anstalt.)

„Vieles Wunderbare giebt es, doch nichts ist wunderbarer als der Mensch“, so läfst sich das Wort des grofsen Sophokles übersetzen, und man stimmt ihm gern zu, wenn man sich in das vorliegende Werk und seine prächtigen Abbildungen vertieft. Schon die erste Lieferung läfst erkennen, dafs hier die erste, auch den höchsten Anforderungen entsprechende, allumfassende Völkerkunde vor uns liegt, die sich auf bildliche Dokumente von urkundlicher Treue stützt. Welche Fülle der Gesichter, der merkwürdigen Erscheinungen, von denen uns die eine oder andere wohl schon vertraut sein mag, die aber hier in sorgfältiger Gruppierung und Ordnung nach ihrer wissenschaftlichen Zugehörigkeit vor uns treten. Das Wort, dafs die Welt klein geworden sei, finden wir vollauf bestätigt, denn die entlegensten Erdteile werden uns durch fesselnde Schilderungen vor Augen gerückt, und einen treuen und zuverlässigen Begleiter hatte der Verfasser im Photographen, der mit sicherer Hand das festhielt, was im bunten Völkergemisch unserer Welt durch Eigenart besonders hervorragt. Keine Phantasiegebilde werden hier geboten, wie sie wohl die Sensationssucht, die Spekulation auf die Leichtgläubigkeit der Leser hervorgebracht haben, sondern wir finden durchweg Wiedergaben nach dem Leben, einige davon, wie gleich in der ersten Lieferung, im Schmucke ihrer natürlichen Farben. Ein glücklicher Gedanke war es, das Werk mit jenen Gebieten zu beginnen, in denen Deutschlands jüngst erworbene Kolonieen liegen, mit Polynesien. Aus eigener Anschauung kann sich der Leser überzeugen, wie unsere „neuesten Landsleute“ aussehen, und er wird gewifs zugeben, dafs sie gar nicht so übel sind. Soweit sich bis jetzt überblicken läfst, greifen in dem Werke Text und Bild vorzüglich ineinander. Die Illustrationen, Musterleistungen der Technik, sind durchweg charakteristisch für die einzelnen Gebiete unseres Erdteiles, und in glücklichster Weise hat der Verfasser die Aufgabe gelöst, streng wissenschaftliche Auffassung mit einer anziehenden, allgemein verständlichen Darstellung zu verbinden. So wird denn hier zu ungewöhnlich wohlfeilem Preise ein volkstümliches Prachtwerk ersten Ranges geboten, das Anschauung und Belehrung in angenehmster Form verbindet. Die erste Lieferung ist durch jede Sortiments- oder Kolportage-Buchhandlung zur Ansicht zu erhalten.

Verlag: Hermann Paetel in Berlin. — Druck: Wilhelm Gronau's Buchdruckerei in Berlin-Schöneberg.
Für die Redaction verantwortlich: Dr. P. Schwahn in Berlin.

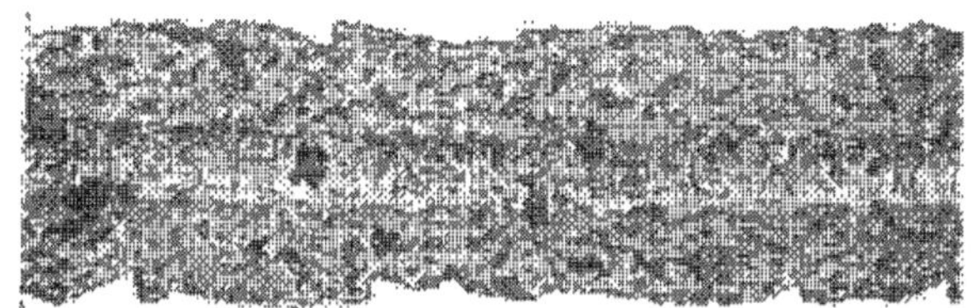

Stück eines eisernen Schwertes.

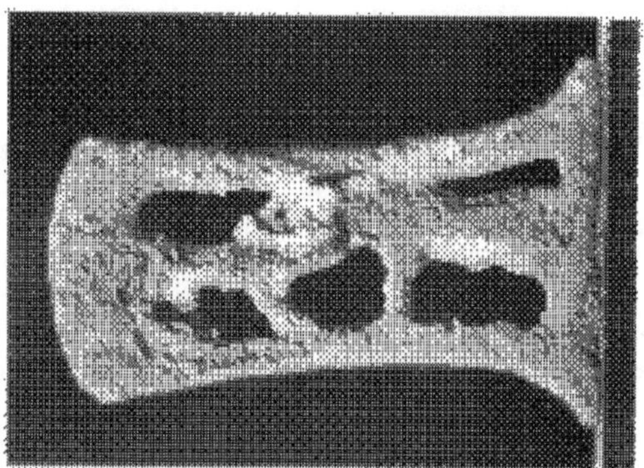

Bronzenes Beil vor und nach der Behandlung
nach dem Koeftingschen Verfahren.

Die Konservierung von Altertumsfunden nach dem
Koeftingschen Verfahren.

Die Weltherrin und ihr Schatten.

Von Professor Felix Auerbach in Jena.

1.

Wenn es wahr ist, dafs ein Staatswesen erst in dem Augenblicke in einer dieses stolzen Namens würdigen Weise zu existieren beginnt, in dem es eine Verfassung erhält, die als oberstes Staatsgrundgesetz über allem thront, so muss man, in Anwendung auf das Weltganze, vom Standpunkte des Naturforschers aus betrachtet, sagen: Die naturwissenschaftliche Welt ist noch erstaunlich jungen Ursprunges. Denn erst seit wenigen Jahrzehnten sind wir im Besitze des Grundgesetzes, dem sich alles Naturgeschehen unterzuordnen hat, des Gesetzes von der Erhaltung der Kraft, wie man früher sagte, von der Erhaltung der Energie, wie man, mit zweckmäfsiger gewählter Nomenklatur, gegenwärtig sagt. Über allem, was sich im unendlichen Raume, im Strome der dahinfliefsenden Zeit abspielt, thront die **Energie** als Göttin, als Königin, hier gebend und dort nehmend, im ganzen aber weder gebend noch nehmend. Wahllos, in lauterster Gerechtigkeit übt sie allenthalben ihre Macht aus; sowohl das winzige Stäubchen als auch den genialen Menschen bestrahlt sie mit ihrem ruhigen, sich ewig gleichbleibenden Glanze.

Wo aber Licht ist, da ist auch Schatten: und der Schatten, den die Weltherrin Energie hinter sich wirft, ist tief und schwarz, vielgestaltig und vielbeweglich. Es ist, als ob er ein selbständiges Leben hätte, als ob er sich gar anmafste, seinerseits die Welt zu regieren, und wahrlich nicht in dem nämlichen Sinne wie die Energie. Bei seiner Betrachtung kann man eine trübe Ahnung nicht bemeistern: Der Schatten ist der böse Dämon, der zu beeinträchtigen, wenn nicht gar zu verderben suchen wird, was die strahlende Herrin in das

Dasein an Grofsem, Schönem und Gutem hineinzutragen sich bemüht. Wir nennen den bösen Dämon Entropie, und es hat sich herausgestellt, dafs er wächst und wächst, dafs er langsam, aber sicher seine bösartigen Tendenzen entfaltet. Welche Beruhigung — so muss man fragen — kann uns die Verfassung auf die Dauer gewähren, wenn ohne Unterlafs Kräfte thätig sind, um sie zu untergraben? Was kann die Energie auf die Dauer nützen, wenn ihr Schatten, je mehr die Welt fortschreitet, je mehr es Abend wird auf Erden, länger und länger wird, um schliefslich alles in finsterste Nacht zu hüllen?

Wir alle stehen unter dem Schutze der Energie, und wir alle sind dem schleichenden Gifte der Entropie preisgegeben. Sollte es nicht auch für uns, an welchem Teile des Weltgebäudes, an welchem Teile des Menschheitsideals wir auch thätig sein mögen, der Mühe lohnen, uns mit dem Wesen jener beiden Dämonen vertraut zu machen, uns ihr Wirken näher zu betrachten? Nicht durch das Mikroskop des Fachmannes, mit dem wir nicht fein genug umzugehen verstehen, um so ätherische Dinge im rechten Lichte zu sehen; aber mit der Lupe des Liebhabers, der, auf mancherlei verzichtend, doch vieles zu schauen bekommt, was ihm bis dahin verborgen geblieben war.

Die Sprache, die stets feinfühlige, hat die Energie wie die Entropie weiblich gebildet. Und das Wesen des Weibes zu ergründen, ist seit Menschengedenken eine der heikelsten Aufgaben gewesen. Gewifs, es giebt auch hier Unterschiede; und während mit der bei Tag und Nacht in Gattentreue sich gleichbleibenden Penelope schon der Gymnasiast im grofsen und ganzen sich abfindet, beschäftigt es noch die Reifsten, was wohl im innersten Seelengrunde der verwandlungssüchtigen Kirke schlummern möge. So hat auch die Energie, wenngleich erst nach jahrhundertelangem Ringen, ihr Wesen klar enthüllt; aber um so launischer und unberechenbarer hat sich die Entropie bewiesen; immer, wenn man ihr nahe zu sein wähnte, hat sie ein neues Rätsel aufgegeben; ja, so weit erstreckt sie ihren bösen Zauber, dafs sie, und zeitweilig mit einigem Erfolge, uns die gütige Schwester zu verdächtigen suchte, indem sie uns zuraunte: Traut ihr nicht, sie ist nicht das, was sie zu sein scheint. Aber die Gedankenarbeit der letzten Jahrzehnte hat uns solchen Künsten gegenüber gefestigt, und jetzt, auf der Schwelle des zwanzigsten Jahrhunderts, wissen wir in der Hauptsache, was es mit dem Schwesternpaare für eine Bewandnis hat.

2.

Es ist ganz verkehrt, bei Antritt der Sommerferien nach Süden zu fahren und direkt auf den Ortler zu steigen. Der erfahrene Reisende beginnt vielmehr mit einer oder zwei „Einlauftouren“ harmloser Art, um die im Berufsleben verrosteten Glieder einzuölen. Wir wollen uns daran ein Beispiel nehmen und unserer Hochtour auf ein immerhin schwieriges und abstraktes Gebiet eine Mitteltour einfacheren und konkreteren Charakters vorausschicken. Konkret, weil es sich um die überall in der Welt verbreitete Materie, um den sichtbaren, greifbaren Stoff handelt, der uns allenthalben umgiebt, und aus dem sogar unser eigenes Ich, soweit es leiblich ist, aufgebaut ist. Von dieser Materie handelt ein Satz, ein Prinzip, das sicherlich viel berühmter wäre, als es thatsächlich der Fall ist, wenn es nicht gerade vom naiven Menschen meist für selbstverständlich gehalten und darum, wenn man es ihm vorführt, mit einer gewissen Geringschätzung behandelt würde — sehr zu Unrecht, wie die Geschichte der Wissenschaft zeigt.

Unser Satz lautet: Die Summe alles Stoffes im Weltall bleibt stets dieselbe; oder: es kann Materie weder erzeugt noch vernichtet werden. Es ist der Satz von der Konstanz der Masse oder, populärer, von der **Erhaltung des Stoffes**. Beide Ausspruchsweisen besagen dasselbe, nur die erste in exakterer Form, indem sie sich den Stoff gleich in gemessener Quantität, seiner Masse nach, also in Grammen oder Kilogrammen, vorstellt.

Welch gewaltige Bedeutung der Satz von der Erhaltung des Stoffes hat, geht am besten aus der Thatsache hervor, dafs seine bewufste Anwendung in der Chemie diese erst zu einer wahren Wissenschaft gemacht hat, während sie bis dahin der Tummelplatz geistreicher Ideen, spielerischer Experimente und phantastischer Wünsche gewesen war. Eine Wissenschaft im nüchternen, strengen Sinne des Wortes ist die Chemie erst geworden, seit man, vor einem Jahrhundert, die Wage zur Hand nahm, mit ihr das Gewicht oder, was für unser Thema auf dasselbe hinauskommt, die Masse der Körper feststellte und auf diese Weise in unzähligen Fällen fand, dafs, wenn sich Stoffe miteinander verbinden oder voneinander trennen, wenn sie sich irgendwie chemisch verändern oder umsetzen, die Summe der Massen aller bei dem Prozesse beteiligten Stoffe am Schlusse genau die gleiche ist wie am Anfang. Wenn z. B. ein Körper verbrennt, sei es rasch und mit Flammenbildung, sei es ganz langsam, wie das Eisen, wenn es rostet, so giebt er nicht, wie man früher gemeint hatte,

Materie ab, im Gegenteil, er nimmt, wie die Wägung lehrt, an Masse zu; und wenn man näher nachforscht, so findet man, dafs der Zuwachs von der Natur des Sauerstoffs ist, dafs dieser Sauerstoff aus der umgebenden Luft stammt, und dafs letztere genau so viel an Masse eingebüfst, wie der Körper gewonnen hat. Alle in den letzten hundert Jahren vorgenommenen Prüfungen haben ergeben, dafs bei keinem Prozesse, er mag noch so einfach oder noch so verwickelt sein, Materie gewonnen oder verloren wird; und auch eine Reihe von Untersuchungen aus der allerjüngsten Zeit hat, mit den denkbar feinsten Mitteln durchgeführt, gezeigt, dafs eine Verbindung genau so viel wiegt, wie ihre Bestandteile vorher zusammengenommen wogen. Das Gesetz von der Erhaltung des Stoffes ist dadurch geradezu das Fundament einer ganzen Wissenschaft, der Chemie, geworden, und erst seit Schaffung dieses Fundaments, seit der Einführung der Wage in die Chemie durch Lavoisier, verdient die Chemie den Namen einer exakten Wissenschaft.

Wenn die Erhaltung des Stoffes als das Fundament der Chemie bezeichnet wurde, so kann und mufs übrigens diesem Bilde ein anderes zur Seite gestellt werden. Die Erhaltung des Stoffes ist auch der Leitstern am Himmel des Chemikers; ihn mufs er im Auge behalten, um den rechten Pfad nicht zu verlieren; er ist es, der ihn zu Gestaden zu führen vermag, die sein Fufs noch nicht betrat. Gerade aus der neuesten Zeit giebt es hierfür ein wahrhaft glänzendes Beispiel.

Das Gesetz von der Erhaltung des Stoffes giebt dem Chemiker eine Kontrolle für seine Versuche an die Hand, die ihren trivialen, aber kurzen Ausdruck in dem Satze findet: „Die Analyse mufs stimmen." Stimmt sie, so ist die Aufgabe gelöst. Stimmt sie nicht, d. h. ergeben die Teile nicht wieder das Ganze, so liegt zunächst die Möglichkeit eines Versuchs- oder Rechenfehlers vor; ist auch dies nicht der Fall, so mufs geschlossen werden, dafs man irgend einem Geheimnis auf der Spur sei, dafs bei dem untersuchten Prozesse ein noch unbekannter Stoff beteiligt sei. Das glänzende Beispiel hierfür, von dem oben die Rede war, bezieht sich auf die uns umgebende atmosphärische Luft, von der man doch annehmen sollte, dafs ihre Zusammensetzung uns längst aufs intimste bekannt sei. Als indessen vor wenigen Jahren von den englischen Forschern Lord Rayleigh und Ramsay äufserst feine Untersuchungen angestellt wurden, zeigte sich, dafs die Analyse der Luft nicht stimmte; und die Vermutung, dafs hiernach in der atmosphärischen Luft ein uns noch unbekannter

Stoff enthalten sein müsse, hat sich mehr als bestätigt; es ist nämlich nach und nach ein halbes Dutzend solcher Stoffe gefunden worden, die zwar relativ in winzigen Mengen, absolut aber doch so reichlich in der Atmosphäre enthalten sind, dafs man sie jetzt flaschenweise kaufen kann!

Trotz alledem, trotz der Triumphe, die unser Gesetz gefeiert hat, wollen wir des Spruches eingedenk sein, dafs Mäfsigung und Vorsicht die wahren Kennzeichen der Weisheit sind, und unserem Gesetze nicht noch gröfseren Spielraum gewähren, als ihm ohnehin schon gegeben ist. Wir wollen an ihm festhalten, soweit und solange dies irgend durchführbar ist; und falls man uns irgend ein Geschehnis entgegenhalten wird, das jenem Gesetze widerspricht, so wollen wir die Waffen strecken und sagen: hier ist die Grenze der Naturforschung. Das grofsartigste Geschehnis, das hier in Betracht kommen kann, wird sich dem Leser schon ohne Zuthun aufgedrängt haben: es ist die in dem ersten und gröfsten aller Bücher erzählte Weltschöpfung. Diesem Akte gegenüber wird der Naturforscher sich in erster Linie, eingedenk des Satzes, dafs Materie nicht entstehen kann, auf den Boden der Skepsis stellen und als die Konsequenz jenes Satzes die These aufstellen: die Welt besteht von jeher, und ihr Stoffinhalt war stets so grofs wie heutzutage. Er wird aber in zweiter Linie, um diejenigen, welche den Schöpfungsgedanken nicht preiszugeben willens sind, nicht gänzlich zu verlieren, ihnen sagen: Gut, glaubt an die Schöpfung, sie liegt vor unserem Regime; glaubt auch an Wunder, durch die Materie erzeugt oder vernichtet wird, solche Wunder bedeuten eine Unterbrechung der natürlichen Geschehensfolge, und sie stehen auf einem anderen Blatte als dem naturwissenschaftlicher Erkenntnis; hiervon abgesehen aber, und in dem so umschriebenen Bereiche naturwissenschaftlicher Erkenntnis giebt es nichts, worüber wir nicht eines Sinnes wären, was uns hinderte, unter einer Fahne zu marschieren: der Fahne des Gesetzes von der Erhaltung des Stoffes.

8.

Ist die Erhaltung des Stoffes der einzige Leitstern am Himmel des Naturforschers? Diese Frage deckt sich nach den früheren Ausführungen mit der anderen: Ist die Chemie die einzige Naturwissenschaft? Diese letztere Frage aber wird der Leser, nicht ohne Kopfschütteln darüber, dafs sie überhaupt erst gestellt wurde, verneinen. Giebt es nicht Physik und Astronomie, Mineralogie und Geologie, Botanik und Zoologie, gehören nicht zu den Naturwissenschaften auch

Erd- und Menschenkunde, die letztere mit allen ihren Zweigen bis zur Medizin? So ist nun freilich die Sache nicht gemeint. Die Astronomie ist nichts weiter als Physik der Himmelskörper; und was in den sogenannten beschreibenden Naturwissenschaften, über die einfache Beschreibung hinaus, wahre und exakte Wissenschaft ist, das ist auch wieder nichts Anderes als entweder Physik oder Chemie. Ohne weiteres einleuchtend ist das für die Mineralien: es sind chemische Verbindungen oder Mischungen, und ihre Formen, die Krystalle, sind physikalischen Gesetzen unterworfen. Von den pflanzlichen und den tierischen Organismen gilt dasselbe; nur dafs hier, mindestens bei dem gegenwärtigen Stande der Erkenntnis, noch ein Drittes hinzukommt, der Inbegriff aller besonderen Lebensprinzipien mit seinen alten und neuen Ausgestaltungen, wie Lebenskraft, Entwickelung, Auslese, Vererbung, Anpassung u. s. w., — Prinzipien, von denen man gegenwärtig noch nicht sagen kann, ob sie schliefslich einmal ihrerseits auf Physikalisches und Chemisches Werden zurückgeführt werden können. Jedenfalls sind das Dinge, die sich noch nicht exakt — im mathematischen Sinne des Wortes — fassen lassen. Das Exakte in aller Naturwissenschaft kann nur chemisch oder physikalisch sein; und so können wir denn die am Eingange dieser Betrachtungen aufgeworfene Frage folgendermafsen beantworten: Der **Chemie** steht eine Schwesterwissenschaft, die **Physik**, zur Seite; und wenn es heifst, dafs das, was dem einen recht, dem anderen billig sei, so ersteht uns jetzt die Aufgabe, nach dem Fundamentalprinzipe zu suchen, das, wie dem Chemiker das Prinzip von der Erhaltung des Stoffes, dem Physiker als Leitstern auf seinen verschlungenen Pfaden zu dienen geeignet sei.

Was ist denn Physik, und wie verhält sie sich zur Kollegin Chemie? Man sagte früher — und wir wollen für den Augenblick diesen Ausdruck festhalten —: Die Physik ist die Lehre von den **Kräften** in der Natur, gerade wie die Chemie die Lehre von den **Stoffen** in der Natur ist. Stoff und Kraft, das ist also der Gegensatz; das ist jener Dualismus, der so alt ist wie die denkende Menschheit, jener Dualismus, den erleuchtete Geister aller Zeiten zu überwinden, in einen Monismus aufzulösen versucht haben — mit welchem Erfolge, das gehört nicht hierher. Wie es in der Natur Gold und Silber, Wasser und Luft, Chlorophyll und Eiweifs giebt, so giebt es bewegende, drückende, erwärmende, erleuchtende, elektrisierende und magnetisierende Kräfte; und wie jeder chemische Vorgang ein Spiel der Stoffe, so ist jeder physikalische Vorgang ein Spiel der Kräfte.

Nicht so, als ob es sich dort nur um Stoffe, hier nur um Kräfte handelte; denn auch bei chemischen Vorgängen sind Kräfte im Spiel, und auch die physikalischen Prozesse sind an die Körperwelt gebunden; aber was das Interesse erweckt, sind dort die stofflichen Vorgänge, hier die Krafterscheinungen.

Vermutlich schwebt nunmehr dem Leser das gesuchte Grundprinzip der Physik (und damit aller exakten Naturforschung) auf den Lippen: die Erhaltung der Kraft. Ganz recht, wenn man den Sprachgebrauch, der länger als ein Jahrhundert herrschend gewesen ist, beibehält. Aber wir sind inzwischen auch in dieser formalen Hinsicht exakter geworden und haben es vorgezogen, in Bezug auf den Gebrauch so wichtiger Worte wie des Wortes „Kraft" reinen Tisch zu machen. Den Philosophen, namentlich früherer Zeit, kam es gar nicht darauf an, alten Worten stets neuen Sinn beizulegen; und es ist von hohem Interesse, an der Hand eines kürzlich erschienenen Wegweisers durch die philosophischen Begriffe zu konstatieren, welche Wandlungen fast alle wichtigen Wörter des philosophischen Sprachschatzes im Laufe der Zeiten durchgemacht haben. Es ist ein wahres Kaleidoskop, dessen Bilder uns entzücken könnten, wenn sie nicht gar zu vielgestaltig wären, und wenn sie nicht das Bedürfnis in uns wachriefen, das schlichte Glasstückchen zu sehen, dem sie ihr Dasein verdanken — sollte dies auch nur durch Aufbrechen des Instrumentes möglich sein. Kraft soll nichts weiter sein als das, was wir, um unser Kausalitätsbedürfnis zu befriedigen, als die Ursache eines in der Natur beobachteten Vorganges, der dadurch zur Wirkung jener Ursache wird, uns vorstellen; also etwas, wovon wir nichts Objektives wissen und wissen können, einfach deshalb, weil es nichts Objektives ist und nur die Merkmale hat, die wir ihm bei der speziellen Ausgestaltung jenes kausalen Zusammenhanges subjektiv beilegen. Damit ist aber auch einleuchtend, dafs von der Kraft in diesem abstrakten Wortsinne nicht etwas ausgesagt werden kann, was der realen Welt als Prinzip zu Grunde gelegt werden soll. Giebt es auch in der Physik ein Erhaltungsprinzip, giebt es etwas, was als konstant, als unveränderlich gesetzt werden soll bei all den mannigfaltigen Vorgängen in der Natur, so kann es nichts Abstraktes wie die Kraft, es mufs im Gegenteil etwas Reales wie der Stoff sein, wenn wir es auch vielleicht nicht greifen und sehen können.

Giebt es überhaupt etwas, was ebenso real ist wie die Materie? Woran sollen wir die Realität des zu suchenden Etwas erkennen? Ich schlage ein Erkennungszeichen vor, von etwas grober und trivialer Art, gegen dessen Beweiskraft aber wohl niemand etwas einwenden wird, ein Erkennungszeichen, das aus dem täglichen Leben, aus der banalsten Wirklichkeit gegriffen ist, und dessen Bedeutung jeder an seiner eigenen Person zu erfahren gar nicht umhin kann. Giebt es, so wollen wir fragen, außer dem Stoff noch etwas, was Geld kostet? Die Antwort auf diese Frage wird in der heutigen Zeit kaum jemand schuldig bleiben: es ist die Arbeit, welche Geld kostet, und unter Umständen weit mehr Geld als der Stoff, an dem sie sich bethätigt; bei einem modernen Mikroskop für, sagen wir einmal, 1000 Mark kostet das Material, so reichlich man auch rechnen mag, noch keine 100 Mark, alles übrige entfällt auf die Arbeit. Dabei wollen wir hier nicht, wie der Nationalökonom es thut, zwischen dem Risiko und der Unternehmungslust, der geistigen und der physischen Arbeit, der Arbeit des Menschen und der Maschine unterscheiden, sondern alles das in den Begriff Arbeit hineinnehmen.

Da haben wir es also: den Stoff müssen wir bezahlen, und die Arbeit müssen wir bezahlen; neben dem Stoff giebt es noch etwas, was ebenso real ist wie er: die Arbeit.

Da wir den Geldpunkt einmal berührt haben, wollen wir nun auch versuchen, von ihm aus uns Klarheit darüber zu verschaffen, was eigentlich Arbeit ist. Engagieren wir also einen Arbeiter und beauftragen wir ihn, uns so und so viele Ziegelsteine so und so hoch zu heben. Diese Arbeitsleistung können wir auf zwei gänzlich verschiedene Arten honorieren: bei der einen Art bezahlen wir den Mann einfach nach der Zeitdauer, während deren er thätig ist, also pro Stunde, gleichviel was er in der Stunde leistet, kurz gesagt, wir engagieren ihn auf Zeitlohn. Es hat das manches Mißliche bei einem unzuverlässigen Arbeiter, weil er in dem Gefühl des sicheren Lohnes Neigung zum Faulenzen haben wird, bei einem emsigen, weil er für den besonderen Eifer, mit dem er schafft, nicht belohnt wird. Auch wächst die Leistung, selbst bei einem gleichmäßigen Arbeiter, nicht unbegrenzt im Verhältnisse der Zeit, sondern sie wächst allmählich, infolge der Ermüdung, langsamer; und es ist neuerdings in zahlreichen Fällen praktisch erwiesen worden, daß z. B. bei einem neunstündigen Arbeitstage ebensoviel zuwege gebracht wird wie bei einem zehnstündigen.

In allen diesen Hinsichten weitaus vollkommener ist der andere Modus, Arbeit zu entgelten: der Akkordlohn oder Stücklohn, die Bezahlung nach der wirklichen Leistung. In vielen Fällen ist ja freilich die Leistung nicht zahlenmäßig zu fassen, z. B. bei den Werkmeistern in einer Fabrik, die den Betrieb in ihrer Abteilung leiten, von Mann zu Mann gehen, zum Rechten sehen u. s. w. Oder, um ein Beispiel aus einer anderen Sphäre zu wählen, beim Unterricht; denn ich kann nicht gut zum Musiklehrer sagen: Sie erhalten 5000 Mark, wenn mein Sohn ein Joachim wird. In solchen Fällen mufs es also bei dem Zeitlohn verbleiben, und man mufs sich dann damit trösten, dafs, dank der differenzierenden Kraft der Praxis sich mit der Zeit doch auch hierbei indirekt ein Mafs der Leistung einstellen wird, derart, dafs der tüchtige Werkmeister einen höheren Stundenlohn als der untüchtige, der tüchtige Lehrer einen höheren als der untüchtige erhält.

In der Wissenschaft gilt ausschliefslich das Leistungsmafs der Arbeit, also in dem typischen Falle, wo die irdische Schwere zu überwinden ist, das Produkt der gehobenen Masse und der Hubhöhe. Wenn also jener Arbeiter statt eines Ziegelsteines deren zehn hebt, so leistet er die zehnfache Arbeit; er leistet ebenfalls die zehnfache Arbeit, wenn er nur einen einzigen Ziegelstein, diesen aber, statt um ein Meter, um deren zehn hebt; und wenn er zehn Steine um je zehn Meter hebt, so leistet er die Arbeit hundert.

Arbeit ist also die Hebung einer Last auf ein höheres Niveau, sei es, dafs diese Ausdrücke wörtlich oder bildlich verstanden sind, wörtlich bei dem Bauarbeiter, bildlich bei dem Lehrer, der die widerstrebende geistige Masse des Schülers auf ein höheres geistiges Niveau zu heben hat, und dessen Leistung desto gröfser ist, nicht nur, auf ein je höheres Niveau er den Schüler hebt, sondern auch je widerstrebender die Masse, d. h. je unbegabter der Schüler ist — eine Analogie zwischen rein Physischem und rein Geistigem, wie sie anschaulicher und vollkommener nicht gewünscht werden kann.

4.

Wenn wir jetzt zu unserem Gegensatze von Stoff und Arbeit zurückkehren — ein Gegensatz, der, wie jeder Gegensatz, eigentlich Verwandtschaft ist — so können wir folgende Parallele ziehen: Aller Stoff, der benutzt wird, stammt aus dem Stoffvorrate der Welt; der Zucker, den die Hausfrau kauft, aus dem Zuckerbestande des Kaufmanns, die Kohle, die eine Bergwerksgesellschaft zutage fördert, aus den Kohlenvorräten des Erdinnern. Genau so stammt alle Arbeit, die geleistet wird, aus dem Arbeitsvorrat der Welt.

Für diesen Arbeitsvorrat nun hat man einen besonderen Namen eingeführt, und es ist bei dem zugleich klassischen und internationalen Charakter moderner Wissenschaft ebenso erklärlich wie zweckmäfsig, dafs es ein aus dem griechischen Sprachschatze entlehnter Name ist; freilich ein Name, der in einem gewissen Sinne schon längst in den modernen Sprachgebrauch hinübergenommen war. Man nennt den Arbeitsvorrat der Welt ihre Energie und den Arbeitsvorrat, der in irgend einem Teile der Welt, z. B. in einem Körper steckt, die Energie dieses Körpers.

Überall, wohin wir blicken, ist Stoff vorhanden — überall, wohin wir schauen, ist auch Energie vorhanden; und wie der Stoff, so ist auch die Energie hier im Zustande der Ruhe, dort im Zustande der Bewegung, d. h. der Ortsänderung, wiederum an einer anderen Stelle aber sogar in Umwandlung begriffen; und wie die Chemie die Wissenschaft der Stoffverwandlungen, so ist die Physik die Wissenschaft der Energieverwandlungen.

Man thut gut, den Ausdruck „es steckt Energie in einem Körper" nicht allzu bildlich, sondern im Gegenteil recht konkret zu nehmen. In der dahinsausenden Kanonenkugel sind nicht blofs einige Kilo Metall, sondern es ist auch eine gute Portion Energie in ihr enthalten; das eine ist so wahr und wirklich wie das andere. Ebenso verhält es sich mit einer aufgezogenen Uhrfeder oder mit einem Dynamitlager. Der Stoff ist nicht realer als die Energie — beide geben sich lediglich durch ihre Wirkungen zu erkennen: der Stoff durch die Wirkung auf den Tastsinn, also z. B. dadurch, dafs er sich meinem nach ihm tastenden Finger entgegenstellt (daher der bezeichnende Name „Gegenstand") und, was meist noch eindrucksvoller ist, durch seine Wirkung auf das Auge, in dem er einen bestimmten Form- und Farbeneindruck hervorruft; die Energie durch ihre(?)seits spezifische Wirkungen, und man kann gerade in dem Falle der einschlagenden Kanonenkugel oder des explodierenden Dynamitlagers nicht gerade behaupten, dafs dies weniger reale Wirkungen wären. Die Energie ist also etwas Reales, mit dem wir umspringen können wie mit der Materie, das wir kaufen und verkaufen, benutzen und vergeuden können, von dem es, wie vom Stoff, zahlreiche Arten giebt: mechanische und Schallenergie, Wärme- und Lichtenergie, magnetische und elektrische Energie, chemische und Lebensenergie; schliefslich auch insofern etwas Reales, als wir sie wie den Stoff exakt messen können.

Da kommen wir nun zu einem wichtigen und schwierigen Punkte. Wie mifst man die Energie und die mit ihr gleichartige, aus ihr fliefsende Arbeit? Die Beantwortung dieser Frage ruft den Neid des

Physikers gegenüber dem Chemiker hervor. Für die Messung aller Stoffarten giebt es ein und dasselbe Instrument: die Wage, und es erscheint uns ganz selbstverständlich, dafs man mit ihr Gold und Schwefelsäure, Getreide und Bücher wägen kann. Leider giebt es das Analogon für die Energie, die allgemeine Energiewage, nicht, und es ist auch kaum Aussicht vorhanden, dafs einmal eine solche konstruiert werden wird. Im Prinzip wäre es nicht ausgeschlossen, da alle Energiearten sozusagen Kinder eines Geistes sind; aber die wirkliche Ausführung ist sehr unwahrscheinlich. Wir haben also für jede Energieart besondere Mefsinstrumente: Die mechanische Energie wird mit dem Dynamometer und anderen dem Techniker vertrauten Instrumenten gemessen, die Wärme mit dem Kalorimeter, die elektrische Energie mit der heutzutage auch der Hausfrau schon bekannten Elektrizitätsuhr u. s. w.

Unter diesen Umständen ist es tröstlich, dafs wir jetzt eines wenigstens erreicht haben: eine gemeinsame Mafseinheit für alle Energieformen, also das, was für die Materie in der Wissenschaft das Gramm, in der Praxis aber gewöhnlich das Kilogramm ist.

Nach dem, was oben über die Natur der Arbeit, über ihre Messung nach Mafsgabe der Leistung gesagt wurde, kann es nicht zweifelhaft sein, was für eine Art von Mafseinheit für Arbeit und Energie wir aufzustellen haben. Sie mufs, wenn wir uns wieder an das Beispiel der gehobenen Last halten, die Masseneinheit, aber auch die Streckeneinheit enthalten; und wenn wir, dem praktischen Gebrauche gemäfs, für jene das Kilogramm, für diese das Meter nehmen, so erhalten wir als praktische Arbeitseinheit das „Kilogrammmeter“, d. h. die Arbeit, die geleistet wird, wenn ein Kilo-Gewichtsstück ein Meter hoch gehoben wird. In der Wissenschaft ist eine andere Einheit im allgemeinen Gebrauch: das „Erg“. Seine strenge Erläuterung würde hier zu weit führen; es mufs daher, um eine Vorstellung von dieser Gröfse zu geben, genügen, anzuführen, dafs sie ungefähr die Arbeitsleistung beim Heben eines ganz kleinen Gewichtsstückchens darstellt, wie es sich in den Gewichtskästen feiner Wagen vorfindet, eines Milligramms (gewöhnlich ein kleines Stückchen Aluminiumdraht) um ein Centimeter; genauer betrachtet, ist ein Erg etwa 2 Prozent gröfser. Jedenfalls ist es, wie man sieht, eine ganz winzige Arbeitsleistung, so dafs man für die Zwecke der Technik Vielfache davon bildet, so z. B. das Kiloerg (1000 Erg) und das Megaerg (1 Million Erg). Wie klein ein Erg ist, kann man am besten daraus entnehmen, wieviel es kostet. In unseren Elektrizitätswerken wird gewöhnlich nach „Kilowattstunden" gerechnet, was nur eine andere Ausdrucksweise für die Energiemenge in Höhe von 36 Billionen Erg ist; und eine solche Kilowattstunde wird etwa mit 36 Pfennigen (je nach den Verhältnissen natürlich mehr oder weniger) berechnet; es ergiebt sich also, dafs die Leistung eines Erg nur mit dem billionten Teil eines Pfennigs vergütet wird!

Und doch darf man nicht sagen, dafs unter diesen Umständen das Erg eine Gröfse sei, die unterhalb alles dessen bleibt, was in der Natur und im Menschenleben eine Rolle spielt, und dafs man eine solche Einheit, die fast gar nichts vorstellt, lieber gar nicht erst hätte einführen sollen. Dafür kann unter vielen anderen ein Beispiel aus dem Gebiete der Töne angeführt werden. Man hat es in jüngster Zeit zuwege gebracht, die Arbeit zu messen, welche ein zu uns gelangender Ton auf unser Trommelfell ausübt; und da hat sich gezeigt, dafs, wenn diese Arbeit ein tausendstel Erg beträgt, man noch einen sehr lauten Ton hört, dafs man aber auch dann noch eine deutliche Tonempfindung hat, wenn jene Energie nur ein millionstel Erg beträgt, ein neues Beispiel für die kaum fafsbaren Kontraste in der Natur.

5.

Wir müssen uns jetzt für kurze Zeit in das achtzehnte Jahrhundert versetzen, in eine Zeit, in der die grofsen Denker noch fast sämtlich Philosophen, Mathematiker und Naturforscher zugleich waren. In diesem Jahrhundert wurde nach und nach, dank der Geistesarbeit eines Leibniz und Huygens, der Brüder Bernoullli und Lagrange's, die Erkenntnis eines Satzes gewonnen, der, zunächst von relativ beschränktem Geltungsbereiche, doch schon den Keim zu einer der schönsten Früchte in sich trug, die dem folgenden, dem nun auch schon dahingegangenen neunzehnten, Jahrhundert in den Schofs fallen sollten.

Der in Rede stehende Satz sagt etwas aus über zwei Begriffe, die man damals lebendige Kraft einerseits und tote Kraft oder Spannkraft andererseits nannte, und die wir heute lieber lebendige Energie und Spannungsenergie oder aktuelle und potentielle Energie nennen. Die lebendige Kraft ist ein Vorrecht von Körpern, die in Bewegung begriffen sind, und zwar ist sie desto gröfser, einmal, je massiger der Körper ist, und zweitens, je schneller er sich bewegt, und zwar derart, dafs der doppelten Masse die doppelte lebendige Kraft, der doppelten Geschwindigkeit aber schon die vierfache lebendige Kraft (der dreifachen Geschwindigkeit schon die neunfache u. s. w.)

entspricht. Ein Beispiel bietet die schon einmal zitierte Kanonenkugel dar, deren lebendige Kraft oder, wie wir jetzt sagen wollen, deren aktuelle Energie (auch „kinetische Energie" genannt) mit ihrer Masse und dem Quadrat ihrer Geschwindigkeit wächst; so dafs man z. B. mit einer nur ein Viertel so schweren Kugel dieselbe Wirkung erzielen kann, wenn man ihr nur die doppelte Geschwindigkeit giebt. Spannkraft, Spannungsenergie oder potentielle Energie hingegen kann auch ein Körper besitzen, der sich in Ruhe befindet, wenn er nur die Tendenz hat, eine Bewegung auszuführen, sobald ihm dazu Gelegenheit gegeben wird. Spannungsenergie hat z. B. die aufgezogene Uhrfeder oder eine an einem kurzen Faden unter der Decke des Zimmers hängende Kugel. Diese Kugel befindet sich sozusagen in einem Spannungszustande dem Erdboden gegenüber, in einem Zustande, den man trivial aber zutreffend durch den Ausspruch kennzeichnen kann: sie möchte gern herunter, aber sie kann nicht. Brennt man aber den Faden ab, so fällt die Kugel wirklich herunter, ihre potentielle Energie verwandelt sich nach und nach in aktuelle Energie, gerade wie dies innerhalb vierundzwanzig Stunden mit der Uhrfeder geschieht. Die Spannung der Kugel wird immer kleiner, ihre Geschwindigkeit wird immer gröfser.

Wenn man nun in derartigen Fällen in jedem Augenblicke sowohl die Spannkraft als auch die lebendige Kraft mifst, so findet man, dafs jede von ihnen zwar immerfort andere Werte annimmt, dafs aber ihre Summe dabei gänzlich ungeändert bleibt. Das ist der seit mehr als einem Jahrhundert zum eisernen Bestande der Naturwissenschaft gehörige Satz von der lebendigen Kraft, von der Konstanz der lebendigen und Spannkraft oder, wie wir gegenwärtig sagen: der Satz von der Erhaltung der mechanischen Energie. Die Mechanik ist die Lehre von den Bewegungen, und für dieses grofse Gebiet, einschliefslich seiner Anwendung auf die verschiedensten Zweige der Technik, ist unser Satz seither das unterste Fundament geworden. Mechanische Arbeit kann ebensowenig wie Stoff aus nichts erzeugt werden; alle Maschinen, die der Mensch im Drange nach Fortschritt baut, können nur den Zweck haben, die mechanische Arbeit in bequemere Bahnen zu leiten, sie den in jedem Falle gegebenen Umständen anzupassen. Wie die Kochkunst die Speisen wohl schmackhaft und abwechselungsreich auszugestalten versteht, ihren Nährwert aber nicht über das von vornherein in ihnen steckende Mafs zu erhöhen vermag, so liefert auch kein Mechanismus mehr Energie, als man in ihn hineinsteckt. Die Mechanik und die mechanische Technik mögen sich noch so weit und reich entwickeln: ihre Grenzen sind stets gezogen durch den Satz von der Erhaltung der mechanischen Energie.

6.

Wir sind auf einer Hochtour begriffen und könnten uns vielleicht einbilden, den Gipfel erreicht zu haben, wenn wir nicht Augen hätten, zu sehen, und uns überzeugen könnten, dafs wir erst bei der Klubhütte angelangt sind. Denn jeder nachdenkliche Mensch kann feststellen, dafs das von der Energie bis jetzt entworfene Bild, wenn nicht unrichtig, so doch mindestens unvollständig ist. Dazu brauchen wir nur zu dem Beispiel der, nach Durchschneidung des Fadens, zum Erdboden herabfallenden Kugel zurückzukehren. Diese Kugel büfst beim Fallen nach und nach ihre potentielle Energie ein, gewinnt dabei aber aktuelle; und kurz vor dem Berühren des Bodens ist ihre ganze Spannkraft in lebendige Kraft verwandelt. Wie aber im nächsten Moment? Die Spannung gegenüber der Erde ist hin, da die Kugel den Boden erreicht hat; die lebendige Energie ist aber ebenfalls erloschen, da die Kugel ruhig auf dem Boden liegt; sie ist wie mit einem Schlage vernichtet. Der Körper hat überhaupt keine Energie mehr, sie ist vernichtet worden, und der Satz von der Erhaltung der Energie klingt wie ein Hohn. Thatsächlich ist er in diesem und in zahllosen ähnlichen Fällen falsch, es ist wirklich mechanische Energie verloren gegangen. Aber gegen solche Verluste ist die Natur versichert wie der Mensch gegen Feuerschaden, mit dem einzigen Unterschiede, dafs sie — und es bliebe ihr auch gar nichts Anderes übrig — bei sich selbst versichert ist. Für den Verlust an mechanischer Energie tritt eine Entschädigung ein, die wir bei einigermafsen exakter Beobachtung leicht konstatieren können, und die von sehr verschiedenem Charakter sein kann. Es kann z. B. der Boden infolge des Aufschlags der Kugel zusammengeprefst sein, und er ist alsdann in einem Zustande von Spannung, er enthält jetzt selbst potentielle Energie. Oder, und hieran wollen wir uns zunächst halten, der Erdboden ist durch den Aufprall erwärmt worden, es ist Wärme entstanden.

Nun mufs man sich in den Vorstellungskreis versetzen, der vor etwa hundert Jahren herrschte, und man mufs berücksichtigen, dafs in einem in steter Entwickelung begriffenen Gebiete hundert Jahre genügen, um den Vorstellungskreis gröfster Geister zu dem Vorstellungskreis unmündiger Knaben zu machen. Stellen wir uns also solch einen Knaben vor, der heutzutage sich zum ersten Male eine

Puppe im Glase hegt und eines schönen Tages aufgeregt zu seinem Vater eilt und ihm sagt: heute sind zwei Wunder geschehen, erstens ist die Puppe verschwunden, und zweitens ist ein reizender Schmetterling da! Der Vater wird lächeln und erwidern: das sind nicht zwei, das ist auch nicht ein Wunder, es hat sich einfach die Puppe in den Schmetterling verwandelt. Nun hielt man vor hundert Jahren die Wärme für einen Stoff, und man stand, bei dem erwähnten Versuche mit der aufschlagenden und den Boden erwärmenden Kugel, einem zwiefachen Wunder gegenüber: es war mechanische Energie oder, wie wir kurz sagen wollen, es war Arbeit verloren gegangen, und es war ein Stoff, Wärme, aus dem Nichts entstanden — eine Thatsache, mit der man sich durch allerhand erkünstelte Vorstellungen abzufinden suchte. Wir von heute sagen wie der Vater zu dem Knaben: höchst einfach, die Wärme ist gar kein Stoff, die Wärme ist auch eine Art von Energie, und es hat sich einfach mechanische Energie in Wärme-Energie, es hat sich einfach Arbeit in Wärme verwandelt.

Wer im Gebiete des Karst oder in ähnlichen Kalkformationen gereist ist, kennt zwei der merkwürdigsten Naturerscheinungen, die unser Planet aufzuweisen hat: ein Flufs, schon einigermafsen wasserreich, verschwindet plötzlich in der Erde; und an einer anderen Stelle wiederum bricht aus dem Boden ein Flufs hervor, nicht von der Art einer Quelle, sondern ein fertiger, oft recht breiter Strom. Erst ziemlich spät sind die Geographen auf die Idee gekommen, der zweite Flufs möchte nichts anderes sein als eine Fortsetzung des ersten; und diese Vermutung hat sich in mehreren Fällen durch einfache Experimente bestätigen lassen.

Alle diese Gleichnisse lehren, dafs es etwas Anderes ist, vom Standpunkte der gewonnenen Erkenntnis aus oder von dem der erst zu erringenden aus über ein Ding zu urteilen. Wenn man weifs, dafs Raupe, Puppe und Schmetterling gleicher Art sind, liegt die Idee der Verwandlung auf der Hand; wenn man es nicht weifs, gehört Mut dazu, bei ihrer äufserlich grofsen Verschiedenheit ihre Gleichartigkeit zu behaupten. Bewegung und Wärme aber sind für den Unkundigen so verschiedener Art, dafs der wissenschaftliche Mut, sie in unmittelbare Verbindung miteinander zu bringen, keine geringere Bewunderung verdient als der ihm zu Grunde liegende wissenschaftliche Scharfblick.

Freilich wird Mut zum Leichtsinn, wenn er keine Waffen hat. Wer behauptet, Wärme sei gleichartig mit mechanischer Energie, der mufs den entscheidenden Beweis dafür liefern, der mufs zeigen, dafs, wo und durch welchen Prozefs auch immer Arbeit in Wärme verwandelt wird, für eine bestimmte Menge Arbeit stets dieselbe Menge Wärme eintritt, und dafs dies auch gilt, wenn umgekehrt Wärme in Arbeit verwandelt wird. Für die Arbeit haben wir Mafseinheiten, in der Praxis das Meterkilogramm, in der Wissenschaft das Erg; und für die Wärme ihrerseits giebt es eine Mafseinheit, die man die Kalorie nennt, nämlich die Wärmemenge, die man braucht, um die Mengeneinheit Wasser — in der Praxis ein Kilogrammgewicht, in der Wissenschaft ein Gramm Masse von 4° auf 5° Celsius zu erwärmen. Es ist also nachzuweisen, dafs, gleichgiltig, ob man die Umwandlung von Arbeit in Wärme durch Stofs oder durch Reibung, durch Kompression oder durch Vermittelung des elektrischen Stroms, durch einen noch so einfachen oder noch so verwickelten Prozefs bewerkstelligt, immer so und so viel Meterkilogramm resp. Erg verloren gehen müssen, damit gerade eine Kalorie entsteht. Dieser Nachweis ist im Laufe der zweiten Hälfte des verflossenen Jahrhunderts in zahllosen Fällen geführt worden; er hat zu dem Ergebnis geführt: 428 Meterkilogramm sind äquivalent mit einer praktischen Kalorie, oder 42 Millionen Erg sind äquivalent mit einer wissenschaftlichen Kalorie. Diese Zahl heifst das Arbeitsäquivalent oder das mechanische Äquivalent der Wärme oder kurz das Wärmeäquivalent; es ist das, in das nüchterne Gewand einer Ziffer eingekleidet, eines der grofsen Geheimnisse der Natur, die ihr der Mensch mit fortschreitender Erkenntnis nach und nach abringt; es ist eine jener Zahlen, die man zutreffend die universellen Konstanten der Natur nennt.

(Schlufs folgt.)

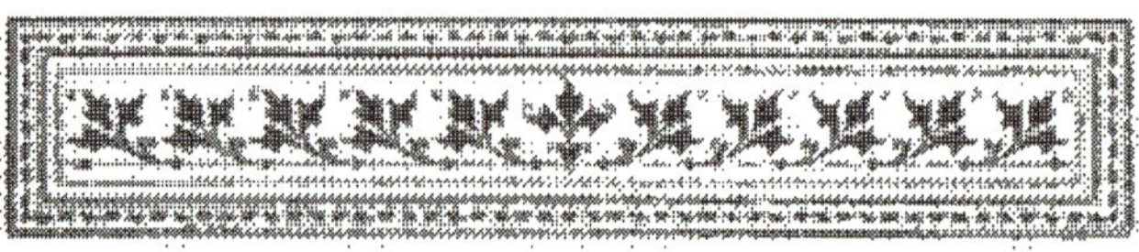

Die dritte Tagung der Internationalen Kommission für wissenschaftliche Luftschiffahrt.

Von August Foerster in Charlottenburg.

Seit im Herbst 1896 ein internationales Abkommen über Benutzung der Luftschiffahrt zur meteorologischen Forschung getroffen worden ist, dem nächst Deutschland Frankreich, England, Österreich-Ungarn, Rufsland und die Vereinigten Staaten beigetreten sind, hat die damals erwählte und inzwischen durch Zuwahl bedeutend verstärkte Kommission bereits zweimal, 1898 in Strafsburg i. E. und 1900 in Paris Versammlungen abgehalten. Jede dieser Tagungen war durch bedeutsame Beschlüsse ausgezeichnet. Die jetzt in Berlin während des 20. bis 25. Mai stattgehabte dritte Tagung wird es in den Annalen der Meteorologie nicht weniger sein.

Ganz besonders wichtig für die Entwickelung dieser internationalen Bestrebungen war die vor 2 Jahren in Paris getroffene Vereinbarung über gleichzeitige Auffahrten am ersten Donnerstag jedes Monats von mindestens einem Punkte der zum Verbande gehörigen Länder des europäischen Festlandes aus nach einem genau festgelegten Programm, unter Anwendung derselben Instrumente und derselben Beobachtungsmethoden. Dieser Vereinbarung gemäfs sind seitdem von Paris, Strafsburg, München, Berlin, Wien, St. Petersburg und zeitweise auch von Krakau, Warschau und Moskau aus an den bestimmten Tagen bemannte Ballons aufgestiegen, und gleichzeitig unbemannte Registrier-Ballons nach dem unter unsäglich mühsamer Arbeit erprobten und als das geeignetste anerkannten System von Teisserenc de Bort in Trappes bei Paris, sowie Drachen nach dem von Lawrence Rotch am Blue Hill Observatory bei Boston ausgebildeten System in beträchtlicher Gesamt-Anzahl und mit vollständigem Instrumentarium ausgerüstet, aufgelassen worden. Besonders die beiden letztgenannten Hilfsmittel für die Forschung haben sich vortrefflich bewährt, die Ballons-sonde, weil sie bis in Höhen vordringen, die zu erreichen dem Menschen bisher versagt gewesen ist und weil sie bei jedem Wetter und Wind aufsteigen können, die Drachen, trotz ihrer Abhängigkeit vom Winde, weil sie bis zu 6000 m sehr genaue und vom Erdboden aus kontrollierbare Beobachtungen und eine schonendere Behandlung der Instrumente ermöglichen.

Es war diesen Erfolgen gemäfs fast selbstverständlich, dafs eine der ersten Arbeiten der dritten Tagung, nachdem sie am 20. Mai vormittags im Sitzungssaale des Reichstags feierlich eröffnet worden, die üblichen Begrüfsungsreden gewechselt und vom Vorsitzenden, Professor Dr. Hergesell, die Ergebnisse und Ziele des internationalen Zusammenwirkens auf diesem Gebiete dargelegt waren, der Sicherung der bemannten und unbemannten Auffahrten im In- und Auslande galt. Es soll zu dem Zweck die diplomatische Vermittelung in Anspruch genommen werden. Zum schnellen Bekanntwerden der Ergebnisse dieser Simultanfahrten soll ein Publikations-Organ sobald wie möglich begründet werden.

Der nächste Verhandlungsgegenstand: „Allgemeine Besprechung der bei den internationalen Experimenten gewonnenen Resultate" brachte als wichtigste Nachricht eine Mitteilung von Teisserenc de Bort-Paris, wonach ihm mit Hilfe von 258 Ballons-sonde, die 11 km Höhe überschritten, die Feststellung gelungen ist, dafs jenseits dieser Höhe nicht nur die bis dahin ganz regelmäfsig stattfindende Temperatur-Abnahme aufhört, sondern auch eine allmähliche Wiedererhöhung der Temperatur erfolgt. Die Höhe, wo letztere Erscheinung eintritt, ist auf 18 bis 14 km bestimmt worden; sie wechselt aber bis zu 4 km und liegt im Sommer höher als im Winter, ebenso in Zeiten der Maxima höher als in Zeiten der Depressionen. Die Wiederzunahme der Temperatur in diesen Höhen beträgt nach den Pariser Beobachtungen 1—3°, ob jenseits 13—14 km wiederum Abkühlung eintritt, hat noch nicht festgestellt werden können. Die tiefste bisher beobachtete Temperatur war —75° C. im letzten März. Ob diese Temperatur das Minimum der im Luftmeer vorhandenen bedeutet, bleibt zunächst fraglich. Über die Ursache der Erscheinung sprach der Vortragende nur Vermutungen aus: Erhaben über das Spiel der Wirbel in der Nähe der Erdoberfläche scheinen jenseits 11 km die meteorologischen Erscheinungen einem grandioseren Zuge zu gehorchen. Vielleicht treffe hierfür auch das Wort Maxwells zu, dafs es einen Zustand der molekularen Bewegung gebe, in dem die Schwerkraft ihre Herrschaft verloren und alle von ihr abhängigen Wirkungen versagten.

Im Anschlufs an diese Mitteilungen konnte von Geheimrat Assmann berichtet werden, dafs ziemlich genau hiermit übereinstimmende Beobachtungen in dem aëronautischen Observatorium zu Tegel gemacht und in einem ausführlichen Bericht an die Akademie niedergelegt worden seien. Die Temperatur-Zunahme in den Schichten von 13—14 km Höhe betrage danach sogar bis 9°. Dagegen sei in höheren Schichten, welche Registrierballons bei 17 und 19½ km erreicht haben, bereits wieder eine Temperatur-Abnahme konstatiert worden. Die Möglichkeit, solche Höhen auch am Tage, trotz Sonnenstrahlung, nicht blofs in der Nacht zu erreichen, verdanke man einer in Tegel zuerst angewandten neuen Konstruktion der Registrier-Ballons. Statt sie wie bisher aus Papier anzufertigen, und ihre allmähliche Rückkehr zur Erde abzuwarten, forme man sie jetzt aus Gummihaut. Der so beschaffene, mit Wasserstoff gefüllte, fest verschlossene Ballon platze in einer im voraus ziemlich genau bestimmbaren grofsen Höhe — abhängig von der ursprünglichen Füllung des Ballons und der Widerstandskraft der Gummihaut, — und lasse seine Fracht, die mitgeführten selbstregistrierenden Instrumente, fallen, welche mittelst Fallschirmes sanft zur Erde gelangen. Sechs solcher Ballons seien bisher mit vollständigem Erfolge hochgelassen worden. Sie platzten, wie vorauszusehen, nach etwa einer Stunde und konnten, wenn durch den Wind nicht zu weit verschlagen, zwei Stunden später zurückgeliefert sein. Diese Mitteilungen verfehlten nicht das gröfste Aufsehen zu erregen, weil der Fortschritt gegen die bisherige, grofsen Zufälligkeiten unterworfene Methode offensichtlich ist und im Gegensatz zu ihr eine immer schnellere, statt einer sich verlangsamenden Aufwärtsbewegung des sich aufblähenden Gummiballons beim Höhersteigen und hiermit zusammenhängend eine ungeahnte Promptheit der Meldungen eintritt. Eine neuerdings angewandte, noch bessere Konstruktion des 2—3 m im Durchmesser in natürlichem, wenig angespanntem Zustande haltenden Gummiballons verspricht die Erreichung noch gröfserer Höhen, bis zu 38—40 km. Von drei im Laufe des Kongresses in Tegel aufgelassenen Gummiballons erreichte einer 25000 m Höhe und erwies in der Höhe 12—16 km das Vorhandensein der wärmeren Schicht von —50° C., während in der gröfsten erreichten Höhe die Temperatur wieder auf —62° C. gefallen war.

Auch in Rufsland wird der meteorologischen Forschung durch Ballons und Drachen die gröfste Aufmerksamkeit gewidmet, wie General Rykatschew-St. Petersburg in längerem Vortrage darlegte. Von der Unbill der Witterung hat man dort allerdings stärker zu leiden als anderswo. Häufig werden die aufgelassenen Drachen durch Schnee herabgedrückt oder der Draht löst sich infolge von Reif und Eis nur schwer von der Winde; aber man hat dort einen schätzenswerten Fortschritt gemacht, um das Reifsen des Drahtes an den Lötstellen, den einzig gefährdeten, mit aller Sicherheit zu verhüten, wodurch die bereits mehrfach verwirklichte Möglichkeit geboten ist, auch Menschen mit Drachen aufsteigen zu lassen. Die höchsterreichten Höhen waren bisher mit dem Drachen 4420 m, mit dem Ballon-sonde 14205 m. Wertvolle Beobachtungsreihen wurden über die Temperatur-Abnahme der Atmosphäre in der Vertikalen gewonnen aus denen hervorgeht, dafs die Abnahme viel jäher im Sommer und am Tage, als im Winter und in der Nacht erfolgt.

Mit grofser Genugthuung wurde von Professor Palazzo in Rom die Erklärung entgegengenommen, dafs Italien sich der Internationalen Kommission anschliefse. Auch der Anschlufs Spaniens steht nach Mitteilung des Vertreters dieses Landes in der Versammlung, Major Vivez y Vich, in bestimmter Aussicht. In Italien werden drei meteorologische Observatorien, eines in Ober-Italien (Monte Cimone) bei 2266 m, eines in Mittel-Italien (Fort am Monte Mario) und eines am Ätna bei 2942 m neu geschaffen und die Auffahrten der Luftschiffer-Abteilung an den Tagen der internationalen Simultanfahrten eingerichtet werden. Nahezu vollendet ist das bei 4560 m Höhe auf dem Mont Rosa angelegte Observatorium für die Physik der Atmosphäre und für physiologische Beobachtungen. In Verfolg dieser Mitteilung wurden durch Professor Zuntz-Berlin, Dr. von Schrötter und Andere verschiedene Wünsche laut, deren Verwirklichung durch die wissenschaftlichen Luftschiffahrten erreichbar sei, u. a. Untersuchungen über die Abnahme des Sauerstoffgehaltes in der grofsen Höhe bei gleichzeitiger Vermehrung des Sauerstoffverbrauches zur Atmung bis zu 30%, ferner über die Lichtverhältnisse des chemischen Teiles des Sonnenspektrums, die Intensitäts-Unterschiede von Ober- und Unterlicht, d. i. reflektiertes Erdlicht, woraus Schlüsse auf die absorbierende Kraft der Wolkenschichten zu gewinnen seien u. s. f.

Der nächste Verhandlungsgegenstand betraf die Technik der Auffahrten und die Instrumente und brachte interessante Mitteilungen über Thermometer, Thermographen und andere Instrumente. Dr. Valentin-Wien sprach über den Grad der Trägheit der Thermographen bei Registrier-Ballons und über die Möglichkeit, sie zu schnellerem Reagieren anzuhalten, die er wesentlich in kräftiger Ventilation gegeben erachtet. Der Redner hat hierüber vielseitige Versuche angestellt, deren Ergebnis wertvolle Anhalte für Einführung von Trägheits-Korrekturen in die Rechnung gewähren. Professor Hergesell hält bei aller Anerkennung für diese Untersuchungen die Anwendung sehr empfindlicher Thermometer für praktischer als die späteren Korrekturen durch Rechnung. Er und Teisserenc de Bort legen von ihnen erfundene neue Typen solcher Thermometer vor. Bei dem Strafsburger Instrument wird die Temperatur durch Veränderung der Länge eines Neusilber-Röhrchens, das von einem weiteren Rohr eingeschlossen ist, gemessen, das Pariser Instrument registriert und kontrolliert gegenseitig die Verlängerungen und Verkürzungen zweier Metallzungen, von denen die eine von den übrigen Metallteilen des Apparates durch Einschaltung eines Ebonitstreifens isoliert ist, die andere nicht. Es wird beschlossen, je eines der neuen Instrumente an die Observatorien von Trappes, Strafsburg, Tegel und St. Petersburg zur Beobachtung ihrer Zuverlässigkeit zu geben. Major Vivez y Vich-Madrid zeigt ein von Kapitän Royas erfundenes Statoskop, dazu bestimmt, die Vertikalbewegung des Ballons schneller nach Richtung und Gröfse zu bestimmen, als es durch das Barometer geschieht. Es beruht auf Bestimmung des wechselnden Luftdruckes auf die Oberfläche einer Flüssigkeit, die sich in einem durch Scheidewand in der Hälfte geteilten Gefäfs befindet. Die Luft über der Flüssigkeit in der einen Hälfte ist beständig mit der Aufsenluft in Verbindung, während die über der anderen bei Befragung des Instrumentes hermetisch gegen aufsen abgeschlossen wird. Das Instrument antwortet mittelst einer an ihm angebrachten Skala sehr prompt in dem vorerwähnten doppelten Sinne. Von dem bekannten englischen Luftschiffer Alexander Bath wird eine Methode erläutert, um mittelst Hertzscher Wellen vom Erdboden aus die Steuerung der Luftschraube eines mit Motor versehenen Luftschiffes zu bewirken. Das nicht anwesende englische Mitglied der Kommission, Bruce, läfst den Bericht über einen von ihm konstruierten Fallschirm verlesen, dessen Ablösung von einem Registrierballon zur Herabbeförderung der Instrumente in einer genau vorher zu bestimmenden Zeit durch Uhrwerk bewirkt werden kann. Kusnetzow-St. Petersburg legt ein von ihm hergestelltes Anemometer (Windgeschwindigkeitsmesser) vor, das durch Einschaltung eines Dynamometers auch die wechselnden Windstöfse sorgfältig registriert, und Ingenieur Gradenwitz ein Anemometer seiner Erfindung, das mittelst Glycerin-Gyroskop die Umdrehungsgeschwindigkeit ohne Anwendung von Rädern mifst. Von Professor Koeppen-Hamburg endlich wird ein zuverlässig Balance haltender Fallschirm und eine Reihe praktisch verbesserter Konstruktionsteile von Drachen aus Aluminiumbronze dem Urteil der Fachleute unterbreitet.

Der Vormittag des 22. Mai war der Besichtigung des aëronautischen Observatoriums in Tegel, der nächstfolgende Vormittag einem Besuch bei dem Luftschiffer-Bataillon gewidmet. Am ersten Tage stiegen drei der neuen Gummiballons, sechs Drachen verschiedener Konstruktion und der gefesselte Drachenballon von Sigsfeld-von Parsevalscher Erfindung, letzterer nach Erklärung durch Hauptmann von Parseval. Trotz sehr schlechten, böigen Wetters glückten alle Aufstiege bestens. Beim Luftschiffer-Bataillon wurde die Füllung und Auflassung eines Signal-Fesselballons gezeigt ebenso wie der Aufstieg zweier bemannter Ballons. Auch am 24. Mai vormittags stiegen noch mehrere Ballons, zumeist besetzt von auswärtigen Gästen und bestimmt, teils die meteorologische Beobachtungsweise und Benutzung der Instrumente vorzuführen, teils auf einer Hochfahrt physiologische Beobachtungen anzustellen und die Sauerstoff-Atmung unter Anwendung verbesserter Apparate zu versuchen. Alle diese Ballons landeten nach einigen Stunden in geringer Entfernung von Berlin, nur der für Hochfahrt unter Führung von Dr. Süring aufgestiegene gelangte, nachdem er 5000 m Höhe erreicht, bis Kommotau in Böhmen.

Hochwichtige Entscheidungen wurden in der Fachsitzung am Donnerstag, den 22. Mai, getroffen, deren Programm die Drachen und die Drachenstationen bildete. Als erster Redner entwickelte der Direktor des Blue Hill Observatory bei Boston, Lawrence Rotch, seinen Plan der Erforschung der Atmosphäre über dem Ozean. Schon in ihren Ansprachen bei Eröffnung der Tagung hatten Geheimrat von Bezold und Professor Hergesell darauf hingewiesen, ein wie geringer Teil der Erde bisher von der meteorologischen Forschung unter regelmäfsige Kontrolle genommen sei, es fehlten nächst dem Süden Europas und Skandinaviens alle Beobachtungen über dem Ozean und in den Tropen gänzlich. Ohne Einbeziehung dieser ausgedehnten Gebiete seien alle meteorologischen Untersuchungen und unser gesamtes Wissen über die Vorgänge in der Atmosphäre Stückwerk. Nach dem der Washingtoner Central-Regierung vorgelegten Plan von Rotch sollen nun zunächst die Lücken teilweise ausgefüllt werden und zwar durch Einrichtung eines meteorologischen Drachendienstes auf dem Atlantischen Ozean. Der Drachen, dies neueste Vehikel der meteorologischen Forschung, versage, so führte der Redner aus, auf dem Lande häufig wegen fehlenden Windes. Von den anfänglich eingerichteten, über das Gebiet der Vereinigten Staaten verteilten 16 Drachenstationen haben mehrere aus diesem Grunde aufgegeben werden müssen. Anders aber verhalte es sich mit der Anwendung des Drachens auf der See, wo außer in seltenen Fällen allein durch die Schiffsbewegung der nötige Drachenwind immer gegeben sei. Der Antragsteller hat sich durch eine Versuchsreise im vorigen Sommer hiervon die Gewißheit verschafft. Sein Plan geht zunächst auf Einrichtung einer Station für diesen Dienst an der Ostküste der V. St. und auf eine erste von dort nach der Westküste von Afrika zu unternehmende Expedition, um auf dieser Fahrt die Region der Windstillen in die Untersuchung einzubeziehen und über die Gegenpassate in den größeren Höhen Forschungen anzustellen. Eine zustimmende Meinungsäußerung der Versammlung über diesen Plan erklärt der Redner für in hohem Grade erwünscht und der Sache förderlich. Schon der lebhafte Beifall, mit dem diese Mitteilungen aufgenommen wurden, belehrte über die Stimmung der Versammlung dem wohldurchdachten Plane gegenüber. Geheimrat von Bezold begrüßte unter allseitiger Zustimmung den Gedanken aufs wärmste, der gegenwärtige Zustand völliger Unkenntnis der Verhältnisse der Atmosphäre über dem Ozean, die bei der ganz abweichenden Erwärmung und Abkühlung des Wassers sehr verschieden sein müssen, sei beschämend und auf die Dauer unhaltbar. Es sei vorliegender Plan nur ein erster Schritt zu einer die ganze Erde umspannenden Organisation der Wetterbeobachtung, die kommen müsse und werde. Im Anschluß hieran entwickelte Berson auch die Notwendigkeit regelmäßiger Beobachtungen in den Tropen, vor allem im Gebiete der Monsuns, und wandte sich im besonderen an die anwesenden britischen Vertreter, sie auffordernd, solche Organisation in Indien in die Wege zu leiten, was bereitwilligst zugesagt wurde. Auch für Niederländisch-Indien sei Gleiches wünschenswert. Es kam dann zur Sprache, daß erfreulicherweise eine gewisse Anzahl von Drachenbeobachtungen über der See bereits in Vorbereitung sei. Die deutsche hydrographische, gegenwärtig durch den Dampfer „Poseidon“ in Ost- und Nordsee im Gange befindliche Expedition, auf deren Arbeiten die „Deutsche Seewarte“ Einfluß nimmt, hat Drachen und Beobachter an Bord. Ebenso beabsichtigt Rußland im Baltischen und Schwarzen Meer einen Drachendienst einzurichten. Die deutsche Südpolar-Expedition ist mit Drachen ausgerüstet, und einer wissenschaftlichen Expedition, welche die Universität Göttingen nach Samoa unternimmt und aus ihren reichen Mitteln bezahlt, um während 1½ Jahren auf Upolu ein Observatorium zu unterhalten, wird Drachen mitnehmen und damit auch auf ihrer Rückreise über den Stillen Ozean Beobachtungen anstellen. Nach allem erscheint die Drachenbeobachtung in nächster Zeit verdientermafsen sehr im Vordergrunde des Interesses der Meteorologen zu stehen, zumal sie allein die Möglichkeit der Erforschung der höheren Schichten der Atmosphäre oberhalb des Ozeans bietet. — Über den Nutzen fortgesetzter Untersuchungen der Atmosphäre sprach sodann noch Teisserenc de Bort unter Vorlage eines grofsen graphischen Tableaus, das die Ergebnisse solcher in Trappes während 80 Tagen hintereinander (Januar und Februar 1901) ausgeführten Beobachtungen veranschaulicht. Diese zum ersten Mal mit solcher Ausdauer und in so langer Frist ausgeführten Untersuchungen wirkten als eine Überraschung, weil sie u. a. die bisherige Annahme entkräften, dafs Cyclone regelmäfsig von Erwärmung, Anticyclone von Abkühlung begleitet sind. Professor Hergesell fafste den Eindruck der Mitteilungen in den Worten zusammen: „Wir sehen daraus, wieviel wir noch zu leisten haben und wie wir erst im Anfang der Erkenntnis stehen. Aufser stande z. Z. dieser Anregung allgemein praktische Folge zu geben, wollen wir wenigstens unsere Simultanfahrten im Sinne des Vorredners zur Anstellung stundenlanger kontinuierlicher Beobachtungen verwerten."

Übrigens werden z. Z. auch Drachenaufstiege von hohen Bergen aus ins Auge gefafst. Im Laufe des Sommers werden solche von zwei Bergen Mitteldeutschlands und vom grofsen Belchen aus stattfinden. Professor Hergesell und Graf Zeppelin beabsichtigen ferner auch vom Bodensee aus, mit Hilfe der Schiffsbewegung, Drachen-Aufstiege. Schliefslich wurde von englischer Seite mitgeteilt, dafs unter den Auspizien der britischen aëronautischen Gesellschaft im künftigen Jahre ein internationaler Drachenwettbewerb stattfinden wird.

Am Freitag Nachmittag — Beratungsgegenstand: Bemannte Ballons, Hochfahrten und Weitfahrten — stellte zunächst Professor Cailletet-Paris seinen Apparat zur Sauerstoff-Atmung in den grofsen Höhen vor. Dem Apparat liegt der praktische Gedanke zu Grunde, das Gas nicht mehr in schwerer, stählerner Bombe im komprimierten Zustande, sondern in flüssigem Zustande mitzuführen. Die Stelle der Bombe nimmt eine 4 Liter flüssigen Sauerstoffs, gleich 3200 Liter Gas enthaltende Dewallsche Glaskruke ein, die zur Abhaltung der Wärmestrahlen aufsen mit poliertem Silberbelag versehen ist. Die Art, wie der flüssige Sauerstoff oder die sehr sauerstoffreiche flüssige Luft für den Gebrauch des Atmenden frei von jeder Gefahr explosiven Übergangs in den luftförmigen Zustand vergast und entsprechend erwärmt wird, ist höchst sinnreich. Eine Hauptsache an dem Apparat ist die Atmungsmaske, bestimmt, von dem Luftschiffer bereits von 4000 m ab getragen zu werden, und derartig mit Mund und Nase verbunden, dafs sie nicht in der Bewegung geniert, aber auch sicher mit den Atmungswerkzeugen verbunden bleibt; denn frühere Unglücksfälle sind meist durch das Entgleiten der Saugspitze aus dem Munde verschuldet worden. Auch Dr. von Schrötter jun.-Wien legte eine von ihm konstruierte Atmungsmaske vor, die sich durch einen besonders praktischen Zug auszeichnet. Damit das in den grofsen Höhen bis —30° kalte Gas den Lungen in der ihnen genehmen Wärme zugeführt werde, passiert das Gas innerhalb der Maske ein feines Spiralrohr, das in Thermophor-Masse eingebettet ist. Dr. von Schrötter sprach bei diesem Anlafs in längerem Vortrage über das Thema: „Zur Physiologie der Hochfahrten“ auf Grund einer Menge von Erfahrungen und am eigenen Körper angestellten Experimenten. Der Redner tritt, unter voller Zustimmung anderer anwesenden Physiker und Physiologen (Cailletet, Zuntz) mit aller Entschiedenheit dem Vorurteil entgegen, dafs Sauerstoff-Einatmung dem Körper jemals schaden könne; denn das Blut nehme davon gar nicht mehr auf, als es normal einzunehmen vermöge. Bedenklicher, als die aus Atemnot herrührenden Beschwerden in den grofsen Höhen, die man gegenwärtig vollständig vermeiden könne, seien andere mit dem Nachlassen des Luftdruckes eintretende Beschwerden, bestehend — bei sehr schnellem Steigen vornehmlich — in bläschenförmigem Ausscheiden von Stickstoff aus dem Blutlauf, wenn die Lungen mit dieser ihrer gewohnten Arbeit nicht schnell genug fertig werden. Dann stellten sich Lähmungserscheinungen und eine sehr schmerzhafte Kontraktion des Unterleibes ein, Erscheinungen, die sich zuweilen plötzlich auslösen, beispielsweise beim Bücken nach einem heruntergefallenen Gegenstand. — Es sprach dann noch Dr. Süring über die berühmte Hochfahrt vom 31. Juli 1901. Die Einzelheiten der bis zu 10600 m führenden Fahrt als bekannt voraussetzend, beschränkte sich der Redner im Hinblick auf die Erfahrungen bei dieser Fahrt auf Mitteilungen über Ursache und Verhütung der Höhenkrankheit, bei der seelische Elemente, Aufregung und Erschöpfung infolge der vorangegangenen Vorbereitungen bei wenig Schlaf eine sehr bedeutende Rolle spielen. Sehr ausführlich behandelte Dr. Süring die Frage, ob bei den Erfolgen der Ballons-sonde Hochfahrten überhaupt noch erforderlich seien. Er bejaht die Frage mit Entschiedenheit, weil das Auge und der Beobachtungssinn des Forschers doch niemals durch die Registriertrommel des Instrumentariums völlig ersetzt werde, auch ergänzen und kontrollieren sich beide Beobachtungsmethoden aufs beste. Es sei mit Sicherheit anzunehmen, dafs die Beschwerden und Gefahren einer Hochfahrt durch Verbesserungen, wie die heute erörterten, gröfsere Bequemlichkeit für den Luftschiffer, durch gröfsere seelische Ruhe infolge besserer Bekanntschaft mit den hohen Regionen der Atmosphäre und durch Gewöhnung sich mit der Zeit erheblich herabmindern werden. Er könne daher nur zu reger Aufnahme von Hochfahrten einladen.

Der letzte Tag der Verhandlungen gehörte ganz den luftelektrischen und erdmagnetischen Messungen im Ballon. Nach einer orientierenden Mitteilung von Professor Hergesell, welcher die Thatsache betonte, dafs die hier vertretenen Akademieen von Berlin, München, Leipzig, Göttingen, Wien, den gröfsten Wert auf Unterstützung dieser im Vordergrunde des Interesses stehenden Untersuchungen durch die Luftschiffer legten, nahm das Wort zu näheren Erläuterungen Professor Dr. Ebert-München. Die Ansichten über die Zusammensetzung der Atmosphäre haben im letzten Jahrzehnt eine bedeutende Wandlung erfahren. Durch die Ramsayschen Entdeckungen haben wir eine gewisse Anzahl von Gasen kennen gelernt, die in kleinsten Mengen, immerhin jedoch nicht in verschwindenden Mengen, vorhanden sind, — da z. B. das Argon ein Volumenprozent einnimmt, — von deren Rolle in der Atmosphäre wir aber bisher wenig wissen, sei es denn, dafs die Vermutung sich bewahrheite, dafs sie eine gewisse Lungenessenz darstellen oder dafs es nicht auf Zufälligkeit beruhe, wenn die Spektrallinie des Krypton mit der hervortretendsten Linie im Spektrum des Polarlichts übereinstimmt. Doch nicht diese Gase sind unsere interessantesten neuen Bekanntschaften in der Atmosphäre, sondern die von den Professoren Dr. Elster und Dr. Geitel in Wolfenbüttel entdeckten und von ihnen mit dem Recht des Entdeckers „Jonen" oder „Elektronen" benannten Bestandteile der Atmosphäre, die wir abweichend von den vorerwähnten Gasen materiell noch gar nicht kennen, dagegen bereits bis zu einem gewissen Grade in ihren physikalischen Eigenschaften der Mitwirkung bei elektrischer Ladung und Entladung der Atmosphäre und in ihrem Einflufs auf die elektrische Leitungsfähigkeit der Luft. Um einige von den Jonen hervorgerufenen Erscheinungen zu nennen, so wissen wir bereits, dafs positiv geladene Jonen in der Nähe der Erdoberfläche häufiger sind als negative, dafs in gröfserer Höhe sich eine Art von Gleichgewicht einzustellen pflegt, dafs bei hellem und klarem Wetter mehr Jonen vorhanden sind als bei dunstigem, und dafs auweilen aus noch unbekannter Ursache sich Gleichgewichtsstörungen einstellen, wie solche beim Föhn im Überwiegen der + Jonen beobachtet worden sind. Doch, wie aus diesen Mitteilungen ersichtlich, steht unsere Wissenschaft von den Jonen noch in den ersten Anfängen, und wir bedürfen der umsichtigen und konsequenten Beobachtungen der Luftschiffer nach unseren Anleitungen, um unsere Kenntnis zu fördern. Gleiches gilt auch von Äufserungen des Erdmagnetismus in der Atmosphäre. Solche müssen vorhanden sein; denn jeder vertikale Luftstrom mufs bei der Berührung mit anders geladenen Luftschichten nach den Gesetzen der Induktion auch magnetische Erscheinungen hervorrufen. Professor Ebert erläuterte dann die für Beobachtungen der gewünschten Art konstruierten und in Probe-Exemplaren vorhandenen Instrumente und versprach für ihren Gebrauch noch spezielle Instruktion. In der sich anschliefsenden Debatte wurden u. a. durch die Herren Professor Dr. Elster, Dr. Caspari-Berlin, Dr. Linke-Potsdam noch sehr interessante Einzelheiten mitgeteilt und alsdann einmütig der Beschlufs gefafst, die luftelektrischen und erdmagnetischen Messungen im Sinne und nach Wunsch der Antragsteller in das Programm der internationalen, wissenschaftlichen Luftschiffahrten aufzunehmen. In Berlin ist dies bereits seit Beginn dieses Jahres geschehen.

Es folgten nun noch einige auf die letzte Rubrik der Verhandlungsgegenstände „Verschiedenes" verwiesene Vorträge. Direktor Archenhold interessierte die Luftschiffer, namentlich bei ihren Nachtfahrten, für Beobachtung der leuchtenden Staubwolken, die nach den vulkanischen Ereignissen auf den Antillen jetzt wahrscheinlich wieder erscheinen würden, und der Astronom Dr. Marcuse entwickelte einen mit grofsem Beifall aufgenommenen Plan, wie die Luftschiffer oberhalb der Wolkendecke, wo sie jetzt mit Bezug auf Orientierung hilflos sind, ohne grofse Mühe astronomische Ortsbestimmungen von genügender Genauigkeit vornehmen könnten. Der Idee soll näher getreten werden. Graf Zeppelin machte auf die Möglichkeit aufmerksam, vertikale Luftströme durch Beobachtung des Vogelfluges zu bestimmen, da, wo ein Vogel Schwebeflug ausführe, eine ihn tragende Luftströmung von unten vorhanden sein mufs. Oberleutnant von Lucanus interessierte die Luftschiffer im Namen und Auftrage der ornithologischen Gesellschaft für den Vogelflug, um gewisse noch bestehende Unsicherheiten über die Höhe, in der Vogelzüge stattfinden, zu beseitigen und festzustellen, ob es richtig sei, dafs Vögel sich über 2000 m relativer Höhe überhaupt nicht erheben und stets innerhalb der Wolkendecke bleiben. Die meisten dieser Anregungen wurden mit Dank aufgenommen, einigen aber auch mit Rücksicht auf zu befürchtende Zersplitterung mit Ablehnung begegnet, so als die Luftschiffer eingeladen wurden, sich um bessere Bestimmung der Schallgeschwindigkeit, um Lösung gewisser Probleme der Refraktion und um die Ermittelung der Wirksamkeit des Wetterschiefsens zu bemühen.

Die dritte Tagung der internationalen Kommission für wissenschaftliche Luftschiffahrt schlofs am späten Nachmittag des 24. Mai mit einer geschäftlichen Sitzung, in der eine nicht geringe Zahl von Resolutionen ihre endgiltige Fassung und protokollarische Festlegung fand. Der nächste Tag, Sonntag, vereinte die Teilnehmer noch einmal zu gemeinschaftlichem Besuch des astrophysikalischen Observatoriums in Potsdam, dessen vorzügliche Einrichtungen und geistvollen Arbeitsmethoden der allgemeinsten Anerkennung und Bewunderung begegneten. Nach ihrer Versicherung schieden die auswärtigen Teilnehmer an der Tagung ohne Ausnahme hochbefriedigt von den Ergebnissen derselben. Es ist in der That ein grofses Stück tüchtiger Arbeit, was da geleistet worden ist, aber noch stärker in die Wagschale des Erfolges fällt die gegebene Anregung zu weiterem Streben und der erweckte Enthusiasmus für eine Aufgabe, die nach Art aller wissenschaftlichen Forschungen sich immer grofsartiger erweist, je tiefer man in sie eindringt, und die immer neue, weitere Horizonte eröffnet.

Die kleinen Planeten.

Von Gustav Witt, Astronom in Berlin.

(Schlufs.)

VIII. Zur Statistik der kleinen Planeten.

Nachdem in den vorhergehenden Abschnitten die geschichtliche Darstellung der Planetenentdeckungen in der Hauptsache zum Abschlufs gebracht ist, drängen sich nunmehr zwei wichtige Fragen auf, deren Beantwortung freilich auf mancherlei Schwierigkeiten stöfst. Wir beginnen zunächst mit einer Untersuchung darüber, welches voraussichtlich die Zahl der Glieder des Asteroidengürtels sein dürfte, oder genauer: inwieweit durch die bisher erfolgten Entdeckungen ihre Zahl als erschöpft angesehen werden kann.

Diese Feststellung ist in mehrfacher Beziehung von Interesse. Wenn es auch keinem Zweifel unterliegt, dafs im allgemeinen nur den helleren kleinen Planeten für theoretische und praktische Untersuchungen eine besondere Bedeutung beizumessen ist, so kann es immerhin unter den schwächeren, also vermutlich winzigeren den einen oder anderen geben, dessen dauernde Verfolgung behufs Lösung grundlegender Aufgaben geboten erscheint. Überhaupt aber mufs es unbestreitbaren Wert haben, eine möglichst zuverlässige Schätzung der Gesamtmasse aller zwischen Mars und Jupiter verstreuten planetarischen Körper zu erhalten, weil unter Umständen diese Masse noch merkliche, wenn auch äufserst geringfügige Einwirkungen ausüben könnte. Anzeichen hierfür liegen allerdings zur Zeit noch nicht vor. Endlich aber ist das Streben nach Vollständigkeit unserer Erkenntnis ein allgemeines wissenschaftliches Erfordernis, dem man sich nicht entziehen kann, ohne oberflächlich zu werden.

Zur Beantwortung der eingangs aufgeworfenen Frage sind wir neben einigen Wahrscheinlichkeitsgründen fast ausschliefslich auf das für die Helligkeiten der kleinen Planeten gesammelte Beobachtungsmaterial angewiesen. Werden nämlich je 25 derselben nach der Zeitfolge ihrer Entdeckung zu einer Gruppe zusammengefafst, so ergeben sich innerhalb der entstehenden Gruppen folgende mittleren Oppositionshelligkeiten:

Planeten	Mittlere Helligkeit	Planeten	Mittlere Helligkeit	Planeten	Mittlere Helligkeit
1– 25	9.26	151– 175	12.02	301–325	12.64
26– 50	10.62	176–200	11.69	326–350	12.92
51– 75	11.06	201–225	12.02	351–375	12.19
76–100	11.33	226–250	12.48	376–400	12.19
101–125	11.90	251–275	12.84	401–425	12.30
126–150	11.36	276–300	13.19	426–451 *)	12.21

Von kleinen, an sich ziemlich belanglosen Schwankungen abgesehen, tritt hier ganz unverkennbar eine Abnahme der Durchschnittshelligkeiten bei den späteren Entdeckungen gegenüber den früheren zu Tage. Sonach erscheint der Schlufs gerechtfertigt, dafs die helleren Glieder des Asteroidenringes überhaupt wenig zahlreich sind, oder mit anderen Worten: die Wahrscheinlichkeit ist verhältnismäfsig gering, dafs künftig noch nennenswerte Entdeckungen dieser Art in gröfserem Umfange gemacht werden. Dagegen fehlt vorerst ein bestimmter Anhalt dafür, ob die Gesamtzahl der Planetoiden überhaupt eine mehr oder minder eng begrenzte ist. Aus der Schnelligkeit, mit der die photographischen Entdeckungen aufeinander gefolgt sind und sich gegenwärtig noch vollziehen, sollte sich eher das Gegenteil vermuten lassen.

In dieser Hinsicht fordern gerade die fünf letzten Gruppen zu einer kurzen Betrachtung heraus. Die nahe vollständige Gleichheit der bezüglichen Gruppenmittel führt nämlich ohne weiteres auf die Vermutung, dafs ihr Zustandekommen durchaus nur in dem Wesen der photographischen Methode, die mit (323) Brucia ihren Siegeszug begann, sowie in der begrenzten Leistungsfähigkeit der instrumentellen Hilfsmittel begründet liegt, welche bis zum Ende des Jahrhunderts diesem Zweck dienstbar gemacht waren. Sie bestätigen zugleich in erwünschter Weise die frühere Schlufsfolgerung, dafs in der That die hellsten und gröfsten Planetoiden nahezu sämtlich bekannt geworden sein dürften.

Noch unzweideutiger gehen die erwähnten Thatsachen aus nachfolgender Zusammenstellung hervor, in welcher die Planeten nach der Gröfsenklasse geordnet und in Gruppen von je 50 bezw. 100 zusammengefafst wurden.

---

*) No. 441 ist nicht berücksichtigt.

Planeten	heller als 8.	8.	9.	10.	11.	12.	13. und schwächer.
1–50	2	7	17	15	7	2	0
51–100	0	0	2	19	23	5	1
101–150	0	0	0	15	27	8	0
151–200	0	0	1	4	20	20	5
201–250	0	0	0	3	18	17	12
251–300	0	0	0	1	7	13	29
301–350	0	0	2	2	9	22	15
351–400	0	0	1	4	14	18	13
401–451	0	0	1	3	14	19	13
Summe	2	7	24	66	139	124	88
1–100	2	7	19	34	30	7	1
101–200	0	0	1	19	47	28	5
201–300	0	0	0	4	25	30	41
301–400	0	0	3	6	23	40	28
1–400	2	7	23	63	125	105	75

Die Körper heller als 10. Gröfse erscheinen mit Ausnahme von einigen wenigen sämtlich im ersten Hundert; sie können also keinesfalls besonders zahlreich sein. Die schwächeren überwiegen eben bei weitem der Zahl nach, wie denn allgemein bis zur 11. Gröfsenklasse einschliefslich ein regelmäfsiges und auffallend schnelles Wachstum der Häufigkeit des Vorkommens stattfindet. Dafs weiterhin wieder eine Verminderung erkennbar wird, darf angesichts der gröfseren Schwierigkeit, welche die Auffindung lichtschwacher Planeten bereitet, nicht weiter verwundern.

Eine unabhängige, gleichfalls sehr interessante und lehrreiche Bestätigung dafür, dafs unter den helleren Planeten nur wenige unentdeckt geblieben sein können, hat Charlois in mehreren Veröffentlichungen über seine photographischen Arbeiten geliefert. Derselbe hat z. B. von Mitte September 1892 bis Anfang Oktober 1894 142 Aufnahmen verschiedener Himmelsgegenden erhalten. Auf 50 dieser Photogramme von je 11 Grad Seitenlänge hatte sich kein einziger Planet bis zur 13. Gröfse abgebildet; die übrigen 92 wiesen zusammen 176 verschiedene Planeten auf, welche sich folgendermafsen auf die einzelnen Gröfsenklassen verteilen:

Gröfse	heller als 9.	9.	10.	11.	12.	schwächer	Summe
Alte Planeten . .	6	6	23	44	41	11	131
Neue . . .	—	2	1	7	20	15	45
Summe . . .	6	8	24	51	61	26	176

Diese kurze Übersicht zeigt zunächst wiederum eine Steigerung der Zahl der Planeten mit der Abnahme der Helligkeit; bis zur 11. Gröfse, diese einbegriffen, sind die alten Planeten ersichtlich weitaus in der Mehrzahl. Dann beginnt das Verhältnis sich umzukehren, und unter der 12. Gröfse sind sogar mehr neue Asteroiden gefunden als alte. Damit ist es mehr als wahrscheinlich geworden, dafs künftige Entdeckungen im wesentlichen kleine und kleinste Glieder des Planetoidenringes zutage fördern werden, deren Zahl möglicherweise unerschöpflich ist. Doch ist man in dieser Beziehung überwiegend auf das Gebiet der Vermutungen verwiesen.

Die beobachteten Helligkeiten der kleinen Planeten können nun dazu dienen, gewisse Grenzen abzuleiten, innerhalb derer aller Voraussicht nach ihre Dimensionen sich bewegen werden. Ehe wir an die Behandlung dieses Gegenstandes herantreten, mufs zum besseren Verständnis eine Bemerkung vorangeschickt werden. Die aus den Beobachtungen abgeleiteten Gröfsen sind durchaus nicht ohne weiteres vergleichbar, weil sie wegen des wechselnden Abstandes der Planeten sowohl von der Erde wie von der Sonne ziemlich beträchtlichen Änderungen unterworfen sind; das gleiche gilt auch von den Helligkeiten zur Zeit der Oppositionen. Aus diesem Grunde ist es nötig, die beobachteten Helligkeiten dadurch miteinander vergleichbar zu machen, dafs man für jeden Planeten einen Wert ableitet, der sich auf die mittlere Entfernung von der Sonne und einen bestimmten Abstand von der Erde bezieht; man wählt für letzteren die um die Einheit der Distanz Erde-Sonne verminderte halbe grofse Bahnachse und bezeichnet die betreffende theoretische Helligkeit als mittlere Oppositionsgröfse. Sie möge hier in üblicher Weise mit m_0 bezeichnet werden.

In den oben abgedruckten tabellarischen Zusammenstellungen haben wir bereits von diesen Gröfsen Gebrauch gemacht, obwohl es dort für eine strengere Beweisführung erforderlich gewesen wäre, die wirklichen Entdeckungshelligkeiten zu Grunde zu legen. Da es uns aber nur auf generelle Betrachtungen ankommen konnte, aufserdem die Gröfsenangaben, weil von verschiedenen Beobachtern herrührend und meist auf Schätzungen beruhend, sich nicht auf eine bestimmte Skala reduzieren lassen, erschien die gewählte Vereinfachung unbedenklich.

Schon im Anfange des vorigen Jahrhunderts haben Olbers und ein wenig später Gaufs auf die Wichtigkeit sorgfältiger photometrischer Beobachtungen der Asteroiden zum Zweck der Durchmesserbestimmung hingewiesen; erneut wurde dann 1857 von Argelander die Aufmerksamkeit auf diesen Gegenstand gelenkt. Nach den von ihm aufgestellten Prinzipien wird auch heute noch verfahren. Allerdings haftet den bezüglichen Untersuchungen ein unvermeidlicher Mangel an, weil über die Rückstrahlungsfähigkeit oder Albedo der Oberflächen der kleinen Planeten nur mehr oder weniger plausible Annahmen gemacht werden können. Wie man dazu gelangt, soll nunmehr kurz auseinandergesetzt werden.

Verschiedene Beobachter hatten wiederholt an einzelnen Planetoiden regelmäfsige Lichtänderungen wahrgenommen, ähnlich denen, wie sie bei veränderlichen Sternen festgestellt sind. Wenngleich die Möglichkeit periodischer Helligkeitsänderungen keineswegs von der Hand zu weisen und in einem besonders interessanten Falle evident nachgewiesen ist, so hatte man doch lange versäumt, sich davon zu überzeugen, ob nicht in der Mehrzahl der Fälle die zeitweilig unvollständige Erleuchtung der Planetenscheiben, also die sogenannte Phasenwirkung, zur Erklärung herangezogen werden müsse. Erst in neuerer Zeit hat auch diese Frage ihre Erledigung gefunden. Genaue photometrische Messungen an einer gröfseren Reihe von Asteroiden durch Parkhurst an der Harvard-Sternwarte und durch Müller am Potsdamer Observatorium haben in der That gezeigt, dafs der Einflufs der Phase keineswegs, wie man angenommen hatte, unmerklich ist. Aber er ist nicht für alle Planeten der gleiche, was auf eine Verschiedenheit der Albedowerte hindeutet. Die für 1 Grad Phasenwinkel berechneten Phasenkoeffizienten bewegen sich nämlich zwischen 0.016 bei Iris und 0.059 bei Frigga. Unter Voraussetzung eines Phasenintervalls von 20 Grad würde für letzteren Planeten mithin eine Abnahme der Gröfse gegenüber der mittleren Oppositionshelligkeit von reichlich einer Gröfsenklasse folgen.

Ganz streng ist der Schlufs von den starken Unterschieden der Phasenkoeffizienten auf die verschiedene Reflexionsfähigkeit der Oberflächen keineswegs. Wäre man aber zu solcher Annahme berechtigt, so müfsten die kleinen Planeten hinsichtlich ihrer Oberflächenbeschaffenheit zwischen Merkur und Mars eingereiht werden, wobei sie im allgemeinen ersterem näher zu stehen scheinen. Jedenfalls wird man sich von der Wahrheit nicht unzulässig weit entfernen, wenn man für eine überschlägliche Schätzung der wahren Dimensionen das Mittel der Albedowerte von Mars und Merkur zu Grunde legt. Man findet dann für jeden Planeten, dessen mittlere Oppositionsgröfse m_0 gegeben ist, den Halbmesser ρ in Kilometern ausgedrückt, mittelst folgender einfachen Formel: $\log \rho = 3.3135 + \log [a (a - 1)] - \frac{1}{5} m_0$, wo a die halbe grofse Bahnachse bezeichnet.

Die Anführung einiger spezieller Resultate wird nicht ohne Interesse sein. Der gröfste Halbmesser von 417 km käme danach (4) Vesta zu; nur wenig kleiner wird Ceres gefunden, da sich ihr Halbmesser zu 886 km ergiebt. Pallas steht mit 292 km an dritter Stelle. Wie winzig viele dieser Körperchen sind, ersieht man daraus, dafs nach obiger Formel Halbmesser bis herunter zu 5 km berechnet sind; dieser bisher kleinste Wert findet sich für (452) 1899 FD, dessen mittlere Oppositionsgröfse der Helligkeit eines Sternes 16.7 Gröfse entspricht.

Die Zuverlässigkeit der so gefundenen Halbmesserwerte kann leider nur in drei oder vier Fällen an direkten Messungen geprüft werden, da mit diesen Ausnahmen sämtliche kleinen Planeten selbst unter stärksten Vergröfserungen genau punktförmig erscheinen. Erst mit dem Riesenrefraktor der Lick-Sternwarte ist es Barnard 1894 und 1895 gelungen, einigermafsen sichere direkte Bestimmungen auszuführen, welche für Ceres 402, für Pallas 248 und für Vesta 193 km als Halbmesserwerte ergaben und durch spätere Messungen an dem noch gröfseren Fernrohr des Yerkes-Observatoriums bestätigt wurden. Photometrisch genommen ist Vesta der gröfste Körper, während nach Barnard Ceres dieser Rang zukommt. Wir wagen nicht zu entscheiden, welche Werte gröfseres Vertrauen verdienen, und begnügen uns mit dem Hinweis, dafs die Messungen am Fernrohr zu den schwierigsten gehören, die man sich denken kann.

44.8 pCt. aller Planeten haben photometrisch abgeleitete Halbmesser zwischen 0 und 39 km, weitere 44.1 pCt. solche zwischen den Grenzen von 40 und 79 km. 9 pCt. der Planeten mit Halbmessern zwischen 80 und 119 km sind bereits den gröfseren zuzuzählen, und die allergröfsten mit Halbmessern über 120 km machen nur 2.6 pCt. der Gesamtzahl aus.[24]) Dabei zeigt sich, dafs zweifellos am inneren Rande des Ringes die kleineren Glieder entschieden überwiegen. Diese Thatsache erscheint um so fester begründet, da hier die gröfseren höchstwahrscheinlich sämtlich entdeckt sind. Der mittlere Teil des Ringes besteht in der Hauptsache aus Körpern von beträchtlicherem Durchmesser. Wie der äufsere Randteil des Ringes beschaffen sein mag, entzieht sich vorläufig einer einwandfreien Beurteilung, da hier nur sehr wenige Asteroiden bekannt geworden sind.

Nachdem diese Grundlage gewonnen ist, kann man daran denken, die Rauminhalte der einzelnen Körper zu berechnen. Man findet so, dafs sie zusammengenommen etwa 3.6 Vesta-Kugeln ausmachen, wo-

[24]) Sehr ausführlich sind alle diese Nachweise gegeben in: Tabellen zur Geschichte und Statistik der kleinen Planeten. Von J. Bauschinger. Berlin 1901. Veröff. d. Kgl. Astron. Rechen.-Instituts. No. 16.

von über die Hälfte allein auf Ceres und Vesta entfallen. Unter Berücksichtigung unserer früheren Schlufsfolgerung, dafs die künftige Nachlese nur mehr winzigere Körper zutage fördern dürfte, kann man das Gesamtvolumen der kleinen Planeten, die unentdeckten einbegriffen, auf nahe das Vierfache des Vesta-Volumens oder rund $^1/_{[illegible]}$ des Rauminhaltes der Erde veranschlagen. Damit erhält man zugleich eine plausible Schätzung der im Asteroidenringe angehäuften planetarischen Masse. Unter den Hauptplaneten besitzt bekanntlich die Erde die gröfste Dichte; da nicht anzunehmen ist, dafs die Planetoiden eine besonders hohe oder gar eine höhere Dichtigkeit als unser eigener Planet besitzen, wird man eine zutreffende obere Grenze erhalten, wenn man sich die kleinen Planeten genau so zusammengesetzt denkt wie die Erde. Unter dieser Voraussetzung findet man für die gesamte Masse rund den dreihundertmillionten Teil der Sonnenmasse oder $^1/_{11}$ der Masse des Erdmondes. Sehr wahrscheinlich ist sie aber weit geringer.

Zur Statistik der kleinen Planeten gehört nun die weitere Untersuchung über die Stellung der verschiedenen Körper innerhalb des Asteroidengürtels oder allgemeiner die Frage nach der Lage und Anordnung der Bahnen. Lassen sich in dieser Beziehung irgendwelche Gesetzmäfsigkeiten nachweisen, und wenn, welcher Art sind sie, und wodurch werden sie bedingt? Das Material zu dieser Untersuchung liefern die berechneten Elemente der Planetenbahnen, die wir nun, soweit es für allgemein belehrende Zwecke angängig, im einzelnen betrachten wollen. Vorweg sei bemerkt, dafs an eine in jeder Hinsicht strenge Beweisführung hier nicht gedacht werden kann, weil diese Elemente infolge der störenden Einwirkungen der grofsen Planeten fortdauernden Veränderungen unterworfen sind. Halten sich dieselben auch im allgemeinen in relativ engen Grenzen, so erreichen sie doch in einigen Fällen sehr bedeutende Werte, so dafs der Charakter einer Bahn vollständig verändert werden kann. Eines der auffälligsten Beispiele dieser Art bietet der Planet (334) Chicago. A. Berberich in Berlin fand auf Grund seiner Störungsrechnungen für die Exzentrizität dieses Planeten folgende Werte:

1892	Dezember	8	e = [illegible]
1893	November	16	[illegible]
1894	Februar	4	[illegible]

Dem regelmäfsigen Gange dieser Zahlen zufolge mufs die Exzentrizität etwa Mitte 1894 durch den Wert 0 hindurchgegangen sein, die Bahn mithin genaue Kreisform angenommen haben. Störungen von diesem enormen Betrage gehören allerdings, wie schon angedeutet, zu den Ausnahmen.

Unsere statistischen Untersuchungen beginnen wir mit einer Betrachtung über die Neigungen der Bahnen gegen die Ekliptik. Schon eine flüchtige Durchsicht der Elementenverzeichnisse lehrt, dafs sie im allgemeinen klein sind und nur in wenigen Fällen 15° überschreiten. Eine kleine Tabelle wird die hier obwaltenden Verhältnisse klar erkennen lassen. Man findet:

Neigungen	0°	5°	10°	15°	20°	30°	40°
Planeten	135	163	91	31	27	1	
In Prozent der Gesamtzahl .	30	36	20	7	6	0	

Nur bei einem Planeten ist die Neigung gröfser als 30°, nämlich bei (2) Pallas, wo i = 34°.7; ihr zunächst steht (31) Euphrosyne mit 26°.5 Neigung. Die kleinsten Neigungswerte ergaben sich für (20) Massalia und (300) Geraldina mit 0°.7 resp. 0°.8.

Nicht ohne Interesse ist auch eine etwas andere Gruppierung. Ordnet man nämlich die Planeten nach den mittleren Oppositionshelligkeiten und fafst innerhalb der einzelnen Gröfsenklassen je 20 nach der chronologischen Folge der Entdeckungen zu einer Gruppe zusammen, so ergiebt sich wenigstens für die geringeren Helligkeiten eine ausreichende Anzahl vollständiger Gruppen, denen die in nachstehender Tabelle ersichtlich gemachten mittleren Neigungen zugehören:

	I	II	III	IV	V	VI	VII
10.—11. Gröfse . .	7°.81	9°.11	10°.69	[16°.0]	—	—	—
11.—12. „ . .	6.45	8.47	8.90	9.46	11°.66	9°.16	10°.31
12.—13. „ . .	5.85	8.76	6.52	8.18	8.07	10.99	—
schwächer . . .	7.29	6.68	5.98	8.77	8.18	—	—

Die hier zu Tage tretende Zunahme der mittleren Neigungen bei den späteren Entdeckungen zeigt sich auch schon an den Planeten 9. bis 10. Gröfse. Im ersten Hundert sind ihrer 19 mit einer mittleren Neigung von 6°.4, unter den Nummern 101—451 giebt es noch 5 von solcher Helligkeit, deren Neigungsmittel 11°.5 ist. Der Grund für diese Erscheinung liegt sehr nahe. Planeten mit kleinen Bahnneigungen werden sich länger in der Nähe der Ekliptik aufhalten als solche mit starken Neigungen, und da erst relativ spät auch in weiteren Grenzen von der Ekliptik Nachforschungen nach Planeten angestellt wurden, so ist es erklärlich, dafs jene zuerst vollständiger entdeckt wurden. Die geringe Anzahl vollständiger Gruppen in der obersten Horizontalreihe unserer Zusammenstellung bietet überdies eine weitere Bestätigung für unsere Vermutung, dafs in den niederen Gröfsenklassen die Entdeckungen nahehin erschöpft sein müssen, da das Neigungsmittel der aus nur 6 Planeten gebildeten letzten Gruppe bereits den hohen Wert von 16° erreicht.

Für die Lage der Knotenlinien, deren Richtungen durch die Angabe der Längen der aufsteigenden Knoten bestimmt wird, ergiebt die statistische Abzählung folgendes:

☊	Planeten	☊	Planeten
0°–45°	76 = 16.6 pCt.	180°–225°	58 = 12.6 pCt.
45–90	58 12.6 „	225–270	40 8.7 „
90–135	52 11.3 „	270–315	38 8.3 „
135–180	75 16.3 „	315–360	62 13.5 „

Um 0° herum liegen demnach die Längen der aufsteigenden Knoten von 138 Bahnen oder 30.1 pCt., bei 90° 110 = 23.0 pCt., bei 180° 133 = 28.9 pCt. und bei 270° 78 = 17.0 pCt. aller Bahnen. Der Gang, welcher sich in diesen Zahlen ausspricht, ist schon frühzeitig bemerkt worden; doch bestehen immer noch Zweifel, worin der Grund zu suchen sei. Newcomb hat 1862 die Vermutung ausgesprochen, dafs möglicherweise darin eine Wirkung der säkularen Störungen durch Jupiter zum Ausdruck kommt, dessen Knotenlänge bei 100° liegt. In der That stimmt die Verteilung auf die einzelnen Quadranten mit dieser Hypothese überraschend gut. Nichtsdestoweniger ist ihre Berechtigung mindestens fraglich. Ganz ungezwungen läfst sich nämlich die beobachtete Verteilung auch auf einen Einflufs der Jahreszeiten zurückführen. Im Beginn des Herbstes kulminiert um Mitternacht gerade derjenige Punkt der Ekliptik, von dem aus die Längen gezählt werden, der gegenüberliegende Punkt entsprechend zur Zeit der Frühlingstag- und Nachtgleiche. Es leuchtet ohne weiteres ein, dafs Entdeckungen in diesen erfahrungsmäfsig günstigsten Jahreszeiten häufiger sein werden und auch sind als etwa in den Sommermonaten mit ihren kurzen Nächten.

Die Behandlung der Längen der Perihelien, welche die Richtungen der grofsen Achsen der Planetenbahnellipsen bestimmen, führt zu folgender Übersicht:

Perihellängen	Planeten	Perihellängen	Planeten
0°–45°	87	180°–225°	35
45–90	75	225–270	41
90–135	53	270–315	44
135–180	32	315–360	85

oder, wenn wir auch hier die Gruppierung um die vier Kardinalpunkte vornehmen:

Perihel um	0°	172	Bahnen =	38.1 pCt.
	90	128	„	28.3 „
	180	67	„	14.8 „
	270	85	„	18.8 „

Das Maximum bei 0° und das Minimum bei 180° ist viel zu prägnant ausgebildet, als dafs bei dem überhaupt sehr regelmäfsigen Verlauf der einzelnen Werte, einen einzigen ausgenommen, an ein Spiel des Zufalls gedacht werden könnte. Auch hier ist zwar ein Einflufs der Jahreszeiten nicht ganz von der Hand zu weisen; keinesfalls tritt er aber so bestimmt hervor, dafs auf ihn allein die Verteilung der Perihelien geschoben werden darf, da sonst gerade bei 180° ein Maximum stattfinden müfste. Newcomb vermutete deshalb hier gleichfalls eine Wirkung der Säkularstörungen durch Jupiter, dessen Perihel bei 13°.6 Länge sich befindet. Die Verteilung auf die einzelnen Quadranten stimmt indessen nicht so gut mit dieser Hypothese wie bei den Knotenlängen, so dafs ihre Berechtigung dahingestellt bleiben mufs. Gleichviel aber, welches die richtige Erklärung sein mag, das eine kann wenigstens als eine empirisch begründete Folgerung angesehen werden, dafs die Perihelien der Bahnen der kleinen Planeten eine starke Anhäufung um das Jupiterperihel aufweisen.

Wenden wir uns nun zur Betrachtung der Bahnformen, so dürfen wir zunächst feststellen, dafs die kleinen Planeten sozusagen ein Bindeglied zwischen den Hauptplaneten und den kurzperiodischen Kometen darstellen. Sämtliche Exzentrizitäten liegen nämlich unterhalb des kleinsten, bisher für einen Kometen gefundenen Wertes (Komet Holmes mit dem Exzentrizitätswinkel $\varphi = 24^1/_4°$). Am meisten nähert sich dieser Grenze (183) Istria, wo $\varphi = 20°.5$, mithin $e = 0.349$ ist. Die kleinste Exzentrizität besitzt mit $e = 0.018$ oder $\varphi = 0°.7$ der Planet (286) Iclea, dessen Bahn fast kreisförmig genannt werden darf. Von dem oben erwähnten extremen Falle bei (334) Chicago ist naturgemäfs abgesehen worden.

Allgemein sind überhaupt die kleineren Werte der Exzentrizität häufiger als die gröfseren, und für die weit überwiegende Zahl ist φ kleiner als 15°, wie nachfolgendes Tableau zeigt:

Exzentrizitätswinkel	0°	5°	10°	15°	20°	> 20°
Planeten	108	194	120	24	3	
In Prozent der Gesamtzahl . .	24	43	27	5	1	

Bei weitem das wichtigste Element ist unstreitbar die halbe grofse Achse a; wir müssen deshalb den hier obwaltenden Verhältnissen etwas genauer auf den Grund gehen. Vorerst erscheint es wichtig, durch Vermittelung einer kleinen Tabelle darüber eine allgemeine Übersicht zu geben, die sich zugleich auf die Exzentrizitäts- und Neigungsmittel erstrecken soll.

Halbe grofse Achse	mittlere Exzentrizität	Planeten	mittlere Neigung
1.94—2.20	0.1386	8	10°.1
2.20—2.30	1361	22	4.7
2.30—2.40	1618	40	9.7
2.40—2.50	1516	35	6.3
2.50—2.60	1515	30	9.7
2.60—2.70	1776	55	8.5
2.70—2.80	1491	86	9.3
2.80—2.90	1322	35	8.4
2.90—3.00	1251	22	9.9
3.00—3.10	1103	30	8.1
3.10—3.20	1261	62	12.3
3.20—3.30	1071	5	3.7
3.30—3.40	1461	4	10.3
3.40—3.50	1105	8	7.1
3.50—3.60	[1629]	1	10.2
3.90—4.00	1318	1	7.8
4.20—4.30	[0804]	1	2.4

Das Mittel aller Exzentrizitäten beträgt 0.1461. Nimmt man diejenigen 55 Planeten zusammen, welche in dem Raume zwischen 2.60 und 2.70, also ziemlich genau in der Mitte zwischen Jupiter und Sonne, letztere umkreisen, so ergeben sie eine mittlere Exzentrizität von 0,1688, d. h. bedeutend gröfser als der Durchschnitt. Dies ist aber auch die einzige leidlich verbürgte Thatsache; inwieweit dabei eine Einwirkung Jupiters mitgespielt hat, entzieht sich der Erörterung. Ebensowenig hat sich ein früher vermuteter Zusammenhang zwischen Exzentrizitäten und Neigungen aufrecht erhalten lassen, wiewohl Anzeichen dafür vorhanden sind, dafs extremen Exzentrizitäten auch häufig grofse Neigungen entsprechen. Wir können es hier unterlassen, auf diese Frage näher einzugehen.

Bezüglich der Verteilung der Planeten auf das Gebiet zwischen Mars und Jupiter ergiebt sich folgendes: Von Mars bis zum sonnennächsten kleinen Planeten existiert ein Raum von fast 60 Millionen Kilometer Erstreckung, der von planetarischen Massen fast entblöfst sein mufs, da bisher in ihm kein Planet gefunden wurde. Auch weiterhin ist eine auffallende Armut in dieser Beziehung nicht zu bezweifeln. Die Hauptmasse der Planeten verteilt sich auf einen Raum, dessen Erstreckung der mittleren Sonnenentfernung gleichkommt. Jenseits dieses Bereiches sind zwar auch erst einige 20 Asteroiden bekannt; indessen beweist dies nicht, dafs ihrer nicht viel mehr dort vorhanden sind. Die äufserste Grenze endlich repräsentiert gegenwärtig noch immer (279) Thule mit $a = 4.26$ a. E., so dafs der seiner Zeit mit Rücksicht auf diesen grofsen Wert gewählte Name in der That sehr zweckmäfsig erscheint.

In Rücksicht auf diese Verteilung dürfte es passend sein, die kleinen Planeten in drei grofse Gruppen zusammenzufassen: eine Mars-Gruppe, welcher etwa 23 pCt. aller Planeten angehören, eine mittlere Hauptgruppe mit ganzen 73 pCt. und endlich eine Jupiter-Gruppe, in der nur rund 4 pCt. der Planeten vertreten sind.

In der letztaufgeführten Tabelle ist bemerkenswert, dafs sowohl zwischen 3.6 und 3.9 wie in der Gegend um 4.1 a. E. herum kein einziger Planet existiert oder bisher gefunden ist. Sind auch in diesem äufseren Teile des Ringes überhaupt nur wenige Planeten bekannt geworden, so können wir doch an dieser auffallenden Thatsache nicht achtlos vorübergehen. Eine genauere Abzählung ergiebt nämlich, dafs sich diese offenbare Lücke sogar von 3.51—3.92 erstreckt, und auch an anderen Stellen sind solche Lücken erkennbar. Man überzeugt sich leicht, dafs ein Planet, der genau in der Mitte jener grofsen Lücke die Sonne umkreisen würde, zu 5 vollen Umläufen sehr nahe dieselbe Zeit gebraucht, in der Jupiter dreimal seinen Lauf um die Sonne vollendet.

Versuchen wir, uns zu veranschaulichen, welche Folgen eine solche Kommensurabilität der Umlaufszeiten haben wird. Zu diesem Ende nehmen wir an, der hypothetische Planet in der mittleren Entfernung 3.6 habe vielleicht vor Tausenden von Jahren einmal gerade auf der Verbindungslinie Sonne-Jupiter zwischen beiden Körpern gestanden. Offenbar wird die Massenanziehung Jupiters u. a. die mittlere Entfernung des kleinen Planeten zu vergröfsern bestrebt sein. Nach drei ganzen Umläufen Jupiters oder beiläufig 36 Jahren kehrt dieselbe Konfiguration wieder, und damit erfährt die Bahnachse eine weitere Vergröfserung. Mehr und mehr wird sich bei den späteren Wiederholungen im Laufe der Jahrtausende der Effekt steigern, so dafs infolge der stetigen Anhäufung der Störungen in demselben Sinne die einstige Kommensurabilität schliefslich zerstört werden mufs. Wir begreifen so, dafs an Stellen, wo eine Kommensurabilität der Umlaufszeiten stattfindet, sich Lücken im Ringe bilden müssen, in denen ein Planet sich nur eine begrenzte Zeit aufhalten kann.

Es sei davor gewarnt, diesen Versuch einer Veranschaulichung als einen bündigen Beweis hinzunehmen, denn in der Natur sind die Vorgänge ungleich verwickelter. Die strenge Behandlung dieses Gegenstandes ist Sache der Mechanik des Himmels. Aber die Theorie ist noch keineswegs so weit entwickelt, dafs sie vollständig einwandfrei die Berechtigung unserer Anschauung zu erhärten vermag. In den allgemeinen Zügen liefert sie allerdings ein Bild, welches mit den Erfahrungsthatsachen hinreichend gut in Einklang ist. Es darf aber nicht übersehen werden, dafs die übrigen Hauptplaneten gleichfalls ihren Anteil an den Störungen haben und die Wirkung Jupiters zum Teil wettmachen oder wenigstens modifizieren werden.

Wir haben nun zu untersuchen, inwieweit die statistisch nachgewiesenen Lücken mit den Stellen zusammenfallen, für die Kommensurabilitäten der Umlaufszeiten vorhanden sind. Die einfachsten Verhältnisse mit den kleinsten ganzen Zahlen sind etwa $^1/_3$, $^2/_5$, $^3/_7$, $^1/_2$, $^4/_7$, $^3/_5$, $^2/_3$; suchen wir dafür die bezüglichen mittleren Entfernungen auf und stellen wir ihnen die beobachteten Lücken gegenüber, so ergiebt sich folgende kleine Übersicht, die eine überraschende Übereinstimmung hervortreten läfst:

Lücken	berechnet	
2.478 — 2.516	2.501	$^1/_3$
2.815 — 2.826	2.824	$^2/_5$
2.952 — 2.961	2.957	$^3/_7$
3.22 — 3.32	3.28	$^1/_2$
3.54 — 3.92	3.70	$^3/_5$
3.96 — 4.26	3.97	$^2/_3$

Wir verzichten darauf, spezielle Angaben zu machen, welche Planeten diesen Lücken nahe stehen; soviel ist jedenfalls klar, dafs ihnen vom theoretischen Standpunkte aus ein erhöhtes Interesse zukommt. Nur die Lücke, welche dem Verhältnis $^2/_3$ entspricht, bietet noch zu einer kurzen Bemerkung Anlafs. Nach Professor Brendels Untersuchungen sind die engsten Grenzen dieser Lücke bezeichnet durch die mittleren täglichen Bewegungen 443".6 und 451".0; merkwürdigerweise existieren aber noch innerhalb des dadurch festgelegten Raumes zwei Planeten, die man demnach berechtigt ist, als kritische zu bezeichnen. Es sind dies (153) Hilda und (361) Bononia mit einer mittleren Bewegung von nahe 450".

Jedenfalls kann es als ausgeschlossen gelten, dafs die Struktur des Asteroidenringes, wie sie sich in der Gruppierung der Lücken, auf die zuerst Kirkwood aufmerksam machte, kundgiebt, ein reines Produkt des Zufalls sein sollte, und mit gewissen Vorbehalten erscheint die Schlufsfolgerung erlaubt, dafs Jupiter einen nicht unbedeutenden Anteil daran gehabt haben mufs.

IX. Schlufsbetrachtung.

Die geschichtliche Darstellung der Planetenentdeckungen in diesem Aufsatze hat einen breiteren Raum eingenommen, als es bei oberflächlicher Beurteilung berechtigt erscheinen könnte. Mehrere Erwägungen sind hierfür bestimmend gewesen. Einmal wird dieser Gegenstand fast ausnahmslos in den Handbüchern der Himmelskunde ungebührlich kurz abgethan, und es fehlte eigentlich bisher an einer hinreichend detaillierten Schilderung dieses Kapitels der Astronomie; zum anderen galt es, das erlahmende Interesse, welches durch die Überfülle der Entdeckungen abgestumpft war, wieder wach zu rufen und nachzuweisen, dafs es nicht wohlgethan ist, wenn selbst in Fachkreisen absprechende Urteile über die Thätigkeit der Planeten-Entdecker und -Beobachter laut werden. Zum Glück wurden sie zum Verstummen gebracht, noch ehe das Jahrhundert ganz zu Ende ging, und zwar durch eine Entdeckung, die hinsichtlich ihrer Wichtigkeit alle früheren weit in den Schatten stellte. Da sie aber eine selbständige Behandlung erheischt, die zu gelegener Zeit gegeben werden soll, so mufste sie im Rahmen des vorliegenden Aufsatzes unberücksichtigt bleiben. Sie kam jedenfalls im rechten Augenblick, um das Jahrhundert ebenso würdig zu beschliefsen, wie es begonnen hatte.

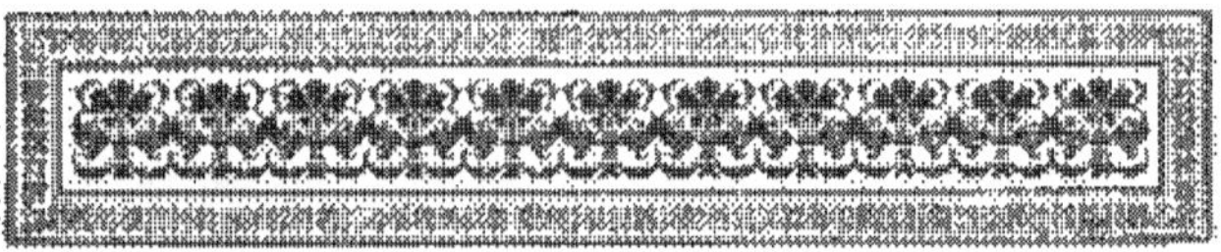

Altertümer-Konservierung.

Von Prof. Rathgen in Berlin

Wenn auch die Veränderungen und der allmähliche Zerfall öffentlicher Denkmäler, wie Büsten, Statuen, Baudenkmäler u. s. w., vielen nicht unbekannt sind, so erhält doch mancher von der den Gegenständen drohenden Gefahr erst Kunde durch die Mafsregeln, welche zum Schutze der Denkmäler ergriffen werden. Nur in engeren Kreisen ist es bekannt, wie heutigen Tages alle Kulturstaaten ihre Aufmerksamkeit der Denkmalpflege zuwenden, indem für Überwachung und Erhaltung umfassende Fürsorge getroffen wird.

Vielleicht noch weniger ist im Publikum die Kenntnis verbreitet, dafs auch die Altertümer, welche in Sammlungen aufbewahrt werden, eines intensiven Schutzes bedürfen, und dafs noch aufser mechanischer Reinigung ausgegrabener Funde und dem Bestreuen organischer Substanzen, wie Gewebe und Federn mit Naphthalin, eine ganze Anzahl Methoden in Gebrauch sind, Sammlungsgegenstände vor dem Zerfall zu schützen.

Schon durch die Aufbewahrung in gut schliefsenden Glasschränken, welche in trockenen Sammlungsräumen aufgestellt und möglichst vor direktem Sonnenlicht bewahrt werden, ist ein gewisser Schutz erreicht, weil dann die Einwirkungen strenger Kälte, grofser Hitze, der Feuchtigkeit sowie der Berührung durch die Hand der Beschauer ausgeschlossen sind. Aber trotzdem zeigen sich an vielen Altertumsfunden Zerfallserscheinungen. Kaum ein Material macht eine Ausnahme; Sandstein, Marmor, Kalkstein, Glas, gebrannter und ungebrannter Thon, Metalle, Holz, Elfenbein, Knochen, Gewebe, Papier, fast alles bedarf unter Umständen einer sachgemäfsen Konservierung.

Vor nicht gar langer Zeit begnügte man sich mit der Vornahme von Tränkungen, zu welchen meistens Harze und Leinölfirnifs verwendet wurden. Als Lösungs- oder Verdünnungsmittel dienten Alkohol, Benzin, Petroläther. Nach dem Verdunsten dieser flüchtigen Substanzen gab das zurückbleibende Harz oder der allmählich erhärtende Firnifs ein Bindemittel ab, das zugleich eine Schutzhülle gegen äufsere Einwirkungen schaffte. Aufserdem wurden auch wohl wässerige Lösungen von Leim oder Wasserglas benutzt.

Wie wir dem von der Generalverwaltung der Kgl. Museen herausgegebenen Handbuch: Die Konservierung von Altertumsfunden von F. Rathgen, entnehmen, kann man auch heute solche Tränkungsmethoden nicht entbehren. Ihre Zahl ist sogar durch Verwendung von erwärmtem, flüssigem Paraffin, von Kollodium, von Zapon, einer Art Kollodium, von Kefslerschen Fluaten u. a. m. vermehrt worden. Aber der Tränkung geht jetzt thunlichst eine Entfernung derjenigen Stoffe voraus, die den Zerfall veranlassen. Das sind fast immer wasserlösliche Salze, in erster Linie Kochsalz, die meistens in die Altertumsfunde eingedrungen sind, als sie noch im Erd-

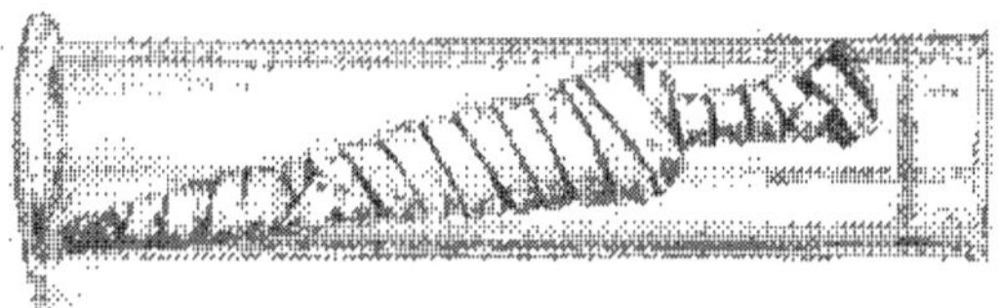

Mit Zinkblechstreifen umwickeltes Eisen (Kreftingsches Verfahren).

boden eingebettet lagen. Je salzhaltiger der Boden, desto gröfserer Gefahr sind die Gegenstände ausgesetzt, und so können wir uns nicht wundern, dafs z. B. ganz besonders Funde aus dem stark salzhaltigen Boden Ägyptens dem Untergang ausgesetzt sind. Die Zahl ägyptischer Eisenfunde ist daher eine so geringe, weil vorzüglich das Eisen bei Gegenwart von Kochsalz leicht zerstört wird, daher weisen ägyptische Bronzen statt einer guten Edelpatina fast immer nur rauhe grüne und blaue Überzüge auf, die in unseren Museen sich bald verändern und die allmählige Vernichtung der Bronze bedingen.

Wo es angängig ist, wie bei harten Kalksteinen, bei gut gebranntem Thon und auch bei Eisensachen, entfernt man die Salze durch Auslaugen mit Wasser und tränkt dann nach dem Trocknen. Eisenfunde, die durch und durch oxydiert sind oder nur einen geringen metallischen Kern besitzen, lassen sich kaum anders konservieren. Zeigen sie dagegen nur dünne Oxydschichten, ergiebt die Prüfung mit einer Feile, dafs noch die Hauptmenge des Gegenstandes aus metallischem Eisen besteht, was auch meistens schon sein Gewicht andeutet, so kann hier eine der neueren Methoden Platz greifen, z. B. das Kreftingsche Verfahren:

Nachdem man mit der Feile das metallische Eisen an einigen Stellen bloßgelegt hat, wird der Eisenfund mit Streifen metallischen Zinks umwickelt, daß das Zink das Eisenmetall direkt berührt (vergl. Abb.),*) dann legt man den derart vorbereiteten Gegenstand in rohe Natronlauge, welcher soviel Wasser zugesetzt ist, daß die Flüssigkeit etwa 4—5 % Ätznatron enthält. Das Eisen wird so auf elektrischem Wege vom Rost, den Eisenoxydverbindungen, befreit, indem durch die Berührung des Zinks mit dem Eisen ein galvanischer Strom entsteht, der eine chemische Arbeit verrichtet, nämlich Wasserstoff und Sauerstoff entwickelt. Der Sauerstoff verbindet sich mit Zink zu Zinkoxyd, welches sich z. T. als weißer Schlamm ausscheidet, z. T. in der Lauge löst; der Wasserstoff, der in kleinen Bläschen vom Eisen in die Höhe steigt, wirkt sowohl mechanisch, indem er den Rost abhebt, als auch chemisch auf denselben ein. Nach etwa vierundzwanzig Stunden ist der Rost völlig gelöst und läßt sich leicht durch Bürsten entfernen. Der Eisenfund zeigt nun ein rein metallisches Aussehen. Nachdem er zur Beseitigung der Lauge gut mit Wasser abgespült ist, legt man ihn direkt in geschmolzenes, auf etwa 115° C. erhitztes Paraffin. Dadurch geht sofort alles am und im Eisen befindliche Wasser in Dampfform fort und wird durch Paraffin ersetzt. Ist darauf dieses bis auf 70° C. abgekühlt, so nimmt man die Eisensache heraus, läßt sie abtropfen und völlig erkalten; dann bildet das Paraffin eine dünne Schutzhülle, ohne das metallische Aussehen des Eisens zu beeinträchtigen. Die zweite Abbildung (siehe Titelblatt) zeigt einen Teil eines so auf elektrischem Wege konservierten Schwertes, bei dem erst durch diese Behandlung die Schriftzeichen aufgedeckt wurden.

In derselben Weise lassen sich Bronzegegenstände behandeln; bei ihnen hat ein Auslaugen mit Wasser gar keinen Zweck, weil die durch die Salze aus dem Kupfer der Bronze entstandenen und sie gefährdenden Verbindungen nicht wasserlöslich sind. Die Abbildungen (siehe Titelblatt) zeigen eine Bronze vor und nach der Reduktion durch den galvanischen Strom. Auch Tausende von Kupfermünzen sind nach diesem Verfahren gereinigt und dadurch erst leserlich geworden. Natürlich wäre es zu umständlich, jede einzelne Münze mit Zinkblechstreifen zu umwickeln. Man durchlocht daher in diesem Falle Zinkblech siebartig mittelst einer Ahle und legt die Münzen in gewissen Abständen auf die scharfen Lochränder, darüber wieder eine durchlochte Platte, deren spitze Lochränder auf die Münzen gelegt werden. Nachdem man so

*) Für die gütige Überlassung der Cliches sind wir der Generalverwaltung der Königl. Museen zu bestem Danke verpflichtet. Die Redaktion.

mehrere Schichten übereinander gelegt hat, stellt man auf das oberste Zinkblech eine Anzahl Glasringe oder Cylinder, die man noch mit Gewichten beschwert, um durch den Druck eine möglichst innige Berührung des Zinks mit dem Kupfer der Münzen zu bewirken. Nach dem Übergießen mit 4 %iger Natronlauge ist nach 24 Stunden die Reaktion beendet; die Münzen werden von den Zinkblechen heruntergenommen und einige Tage mit warmem Wasser in einem mit Siebboden versehenen Gefäfs ausgewaschen. Zweckmäfsig ist es noch, bronzene und kupferne Gegenstände nach dem Auslaugen mit Wasser in Alkohol zu legen, denselben auch nochmals zu erneuern und dann erst, am besten im Trockenschrank bei 100—120°, zu trocknen. Nach dem Trocknen ist fast immer noch eine mechanische Bearbeitung mit Bürsten aus steifen Borsten oder ganz feinem Eisendraht nötig, um die meistens unansehnliche graue, von dem häufig vorhandenen Bleigehalt herrührende Farbe zu entfernen.

Die **Spiegelteleskope** oder **Reflektoren** hatten in den gewaltigen Dimensionen, die ihnen Lassell und Lord Rosse gegeben hatten, nicht das geleistet, was man von ihnen erwartet hatte; vor allem war die Politur des Spiegels durch schlechtes Wetter und unreine Luft zu schnell angegriffen. Man wandte sich daher den Refraktoren mehr zu, und hat heutzutage in dem 40-Zöller der Yerkessternwarte in Chicago ein Instrument geschaffen, das leistungsfähig genug ist und auch hinreichend beweglich bei seiner Gröfse. Je mehr aber die Photographie in die beobachtende Astronomie eindringt, um so mehr wird darauf hingewiesen, dafs für Aufnahmen von Nebeln, Kometen und dergleichen ausgedehnten Gebilden der Reflektor dem Refraktor überlegen ist, da er keine Farbenzerstreuung giebt, sondern alles Licht auf einem Punkte vereinigt. Die mit kleineren Instrumenten dieser Art gemachten Erfahrungen bewogen die Leitung der Yerkes-Sternwarte, ein Instrument mit einem 2füfsigen Spiegel zu beschaffen, das vor einigen Monaten aufgestellt ist und alle Erwartungen weit übertroffen hat. Sterne, die der 40-Zöller dem Auge eben noch zeigt, von der 17. Gröfse, erscheinen hier auf der Platte schon nach 45 Minuten Belichtungszeit, und die Negative sind denen der besten photographischen Refraktoren durchaus gleichwertig hinsichtlich der Schärfe der Sternbildchen. Eine 5stündige Aufnahme des Andromeda-Nebels zeigt eine Fülle zartester und feinsten Details, davon nie eine Spur gesehen worden ist. Plastisch tritt die spiralige Struktur des Gebildes hervor, durchzogen von Furchen und dunkleren Stellen, und durchsetzt von zahllosen Sternchen schwächster Art. Allerdings benötigt das Instrument ebenso wie ein Refraktor ausgezeichnete Luftverhältnisse, um seine volle Kraft zeigen zu können, leistet dann aber auch unvergleichliches, zumal der einst so wunde Punkt des Aufpolierens des Spiegels so bedeutend vereinfacht ist, dafs das Herabnehmen, Reinigen, Versilbern, Polieren des ganzen Spiegels in 3 bis 4 Stunden geschehen kann, also ohne dafs eine einzige Nacht verloren geht. R.

K. H. Fischer: Mutmaßungen über das Wesen der Gravitation, der Elektrizität und des Magnetismus.

Eine Schrift, die wahrscheinlich ernster genommen werden muß als viele Ihresgleichen, denn der Autor geht zur Erklärung von der plausiblen Basis, der Schwingung der Atome im Äther, aus. Er führt die derzeit noch angenommenen Kraftformen auf drei Hauptarten zurück, die sich nur durch die Art der Schwingungen von einander unterscheiden: Gravitation, Elektrizität und Magnetismus. Daß die Physiker alles gelten lassen werden, wage ich nicht zu sagen. G.

Verzeichnis der der Redaktion zur Besprechung eingesandten Bücher.

Annuaire pour l'an 1902 publié par le bureau des longitudes. Avec des Notices scientifiques. Paris, Gauthier-Villars.

Annuaire météorologique pour 1902 publié par les soins de A. Lancaster. Bruxelles Hayez, imprimeur de l'académie royale de Belgique 1902.

Abhandlungen der Kaiserl. Leopold. Carol. Akademie der Naturforscher.

Band LXXIII No. 1: Die Helligkeit des klaren Himmels und die Beleuchtung durch Sonne, Himmel und Rückstrahlung von Dr. Chr. Wiener, herausgegeben von Dr. H. u. O. Wiener. Halle, 1900.

Band LXXIV No. 2: Zur Funktionen- und Invarianten-Theorie der binomischen Gebilde. Von J. Wellstein. Halle 1899.

Band LXXIV No. 4: Theorie der atmosphärischen Refraktion und Totalreflexion der Schallwellen und ihre Bedeutung für die Nautik. Von Ludw. Matthiessen. Halle 1899.

Band LXXIX No. 2: Neue Untersuchungen über den veränderlichen Stern O (Mira) Ceti. Von P. Guthnick. Halle 1901.

Astronomische Briefe. Neue Folge. Kometen, Sonne, Fixsterne. Von C. v. Dillmann, Tübingen, Laupp'sche Buchhdlg 1901.

Astronomischer Jahresbericht. Mit Unterstützung der Astronomischen Gesellschaft herausgegeben von W. F. Wislicenus. II. Band, enthaltend die Litteratur des Jahres 1900. Berlin, Georg Reimer 1901.

Astronomisches Lexikon. Auf Grundlagen der neuesten Forschungen besonders der Ergebnisse der Spektral-Analyse und Himmelsphotographie. Bearbeitet von August Krisch. Lieferung 1 bis 13, A. Hartlebens Verlag.

(Fortsetzung folgt.)

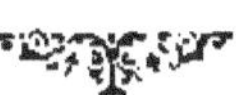

Verlag: Hermann Paetel in Berlin. — Druck: Wilhelm Gronau's Buchdruckerei in Berlin-Schöneberg.
Für die Redaktion verantwortlich: Dr. F. Schwahn in Berlin.

Fig. 1. Syrakus: Palazzo Mont'Alto.

Fig. 2. Blick auf Syrakus von der Latomia dei Cappuccini.

Frühlingstage am Mittelmeer.

Von Dr. Alexander Rumpelt in Taormina

Syrakus.

Menschen und Städte, die die Menschen bauen, haben das gleiche Schicksal. Auch die Städte haben ihre hoffnungsvolle Geburt, ihre fröhliche Kindheit, ihr ernstes, thaten- und wechselreiches Mannesalter. Dann werden sie krank, alt und sterben. Zuweilen bleibt noch in ihren Ruinen eine Art Skelett von ihnen übrig, oft nicht einmal das.

Nirgends finden diese Sätze so volle Bestätigung wie in Sicilien. Von einer ganzen Anzahl griechischer Kolonien, die uns die alten Schriftsteller nennen, wissen wir nicht einmal ihre Stätte mehr anzugeben: wo haben Abolla, Abakamon, Apollonia, Emporion, Makellae gestanden? Andere sind wohl ihrer Lage nach noch zu bestimmen, aber doch vollständig vom Erdboden verschwunden, so Haläsa und Kalakte an der Nordküste, Naxos und Megara an der Ostküste.

Weingärten, Citronenpflanzungen stehen an Stelle der Häuser, und wo einst Wagen über das Pflaster rasselten, wo auf dem Markt Tausende hasteten, zieht jetzt der einsame Pflug. Trotz der grausamen Zerstörung, zu der sich Natur, Zeit und Mensch vereinigten, trotz Erdbeben und Laveströmen, Sirokkosturm und Überschwemmung, Feuer und Schwert haben sich ferner — das ist die dritte Kategorie — von antiken Niederlassungen zahlreiche und mannigfaltige Reste erhalten, ohne dafs freilich diese Orte jetzt noch bewohnt und ihre Namen anders als in Büchern oder auf den Münzen, die einst in ihren Mauern geprägt wurden, zu lesen wären. So das liebliche Himera (bei Termini) und das tapfere Selinunt (bei Castelvetrano) mit seinen ungeheuren Tempeltrümmern, beide 409 von den Karthagern von Grund aus zerstört und nicht wieder aufgebaut, so das hochgelegene Solunt und das reiche Tyndaris, sowie die blühenden Pflanzstädte von Syrakus: Gela und Camarina, welche alle noch bis in die Römerzeit hinein bewohnt, dann aber für immer verlassen wurden. Die letzte, vom Schicksal am glimpflichsten behandelte Art endlich bilden jene Städte, die an derselben Stelle noch heute stehen und mit geringer Abweichung auch noch die alten Namen tragen: Palermo (Panormus), Trapani (Drepana), Messina (Messana), Taormina (Tauromenion), Catania (Catana). Zu ihnen gehört auch Syrakus, aber in gewissem Sinne auch wieder nicht. Denn nur einen ganz kleinen Teil vom Umfange der ehemaligen, eine halbe Million Menschen in sich bergenden Königsstadt nimmt das heutige Syrakus mit seinen 26 000 Einwohnern noch ein. Auch ist es eine tote Stadt mit seinen engen, krummen Gassen, seinem verwahrlosten Hafen, und wenn nicht im Winter und Frühling der alljährliche Fremdenstrom ein wenig Leben in seine stillen Mauern führte, würde es an Öde und Verlassenheit irgend einer Landstadt im Innern nicht viel nachgeben. Lebt es noch, oder starb es bereits? Und wie lange schon? Mir ist es immer wie eine wohlkonservierte Mumie vorgekommen . . . . .

„Station Syrakus!“

Wenn das der alte Dionys heutzutage mit ansehen müfste, wie Deutsche, Engländer, Amerikaner, aus Furcht vor der sicilianischen Sonne oft ganz tropenmäfsig ausgerüstet, mit ihren Schirmen und Bädekern aus den Coupéthüren stürzen, um sich's in seiner ehemaligen Residenz wohl sein zu lassen! Der alte, ehrliche Dionys, ich fürchte, wenn er per Eilzug jetzt mit uns ankäme und man ihm Syrakus zeigte, er würde sehr zornig werden: „Das ist nicht Syrakus!“ Wohl würde er vielleicht mit dem ihm eigenen grimmigen Behagen sich endlich überzeugen, dafs die Linien von Berg und Thal, das Meer mit seinen beiden Häfen ihn allerdings stark an seine einstige Heimat erinnern. Denn der Ätna ist schon zu fern, als dafs er hier bedeutende Veränderungen im landschaftlichen Bilde hätte hervorrufen können, etwa wie in den allmählich gänzlich veränderten Umgebungen von Catania. Dann aber würde ich ihn beim Arm nehmen und ihn zunächst in den Dom führen. Freilich auf dem Wege dahin würde er sehr enttäuscht sein, seine finstere, turmbewehrte Tyrannenburg, sein Arsenal, seine Schiffswerften nicht mehr vorzufinden. Aber in der grofsen Domkirche würde er sogleich seinen alten Artemistempel wiedererkennen.

Beginnen wir mit ihm unseren Rundgang durch die heutige Stadt! Wie jeder, der Rom zum zweiten Mal besucht, zuerst den Schritt nach dem Pantheon lenkt, so wird der erste Weg jedes Kenners von Syrakus diesem altehrwürdigen Heiligtum gelten.

Da ragen an der linken Langseite außen noch vier Säulen und drei Kapitäle, darüber Triglyphen und Stirnziegel auf, während innen an der Langseite des rechten Seitenschiffs acht Säulen unversehrt stehen. Ohne Basis wachsen sie im Durchmesser von zwei Metern heraus, verjüngen sich nach oben und tragen in der Höhe von neun Metern wuchtige Rundkapitäle, ganz schlicht und einfach, und doch wie grofs und gewaltig! Die Kannellierung nimmt den Säulen etwas von ihrer Schwere: obwohl einander ziemlich nahe, wirken sie nicht erdrückend. Ganz eigenartig ist der Zauber, wenn diese zweieinhalbjahrtausend alten Herren an der Außenwand des Abends von Auerschem Glühlicht und einem grofsen elektrischen Reflektor grell beschienen werden. Es ist, als wunderten sich diese letzten der 36 Säulen, die einst den Tempel zierten, dafs sie jetzt noch an dem alten Flecke stehen, wo sie lange vor den Perserkriegen gegründet wurden. Wie kläglich nimmt sich gegen diese Säulen die prunkvolle Barockfassade des Domes (von 1754) aus mit ihren geschwungenen Giebeln und verschmitzten Verschnörkelungen, viel zu hoch im Verhältnis zur Breite und mit Figuren gekrönt, die im aufdringlichen, exzentrischen Geschmack Berninis nur auf der Vorderseite ausgeführt sind! Wie überladen, unecht, gekünstelt und wie unsolid! Nein, kehren wir in das Innere zurück! Aber auch hier, um nicht sogleich durch das Moderne, Geistlose der Renovierung aus aller Stimmung gerissen zu werden, gilt es, einen besonderen Standpunkt zu wählen, nämlich rechts vom Eingang, wo wir nur das rechte Seitenschiff entlang sehen, und die acht dorischen Riesen, wie zu den Tagen des Sophokles und Pindar, noch in einer Reihe erblicken.

„In diesen heiligen Hallen“, die wundersamen Zauberflötenklänge scheinen leise durch die feierliche Stille zu tönen. Und jetzt glaubt man, müsse aus dem dämmernden Hintergrund die Priesterschar mit den weifsen Stirnbinden hervorwallen und das Gebet anstimmen: „O Isis und Osiris“; denn bekanntlich ist der altdorische Stil aus dem ägyptischen Tempelstil hervorgegangen. Aber nirgends bei freistehenden und vollständiger erhaltenen ähnlichen Ruinen, weder in Paestum und Girgenti, noch in Selinunt oder Segesta, habe ich jene nahe Verwandtschaft so deutlich gespürt, wie in dem mystischen Halbdunkel dieser Kirche, die ziemlich rücksichtslos in wenige karge Reste des einstigen Prachttempels hineingebaut wurde.

Ja, ein Prachtbau mufs dieses Heiligtum einst gewesen sein, mag er nun als der Tempel der Pallas Athene, den Cicero so überschwenglich rühmt, oder als jener der Artemis angesprochen werden. Dieser Göttin wird er jetzt zugeschrieben, weil in der Nähe die ihr geheiligte Arethusaquelle zu Tage tritt, während als Tempel ihrer Schwester jene gewaltigen Säulenschäfte und Stufen gelten, die man in der Nähe des sogenannten kleinen Hafens, fünfzehn Meter unter dem heutigen Pflaster, bloßgelegt hat.

Von dem schmucken Hauptplatz, an dem der Dom steht, gelangt man in wenigen Minuten zum sogenannten großen Hafen, dessen Ufer hier eine freundliche Promenade mit Palmen, Kirschlorbeer und Ziersträuchern bildet. Zu einem halbrunden, tiefen Bassin führen einige Stufen hinunter. Hier grüßt uns eine andere Erinnerung an Ägypten: in doppelter Mannshöhe steigen Papyruswedel aus dem sumpfigen Wasser auf. Wir stehen an einer denkwürdigen Stelle: der Arethusaquelle. Eine der lieblichsten Sagen des griechischen Altertums knüpft sich an diesen Ort. Bis hierher floh die schöne Tochter der Artemis, die Nymphe Arethusa, vor der ungestümen Werbung des Flußgottes Alpheus aus Elis, und hier ergab sie sich ihm, der ihr übers Meer herüber gefolgt war. Durch diese Mythe deuteten die griechischen Kolonisten das Wunder, welches sie hier fanden, daß nämlich wenige Schritte vom Meer aus dem harten Gestein eine Süßwasserquelle hervorsprudelte. Der Grieche fühlte eben, ähnlich dem Engländer von heute, überall, wohin er kam, seinen unvereinbaren Gegensatz zu den Eingeborenen, erkannte die ihm fremden Götter des fremden Landes nicht an, sondern brachte seine eigenen mit, oder vielmehr: er sah auch in der Fremde seine heimischen Götter walten. Diesem strengen Abschließen vor den Barbaren, dieser schönen Treue gegen seine Heimat verdanken wir gerade in dem so früh hellenisierten Sicilien eine Anzahl teils sinniger und zarter, teils fast barocker und humoristischer Sagen und Märchen. Ich erinnere nur an die allen Griechen geläufigen Legenden von der Scylla und Charybdis, von Persephone, den Cyklopen, Lästrygonen und dem komisch-derben Windgott Äolus.

Sonst bleibt von baulichen Sehenswürdigkeiten in der heutigen Stadt bloß noch der Palazzo Mont'Alto (von 1397) übrig mit zwei großen gotischen Doppelfenstern, die schönes steinernes Maßwerk und reizende, gewundene Ziersäulen aufweisen. Das Schwergewicht der archäologischen und architektonischen Bedeutung von Syrakus aber liegt nicht im Mittelalter, sondern im grauen Altertum, und so finden wir auch die bedeutendsten Bauwerke nicht in dem engen Bezirk der modernen Stadt, sondern da, wo sich die Hauptmasse der ehemaligen Metropole ausdehnte, weit verstreut aufserhalb. Ehe wir aber diese Ruinen besuchen, ist es für das Verständnis durchaus nötig, sich die Lage der antiken Stadt zu vergegenwärtigen, sowie die bedeutende Rolle klar zu machen, die sie jahrhundertelang gespielt hat.

Ein Jahr nach der Gründung von Naxos, 734 v. Chr., landete eine Schar Korinther auf der Insel Ortbygia, derselben, welche das heutige Syrakus mit seinen Häusern bedeckt. Der enge Meeresarm, der den kleinen Hafen im Norden und den grofsen im Süden verbindet, war leicht zu überbrücken, und sehr bald breitete sich die durch Handel mit dem Mutterland, mit Karthago und Ägypten aufblühenden Kolonie auf dem Festland, auf der nach dem Meer steil abfallenden Hochebene aus, wo allmählich die Stadtteile Achradina, Neapolis, Tyche und Epipolä entstanden — ein Areal, ungefähr von der Ausdehnung des heutigen München. Weniger mit Häusern bebaut dürfte die im Süden der Hochebene sich hinstreckende Niederung des Flusses Anapo gewesen sein, einerseits wegen der ungesunden Sumpfluft, andererseits wegen des geringeren Schutzes. In der That schlugen hier sowohl die Athener 415, als auch die Karthager 396 und 310 v. Chr. ihre Lager auf und hatten stets von der Malaria schwer zu leiden. Gleichwohl standen auch hier Tempel der Demeter und Persephone, der Kyane und des Zeus (das Olympieion).

Der erste Tyrann nach einer langen republikanischen Regierung war Gelon, der Griechenland zur Hilfe gegen Xerxes bereits 200 Kriegsschiffe und 30 000 Mann anbieten konnte. Da aber seine Bedingung, dafs er dafür den Oberbefehl im Kriege erhalte, ausgeschlagen wurde, beteiligte er sich nicht und verwendete seine grofse Macht gegen den Erbfeind der Sicilianer, die Karthager. Er schlug sie völlig in der mörderischen Schlacht bei Himera (480 v. Chr.). Die vielen Tausende von Gefangenen mufsten, soweit sie sich nicht durch schweres Geld lösen konnten, als Staatssklaven die Stadt durch Bauten befestigen und verschönern. Zugleich vermehrte die gewonnene unermefsliche Beute die Macht von Syrakus derart, dafs es bald Grofsstadt und später auf Jahrhunderte die erste Stadt am Mittelmeer wurde. In Sicilien trat es an die Spitze sämtlicher dorischer Städte und unterdrückte den Aufstand der einheimischen Sikuler unter ihrem König Duketios. Ebenso ging es siegreich aus dem Kampfe mit Athen hervor (415—413). Unter Dionys (406—368) beherrschte Syrakus thatsächlich, bis auf wenige karthagische Städte im Westen, ganz

Sicilien und einen beträchtlichen Teil von Süditalien (Grofsgriechenland). Nach dem Tode des Tyrannen verheerten Bürgerkriege Stadt und Land, dann leitete der weise und tapfere Timoleon eine dreifsigjährige Friedensperiode ein, bis 317 der verschlagene Agathokles die Gewalt an sich rifs und nach abermaligen Wirren, unter der 54 jährigen Regierung Hierons II., die letzte grofse Blüte der Stadt anbrach. Wie zwei Jahrhunderte früher der syrakusanische Hof hervorragende Geister, so Pindar und Äschylus, an sich gefesselt hatte, wurde auch jetzt Syrakus der Sammelpunkt berühmter Persönlichkeiten: Theokrit, selbst ein Syrakusaner, dichtete hier seine frischen, humorvollen Idyllen, der gröfste Mechaniker des Altertums, Archimedes, sann hier nach über den tiefsten Problemen und entdeckte die Hebelgesetze, erfand den Flaschenzug und den Brennspiegel und anderes mehr. Nach Hierons Tode schlug sich Syrakus — von zwei Übeln das geringere wählend — auf die Seite von Karthago und wurde nun von den Römern belagert. Marcellus nahm die Stadt durch Verrat, liefs sie plündern und entführte ihre Kunstschätze nach Rom. Bekanntlich fiel auch Archimedes damals unter der rohen Hand eines römischen Soldaten, der in seinen Garten eindrang, wo der Gelehrte, über einem neuen Lehrsatz brütend, weltvergessen im Sande mathematische Figuren betrachtete. „Mensch, stör mir meine Kreise nicht!" Die Antwort war ein Schwerthieb, der den armen Gelehrten schnell in die reale Welt zurück-, aber ebenso schnell ganz aus der Welt hinausbeförderte . . . .

Unter der römischen Herrschaft sank Syrakus zur Provinzstadt herab. Einer gewissen Blüte erfreute es sich dann wohl unter den oströmischen Kaisern, deren einer, Konstanz II. (663), sogar seine Residenz hierher verlegte. Aber bereits 669 wurde es von den Sarazenen vorübergehend eingenommen, 827 von denselben furchtbaren Feind belagert und fünfzig Jahre später nach zehnmonatiger Einschliefsung endgiltig erobert. Seinen Vorrang unter den sicilianischen Städten hat es seit jenen Tagen, wohl für immer, an das glücklichere Palermo abgetreten.

* * *

Der Ausgangspunkt der Ruinen der alten Stadt ist das griechische Theater, in einer halben Stunde vom Domplatz zu erreichen. Mit seinem Durchmesser von 150 Metern war es das drittgröfste der griechischen Welt. 46 Sitzreihen bauen sich im Halbkreis übereinander auf, von unten nach oben waren sie, wie noch jetzt deutlich zu erkennen, durch Treppen in neun Keile geteilt. Einige Namen dieser Abteilungen sind in fufshohen griechischen Buchstaben eingemeifselt, an dem Umgang in halber Höhe zu lesen: Hieron, Philistis und Nereis, die Gattin und Schwiegertochter des grofsen Königs; sie erinnern daran, wer einst auf diesen Bänken gesessen hat, den tiefsinnigen Chören eines Sophokles lauschend oder den gewaltigen Schicksalskämpfen eines Äschylus, den genialen Burlesken eines Aristophanes, wie sie da unten auf der Bühne sich darstellten, mit Aug und Ohr folgend. Versunkene Welten! Und doch — den Göttern Griechenlands Lob und Dank! — unvergessene, da uns ja ein grofser Teil jener Meisterwerke erhalten blieb. Freilich, schon regt sich die heimliche Wehmut, die uns bei unseren Wanderungen auf diesem Boden nicht verlassen soll: einst die Stätte edler Freude und Erhebung für ungezählte Tausende, liegt dieser Tempel der Kunst nun seit 1500 Jahren verödet da. Mit ungestümer Gewalt dringt das Gefühl der Vergänglichkeit an unser Herz. Besonders wenn die Sonne hinter den westlichen Bergen sich neigt, und nun, wie in den alten Griechentagen, diese wahrhaft klassische Landschaft mit romantischem Schimmer verklärt. Schon steigen leichte Nebel vom Anapo auf, aber die weifsen Häuser der Inselstadt erstrahlen noch in hellem Glanze wie parischer Marmor, und im Wiederschein der Abendwolken leuchtet der runde Hafen wie eine grofse goldene Platte. Kein Laut stört die feierliche Stille, nur das Rauschen eines Baches, der unweit oberhalb eine Mühle treibt, klingt harmonisch in unsere Stimmung. Und dann erbleicht und verdämmert alles. Die Sonne, die all dies entstehen und vergehen sah, hat Abschied genommen. Die wohltätige Nacht deckt diese Trümmer menschlichen Glückes, menschlicher Gröfse auf kurze Stunden wieder mit dem Schleier des Vergessens ....

Wendet man sich von der Mühle links, so führt eine antike, in den Felsen gehauene Strafse zu dem sogenannten Nymphaeum, einer runden Grotte mit Bassin — ohne Wasser —, das jetzt für einen praktischeren Zweck abgeleitet ist. Da diese Grotte so ziemlich in der Mitte über den Zuschauerreihen liegt, drängte sich mir der Gedanke auf, ob sich hier nicht einst die königliche Loge befand, wo Dionys, Timoleon und Hieron am kühlen Quell, und ohne der Sonne ausgesetzt zu sein, den Vorstellungen beiwohnten. Unterstützt wird diese meine übrigens höchst persönliche Annahme dadurch, dafs Dionys an eben diesem Punkt ein Haus oder eine Villa gehabt hat, mit welcher auch das berühmte, nur wenige Schritte entfernte Ohr des Dionys in Verbindung stand. Eine enge Felsenkammer wird als der Ort gezeigt, wo der Tyrann durch einen Spalt den Gesprächen seiner Gefangenen lauschte, die in den nahen Steinbrüchen arbeiteten.

Diese Steinbrüche (Latomien), fünf an der Zahl, sind für Syrakus ganz besonders charakteristisch. Man stelle sich gewaltige, bis vierzig Meter tiefe Felsenkessel mit senkrechten Wänden vor. Hier und da sind grofse Pfeiler ausgespart. Oft hängen die oberen Partien klafterbreit über, und wir wandeln durch hohe Grotten, die, wie mit steinernen Vorhängen zuerst verdeckt, sich allmählich weiter und weiter zu mächtigen Sälen öffnen, an der Decke mit üppigem Frauenhaar behangen. Hier sind grofse Blöcke herabgefallen, nun längst mit Moos und Epheu

Fig. 3 Syrakus: Das Ohr des Dionys

bewachsen, dort drohen die von unten her rechtwinklig gehauenen Stufen bald nachzustürzen. Nur einen Eingang haben gewöhnlich diese antiken urpraktischen Zuchthäuser, und so verwildert und vielgliederig sind diese Schluchten, dafs man besonders in der Latomia del Cappuccini ohne Führer den Ausweg schwer wiederfinden dürfte.

Die Latomia neben dem Theater trägt den Namen Latomia del paradiso, wohl wegen ihrer üppigen Vegetation, die sich unten in prächtigen Orangen- und Citronenanlagen, unterbrochen von Rosen und Myrten, von Feigen- und Mispelbäumen, zeigt, während oben wucherndes Kaktusgestrüpp die senkrechten gelben Felswände gegen den dunkelblauen Himmel abschliefst. Das sogenannte Ohr des Dionys ist ein Teil dieses Steinbruchs, nämlich eine 67 Meter lange, 21 Meter hohe Höhle, die anfangs 6 Meter, in der Mitte 10 und am Ende 8 Meter breit durch ihre Windung den Gehörgang des menschlichen Ohres in Riesendimensionen nachahmt und daher auch die akustischen Erscheinungen eines solchen aufweist. Auch der leiseste Ton vom Eingang her, ein Räuspern, Fingerschnipsen, Lispeln wird am oberen Ende, da, wo angeblich der Tyrann lauschte, deutlich vernommen.

Das Glück, die paradiesische Fülle der Blumen und Früchte, die märchenhafte Abgeschiedenheit in diesen grotesken Felsenlabyrinthen voll zu genießen, wird dem Geschichtskundigen ein wenig verkümmert durch die Erinnerung an ihre traurige Vergangenheit. Sie sind einst das lebendige Grab von vielen Tausenden junger Männer gewesen, die zwei Jahre zuvor auf stolzer Flotte hoffnungsvoll über das blaue Meer herübergezogen waren. In diesen Steinbrüchen wurden während des Winters 414 auf 413 v. Chr. diejenigen Athener gefangen gehalten, die nach der mißglückten Belagerung von Syrakus, nach dem Verlust ihrer Schiffe und dem vergeblichen Durchbruchsversuch zu Lande sich dem Sieger ergeben mußten. Die 7000, die das Schwert verschont hatte, wurden in diesen unentrinnbaren Kerkern zusammengepfercht. Keiner entkam durch List oder Gewalt, nur wenige rührten dadurch, daß sie — sich zum Troste — Chorgesänge aus Euripides anstimmten, die Herzen der ihnen stammverwandten Feinde und wurden von reichen Bürgern freigekauft. Aber die meisten kamen elend um. Denn Thucydides (VII. Buch 87. Kap. des Peloponnesischen Krieges) erzählt: „da eine solche Menge in diesen Tiefen beisammen war, so fiel den Gefangenen erst die große Sonnenhitze sehr beschwerlich, vor der sie sich nicht schützen konnten, und weil sie hierauf in den Herbstnächten gerade das Gegenteil, nämlich eine empfindliche Kälte auszustehen hatten, so verursachten dieser Wechsel nebst der Unbequemlichkeit des engen Aufenthalts und die aufeinander gehäuften Toten, die an ihren Wunden oder den Folgen jenes Temperaturwechsels gestorben waren, allerlei Krankheiten. Außer dem unerträglichen Gestank wurden sie aber auch noch vom Hunger und Durst gequält, indem man ihnen eine Zeit von acht Monaten hindurch auf jeden Mann nur ein Viertel Quart Wasser und ein halbes Quart Brot täglich gab“ . . . .

Diese athenische Expedition hat eine entfernte Ähnlichkeit mit dem Krieg der Engländer gegen die südafrikanischen Republiken. Hier wie dort ein gewaltiges Machtaufgebot, das auf unzähligen Schiffen weit über das Meer transportiert werden mußte, hier wie dort eine geradezu unverständliche Unterschätzung des Gegners, hier wie dort wenig Ruhm und Ehre. Nach jenen Unglückstagen von Syrakus hat sich Athen, die langjährige Beherrscherin des östlichen Mittelmeers, nicht wieder erholen können. Die Weltpolitik, in die es sich eingelassen, kostete ihm nur zu bald seine schwer errungene Macht, seine stolze Freiheit.

Zwar die Athener kamen nicht wieder, aber wenn sich Syrakus auch noch zwei Jahrhunderte gegen alle äufseren Widersacher, vor allem die Karthager, siegreich behauptete, den Römern war es nicht gewachsen.

An die Zeit der letzteren erinnert, wenige Schritte vom Ohr des Dionysius entfernt, ein wohlerhaltenes Amphitheater. Während das griechische Theater dem edlen Zwecke diente, die höchsten Ideale des Menschen zu verkörpern, so öffnete die römische Arena dem — armen wie reichen — Pöbel ihre Pforten, um den rohen Instinkten seiner Natur ausgelassen frönen zu können. Nur die Südseite ist Mauerwerk, sonst ist es ganz aus dem Felsen herausgehauen. Hier wurden Tierhetzen im grofsen Mafsstabe vorgeführt. Elefanten kämpften mit Tigern, Büffel und wilde Stiere mit Löwen und Leoparden. Gladiatoren gaben dem blutdürstigen Zuschauer das Bild der Schlacht und des Schlachtentodes. Später war es die Richtstätte Tausender von Christen, die während der Verfolgungen des dritten Jahrhunderts, namentlich unter Diokletian (293—305), hier für ihren Glauben starben.

Ganz eigentümlich berührt den skeptischen Sohn des 19. Jahrhunderts diese Erinnerung an den furchtbaren Kampf zweier diametral entgegengesetzter Weltanschauungen, und sie wird um so lebendiger, je mehr man sich den letzten Ruhestätten der Opfer jenes Kampfes nähert, den Katakomben.

Verfolgen wir die Strafse, die wir gekommen, an hohen Weinberge- und Gartenmauern hin, so lockt uns bald aus einem Seitenweg das grofse gotische Rundfenster der Fassade von San Giovanni. Ein einsames Kirchlein aus normannischer Zeit (von 1182), hütet es die christliche Gräberstadt. Es nimmt die Stelle eines alten Bacchustempels ein, von dessen einstiger Pracht noch zwei herrliche dorische Säulen zeugen, die jetzt, sie mögen wollen oder nicht, das Gebälk der christlichen Kirche tragen. Ein Franziskaner in Sandalen, den Büfserstrick um den Leib, präsentiert sich und führt uns, mit einer Lampe von ganz antiker Form voranleuchtend, zu den düsteren Behausungen der Toten, zunächst zu der Krypta des heiligen Marcian — einem hohen, unterirdischen Gewölbe in Form eines griechischen Kreuzes.

Ein Altar, aus rohen Riesenquadern aufgeschichtet, wird gezeigt und eine abgestumpfte Säule. Wenn man auch nicht der mit voller Überzeugung berichteten Legende des frommen Klosterbruders unbedingten Glauben beimifst, dafs nämlich der heilige Paulus bei seinem dreitägigen Aufenthalt in Syrakus an jenem Altar Messe gelesen, und dafs an dieser Säule der Schüler des Apostels, Sankt Marcian, den Märtyrertod erlitten habe, so deuten doch die romanischen Kapitälornamente mit den Abzeichen der Evangelisten, sowie ein höchst naives Fresko der heiligen Dreieinigkeit an den Wänden auf das hohe Alter dieses geweihten Ortes.

Unweit davon erstrecken sich die eigentlichen Katakomben, gassenbreit ausgebauene Gänge, vier bis fünf Stockwerke übereinander, die sich, wie man annimmt, stundenweit ausdehnen, aber nur zu einem ganz kleinen Teile blofsgelegt sind. An den Kreuzungspunkten der einzelnen unterirdischen Wege fallen hohe Rundsäle (in Form des römischen Pantheons) auf, die zur Abhaltung des Gottesdienstes dienten.

Die Grüfte zu beiden Seiten haben zweierlei Form. Entweder sind sie einzeln übereinander, entsprechend dem Umfang des Leichnams, in den Felsen eingebauen, oder es sind 6 Meter tief, anderthalb Meter hoch in den Tuff eingegrabene Kammern für Reihengräber, jene für die Reichen, diese für die Armen und wohl auch für die Märtyrer, die gleich zu Dutzenden an den Hinrichtungstagen hier nebeneinander beigesetzt wurden, worauf dann eine Palme aufsen in Fresko an die Wand gemalt wurde, ihren Heldentod zu bezeugen. Vielfach erblickt man auch Bilder von Pfauen, angeblich das Kennzeichen vornehmer Geschlechter. Im allgemeinen sind die Fresken, wie man sieht mit dem Meifsel, absichtlich zerstört, jedenfalls von den Arabern, die ihren Fanatismus sogar an diesen unschuldigen Sinnbildern des ihnen verhafsten Glaubens ausliefsen; nur wenige, so ein Madonnenfresko und eine Malerei, den heiligen Paulus darstellend, sind leidlich erhalten. Auch Mosaiküberreste hat man gefunden, und so hat es nichts Unwahrscheinliches, dafs diese Totenstadt einst einen anheimelnden, beinahe wohnlichen Anblick gewährt haben mufs. Jetzt freilich, bis auf wenige Reste selbst der Knochen beraubt, rufen diese langen, öden Hallen, von der trüben Ampel des Mönchs nur dürftig erleuchtet, einen schauerlichen Eindruck hervor. Dort, wo das liebe Tageslicht seine Herrschaft verliert, wurden sie am Abend hereingetragen, die Hunderte von tapferen Herzen, die am Morgen dem sicheren Tod entgegengeschlagen hatten, wohl oft heimlich zitternd und zagend, und doch getrost, dafs ihnen der höchste Lohn für ihre Standhaftigkeit würde, sobald sie den guten Kampf zu Ende gekämpft. Rüstige Männer, hilflose Greise, liebende Mütter und zarte Jungfrauen, alle wurden sie von ihren Angehörigen und Glaubensgenossen, nachdem sie in dem nahen Zirkus, von der Menge begafft, grausam zu Tode gemartert waren, im stillen Zuge hierher geschafft und in den ihrer schon harrenden Felsenhöhlen zur ewigen Ruhe bestattet, wie sie in den Staub gesunken waren, im innigen Verein, einer neben dem anderen. Wohl nirgends treten uns die ungeheuren, die Welt von Anbeginn bewegenden Gegensätze des Menschendaseins, die Lebensbejahung und die Lebensverneinung so greifbar vor die Seele, wie in dieser unterirdischen Totenstadt.

* * *

Eine andere, jedoch wohlerhaltene, ja offenbar liebevoll gepflegte Totenstätte hat für uns Deutsche ein besonderes Interesse: das Grab Platens in der Villa Landolina.

Wir schellen an der Pforte eines jener behaglichen, altertümlichen Landedelsitze, die in ihrer Abgeschiedenheit draufsen in der Campagna eine Welt für sich darstellen, und werden von einer schwarzäugigen, jungen Magd in einen verwilderten Park geleitet, dessen hohe Mauern uns von der Aufsenwelt völlig abschliefsen. Bei allerhand Gestrüpp und wilden Blumen vorüber geht es an romantischen Felsenszenerien bald hinauf, bald hinunter zwischen ernsten Cypressen und fröhlichen Rosenhecken hin, aus deren schattigen Verstecken Nachtigallen schlagen. Grabsteine an den Mauern in klassizistischem Empire-Stil, mit trauernden Genien, Kranzgewinden, umgestürzten Fackeln versetzen uns in jene Zeit, wo es noch keine Telegraphen, keine Eisenbahnen gab. Meist sind es englische und amerikanische Seeoffiziere, die im ersten Viertel des 19. Jahrhunderts hier fern von der Heimat einen unerwarteten Tod fanden und von ihren Kameraden an diesem poetischen Fleckchen bestattet wurden, gewifs alle Freunde des einstigen Besitzers der Landolina, welcher vor hundert Jahren den unermüdlichen Wanderer Seume hier gastlich aufnahm und dreifsig Jahre später auch den Grafen Platen.

Hier fand der viel bewunderte und vielverlästerte Dichter die letzte Ruhe im Alter von 39 Jahren. Ein Denkstein, von seinem Gastfreund in die Gartenmauer eingelassen, ist ziemlich verfallen. Wenige Schritte davon haben ihm deutsche Verehrer ein etwa zwei Meter hohes Marmordenkmal errichtet, das, von der überlebensgrofsen Büste des Verstorbenen gekrönt, unter der Widmung die Sinnbilder seines dichterischen Schaffens in reizender Gruppierung zeigt: eine Leier, hinter welcher sich Thyrsusstab und eine Schlachttrompete kreuzen, darunter eine tragische und eine komische Maske, eine siebenröhrige Flöte (Phorminx) und — wir sind im Lande der Tarantella — ein Tambourin, alles gefällig unterbrochen von Eichen- und Lorbeergewinden. Da schläft er, fern dem Vaterlande bei Oleandern und Palmen, bei silbergrauen Ölbäumen und weitausladenden Bananenstauden, der im Leben Ruhelose.

War er überhaupt ein Dichter?

„Von den Früchten, die sie reichlich in dem Hain
von Schiras stehlen,
Essen sie zu viel, die Armen, und vomieren dann
Ghaselen."

Von Heine an, der den Grafen in seinen Reisebildern (Band II) unbarmherzig mitnahm, bis auf den heutigen Tag tobt der Kampf, wird die Frage: war er einer von den Großen? mit ebenso entschiedenem Nein wie Ja beantwortet.

Es ist wahr, eine krankhafte, unzufriedene Grundstimmung zieht sich durch fast alle seine Werke, und vielleicht ist es nicht von ungefähr, daſs — eine unbewuſste Ironie — über dem Grabe zu Häupten ein Pfefferbaum seine zarten, grünen Wedel und kleinen, schwarzen Fruchtbüschel niedersenkt, einen beiſsenden Duft verbreitend, ebenso scharf wie die „verhängnisvolle Gabel" und die übrigen satirischen Dramen des hier Bestatteten. Seine Tadler haben recht, wenn sie ihm „die Naturlaute und das Musikalische absprechen, ebenso wie die frische Lust des Daseins, das kindliche Behagen, die gemütliche Laune". Es ist wahr, daſs seine Bemühungen, exotische Dichtungsformen bei uns einzuführen, verunglückten, verunglücken muſsten; die antike Ode wird bei uns immer etwas Steifes, die persische Ghasele etwas Gekünsteltes haben. Aber ist es nicht ebenso wahr, daſs seit Platen wohl kaum wieder so anmutige Wanderbilder geschaffen wurden, wie „die Fischer auf Capri", „Amalfi", die Gedichte auf Neapel, so stolze, stimmungsvolle und kristallklare Kabinetstücke, wie die venezianischen Sonette. In einer Zeit, wo die ungebundenste Emancipation von Gesetz und Regel, die wildeste Formlosigkeit von vielen als Ideal der Poesie aufgestellt wird, scheint es um so mehr angezeigt, auf einen wackeren Kämpfer für formvollendete Schönheit hinzuweisen, hat er auch nicht immer erreicht, was er erstrebte. Wie viel daran die unglückseligen Zustände unseres Vaterlandes, dem er für immer den Rücken wandte, wie viel Krankheit, leibliche wie seelische,

Schuld trugen, daſs er nicht wurde, wozu ihn die Natur doch wohl bestimmt hatte, wird der leicht ermessen, der die kürzlich erschienenen Tagebücher des Dichters einer aufmerksamen Betrachtung würdigt.

Ich brach zur Erinnerung von der Rabatte unter dem Denkstein ein Lorbeerblatt und legte es in mein Buch, dabei der Verse gedenkend, die man als eine Art Motto seines Erdenwallens, als sein Glaubensbekenntnis auf diesen Stein hätte setzen können — zumal an dieser Stätte:

Wer die Schönheit angeschaut mit Augen,
Ist dem Tode schon anheimgegeben,
Wird zu keinem Amt der Erde taugen,
Und doch wird er vor dem Tode beben,
Wer die Schönheit angeschaut mit Augen . . .

* * *

Kaleidoskopartig wechseln die Eindrücke und damit die Stimmungen, die dieser klassische Boden mit seinen Zeugen aus den verschiedensten Zeiten in uns lebendig werden läſst. Hellas, Rom und Mittelalter, Krieg und Frieden, stolze Glückstage und harte Leidenszeiten ziehen an unserem Auge vorüber. Und doch birgt die weitere Umgebung von Syrakus auch eine Idylle, frei von allen jenen Erinnerungen, eine Quelle des reinsten Naturgenusses — es ist die Kahnfahrt zu den Papyrusstauden des Anapo.

Freilich, ehe wir, von drei kräftigen Fischern gerudert, zu dem Flüſschen gelangen, tauchen unwillkürlich wieder die von Goethe so verabscheuten „Gespenster der Vergangenheit" auf. Wir durchqueren in fast halbstündiger Fahrt den „groſsen Hafen", das feuchte Grab vieler Tausende athenischer Soldaten und Matrosen. Dann steigen aus der Ebene bei einem mächtigen Johannisbrotbaum zwei kolossale Säulen empor, die letzten Überreste des ehemaligen Zeustempels (Olympieion). Hier war das Hauptquartier des unglücklichen athenischen Oberfeldherrn Nikias, von hier aus leitete er die Bewegungen der Truppen zu Wasser und zu Lande. Es hilft nichts, wir müssen wieder den Thucydides aufschlagen, um die Bedeutung dieser denkwürdigen Landschaft voll zu erfassen.

Die Syrakusaner, von den Athenern zu Wasser und zu Lande eingeschlossen, hatten ihre Sache bereits verloren gegeben, als im Sommer 415 der lakedämonische Feldherr Gylippos mit seinen Spartiaten den arg bedrängten dorischen Stammesgenossen zu Hilfe kam. Er landete bei Himera (in der Nähe des heutigen Termini), zog von

Norden her quer durch die ganze Insel und eroberte durch einen Handstreich den befestigten Hügel Euryalos und das Fort Labdalon. So vertrieb er die Athener aus ihrer dominierenden Stellung. Dadurch, dafs er von diesem Fort rechtwinklig auf die Belagerungsmauern, die die Athener bauten, eine Gegenmauer aufführte, eröffnete er den bereits hungernden Syrakusanern wieder die Verbindung mit dem Lande und drängte das Schwergewicht des Feindes nach der See zu. Nikias liefs hierauf die ganze Flotte in den Hafen einlaufen, ver-

Fig. 1. Syrakus: Die Säulen des Olympieion.

schanzte sich in einem Lager in der Anaposebene und errichtete drei Forts auf der Landzunge Plemmyrion, die, Ortygia (der Inselstadt) gegenüberliegend, den etwa einen Kilometer breiten Eingang des Hafens beherrschten. Aber diese Befestigungen wurden bald von den Syrakusanern eingenommen, und so geriet Nikias, dem dadurch die Zufuhr von der Seeseite her abgeschnitten war, in nicht geringe Bedrängnis. Zwar kam ihm der athenische General Demosthenes mit neuen Verstärkungen zu Hilfe, und mit wechselndem Glück kämpfte man noch einige Zeit, aber endlich gingen den Athenern die Lebensmittel aus, und nach einem ungünstigen Nachtgefecht der Landtruppen und zwei verlorenen Seekämpfen mufste ihnen klar werden, dafs sie Syrakus nicht mehr würden erobern können. Man beschlofs den Rückzug zur See nach dem befreundeten Catania. Aber o weh! — die schmale Einfahrt des Hafens war von den schlauen Syrakusanern bereits durch quer vor Anker gelegte Schiffe gesperrt. Es blieb nichts übrig, als eine letzte entscheidende Schlacht zu wagen. Der Preis war die Vorherrschaft im östlichen Mittelmeer, um die der jonische und dorische Stamm hier kämpften. Welch buntes Völkergemisch schwang damals hier die Waffen! Auf Seite der Athener finden wir außer ihren Bundesgenossen vom griechischen Festland Rhodos, Kreta und Korfu vertreten, von Süditalien Metapont und Thurii, von Sicilien Catania, Naxos, die phönikischen Segestaner und die sikulische Urbevölkerung aus dem Innern. Auf Seite der Syrakusaner kämpften ihre Grenzstädte Camarina und Gela, ferner Selinunt und Himera, der gesamte Peloponnes (außer Argos), Böotien und Korinth.

Noch besafsen die ungefähr 60 000 Mann starken Athener 110 Schiffe, sämtlich im Hafen. Demosthenes bemannte sie mit Geharnischten, Bogenschützen und Wurfspiefsträgern und versuchte den Durchbruch zur See, während Nikias die übrigen Truppen am Ufer in Schlachtordnung aufstellte, wohl in der Absicht, zur anzugreifen, falls die Kameraden auf dem Wasser siegreich sein würden. Das waren sie aber nicht. Nach einem langen Hin und Her wurden die athenischen Schiffe von allen Seiten umringt und von der Hafeneinfahrt immer weiter zurück nach dem Ufer zugetrieben. Man kann sich vorstellen, wie entmutigend solcher Anblick auf die Landtruppen wirkte, die unthätig diesem traurigen Schauspiel zusehen mufsten. Alles floh ins Lager.

Die Syrakusaner beuteten ihren Sieg nicht aus, und so hatten die Athener am Abend dieses Unglückstages immer noch sechzig Schiffe, zehn mehr als der Feind. Aber als Demosthenes am nächsten Morgen Befehl gab, sie aufs neue zu besteigen, weigerten sich die demoralisierten Truppen. Wohl oder übel gab man das einzige Mittel zur Heimkehr, die teure Flotte, preis. Tieftraurig, ohne zuvor ihre Toten zu begraben, ohne den Tausenden von Verwundeten helfen zu können, die sie den Händen des rachsüchtigen Feindes überlassen mufsten, zogen die Trümmer des Heeres, etwa 40 000 Mann stark, ab — dem sicheren Untergang entgegen.

Auf der Fahrt über den fast kreisrunden Hafen kann man sich die Tragödie lebhaft vergegenwärtigen. Allmählich öffnet sich dem Auge die bisher durch vorspringende Häusermassen verdeckte Hafeneinfahrt, man erblickt die äufserste Spitze von Ortygia, die jetzt den Leuchtturm trägt, und gegenüber die lange, schmale Landzunge Plemmyrion: man begreift, wie leicht jenes uralte Manöver gelingen mußte, das in neuester Zeit die Amerikaner den Spaniern gegenüber wieder so erfolgreich anwandten: den Hafen zu sperren und die darin ankernde feindliche Flotte zu vernichten. —

Die Barke knirscht im Ufersande, wir werden an Land gesetzt und die drei Fischer springen ins Wasser, um ihr Fahrzeug über die Anschwemmung des Flüßchens, das hier in munteren, grünen Wellen sich in die graublaue Meeresflut ergießt, hinüberzuschieben. Ein paar hundert Schritte weiter oben steht ein Kahn mit flachem Kiel bereit, den wir statt der Fischerbarke besteigen, und nun geht es ein wenig eintönig zuerst noch auf dem Anapo, dann auf dessen Nebenflüßchen Kyane zwischen Feldern durch, bis auf einmal nach einer Krümmung die ersten Papyruswedel sichtbar werden. Bald begegnet der Kahn größeren Gruppen, rechts wie links, die sich immer dichter aneinander schließen, und dann gleitet er wohl eine Stunde lang zwischen dem bis zu sechs Meter hohen Papyrus hin. Die unzähligen Windungen, in denen sich das kaum drei Meter breite Wässerchen gefällt, lassen immer neue fesselnde Bilder entstehen, hier und da schieben sich Trauerweiden und Erlen dazwischen, oft werden die hohen Quirle überragt durch die noch höheren Büschel des Canna (Sumpfrohrs).

Es war an einem kühlen, klaren Dezembermorgen, als ich die herrliche Fahrt zum letzten Male unternahm. Unter den Strahlen der Wintersonne stieg feiner Dunst aus dem Wasser auf und wob einen weichen Duft um die seltsamen Stauden. In die Höhe wirbelnd, legte er sich als dünner Nebel allmählich um alle Gegenstände und doch blieb die Luft so durchsichtig, daß man da, wo eine freie Uferstelle den Ausblick gestattete, den fernen Ätna klar und deutlich über der Ebene gewahrte, wie eine über und über mit Zucker bestreute Torte auf der Kuchenplatte. Möven und andere Wasservögel kreuzten unsere Bahn, aus dem Ufergebüsch flogen Rebhühner und Meisen auf. Aus dem Wasser ragten einzeln in kleinen Abständen zahlreiche Binsenruten empor. Ich erkundigte mich nach dem Zweck, und siehe — einer der Fischer zog die nächste Rute und mit ihr eine geflochtene Flasche herauf, die an dem unteren Ende der Rute befestigt war. Sie glich einer kleinen Champagnerflasche und war an der Mündung mit einem Pfropfen geschlossen, während der Boden sich trichterförmig nach oben zu einer kleinen Öffnung verengte. Es war die Zeit des Aalfangs, wo die wenigen sicilianischen Flüsse und Binnenseen die ganze Insel mit diesem beliebten Weihnachtsessen versehen. In jeder Flasche locken einige Würmer die Aale an, die durch die Öffnung wohl hinein, aber infolge der vorstehenden, spitzen Enden des Flechtwerks nicht wieder hinaus können — dasselbe System, wie bei den grofsen trichterförmigen Hummernetzen. Den gefangenen Aal läfst man, indem man den Pfropfen abnimmt, herausschlüpfen. Die emporstehenden Binsen zeigen höchst einfach und doch praktisch die Stellen an, wo diese heimtückischen Fallen der armen Fischlein harren.

Enger und enger wird die Fahrbahn. Die beiden Fischer, die vor uns sitzen, können nur abwechselnd und immer nur für ein paar Schläge ihre Ruder gebrauchen, während der dritte vorn am Bug steht und mit einem langen Rohr den Kahn bald durch Abstofsen vom Ufer dirigiert, bald durch Staken mit vorwärts bringt. Wir passieren kleine Inseln, in denen sich die schlanken Stengel zu einem undurchbrechbaren Dickicht zusammendrängen, während oben in der klaren Luft sich die üppigen Quirlwedel nach allen Seiten auseinander neigen. Moses in der Binsenwiege und die braune Pharaonentochter, die den kleinen Ausgesetzten im Schilf findet: unwillkürlich erinnern wir uns dieser lieblichen Legende, die einst auf der Schulbank unsere kindliche Phantasie entzückte. Hier haben wir die Szenerie dazu. Herrlich blaut das noch nicht von der Stange und den Rudern bewegte Wasser vor uns und bildet die fremdartige Wildnis märchenhaft in der Tiefe wieder.

Endlich ist das Ziel der Fahrt, die Kyanequelle, erreicht. Ein ganz einziges Fleckchen. Lange, lange dürfte man auf unserer weiten Mutter Erde wandern, ehe man ein zweites findet, das an Eigenart und Poesie sich mit diesem messen kann. Wie ein mäfsig grofser Rundsaal mit offener Decke erscheint es, die Wände sind die Papyrusstauden, die nur an der Südseite fehlen, hier wuchernder Kresse und Sumpfgänsedistel das Feld überlassend. Das Parkett bildet die marmorglatte, kornblumenblaue Fläche des kristallklaren Wassers, das trotz der Tiefe von acht Metern jedes Fischlein, das unten bei Tang und Moos dahinfährt, erkennen läfst und an den Ufern die aus den Tropen hierher verirrten merkwürdigen Pflanzenformen wundersam spiegelt. Man versteht, dafs dieser zauberische Ort die naturverehrenden Griechen bewog, auch hier eine ihrer poetischen Mythen zu lokalisieren. Die Nymphe Kyane, so glaubte man, wurde in diese Quelle verwandelt, nachdem sie es gewagt hatte, sich dem Pluto entgegenzuwerfen, als er die Proserpina zur Unterwelt entführte. Die treue Gefährtin der keuschen Diana hatte ein kleines Heiligtum in der

Nähe, und jedes Jahr feierten die Syrakusaner zu Ehren der Proserpina hier ein Fest.

Ich schnitt einen der hohen Quirle ab und zerlegte mit dem Messer dann den unteren dicken Stengel in dünne Streifen, nicht etwa um, wie die Alten, mein Papier selbst zu verfertigen, sondern um die Blättchen als Zeichen später in die teuersten meiner Bücher zu legen. Dann erquickte ich mich im Verein mit den Fischern an der köstlich zarten Kresse und gab nach einem letzten Rückblick schweren Herzens den Befehl zur Rückkehr.

Fig. 5 Syrakus: Die Kyanequelle.

Noch einmal zogen die Kinder des Nils mir zur Seite vorüber, jetzt schneller, wo es flußabwärts ging. Bald lichtete sich das Dickicht, nur noch einzelne Gruppen erschienen rechts oder links, und da — da schwankte bereits der letzte der stolzen Wedel im Winde. Lange schaute ich ihm nach, bis auch er meinen Blicken entschwunden war.

Auf Wiedersehn!

* * *

Im Museum, das am Domplatz in einem schönen neuen Gebäude untergebracht ist, war mir ein deutscher Archäologe aufgefallen, der vor dem Paradestück der Sammlung, der berühmten syrakusanischen

Venus, Notizen machte, wie er denn schon zuvor bei den großen bemalten Vasen und den Totenkisten aus Megara eifrig gemessen, kalkuliert und geschrieben hatte. Nun traf sich's, daß er bei Tisch im Hotel neben mich zu sitzen kam, und obwohl er in mir kaum einen maßgebenden Berater bei seinen geschichtlichen Forschungen erblicken mochte, so schien ich doch durch gewisse Kenntnisse, die ich verriet, und durch das Interesse, das ich gleich ihm an den Altertümern nahm, in seiner Wertschätzung allmählich zu steigen. Er würdigte mich der Frage, wie mir das Museum gefallen habe.

„Ich hatte davon mehr erwartet. Der große Sarkophag aus den Katakomben z. B. ist trotz seiner vorzüglichen Erhaltung doch zu sehr ein Werk der Verfallzeit, als daß man länger bei ihm verweilen möchte; die Poseidonbüste hat für mich trotz der starren Kraft zu wenig Seele. Einige nette Sachen sind ja da: die Vasen sind schön, aber ähnlich auch in vielen andern Sammlungen zu sehen, die Gräber aus Megara sind eigenartig, aber ohne künstlerisches Interesse. Die Münzen allerdings sind herrlich."

„Nicht wahr? Eine vollständige Sammlung prachtvoll erhaltener Exemplare, die uns alle Perioden der großen Vergangenheit der Stadt veranschaulicht."

Er verbreitete sich in einem längeren Exkurs, wie die ältesten Stücke noch deutlich den karthagischen Einfluß zeigten, wie später allmählich die Götterbilder durch die Typen der Herrscher ersetzt wurden. Als er dann gar auf die Philistismedaillen und die großen Zehndrachmenstücke mit dem ansprengenden Viergespann zu sprechen kam, leuchteten seine Augen wie verzückt.

„Kaufen Sie ja keine, wenn sie Ihnen angeboten werden! Es soll eine richtige Fabrik von falschen antiken Münzen hier geben."

Sein Auge senkte sich, er wurde traurig: „Ich weiß, ich weiß. Übrigens habe ich dazu nicht die nötigen Hundertlirescheine. Aber — eins haben Sie bei Ihrer Kritik vergessen. Was sagen Sie zu der schönen syrakusanischen Venus?"

„Die ist mir zu dick."

Der Archäologe erschrak.

„Ich weiß", fuhr ich fort, „daß sie von den Kunstverständigen sehr hoch geschätzt, wohl gar neben die kapitolinische Venus gestellt wird. Sonst hätte man ihr jedenfalls nicht ein chambre séparée angewiesen. Aber ich teile nicht den Geschmack der heutigen Sicilianer, der allerdings, wie's scheint, auch der ihrer antiken Vorfahren gewesen ist. Diese Körperfülle! Betrachten Sie sie einmal von der

Rückseite, wie das Fett sich um Hüften und Rücken legt und wohl infolge der etwas gebückten Stellung oben am Hals fast zum Wulst anschwillt. Ich liebe das Schlanke. Dann fehlt das Wichtigste, was dem Ganzen erst Seele und Bedeutung verleiht, der Kopf."

„Aber das ist ja gerade das schöne, daſs der Kopf fehlt!" rief der Doktor. Was würde aus unserer Wissenschaft, wenn den Statuen nicht immer das meiste fehlte! Das giebt zu den mannigfachsten Vermutungen Anlaſs. Nichts Interessanteres, als diese verschiedenen Kombinationen, zu denen solch ein Torso den Forscher herausfordert! Übrigens ist mir Ihre so ehrlich ausgesprochene Überzeugung nicht unwichtig". Obgleich der Kellner ihm eben die dampfenden Maccaroni präsentiert hatte, die nur in heiſsem Zustande genieſsbar sind, lieſs er seinen Teller stehen, zog sein Notizbuch heraus und schrieb einige Bemerkungen hinein. „Also die heutigen Sicilianer ziehen starke Damen den schlanken vor?"

„Ja. Es scheint hier ein Naturgesetz zu walten. Je weiter Sie nach Süden kommen, desto deutlicher wird diese Vorliebe. Die Tuaregs in der Sahara z. B. mästen ihre Weiber mit Kamelbutter und gestatten ihnen kaum, bis vor die Hütte zu gehen, damit sie Kolosse von drei und vier Zentnern werden. Erst dann sind sie wahrhaft glücklich" . . . .

Als wir später auf die athenische Expedition von 416—414 zu sprechen kamen, deren Spuren er an der Hand des Thucydides nachzugehen beabsichtigte, und ich so obenhin bemerkte, auch ich hätte meinen Thucydides — allerdings in deutscher Übersetzung — in der Tasche und hätte dasselbe vor, waren wir bald einig, den Ausflug nach dem Euryalus zusammen zu unternehmen. Hatte der etwas schüchterne Gelehrte Furcht vor Räubern, daſs er diese Exkursion nicht allein wagen wollte? Oder waren ihm meine Ansichten über diese oder jene Doktorfrage nicht ganz gleichgiltig? Sehr schmeichelhaft! Als ich ihn auf seinem Zimmer am nächsten Morgen abholte, sah ich nicht nur den Thucydides in der allergröſsten Ausgabe (mit lateinischen Anmerkungen), sondern neben einem Stoſs Broschüren und Dissertationen auf seiner Kommode noch Plutarch, Diodor, Cicero, Strabo und Älian stehen, die alle mehr oder weniger ausführlich über das alte Syrakus berichtet haben. Wie er mir verriet, wollte er unter anderen mehrere „brennende Fragen", die Mauerfrage, die Labdalon- und die Euryalosfrage, nunmehr endgiltig lösen.

Wir wandten unsere Schritte zunächst nach der groſsen Straſse, die über das Hochplateau der alten Stadt nach Catania führt, brachen dann rechts in die Weinberge ein und konstatierten das Vorhandensein einer langen griechischen Mauer, die auf den verschiedenen Plänen angegeben war. Nach einer mühseligen Wanderung über nackte Kalkfelsen, mitten durch Felder und Gärten, kehrten wir zur grofsen Strafse zurück, da, wo sie sich vom Hochplateau in der sogenannten scala graca (griechischen Treppe) zur Ebene niedersenkt. Eine prachtvolle Aussicht belohnte uns hier, auf die Höhen von Hybla, die reichen Ebenen von Megara und Catania; auf die weithin sich erstreckende Küste bis zu den Bergen von Taormina, im Hintergrunde leuchtete der schneebedeckte Ätna wie eine auf Wolken hoch in der Luft schwimmende Insel.

Der historische Punkt verlockte zu allerhand Betrachtungen und Auseinandersetzungen. Die scala greca läfst nämlich am besten erkennen, wo und wie die athenischen Operationen gegen Syrakus begannen. Da unten in der kleinen Bucht (Trogilos) landete zuerst ihre Flotte und verproviantierte die Landungstruppen, denen jener kleine Felskegel, aus der allmählich ansteigenden Ebene kühn sich erhebend, von hier besonders in die Augen fallen mufste, das heute als Telegraphenstation dienende sogenannte Belvedere, damals Euryalos genannt.

Aber nein, das ist ja nur die Ansicht einer Anzahl von Gelehrten! Auch auf den Karten steht Euryalos ganz wo anders angegeben, nämlich als höchst gelegener westlicher Punkt des alten Stadtteils Epipolae. Und Labdalon, das Fort, das die Griechen alsbald nach ihrer Landung am Rande des Plateaus erbauten, ist dieses Fort, das noch heute sogenannte Euryalos, oder haben die früheren Meinungen und mit ihnen die Karten recht, die Labdalon etwa eine halbe Stunde davon an der Nordseite des Plateaus verzeichnen?

Die scala greca war eine gefährliche Stelle, sozusagen die Achillesferse der alten Stadt. Denn hier fällt die Höhe, auf der sie stand, nicht wie sonst ringsum in schroffen Felsen ab, sondern senkt sich allmählich hinunter zum Meer. Hier gelang denn auch Marcellus im Jahr 212 die Überrumpelung dadurch, dafs in der Nacht vom Trogilushafen aus tausend römische Soldaten die Stadtmauer erkletterten. Die Syrakusaner feierten gerade das Artemisfest und waren lauer in der Bewachung. Römisches Gold that dann das Übrige, um durch Verrat auch die anderen Stadtteile in die Gewalt der Römer zu bringen. Der Plan war nicht schlecht angelegt. Aufser der mächtigen Stadt fielen dem Sieger ungeheure Reichtümer zu. So wanderten allein ganze Wälder von Statuen nach Rom und weckten hier zuerst in gröfserem Mafse das Verständnis und die Vorliebe für griechische Kunst.

Aber mein Gefährte wollte nicht länger bei diesen Erinnerungen verweilen: „Wir schreiben jetzt nicht 212," rief er, „sondern 415 v. Chr. Auf nach Labdalon!"

Wir gingen zunächst den Überresten der alten Umfassungsmauern nach, bogen dann links aus und trafen zur hellen Freude meines Begleiters auf die spärlichen Überreste einer alten Wasserleitung, nach seiner Ansicht derselben, die die Athener den Syrakusanern abschnitten.

Doch ich will die Lösung der verschiedenen Fragen meinem Wandergefährten überlassen und lieber ein Bild von der ziemlich gut erhaltenen griechischen Festung zu geben suchen, die wir nach etwa einer Stunde erreichten. Griechische Tempel und Theater finden wir noch zahlreich an den Gestaden des Mittelmeers verstreut; Festungsanlagen sind sehr selten. Wie bauten die alten Griechen ihre Festungen?

Wir treten durch eine Gitterpforte, die der Kustode öffnet, in einen breiten Burggraben ein, der etwa fünf Meter tief quer durch den Tuffelsen gezogen ist. Zwei andere, ihm parallel laufende sind jetzt verschüttet. Sie waren nicht, wie die mittelalterlichen Burggräben, bestimmt, mit Wasser gefüllt zu werden, sondern sollten nur den Zugang für den von Westen her stürmenden Feind unmöglich machen. In der Mitte des Grabens ragen zwei grofse Pfeiler auf, jedenfalls errichtet, um die nach beiden Seiten schlagbaren Zugbrücken zu tragen. An der Westseite sind mehrere tiefe Keller in den Felsen gehauen, die, wie man annimmt, als Magazine dienten. An der Ostseite aber mündet eine Anzahl unterirdischer Gänge, von denen der eine erst 400 m weiter nordöstlich ins Freie führt. Er ist zweiteilig, der eine breiter und höher als der andere, und es klingt sehr glaubhaft, dafs bei Ausfällen durch diesen die Infanterie, durch jenen die Kavallerie ihren Weg nahm. Denn dafs auch Pferde in diesem Labyrinth gehalten wurden, beweisen die Steinringe an den Wänden, die man hier und da sieht. Steigen wir wieder ans Tageslicht, so erkennen wir die oberirdische gewaltige Anlage ohne Mühe. Der massive Quaderbau, jetzt freilich bis auf die Grundmauern zerstört, hatte an der Ostseite einen viereckigen Turm, eine Art Burgfried. Von hier zogen sich zwei Mauern im spitzen Winkel nach dem erwähnten Fallgraben hin, den vier mächtige Türme schützten

Besteigt man den am besten erhaltenen, so überblickt man das Riesendreieck, auf dem einst eine halbe Million Menschen wohnte, wo jetzt nur schwarze Schlangen und grüne Eidechsen im Sonnenschein spielen, höchstens mal ein einsamer Hirte seine Schafe weiden läfst. Es ist geradezu unbegreiflich, dafs, abgesehen von einigen noch wahrnehmbaren Cisternen auf dieser weiten Fläche, jede Spur davon vernichtet ist, nicht dafs hier einst eine Grofsstadt sich ausdehnte, nein, dafs überhaupt hier Menschen hausten! Ich erkläre mir diese sonderbare Erscheinung aus folgendem: die Häuser hatten damals ebensowenig wie heutzutage im Süden Keller; die Mauern wurden unmittelbar auf den felsigen Grund aufgesetzt. Die grofsen Prachtgebäude lagen meist nicht auf der Hochebene, sondern am Abhang nach der Inselstadt zu, wo sich ja eine Anzahl Ruinen erhalten hat. Auf der Hochfläche hingegen mögen einst Privathäuser gestanden haben, die nach der mehrfachen gründlichen Zerstörung dem Verfall überlassen wurden. Möglich, dafs grofse Massen Steine nach der Inselstadt wanderten, die allein trotz aller Verwüstung immer wieder aufgebaut wurde, so dafs das Niveau der heutigen Stadt etwa zehn Meter über dem der alten Ortygia liegt. Was von Trümmern übrig blieb, zersetzte die sich bald bildende Vegetation, und das machte Sonne und Regen durch die Jahrhunderte hindurch mürbe. Der syrakusanische Sandstein (pietra di Siracusa), aus dem die alte Stadt wohl durchgehends aufgeführt war, verwittert sehr leicht. Stürme aus Nord und Süd fegten dann von der freien Hochebene das zerbröckelte Gemäuer als Staub davon. So blieb nur das Unterirdische — die Cisternen und die Wasserleitung — erhalten, über der Erde konnte die Zeit alles vertilgen bis auf die Riesenquadern der Festung und einzelne Teile der ringsum laufenden Stadtmauern, die bekanntlich Dionys angelegt hat, und wobei er — ein echter Tyrannenkniff! — um die Arbeiter zu ermuntern, selbst mit Hand angelegt haben soll.

Die Ersteigung des etwa eine halbe Stunde weiter westlich sich erhebenden Belvedere-Hügels machte uns klar, dafs Gregorovius recht hat, wenn er entgegen der früheren Ansicht das Fort Labdalon an die Stelle verlegt, wo später, vielleicht schon von Dionys die soeben besichtigte Festung errichtet wurde, das Belvedere hingegen für den Euryalos hält. Schon der Name Εὐρύηλος (breiter Nagel) pafst nicht für die nur wenig erhöhte Festung, wohl aber für den wie eine Schusterzwecke aus dem Gelände aufragenden, oben abgeflachten Felskegel, der bedeutend höher als jene den Hauptstützpunkt der athenischen Armee bilden mufste. Wie konnten sie in ihrem Rücken diesen wichtigsten strategischen Punkt unbesetzt lassen, um den sich die Kämpfe in der ersten Periode der Belagerung beständig drehen mufsten! So lange sie ihn hielten, waren sie die Herren der Situation. Als Gylippus, aus dem Innern kommend, ihn erobert hatte, war die Katastrophe unvermeidlich.

Diese kann man von hier mit einiger Phantasie sich gut vergegenwärtigen. Dort, vom Hafen aus, zogen die 40000 Mann in langen Linien dahin wie „ein Haufen Flüchtlinge aus einer grofsen eroberten Stadt". Wahrhaft rührend ist das Bild des alten Nikias, wie es uns Thucydides malt. Er, der von Anfang an diesen unglückseligen Kriegszug widerraten, dann gegen seinen Willen den Befehl übernommen und während der Belagerung schwer krank um seine Abberufung in Athen mehrere Male, aber immer vergeblich, nachgesucht hatte: er ging, als er die allgemeine Niedergeschlagenheit sah, jetzt neben den Leuten her und sprach ihnen Trost und Mut ein, „die Götter würden nach soviel Mifsgeschick Mitleid mit ihnen haben, er selber, wiewohl krank, verliere die Hoffnung nicht und teile, er der reiche und hochgestellte Mann, das Los des ärmsten gemeinen Soldaten. Sie seien noch immer eine stattliche Macht, die alles vor sich niederwerfen könne, eine grofse wandelnde Festung u. s. w." Schöne Worte, an die er wohl selbst nicht mehr recht glaubte, die letzten Worte eines Helden, der seine Rolle würdevoll zu Ende spielt.

Ich sah sie im Geiste durch die grüne Ebene ziehen, die langen Heersäulen stahlgepanzerter Krieger mit den geschweiften Helmen und runden Schilden. Aber warum brachen sie nicht hier zu meinen Füfsen in dem breiten Defilee zwischen dem Belvedere und dem steilen Thymbrisgebirge (dem heutigen Monte Crimiti) nach der katanäischen Ebene durch? Warum wählten sie den grofsen nördlichen Umweg dort fern, wo heute das weifse Städtchen Floridia aus der Ebene herüber grüfst, durch die gefährlichen Engpässe des Gebirges? Unverständlich bleibt es und nur aus der vollständigen Demoralisation zu erklären, durch die ein Heer von 40000 Köpfen eben weniger leistungsfähig wird, als eine noch ungebrochene kampffrische Schar von 400. Die unglücklichen Athener fanden in der That die nördlichen Pässe stark verschanzt und konnten sie trotz dreitägiger verzweifelter Kämpfe nicht nehmen. Nun wandte sich die ganze Masse nach Süden, in feindliches Gebiet, ohne hinreichende Lebensmittel, bei Tag und Nacht umschwärmt und angegriffen von der mit der Örtlichkeit wohlvertrauten Reiterei der Syrakusaner. Und dann kam das Ende der athenischen „Weltpolitik“. Dort bei jenen lieblich blauenden Bergen im Süden wurden die 7000 Überlebenden gefangen und wanderten in die Steinbrüche. Nikias aber bekam weder den Hosenband- noch den Schwarzen Adler-Orden, wurde auch nicht zum Earl ernannt, sondern in Syrakus hingerichtet .....

Die Weltherrin und ihr Schatten.

Von Professor Felix Auerbach in Jena.

(Schlufs.)

7.

Nachdem einmal der Bann gebrochen war, nachdem man erkannt hatte, dafs Bewegung und Wärme äquivalente Formen einer und derselben Gewalt, der Energie, sind, zögerte man nicht mehr, den neuen Gedanken bis in seine letzte Konsequenz zu verfolgen und die Behauptung aufzustellen: alle Agentien, welche den so überaus mannigfaltigen Naturerscheinungen zu Grunde liegen, Bewegung und Wärme, Licht und Schall, Elektrizität und Magnetismus, Chemismus und Krystallismus, sind nichts weiter als verschiedene und in bestimmtem Äquivalenz-Verhältnis zu einander stehende Formen der Energie, die dadurch gewissermafsen zur Alleinherrscherin in der Natur wird. Alle Vorgänge in der Natur wären alsdann entweder reine Ortsänderungen oder, wie man sagt: Wanderungen der Energie, oder sie wären Formänderungen oder, wie man sagt: Wandlungen der Energie, also Wandlungen von Spannung in Bewegung, von Bewegung in Elektrizität, von Elektrizität in Wärme, von Wärme in Licht.

Nun hatte man freilich schon seit alten Zeiten in der Naturwissenschaft ein schönes Schlagwort: das Schlagwort von der Verwandtschaft der Naturkräfte. Aber zwischen diesem Worte und dem neuen Gedanken ist ein Unterschied wie zwischen der Nacht vager Spekulation und dem Tage exakter Naturerkenntnis. Die Verwandtschaft der Naturkräfte war eine Münze von so leichter Prägung, dafs den Falsifikaten Thor und Thür geöffnet war. Jede äufserliche Analogie, jede scheinbare Beziehung konnte als eine wirkliche Verwandtschaft hingestellt werden, als ob zwei Herren Müller notwendig miteinander verwandt sein müfsten, während selbst die Wahrscheinlichkeit, dafs sie es sind, äufserst gering ist. Der neue Gedanke läfst dergleichen nicht zu, weil er ganz andere Anforderungen stellt: er verlangt in jedem Falle den Nachweis der Äquivalenz, d. h. den Nachweis, daſs aus einer bestimmten Anzahl von Ergs immer eine bestimmte Menge z. B. elektrischer Energie entsteht und umgekehrt. Ist das für alle Energieformen nachweisbar, so kann man sie aufeinander umrechnen, man kann sie alle in derselben Maſseinheit ausdrücken, z. B. in Erg, und es muſs dann für diese Werte dasselbe Gesetz erfüllt sein, nur in erweitertem Rahmen, das wir in dem engen Rahmen der Bewegungserscheinungen als das Gesetz von der Erhaltung der mechanischen Energie kennen gelernt haben. Dieses verliert, wie wir sahen, seine Giltigkeit, sowie die Erscheinungen von Wärme, elektrischen Vorgängen u. s. w. begleitet sind; aber für den Verlust tauschen wir etwas weit Köstlicheres und Umfassenderes ein, und das ist das groſse Gesetz von der Erhaltung der Energie.

Die theoretischen und experimentellen Arbeiten seit der Mitte des vorigen Jahrhunderts haben dieses Gesetz über jeden Zweifel erhoben, sie haben es geradezu zum Leitstern am Himmel des Physikers gemacht, der ihn verhindert, sich zu verirren, und ihn befähigt, neue Pfade zu verfolgen. Wo immer sich Wandlungen der Energie zutragen, in der freien Natur, im Laboratorium des Gelehrten oder in der Fabrik des Unternehmers, bleibt doch die Summe der Energie, wenn man sie nur für alle Formen in demselben Maſse miſst, ungeändert; und wo die „Analyse", die der Stoffanalyse des Chemikers ganz analog ist, nicht stimmt, ist entweder ein Fehler untergelaufen, oder es ist irgend ein Energiegeheimnis noch in dem Prozesse verborgen.

In einer sachlichen Untersuchung, wie wir sie hier anstellen, haben persönliche Einzelheiten keinen Platz. Aber es hieſse die Sachlichkeit zu weit treiben, wenn an dieser Stelle nicht die Namen der hervorragenden Männer genannt würden, welche für alle Zeiten mit einem der gröſsten Fortschritte der Erkenntnis verknüpft sind. Es ist, den Etappen dieses Fortschritts entsprechend, eine Dreizahl. Voran steht der äuſserlich schlichte, aber innerlich erleuchtete Mann, der freilich im wesentlichen nur behauptet und gefordert, nicht streng bewiesen hat; aber auch ein Sokrates war im Grunde ein Mann der Behauptungen und Postulate, und darum kein minder Groſser. Der erste, der klar und umfassend die Forderung hinstellte: alle Kräfte (wir würden sagen: alle Energien) in der Natur müssen in einem allgemeinen Äquivalenzverhältnis zu einander stehen, da sie sonst ein Chaos sein müſste und nicht das geordnete Ganze, als das wir sie kennen und bewundern, dieser Mann, der speziell für Arbeit und Wärme den Gedanken der zahlenmäſsigen Äquivalenz, wenn auch mit unzulänglichen Mitteln und deshalb ohne endgiltigen Erfolg, durchzuführen versuchte, war der schwäbische Arzt Robert Mayer aus Heilbronn, der lange Verkannte und spät Geehrte, der Fremdling in der Zunft und der Liebling des Genius. Wer seine grundlegende Arbeit von 1842 heute als Doktorarbeit einreichte, würde vermutlich, und nicht ganz mit Unrecht, abgewiesen werden, wie Mayer von seinem Verleger (wenn auch aus dem entgegengesetzten Grunde); und doch wäre ein großer Teil der Arbeiten, die heute wirklich eingereicht werden, unmöglich ohne Robert Mayers That. An ihn schliefst sich der englische Physiker und Techniker Joule, ein Mann, der Mayer in so vollkommener Weise ergänzt, das bietend, was jenem abging, dafs man von einer wissenschaftlichen Musterehe hätte sprechen können und allen Grund gehabt hätte, diese Ehe zu preisen, statt sie zu Rivalen zu stempeln und zu unfreiwilligen Helden jahrzehntelangen chauvinistischen Streites zu machen. Joule war es, der fast sein ganzes Leben daran setzte, durch die mannigfaltigsten Experimente, in kleinem und in gröfstem Mafsstabe, die Äquivalenz von Arbeit und Wärme zu erweisen und ihre Verhältniszahl festzulegen. Endlich war es Helmholtz, der in seiner berühmten Schrift von 1847 „Über die Erhaltung der Kraft“ das Äquivalenzprinzip in streng wissenschaftlicher Weise auf alle Energieformen ausdehnte und zeigte, zu was für Konsequenzen man dabei im ganzen und im einzelnen gelangt.

8.

Es ist ein eigentümlicher Verlauf, den die Geschichte so mancher hervorragenden Entdeckung oder Erfindung genommen hat, und man ist versucht, darin beinahe eine Art von Gesetz zu erblicken. Die Entdeckung taucht auf, findet bei der ihrem Urheber geistig nicht ebenbürtigen Mitwelt kein oder mangelhaftes Verständnis und bedarf vielleicht einer ganzen Generation, eines Zeitraums von Jahrzehnten, um die verdiente Wertschätzung zu finden; dann aber tritt der Umschlag ein, und die Bedeutung der Entdeckung wird überschätzt; schliefslich ist es zuweilen gar nicht die leichteste Aufgabe, diesen Überschwang einzudämmen und die richtigen Grenzen festzusetzen. Es ist eine Art von Pendeln, wie es im Beginne vieler Vorgänge, physischer und geistiger, auftritt, ehe sich das Gleichgewicht einstellt.

So sehen wir auch hier, dafs, nachdem es fast ein Menschenalter gedauert hatte, bis das Energieprinzip sich völlig durchgerungen hatte, nun eine Ära seiner Überschätzung anhub. Man glaubte vielfach, in ihm das Allheilmittel für Defekte in der Naturerkenntnis zu besitzen, man erklärte es für das Grundgesetz alles Geschehens im Weltall.

Hier ist nun, ehe in der Hauptbetrachtung fortgefahren wird, eine kleine Einschaltung zu machen. Man wird sagen: Von einem Grundgesetz kann doch gar nicht die Rede sein, da wir deren schon zwei, die Erhaltung des Stoffes und die Erhaltung der Energie, kennen. Ganz richtig; aber diese beiden Gesetze sind im wesentlichen eines Inhalts, sie können zu einem einzigen, dem Erhaltungsprinzip, zusammengezogen werden. Man kann sogar noch einen Schritt weiter gehen und das Stoffprinzip nur als einen Spezialfall des Energieprinzips gelten lassen, indem man davon ausgeht, dafs der Stoff in letzter Instanz nichts anderes ist, als eine durch seine vielfache Beständigkeit besonders scharf umgrenzte Erscheinungsform von Energiewirkungen, z. B. von Druck- oder Lichtwirkungen, als etwas, was wir als Träger von Energiewirkungen betrachten, als eine charakteristische Art von Energiekomplexen. Indessen wollen wir diesen Gedanken, dessen Ausführung auf mancherlei Schwierigkeiten stöfst, hier nicht weiter verfolgen und uns damit begnügen, das Erhaltungsprinzip als ein einheitliches, Stoff und Energie umfassendes Grundgesetz hinzustellen.

Ist nun — und damit kommen wir zur Hauptsache zurück — ist das Erhaltungsgesetz wirklich das Grundgesetz alles Naturgeschehens? Diese Frage kann man in einem gewissen Sinne mit ja, mufs sie aber in einem tieferen und schliefslich entscheidenden Sinne mit nein beantworten, und es genügt eine etwas präzisere Fragestellung, um das mit Leichtigkeit einzusehen, ja, um sich zu wundern, dafs man überhaupt versuchen konnte, sich mit dem Erhaltungsprinzip zu gute zu gehen.

Was ist denn Naturgeschehen? Was ist denn das Gemeinsame aller Ereignisse, aller Vorgänge im Weltall? Offenbar Veränderung. Was sich ändern kann, ist aufserordentlich vielerlei, der Ort im Raume, die Geschwindigkeit und die Richtung der Bewegung, der Druck, die Form und die Farbe, die Zellen und die Organe der Lebewesen; es geht Bewegung in Wärme, Elektrizität in Licht über, es wechselt ohne Unterlafs Leben und Tod. Alle diese Veränderungen erfolgen, ohne dafs sich dabei die Stoffmenge und die Energiemenge ändern, sie erfolgen unter Wahrung des Erhaltungsprinzips. Erfolgen sie aber auch aus Anlafs des Erhaltungsprinzips? Sicherlich nicht; denn die Forderung desselben wird doch am einfachsten dadurch erfüllt, dafs überhaupt nichts geschieht. Wenn ich in einem mit Nippsachen überfüllten dunklen Zimmer auf einem Stuhle sitzend zurückgelassen werde mit der eineigen Aufgabe, nichts zu zerbrechen, so wäre ich sehr dumm, wenn ich diese Aufgabe nicht in der Weise löste, daſs ich auf dem Stuhle sitzen bliebe, ohne mich zu rühren; ich könnte mich ja auch fortwährend recht geschickt zwischen den Zerbrechlichkeiten hindurchwinden, aber diese Lösung der mir gestellten Aufgabe wäre unnötig kompliziert. Wenn es also nach dem Erhaltungsprinzip allein ginge, so brauchte in der Welt gar nichts zu geschehen. Und damit zeigt sich uns das Prinzip in seinem wahren Lichte: es ist, bei all seiner groſsartigen Bedeutung, doch im Grunde von negativem Charakter, indem es aussagt: bei allen Veränderungen in der Natur bleiben Stoff- und Energiemenge ungeändert. Es ist also eigentlich recht sonderbar, wenn man auf die Frage nach dem Grundgesetz aller Veränderungen in der Natur antwortet: Stoff- und Energiemenge ändern sich nicht; es ist etwa so, wie wenn ich auf die Frage nach den Wandlungen, die Robert Mayer in seinem Leben durchgemacht habe, antwortete: er hieſs immer unverändert Robert Mayer — oder, um etwas weniger Äuſserliches zu nehmen: er blieb immer, auch auf der Höhe seines Ruhmes, derselbe schlichte, fromme Mann. Daſs er das blieb, ist gewiſs sehr interessant, ist aber keine Antwort auf die Frage, welche Wandlungen er durchgemacht hat.

Das Erhaltungsprinzip hat lediglich die Bedeutung, daſs nichts gegen sein Gebot geschehen darf; es hat nicht die Bedeutung, daſs aus ihm heraus, auf seine Initiative wirklich etwas geschähe. Es ist Aufsichtsbehörde, nicht Unternehmer. Es ist von regulativem, nicht von produktivem Charakter.

Diese Antithesen legen uns die Frage nahe: Giebt es neben dem Erhaltungsprinzip nicht auch ein Veränderungsprinzip? Ein Prinzip, welches angiebt, wann in der Welt etwas geschieht und was alsdann geschieht? Von einem derartigen Prinzip wird man, da es die ungeheure Mannigfaltigkeit alles Naturgeschehens mit einem Bande umschlingen soll, billigerweise nicht zu viel verlangen dürfen; man wird sich mit irgend etwas Gemeinsamem, mit einer in allen Vorgängen sich geltend machenden Tendenz begnügen müssen, man wird schon Erstaunliches erreicht haben, wenn es gelingt: erstens die Bedingungen einander gegenüber zu stellen, unter denen nichts und unter denen etwas geschieht, und zweitens, wenn etwas geschieht, anzugeben, warum dies und nicht vielleicht gerade das Gegenteil geschieht. Solche entgegengesetzte Möglichkeiten, rein logisch gefaſst, sind ja stets vorhanden: ein Körper kann, wenn er nicht überhaupt am Orte bleibt, sich nach links oder nach rechts bewegen, er kann wärmer oder kälter werden; ein in einer Salzlösung steckender Krystall kann sich durch Auflösung verkleinern oder durch Abscheidung vergröfsern, eine Krankheit kann zur Gesundung oder zum Tode führen. Das sind, wie gesagt, logische, d. h. Denkmöglichkeiten; thatsächlich kann natürlich immer nur das eine oder das andere eintreten, da sonst jede Eindeutigkeit, jede Weltordnung aufhören würde; und ob nun thatsächlich das eine und nicht das andere eintritt, oder ob umgekehrt das andere und nicht das eine eintritt, das ist die grofse Frage, um die es sich hier handelt.

9.

Es ist nun gar nicht schwer, bei den Vorgängen in der Natur gewisse Tendenzen zu erkennen. Fangen wir mit der Ortsänderung der Körper an, und nehmen wir als Beispiel diejenigen Bewegungen, die wir der Schwerkraft, d. h. einer im Inneren der Erde gedachten Anziehungskraft, zuschreiben. Diese Bewegungen heifsen Fallbewegungen, und in diesem Namen ist die Tendenz schon enthalten. „Es fällt alles nach unten, nichts nach oben“, heifst es im Volksmund. Alle natürlichen Gewässer fliefsen thalwärts und schleppen dabei ausserdem noch feste Teilchen mit sich, die sie tief unten, z. B. in ihrem Mündungsgebiet, absetzen; jede Lawine und jeder Bergsturz befördert Materie von oben nach unten, von einem höheren Niveau zu einem tieferen. Man kann diese Tendenz nicht treffender charakterisieren, als indem man sie als Ausgleichung bezeichnet, als eine Ausgleichung der auf der Erdoberfläche vorhandenen Niveauunterschiede; ein Ausgleich, der sehr langsam, aber unerbittlich von statten geht. Hat man doch schon zu berechnen versucht, nach wieviel Jahrtausenden unser mächtigstes europäisches Gebirge, die Alpen, infolge jener Vorgänge „abgetragen“ sein wird; eine Berechnung, deren Mitteilung kürzlich ein Blatt mit der Bemerkung begleitete, dafs alsdann die Fahrrad- und Automobil-Verbindung zwischen Deutschland und Italien wesentlich erleichtert sein werde — vorausgesetzt, dafs es dann überhaupt noch Radler und Autler geben sollte.

Gegen diese Theorie des Ausgleichs der Niveauunterschiede läfst sich freilich ein naheliegender und berechtigter Einwand erheben, und das führt uns auf eine wichtige Gegenüberstellung verschiedenartiger Vorgänge. Es finden nämlich zahlreiche Geschehnisse statt, bei denen die vorhandenen Niveaudifferenzen nicht gemildert, sondern im Gegenteil noch gesteigert werden. Insbesondere wird man hier an die Thätigkeit des Menschen denken, der z. B. bei jedem Bauwerk, das er errichtet, Materialien von der Erdoberfläche in die Höhe hebt. Aber auch die Natur selbst ist nicht selten in gleichem Sinne thätig: es sei nur auf die augenfälligste derartige Erscheinung hingewiesen, auf das Ausströmen von Lava und das Herausfliegen von Steinen aus dem Erdinnern bei der Thätigkeit der Vulkane. Man mufs also unterscheiden zwischen zwei Erscheinungsklassen von gegensätzlichem Verhalten, die man als *freiwillige* und *erzwungene* Erscheinungen bezeichnen kann, wobei dann freiwillige Erscheinungen solche sind, die „*von selbst*", d. h. aus eigener Kraft, eintreten, erzwungene dagegen solche, die hierzu äufserer, fremder Hilfe bedürfen; in dem einen der obigen Beispiele leistet diese Hilfe der Mensch, in dem anderen die im Innern der Erde vorhandene Spannkraft. Alle freiwilligen Vorgänge führen also sicher zu einer Ausgleichung der Niveauunterschiede; die erzwungenen thun dies allerdings nicht, dafür nehmen sie aber fremde Hilfe in Anspruch, und dadurch entsteht eine Komplikation, die zunächst verhindert, uns ein Urteil über die Tendenz dieser Prozesse zu bilden.

Wir haben bisher von Bewegung der Materie und von dem dadurch hervorgerufenen Niveauausgleich gesprochen. Aber Entsprechendes gilt auf allen Gebieten, gilt z. B. auch für die *Wärme*. Die beiden wichtigsten Wärmevorgänge sind die Wärmestrahlung und die Wärmeleitung. Durch Strahlung giebt die heifse Sonne Wärme an die kühlere Erde ab, und der feste Erdball selbst giebt von seinem Überschusse Wärme ab an die ihn umgebende Lufthülle. Wenn wir einen Metallstab an dem einen Ende erhitzen (ein Vorgang, den wir erzwingen müssen), dann aber sich selbst überlassen, so strömt die Wärme von dem heifsen nach dem kalten Ende, jenes wird allmählich kühler, dieses wärmer; es findet also *ein Ausgleich der Temperaturen* statt.

Verallgemeinern wir jetzt unseren Gedanken und wenden ihn auf Niveau-, Spannungs-, Temperatur-Ausgleiche u. s. w. an, so fangen wir an einzusehen, dafs schliefslich auch die erzwungenen Vorgänge sich ihm fügen. Denn wenn bei dem Ausbruche des Vulkans allerdings Massen — entgegen der Ausgleichstendenz — emporgehoben werden, so findet dafür im Innern der Erde ein Spannungsausgleich statt, der vielleicht um so stärker ins Gewicht fällt. Und bei der Erhitzung des Metallstabes? Sie wird etwa durch eine Gasflamme bewerkstelligt, die dem im Spannungszustande befindlichen Leuchtgase das Verbrennen ermöglicht. So sehen wir, dafs die Tendenz des Ausgleichs, unmittelbar oder mittelbar, überall durchdringt, mit unerbittlicher Gewalt. Ist der nach den Umständen überhaupt mögliche Ausgleich schon vorhanden, so geschieht überhaupt nichts, es herrscht Gleichgewicht; wenn nicht, dann geschieht etwas, und die Tendenz dieses Geschehens ist der fortschreitende Ausgleich.

Eine so wichtige und umfassende Frage wie die nach dem Charakter alles Naturgeschehens verdient in jeder Weise, die sich darbietet, beleuchtet zu werden; und so wollen wir jetzt eine zweite Auffassung besprechen, um ihr zuletzt noch eine dritte folgen zu lassen. Dabei wollen wir wieder an ein einfaches Beispiel anknüpfen. Wir wollen uns eine grofse Wanne kalten und ein kleines Glas voll heifsen Wassers denken und dieses letztere in jenes hineinschütten; das Ergebnis wird sein, dafs das kalte Wasser in der Wanne ein klein wenig lauer geworden ist; wenn die ursprünglichen Temperaturen etwa 5° in der Wanne und 95° im Glase waren, so ist die jetzige Temperatur vielleicht 6°. Nach dem Erhaltungsprinzip ist bei diesem Mischungsprozefs die Gesamtmenge der Wärmeenergie unverändert geblieben, es sind jetzt in der Wanne soviel Erg wie vorher in Wanne und Glas zusammen. Während aber die Energie in dem Glase vorher konzentriert war, ist sie jetzt in dem grofsen Raume der Wanne zerstreut. Man kann also den geschilderten Vorgang als eine Zerstreuung der Energie charakterisieren. Solche Energiezerstreuung kommt nun allenthalben in der Natur vor, sei es nun Zerstreuung von Bewegung, von Wärme oder Licht, von Elektrizität oder Magnetismus. Die Erscheinung, welche die Zerstreuung der Bewegungsenergie hauptsächlich auf dem Gewissen hat, ist die Reibung; sie hat zur Folge, dafs, wenn sich ein Körper bewegt, er seine Umgebung mit in Bewegung setzt, ohne dafs dies irgend erwünscht wäre. Das Schiff schleppt eine gute Portion Wasser, das Luftschiff eine gute Portion Luft mit sich, natürlich auf seine Kosten — Zerstreuung von Energie. Wenn wir irgend etwas erhitzen wollen, erhitzen wir wohl oder übel ein erhebliches Gebiet der Umgebung mit — Zerstreuung von Energie. Wenn wir den Eisenanker einer Dynamomaschine magnetisieren, um dadurch elektrische Ströme zu erzeugen, können wir nicht hindern, dafs ein, wenn auch mit fortschreitender Technik immer kleiner werdender Teil der magnetischen Energie sich in die Luft verliert — Zerstreuung von Energie.

Wir wollen versuchen, diesen merkwürdigen Vorgang etwas präciser zu fassen, und das führt uns zu dem schon angekündigten dritten Gliede unserer Betrachtung. Was geschieht denn mit der Energie, wenn sie sich zerstreut? Ihr Betrag ändert sich nicht, das ist sicher;

aber ebenso sicher ist, dafs sich etwas geändert hat. Dafs das kein Widerspruch ist, zeigt das Beispiel der Zahl 12, die immer 12 bleibt, auch wenn sich das Gesetz ihrer Bildung aus 1×12 in 2×6 oder in 3×4 ändert. Auch die Energie kann als das Produkt zweier Faktoren aufgefafst werden, und es lassen sich diesen Faktoren sogar höchst bezeichnende Namen beilegen: der eine ist ihr Extensitätsfaktor, der andere ihr Intensitätsfaktor. Hat man z. B. ein Glas heifsen Wassers, so ist der Extensitätsfaktor klein, der Intensitätsfaktor grofs; bei der Wanne lauen Wassers ist es umgekehrt — das Produkt aber, die Energiemenge, kann dabei in beiden Fällen sehr wohl genau dasselbe sein. Solche Faktoren spielen bei den verschiedensten Energieformen eine wichtige Rolle. Was z. B. ein elektrischer Strom zu leisten vermag, hängt erstens von der Strommenge (gewöhnlich Stromstärke genannt), zweitens aber von der Spannung ab; jene, in Ampères gemessen, ist der Extensitäts-, diese, in Volts gemessen, der Intensitätsfaktor der Stromenergie.

Mit Hilfe dieser Begriffe kann man nun die Tendenz der Vorgänge in der Natur dahin kennzeichnen, dafs die Energie an Extensität wächst, an Intensität aber abnimmt. Bei den freiwilligen Vorgängen ist dies ohne weiteres richtig; bei den erzwungenen stimmt es auch, wenn man beachtet, dafs hier fremde Energie zu Hilfe gezogen wird, und dafs man diese natürlich in den Kreis der Rechnung mit hineinziehen mufs. Die Zerstreuung der Energie tritt von selbst ein, ihre Wiedersammlung mufs erzwungen und darum vergütet werden, und sie kann nur erzwungen und vergütet werden durch Zerstreuung der fremden, zu Hilfe gezogenen Energie. Es ist wie bei einer Vase, die ich eigenhändig und gratis zerbrechen kann, während ich zu ihrer Zusammensetzung den geschickten und geübten Handwerker brauche und denselben honorieren mufs.

Kann denn aber überhaupt alles, was in der Natur geschieht, wieder rückgängig gemacht werden? Um diese Frage zu verneinen, braucht man gar nicht einmal die Vorgänge höchster Ordnung, wie den Lebensprozefs, heranzuziehen, man kann sich mit weit einfacheren begnügen. Wenn wir uns des lauen Wassers in der Wanne erinnern, so haben wir schon ein Beispiel: denn niemand vermag aus ihr das heifse Wasser, das ursprünglich in dem Glase war, herauszuholen. Man spricht daher von „nicht umkehrbaren" Prozessen im Gegensatz zu „umkehrbaren". Unter den letzteren ihrerseits sind so manche, bei denen die Umkehrbarkeit zwar in der Idee vollkommen ist, in der Wirklichkeit aber doch auf grofse Schwierigkeiten stöfst.

Es ist sehr leicht, einen Sack voll Erbsen auf den Erdboden zu verstreuen, aber aufserordentlich mühsam, die Erbsen nun wieder einzusammeln; und man könnte getrost wetten, dafs dabei eine oder einige von den tausend Erbsen verloren gehen, weil sie sich in den Ritzen des Bodens versteckt haben. Wendet man dies auf wirkliche Erscheinungen der Natur oder der Technik an, so findet man, dafs man zwar zahlreiche Prozesse rückläufig machen kann, dafs dabei aber eine vollkommene Umkehrung nicht erreicht wird. Jeder Maschinenkolben kehrt seine Bewegung fortwährend um, indem er bald auf- und bald absteigt oder bald hin- und bald hergeht; aber gewisse hiermit verbundene Nebenerscheinungen kehren sich nicht um, z. B. die Abnutzung des Materials, die sich bei einem Hin- und Hergange nicht ausgleicht, sondern im Gegenteile summiert — die Folge ist die, dafs eben der Vorgang kein vollkommen umkehrbarer ist.

Es giebt also überall nur Prozesse, die überhaupt nicht oder doch nur unvollkommen umkehrbar sind. Was geschehen ist, ist geschehen, und die dabei zerstreute Energie läfst sich nicht oder doch nicht vollständig wieder sammeln. Es ist, als ob eine höhere Behörde von jedem Vorgang in der Natur eine Steuer erhöbe; und wenn der Versuch gemacht wird, diese Steuer durch Einleitung erzwungener, umgekehrter Prozesse zu umgehen, so folgt die Hinterziehungsstrafe auf dem Fufse.

Wir haben bisher immer nur an Bewegungsvorgänge als solche, an Wärmeerscheinungen als solche u. s. w. gedacht. Noch interessanter sind aber Vorgänge, bei denen die Energie ihre Qualität verändert, also z. B. Wärme sich in Bewegung umwandelt. Solche Prozesse, wie sie sich unter anderem in der Dampfmaschine abspielen, wollen wir jetzt ins Auge fassen.

Die Dampfmaschine hat die Bestimmung, die Wärmespannung des Wasserdampfes in Bewegung, also in Arbeit umzusetzen. Dabei gilt das Energieprinzip, d. h. es geht Energie weder verloren, noch wird solche gewonnen. Wollte man dies aber so auffassen, dafs die Maschine eine der aufgewandten Wärmemenge äquivalente Arbeitsmenge, also für jede Kalorie 428 Meterkilogramm lieferte, so würde man durch die Thatsachen stark enttäuscht werden. Die Maschine liefert weit weniger Arbeit, und es entsteht die Frage: wo ist der Rest geblieben? Wir sind vorbereitet genug, um die Antwort zu geben: der Rest ist zerstreut. Ein Teil davon ist in das Material der Maschine gegangen, hat es abgenutzt, erwärmt u. s. w.; es ist eben wieder das alte Lied von der Nichtumkehrbarkeit der Nebenprozesse. Aber auch wenn man hiervon ganz absieht, wenn man die Thätigkeit der Maschine als einen umkehrbaren Prozefs betrachtet, bleibt noch ein Rest, und zwar ein recht erheblicher, der nicht in Arbeit umgesetzt wird, der vielmehr als laue Wärme in den sogenannten Kondensator oder Kühler, oder, wo dieser fehlt, in die freie Luft geht, die dann die Rolle des Kühlers übernimmt. Es läfst sich streng nachweisen, dafs keine Wärmemaschine mit einem Kessel allein funktionieren kann, sie mufs auch einen Kühler haben. Ein Teil der Kesselenergie wird in Arbeit verwandelt, der andere wird als laue Wärme an den Kühler abgeführt. Das ist die Steuer, von der schon die Rede war, und aus dem Staate, in dem sie als Einkommensteuer erhoben werden würde, würden vermutlich sehr bald die meisten Bürger auswandern — denn sie beträgt im besten Falle siebzig Prozent! Den in Arbeit verwandelten Teil der in die Maschine hineingesteckten Energie nennt man ihren Wirkungsgrad, den Rest kann man als Zerstreuungsgrad bezeichnen. Steuern zahlt niemand sonderlich gern, und so bemüht man sich denn seit langer Zeit, die Dampfkraft durch andere zu ersetzen, deren Wirkungsgrad günstiger ist — zum Teil mit, zum Teil noch ohne durchschlagenden Erfolg. Was für uns aber und im Prinzip die Hauptsache ist, ist dies, dafs der Wirkungsgrad niemals die vollen hundert Prozent erreichen kann. Ohne Zerstreuung von Energie geht es auch hier nicht ab.

10.

Eine Vorstellung von der Tendenz alles Geschehens, von dem Prinzipe, nach dem sich alles abspielt, haben wir nun gewonnen, und es bleibt nur übrig, einen Träger dieses Prinzips aufzustellen, einen Begriff einzuführen, unter dessen Devise die Veränderungen in der Welt stehen, wie die Erhaltung unter der Devise „Energie“ steht. Für diesen Begriff hat der deutsche Gelehrte, der auf diesem Gebiete überhaupt gröfsere Verdienste als irgend ein anderer hat, Rudolf Clausius, einen Namen ersonnen; und Begriff und Name sind, wie man objektiv bekennen mufs, in mancher Hinsicht sehr glücklich, in mancher ebenso unglücklich gewählt.

Den Zerstreuungsgrad der Energie, ihren Extensitätsfaktor, nennen wir nach Clausius die Entropie, und wir haben dann den Satz von weltumfassender Bedeutung: Die Entropie nimmt im grofsen Ganzen fortwährend zu, oder: Die Entropie strebt einem Maximum zu.

Entropie heifst „Nach-innen-kehrung“, und man wird mit Recht fragen, wie sich diese Bezeichnung mit der Bedeutung der Entropie als Zerstreuungsgrad verträgt. Dazu müssen wir ein klein wenig weiter ausholen.

Zwischen Bergwerk und Bergwerk ist ein Unterschied; es giebt abbaufähige und abbauunfähige — letztere nicht deshalb, weil sie nichts wert sind, sondern weil sie unzugänglich oder zu schwer zugänglich sind. Ähnlich verhält es sich mit der Energie. Zwei Energiemengen können an Zahl der Ergs ganz gleich sein, und doch kann die eine „abbaufähig“ und darum wertvoll, die andere „abbauunfähig“ und deshalb wertlos sein. Mit einem Topf kochenden Wassers kann man eine kleine Dampfmaschine, sei es auch nur für die Kinderstube, treiben; mit einer grofsen Wanne Wassers von der Temperatur der Umgebung kann man gar nichts anfangen. Im Atlantischen Ozean ist so unvorstellbar viel Energie in Form von Wärme enthalten, dafs man damit in der Theorie, d. h. nach dem Energieprinzip, alle Dampfschiffe der Welt treiben und noch sehr viel anderes machen könnte; thatsächlich kann man so gut wie nichts damit anfangen, weil diese Energie zerstreut, weil sie ausgeglichen ist: zu dem „Kessel“ Ozean fehlt der Kühler. Bei dem Prozefs einer Dampfmaschine wird, wie wir sahen, ein Teil der hineingesteckten heifsen Wärme als Arbeit „verwertet“, der Rest aber zu kalter Wärme „entwertet“. Statt Zerstreuung der Energie kann man also auch sagen: „Entwertung der Energie“. Diese Entwertung ist unter dem Bilde der „Nach-innen-kehrung“ verstanden, und insofern ist der Ausdruck Entropie höchst glücklich gewählt. Unglücklich gewählt ist er insofern, als er, durch seine Eigenschaft der Vermehrung, leicht irrige Vorstellungen erwecken oder die richtige Vorstellung erschweren kann. Es wäre besser gewesen, nicht dem Extensitätsfaktor, sondern dem Intensitätsfaktor der Energie einen Namen zu geben, wofür sich das entsprechende Wort „Ektropie“ (Nach-aufsen-kehrung) dargeboten hätte, und für diese das Prinzip aufzustellen: Die Ektropie der Welt strebt einem Minimum zu. Die ungünstige Tendenz im Weltprozefs wäre damit zu einem direkten und positiven Ausdrucke gekommen.

Es liegt nahe, der ganzen Lehre von der Energie, ihrer Erhaltung einerseits, ihrer Entwertung andererseits, den Vorwurf der Spiegelfechterei zu machen; denn entweder bleibe die Energie erhalten oder sie werde entwertet. Aus der gegebenen Darstellung geht indessen hervor, dafs beides sehr wohl miteinander vereinbar ist; und es können hierfür noch zwei einfache Gleichnisse herangezogen werden.

Das eine von ihnen knüpft an ein schon früher gebrauchtes an, an die Vorstellung, daſs die Natur gegen Verlust von Energie irgend einer Art versichert ist, indem sie in anderer Energieform, z. B. für verlorene Arbeit in Form von Wärme Ersatz leistet; der Stein fällt zu Boden, seine lebendige Kraft ist dahin, der Boden wird erwärmt, und die Wärme ist der zahlenmäſsige Ersatz für die lebendige Kraft — freilich kein befriedigender insofern, als mit Hilfe dieser Bodenwärme dem Steine seine lebendige Kraft nicht wiedergegeben werden kann. Es verhält sich das genau so, wie wenn mir einige wertvolle Handschriften verbrannt sind und nach dem durch Sachverständige festgesetzten Werte in Geld ersetzt werden: die Versicherungsgesellschaft kann unmöglich mehr thun, und doch ist mir schlecht geholfen, die Handschriften kann ich mit Hilfe des Geldes nicht wieder herbeizaubern, sie sind unwiederbringlich verloren. So hindert auch in der Natur der äquivalente Ersatz nicht, daſs fortwährend Nutzenergie unwiederbringlich verloren geht, daſs die Ektropie fällt und fällt, daſs die Entropie wächst und wächst.

Ein anderer, alltäglich und überall sich abspielender Prozeſs, bei dem Erhaltung und Umwertung Hand in Hand gehen, ist das kaufmännische Geschäft: der Preis ist das Äquivalent der Ware, und doch hat jeder der Kontrahenten einen Gewinn (sonst würde er ja das Geschäft nicht machen). Die Summe der objektiven Werte wird durch den Tausch nicht geändert, aber die Summe der subjektiven Werte steigt. Die Natur macht auch fortwährend Tauschgeschäfte; nur ist sie leider ein Hans im Glück, sie tauscht jedesmal Minderwertiges ein und wird damit immer ärmer.

11.

Wir kommen zum Schluſs, zum Ausblick in die Zukunft.

Die Energie bleibt konstant, die Entropie wächst. Die Sonne leuchtet, aber die Schatten werden länger und länger. Überall Zerstreuung, Ausgleich, Entwertung. Die Kohle verbrennt zu Asche, aus der nie wieder Kohle wird, die Berge stürzen ab und bauen sich nicht wieder auf, die Wärmequellen strahlen aus und haben keine Gelegenheit, sich wieder zu ergänzen. Muſs nicht der Zeitpunkt kommen, wo alles Entropie, nichts mehr Ektropie ist? Denn daſs die von der Natur oder vom Menschen in Scene gesetzten erzwungenen Erscheinungen, bei denen ausnahmsweise Energie konzentriert, differenziert, gehoben wird, daſs sie nur Tropfen auf den heiſsen Stein sind, daſs sie den Gesamtprozeſs höchstens ein wenig aufhalten, aber nicht hindern können, darüber können wir uns keiner Täuschung hingeben. Der Zustand aber, der alsdann eintritt, kann kein anderer als der allgemeine Stillstand alles dessen, was Leben, was Geschehen heifst, sein. Für die Menschheit ein Zustand, vergleichbar mit dem des Tantalus und seinen Qualen: ringsum Energie, aber nicht fafsbar!

Glücklicherweise giebt es Erwägungen, welche dieser Perspektive ihre Trostlosigkeit nehmen, und von diesen Erwägungen steht die folgende in erster Reihe. Ausgleichsprozesse können nur stattfinden, wo Gegensätze vorhanden sind; und je stärker die Gegensätze, desto heftiger, je schwächer die Gegensätze, desto sanfter wird der Ausgleich sein. Aber durch den Ausgleichsprozefs selbst werden ja die Gegensätze fortwährend gemildert. So sehen wir ein, dafs jener Weltprozefs, dessen Tendenz so traurige Perspektiven eröffnet, sich allmählich immer mehr verlangsamt, dafs er gegenwärtig jedenfalls schon viel ruhiger geworden ist, als in der Sturm- und Drangperiode der Natur —

„erst grofs und mächtig,
nun aber geht es weise, geht bedächtig";

immer weiter wird sich das Tempo dieses Prozesses verlangsamen, und sein Ende liegt in unabsehbarer Ferne. Und für unabsehbare Zeit können auch wir uns, unbeirrt durch ihren länger werdenden Schatten, der Segnungen der Weltherrin erfreuen.

Ein Sprech- und Musikbogen. Das neueste elektrische Wunder ist ein Telephonbogen. Zu seiner Erfindung hat die alte Beobachtung geführt, dafs der elektrische Lichtbogen ein durch die Bürsten der Dynamomaschine erzeugtes Geräusch summender Art von sich zu geben pflegt. Für den Sprech- und Musikbogen eignen sich am besten Bogen mit Kohlenspitze, die einen festen Kern haben, wie die Siemensschen. Erforderlich ist ein telephonischer Geber, d. h. ein Mikrophon, und eine Batterie in Stromverbindung mit dem Hauptdraht einer Induktionsspule, deren Nebendraht mit den beiden Kohlenspitzen verbunden ist. Der Geber und der Bogen können, wenn die Verbindungsdrähte entsprechend lang sind, in verschiedenen Zimmern oder auch in gröfserer Entfernung voneinander untergebracht sein. Spricht, singt oder musiziert man ins Mikrophon, so giebt der Bogen die betreffenden Laute und Klänge wieder. In Paris haben die Herren Heller und Coudray die Erfindung ausgestaltet, und in der Londoner Royal Institution hat ein Herr Duddell einen von Experimenten begleiteten Vortrag gehalten, in welchem er auch ein drahtloses Telephon demonstrierte, das dadurch entsteht, dafs man das Licht des tönenden Bogens auf Selenzellen fallen läfst, welche mit einer Batterie und einem Telephon-Empfänger stromverbunden sind. Das sich mit dem tönenden Strom verändernde Licht verändert den Widerstand des Selens und dadurch auch den Strom im Telephon. Dieses giebt dann die Töne von sich. Thatsächlich überträgt der Lichtstrahl die Laute vom Bogen auf die Selenzellen, jedoch in anderer Weise als beim Graham Bellschen Photophon. L. K.

Mensch und Affe. Um die Richtigkeit der Darwinschen Theorie von der Abstammung des Menschengeschlechts vom Affen zu bekräftigen, führt der englische Schriftsteller S. S. Buckman in einem längeren Artikel („Pearson's Magazine", April 1902) folgende Beweise an, die jedermann an seinem eigenen Baby beobachten kann. Das flache Näschen mit seinen grofsen Nasenlöchern gleicht der Nase eines Affen niedriger Gattung; die Furche der Oberlippe, die bei vielen Säuglingen sehr ausgeprägt ist, kann man als einen Überrest aus jener Zeit bezeichnen, da die Lippen in zwei Teile gespalten waren; die Beweglichkeit und der fast zum Erfassen von Gegenständen eingerichtete Kinderfuſs sowohl wie die instinktive Gewohnheit, nach allem mit der ganzen Hand zu greifen, die Hände stets in Greifhaltung zu halten, auf dem Gesicht zu liegen, mit hinaufgezogenen Beinchen zu schlafen, das alles sind dem Affen angeborene und auf uns Menschen überkommene Eigenschaften, zu denen sich noch viele andere, minder ausgeprägte gesellen. —s—r.

Künstliche Klimaveränderung. In einem bemerkenswerten Artikel des Newyorker „Century" führt ein englischer Schriftsteller an, wie man in der Landwirtschaft gegen den Frost ankämpfen könnte und in Kalifornien mit Erfolg bereits ankämpft. In einer einzigen Nacht werden z. B. Orangen, die fast zum Pflücken reif sind, vom Frost vollständig vernichtet und damit die mühsame Arbeit eines ganzen Jahres. Seit 1897 wird in Kalifornien folgendes System mit Erfolg angewendet, das man der Natur abgelauscht hat: man erzeugt künstlichen Wasserdampf, da die Landwirte der Ansicht sind, daſs gegen den Frost möglichst rasch erzeugte Wärme das wirksamste Mittel ist. Der künstliche Nebel ist gleich einer Decke, die in kalten Nächten die Pflanzen und Bäumchen vor dem Frost schützt. Man wendet verschiedene Arten an, um diesen Wassernebel zu erzeugen. So z. B. werden mit glühenden Kohlen angefüllte Drahtkörbchen in bestimmten Zwischenräumen in den Orangen- oder Citronenanlagen aufgestellt. Empfehlenswert ist es, auf die Körbchen flache Pfannen mit Wasser zu stellen, das langsam verdampft und die Luft erwärmt. Für groſse Anlagen werden Katarakte von warmem Wasser erzeugt. Im Februar 1900 wurde z. B. auf einem groſsen Gehöft ein interessantes Experiment mit Erfolg versucht. Man setzte einen Röhrenkessel von 12 HP in Thätigkeit, das 85 Grad heiſse Wasser wurde in einen künstlichen Wasserlauf geleitet, die heiſsen Dämpfe stiegen ca. vier Fuſs hoch über den Erdboden in die Höhe und erwärmten die Luft über den empfindlichen Obstbäumen. „Aus dem Wasserlauf flieſst das Wasser langsam in verschiedenen Furchen ab. Am Ende einer solchen 660 Fuſs langen Furche hatte das Wasser noch 54 Grad Fahrenheit". Dieses Experiment beweist, daſs man empfindliche Pflanzenanlagen vor Frostschäden zu schützen vermag, und es ist nur erstaunlich, daſs man in den Fabrikgegenden und in den Städten mit grofsen Dampfwäschereien, welche ungeheure Mengen heifsen Wassers und heifser Dämpfe, die ungenutzt bleiben, entwickeln, noch keine Orangenhaine und Tabakanpflanzungen angelegt hat. Aber was nicht ist, kann noch werden!

Zur translatorischen Bewegung des Äthers. Die Frage, ob der Äther im Weltraum bewegt oder ruhig ist, beschäftigt neuerdings wieder eine Reihe von Forschern. Wien und Lorentz haben darauf hingewiesen, dafs die Erscheinung der Aberration des Lichtes sich unmöglich mit der Annahme einer Ätherbewegung vereinigen liefse. Das mag sehr wahrscheinlich, ja vielleicht gewifs sein, solange es sich nur um den freien Weltraum handelt. Immerhin bliebe noch zu untersuchen, ob der Äther bis zu einem gewissen Grade oder durchaus mit der Materie geht oder am Umschwunge der Weltkörper, wie z. B. die Atmosphäre, teilnimmt. Man erinnert sich noch der Aufsehen erregenden Versuche von Klinkerfues, auf die hier noch einmal kurz hingewiesen sein mag. Wenn der Äther die Umwälzung der Erde mit einer Geschwindigkeit von 30 km pro Sekunde von West nach Ost mitmacht, so können diese Verhältnisse offenbar nicht ohne Einflufs auf einen in gleicher Richtung oder entgegengesetzt verlaufenden Lichtstrahl sein, mit anderen Worten, es müssen Linienverschiebungen im Spektrum auftreten. Klinkerfues legte eine Röhre, mit Bromdämpfen gefüllt, in die Ost-West-Richtung und beobachtete das Absorptionsspektrum, indem er Lichtquelle und Spektrometer miteinander einige Male vertauschte. Er trat dann mit der alarmierenden Nachricht auf das wissenschaftliche Forum, dafs er Linienverschiebungen gegen das Natriumspektrum um $^1/_{13}$ des Abstandes der beiden D-Linien gefunden habe. Offenbar beruhte jedoch sein Resultat auf Messungsfehlern oder Unvollkommenheiten der zarten Apparatenaufstellung. Denn wie Haga auf der letzten Naturforscherversammlung überzeugend darlegte, kann die Verschiebung, die Klinkerfues zu $^1/_{13}$ des D-Linienabstandes gefunden haben will, maximal nur $^1/_{1000}$ der Entfernung betragen.

Aufser den Genannten haben sich Fizeau, Morley, Michelson und Mascart um die Klärung der Frage bemüht, die jedoch von ihrer Erledigung in dem einen wie in dem anderen Sinne weit entfernt ist und bleiben mufs, solange es nicht gelingt, die Fehlergröfsen unter die Ordnung der erwarteten Resultatsgröfse herabzudrücken.

H. D.

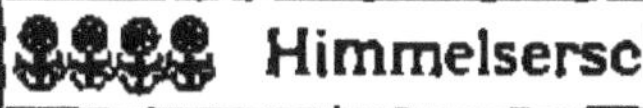 Himmelserscheinungen. 

Übersicht der Himmelserscheinungen für September - Oktober - November.

Der Sternhimmel. Der Anblick des gestirnten Himmels beginnt langsam einen herbstlichen Charakter anzunehmen; das Aufgehen der Hyaden und Plejaden, der Regengestirne der Alten, bei Anbruch der Nacht bedeutet das Ende des Sommers. Andromeda und Widder sind bereits aufgegangen, Algol wird die ganze Nacht sichtbar, und den Beobachtern seine Veränderlichkeit zugänglich. Fuhrmann, Stier und Walfisch erscheinen später am Osthimmel. Ende November sind Zwillinge und Orion die ganze Nacht hindurch von 7 Uhr abends an zu beobachten. Anfang September stehen am Westhimmel, dem Untergange nahe, Bootes und Wage, später Schlange und Krone, bis zum Ophiuchus. Im Zenith stehen Drache, Cepheus, Schwan, Andromeda und zuletzt Perseus. Zur Orientierung dienen folgende, um Mitternacht kulminierende Sterne, für Berliner Zeit gegeben:

1. September	η Pegasi	(3. Gr.)	(AR. 22h 38m,	D. + 29°	43')
6. „	α „	(2. Gr.)	23 0	+ 14	41
15. „	ι Andromedae	(4. Gr.)	23 33	+ 42	43
20. „	ω Piscium	(4. Gr.)	23 54	+ 5	13
24. „	γ Pegasi	(3. Gr.)	0 8	+ 14	38
30. „	δ Andromedae	(3. Gr.)	0 34	+ 30	19
4. Oktober	γ Cassiopejae	(2. Gr.)	0 51	+ 60	11
8. „	β Andromedae	(2. Gr.)	1 4	+ 35	6
12. „	θ Ceti	(3. Gr.)	1 19	− 8	41
17. „	τ Ceti	(3. Gr.)	1 40	− 16	27
23. „	α Arietis	(2. Gr.)	2 2	+ 23	0
28. „	ξ² Ceti	(4. Gr.)	2 23	+ 8	1
6. November	γ Ceti	(2. Gr.)	2 38	+ 3	42
11. „	α Persei	(2. Gr.)	3 17	+ 49	31
17. „	η Tauri	(3. Gr.)	3 42	+ 23	48
23. „	ο¹ Eridani	(4. Gr.)	4 7	− 7	6
29. „	α Tauri	(1. Gr.)	4 30	+ 16	19

An veränderlichen Sternen sind zur Beobachtung geeignet und erreichen zum Teil ihre größte Helligkeit:

T Ceti	(Helligk. 5.—6. Gr.)	(AR. 0h 17m,	D. — 20° 36')	irregulär.
T Andromed.	(„ 8. „)	0 17	+ 26 27	Max. Sept. 11.
S Ceti	(„ 8. „)	0 19	— 9 52	„ Okt. 23.
U Cassiop.	(„ 9. „)	0 41	+ 47 13	„ Okt. 22.
U Cephei	(„ 7.—9. „)	0 53	+ 81 21	Algoltypus.
U Andromed.	(„ 9. „)	1 10	+ 40 18	Max. Sept. 18.
R Ceti	(„ 8. „)	2 21	— 0 36	„ Okt. 31.
β Persei	(„ 2. „)	3 2	+ 40 35	Kurze Per.
λ Tauri	(„ 3—5. „)	3 55	+ 12 14	Algoltypus.
V Orionis	(„ 9. „)	5 1	+ 3 58	Max. Okt. 11.
Y Aurigae	(Helligk. 9. Gr.)	(AR. 5 22	+ 42 21	Kurze Per.
S Orionis	(„ 9. „)	5 24	— 4 46	Max. Nov. 18.

Y Tauri	(Helligk. 7. Gr.)	5h	40m,	D. +20°	38')	
S Lyncis	(„ 10. „)	6	36	+58	0	Max. Okt. 4.
X Geminor.	(„ 9. „)	6	41	+30	22	„ Sept. 27.
R Lyncis	(„ 8. „)	6	53	+55	29	„ Okt. 19.
R Canis	(„ 6.–7. „)	7	15	−16	12	Algoltypus
V Geminor.	(„ 9. „)	7	18	+13	17	Max. Okt. 11.
R Leonis	(„ 6. „)	9	42	+11	53	„ Nov. 29.
S Bootis	(„ 8. „)	14	20	+54	15	„ Okt. 26.
V „	(„ 7. „)	14	26	+39	17	„ Nov. 21.
U Coronae	(„ 8.–9. „)	15	14	+32	0	Algoltypus
R „	(„ 6. „)	15	45	+28	27	Irregulär
R Draconis	(„ 8. „)	16	33	+66	57	Max. Okt. 26.
Z Herculis	(„ 7.–8. „)	17	54	+15	9	Algoltypus
d Serpentis	(„ 5.–6. „)	18	22	+0	7	Kurze Per.
RX Herculis	(„ 8. „)	18	26	+12	31	Algoltypus
β Lyrae	(„ 3.–5. „)	18	46	+33	15	
W Aquilae	(„ 8. „)	19	10	−7	13	Max. Nov. 15.
RR Lyrae	(„ 7.–8. „)	19	22	+42	36	Kurze Per.
SU Cygni	(„ 7. „)	19	41	+29	2	„ „
RT „	(„ 7. „)	19	42	+48	32	Max. Okt. 8.
T Delphini	(„ 8. „)	20	41	+16	3	„ „ 18.
T Vulpeculae	(„ 6.–7. „)	20	47	+27	52	Kurze Per.
SS Cygni	(„ 7. „)	21	39	+43	9	
δ Cephei	(„ 3.–5. „)	22	25	+57	55	
W Ceti	(„ 9. „)	23	57	−15	14	Max. Okt. 27.

Die Planeten. Merkur, in der Jungfrau, rückläufig im Oktober, gelangt bis zur Wage, am 24. Sept. als Abendstern, am 4. Nov. als Morgenstern wahrnehmbar. — Venus, rechtläufig in Krebs, Löwe, Jungfrau, Wage bis Scorpion, im September und Oktober als Morgenstern sichtbar, kommt am 11. September α Leonis auf 39' nahe. — Mars, rechtläufig in Krebs und Löwe, ist lange am Morgenhimmel nach Mitternacht zu sehen. Jupiter, anfangs rückläufig, dann rechtläufig im Steinbock ist bis nach Mitternacht, später in den ersten Stunden der Nacht zu sehen. — Saturn, anfangs rückläufig, dann rechtläufig im Schützen, ist nur noch im September abends zu sehen. — Uranus rechtläufig bei θ Ophiuchi wie Saturn bis Anfang Oktober am Abendhimmel. — Neptun, erst rechtläufig, dann rückläufig in den Zwillingen, ist im September nach Mitternacht, dann schon früher sichtbar.

Vom 13. — 14. November erscheinen die Meteore des Leonidenschwarmes, dessen Radiant zwischen γ und μ Leonis liegt. Um den 23. November herum strahlen vereinzelte Meteore aus der Andromeda heraus.

Sternbedeckungen durch den Mond (sichtbar für Berlin):

				Eintritt			Austritt		
22. Septbr.	θ¹ Tauri	(4. Gr.)		9h	49m	abends	10h	23m	abends
25. „	68 Geminor.	(5. „)		2	39	morgens	3	43	morgens
12. Oktober	e¹ Capric.	(5. „)		10	50	abends	11	13	abends
16. „	β¹ Piscium	(5. „)		11	35	abends	0	25	morgens
19. „	θ¹ Tauri	(4. „)		unsichtbar			7	13	„
22. „	ι Geminor.	(4. „)		1	56	morgens	2	53	„
24. „	κ Cancri	(5. „)		0	15	„	1	10	„
23. Novbr.	ο Leonis	(5. „)		3	18	„	8	58	„

Mond						Berliner Zeit.			
Neumond	am 2. Septbr.	Aufg.	5 h	23 m	morgens	Unterg.	6 h	30 m	nachm.
Erstes Viert.	„ 9. „	„	1	17	mittags	„	10	0	abends
Vollmond	„ 17. „	„	5	50	nachm.	„	5	8	morg.
Letztes Viert.	„ 24. „	„	10	23	abends	„	1	27	mittags
Neumond	„ 1. Oktober	„	6	48	morgens	„	5	21	nachm.
Erstes Viert.	„ 9. „	„	1	27	mittags	„	10	28	abends
Vollmond	„ 17. „	„	5	13	nachm.	„	6	31	morg.
Letztes Viert.	„ 23. „	„	10	33	abends	„	1	0	mittags
Neumond	„ 31. „	„	6	50	morgens	„	4	34	nachm.
Erstes Viert.	„ 8. November	„	1	1	mittags	„	11	20	abends
Vollmond	„ 15. „	„	4	18	nachm.	„	6	09	morg.
Letztes Viert.	„ 22. „	„	12	3	nachts	„	0	41	mittags
Neumond	„ 30. „	„	7	44	morgens	„	4	50	nachm.

Erdnähe: 23. September, 20. Oktober, 17. November.

Erdferne: 9. September, 7. Oktober, 5. November.

Am 17. Oktober findet in den Morgenstunden eine in Berlin teilweise sichtbare totale Mondfinsternis statt; der Mond geht jedoch noch vor Mitte der Finsternis unter.

Am 31. Oktober findet in den Vormittagsstunden eine in Berlin sichtbare partielle Sonnenfinsternis statt; Beginn 6 h 53 m, Ende 10 h 58 m mittlerer Berliner Zeit. Etwa $^8/_9$ der Sonne wird verfinstert.

Sonne.	Sternzeit f. den mittl. Berl. Mittag.			Zeitgleichung.			Sonnenaufg. für Berlin.		Sonnenunterg. für Berlin.	
1. September	10 h	38 m	42.5 s	+	0 m	10.4 s	5 h	12 m	6 h	49 m
8. „	11	6	18.4	—	2	5.9	5	24	6	32
15. „	11	33	54.2	—	4	31.9	5	36	6	16
22. „	12	1	30.1	—	7	0.8	5	47	5	59
1. Oktober	12	36	59.1	—	10	3.6	6	3	5	38
8. „	13	4	34.9	—	12	11.1	6	15	5	22
15. „	13	32	10.8	—	13	59.0	6	27	5	6
22. „	13	59	46.7	—	15	20.4	6	40	4	51
1. November	14	39	12.2	—	16	17.9	6	58	4	34
8. „	15	6	48.1	—	16	11.9	7	11	4	17
15. „	15	34	24.0	—	15	25.6	7	24	4	6
22. „	16	1	59.8	—	13	58.2	7	36	3	57
29. „	16	29	35.7	—	11	50.9	7	48	3	50

Die Beobachter meteorologischer Erscheinungen finden möglicherweise an farbigen Dämmerungsvorgängen ein geeignetes Objekt, da die Wahrscheinlichkeit vorliegt, dass die vulkanischen Ausbrüche auf den Westindischen Inseln ähnliche Vorgänge hervorrufen werden, wie seinerzeit der Ausbruch des Krakatau auf den Sundainseln, der jahrelang die leuchtenden Nachtwolken verursacht hat.

R.

R. Börnstein: Schul-Wetterkarten. 12 Wandkarten unter Benutzung der Typen von van Bebber und Teisserenc de Bort, für Unterrichtszwecke zusammengestellt. Verlag von Dietrich Reimer (Ernst Vohsen) in Berlin SW. Preis einer Karte 3 M., aufgezogen 5 M., Preis der ganzen Sammlung 30, bezw. 54 M.

Bisher fehlten für Demonstrationen käufliche Wetterkarten gröfseren Mafsstabes, welche neueren Anforderungen entsprechen. Projektionsbilder boten einen nur mangelhaften Ersatz, da dem Zuschauer meist nicht genügend Zeit bleibt, sich das Charakteristische einzuprägen. Die neuen Börnsteinschen Karten dagegen werden in sehr willkommener Weise und völlig ausreichend jeden Kursus über praktische Witterungskunde ergänzen und erläutern.

Die Karten, auf blauem Grunde mit schwarzen Isobaren und roten Isothermen gezeichnet, stellen eine Reihe von Wetterlagen dar, die durch einfache Verteilung der Elemente eine leichte Auffassung und Festhaltung ermöglichen und zugleich oft genug vorkommen, um praktische Wichtigkeit zu besitzen. Aus der Witterungsgeschichte der letzten Jahre sind solche Tage ausgewählt, die als Beispiele für die durch van Bebber und durch Teisserenc de Bort aufgestellten Wettertypen gelten können, und dazu ist noch als Ergänzung je eine Karte für Kälterückfälle und Gewitterzüge gefügt. Jedes Blatt (125×88 cm grofs) zeigt auf einer Hauptkarte die Witterung des betreffenden Tages um 8 Uhr morgens, dazu auf zwei Nebenkarten diejenige von mittags 2 Uhr und vom Vorabend um 8 Uhr.

Die Karten sind sicherlich vortrefflich geeignet, einem gröfseren Kreise von Zuhörern die Bedeutung der synoptischen Meteorologie klar zu machen, und es ist ihnen daher eine recht weite und schnelle Verbreitung zu wünschen.

Sg.

Halbmonatliches Litteraturverzeichnis der „Fortschritte der Physik". Herausgegeben und redigiert von Karl Scheel und Richard Assmann. Braunschweig bei Friedr. Vieweg & Sohn.

Das umfassende Referat-Werk, die „Fortschritte der Physik", herausgegeben von der Deutschen Physikalischen Gesellschaft, erscheint neuerdings bereits in der ersten Hälfte jedes auf das Berichtsjahr folgenden Jahres. Da es dabei die gesamten Publikationen des In- und Auslandes berücksichtigt, so dürfte eine schnellere Berichterstattung billigerweise nicht mehr zu erwarten sein. Wieviel dabei immer noch fehlt, um das wissenschaftliche Publikum bei der Fülle der Erscheinungen auf dem Laufenden zu erhalten, weifs ein jeder, der nur einmal versucht hat, sich durch die noch nicht referierte Litteratur hindurchzuarbeiten. Kurzer Hand hat sich nun der genannte Braunschweiger Verlag entschlossen, im Anschlusse an die Fortschritte der Physik, alle 14 Tage ein „Litteraturverzeichnis" aller einschlägigen Arbeiten des In- und Auslandes herauszubringen. Dafs hiermit sans phrase einem „wirklich dringenden Bedürfnis" abgeholfen wird, mufs jeder gern eingestehen, dem dadurch die unsäglich zeitraubende und mühevolle Arbeit des Litteratursuchens erspart wird.

Unter die Rubriken: Allgemeine Physik, Akustik, Optik, Wärmelehre, Elektrizitätslehre, Kosmische Physik ordnen sich nach Untertiteln Kompendien wie Sonderarbeiten ein. Jedes dieser Unterfächer des uns vorliegenden ersten und zweiten Heftes ist wohlgefüllt, weist doch das erste Heft allein 40 Druckseiten auf. Wir wünschen dem jungen Unternehmen vollen Erfolg, der sicher bei dem niedrigen Bezugspreis des Werkes — der Jahrgang kostet nur 4 Mark — nicht ausbleiben kann. Dr. B. D.

Verzeichnis der der Redaktion zur Besprechung eingesandten Bücher.
(Fortsetzung.)

Andreae, Prof. Tiere der Vorwelt. Rekonstruktionen vorweltlicher Tiere, entworfen von Gustav Keller. Wandtafeln für den Anschauungs-Unterricht mit Textheft. Cassel, Fischer & Co. 1901.

Baumgartner, A. Durch Skandinavien nach Petersburg. III. Auflage. Freiburg i. Breisgau, Herdersche Verlagsbuchhandlung.

Bebber van, W. J. Anleitung zur Aufstellung von Wettervorhersagen für alle Berufsklassen, insbesondere für Schule und Landwirtschaft. Mit 16 eingedruckten Abbildungen. Braunschweig, Friedrich Vieweg & Sohn. 1902.

Berg, A. Die wichtigste geographische Litteratur. Ein praktischer Wegweiser. Halle a. S. Gebauer-Schwetschke Verlag. 1902.

Brenner, Leo. Beobachtungsobjekte für Amateur-Astronomen. Mit 5 Tafeln und 16 Textbildern. Leipzig, Ed. H. Mayer. 1902.

Breusings Steuermannskunst. Im Verein mit O. Fulst u. H. Weldau neu bearbeitet und herausgegeben von C. Schilling. VI. Auflage. Leipzig, M. Heinsius Nachfolger, 1902.

Bergens Museum-Aarbog 1901. Afhandlinger og Aarsberetning udgivne af Bergens Museum, red. J. Brunchorst, Heft 1 u. 2, Bergen, John Griegs 1901.

Borchardt, B. Die Entstehung und Bildung des Sonnensystems. Mit 6 Abbildungen (Gemeinverständliche Darwinistische Vorträge und Abhandlungen. Herausgegeben von Wilh. Breitenbach, Odenkirchen). 1902.

Dannemann, Fr. Grundriß einer Geschichte der Naturwissenschaften, zugleich eine Einführung in das Studium der grundlegenden naturwissenschaftlichen Litteratur. I. Band. Erläuternde Abschnitte aus den Werken hervorragender Naturforscher aller Völker und Zeiten. II. Aufl. Leipzig, Wilh. Engelmann, 1902.

Daiber, A. Eine Australien- und Südseefahrt. Mit zahlreichen Abbildungen im Text u. auf Tafeln sowie einer Kartenbeilage. Leipzig, B. G. Teubner, 1902.

Decken, H. Samoa. Samoanische Reiseskizzen und Beobachtungen. Mit einem Deckbilde von Hans Deiters. Oldenburg, Gerh. Stalling.

Dennert, E. Aus den Höhen und Tiefen der Natur. Skizzen und Studien aus dem Naturleben. Halle a. S., Ed. Müller's Verlag. 1902.

Engel, Th. Die wichtigsten Gesteinsarten der Erde nebst vorausgeschickter Einführung in die Geologie für Freunde der Natur. Zweite vermehrte und verbesserte Auflage. 1. Lieferung. Ravensburg, Otto Maier.

Erdmann, H. Lehrbuch der Anorganischen Chemie. III. Auflage mit 291 Abbildungen, 99 Tabellen, einer Rechentafel und sechs farbigen Tafeln. Braunschweig, Friedr. Vieweg & Sohn. 1902.

(Fortsetzung folgt.)

Verlag: Hermann Paetel in Berlin. — Druck: Wilhelm Gronau's Buchdruckerei in Berlin-Schöneberg.
Für die Redaktion verantwortlich: Dr. P. Schwahn in Berlin.

Männer und Frauen der Herero.

Frauen der Ovambo.

Über natürliche Farben und Farbstoffe.

Von Dr. Hermann Wager in Tübingen.

I.

Beim Anblicke des Naturganzen sind es vor allem zwei Wahrnehmungen, die uns durch das Auge eventl. unter Mitwirkung unserer Tastorgane zur Empfindung gebracht werden. In erster Linie ist es die greifbare Materie in ihrer wechselnden Form, und ferner sind es die Farben.

Bei der ersten oberflächlichen Betrachtung erscheint es uns, dafs Materie und Farben Begriffe sind, die sich insofern decken, als das eine ohne das andere nicht zu denken ist, indem wir z. B. beim Wegtragen und Ansammeln eines gefärbten Stoffes zugleich auch das Mitgehen der Farbe desselben veranlassen. Aber schon bei unseren weiteren Beobachtungen in der Natur machen wir die Erfahrung, dafs die Farbe auch ohne die greifbare Materie existiert. Wollten wir uns aufmachen, um die verschiedenen Farben des Regenbogens einzusammeln, so würden wir bald zu der Erkenntnis kommen, dafs wir die Farben des Regenbogens wohl wahrnehmen, aber nie nach Art der Materie sammeln können. Es ist gerade die prächtigste Farbenerscheinung in der Natur, welche uns zeigt, dafs die Farbe nicht etwas ist, das mit der Materie verbunden sein mufs, sondern dafs die Farbe sich prinzipiell dadurch von der Materie unterscheidet, dafs sie etwas nicht Materielles ist. Wenn wir aber die Farben des Regenbogens nicht einsammeln können, so ist es andererseits ein leichtes, Farben an einem bestimmten Orte nach Art der Materie anzusammeln, indem wir eben die gefärbten Stoffe zusammentragen. Im Falle wir nicht ausgerüstet wären mit unserer jetzigen Theorie über die Farben, so würden wir wohl zu der Ansicht kommen, dafs eben die Farben des Regenbogens sowohl ihrer Art als auch ihrem Wesen nach sich unterscheiden von den Farben, welche an die Materie gebunden zu sein scheinen.

Die verschiedenst gefärbten Stoffe können wir sowohl auf der Erdoberfläche als auch namentlich in der Erdkruste finden. Hätten wir eine Sammlung derselben behufs weiterer Untersuchung nach unserer Behausung gebracht, so würden wir, im Falle die auf der Erde vorhandenen Stoffe uns keine andere Beleuchtung als durch eine reine Natriumflamme gestatten würden, wohl unter Erschrecken wahrnehmen, dafs all die verschieden gefärbten Körper ihre mehr oder weniger prächtigen Farben verloren haben. Andererseits würden wir jedoch wieder die Beobachtung machen, dafs das Sonnenlicht unseren im Natriumlicht ungefärbt erscheinenden Körpern ihre Färbung ohne jede Verminderung zurückzugeben vermag. Wir müssen hieraus folgern, dafs es des weifsen Sonnenlichtes oder einer ihm möglichst nahe kommenden Lichtquelle bedarf, um die Stoffe in der ihnen eigentümlichen Färbung erscheinen zu lassen.

Nach allen diesen Erfahrungen drängt sich uns der Schlufs auf, dafs die scheinbar an die Materie gebundenen Farben ihrem Wesen nach, wenn auch nicht in vollständiger Analogie ihrer Entstehung nach, mit den Farben des Regenbogens übereinstimmen. Wir gelangen hierdurch zu der heute allgemein angenommenen Theorie der Farben, welche bereits schon von Newton am Ende des 17. Jahrhunderts aufgestellt wurde.

Wenn auch die Newtonsche Anschauung über das Wesen des Lichtes, nämlich die von ihm im Jahre 1669 aufgestellte Emanations- oder Emissions-Theorie, der 1678 von Huygens aufgestellten Vibrations- oder Undulations-Theorie weichen mufste, so ist doch seine Farbenlehre bis auf unsere Zeit geltend geblieben und hat durch die Huygenssche Undulationstheorie kräftige Stützen erhalten.

Während Newton in seiner Emanationstheorie die Hypothese aufstellte, dafs das Licht als eine sehr feine, unwägbare Materie anzusehen sei, dessen Teilchen von den leuchtenden Körpern mit einer Geschwindigkeit von 300 000 km pro Sekunde fortgeschleudert werden, wurde von Huygens nach der von ihm aufgestellten Undulationstheorie das Licht als eine Wellenbewegung erklärt, die sich in einem den Weltenraum und die Zwischenräume der Körperteilchen erfüllenden Mittel, dem sog. Äther, mit der bereits angeführten Geschwindigkeit durch Schwingungen von Teilchen zu Teilchen fortpflanzt.

Der wesentliche Inhalt der Newtonschen Farbenlehre, welche in die neuere und heute allgemein giltige Undulationstheorie von der

Verbreitung des Lichtes übergegangen ist, wird unter Berücksichtigung der letzteren in kurzer Ausführung durch folgendes dargelegt.

Weifses Licht ist zusammengesetzt aus Strahlen aller Gattungen oder Farben; es wird durch Farbenzerstreuung oder Dispersion und ferner durch Absorption in seine farbigen Komponenten zerlegt. Die Farbenzerstreuung beruht auf der ungleichen Brechbarkeit der verschiedenfarbigen Bestandteile des zusammengesetzten Lichtes und wird am besten durch ein Prisma bewirkt. Fällt ein Sonnenstrahl durch ein Prisma, so wird er von seinem Wege abgelenkt und giebt auf einer weifsen Fläche ein in die Länge gezogenes Farbenbild, das Spektrum, in welchem der Reihe nach Rot, Orange, Gelb, Grün, Blau, Indigo und Violett aufeinander folgen.

In grofsartigem Mafsstabe wird uns die Farbenzerstreuung vor Augen geführt durch den Regenbogen, welchen man, mit dem Rücken gegen die unverhüllte Sonne gewandt, auf einer gegenüberliegenden, von der Sonne beleuchteten regnenden Wolkenwand erblickt; die Entstehung des Regenbogens beruht auf der durch Brechung bewirkten Dispersion des Sonnenlichtes in den Regentropfen.

In einem gewissen Gegensatz zur Entstehung der Farben durch Dispersion, bei welcher die grofse Zahl der im zusammengesetzten Licht enthaltenen farbigen Strahlen vor uns ausgebreitet wird, steht nun das Werden der Farben durch Absorption.

Entwirft man mittelst eines Prismas auf einem weifsen Papierschirm ein vollständiges Spektrum und läfst nun den Lichtstrahl vorher noch eine dunkelrote Glasscheibe passieren, so bleiben von diesem Spektrum nur Rot und Orange übrig, die anderen Farben vom Gelb bis zum Violett sind ausgelöscht. Das rote Glas läfst also von sämtlichen im weifsen Licht enthaltenen Farben nur das Rot und Orange durch, die anderen werden von ihm verschluckt oder absorbiert. Es verhält sich gleichsam wie ein Sieb, welches die roten und orangefarbenen Strahlen durchläfst, die übrigen aber zurückhält, und eben darum erscheint es unserem Auge in einem aus dem Rot und Orange des Spektrums gemischten roten Farbenton. Ebenso verdankt ein grünes oder blaues Glas sein farbiges Aussehen dem Umstand, dafs jenes die grünen, dieses die blauen Strahlen vorzugsweise durchläfst, die übrigen aber mehr oder weniger vollständig verschluckt. Eine gewöhnliche Fensterscheibe dagegen erscheint farblos, weil sie alle im weifsen Licht enthaltenen farbigen Strahlen gleich gut durchläfst.

Den durchsichtigen Körpern stehen die undurchsichtigen gegenüber, welche sich in ihrem Verhalten gegen das Licht nur dadurch von den durchsichtigen Körpern unterscheiden, dafs die betreffenden Strahlen, welche nicht zur Absorption kommen, zurückgeworfen werden. Die gefärbten undurchsichtigen Körper absorbieren also in analoger Weise, wie die durchsichtigen, bestimmte Strahlen und erscheinen in der Farbe, welche aus den reflektierten Lichtstrahlen im Auge resultiert. Ein weifser Körper absorbiert keine der im weifsen Licht enthaltenen einfachen Farben mit besonderer Vorliebe, sondern wirft alle in ihrem ursprünglichen Mischungsverhältnis zurück. Grau — worin nach dem optisch durchaus wahren Sprichwort nachts alle buntfarbigen Wesen erscheinen — nennen wir eine Oberfläche, welche für alle farbigen Lichtarten ein gleichmäfsig geringes Reflexionsvermögen besitzt. Schwarz endlich erscheint ein Körper, welcher alle Strahlengattungen absorbiert. Die Empfindung des Schwarzen ist nur die Abwesenheit jeden Lichteindruckes, und ist infolgedessen das Schwarze nicht als eine Farbe anzusehen, da es nur dem Zustand der Ruhe der Netzhaut des Auges entspricht.

So erklärt sich die ganze reiche Mannigfaltigkeit der Körperfarben aus der von den Körpern ausgeübten Lichtabsorption; die Farbe eines Körpers ist nichts anderes als die Mischfarbe aus allen denjenigen Strahlen, welche von dem ihn beleuchtenden weifsen Licht nach Abzug der absorbierten Strahlenarten noch übrig geblieben sind. Hieraus ist leicht zu ersehen, dafs ein Körper nur solche Farben zeigen kann, welche in dem einfallenden Lichte schon enthalten sind. Benützen wir z. B. zur Beleuchtung eine Natriumflamme, welche nur Lichtstrahlen einer einzigen Gattung aussendet, so lassen sich an den Körpern keine Farbenunterschiede mehr wahrnehmen; man unterscheidet nur noch hell und dunkel. Wäre die Sonne ein Ball von glühendem Natriumdampf, so würde die ganze Natur dieses eintönig düstere Gewand tragen; es bedarf des weifsen Sonnenlichtes, in welchem unzählige Farben vereint sind, um den Farbenreichtum der Körperwelt unserem Auge zu erschliefsen.

Die Newtonsche Farbenlehre hatte bereits am Ende des 18. Jahrhunderts eine derartige Verbreitung gefunden, dafs dieselbe nach der Mitteilung von Goethe in allen physikalischen Handbüchern Aufnahme gefunden hatte. Goethe selbst war ein heftiger Gegner der Newtonschen Theorie. Durch einen Prismenversuch nämlich kam er zur Überzeugung, zwischen der beobachteten Erscheinung und der Lehre Newtons einen Widerspruch gefunden zu haben, der die allgemein angenommene Theorie völlig aufhebe. Diese Entdeckung machte ihn gegen die Lehre von der Optik so mifstrauisch und ungläubig, dafs er sich entschlofs, die Lehre des Lichtes und der Farben einer Bearbeitung zu unterziehen; die Untersuchungen erstreckten sich über 18 Jahre hin und fanden im Jahre 1810 durch den Druck seiner gesammelten Erfahrungen unter dem Titel „Zur Farbenlehre" ihren Abschlufs.

Bei Bearbeitung der Chromatik bezeichnete Goethe in Betreff der einzuschlagenden Methode als seine Aufgabe: die Phänomene zu erhaschen, sie zu Versuchen zu fixieren, die Erfahrungen zu ordnen und die Vorstellungen darüber kennen zu lernen; bei der ersten Aufgabe aufmerksam, bei der zweiten so genau als möglich zu sein, bei der dritten vollständig zu werden und bei der vierten vielseitig zu bleiben.

Trotz dieser vorzüglichen Grundsätze und der vielen Mühe, mit der Goethe seine in der Annahme gipfelnde Farbenlehre aufbaute, dafs alle Farben aus der Wechselwirkung des Hellen und Trüben entständen, hat dieselbe nur geringe Teilnahme erweckt. Bei den Gelehrten steht es längst fest, dafs Goethes Theorie der Wissenschaft weder nützt noch schadet, weil sie nicht wissenschaftlich begründet ist oder begründet werden kann. Aber abgesehen von allem Werte der Lehre für die physikalischen und mathematischen Wissenschaften, seine Farbenlehre resp. seine Beschreibung von Versuchen in meisterhafter Darstellung ist nicht ohne Wirkung geblieben, da durch diese Schriften die klare und fafsliche Ausführung wissenschaftlicher Gegenstände allgemeiner geworden ist.

II.

Farbige Stoffe finden wir sowohl im Mineral-, als auch im Pflanzen- und Tierreich, und erfreuen sich solche, welche durch Schönheit und Reinheit ihrer Färbungen ausgezeichnet sind, seit der ältesten Zeit einer entsprechenden Wertschätzung, namentlich wenn denselben noch die Eigenschaft zukommt, die pflanzliche oder tierische Faser anzufärben. Zum Färben kann gewissermafsen jeder gefärbte Körper benutzt werden, indem man ihn mit dem zu färbenden Gegenstand auf irgend eine Weise in möglichst dauernd-innige Berührung bringt. Zur Zeit ist man jedoch geneigt, aus der grofsen Zahl der gefärbten Körper diejenigen unter der Benennung als „wirkliche Farbstoffe" zusammenzufassen, welche aufser ihrer eigentlichen Färbung noch die Eigenschaft des Färbens besitzen. Letztere beruht auf einer eigentümlichen Verwandtschaft der Farbstoffe zur Faser, namentlich zur Tierfaser.

In allen Gebieten der Naturwissenschaften ist das Bestreben vorhanden, sich nicht mit den festgestellten Thatsachen allein zu begnügen, sondern auch die Gesetze zu erforschen, auf welche die beobachteten Erscheinungen zurückzuführen sind. Unterziehen wir die verschiedenen, heute als Elemente bezeichneten Stoffe und deren Verbindungen einer Untersuchung in Beziehung auf die Farbe, so lernen wir hierbei die denkbar gröfsten Farbenunterschiede kennen vom farblosen Wasserstoff bis zur schwarzen Modifikation des Kohlenstoffs. Die Färbung der chemischen Elemente kann selbst je nach Form und Aggregatzustand eine ganz verschiedene sein, wie z. B. die verschiedenen Arten des Kohlenstoffs als Diamant und Kohle; ferner mache ich noch aufmerksam auf das grauschwarze feste Jod und das schön violett gefärbte gasförmige Jod. Während einige Elemente, wie z. B. das Chrom, durchweg gefärbte Verbindungen bilden, ist bei anderen eine Färbung der letzteren gewissermafsen als ein Ausnahmefall zu betrachten und wird dann durch ein hinzugetretenes farbgebendes Element bedingt.

Bei den Elementen und den anorganischen Verbindungen ist es nach dem heutigen Stand unserer Wissenschaft noch nicht möglich, irgend eine allgemeine Ursache anzugeben, auf welche das Gefärbtsein zurückzuführen ist, da wir darüber, ob unsere heutigen Elemente wirklich elementarer Natur oder aus einfacheren Stoffen aufgebaut sind, noch vollständig im unklaren sind.

In dem Gebiet der Chemie der organischen Körper oder Kohlenstoffverbindungen war es möglich, die Gesetzmäfsigkeiten aufzudecken, auf welche das Farbigsein oder Nichtfarbigsein eines Körpers zurückzuführen ist. Von den sog. organischen Verbindungen, welche neben dem nie fehlenden Kohlenstoff meistens Wasserstoff, Sauerstoff und Stickstoff enthalten, ist ein grofser und wohl bei weitem der gröfste Teil ungefärbt. Andererseits geht der Kohlenstoff mit den gleichen Elementen oft Verbindungen ein, deren Färbung an Intensität und Charakter diejenigen aller anderen Elemente weit übertrifft. Solche gefärbte Kohlenstoffverbindungen unterscheiden sich häufig in ihrer prozentischen Zusammensetzung nur wenig oder gar nicht von anderen gänzlich farblosen. Aus letzterer Thatsache geht nun mit Sicherheit hervor, dafs es lediglich die Struktur[1]) dieser Verbindungen ist, welche in einem Falle die Färbung und im anderen die Farblosigkeit bedingt. Wir sind somit in den Stand gesetzt, auf einen gewissen Zusammenhang zwischen Färbung und chemischer Struktur zu schliefsen.

---

[1]) Unter chemischer Struktur versteht man die Art und Weise, nach welcher die verschiedenen Atome im Molekül der betreffenden Verbindung aneinander gekettet sind.

Die Erfahrungen, welche von zahlreichen Forschern über die Ursache des Gefärbtseins und Nichtgefärbtseins ähnlich zusammengesetzter Stoffe gesammelt waren, veranlafsten O. N. Witt, im Jahre 1876 eine ausführlichere Theorie über das Wesen der Farbstoffe aufzustellen, welche sich in folgenden Sätzen zusammenfassen läfst:

Die Farbstoffnatur eines Körpers ist bedingt durch die Anwesenheit einer gewissen Atomgruppe, welche als „farbgebende Gruppe" oder „Chromophor" zu bezeichnen ist. Ein solches Chromophor ist z. B. die aus Stickstoff und Sauerstoff bestehende Nitrogruppe, ferner die von zwei Stickstoffatomen gebildete Azogruppe und einige andere Gruppen. Durch Eintritt des Chromophors in einen farblosen Körper, z. B. der Nitrogruppe in das Naphtalin, entsteht zunächst ein mehr oder weniger gefärbter Körper, welcher als „Chromogen" bezeichnet wird. Die Chromogene werden aber erst zu wirklichen Farbstoffen durch den Eintritt von salzbildenden Gruppen, den sog. „Autochromen", welche dem Chromogen, d. h. dem farbig erscheinenden Körper, saure oder basische Eigenschaften erteilen und dadurch eine eigentümliche Verwandtschaft der Farbstoffe zur Faser, namentlich zur Tierfaser, hervorrufen.

Das Verhalten der Farbstoffe zur tierischen oder pflanzlichen Faser, von welchen die Woll-, Seide- und ferner die Baumwollfaser die wichtigsten sind, ist entsprechend ihren chemischen Eigenschaften ein sehr verschiedenes. Die Woll- und die Seidenfaser besitzen eine viel gröfsere Affinität zu Farbstoffen als die Baumwollfaser. Entsprechend der zugleich sauren und basischen Natur der Woll- und der Seidenfaser färben die meisten Farbstoffe dieselbe direkt an. Die Eigenschaft des direkten Anfärbens kommt nun hauptsächlich solchen Körpern zu, welche einen mehr oder weniger ausgesprochenen Säure- oder Basencharakter besitzen. Es ist danach anzunehmen, dafs die Verbindungen der Farbstoffe mit der tierischen Faser salzartige Verbindungen sind, in welchen die Faser nach Art einer Substanz, die zugleich saure und basische Gruppen enthält, in einem Fall die Rolle einer Säure, im anderen die Rolle einer Base spielt. Solche Farbstoffe, welche aus ihren Lösungen direkt von der Faser aufgenommen werden, bezeichnet man als „substantive".

Von substantiven Farbstoffen für Baumwolle kannte man bis in die 80er Jahre hinein nur den natürlichen Farbstoff des Safflor und den der Curcuma-Wurzel. Seit der im Jahre 1884 erfolgten Entdeckung der Benzidin-Farbstoffe, als deren erster Chrysamin und Congo bekannt wurden, hat sich jedoch die Zahl der substantiven

Baumwollfarbstoffe rasch vermehrt. Während auf Grund zahlreicher Beobachtungen anzunehmen ist, dafs die tierische Faser mit sauren oder basischen Farbstoffen eine salzartige chemische Verbindung eingeht, ist die Eigenschaft gewisser Farbstoffe, die Pflanzenfaser direkt anzufärben, vom chemischen Standpunkte aus schwieriger zu erklären.

Ohne besondere Vorbereitung ist die pflanzliche Faser nicht im stande, Farbstoffe saurer oder basischer Natur aufzunehmen. Vor dem Behandeln mit solchen Farbstoffen müssen dieselben mit einer Substanz gebeizt, d. h. imprägniert werden, welche mit den betreffenden Farbstoffen schwer lösliche Verbindungen eingeht. Aufser den oben genannten substantiven Farbstoffen für Wolle und Baumwolle kennen wir noch eine Anzahl saurer Farbstoffe, welche die Eigenschaft besitzen, mit Metalloxyden unlösliche Lacke zu bilden, die in ihrer Färbung von dem ursprünglichen Farbstoff ganz verschieden sind und je nach der Natur der Metalle ganz erheblich variieren. Solche Farbstoffe saurer Natur, welche mittelst metallischer Beizen auf der Faser haftende Lacke zu bilden vermögen, fafst man unter dem Namen „Beizenfarbstoffe" zusammen.

Die Eigenschaft, die tierische oder pflanzliche Faser direkt anzufärben, kommt den Mineralfarben, sowohl den in der Natur vorkommenden Erdfarben als auch den künstlich dargestellten kaum resp. nicht zu; um sie zum Färben von Gegenständen zu verwenden, müssen dieselben mittelst eines Bindemittels aufgetragen werden. Sie finden deshalb nur Verwendung als Malerfarben, und zwar als Deckfarben und Lasurfarben, Email- und Schmelzfarben, und verdanken ihre grofse Verwendung der bedeutenden Lichtechtheit, welche den organischen Farbstoffen abgeht. Zum Färben der Gewebe haben die Mineralfarben nur in geringem Mafse Verwendung gefunden, und werden dieselben heute zu diesem Zweck kaum mehr in Betracht kommen.

Während man bis gegen das Jahr 1860 für Zwecke der Färberei sich fast ausschliefslich der aus Pflanzen und Tieren stammenden natürlichen organischen Farbmaterialien, wie des Indigos, des Krapps, des Blau- und Rotholzes, der Cochenille, der Orseille u. a. bediente, hat man dieselben jetzt gröfstenteils durch Teerfarben, d. h. durch die künstlichen organischen Farbstoffe, ersetzt. Für dieselben bildet der Steinkohlenteer fast das einzige Ausgangsmaterial, und die Entwickelung der Industrie dieses Stoffes hängt auf das engste mit der Erfindung der künstlichen organischen Farbstoffe zusammen. Nachdem durch eine Reihe von wissenschaftlichen Untersuchungen die Kenntnis der Produkte der trockenen Destillation wesentlich gefördert worden war, nahm die Bildung gefärbter Derivate aus denselben in besonderem Maße die Aufmerksamkeit der Chemiker in Anspruch. Die Untersuchungen von Mitscherlich, A. W. Hofmann, Zinin u. a. waren es, durch welche in den 40er Jahren die Konstitution dieser Körper klargelegt und dadurch der späteren Farbenindustrie der Boden geebnet wurde.

Die erste Teerfarbenfabrik wurde von Perkin & Söhne in Greenford-Green bei London errichtet; man fing dort 1857 an, Mauvein zu fabrizieren. Bald darauf begann die Seidenfärberei von Renard frères und Franck in Lyon, Fuchsin darzustellen; die Fabrikation der Anilin-Farben ging dann nach Deutschland über, wo sie zu großer Blüte sich entfaltete. Außerdem hat sie sich in der Schweiz, und zwar in Basel, besonders kräftig entwickelt. Der Gesamtwert der heute fabrizierten künstlichen organischen Farbstoffe wird auf 150 Millionen Mark geschätzt, wovon 120 Millionen auf Deutschland, der Rest von 30 Millionen besonders auf die Schweiz, England und Frankreich kommen.

Seit dem Jahre 1856, in welchem Perkin das Mauvein darstellte, ist durch die rastlose Arbeit der Chemiker die Zahl der künstlichen Farbstoffe ungemein rasch gewachsen. Hervorragender Anteil hieran kommt den deutschen Chemikern zu; ihre großen Erfolge verdanken sie hauptsächlich ihren in streng wissenschaftlicher Weise durchgeführten Untersuchungen. Die Erkenntnis der künstlichen organischen Farbstoffe ist bereits soweit gefördert, daß dieselben zu den ihrer Konstitution nach bestudierten Körpern gehören.

Wie schon erwähnt, waren bis zum Jahre 1860 die natürlichen organischen Farbstoffe beinahe die einzigen Farbmaterialien, die in der Färberei zur Verwendung kamen. Durch die Konkurrenz der künstlichen organischen Farbstoffe haben sie von Jahr zu Jahr mehr und mehr an Bedeutung verloren. Während das Interesse der Chemiker, stetig angeregt durch die sich bietenden praktischen Erfolge, lange Zeit hindurch hauptsächlich den künstlichen Farbstoffen sich zuwandte, sind die Forschungen in Bezug auf die Konstitution der natürlichen Farbstoffe weit hinter denen der künstlichen zurückgeblieben. Nur eine kleine Anzahl der in der Natur vorkommenden Farbstoffe, wie das Alizarin, Purpurin, Indigoblau, ist bis jetzt auf synthetischem Wege dargestellt worden. Bei der Bedeutung, die denselben zukam und trotz der starken Konkurrenz von seiten der künstlichen organischen Farbstoffe immer noch zukommt, haben sie jedoch das Interesse der Chemiker nie verloren, und scheint es im Gegenteil, dafs die wissenschaftliche Erschliefsung der natürlichen organischen Farbstoffe emsiger als je angestrebt wird. Durch die zahlreichen synthetischen Arbeiten auf dem Gebiete der gefärbten Körper sind die Wege hierzu geebnet, und dürfen wir nach unseren bisherigen Erfolgen wohl annehmen, dafs sowohl die Analyse als auch Synthese[2]) derselben in nicht zu weite Ferne gerückt ist.

III.

Gefärbte Körper resp. Farbstoffe liefert uns das Tierreich und hauptsächlich das Pflanzenreich. Die von ersterem gelieferte Zahl auffallend stark gefärbter Körper ist eine verhältnismäfsig geringe. Unendlich mannigfaltiger ist die Zahl der Farbstoffe, welche pflanzlichen Ursprungs sind, und darf man wohl annehmen, dafs aufser der grofsen Zahl bereits bekannter noch eine vielleicht viel gröfsere Zahl unbekannter existiert. So grofs die Zahl der im Organismus der Pflanzen erzeugten gefärbten Körper sein mag, sie treten alle gegen den von der Pflanze scheinbar in verschwenderischer Menge erzeugten grünen Farbstoff Chlorophyll[3]) zurück. Im Verhältnis zu diesem scheint allen übrigen Farbstoffen nur noch ein mehr dekorativer Charakter zuzukommen. Es ist allgemein bekannt, welche grofse Rolle das Chlorophyll in der organischen Welt spielt. Vermöge seiner grünen Farbe ist es im stande, aus dem Sonnenlicht diejenigen Strahlen hauptsächlich aufzunehmen, unter deren Mitwirkung in den Chlorophyll-Körpern der für die gesamte Lebewelt wichtigste chemische Prozefs, nämlich die Assimilation[4]) des Kohlenstoffs aus der Kohlensäure der Luft, sich abspielt.

Nach dem Chlorophyll sind es die Blumenfarbstoffe, welche durch die der Blume vielfach erteilte prachtvolle Färbung sowohl das Inter-

[2]) Während man in der Chemie unter „Analyse“ die Zerlegung einer chemischen Verbindung in einfachere Stoffe versteht, bezeichnet man als „Synthese“ den Aufbau einer chemischen Verbindung aus den betreffenden Elementen.

[3]) Das Chlorophyll oder Chlorophyllgrün ist in gelöster Form in mikroskopisch kleinen Körnchen, den sog. Chlorophyllkörpern, enthalten, welche in peripherischen, vom Lichte getroffenen Teilen der Pflanze erzeugt werden und dieser infolge ihres massenhaften Auftretens eine gleichmäfsig grüne Farbe erteilen.

[4]) Unter Assimilation der Pflanzen versteht man die Neigung des Kohlenstoffs durch Zersetzung der von den Pflanzen aus der Luft aufgenommenen Kohlensäure und seine Überführung in organische Substanz, indem unter Mitwirkung von Wasser und unter Ausscheidung von Sauerstoff Stärke oder Zucker gebildet wird.

esse des Botanikers in Beziehung auf ihre biologische Bedeutung, als auch das Interesse des Chemikers in Beziehung auf ihre Zusammensetzung und Bildung erregt haben. Dem Botaniker ist es gelungen, Zweck und Aufgabe der Blumenfarbstoffe aufzudecken, indem sie bekanntlich die Insekten zur Nektar spendenden Blüte locken, um durch die Bewegungen der angelockten Tiere beim Aufsaugen des ihnen gespendeten Honigs die Befruchtung einleiten zu lassen. Die chemische Erforschung der Blumenfarbstoffe ist aber noch in weite Fernen gestellt, was hauptsächlich auf die Schwierigkeit zurückzuführen ist, dieselben in gröſserer Menge zu isolieren.

Die Farben der gefärbten Stoffe, die der Organismus der Pflanze zu schaffen vermag, sind keine zufälligen, sondern entsprechend dem Zweck, den sie zu erfüllen haben, ausgewählt. Während sie beim Chlorophyllgrün physikalischen und chemischen Gesetzen Rechnung tragen, sind sie bei den Blumenfarbstoffen dem Geschmack der für die völlige Entwickelung der Pflanzen nötigen Tiere angepaſst.

Diesen natürlichen organischen Farbstoffen steht nun eine Gruppe von eigentümlich zusammengesetzten Körpern gegenüber, welche als wertvolle Farbstoffe schon seit den ältesten Zeiten gebraucht werden, aber von den Pflanzen gar nicht als farbige Körper erzeugt werden, sondern in denselben, meist mit Zucker chemisch verbunden, als farblose Glycoside[5]) enthalten sind. Über die Rolle, die diesen Stoffen im Organismus der betreffenden Pflanzen zukommt, scheint man noch ganz im unklaren zu sein. Während die in der Pflanze erzeugten farbigen Körper in färberischer Beziehung zum Teil, wie das Chlorophyll, von gar keinem oder, wie einige Blumenfarbstoffe, nur von sehr geringem Werte sind, haben gerade die aus der angeführten Art von Glycosiden durch einfache Reaktionen gewonnenen Farbstoffe in der Färberei eine groſse Bedeutung erlangt. Es scheint mehr ein eigentümlicher Zufall zu sein, daſs in diesen farblosen Körpern intensiv gefärbte Stoffe enthalten sind, da dieselben in den betreffenden Pflanzen weder zur Färbung der Blüten noch anderer Organe verwendet zu werden scheinen.

Die Zahl der vom Tierreiche gelieferten Farbstoffe, welche praktische Verwendung finden oder fanden, ist eine sehr geringe; durch die künstlichen Farbstoffe sind sie beinahe vollständig verdrängt

[5]) Als Glycoside bezeichnet man Pflanzenstoffe, die durch Einwirkung von Fermenten, verdünnten Säuren oder Alkalien leicht zerlegt werden, wobei unter Wasseraufnahme neben anderen Spaltungsprodukten Zuckerarten entstehen.

worden. In der Geschichte jedoch hat ein tierischer Farbstoff, nämlich der „Purpur", eine hervorragende Rolle gespielt.

Purpur.

Der Purpur war der vornehmste, kostbarste und schönste Farbstoff der Alten, die ihn hauptsächlich zum Färben von Prunkgewändern verwendeten. Ein Purpurmantel war das charakteristische Abzeichen der Könige und der höchsten Beamten des Staates. Gewonnen wurde der Purpur aus dem Saft gewisser Schnecken, welche vornehmlich den Gattungen Murex und Purpura angehören; der im frischen Zustande blafsgelbe Saft wird am Lichte purpurfarben, und zwar, wie festgestellt ist, ohne Einwirkung des Sauerstoffs der Luft.

Im Altertum war überall die Ansicht verbreitet, dafs die Erfindung des Purpurs den Phöniziern zu verdanken sei.

Die Sage erzählt, dafs die Aufmerksamkeit der Phönizier durch einen Schäferhund auf den Purpurfarbstoff gelenkt wurde, indem dessen Schnauze beim Verbeifsen von Purpurschnecken rot gefärbt worden sei.

Die zur Purpurfärberei nötigen Tiere wurden an der ganzen Mittelmeerküste gefunden. Je nach Herkunft und Beschaffenheit der Schnecken war Schönheit und Haltbarkeit der Farbe verschieden; der tyrrhenische hochrote und violette Purpur war weitberühmt. Mit dem Farbstoff der Purpurschnecken wurde hauptsächlich Wolle gefärbt, daneben aber auch Leinen; die damit erzeugten Färbungen waren rotviolett. Nach Witt enthält der Farbstoff der Purpurschnecken Indigoblau und daneben einen roten Farbstoff von geringerer Lichtbeständigkeit.

Die Kunst des Färbens mit Purpur, die besonders zur römischen Kaiserzeit auf einer hohen Stufe gestanden haben mufs, ging in den Stürmen der Völkerwanderung allmählich verloren und wurde im 13. Jahrhundert durch die Orseille-Färberei ersetzt.

Carmin.

Von den tierischen Farbstoffen, welche zuweilen Verwendung finden, ist nur noch einer zu nennen, nämlich die „Carminsäure", das färbende Prinzip in der Cochenille und dem Kermes.

Die Cochenille besteht aus trächtigen Weibchen einer in Mexiko und Centralamerika einheimischen, aber auch an vielen anderen Orten erfolgreich kultivierten Schildlausart, Coccus cacti. Das Tier lebt auf verschiedenen Arten der Gattung Opuntia, namentlich auf

Opuntia decumana, der sog. Nopalpflanze. Eine Nopalpflanzung von einem Hektar liefert ungefähr 300 kg Cochenille; 140 000 Insekten geben 1 kg trockene Cochenille.

Der färbende Bestandteil der Cochenille ist die Carminsäure, nach deren Gehalt sich der Wert der Cochenille richtet. Die Carminsäure ist ein wahrer Beizenfarbstoff, welcher, namentlich in Gestalt des Zinnoxydlackes, eine gewaltige Bedeutung für die Färberei besessen hat, jetzt aber durch die roten Azofarbstoffe beinahe verdrängt ist. Die aus der Cochenille gewonnenen technischen Präparate sind nur zum geringeren Teil solche, die in der Färberei oder im Zeugdruck angewandt werden. Das unter dem Namen „Carmin" als Schminke und Malerfarbe geschätzte Produkt besteht zum gröfsten Teile aus dem Thonerde-Lack der Carminsäure, soll aber aufserdem eiweifsartige Stoffe enthalten.

Aufser in der Cochenille soll sich die Carminsäure noch im Kermes finden, der fälschlich auch als Kermesbeeren bezeichnet wird. Kermes besteht aus den getrockneten Weibchen der Kermes- oder Karmoisinschildlaus, die, ursprünglich aus Persien stammend, durch die Araber nach Spanien gebracht worden sein soll und dort kultiviert wurde. Zur Gewinnung des Kermes wurden die Weibchen kurz vor dem Absetzen der Brut gesammelt und durch Hitze getötet. In dieser Form stellt der Kermes pfefferkorn- bis erbsengrofse, braunrote Körner dar. Kermes wurde schon im grauen Altertum von den Färbern angewandt, um Scharlach zu färben; schon zu Moses Zeiten soll er im Oriente bekannt gewesen sein. In Indien bediente man sich seiner zum Färben der Seide. Nach der Entdeckung Amerikas verdrängte die Cochenille den Kermes mehr und mehr, und in unserer Zeit ist dasselbe Schicksal der Cochenille durch die künstlichen organischen Farbstoffe beschieden worden.

Die uns vom Pflanzenreiche gelieferten Farbstoffe sind sehr verschieden in Beziehung auf ihre Farbe und auch in Beziehung auf ihr Verhalten zur tierischen und pflanzlichen Faser. Aus der grofsen Zahl solcher Farbstoffe, welche uns bekannt sind und in der Färberei Anwendung gefunden haben oder noch finden, will ich nur einige wenige herausgreifen, welche nicht nur das Interesse des Chemikers resp. Färbers erregten, sondern über diese Grenzen hinaus sich Beachtung verschafft haben. Trotz der grofsen Zahl prächtiger, künstlicher organischer Farbstoffe haben die natürlichen Farbstoffe, voran der Indigo- und Blauholzfarbstoff, in dem Konkurrenzkampf, der sich in den letzten Jahrzehnten abspielte und in unseren Tagen noch abspielt, bis vor kurzem ihre seit altersher ihnen zukommende feste Stellung behauptet.

Aus der Zahl der Blumenfarbstoffe sind es nur wenige, die in der Färberei eine gewisse Stellung einnahmen. Von denselben ist nur das Crocin zu erwähnen, ein gelber Farbstoff, der in den Narben der Blüten von Crocus sativus, dem Safran, enthalten ist. Der Farbstoff findet sich im Safran in Form eines Glycosides vor, welchem von einigen Forschern der Name Polychroit beigelegt wurde.

Eine gröfsere Verwendung fand früher der Safflor in der Färberei, worunter man die getrockneten Blumenblätter der Färberdistel, Carthamus tinctorius, versteht; die Färberdistel ist eine einjährige, zu den Kompositen gehörige Pflanze, welche in Nordafrika und Asien ihre Heimat hat und in Ägypten, Spanien, Österreich und zahlreichen anderen Orten angebaut wurde. Von den im Safflor enthaltenen Farbstoffen besitzt nur einer technisches Interesse, das sog. Safflorrot oder Carthamin. Der Safflor fand vor Entdeckung der künstlichen organischen Farbstoffe eine recht ausgedehnte Anwendung in der Baumwoll- und Seidenfärberei zur Erzeugung von Rosarot bis Kirschrot; jetzt ist er in der Färberei vollständig verdrängt und wird nur noch zur Darstellung feiner Schminken und Malerfarben benutzt.

Aufser in den Blumen findet sich eine grofse Anzahl von Farbstoffen in Wurzeln, in Holzteilen, in Rinden, Blättern, Früchten u. s. w. Die gröfsere Zahl der darin enthaltenen Farbstoffe ist zu übergeben, da sie nur untergeordnete oder gar keine Bedeutung besitzen.

Dagegen möchte ich noch auf den Orseille-, Krapp-, Blau- und Rotholzfarbstoff und ferner das Indigoblau zu sprechen kommen, welche infolge ihrer ausgedehnten Verwendung wichtige Handelsartikel sind und aus diesen Gründen schon frühzeitig die Aufmerksamkeit des Chemikers in hervorragendem Mafse auf sich gelenkt haben.

Orseille.

Unter Orseille versteht man eigentümliche, violette oder blaue Farbstoffe, welche aus zahlreichen Flechten gewonnen werden; die Orseille-Gewinnung geht bis auf das Jahr 1300 zurück.

Die zur Erzeugung von Orseille dienenden Flechten, welche in Ostindien, Südamerika, den Kanarischen Inseln, ferner in den Pyrenäen, Alpen, in Skandinavien und anderen Orten gesammelt wurden, sind hauptsächlich Arten der Gattung Roccella, Lecanora u. a.; überhaupt lassen sich alle Flechten verwenden, die Orcin oder einen Abkömmling desselben enthalten. Die verschiedenen, an sich ungefärbten Flechten entwickeln bei gleichzeitiger Einwirkung von Ammoniak und Luft den Orseille-Farbstoff. In diesen Flechten ist eine Anzahl eigentümlicher Säuren, wie die Lecanorsäure, Erythrinsäure, Roccellasäure, enthalten, welche sämtlich unter dem Einflufs von Alkalien eine Spaltung erleiden, bei welcher Orseillinsäure und schliefslich Orcin und ein Erythrit benannter Zucker als Spaltungsprodukte resultieren. Das farblose Orcin ist der für die Farbstoffbildung allein wichtige Körper; unter gleichzeitigem Einflufs von Ammoniak und Luft geht es in das gefärbte, stickstoffhaltige „Orcëin" über, welches als das färbende Prinzip der Orseille zu betrachten ist.

Orseille wird hauptsächlich zum Färben von Wolle und Seide benutzt und findet noch immer eine starke Verwendung trotz der bedeutenden Konkurrenz der Azofarbstoffe.

Lackmus.

Werden dieselben Farbflechten, welche zur Herstellung von Orseille dienen, einer längeren Gärung bei gleichzeitiger Anwesenheit von Ammoniak und Pottasche ausgesetzt, so entsteht aus dem Orcin der Lackmus, ein Farbstoff saurer Natur, der im freien Zustand rot gefärbt ist, während seine Salze eine blaue Farbe besitzen. Bei der Gärung entsteht eine Lösung des blauen Kaliumsalzes, welche nach dem Konzentrieren, mit Gips und Kreide vermengt, in Form von kleinen Würfeln in den Handel kommt. Der Farbstoffgehalt derselben ist meist ein sehr geringer. Der Lackmus enthält einige wertlose rote Farbstoffe, welche mit Alkohol extrahiert werden können. Die wichtigste Verbindung ist das in Alkohol unlösliche, stickstoffhaltige Azolithmin, welches in Wasser löslich ist und mit Ammoniak und Alkalien blaue Auflösungen giebt. Als Farbstoff findet der Lackmus keine Verwendung mehr; er wird gegenwärtig ausschliefslich als Indikator bei mafs-analytischen Bestimmungen benutzt.

Krapp.

Der Krapp ist die gemahlene Wurzel einiger Rubiaceen, besonders von Rubia tinctorum, der Färberröte, und einigen anderen. Nach der Überlieferung von Plinius und Dioskorides wurde der Krapp schon im Altertum zum Färben benutzt; ferner wissen wir, dafs bereits durch Karl den Grofsen der Anbau der Färberröte rege gefördert worden ist. In grofsem Mafsstabe wurde die Krapppflanze erst im 16. Jahrhundert kultiviert, und zwar zunächst in Holland und in Schlesien bei Breslau. Am Ende des 18. Jahrhunderts entwickelte sich in Frankreich ein intensiver Krappbau unter der Regierung Ludwigs XVI.

Die günstigsten Boden- und klimatischen Verhältnisse für die Kultur der Färberröte boten sich in der Provence und im Elsafs dar. In diesen beiden Ländern nahm der Krappbau bald solche Dimensionen an, dafs sowohl der eigene Bedarf gedeckt, als auch ein nutzenbringender Handel nach England betrieben werden konnte. Während der Republik und des ersten Kaiserreichs ging der Krappbau bedeutend zurück, erhielt aber wieder einen neuen Aufschwung unter der Regierung Louis-Philippe durch die Einführung der mit Krapp gefärbten roten Militärhosen.

Als der wichtigste färbende Bestandteil wurde in der Krappwurzel im Jahre 1826 das „Alizarin“ und dessen steter Begleiter, das „Purpurin“, entdeckt. Beide Farbstoffe finden sich nicht frei vor, sondern in Verbindung mit Zucker als farblose Glycoside. Das Glycosid des Alizarins, die Ruberythrinsäure, zerfällt unter dem Einflufs eines in der Krappwurzel vorhandenen Fermentes unter Mitwirkung von Wasser in Alizarin und Zucker.

Im Jahre 1868 machten Gräbe und Liebermann die epochemachende Entdeckung, dafs Alizarin und Purpurin Abkömmlinge des im Steinkohlenteer vorkommenden Anthracens sind. Diese Erschliefsung gelang ihnen durch Anwendung der kurz vorher von Baeyer entdeckten Zinkstaubdestillation.

Durch Ausführung dieser Reaktion war der Weg zur künstlichen Herstellung des Alizarins vorgezeichnet, und bereits im Jahre 1869 meldeten Gräbe und Liebermann die künstliche Herstellung des Alizarins aus dem Anthracen zum Patent an. Zum ersten Male war die Synthese eines aus dem Pflanzenreich stammenden Farbstoffes verwirklicht worden.

Das Alizarin, welches durch vorsichtige Sublimation in prächtigen roten Nadeln erhalten wird, kann zum Färben nicht direkt benutzt werden; es ist der beste Typus derjenigen Farbstoffe, die nur mit Hilfe einer Beize färben. Mit Thonerde, Chrom, Baryum, Calcium, Eisen, sowie mit den meisten Erd- und Schwermetallen bildet das Alizarin sehr charakteristisch gefärbte unlösliche Lacke. Der rote Thonerdelack, der schwärzlich violette Eisenlack, sowie der braunviolette Chromlack sind allein für die Färberei von Wichtigkeit. Diese auf den Gespinstfasern erzeugten Farblacke sind aufserordentlich echt in Bezug auf Licht, Kochen mit Seife, Walken u. s. w.

Seit dem Jahre 1869, in welchem das Alizarin synthetisch und kurze Zeit darauf im großen technisch gewonnen wurde, entspann sich ein erbitterter Kampf des künstlichen gegen das natürliche Produkt; die Konkurrenz des ersteren war so erfolgreich, dafs die ausgedehnten Ländereien, auf welchen die Färberröte angebaut wurde, von Jahr zu Jahr in dem Mafse zurückgingen, dafs sie heute nicht mehr Erwähnung verdienen.

Der Kampf dauerte 10 Jahre und endete mit der vollständigen Verdrängung des natürlichen Produktes.

Indigo.

Derselbe Prozefs, der sich am Ende des vorigen Jahrhunderts mit dem Krapp abspielte, hat sich in unseren Tagen wieder erneuert. Er gilt einem Produkte, dessen wirtschaftliche Bedeutung von keinem anderen Farbstoff auch nur annähernd erreicht wird.

Zur Zeit, als die natürlichen Farbstoffe ihre Herrschaft noch uneingeschränkter ausübten, war diesem wertvollen Farbstoff, nämlich dem Indigo, der Name des „Königs der Farbstoffe" beigelegt.

Seit Jahrhunderten wird er in Indien zum Blaufärben von Zeugen und Garnen dargestellt und wahrscheinlich seit den ältesten Zeiten, wie heute, aus Indigofera-Arten. Auch in Ägypten wurde er seit langer Zeit angewandt, denn man findet zuweilen Mumien mit blauen Bändern umwickelt, deren Farbe alle Eigenschaften des Indigos besitzt. Er war auch den alten Griechen und Römern wohl bekannt und wurde vor anderen aus Indien stammenden Farbstoffen vorzugsweise als „Indikon" resp. „Indikum" bezeichnet; der spanische Name ist „Anil", abgeleitet von dem indischen Worte „Nila", d. h. Blau.

Unter dem Namen „Persisches Blau" wurde in Europa, hauptsächlich in Frankreich und Deutschland, schon seit dem IX. Jahrhundert ein dem Indigoblau identischer Farbstoff aus Isatis tinctoria, dem sog. Färberwaid, gewonnen. Der Waidbau wurde in Deutschland hauptsächlich in Thüringen in ausgedehntem Mafsstabe betrieben und war für dieses Land im 15. und 16. Jahrhundert die hauptsächlichste Einnahmequelle. Durch die Einführung des Indigos, den man seit Anfang des 16. Jahrhunderts auf dem Seewege aus Indien bezog, wurde der Waid in Deutschland nach und nach verdrängt trotz energischer Mafsregeln der Regierungen, welche die Anwendung des Indigos als einer fressenden Teufelsfarbe in Deutschland gesetzlich verboten. Trotz solcher Anstrengungen von seiten der Regierungen ging der Waidbau in Thüringen langsam zu Grunde, da der Waid auf die Dauer nicht mit dem Indigo konkurrieren konnte.

Merkwürdigerweise wurde der Indigo von vielen für ein Mineral gehalten und führte in Europa in der That den Namen des „indischen Steins“. In einem Privileg vom 23. Dezember 1704, betreffend die Bergwerke im Fürstentum Halberstadt und der Grafschaft Rheinstein, ist der Indigo sogar unter die Metalle gerechnet und den Gewerken darauf zu bauen verstattet worden.

Der Indigo kommt in der Natur sehr verbreitet vor. Wie bereits angeführt, wurde er in Europa bis in das 16. Jahrhundert hinein aus dem Färberwaid, einer Crucifere, gewonnen. Viel wichtiger für die Gewinnung des Indigos sind die verschiedenen Arten der Papilionaceengattung „Indigofera“, wie Indigofera Anil, tinctoria, argentea u. a. Die eigentliche Heimat derselben ist Ostindien; kultiviert werden sie außerdem in Amerika und Afrika.

Indigoblau ist in den Pflanzen nicht als solches enthalten, sondern mit Zucker verbunden in Form eines farblosen Glycosides, welches „Indican“ genannt wird. Dieser Körper spaltet sich beim Kochen mit verdünnten Mineralsäuren zu Indigotin, d. i. Indigoblau, und zu einer Zuckerart. Dieselbe Spaltung erleidet das Indican auch bei der Gärung; das gebildete Indigoblau wird aber bei Anwesenheit reduzierender Stoffe sogleich in Indigoweiß übergeführt, das dann durch Zusammenpeitschen mit Luftsauerstoff zu Indigo zurückoxydiert wird.

Dementsprechend geschieht die Herstellung aus den abgeschnittenen Pflanzen in der Weise, daß dieselben mit Wasser übergossen und einer Gärung ausgesetzt werden. Danach wird die Flüssigkeit, welche das Reduktionsprodukt*) des Indigoblaus, das sog. Indigoweiß, gelöst enthält, von den Pflanzen abgezogen und mit Schaufeln gerührt und geschlagen, wobei das Indigoweiß unter dem Einfluß des Sauerstoffs der Luft in Indigoblau zurückverwandelt wird. Die Flüssigkeit färbt sich dabei blau und setzt bei ruhigem Stehen den Farbstoff als schlammigen Bodensatz ab, welcher getrocknet und in Form viereckiger Stücke als Indigo in den Handel kommt.

Wegen seiner Unlöslichkeit sowohl in Säuren als Alkalien vermag der Indigo weder die tierische noch pflanzliche Faser direkt anzufärben; er besitzt keinerlei salzbildende Gruppen und ist infolgedessen kein wirklicher Farbstoff im Sinne der bereits gegebenen Definition.

Die „Indigofärberei“ beruht auf seiner Überführbarkeit in das

*) Unter Reduktion versteht man in der Chemie eine Reaktion, durch welche ein sauerstoffärmeres resp. wasserstoffreicheres Produkt erhalten wird: Oxydation bezeichnet den umgekehrten Vorgang, also die Verbindung eines Körpers mit Sauerstoff.

alkalilösliche Indigoweifs. Das auf diesem Prozefs beruhende Färbeverfahren wird „Küpenfärberei" genannt. Die Wolle sowohl als die Baumwolle scheinen eine gewisse Verwandtschaft zum Indigoweifs zu besitzen und dieses aus der Lösung auszuziehen. Das von den Geweben aufgenommene Indigoweifs wird durch Oxydation mit Luftsauerstoff in Indigoblau übergeführt.

Bei der Wichtigkeit des Farbstoffs hat man sich schon frühzeitig wissenschaftlich mit demselben beschäftigt und dann später versucht, ihn synthetisch herzustellen. Die erste geschichtlich bedeutende Untersuchung des Indigos wurde im Jahre 1826 von dem Apotheker Unverdorben ausgeführt, indem er den Indigo der trockenen Destillation unterwarf, wobei eine farblose, ölige Flüssigkeit von eigenartigem Geruch entstand. Dasselbe Resultat gewann im Jahre 1848 Fritzsche durch Destillation des Indigos mit Kali. In Erinnerung an die arabisch-portugiesische Bezeichnung des Indigos „Anil" wurde dieses Destillationsprodukt „Anilin" genannt.

Die ersten Synthesen des Indigoblaus, welche das Rätsel seiner Konstitution lösten und zugleich die Möglichkeit der technischen Darstellung boten, wurden von dem Chemiker Adolf Baeyer in den Jahren 1878, 1880 und 1882 ausgeführt. Durch die klassischen Untersuchungen desselben, welche bis auf das Jahr 1865 zurückgehen, war die nahe Beziehung des Indigofarbstoffes zum Indol und seinen sauerstoffhaltigen Abkömmlingen festgestellt und der Weg angedeutet, der zur Indigo-Synthese führen sollte.

Im Jahre 1878 wurde von Baeyer die erste wirkliche Synthese des Indigoblaus ausgeführt, indem er von der Amidophenyl-Essigsäure ausging; 1880 folgte eine weitere Synthese aus der Zimmtsäure. Ferner gelang es ihm, im Jahre 1882 Indigoblau aus einem Abkömmling des Bittermandelöls darzustellen. In der nun folgenden Zeit wurden noch zahlreiche Synthesen von verschiedenen Forschern aufgefunden. Die von Baeyer aufgedeckten Verfahren zur Indigodarstellung waren derart, dafs man dieselben in gröfserem Mafsstabe im Fabrikbetriebe anwenden konnte.

Mit welchem Eifer überall in Deutschland die Untersuchungen geführt wurden, um die fabrikmäfsige Herstellung des Indigos zu ermöglichen, davon giebt die Thatsache ungefähr einen Begriff, dafs in Deutschland allein bis zum Jahre 1900 152 auf den Indigofarbstoff sich beziehende Patente genommen wurden.

Trotz der bedeutenden Anstrengungen, die Indigodarstellung mehr und mehr zu vervollkommnen, schien es beinahe unmöglich, ein Verfahren zu entdecken, um das Indigoblau so billig herzustellen, daſs es mit dem natürlichen Produkte hätte konkurrieren können.

Unverdrossen jedoch setzten die Chemiker ihre Bemühungen fort, und im Jahre 1890 wurde von Heumann eine Indigo-Synthese aufgefunden, welche der allerersten Anforderung der Massenfabrikation entsprach, nämlich die erforderlichen Rohmaterialien billig und leicht zu beschaffen, welche lediglich aus Anilin, Essigsäure, Chlor und Alkali bestanden. Allein auch diese Methode mufste noch eine Umänderung erfahren, da trotz der zahllos angestellten Versuche die Ausbeute an Indigo eine schlechte war und der Preis des Produktes zu hoch wurde.

Heumann ersetzte nun das Anilin durch einen Anthranilsäure genannten Abkömmling der Benzoësäure und erhielt dabei Ausbeuten, welche in jeder Beziehung zufriedenstellend waren. Es galt nun, das letzte Problem zu lösen, nämlich die Anthranilsäure auf billigem Wege darzustellen. Das Nächstliegende war, dieselbe aus der Benzoësäure zu gewinnen, für welche das Toluol als Ausgangsmaterial dienen sollte. Dieser Kohlenwasserstoff wird zusammen mit Benzol aus dem Steinkohlenteer in einer Menge erhalten, die nur dem vierten Teil des daraus isolierten Benzols entspricht. Alles Toluol, welches hierbei gewonnen wurde, konnte aber bereits nicht mehr in Rechnung kommen, da es zur Darstellung anderer Farbstoffe vollständig aufgebraucht wird. Um aber den vollständigen Bedarf an Indigo zu decken, hätte eine Toluolmenge beigeschafft werden müssen, die viermal gröſser gewesen wäre, als die im Handel befindliche. Die nebenbei gewonnene Benzolmenge wäre dadurch enorm vergröſsert worden, ohne daſs die Möglichkeit vorgelegen hätte, den Konsum derselben zu steigern.

Die Chemiker waren somit vor die Aufgabe gestellt, ein Ausgangsmaterial für die Anthranilsäure zu suchen, das leicht zu beschaffen war, und zwar in einer Menge, welche dem Bedarf an Indigo entsprechen konnte. In glänzender Weise ist die Lösung dieses Problems den leitenden Chemikern der Badischen Anilin- und Sodafabrik in Ludwigshafen a. Rh. gelungen, indem sie das Naphtalin zum Ausgangspunkt für die Indigo-Darstellung wählten und dieses successive über Phthalsäure und Phthalsäureimid in die Anthranilsäure überführten. Auf diesem Wege wurde das groſse Ziel, der Ersatz des natürlichen Indigos durch den synthetischen, erreicht.

Das Naphtalin, welches aus den hochsiedenden Bestandteilen des Steinkohlenteers gewonnen wird, steht in ausreichender Menge zur Verfügung. Es wurde bis zu diesem Zeitpunkt in solcher Menge als Nebenprodukt gewonnen, daſs ein groſser Teil mangels geeigneter

Verwendung zu Rufs verbrannt werden mufste. Es bedurfte aber noch einer mühsamen, sich über 6 Jahre hin erstreckenden Arbeit, um alle Schwierigkeiten der technischen Indigodarstellung zu überwinden. Die zahlreichen Operationen und Hilfsmittel, die zur erfolgreichen Darstellung des Indigos nötig waren, brachten aber auch auf anderen chemischen Gebieten manche Umwälzung hervor, und möchte ich nur erwähnen, dafs die Verdrängung der alten Schwefelsäuregewinnung nach dem Bleikammerprozefs durch das Winklersche Kontaktverfahren in sehr naher Beziehung zur technischen Darstellung des Indigos steht.

Im Jahre 1897 konnte die B. A. & S. F. synthetischen Indigo auf den Markt bringen, und zwar zu dem niedrigsten Preise, den Pflanzenindigo je erzielte. Die Gesammtmenge der Jahresproduktion des natürlichen Indigos beträgt nach einer ungefähren Schätzung 8 Millionen Kilogramm, entsprechend einem Werte von 60 Millionen Mark. Nach den Mitteilungen der Direktion der B. A. & S. F. sind die Ludwigshafener Anlagen bis jetzt im stande, eine Indigomenge im Jahre zu liefern, für welche im Mutterlande des Pflanzenindigos eine Fläche von mehr als 100 000 Hektaren in Anspruch genommen wird.

Aufser der B. A. & S. F. ist es den Farbwerken vorm. Meister, Lucius und Brüning in Höchst a. M. gelungen, ein erfolgreiches Verfahren zur Indigo-Darstellung ausfindig zu machen. Dasselbe beruht auf der Baeyerschen Synthese, ausgehend von Aceton und einem Abkömmling des Bittermandelöls, für welches Toluol als Rohmaterial dient. Diese Methode zeichnet sich durch leichte Ausführbarkeit und die Erzielung guter Ausbeuten aus. Dagegen wird sich diese Indigodarstellung im Gegensatz zu dem Verfahren der B. A. & S. F. aus den über die Beschaffung des Toluols angeführten Gründen in gewissen Grenzen bewegen müssen.

Man hatte nun für die künstliche Darstellung des Indigos solche Ausgangsmaterialien gefunden, welche, wie das Naphtalin, in einer für den gesamten Indigobedarf nötigen Menge oder, wie das Toluol, in einer immerhin ziemlich bedeutenden Quantität zur Verfügung stehen. Das weit wichtigere Verfahren der Indigodarstellung aus Naphtalin hatte sich aus dem Heumannschen Verfahren herausgebildet, nachdem infolge der zahllosen, vergeblichen Versuche die Annahme gerechtfertigt schien, nach dieser Methode Indigo nicht ohne zu grofse Verluste gewinnen zu können. Trotzdem solche Erfahrungen nicht zu weiteren Arbeiten in dieser Richtung anreizten, wurden die Versuche, um die technische Darstellung des Indigos nach diesem Verfahren zu verwirklichen, fortgesetzt; denn es war kein

Zweifel hierüber, dafs das Heumannsche Verfahren infolge seiner Einfachheit alle anderen Darstellungsarten in den Schatten stellen mufste, sobald nur die glatte Durchführung der einzelnen chemischen Prozesse gelungen war. Im Anfang des vergangenen Jahres ist dieses Problem von der deutschen Gold- und Silberscheideanstalt in Frankfurt a. M. gelöst worden, indem die Anstalt, wie aus der Patentanmeldung zu ersehen ist, der Alkali-Schmelze des aus Anilin und Chloressigsäure erhaltenen Phenylglycocolls bestimmte Zusätze machte, wodurch die Ausbeute an Indigo verdreifacht wurde. Nun war das Heumannsche Verfahren für die Technik verwertbar. Infolge der ungemein einfachen Fabrikation, welche wohl kaum mehr eine wesentliche Umwandlung erfahren wird, und ferner dadurch, dafs die Ausgangsmaterialien, nämlich Anilin und Chloressigsäure, in unbegrenzter Menge beschafft werden können, wird durch dieses Verfahren die Wichtigkeit des Naphtalins für die Indigo-Darstellung ganz bedeutend abgeschwächt werden.

Wenn es auch bis heute nur gelungen ist, ungefähr den achten Teil des im Handel befindlichen Indigos auf künstlichem Wege darzustellen, so ist es doch nur eine Frage der Zeit, dafs der gesamte Bedarf an Indigo auf synthetischem Wege gedeckt werden wird, und dürfte es hierbei nur von Vorteil sein, dafs verschiedene Methoden miteinander konkurrieren können, von welchen sich jede eines anderen Rohmaterials bedient.

Die künstliche Indigo-Darstellung hat den deutschen Konsum vom Auslande unabhängig gemacht, und für Deutschland ist die Zeit zurückgekehrt, wo man den wertvollen blauen Farbstoff wieder im Lande erzeugt, zwar nicht wie früher auf Waidfeldern, sondern in deutschen Fabriken.

Wir wollen hieran den Wunsch knüpfen, dafs es dem deutschen Unternehmungsgeiste gelingen möge, dem deutschen Indigo einen bedeutenden Export nach fremden Ländern zu sichern.

Farbstoffe des Rotholzes und des Blauholzes.

Eine ähnliche Bedeutung, wie dem Alizarin und Indigo, kommt den Farbstoffen des Rot- und Blauholzes in der Färberei zu. Diese Farbstoffe haben stark sauren Charakter und geben mit Metalloxyden gefärbte Lacke. Das Blauholz besitzt die Eigenschaft, mit Eisen oder Chromoxyd sehr echte schwarze Lacke zu geben, worauf die besondere Wichtigkeit desselben beruht.

Die aus dem Rot- und Blauholze gewonnenen Farbstoffe sind

das Brasilëin und das Haematëin; dieselben stehen sich in chemischer Beziehung sehr nahe. Beide Farbstoffe kommen in der Pflanze in Form von farblosen, wasserstoffreicheren Verbindungen vor, welche die Namen „Brasilin" und „Haematoxylin" führen. Diese ungefärbten sog. Leuko-Verbindungen werden durch vorsichtige Oxydation in die entsprechenden Farbstoffe übergeführt.

Beide Farbhölzer stammen von Bäumen ab, die zur Familie der Caesalpiniaceen zählen; die Farbstoffe derselben kommen in Form fester Extrakte in den Handel.

Das Rotholz, auch Fernambuk- oder Brasilholz genannt, stammt von verschiedenen Arten der Gattung Caesalpinia ab, welche hauptsächlich in Ostindien, Centralamerika und den Antillen sich finden. Schon lange vor der Entdeckung Amerikas wurden diese roten Farbhölzer aus Ostindien unter dem Namen „Brasil" (von dem spanischen braza = Feuerglut) für Zwecke der Färberei eingeführt. Nach der um 1500 durch die Spanier erfolgten Entdeckung von Südamerika soll Brasilien, nachdem das Brasil massenhaft daselbst vorgefunden wurde, von diesen Farbhölzern seinen Namen erhalten haben. Der Rotholzfarbstoff findet schon seit längerer Zeit nur noch in beschränktem Maſse in der Färberei Verwendung; infolge der Unechtheit seiner Färbungen gegen Seifen, Alkalien und Säuren wird er mehr und mehr durch die künstlichen organischen Farbstoffe verdrängt.

Das ungleich wichtigere Blauholz oder Campecheholz wird von dem Baum „Haematoxylon campechianum" geliefert, welcher hauptsächlich Centralamerika, Mexiko sowie die Antillen bewohnt. Die färbenden Bestandteile desselben kommen in Form der Blauholzextrakte in den Handel, und werden dieselben zum Schwarzfärben der Wolle in ganz bedeutender Menge verbraucht.

Trotz einer Unzahl von Untersuchungen ist die Konstitution der Rot- und Blauholzfarbstoffe noch nicht völlig aufgeklärt. Doch konnte nach den nun vorliegenden Untersuchungen ein ungefähres Bild entworfen werden, nach welchem es möglich sein wird, Farbstoffe von ähnlicher Konstitution und von ähnlichem Verhalten zu synthetisieren, wodurch wieder neue Aufschlüsse für die Konstitution erworben werden können. Diese synthetischen, dem Brasilëin und Haematëin sehr nahe stehenden Farbstoffe derart zu vervollkommnen, daſs sie zum mindesten den natürlichen Farbstoffen in ihren färberischen Eigenschaften gleichkommen oder noch besser übertreffen, das soll die weitere Aufgabe des wissenschaftlichen und technischen Chemikers sein.

Schiffe mit Turbinen-Antrieb.

Von Kirchhoff in Berlin.

Vor zwei Jahren erregten zwei Torpedobootzerstörer der englischen Marine durch die von ihnen erreichten hohen Geschwindigkeiten die Aufmerksamkeit fast der gesamten gebildeten Welt. Es waren die beiden Fahrzeuge „Viper“ und „Turbinia“, deren Schrauben zum erstenmal an Stelle der bisherigen Kolbenmaschinen von Dampfturbinen getrieben wurden. Leider schwebte über diesen beiden Schiffen, welche berufen schienen, die Vorboten einer neuen Ära auf dem Gebiete der Dampfschiffsmaschinen zu sein, insofern ein unglücklicher Stern, als beide kurz hintereinander eigentlich ohne ersichtlichen Grund, wie Auflaufen auf Riffe oder ähnliches, dem Meere zum Opfer fielen. Trotz der kurzen Zeit ihres Bestehens hatten die bezeichneten Boote aber doch schon so grofse Vorteile aufgewiesen, dafs die britische Regierung ungesäumt ein in gleichen Dimensionen wie die „Viper“ gehaltenes Torpedoboot bei der Firma Hawthorn, Leslie u. Comp. in Auftrag gab. Das Schiff, an dem natürlich, entsprechend den gemachten Erfahrungen, Verbesserungen angebracht sind, geht unter dem Namen „Velox“ seiner Vollendung entgegen. Auch die Parsons Marine-Steam-Turbine Co., welche seinerzeit die „Turbinia“ erbaut hatte, hat ein mit gleichen Maschinen arbeitendes, neues Schiff auf Stapel gelegt. Es ist also zu ersehen, dafs man sich in England trotz des unglücklichen Anfanges in der praktischen Verwertung derartiger Schiffsmaschinen nicht hat einschüchtern lassen. Hier sei es noch kurz angeführt, dafs die bezeichneten Maschinen in beiden Fällen keine Schuld an dem Unglück trugen, sondern im Gegenteil den auf sie gesetzten Erwartungen voll entsprochen haben. Schuld hat in beiden Fällen, wie von fachmännischer Seite wiederholt nachgewiesen ist, nur die schwache Konstruktion des ganzen Schiffskörpers, ein Fehler, den man bei den Neubauten wohl vermeiden dürfte. Allerdings ist es notwendig, sich von vornherein klar zu machen, dafs eine Verstärkung der Konstruktion bei gleichwertigen Maschinen ein Herabmindern der Geschwindigkeit zur Folge hat.

Über die Grundzüge der Konstruktion der untergegangenen Torpedobootzerstörer ist eigentlich sehr wenig in die breitere Öffentlichkeit gelangt. Es erscheint deshalb jetzt, wo die Versuche erneuert werden, nicht uninteressant, kurz auf diese Fahrzeuge einzugehen.

Die Anforderungen, welche an die Schnelligkeit der Dampfer gestellt werden, wachsen von Tag zu Tag in einer Weise, dafs die jetzt in Gebrauch befindlichen Kolbenmaschinen trotz aller vorgenommenen Verbesserungen bald am Ende ihrer Leistungsfähigkeit angelangt sein werden, man müfste denn den ganzen Schiffsraum mit Maschinen ausfüllen. Der Ingenieur mufs deshalb nach anderen Motoren suchen, um mit deren Hilfe gröfsere Geschwindigkeit bei den Schiffen zu erzielen, und ein solcher Motor scheint in der Dampfturbine gefunden zu sein.

In dieser Beziehung waren schon seit Ende der siebziger Jahre Versuche gemacht worden, aber erst 1885 gelang es, die erste wirklich benutzbare Dampfturbine von 10 Pferdestärken, welche ganz nach dem System der Wasserturbinen arbeitete, als Compound-System zu konstruieren; es wurde mit dieser eine Dynamo-Maschine betrieben. Die Versuche wurden nun fortgesetzt; auch baute man gröfsere Maschinen, aber es gelang doch nicht, die Verbesserungen so vorzunehmen, dafs sich die Verwendung derselben für Schiffsmaschinen gerechtfertigt hätte. Erst im Jahre 1892 war es dem schwedischen Ingenieur Deval möglich, eine Hochdruck-Compound-Dampfturbine, welche mit Kondensation arbeitete, mit befriedigenden Leistungen herzustellen.

Seitdem entwickelte sich das System mit ziemlicher Geschwindigkeit, und 1897 konnte „La Marine française" schreiben: „Man hat bei den Dampfturbinen die Kondensation zu Hilfe genommen, und die hierbei in Bezug auf Ökonomie erzielten Resultate zählen zu den besten, die bisher zu verzeichnen waren. Man nimmt als sicher an, dafs bei Turbinen mit 1000 Pferdekräften, die eine Geschwindigkeit von etwa 2000 Umdrehungen in der Minute haben, der Dampfverbrauch für jede Pferdestärke geringer sein wird als bei den besten dreifachen Expansionsmaschinen. Nicht allein die Anschaffungskosten einer Turbine sind geringer als diejenigen einer gleich starken gewöhnlichen Schiffsmaschine, auch ihr Gewicht wird in den meisten Fällen nicht den fünften Teil desjenigen der letzteren überschreiten." Es kommt noch hinzu, dafs, je gröfser die Dimensionen dieser Maschinen sind, desto einfacher ihre Konstruktion, desto höher die Leistungsfähigkeit des Dampfes ist.

Nachdem in England der Ingenieur Parson weitere Verbesserungen an den Compound-Dampfmaschinen vorgenommen hatte, und letztere in mehreren Fällen mit grofsem Erfolg als Betriebsmittel verwandt waren, glaubte man in der Dampfturbine den Motor für Seeschiffe gefunden zu haben, welcher den Fahrzeugen die gewünschte gröfsere Geschwindigkeit zu geben in der Lage sei.

Um diesen Gedanken zur Ausführung zu bringen, wurde im Jahre 1894 die „Steam-Turbine Comp." gegründet, die vor drei Jahren zum Bau der „Turbinia" schritt, eines Fahrzeugs, das bei der Probefahrt so ausgezeichnete Ergebnisse erzielte, dafs die englische Admiralität die „Viper" als Versuchsboot für Turbinen-Antrieb bei der Firma Hawthorn, Leslie u. Comp. in Auftrag gab. Thatsächlich übertraf die „Turbinia" bei den Probefahrten alle bisher gebauten Schiffe gleicher Gröfse an Geschwindigkeit und wies auch sonst gegen dieselben wichtige Vorzüge auf, wie z. B. geringes Gewicht und Kompaktheit der Maschinen.

Die „Viper", die kontraktlich 31 Knoten Geschwindigkeit erhalten sollte, lief bei ihren Probefahrten mit 34,75 Knoten gröfster Schnelligkeit. Kurze Zeit darauf erreichte die nach denselben Grundsätzen erbaute „Cobra", welche die Fabrik von Hawthorn, Leslie u. Comp. auf eigene Rechnung fertiggestellt hatte, eine höchste Geschwindigkeit von 35,886 Knoten. Infolge dieses Ergebnisses kaufte die englische Admiralität auch dieses Fahrzeug an.

Die angegebenen Erfolge waren wohl geeignet, die Aufmerksamkeit auf die neue Art des Schiffs-Antriebes zu lenken, und wenn die Versuche mit den im Bau befindlichen Fahrzeugen sich in der gleichen Weise bewähren sollten, wie es bei den angegebenen Schiffen der Fall war, so dürfte wohl mit einem baldigen Umschwung in der Schiffs-Maschinenbautechnik zu rechnen sein.

Die Annahme eines neuen Maschinensystems läfst sich nur dann rechtfertigen, wenn mit letzterem unter sonst gleichen Verhältnissen gröfsere Kraftleistungen und gröfsere Betriebs-Ökonomie erzielt werden. Diese Forderungen treffen für die für den Schiffsbetrieb bestimmten Turbinen-Maschinen zu. Während die gewöhnliche Schiffsmaschine den Dampf nur 16fach expandiert, geschieht dieses bei Parsons Dampfturbine 170fach, und vollführt die letztere dabei 2400 Umdrehungen in der Minute. Trotzdem kann den Turbinen-Maschinen eine relativ kleinere Ausdehnung gegeben werden, selbst im Vergleich zu Maschinen von höchsterreichter Geschwindigkeit, welche im Maximum 700 Umdrehungen zu vollziehen im stande sind. Es steht auch zu erwarten, dafs sich der Dampfverbrauch pro Pferdekraft und Stunde erheblich geringer stellen wird als bei den Kolbenmaschinen. Dafs die Turbinenmotoren, welche mit Kondensation versehen sind, ökonomisch arbeiten, hat sich bisher besonders in dem Fall konstatieren lassen, in welchem sie zum Antrieb von Elektro-Generatoren verwendet wurden. So verbraucht z. B. die Dampfturbine der „New Castle and District Electric Lighting Co.“ mit einer Leistung von 500 kw bei 7,04 kg pro qcm Betriebsdampfspannung und 597 mm Vakuum 12,01 kg Dampf pro Kilowatt und Stunde und verwandelt hierbei 61 % der in ihr vom Dampf geleisteten Arbeit in elektrische Energie.

Die „Turbinia“ war ein kleines Schiff von 30,48 m Länge, 2,74 m Breite und 42 Tons Gehalt. Es sollen über dieses Boot nur einige kurze Daten gegeben werden, da es zweckmäfsiger erscheint, eine kurze Beschreibung dieser Fahrzeuge an der Einrichtung der gröfseren „Viper“ zu geben.

Der aus Stahl bestehende Schiffskörper der „Turbinia“ war in seinen Bauteilen sehr stark gehalten und in fünf wasserdichte Räume abgeteilt. Die Maschinen wogen 4 1/2 Tons, und der ganze Maschinenkomplex erreichte einschl. Kessel, Schraubenpropeller, Wellen u. s. w. nur ein Gewicht von Zweidrittel desjenigen Komplexes, welcher einem Torpedoboot von gleicher Gröfse und verhältnismäfsig leichter Maschine zukommt. Bei der Probefahrt betrug die Durchschnittsgeschwindigkeit 29,6 Knoten, die Maximal-Geschwindigkeit 32,61 Knoten, ja letztere wurde noch auf 32,76 Knoten gesteigert. Allerdings nicht gemessen, sondern nur errechnet soll die „Turbinia“ sogar 34 1/2 Knoten gelaufen sein. Die Kessel des Fahrzeugs hatten 102 qm Heiz- und 3,99 qm Rostfläche, der Dampfdruck betrug im Kessel 15,84 kg, in der Turbine 16,56 kg pro qcm, die Kohlenvorräte gestatteten bei 28 Knoten Fahrt einen Aktions-Radius von 120 Seemeilen, bei 10 Knoten einen solchen von 500 Seemeilen.

Die „Viper“ war nach dem Typ der gewöhnlichen, bei der englischen Marine befindlichen Torpedobootzerstörer gebaut und mit der gleichen Bewaffnung versehen.

Die bezüglichen Gröfsen und Gewichtsverhältnisse der betreffenden beiden Schiffe sind:

Länge zwischen den Perpendikeln .	64,01	m
Gröfste Breite	6,40	„
Raumtiefe	3,88	„
Tiefgang	1,62	„
Deplacement	385,00	Tons
Kessel, gefüllt samt Zubehör	102,87	„
Maschinenkomplex mit Wasser in den Kondensatoren	53,15	„
Schrauben-Propeller und Wellen . .	7,85	„
Schlote	4	Stück.

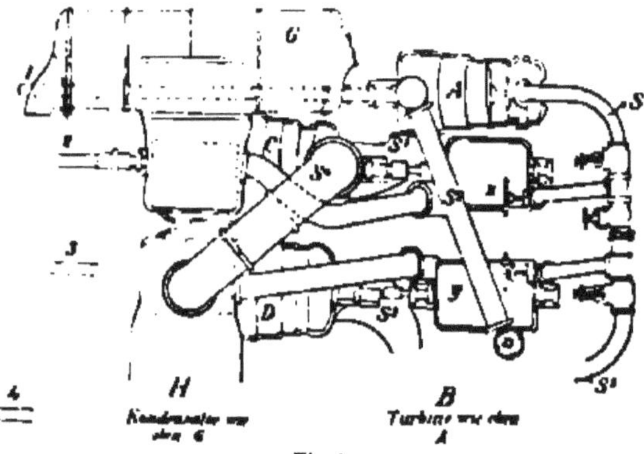

Fig. 1.

Eine weitere Auslassung über sonstige Einzelheiten scheint überflüfsig, da die Hauptaufmerksamkeit in diesem Fall allein die Maschinen auf sich ziehen.

Der Maschinenraum an sich bietet ein ganz anderes Bild als derjenige der Kolbenmaschinen mit ihren vier Zylindern, zwischen welchen man von Anfang bis Ende hindurchgehen kann. Bei der „Viper“ erstreckte sich im Maschinenraum über die ganze Breite des Schiffes eine Plattform, über welcher sich nur die Schliefsklappen befanden, mit welchen der Dampfzuflufs zu den das Schiff treibenden Turbinen geregelt wird. Die Maschinenverteilung (Fig. 1) ist die folgende:

Auf jeder Seite des Fahrzeugs sind zwei Schraubenwellen vorhanden (1, 2, 3, 4). Auf jeder derselben befinden sich 1,87 m unter dem Wasserspiegel zwei Schrauben mit 1,02 m Durchmesser, von welchen die hintere etwas gröfsere Neigung als die vordere hat. Im ganzen waren also bei der „Viper“ acht Schrauben vorhanden, die „Turbinia“ besafs dagegen nur drei Wellen mit je zwei Schrauben. Entsprechend der Anordnung dieser Propeller waren auf der „Viper“ zwei nebeneinanderliegende Zwillingsmaschinen, aus je zwei Sätzen Compound-Dampf-Turbinen bestehend, vorhanden. Die Anordnung ist derart, dafs die Hochdruckturbine (A bezw. B) die äufsere Schraubenwelle (1 bezw. 4), die Niederdruckturbine (C bezw. D) die innere Welle (2 bezw. 3) bewegt. An der inneren Welle ist die für das Rückwärtsgehen bestimmte Turbine (x bezw. y) angebracht, welche beim Vorwärtsgehen lose läuft, während beim Rückwärtsgehen die für die Vorwärtsbewegung vorhandenen Turbinen leer laufen. Die beiden Maschinen eines Komplexes entwickelten beim Vorwärtsschlagen bis zu 10000 Pferdekräfte, wodurch eine Geschwindigkeit von 35 Knoten erreicht werden kann, während die Rückwärtsbewegung mit 15 Knoten Geschwindigkeit erfolgt.

An jeder Seite des Schiffes befindet sich ein Oberflächen-Kondensator (G bezw. H) mit zwei Luftpumpen mit Turbinenantrieb und einer Centrifugalpumpe, die anfangs von einer doppelt wirkenden Kolbenmaschine in Gang erhalten wurde. Später ist jedoch letztere durch eine Turbine ersetzt worden, um das Fahrzeug vollständig vibrationsfrei zu halten.

Die Anordnung dieser oben beschriebenen Maschinen erfolgt im Schiff derart, dafs die Hochdruck- und die zum Rückwärtsgehen bestimmten Turbinen vollständig unsichtbar unter die oben erwähnte Plattform eingebaut sind. Weiter rückwärts auf dem Boden des Fahrzeugs, von der Plattform aus sichtbar, liegen die gröfseren Niederdruckmaschinen, und dann folgen, am meisten in die Augen springend, die zwei grofsen zylindrischen Kondensatoren, welche mit ihren Röhren und Verbindungen den gröfsten Teil des Bodens einnehmen.

Die Turbinen wirken in folgender Weise: Um einen möglichst geringen Dampfverbrauch pro Pferdekraft zu erzielen, wird eine besondere Dampfumschaltung für die die einzelnen oder gruppenweise auch mehrere Schraubenwellen antreibenden Turbinen angewendet.

Bei Vollfahrt vorwärts expandiert der Dampf einerseits durch Rohr S[1]), Turbine A, Rohr S[1], Turbine C, in den Kondensator G;

[1]) Figur 1.

andererseits durch Rohr S^1, Turbine B, Rohr S^3, Turbine D, in den Kondensator H. Für geringe Arbeitsleistungen werden die Ventile so gestellt, daß das Kühlwasser für den Kondensator abgesperrt ist, und der Dampf seinen Weg durch Rohr S, Turbine A, Rohr S^1, Turbine B, Rohr S^3, Turbine D, durch den Kondensator H und Rohr S^4 nach Turbine C und den Kondensator G nimmt. Die einzelne Turbine (Fig. 2) ist ein höchst kunstvoll aufgebauter Apparat, der im wesentlichen aus zwei Teilen besteht: einer äußeren zylindrischen Hülle und einem in derselben um die Achse der ersteren gelagerten, drehbaren Zylinder, dessen Achse die Propellerwelle bildet. An der Innenseite der Hülle liegen die sogenannten Leitschaufeln. Die letzteren, untereinander parallel, stehen senkrecht zur Symmetrie-Längsachse und sind aus der Innenseite von Metallringen herausgeschnitten. Diese Ringe sind

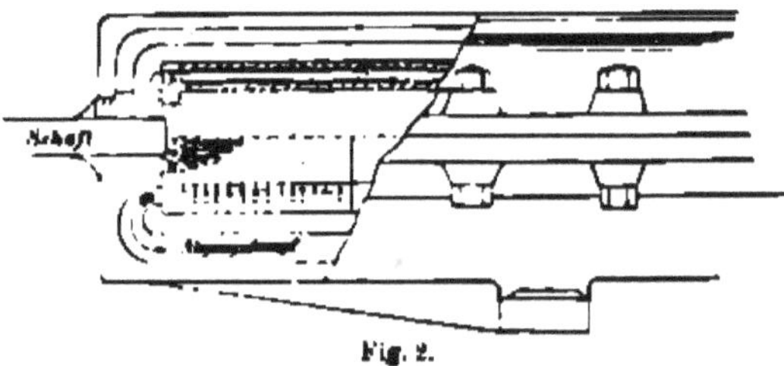

Fig. 2.

halbiert und an der Innenseite der zylindrischen Hülle mit Federn befestigt. An dem Zylinder sind, korrespondierend mit den Zwischenräumen der Leitschaufeln, Reihen von Bewegungsschaufeln angebracht. Diese sind ebenfalls aus Metallringen, jedoch aus der Außenseite herausgeschnitten, dann auf die inneren Zylinder aufgeschoben und mit Hilfe von Nuten, Federn, sowie aufgeschraubten Endringen befestigt. Die letzteren sind in einer den Leitschaufeln entgegengesetzten Weise zur Längsachse gewinkelt.

Bei dem neuen System wurde an Stelle des äußeren und inneren Stromes der Parallelstrom angenommen, und zwar einmal, weil hierdurch eine bessere Ausnutzung der in dem Betriebsdampf aufgestapelten Energie möglich ist, und zweitens, weil die Stöße vermieden werden, die sonst bei Ablenkung des Dampfstromes von den Leitschaufeln zu den Bewegungsschaufeln eintreten.

Der Querschnitt der von den Schaufeln gebildeten Kanäle wächst von der Dampfeinströmungs- bis zur Dampfabgangsstelle, um der sich in der Maschine vollziehenden Dampfexpansion Rechnung zu tragen. Der von den Kesseln kommende Betriebsdampf wird von der am oberen Ende des inneren Zylinders angebrachten Leitschaufel aufgefangen und von derselben an die nächste Reihe von Bewegungsschaufeln abgegeben u. s. w. Die grofse Anzahl von Schaufelreihen ermöglicht eine gute Ausnutzung der Energie des Dampfes. Der bei den Turbinen sonst gewöhnlich in Anwendung kommende Zentrierungs-Apparat fällt bei den Schiffsturbinen fort, da der innere Zylinder und die Welle sich zusammen in Lagern drehen. Die Schmierung der Lager der Hauptmaschinen wird durch eine forcierte Ölzirkulation in Gang erhalten.

Bei den vier von der Baufirma Hawthorn, Leslie u. Comp. hergestellten Yarrow-Kesseln der „Viper“ betrug — in geschlossenen Heizräumen mit Feuertüren vorn und hinten — die totale Heizfläche 1393 qm, die Rostfläche 25,56 qm. Die Luftpressung stellte sich auf 76 mm Wassersäule, und als höchste Maschinenleistung wurden 11000 Pferdekräfte angenommen.

Obgleich die Maschinen der „Viper“ für die doppelte Leistung eines 30 Knoten-Torpedobootes entworfen waren, waren sie doch so leicht an Gewicht, dafs es möglich wurde, die Kessel ungefähr um 19 % zu vergröfsern. Den künstlichen Zug bewirkte ein Ventilator, der seinen Antrieb von der Hauptmaschine erhielt. Es sei hervorgehoben, dafs man weder auf den drei schon erbauten, noch auf den im Bau befindlichen Turbinenschiffen zu Kunstbehelfen, wie z. B. Anwendung von Aluminium, gegriffen hat.

Bei den Probefahrten der „Viper“ fanden im ganzen zehn Abläufe statt, von denen die sechs besten als Mittel 34,28 Knoten Fahrt ergaben. Das Mittel aus den zwei besten Fahrten stellte sich dagegen auf 34,75 Knoten, das Ergebnis der dreistündigen Dauerfahrt auf 33,86 Knoten. Die Umdrehungen betrugen im Durchschnitt 1050 in der Minute, während der Dampfdruck sich zwischen 11,5 und 12,3 kg pro qcm hielt. Hierbei ist zu bemerken, dafs, da die Speiseventile vor dem Auslaufen nicht genügend herabgeschraubt waren, ein nicht unbedeutender Dampfverlust eintrat, was sich durch heftiges Dampfabblasen anzeigte. Der Dampfverbrauch betrug bei 34 Knoten Geschwindigkeit 6,23 kg für die Pferdekraft und Stunde.

Die „Cobra“, welche ihre Probefahrten in der dritten Maiwoche 1899 erledigte, erreichte eine gröfste Geschwindigkeit von 35,886 Knoten und eine mittlere von 34 Knoten, die sie sechs Stunden beibehalten konnte.

Von den Vorteilen, welche die Einführung der Turbine als Motor eines Schiffes bringen würde, sind Leistungsfähigkeit und Ökonomie schon erwähnt worden. Damit sind die Vorteile aber keineswegs erschöpft. Zunächst würde die Erschütterung, welche bei den heutigen Kolbenmaschinenschiffen trotz aller Versuche noch nicht vollständig beseitigt werden konnte, fortfallen. Dies würde den weiteren Vorteil bringen, dafs viele Bauteile bedeutend schwächer hergestellt werden könnten, als es jetzt der Fall ist, und hieraus würden sich von selbst Gewichtsersparnisse ergeben. Das an den Maschinen ersparte Gewicht kann den Kesseln zu gute kommen, wodurch z. B. bei einem 310 Tons Torpedobootzerstörer eine ungefähre Vermehrung der Gesamtheizfläche von 168 qm möglich wäre. Ein weiterer Vorteil des Turbinensystems besteht darin, dafs der Schwerpunkt des Maschinenkomplexes tiefer gelegt werden kann als bei den bisher gebrauchten Maschinen, da die Turbomaschine sich hart an dem Boden anbringen läfst, wodurch die Stabilität des ganzen Fahrzeugs wachsen würde. Da die Turbomaschine aufserdem nach der Höhe sehr wenig Raum einnimmt, ist für das ganze Schiff nur ein geringerer Tiefgang notwendig, sodafs sich diese Anlage besonders für solche Fahrzeuge eignet, welche sich in seichterem Wasser bewegen müssen. Als fernere Vorteile kommen noch hinzu: Gröfsere Sicherheit der Maschinenanlage für den Kriegsfall durch niedrigere Anordnung der vitalen Teile, bedeutend vermindertes Gewicht dieser Anlage, ferner geringere Raumbeanspruchung für dieselbe, und daher gröfsere Ladefähigkeit.

Wenngleich diese eben beschriebenen Turbinenmotoren bisher nur für kleinere Fahrzeuge in Aussicht genommen wurden, ist doch kein Grund anzuführen, weshalb dieselben nicht auch auf gröfseren Schiffen als Hauptmaschine Verwendung finden sollten. Hat doch die Erfahrung bis jetzt gezeigt, dafs, je gröfser eine Turbomaschine entworfen wird, desto leichter es auch ist, eine Gewichts-Ersparnis an ihren Bauteilen zu erzielen und ihren eigenen ökonomischen Betrieb zu sichern.

Eine Frage aber ist noch zu erledigen, bevor an eine allgemeine Einführung der Turbine als Schiffsmaschine gedacht werden kann; sie betrifft den Kohlenverbrauch.

Was die Kraft der Turbine betrifft, so kann dieselbe nicht bestimmt werden; das einzige Mafs, welches einen genauen Vergleich mit einer entsprechenden Kolbenmaschine gestattet, ist der Verbrauch an Kohle pro Stunde bei einer gegebenen Geschwindigkeit.

Der „Albatrofs", dessen Rumpf und Maschinen von der Werft Thornycroft gebaut sind, ist der einzigste Torpedobootzerstörer mit doppelwirkenden Maschinen, dessen Geschwindigkeit nach amtlichen englischen Angaben ungefähr derjenigen der „Viper" gleichkommt. Die erreichte Durchschnitts-Geschwindigkeit dieses Fahrzeugs beträgt 31,552 Knoten, und entwickelten die Maschinen 7732 Pferdekräfte. Der Tonnengehalt des „Albatrofs" ist 384,5 Tons, derjenige der „Viper" war 385 Tons. Bei ersterem betrug der Kohlenverbrauch in einer Stunde 7926 kg bei 31,552 Knoten Fahrt und bei letzterer 9002 kg bei 31,118 Knoten Fahrt.

Diese Angaben zeigen ohne weitere Bemerkungen die aufserordentlich ungünstige Höhe des Kohlenverbrauchs bei den Dampf-Turbinen-Maschinen. Dieser Umstand ist es wohl allein, welcher einer allgemeinen Einführung derselben entgegensteht.

Südafrikanische Landsleute.

Von Dr. Alexander Sokolowsky,
Kustos am Deutschen Kolonialmuseum in Berlin.

Im nördlichen Teil unserer südafrikanischen Kolonie, im Damaraland, lebt ein zu dem Bantustamm gehöriges, merkwürdiges Volk, dessen Heimgebiete sich nordwärts bis an den Kunene erstrecken; es ist das Volk der Ovaherero. Der Völkerunkundige stellt sich Afrika als fast ausschließlich von schwarzen Negern bewohnt vor, was aber durchaus nicht der Fall ist, denn der hier in Rede stehende Volksstamm zeichnet sich durch kakaobraune, aber nicht schwarze Hautfärbung aus. Es sind kräftig gebaute Menschen, diese Herero, von muskulöser Gestalt mit tiefschwarzem, wolligem Haar und geringem Bartwuchs. Ihre Körpermerkmale reihen sie eng an die noch weiter südlich wohnenden anderen Bantustämme an. Ihr Kopf zeichnet sich durch schmale und lange Form des Schädels aus, dessen Zähne eine schiefe Stellung erkennen lassen; ihre hervortretende Nase ist gekrümmt, die Lippen sind aufgeworfen, aber nicht wulstig.

Wir verdanken die Kenntnis der Sitten und Gebräuche dieses Menschenschlages namentlich Schinz, welcher die Herero in ihrem Leben und Treiben genau beobachten konnte.

Von ganz besonderem Interesse ist die unterschiedliche Tracht der beiden Geschlechter. Die Männer verwenden als Kleidungsgegenstand einen oberhalb der Lenden angebrachten schmalen, aber mitunter Hunderte von Metern langen, aus Ochsenleder geschnittenen Riemen, von dem vorn und hinten Felle herabhängen. Je reicher der Herero ist, um so länger ist dieser Riemen. Das eine der beiden Riemenenden dient als Familienregister, indem der Mann bei jeder Geburt eines Kindes, das ihm eine seiner Frauen schenkt, einen Knoten darin macht.

Um die Kniee werden von den Männern Lederbänder mit herabhängenden Lederriemen getragen. Armringe, eine dünne Kette aus Eisenperlen um den Hals, sowie Sandalen, die durch einen um die Knöchel und die grofse Zehe gewundenen Lederstrang am Fufse befestigt werden, vervollständigen die schlichte Kleidung der Männer. Im Gegensatz zu diesem einfachen Kostüm der letzteren schleppen die Frauen einen gewaltigen Apparat an Leder und Eisenschmuck mit sich herum. Ihre Toilette besteht aus einer Art Leibchen, das dem Hüftriemen der Männer entspricht. Dasselbe setzt sich aus 30—50 Ketten von abgerundeten und auf Sehnen aufgereihten Straufseneierstückchen zusammen. Diese kleinen Stückchen werden aus zerschlagenen Straufseneierschalen hergestellt, welche mit einem spitzen Eisenstück durchbohrt und mittels eines Hornendes des Springbockes — einer Antilopenart — abgerundet worden sind. Die Herstellung dieses Leibchens, wie auch des Hüftriemens der Männer erfordert lange Zeit, und wird das erstere ein oder zwei Ochsen hoch gewertet. An diesem Leibchen ist vorn ein Fell als Schürze befestigt, während der Rücken durch ein bis auf die Erde herabfallendes Ochsenfell, das mit Eisenperlen benäht ist, geschützt wird. Am charakteristischsten für das Frauenkostüm der Ovaherero ist aber die Kopfbedeckung, eine mit drei aufwärts gerichteten Zipfeln geschmückte Lederhaube. Von dieser Kopfhaube hängen mit Eisenblechhülsen geschmückte Riemen herab. Die Frauen stellen aber noch ganz andere Ansprüche, um ihre Eitelkeit zu befriedigen. Sie schmücken ihren Hals mit Ketten aus Eisenperlen, Straufseneierplättchen oder Kaurischnecken, binden sich Ringe aus Elfenbein oder Eisen um die Arme und schmücken ihre Unterschenkel mit einer grofsen Anzahl massiver Eisenringe, denen ein ganz gehöriges Gewicht eigen ist. Mit solchem unsinnigen Ballast belasten sie sich, um ihre liebe Eitelkeit zu befriedigen!

Was die Waffen anbelangt, die sich bei den Männern vorfinden, so stehen Wurfkeulen, Bogen und Pfeil, sehr lange Lanzen und Schufswaffen ältester Konstruktion in Gebrauch. In ihrem Temperamente sind diese Eingeborenen aber keineswegs kriegerisch gesinnt, sondern friedliebend und gegen Fremde äufserst gastfrei. Ihre Hausgeräte beschränken sich fast nur auf aus Baumstämmen geformte Milchgefäfse, irdene Töpfe und Flaschenkürbisse. Als Wohnung dient ihnen ein von Dornenhecken umgebener, aus kreisförmig angeordneten und mit Lehm beschmierten Hütten bestehender Kraal. Diese bienenkorbartig geformten Hütten umfassen in ihrer Mitte die Kälberhürde, in deren Nähe sich das stets unterhaltene Feuer befindet.

Die Hereros sind keine Ackerbauer, sondern betreiben ausschliefslich Viehzucht; hauptsächlich werden Rinder gezüchtet, aufserdem aber auch Schafe und Ziegen. Es giebt Herdenbesitzer, deren Viehherden sich auf Tausende von Exemplaren belaufen.

Das Rind spielt eine äufserst wichtige Rolle im Haushalt dieses Naturvolks. Geschlachtet wird es äußerst selten, doch dient die Milch der Kühe in gesäuertem Zustande als ein wichtiges Nahrungsmittel. Die Ochsen werden zum Reiten und als Zugtiere verwandt. Der Reichtum des Mannes wird nach der Zahl seines Viehstandes abgeschätzt, die Braut durch Abgabe von Rindern und Schafen auf dem Wege des Kaufs erworben. Welche Bedeutung das Rind bei den Hereros hat, geht aus verschiedenen Gebräuchen hervor. So erhält das Neugeborene einige Tage nach seiner Geburt unter besonderen Zeremonieen seinen Rufnamen und dabei als Geschenk ein junges Rind. Diese Schenkung wird dadurch rechtskräftig, dafs die Stirn des Kindes an derjenigen eines Ochsen gerieben wird. Bei Gelegenheit der Begräbnisse opfert man Rinder, die in diesem Falle durch Lanzen getötet werden. Zur Behandlung seiner kranken Frauen ruft der Herero den Zauberer herbei, welcher durch Schmieren, Salben und Räuchern seine Kunst ausübt. Ein kranker Mann wird von seinen Genossen behandelt; ist sein Zustand hoffnungslos, so wird er vollständig mit Fellen bedeckt, worunter er bald das Leben aushaucht. Nach Schinz nimmt sodann das Klagegeheul der Weiber seinen Anfang, welches oft herzzerreifsend klingt, wenn es auch meist nicht von Herzen kommt.

Ist die Trauerfeier beendet, so bricht man dem Toten die Wirbelsäule, bindet seinen Kopf zwischen die Kniee, hüllt seinen Körper in Felle und senkt den Leichnam in die Erde mit nach Norden gewendetem Gesicht. ' Noch bei Lebzeiten hatte der Tote die Opferochsen bestimmt, die nun vermittelst der Lanzen getötet werden; ihr Fleisch wird aber als unrein den Hyänen vorgeworfen. Die Hörner der geopferten Ochsen werden gereinigt und an einem Baum befestigt, der dem Grabe des Verstorbenen nahe steht. Schinz sah in der Nähe eines Hererograbes 93 Hörnerpaare an vier zunächst stehenden Bäumen aufgehängt.

Ein anderes interessantes Volk ist das der Ovambo, welches im Norden unserer südwest-afrikanischen Kolonie, am Kunene, seine Wohnsitze hat. Es sind chokoladenbraun gefärbte, nicht sehr muskelstarke Leute mit niedriger Stirn, hervortretenden Backenknochen und geringer Bartentwickelung. In ihrer Kleidung schliefsen sich die Männer derjenigen der Hereros an; auch sie tragen einen mehrfach um den Leib geschlungenen Gürtel, der aus Rindsleder besteht.

Die Gasnebel zeigen auf spektrographischen Aufnahmen ein Linienspektrum, welches in seinem Äufseren dem zum Vergleich dienenden Spektrum des Eisens im Bogenlicht aufserordentlich ähnlich sieht, sodafs die Messung der Linien mit gröfster Schärfe geschehen kann. Dies ermutigte den Potsdamer Astronomen Hartmann, zu versuchen, ob sich dadurch vielleicht Bewegungen innerhalb der Nebelmassen nachweisen liefsen, aus denen sich ganz neue Schlüsse über den Bau dieser Systeme ergeben würden. Es zeigten sich in der That bei einem Nebel Andeutungen derartiger Bewegungen, die näher geprüft werden sollen, sobald das Gestirn im Herbst wieder sichtbar werden wird. Zu ganz bestimmten Resultaten bezüglich der Existenz solcher inneren Bewegungen ist dann Eberhard, ebenfalls Astronom in Potsdam, bei dem allbekannten Orionnebel gelangt. Das Licht einer Stelle dieses Nebels von etwa 2' Durchmesser ergiebt auf der photographischen Platte eine Wasserstofflinie, die nicht nur gegen die Linien des Vergleichsspektrums etwas geneigt ist, sondern auch geringe Ausbuchtungen zeigt. Diese Linienverschiebungen weisen auf relative Verschiedenheiten in den Bewegungen der betreffenden Gasmassen hin, Verschiedenheiten, die bis zu 30 km in der Sekunde anwachsen. Wenn es durch andauernde Untersuchung aller Teile des ausgedehnten Nebels, soweit sie hell genug sind, gelingen sollte, überall die relativen Eigenbewegungen festzustellen, wird es möglich sein, sich eine räumliche Vorstellung von diesem Weltnebel zu machen. R.

Veränderungen auf der Mondoberfläche wollen die Astronomen W. H. Pickering und Lowell wahrgenommen haben, also Männer, auf deren Angaben grofses Gewicht zu legen ist. Unter den ausgezeichneten Bedingungen ihrer Bergsternwarte haben sie wahrgenommen, dafs die vulkanische Thätigkeit des Mondes noch nicht ganz erloschen ist. Hier und da sollen kleine Krater verschwunden, oder neue aufgetaucht sein; ferner soll Schnee vorkommen, wenigstens sahen die Forscher bisweilen an gröfseren Kratern und Bergspitzen eine Substanz von weifser Farbe, die sehr hell leuchtete, wenn die Sonne darauf schien. Das seltsame Verhalten dieser Substanz unter verschiedenen Beleuchtungswinkeln und die Formänderungen der weifsen Flecken habe die Beobachter veranlafst, an eine Art Rauhreif zu denken. Aufserdem haben sie veränderliche Flecken wahrgenommen, deren Eigentümlichkeiten von ihnen in der Natur der reflektierenden Flächen gesucht werden, wobei sie an organische Lebewesen, etwa an niedere pflanzliche Gebilde denken. In der Mai-Nummer des Century Magazine hat Pickering zahlreiche Zeichnungen und Photographien gegeben, die diese Ansichten dem Leser veranschaulichen sollen. Übrigens hat schon vor Jahren H. J. Klein in seinen kosmologischen Briefen ähnliche Anschauungen vertreten. R.

Ein neuer Apparat zur Herstellung von Schwefelwasserstoff. Der Schwefelwasserstoff wird bei chemischen Operationen oft verwendet, z. B. um Metalle aus sauren Lösungen zu fällen. Da solche Prozesse im Laboratorium häufig vorkommen, so wurde eine ganze Reihe von Apparaten zur Erzeugung von Schwefelwasserstoff konstruiert, von welchen der von Kipp in Delft erfundene wohl der bekannteste ist.

In letzter Zeit konstruierte nun A. Wöhlk in Kopenhagen eine neue Type, welche zwar ebenfalls auf der Reduktion von Schwefelarten durch eine beliebige Säure basiert, jedoch verschiedene Übelstände, die mit der Verwendung des Kippschen Apparates verbunden sind, vermeidet. Die Type Wöhlks besteht im wesentlichen aus zwei selbständigen Mariotteschen Flaschen, welche durch ein absperrbares Glasrohr miteinander verbunden sind, und von denen die eine mit Schwefeleisen, die andere mit einer beliebigen Säure gefüllt wird. Der so gewonnene Schwefelwasserstoff strömt dann durch ein Rohr in die Waschflasche, wo er von fremden Bestandteilen gereinigt wird. Von hier gelangt das Gas durch einen grofsen Glasballon, welcher als Druckregulator dient, in eine gewöhnliche Wulffsche Flasche, aus der es dann nach Bedarf durch einen Hahn entnommen werden kann. Mit der Wulffschen Flasche ist noch ein Manometer in Verbindung, aus dessen Stand man leicht entnehmen kann, ob noch ein genügender Druck von Schwefelwasserstoff in der Leitung vorhanden ist.

Der Kippsche Apparat, welcher bis jetzt am meisten in Laboratorien verwendet wurde, wies durch die zeitweilige Verstopfung der Rohre, durch den Verlust an Schwefeleisen und Säure und endlich durch den widerwärtigen Geruch beim Auseinandernehmen der Rohre Übelstände auf, welchen die neue Type abhilft. Wöhlke Apparat hat sich bereits im chemischen Laboratorium der pharmazeutischen Lehranstalt in Kopenhagen bei starker Benutzung auf das beste bewährt. O. U.

Felderbedeckung. Eine interessante Neuerung kommt aus Connecticut: die Bedeckung von Tabakfeldern mit Nesseltuch. Die Überdachung eines Acre*) Tabakfeldes kommt auf ca. 1000 Mark zu stehen. Das bedeckte Feld macht den Eindruck eines ungeheuren Zeltes, welches auf 186 Pfosten pro Acre ruht, 9 Fufs hoch ist und dem heftigsten Sturm Widerstand leistet. Unter diesem Zelt herrscht eine gleichmäfsige, tropische Temperatur, die mindestens drei bis fünf Grad wärmer ist, als die auf offenem Felde herrschende. Der Regen fällt nicht direkt auf die empfindlichen Pflanzen, sondern durchdringt das Dach als feuchter, warmer Nebel. Die Gefahr der Insektenpest ist auf ein Minimum herabgemindert. Der unter diesen Zelten kultivierte Tabak bringt 2 Schilling 7 Pence pro Pfund, während der auf offenen Feldern gepflanzte nur mit einem Schilling bezahlt wird. Tabaksachverständige erklären, dafs der in Connecticut unter den Zelten gewachsene Tabak sich den besten auf Sumatra gezogenen Blättern vergleichen läfst. Es bilden sich bereits einige Gesellschaften, welche in Connecticut hunderte von Morgen Landes mit Nesseltuch überdachen wollen. Diese Neuerung dürfte eine Umwälzung auf dem agrikulturellen Gebiete nach sich führen, denn der Tabak ist nicht die einzige Pflanze, welche ein mildes, feuchtes Klima braucht und unter einer solchen Bedachung ein doppeltes Erträgnis bieten würde. K.

*) 1 Acre = 160 Quadratruten = 4048 qm.

Astronomisches Lexikon. Auf Grundlage der neuesten Forschungen, besonders der Ergebnisse der Spektralanalyse und der Himmels-Photographie bearbeitet von August Krisch. Mit über 300 Abbildungen. Vollständig in 20 Lieferungen zu 50 Pf. Lieferung 1—10.

Die älteren Lexika der Astronomie, an denen kein Mangel herrscht, litten an dem grofsen Nachteil, dafs ihr bildlicher Schmuck arg vernachlässigt wurde. Für Freunde der Himmelskunde, die selten Gelegenheit haben, durch ein gröfseres Fernrohr zum Himmel emporzublicken und Einzelheiten desselben aus eigener Anschauung kennen zu lernen, bildet aber gerade dieser bildliche Schmuck einen wichtigen Faktor, dessen richtige Wahl einem astronomischen Werke von vornherein eine stärkere Verbreitung sichern kann. Eine solche Popularität können wir dem vorliegenden Lexikon von ganzem Herzen wünschen. Was der Verfasser in der Einleitung versprochen hat, dem Freunde der Himmelskunde ein geeignetes Nachschlagewerk in die Hand zu geben, mittels dessen er sich über Unbekanntes, Wissenswertes rasch und leicht belehren kann, das hat er, soweit es sich bis jetzt übersehen läfst, treu erfüllt, wenngleich auch dem Fachastronomen hin und wieder eine etwas einseitige Behandlung des Materials auffallen mag. Der Himmelsphotographie ist bereit in den ersten 10 Heften ein besonders umfangreicher Raum zugewiesen worden. Die korrekten Reproduktionen einer grofsen Anzahl guter Himmelsphotographieen dürften dem Laien eine besonders willkommene Gabe sein, ebenso wie die Auswahl der schematischen Zeichnungen zur Erklärung astronomischer Kunstwörter und Ausdrücke volle Anerkennung verdient. Um so unverständlicher ist aber die Wiedergabe der nichtssagenden und irreführenden Sternbilder aus Kleins Katechismus der Astronomie, welche obendrein zu dem Texte gar nicht passen. Es dürfte bei ev. späteren Auflagen ein Leichtes sein, diese Bilder durch Himmelskärtchen zu ersetzen, an denen wir wahrlich keinen Mangel haben.

K. O.

Verzeichnis der der Redaktion zur Besprechung eingesandten Bücher.

(Fortsetzung.)

Ergebnisse der Meteorologischen Beobachtungen an den Landesstationen in Bosnien-Hercegovina im Jahre 1898. Herausgegeben von der Bosnisch-Hercegovinischen Landesregierung. Wien, Kaiserl. Königl. Staatsdruckerei, 1901.

Feldmann, Ed. Charakterbild aus der einheimischen Tier- und Pflanzenwelt: Der Wald. Für Freunde der Natur, sowie für die reifere Jugend zum Gebrauch in Haus und Schule dargestellt. Ravensburg, Otto Maier.

Fischer, Ernst. Eiszeittheorie. Heidelberg, Carl Winter, 1902.

Fischer, S. J. Jos. Die Entdeckungen der Normannen in Amerika. Unter Berücksichtigung der kartographischen Darstellungen. Mit einem Titelbild, zehn Kartenbeilagen und mehreren Skizzen. Freiburg i. Breisgau, Herdersche Verlagsbuchhandlung, 1902.

Fischer, Karl T. Der naturwissenschaftliche Unterricht in England, insbesondere in Physik und Chemie. Eine Übersicht der englischen Unterrichtslitteratur zur Physik und Chemie mit 18 Abbildungen im Text und 3 Tafeln. Leipzig, B. G. Teubner, 1901.

Fortschritte der Physik im Jahre 1902. Dargestellt von der Deutschen Physikalischen Gesellschaft. Halbmonatliches Litteraturverzeichnis, redigiert von Karl Scheel (Reine Physik) und Rich. Assmann (Kosmische Physik). Heft 1—9. Braunschweig, Friedr. Vieweg & Sohn, 1902.

Gautier, R. Résumé météorologique de l'année 1899 pour Genève et le Grand Saint-Bernard. (Tiré des Archives des Sciences de la bibliothèque universelle). Genève, Ch. Eggimann & Co., 1900.

Gautier, R. Observations météorologiques faites aux fortifications de Saint-Maurice pendant l'année 1899 (Extr. d'Archives des Sciences phys. et nat.). Genève, Ch. Eggimann & Co., 1901.

Geisenhagen, K. Auf Java und Sumatra. Streifzüge und Forschungsreisen im Lande der Malaien. Mit 16 farbigen Tafeln und zahlreichen Abbildungen im Texte, sowie einer Kartenbeilage. Leipzig, B. G. Teubner, 1902.

Geitel, H. Über die Anwendung der Lehre von den Gasionen auf die Erscheinungen der atmosphärischen Elektrizität. Braunschweig, Friedr. Vieweg & Sohn, 1901.

Hammer, E. Der Hammer-Fennel'sche Tachymeter-Theodolit und die Tachymeterkippregel zur unmittelbaren Lattenablesung von Horizontal-Distanz und Höhenunterschied. Beschreibung und Anleitung zum Gebrauch des Instrumentes. Erste Genauigkeitsversuche. Mit 2 Figuren im Text und 2 lithographierten Tafeln. Stuttgart, Konr. Wittwer, 1901.

Hannke, R. Erdkundliche Aufsätze für die oberen Klassen höherer Lehranstalten. Neue Folge: Die nichtdeutschen Staaten Europas. Glogau, Carl Flemming, 1901.

A. Hartlebens kleines statistisches Taschenbuch über alle Länder der Erde. VIII. Jahrgang. Wien, Hartlebens Verlag, 1902.

A. Hartlebens statistische Tabelle über alle Staaten der Erde. IX. Jahrgang. Wien, Hartlebens Verlag, 1901.

Harzer, P. Über die Bestimmung und Verbesserung der Bahnen von Himmelskörpern nach drei Beobachtungen. Mit einem Anhange unter Mithilfe von Dr. Ristenpart und Wilhelm Ebert berechneter Tafeln (Publikation der Sternwarte in Kiel XI). Leipzig, Breitkopf und Härtel, 1901.

Hebl, R. A. Flüssige Luft. Kurze Beschreibung der Herstellung der flüssigen Luft unter Hinweisung auf die Fortschritte der letzten Jahre. Halle a. S., G. Schwetschke'scher Verlag, 1901.

Hofmann, A. Aufnahmeapparate für Farbenphotographie. Sonderabdruck aus dem Photogr. Centralblatt. München, D. W. Callwey, 1901.

Hübl, A. Frh. v. Die Entwickelung der photographischen Bromsilber-Gelatineplatte bei zweifelhaft richtiger Exposition. Mit einer Tafel. Zweite, gänzlich umgearbeitete Auflage. Halle a. S., Wilhelm Knapp, 1901. (Encyklopädie der Photographie, Heft 31).

Hübner, O. Geographisch-statistische Tabellen aller Länder der Erde. Herausgegeben von Prof. Fr. v. Juraschek. Ausgabe 1901.

Holtheuer, R. Das Thalgebiet der Freiburger Mulde. Geographische Wanderskizzen und Landschaftsbilder. Leipzig, With. Engelmann, 1901.

Hussak, E. Katechismus der Mineralogie. Sechste vermehrte und verbesserte Aufl., mit 223 in den Text gedruckten Abbildungen. Leipzig, J. J. Weber, 1901.

Janson, O. Meeresforschung und Meeresleben. Mit 41 Figuren im Text. (Aus Natur und Geisteswelt. Sammlung wissenschaftlich-gemeinverständlicher Darstellungen aus allen Gebieten des Wissens). Leipzig, B. G. Teubner, 1901.

Itchikawa, D. Eine kleine Hütte. Lebensanschauung von Kamo he Chômei. Berlin, C. A. Schwetschke & Sohn, 1902.

Internationale Erdmessung. Das schweizerische Dreiecknetz, herausgegeben von der Schweizerischen geodätischen Kommission. Neunter Band: Polhöhen und Azimutmessungen. Das Geoid der Schweiz. Mit vier Tafeln. Zürich, Fäsi & Beer, 1901.

Kewitsch, G. Die astronomische Aera und das Jahrhundert 19 (Jahrhundertwende). Freiburg i. B., Selbstverlag, 1901.

Knipping, E. Sturmtabellen für den Atlantischen Ocean. Mit 3 Textfiguren. Berlin, Mittler & Sohn, 1901.

Katechismus der Geologie von H. Haas. Siebente verm. u. verb. Auflage. Mit 186 in den Text gedruckten Abbildungen und einer Tafel. Leipzig, J. J. Weber, 1902.

Katechismus der Mechanik von Ph. Huber. Siebente Aufl., den Fortschritten der Technik entsprechend neu bearbeitet von W. Lange. Mit 215 in den Text gedruckten Abbildungen. Leipzig, J. J. Weber, 1902.

Krembs, B. Lebensbilder aus der Geschichte der Sternkunde. Für die reifere Jugend bearbeitet. Mit 3 Figuren. Freiburg i. Breisgau, Herdersche Verlagsbuchhandlung, 1902.

Lampert, K. Die Völker der Erde. Eine Schilderung der Lebensweise, der Sitten, Gebräuche, Feste und Zeremonien aller lebenden Völker. Mit etwa 650 Abbildungen nach dem Leben. Lieferung 1–3. Stuttgart, Deutsche Verlagsanstalt, 1902.

Lecher, E. Über die Entdeckung der elektrischen Wellen durch H. Hertz und die weitere Entwickelung dieses Gebiets. Leipzig, Joh. Ambros. Barth, 1902.

Liesegang, L. Herm. Chlorsilber-Schnelldruckpapier. Düsseldorf, Ed. Liesegangs Verlag, 1901.

Lorentz, H. A. Sichtbare und unsichtbare Bewegungen. Unter Mitwirkung des Verfassers aus dem Holländischen übersetzt von G. Siebert. Mit 40 eingedruckten Abbildungen. Braunschweig, Friedr. Vieweg & Sohn, 1902.

Magnus, K. H. L. Merkbuch für Wetterbeobachter. Hannover, Karl Meyer, 1902.

Meteorologische Beobachtungen am meteorologischen Observatorium in Agram in den Jahren 1898, 1899 und 1900.

Meyer, E. Naturerkennen und ethisch-religiöses Bedürfnis. Ein Wort an jeden Denklustigen, in erster Linie an die deutsche Frau. Königsberg i. Pr., Gräfe & Unzer, 1902.

Miethe, A. Lehrbuch der praktischen Photographie. II. verbesserte Auflage mit 180 Abbildungen. Halle a. S., Wilhelm Knapp, 1902.

Mitteilungen der Hamburger Sternwarte, No. 7. Inhalt: O. Scherr und A. Scheller. Katalog von 314 Sternen zwischen 79° 50' und 81° 10' nördlicher Deklination für das Äquinoktium 1900. Hamburg, Lucas Gräfe & Sillem, 1901.

(Schluss folgt.)

Verlag: Hermann Paetel in Berlin. — Druck: Wilhelm Gronau's Buchdruckerei in Berlin-Schöneberg.
Für die Redaktion verantwortlich: Dr. P. Schwahn in Berlin.

Auch die Kleidung der Frauen weist Übereinstimmung mit derjenigen der Hererofrauen auf. Gleich diesen tragen sie ein aus zahlreichen Schnüren bestehendes Leibchen, das sich aus gereihten Scheibchen von Straufseneierschalen zusammensetzt. Ferner verwenden sie mit Eisenperlen geschmückte Lederlappen, Spangen und Eisenperlen, sowie Kupferdraht als Schmuckgegenstände; ihr Haar bekleben sie mit einer pechartigen Schicht. Die verheirateten Frauen des Odongastammes tragen nach Dr. Georg Hartmann einen aus Palmblattfasern bestehenden und am Kopfhaar befestigten Schmuck, der in langen Strähnen hinten am Rücken herunterhängt.

Die Beschäftigung dieser Eingeborenen ist hauptsächlich Ackerbau, während im Gegensatz zu den Hereros die Viehzucht bei ihnen nur eine sehr geringe Rolle spielt. Die Hütten der Ovambo bestehen aus einem kleinen Pallisadenbau, der inwendig mehrere Abteilungen enthält. Dieselben dienen als Empfangsraum, als Wohnräume für das Familienoberhaupt, für Frauen und Kinder, ferner als Getreidekammer, sowie als Kraal für das Vieh. Die Form der Hütten ist kreisrund und kegelförmig; sie sind aus Pfählen errichtet, die mit Lehm und Mist überschmiert werden. Die Waffen der Ovambo bestanden früher aus Wurfkeulen, aus Bogen mit vergifteten Pfeilen, sowie aus eisernen Lanzen; heutzutage werden diese aber mehr und mehr durch die Einfuhr der Feuerwaffen verdrängt.

Die Bedeutung der Regenwürmer.

Von L. Katscher in Budapest.

Der warme Sonnenstrahl des Genies fiel auch in die dunklen Regionen, in denen die Erdwürmer hausen und schaffen. Dem bedeutendsten Naturforscher seiner Zeit, Charles Darwin, dünkte nichts zu gering oder zu ekelhaft, und er war vorurteilsfrei genug, ein volles halbes Jahrhundert hindurch sein Augenmerk auf die armseligen Würmer zu richten. Die Ergebnisse seiner unermüdlichen Forschungen legte er 1881 in einem seiner fesselndsten Bücher nieder: „The formation of vegetable mould through the action of earthworms“. Dieses Werk enthält ebensoviel Überraschendes wie Interessantes. Darwins Darlegungen der stillen, aber unausgesetzten Thätigkeit der Regen- oder Erdwürmer bilden einen höchst merkwürdigen Belag für die Thatsache, dafs selbst die scheinbar geringfügigsten Dinge, wenn sorgfältig untersucht, reichen Stoff zum Nachdenken bieten, und dafs in der grofsen Weltwirtschaft die unansehnlichsten Ursachen oft äufserst wichtige und wertvolle Wirkungen hervorbringen. Es stellte sich heraus, dafs der Wurm weder nutzlos noch schädlich, sondern geradezu unentbehrlich ist, denn er, der nach Milliarden zählt, hat durch seine verborgenen Anstrengungen den Erdboden geeignet gemacht, landwirtschaftlich bebaut und von Menschen bewohnt zu werden.

Wer Sinn für Humor hat, wird lächeln, wenn er sich einige der von Darwin so tiefernst beschriebenen Versuche ausmalt. Um sie in jedem beliebigen Augenblick beobachten zu können, hielt Darwin eine Anzahl von Würmern in mit Erde gefüllten Töpfen, die er in seinem Studierzimmer unterbrachte. Um sie nicht durch Schwingungen des Fufsbodens zu stören, näherte er sich ihnen leichten Schrittes, vielleicht gar in Strümpfen. Um zu erfahren, ob sie ein Gehör haben, schrie er sie an oder spielte ihnen etwas auf dem Klavier vor. Um ihre Sehkraft zu prüfen, liefs er die Strahlen von Blendlaternen plötzlich auf sie fallen. Ihren Geschmackssinn stellte er dadurch auf die Probe, dafs er ihnen verschiedene Arten rohen, gekochten und gebratenen Fleisches vorlegte; ihre Verstandeskräfte prüfte er durch Vorlegung verschiedenartig geformter Papierstücke, die sie dann in ihre Löcher zogen. All' dies hat seine amüsante Seite und giebt Kunde von dem grofsen Fleifs und dem Scharfsinn des verstorbenen Forschers.

Das Ziel, das sich Darwin gesteckt, war, wie er selbst sagt, vornehmlich die Darstellung der „Rolle der Würmer bei der Bildung der in jedem gemäfsigt feuchten Lande die ganze Oberfläche des Bodens bedeckenden Schicht von vegetabilischer Erde". Diese ist „gewöhnlich schwärzlich und einige Zoll dick". Er stellte fest, dafs die Würmer unermüdlich thätig sind, diese Erde aufzuwerfen, zu zerreiben und zu verbessern, dafs „alle vegetabilische Erde in solchen Ländern vielmals durch die Eingeweidekanäle von Würmern gegangen ist und noch vielmals durch sie gehen wird", so dafs der Ausdruck „tierische Erde" eigentlich eher am Platze wäre als der übliche. Die Gesamtheit des Ackerhumus ist hauptsächlich das Erzeugnis von Würmern, der Boden wird in ihren Verdauungsorganen immer und immer wieder vervollkommnet und zur Befruchtung geeignet gemacht. Der rationellste und reichste Landwirt wendet den Saaten nicht halb soviel Nahrung zu als die Erdwürmer. In einer Ebene der englischen Grafschaft Kent fand Darwin, dafs die Würmer in einem Jahre pro Acre (0.4 ha) Landes 180 qm verdauter, üppiger Erde aufgeworfen hatten; seine Untersuchung des sandigen Bodens von Leith-Hill ergab eine Jahresleistung von 160 qm pro Acre; in den meisten anderen Fällen betrug die Menge 75—100 qm. Zwei Würmer wurden in ein Gefäfs von 47.5 cm Durchmesser gelegt, das mit Sand gefüllt war, auf den man abgefallene Baumblätter streute. Sie schleppten diese bald 8 cm tief in ihre Höhlen, und nach 6 Wochen war eine fast gleichförmige, 1 cm dicke Schicht Sandes in Humus verwandelt. Gefallene Blätter, Knochen toter Tiere, Muscheln, Insekten etc. bilden nebst Erde die Nahrung der Würmer und tragen nach ihrer Verdauung zur Verbesserung des Bodens bei. Darwin schätzt das Gewicht der von den Würmern in Grofsbritannien allein seit ihrem Vorkommen daselbst nutzbar gemachten Erde auf 3200 Billionen qm. „Der Pflug", sagt unser Verfasser, „ist eine der ältesten und wertvollsten Erfindungen des Menschengeistes; aber lange vor dessen Existenz wurde der Erdboden von den Würmern regelmäfsig gepflügt, und dies geschieht noch jetzt." Sie entfernen fallendes Laub, erleichtern das Aufkeimen der Saaten, das Wachstum von Pflanzen überhaupt und erzeugen grofse, ebene Rasenflächen. Aber nicht nur der Land- und Wiesenwirtschaft, sondern auch dem Verkehr ist der Erdwurm dienstbar, indem er durch Untergrabung Steine und Felsen allmählich zum Einstürzen bringt und so die Erdoberfläche glättet. Hinsichtlich dieses Abtragens von Unebenheiten, dieses Hinwegräumens von Hindernissen wird der Wurm von Darwin den Gletschern, dem Regen und den Flüssen gleichgestellt. Auch der Archäologie hat der Wurm treffliche Dienste geleistet, indem er durch stilles, aber beharrliches Vergraben in weicher Erde viele aus dem Altertum stammende Gebäude vor dem Ruin bewahrte. Unser Gelehrter nennt ihn nach alledem mit Recht einen gröfseren Baumeister als z. B. die Koralle, obgleich diese Inseln und Seekönigreiche zu stande bringt.

Darwin hat es verstanden, sein Thema zu einem anziehenden zu gestalten. Er hat die Würmer sozusagen gezähmt. Schon 1837 kannte er sie genügend, um einer gelehrten Körperschaft einen Vortrag darüber halten zu können, und nachher behielt er sie wacker im Auge und bekümmerte sich im Freien wie im Hause um die Tierchen, so dafs er später in der Lage war, zu wissen, was sie thun und warum sie es thun. Wir erfahren von ihm, dafs sie überall vorkommen, wo der Boden irgendwie feucht ist, ganz ohne Rücksicht auf die sonstige Beschaffenheit desselben. Ihre Zahl ist Legion; ein Hektar Landes mag ihrer durchschnittlich ca. 34000 bergen. Im heifsen Sommer und kalten Winter vergraben sie sich tiefer als sonst und treten einen langen, thätigkeitslosen Schlaf an. Während der gemäfsigten Jahreszeit ruhen sie tagsüber; des Nachts verlassen sie ihre Löcher, um zu fressen und zu arbeiten, doch entfernen sie sich so wenig von denselben, dafs ihr Schweif gewöhnlich in der Höhlung bleibt. Sie sind im stande, den Schweif beträchtlich zu verlängern und bedienen sich der kurzen, schwach zurückgebogenen Borsten, mit denen ihr Leib bewaffnet ist, so tapfer, dafs man sie, wenn sie wollen, dem Boden nicht entreifsen kann, ohne sie in Stücke zu reifsen.

Darwin bezweifelt, dafs ein Wurm, der sein Loch gänzlich verlassen, den Rückweg finden kann. „Aber", fügt er hinzu, „sie verlassen zuweilen ihre Höhlen, augenscheinlich eigens behufs Antrittes von Entdeckungsreisen, auf denen sie neue Wohnstätten finden". Sie haben die thörichte Gewohnheit, stundenlang am Eingang ihrer Höhlen zu liegen, weil sie sich gern sonnen, und sie setzen sich so der Gefahr aus, von Amseln und anderen lauernden Feinden erspäht und verspeist zu werden. Es giebt unter ihnen, wie bei den Bienen, fleifsige und faule. Die von Darwin in seinem Hause gehaltenen Exemplare wurden — wahrscheinlich weil sie wufsten, dafs sie dort keinen Frost zu befürchten haben — schmählich gleichgültig gegen das Herbeischleppen und Bearbeiten von Blättern. Der Luxus kann also offenbar auch einen Regenwurm demoralisieren.

Was die leibliche Beschaffenheit der Würmer betrifft, so bestehen die ausgewachsenen aus ein- bis zweihundert fast zylindrischen, mit Borsten besetzten Ringen. Geschlechtlich sind sie bisexuell (hermaphroditisch). Ihr Muskel- und Nervensystem ist gut entwickelt. Sie haben einen Mund und eine Art Rüssel, sowie einen kropfähnlichen Magenapparat. Hinsichtlich ihrer kalkhaltigen Drüsen, die ihnen bei der Verdauung wichtige Dienste leisten, stehen sie in der Tierwelt einzig da. Es mangelt ihnen an Zähnen und Kinnbacken, und sie atmen durch die Haut. Sie haben keine Augen, sind aber dennoch für Lichteindrücke empfindlich und können daher den Tag von der Nacht unterscheiden. Aufser stande, zu hören, denn sie „erfreuen" sich einer vollständigen Taubheit, „haben sie trotzdem ein äufserst feines Gefühl für Schwingungen zwischen festen Gegenständen". Ihr Geruchsinn ist so schwach, dafs sie nur einzelne Gerüche wahrnehmen können. Am ausgebildetsten scheint bei ihnen der Tastsinn zu sein; sie ähneln in dieser Beziehung den blinden Menschen, die ihre Vorstellungen von der Aufsenwelt zumeist ihrem Tastsinn verdanken. Darwin hat Grund zur Annahme, dafs sich auch die Würmer mit Hülfe ihres Tastgefühles einen Begriff von verschiedenen Gegenständen machen können. Was den Geschmack betrifft, so ist auch dieser ziemlich entwickelt; gleich den höheren Geschöpfen haben auch unsere kleinen Freunde ihre Lieblingsspeisen. Sie fressen so ziemlich alles, leben aber vornehmlich, wie schon bemerkt, von halbverfaulten Blättern. Sehr gern haben sie Kohlblätter, zwischen deren Sorten sie genau zu unterscheiden wissen. Ein ausgesprochenes Faible zeigen sie für Zwiebeln. Rohes Fett ziehen sie allen anderen Fleischsorten vor und fressen es frisch lieber als im Zustande der Verwesung.

Eine lange Reihe von Versuchen brachte Darwin zu der Überzeugung, dafs seine Schützlinge mit Verstand begabt sind. „Um einen Gegenstand auf die richtige Weise in die Höhle schleppen zu können, müssen sie einen Begriff von dessen Gestalt haben; sind sie aber im stande, solche Vorstellungen zu haben, so verdienen sie, intelligent genannt zu werden, denn sie verfahren, wie unter denselben Verhältnissen Menschen verfahren würden. Um die beste Methode, etwas in die Löcher zu bringen, beurteilen zu können, müssen sie auch von der Beschaffenheit der letzteren eine Vorstellung besitzen". Im Bau derselben entfalten sie fast den gleichen hohen Grad von Geschicklichkeit wie die Ameisen und andere Tiere, deren Leistungen längst bekannt waren, während die übrigen unbekannt blieben. Darwin hat oft die Blätter, die die Würmer in ihre Höhlen schleppen, gezählt und dann beobachtet, auf welche Weise sie dieselben ergreifen, ob an der Basis, der Spitze oder in der Mitte. Gewöhnlich fassen sie die Basis an; beim Rhododendronblatt dagegen, das ganz eigenartig geformt ist, und bei den Stengeln der Eschenblätter kehren sie die Praxis um, weil bei diesen die Spitzen zum Futter dienen. Unser Forscher legte ihnen eingefettete dreieckige Papierschnitzelchen vor und fand, dafs sie in 62 % der Fälle den leichtesten Angriffspunkt wählten, um sie in die Löcher zu schleppen. Freilich könnte man all' dies Instinkt nennen, aber wenn es sich um den Würmern absolut fremde und neue Pflanzen und andere Gegenstände handelt, mufs man gestehen, dafs der Gedanke an Verstand sehr nahe liegt. Den meisten wird es unglaublich dünken, dafs ein so niedrig organisiertes Wesen, das natürlich nur ein winziges Gehirn hat, Intelligenz besitzen soll. Allein Darwin betont dieser Einwendung gegenüber, dafs ja auch das ungemein kleine Hirn der Arbeitsameise eine ungeheure Menge von vererbter Kenntnis und der Fähigkeit, Mittel einem Zweck anzupassen, verkörpert.

Wir wissen nicht, was wir mehr bewundern sollen, die Genialität Darwins, oder den vor ihm nur von äufserst wenigen geahnten Wert von Existenzen, die man für noch unwichtiger gehalten hat, als viele wirklich ganz unwichtige Dinge. Das Buch über die Regenwürmer beweist von neuem, dafs sich diejenigen, die als Wahrheitsucher in die Geheimnisse der Natur einzudringen trachten, durch Überraschungen belohnt sehen; es beweist auch, dafs man erst heutzutage recht eigentlich beginnt, die Vollkommenheit des das Universum beherrschenden Systems zu verstehen, das für jedes Mittel einen Zweck und für jeden Zweck ein Mittel hat, die niedrigsten wie die erhabensten Wesen umfafst und unablässig selbst aus den verborgensten und unansehnlichsten Triebkräften segensreiche Thätigkeiten hervorgehen läfst. Kleine Ursachen, grofse Wirkungen!

www.ingramcontent.com/pod-product-compliance
Lightning Source LLC
Chambersburg PA
CBHW020853210326
41598CB00018B/1651

* 9 7 8 3 7 4 1 1 7 3 5 0 9 *